国家标准 GB26859—2011电力安全工作规程

电力线路部分
培训考核指导书

《国家标准电力安全工作规程培训考核指导书》编写组 编

U0310391

中国水利水电出版社
www.waterpub.com.cn

内 容 提 要

本书是为纪念《电业安全工作规程 高压架空线路部分》颁发60周年和为贯彻落实并严格遵守新颁发的电力安全国家强制性系列标准之一的GB 26859—2011《电力安全工作规程 电力线路部分》而精心编写的培训考核指导书。全书共分十二章，每章又分为三大板块。条文辅导解读板块紧扣安规条文，答疑解难；事故案例分析板块以已发生事故为鉴，加深理解安规条文精髓；配套考核题解板块提供形式多样的试题和答案。

本书可供全国发电、输变电、供电、农电、电力勘测设计、施工、调度、电气试验、修造、电力监理等单位从事电力生产、运行、检修、试验、调度、设计、修造的工作人员学习阅读，本书特别适合作为对新员工进行三级安全教育的培训教材，也可作为电力用户的进网作业电工安全考核的培训教材。

图书在版编目（ＣＩＰ）数据

国家标准GB26859-2011电力安全工作规程电力线路部分培训考核指导书 / 《国家标准电力安全工作规程培训考核指导书》编写组编. -- 北京 ： 中国水利水电出版社，2015.5
ISBN 978-7-5170-3195-6

Ⅰ．①国… Ⅱ．①国… Ⅲ．①电力安全－安全规程－中国②电力线路－安全规程－中国 Ⅳ．①TM7-65

中国版本图书馆CIP数据核字(2015)第109140号

书　　　名	**国家标准 GB 26859—2011 电力安全工作规程 电力线路部分培训考核指导书**
作　　　者	《国家标准电力安全工作规程培训考核指导书》编写组　编
出 版 发 行	中国水利水电出版社 （北京市海淀区玉渊潭南路1号D座　100038） 网址：www.waterpub.com.cn E - mail：sales@waterpub.com.cn 电话：（010）68367658（发行部）
经　　　售	北京科水图书销售中心（零售） 电话：（010）88383994、63202643、68545874 全国各地新华书店和相关出版物销售网点
排　　　版	中国水利水电出版社微机排版中心
印　　　刷	北京纪元彩艺印刷有限公司
规　　　格	184mm×260mm　16开本　28.25印张　670千字
版　　　次	2015年5月第1版　2015年5月第1次印刷
印　　　数	0001—3000册
定　　　价	**86.00元**

凡购买我社图书，如有缺页、倒页、脱页的，本社发行部负责调换

前　言

《电力（业）安全工作规程》（热力和机械部分、发电厂和变电站部分、电力线路部分、高压试验室部分）是电力安全生产管理的最重要规程，自1955年陆续颁发以来，一直是指导电力安全工作的法典。进入21世纪以后，我国的电力工业得到突飞猛进的发展，无论是装机容量还是年发电量都居世界第一，电力技术装备不断壮大、自动化程度不断增强，发电单机容量已突破1000MW，电网电压等级已达到1000kV。为了使原标准更能适应当前全国电力生产条件，不断提高电力安全生产水平，中国电力企业联合会标准化管理中心组织国网电力科学研究院、中国南方电网有限责任公司、大唐国际发电股份有限公司、浙江省能源集团有限公司等单位对原电力行业标准进行了全面修订，并上升为国家强制性标准，经国家质量监督检验检疫总局和中国国家标准化管理委员会批准于2010年、2011年相继发布并于2011年、2012年相继予以实施。具体标准名称和标准号如下：

《电业安全工作规程　第1部分：热力和机械》GB 26164.1—2010

《电力安全工作规程　发电厂和变电站电气部分》GB 26860—2011

《电力安全工作规程　电力线路部分》GB 26859—2011

《电力安全工作规程　高压试验室部分》GB 26861—2011

全国发电企业、输变电企业、供电企业、农电企业、设计企业、施工企业、调度企业、试验企业、修造企业和用电企业等单位从事电力生产、运行、检修、设计、施工、调度、试验、修造、管理和使用等工作的所有员工、技术人员和管理干部，都必须严格遵守和贯彻落实《电力（业）安全工作规程》规定。

为更好地宣传贯彻新标准、准确理解强制性国家标准的精神内涵、脚踏实地实施执行，我们组织十多位专家编写了《国家标准GB 26859—2011电力安全工作规程　电力线路部分培训考核指导书》一书。全书共分十二章：第一章范围、第二章规范性引用文件、第三章术语和定义、第四章作业要求、第五章安全组织措施、第六章安全技术措施、第七章线路运行与维护、第八章邻近带电导线的工作、第九章线路作业、第十章配电设备上的工作、第十一章带电作业、第十二章电力电缆工作。每章又分为三大板块。条文辅导解读板块紧扣安规条文，追根溯源、旁征博引、答疑解难；事故案例分析板块以已发生事故为鉴加深理解安规条文精髓；配套考核题解板块为巩固学习效果，自查互查，进行安规考试提供形式多样的试题和答案。

本书可供全国发电、输变电、供电、农电、电力勘测设计、施工、调度、电气试验、修造、电力监理等单位从事电力生产、运行、检修、试验、调度、设计、修造的工作人员学习使用，特别适合车间班组安全员及班组安全日活动进行技术问答、安全问答、知识竞赛等。本书也可供各级安全生产第一负责人学习、备查，可作为各有关单位进行电业安规考试的选择试题，也可供电力用户参考。

参与本书编写的主要人员有：王政、兰成杰、李军华、吴会宝、白朝晖、李禹萱、孙颖、李培、任毅、李佳辰、吕一斌、杜松岩、张缠峰、许杰、王晋生、庞晋平、宋荣。

提供资料并参与部分编写工作的还有：叶常容、李建基、王敏州、杨国伟、李红、刘红军、白春东、林博、魏健良、周凤春、黄杰、董小玫、郭贞、吕会勤、王爱枝、孙金力、孙建华、孙志红、孙东生、王彬、王惊、李丽丽、吴孟月、闫冬梅、孙金梅、张丹丹、李东利、王忠民、赵建周、李勇军、陈笑宇、谢峰、魏杰、赵军宪、王奎淘、张继涛、杨景艳、史长行、田杰、史乃明、吉金东、马计敏、李立国、郝宗强、吕万辉、王桂荣、刁发良、秦喜辰、徐信阳、乔可辰、姜东升、温宁、郭春生、李耀照、朱英杰、刘立强、王力杰、胡士锋、牛志刚、张志秋、宋旭之、乔自谦、高庆东、吕学彬、焦现锋、李炜、闫国文、苗存园、权威、蒋松涛、张平、黄锦、田宇鲲、曹宝来、王烈、刘福盈等。

在本书编写过程中，我们参考了大量近年来电力安全生产的文献资料，并到有关单位与一线员工、班组安全员交谈，征求意见，在此特向文献资料作者和为本书编写提出宝贵意见的各位师傅表示崇高的敬意。由于编写时间仓促，受业务技术水平所限，书中难免有疏漏之处，恳请广大读者批评指正。

本书编写组
2015 年 4 月

目　　录

第五章 安 全 组 织 措 施

第六章 安 全 技 术 措 施

第七章 线 路 运 行 与 维 护

第一章 范 围

原文："1 范围"

第一节 规 定 要 求

原文："本标准规定了电力生产单位和在电力工作场所工作人员的基本电气安全要求。"

国家标准《电力安全工作规程电力线路部分》（GB 26859—2011）首先开宗明义该规程的适用单位、适用地点和适用人员范围，以及该规程的内容、基本电气安全要求。

（1）适用单位：电力生产单位，如发电企业、输电企业、变电企业、配电企业、其他电力企业、用电单位等。

（2）适用地点：电力工作场所，如所有运用中的电气设备及其相关场所等。

（3）适用人员：在电力生产单位和在电力工作场所的工作人员，如所有管理、技术、行政人员和生产一线员工等，用电单位电气技术人员和进网作业电工等。

（4）基本电气安全要求：规定了电力生产单位、电力工作场所和在电力工作单位的电力工作场所的工作人员在从事电气工作时应遵守的基本的电气安全要求：①作业要求；②安全组织措施；③安全技术措施；④线路运行与维护；⑤邻近带电导线的工作；⑥线路作业；⑦配电设备上的工作；⑧带电作业；⑨电力电缆工作。

（5）保证电力系统和发供配电设备的安全运行是电力企业的天职。电力系统是由发、供、输、配电各个部分及其控制、保护、计量、通信设施等设备组成的庞大群体，具有生产技术先进、资金密集的特点。电力系统发生事故，不但会造成电力企业人身伤亡、设备损害、影响经济效益，而且会中断用电户用电，给用户造成损失。因此，电气工作人员必须严格执行本规程。

1）电气工作人员应下苦功夫学好《电力（业）安全工作规程》（简称《安规》），因为它是电力生产中最基本的规程之一。它是以保障人员安全、健康，保证设备安全运行为核心，科学而严谨地建立了一整套能够保证职工安全、健康和设备安全运行的防护制度。在工作中严格执行《安规》，就是对自己的生命和身体负责，对企业负责，是对国家负责。

2）结合工作实际学好《安规》。学习《安规》时，不能仅限于字面上的理解，而应同时结合与本单位、本工种相关的其他规程制度进行学习。只有这样，才能提出问题、澄清道理，形成深刻的印象与记忆，才能收到预期的学习效果。

3）实践中应自觉遵守《安规》。电力生产中无数次的事故教训已说明，《安规》是安全生产的基本保证。虽然违章一次不一定发生事故（但这种偶然性的一次违章也有发生事故的），而发生事故必定存在着严重的各种形式的违章。因此，在遵章与违章的问题上，也反映出一个职工的专业技术素质和思想素质。总之，每一位从事与电力工作有关的职工，都应学好用好《安规》。

4）做一名合格的电力职工，安全技术素质是很重要的。参加工作伊始，就应注意打好基础，努力实践和钻研安全技术业务，培养良好的安全防护习惯，学习和掌握过硬的电力安全作业技术，必将受益终身。

（6）各级领导必须以身作则，要充分发动群众、依靠群众；要发挥安全监察机构和群众性的安全组织的作用，严格监督本规程的贯彻执行。电气作业的特点，要求有特别严格的规程。《安规》正是科学规律的总结。是血的教训、血的积累，是为保护广大电业工人生命安全服务的。领导同志更要以身作则，带头学习，带头贯彻执行。对于本规程，各单位只有严格遵守，并在提高安全水平的条件下，加以充实和完善的责任，而没有任意违反的权利。对于模范遵守规程的要表扬，对违反规程的要批评教育，对任意破坏规程贯彻执行的要给予处分。要维护规程的严肃性，养成人人遵守规程的好风气。

领导干部以身作则，能够充分发挥他们的表率作用，对周围和下面的群体产生好的影响，有利于强化劳动纪律和岗位培训；领导抓安全、令行禁止，具有相当的感召力；领导带头宣传安全生产、制定安全措施，安全生产责任制能落到实处；领导任安全第一责任人，有利于健全安监队伍，强化安全监察机构，最大限度地发挥其职能作用，使整个企业形成一个以安全为龙头，带动生产效益起飞的局面。

有些事故往往发生在领导思想稍一松懈之时。不少事故案例证明，在生产任务重、工作忙，迎接上级检查的准备工作中，很容易把《安规》的有关规定置之脑后，安全影响工作效率，给生产添麻烦的情绪露头，事故不请自来。把迎接公司（厂）级检查的欢迎事变成事故处理的救灾事。不仅错过了提升的机会，反而受到降级撤职的处分。因此，各级领导要牢固树立执行《安规》的严肃性和自觉性，排除有关环境的变化对安全生产带来的负面影响，不折不扣、实实在在地贯彻执行《安规》。防范胜于救灾，责任重于泰山。

第二节　适　用　对　象

原文："本标准适用于具有66kV及以上电压等级设施的发电企业所有运用中的电气设备及其相关场所；具有35kV及以上电压等级设施的输电、变电和配电企业所有运用中的电气设备及其相关场所；具有220kV及以上电压等级设施的用电单位运用中的电气设备及其相关场所。其他电力企业和用电单位也可参考使用。"

规程对上述单位、场所的适用范围的进一步的阐述见表1-2-1。

为实现生产中的职工安全和设备运行安全，可以从安全装备、安全工器具、安全管理手段上提高安全生产水平。但一系列的电力行业标准、特别是《安规》，是现今电力企业安全生产最重要的根据和唯一的准则。例如，企业已经为高压配电装置设置了具有"五防"功能的闭锁装置，但在生产实际，由于不执行《安规》仍会有事故发生。无数的事实

表 1 - 2 - 1　　　　国家标准《电力安全工作规程电力线路部分》适用范围

适用单位	电压等级	适用设备及场所
发电企业	66kV 及以上设施	所有运用中的电气设备及其相关场所
输电、变电和配电企业	35kV 及以上设施	
用电单位（高压用户）	220kV 及以上设施	
其他电力企业和用电单位	未作规定，参考使用	未作规定，参考使用

证明，《安规》不仅是从事电气工作的所有发、变、配、送电设计、制造、安装、运行、维修、测试管理等人员安全工作行为的科学规范，而且它还规定了进行现场工作时保证安全的组织措施和技术措施，限定了电气作业时的安全距离以及其他安全规定，形成了一套完整的人身安全防护制度。因此，《安规》是衡量电业生产现场工作是否符合安全技术要求的依据，也是鉴别违章作业的试金石。所有从事电气设备上工作的各类人员，都应对《安规》有一个原则性的认识和深入的理解，并且在实际生产中无条件地、不折不扣地贯彻执行。

第二章　规范性引用文件

原文："2 规范性引用文件"

条文辅导解读

原文："下列文件对于本文件的应用是必不可少的。凡是注日期的引用文件，仅注日期的版本适用于本文件。凡是不注日期的引用文件，其最新版本（包括所有的修改单）适用于本文件。

GB/T 2900.20—1994 电工术语　高压开关设备（IEC 60050（IEV）：1994，NEQ）

GB/T 2900.50—2008 电工术语　发电、输电及配电　通用术语（IEC 60050—601：1985，MOD）

GB 26860—2011　电力安全工作规程　发电厂和变电站电气部分"

按照规范化的国家标准起草规定应设有这么一章，讲明编写该规程曾引用了哪些"规范性引用文件"，使读者和规程执行者了解哪些是规程中的原创部分，哪些是引用部分。方便读者查阅引用文件。

该规程只引用了三份标准，其中两份是关于电工术语的，因为对于该规程的应用是必不可少的，所引用的电工术语列在第三章　术语和定义。电力线路部分引用的文件如下。

（1）GB/T 2900.20《电工术语　高压开关设备》（IEC 60050（IEV）：1994，NEQ）的最新版本是 1994 年版本。

（2）GB/T 2900.50《电工术语　发电、输电及配电　通用术语》（IEC 60050—601：1985，MOD）的最新版本是 2008 年版本。

（3）GB 26860《电力安全工作规程　发电厂和变电站电气部分》的最新版本也是第一个版本是 2011 年版本。它是对原电力行业标准《电业安全工作规程 发电厂和变电所电气部分》（DL 408—1991）的修订，上升为国家标准。

由于电力线路的两头连接的是变电设备，因此该规程在许多方面要引用发电厂和变电站电气部分的相关内容。在《电力安全工作规程　电力线路部分》中引用的有关《电力安全工作规程　发电厂和变电站电气部分》的内容没有具体指出，但和《电力安全工作规程　发电厂和变电站电气部分》几乎完全一致的部分有：1 范围，2 规范性引用文件，3 术语和定义，4 作业要求，5 安全组织措施，6 安全技术措施，9 带电作业，15 电力电缆工作等。电力线路部分应参照电气部分的有关规定执行的，往往会指出来，如"4.4.4 配电系统中的开关站、高压配电站（所）内工作可参照《电力安全工作规程 发电厂和变电站电气部分》（GB 26860—2011）的有关规定执行"，应学习电气部分的"4 电气设备运行"有关内容。

原文中注明了引用文件的日期，这就表明只有该日期的版本适用于本标准，以后出现的其他日期的版本将不适用于本标准。

第三章 术语和定义

原文："3 术语和定义"

条文辅导解读

原文："GB/T 2900.20—1994、CB/T2900.50—2008 界定的以及下列术语和定义适用于本文件。"

第一节 电压等级划分标准

一、条文3.1

原文："3.1 低〔电〕压 low voltage；LV

用于配电的交流电力系统中1000V及其以下的电压等级。

〔GB/T 2900.50—2008，定义2.1中的601-01-26〕"

关于电压高低的划分有过不同的标准。电力行业标准《电业安全工作规程》曾将250V作为高低压划分的一个界限。最高人民法院的司法解释是将1000V作为划分高压和非高压的界限。国家标准的这个关于低电压的定义具有普遍意义。1000V及以下的电压等级都是低压，其中包括1000V也是低压。注意的是低压不等于安全电压。有关安全电压的定义另有规定。

二、条文3.2

原文："3.2 高〔电〕压 high voltage；HV

（1）通常指超过低压的电压等级。

（2）特定情况下，指电力系统中输电的电压等级。

〔GB/T 2900.50—2008，定义2.1中的601-01-27〕"

这个定义明确告诉我们1000V不是高压，超过1000V就属于高压。这是通常意义上的定义。特定条件下，指电力系统中输电的电压等级，就是指35kV及以上的电压等级的输电线路。当500kV电压等级的输电线路出现时，人们称其为超高压，以及其后出现的750kV也是超高压。交流1000kV、直流±800kV称为特高压。

电力行业标准安规将高压和低压是这样划分的：高压是对地电压在250V以上者；低压是对地电压在250V及以下者。显然，应以国家标准的定义为准。

第二节 电力的产生和输送

一、条文3.3

原文："3.3 发电厂〔站〕 electrical generating station

由建筑物、能量转换设备和全部必要的辅助设备组成的生产电能的工厂。

[GB/T 2900.50—2008，定义 2.3 中的 601-03-01]"

这条术语定义言简意赅：①点明了发电厂[站]的功能是生产电能的工厂；②点明了发电厂[站]的组成部分是建筑物（其中包括构筑物）、所有参与能量转换的设备装置以及全部必要的不可缺少的辅助设备；③点明了发电厂[站]的核心是能量转换。

按照能量转换，发电厂[站]可以分为以下 4 类。

（1）常规火力发电厂：燃料的化学能转化为热能、热能转换为机械能、机械能转换为电能。

（2）水力发电厂：水的势能和动能转换为机械能、机械能转换为电能。

（3）核电站：核能转换为热能、热能转换为机械能、机械能转换为电能。

（4）可再生能源发电：诸如风力发电场、太阳能发电场（分为光伏电站和光热电站两种）、海洋能发电、地热能发电、垃圾发电、沼气发电等。

二、条文 3.4

原文："3.4 变电站（电力系统的）substation (of a power system)

电力系统的一部分，它集中在一个指定的地方，主要包括输电或配电线路的终端、开关及控制设备、建筑物和变压器。通常包括电力系统安全和控制所需的设施（例如保护装置）。

注：根据含有变电站的系统的性质，可在变电站这个词前加上一个前缀来界定。例如：（一个输电系统的）输电变电站、配电变电站、500kV 变电站、10kV 变电站。

[GB/T 2900.50—2008，定义 2.3 中的 601-03-02]"

变电站这个术语不仅电力系统的员工熟悉，就是普通民众也耳熟能详。变电站首先要集中在一个指定的地方，这个位置都是经过技术经济论证后选定的。变电站的最重要设备是变压器，对有进线终端和出线终端的变压器，称为主变压器；为变电站提供电源的变压器称为站用电变压器。大型枢纽变电站都是在户外，深入城市负荷中心的、居住小区的变电站大部分在户内，还有的城市变电站建于地下或半地下。保证变压器正常运行的是安全和控制所需的设施，例如继电保护和自动装置。

三、条文 3.5

原文："3.5 电力线路 electric line

在系统两点间用于输配电的导线、绝缘材料和附件组成的设施。

[GB/T 2900.50—2008，定义 2.3 中的 601-03-03]"

这个定义指出电力线路的功能是输送和分配电能，电力线路的组成是导线、绝缘材料和附件。一般来说，将电压等级高于 220kV 及以上的电力线路称为高压输电线路、超高压输电线路、特高压输电线路；低于 110kV 及以下的电力线路称为配电线路。配电线路目前又分为高压配电线路（110kV、66kV 和 35kV 电压等级电力线路）、中压配电线路（20kV、10kV 电压等级电力线路）和低压（380V、220V）配电线路。由此定义看出，直流输电线路、电力电缆线路也属于电力线路。

架空线路一般都由基础、杆塔、横担、绝缘子、金具、导线组成。35kV 及以上高压线路还有为防雷电的架空地线。

架空线路的杆型一般以导线的布置形式和在整条线路中的作用而定。如上字形、干字形、三角形、一字形、酒杯形、猫头鹰形等，如直线杆、转角杆、耐张杆、终端杆、锥形塔、三连排杆，一般转角杆、终端杆都配有拉线，也称作拉线杆。

电力电缆线路一般都敷设于地下，或直埋，或穿电缆管，或敷设在电缆沟、电缆隧道、电缆竖井中。

四、条文 3.7

原文："3.7 开关站 switching substation

有开关设备，通常还包括母线，但没有电力变压器的变电站。"

一般来说开关站就是将电网来的电分给几个或者更多的变电站用，然后变电站再将之降压给工业、生活用电；或者是发电厂用于高压输电。开关站的电压等级都在 10kV 及以上，其作用就是分配高、中压电能。

由定义看出开关站是一个没有变压器的特殊的变电站，它不改变系统的电压，只是通过站内的母线和开关设备对电能进行重新分配，一般有一回进线和几回相同电压等级的出线。习惯上将这种没有电力变压器的变电站称为开关站。开关站需要单独的建筑物，一般不与其他建筑混建。

第三节 电 气 设 备

一、条文 3.6

原文："3.6 运用中的电气设备 operating electrical equipment

全部带有电压、一部分带有电压或一经操作即带有电压的电气设备。"

1. 电气设备

通俗地讲，凡是和电有直接联系的设备都是电气设备，电力系统所说的电气设备一般是指发、输、配各个环节中使用的设备，如产生电能的发电机、变换电压的变压器、传输和分配电能的输电线路和配电线路以及控制、监测、保护、计量的电气设备如断路器、隔离开关、熔断器、互感器、继电器、接触器等。在电能使用单位里除了分配和控制电能的电气设备外，使用电能的设备通常也称为电气设备，如矿山用电气设备、化工用电气设备、机械加工用电气设备、船舶用电气设备、医用电气设备、日用电气设备等。

2. 运用中的电气设备的特点

明白什么是运用中的电气设备是很重要的。电气设备存在于任何场合，比如在生产厂家的制造研发阶段，在运输阶段，在施工安装设备，在电力系统的运行以及检修阶段。因此必须区分与电力安全工作规程规定的电气设备。正如在第一章范围中所述"所有运用中的电气设备及其相关场所"。由定义看出凡是具有下述如何一点的就属于运用中的电气设备：①全部带有电压；②一部分带有电压；③一经操作即带有电压。

3. 运用中的电气设备的三种状态

运用中的电气设备经过操作切换改变运行方式，可以有以下三种不同的运用状态。

（1）运行状态。运行中的电气设备带电正常工作的状态，即为运用中的电气设备的运行状态。

（2）热备用状态。电气设备仅仅是断路器断开的状态，即为运用中的电气设备的热备用状态，也叫停运状态。

（3）冷备用状态。电气设备不仅仅是断路器处于断开位置，而且其两侧的隔离开关都已经拉开，隔离开关两断口间已形成了明显可见的空气绝缘间隙，断路器与隔离开关的控制合闸能源均已与设备断开的状态，即为运用中的电气设备的冷备用状态，也称作撤运状态。

4. 三种状态的共同之处

虽然状态不同，但它们都有共同之处，即带有电压。运行状态全部带有电压，热备用状态和冷备用状态部分是一部分带有电压，根据指令一经操作合闸就会带电运行。处于冷备用状态的设备虽然有部分不带电，但是高压电场的感应电，断开点之间的安全距离不符合规定要求时，以及电气工作人员万一出现误操作时，均有可能使设备带电。可见在《安规》中使用"运用中的电气设备"这一行业术语，是从安全角度出发，指明它所涵盖的范畴。同时，用以区别哪些尚未接入系统的正在安装的以及存放在仓库里的设备。

5. 运用中的电气设备上工作的人员

《安规》适用于运用中的发、变、送、配、农电和用户电气设备上工作的一切人员（包括基建安装人员）。

（1）发、变、送、配、农电的电气设备涵盖了电力企业中所有与电有联系的设备，所有在这些设备上工作的一切人员都应贯彻执行该规程。

（2）用户电气设备上工作的一切人员也应贯彻执行该规程，因为电能的产生、输送和销售使用是同时完成的。电力企业的电是什么样子的，用户的电同样也是什么样子的，因此用户应毫无例外地贯彻执行该规程。

（3）基建安装人员在安装发、变、送、配、农电和用户电气设备过程中可能不与电力网有电气连接，但施工结束时要做电气试验，要进行试运转，于是这些设备无疑成了运用中的电气设备，因此基建安装人员也应遵守该规程的规定。况且，施工工地不可能不接临时电源来解决现场动力和照明问题，所以说基建安装人员也应贯彻执行该规程。

二、条文 3.8

原文："3.8 断路器 circuit - breaker

能关合、承载、开断运行回路正常电流，也能在规定时间内关合、承载及开断规定的过载电流（包括短路电流）的开关设备，也称开关。

注：改写 GB/T 2900.20—1994，定义 3.13。"

断路器的实质就是一个开关，就如同我们常用到的电灯开关一样。断路器是一种能接通、承载和分断正常电路条件下的电流，也能在所规定的非正常电路条件（例如短路）下接通、承载一定时间和分断电流的机械式开关。

由定义可以看出断路器最基本的功能有三项：使回路导通；使回路断开；导通后能承受运行回路的正常的负荷电流。定义还给出了断路器最重要的三项功能，这就是能在规定的时间内关合、承载和开断设计规定的过负荷电流和故障情况下的短路电流。正是由于这种特殊的功能，断路器是电力系统中最重要的控制和保护设备。

断路器按其灭弧箱内的灭弧绝缘介质可分为油断路器（俗称油开关，多油开关、少油开关)、真空断路器、六氟化硫（SF₆）断路器等。也可按断路器的电压等级划分，如 10kV 少油断路器、35kV 多油断路器、110kV 羊角形少油断路器、10kV 柱上 SF₆ 断路器、SF₆ 组合开关等。

三、条文 3.9

原文："3.9 隔离开关 disconnector

在分位置时，触头间有符合规定要求的绝缘距离和明显的断开标志；在合位置时，能承载正常回路条件下的电流及在规定时间内异常条件（例如短路）下的电流的开关设备。

[GB/T 2009.20—1994，定义 3.24]"

隔离开关也是电力系统中最重要的电气设备之一，它总是和断路器同时出现的。断路器结构的特殊之处在于其动静触头处在有绝缘介质的灭弧装置中，而隔离开关没有灭弧装置，它的动静触头暴露在空气中，当动静触头分离时其间的距离应符合由空气绝缘的安全距离，并有人肉眼能看到的明显的断开标志。如此规定是因为断路器的触头在密闭的灭弧箱体内人们是无法用人眼判断其是在断开位置还是在关合位置。隔离开关设备的应运而生就是为了弥补断路器的这一缺憾的。因此，隔离开关在合位置时应跟与其相配套的断路器一样，能承载正常回路电流及规定时间内的异常电流，包括过负荷电流、短路电流等。

由于隔离开关没有灭弧装置，因此禁止带负荷拉合隔离开关。电气操作的实质就是如何操作断路器和隔离开关。操作不当引发的事故屡见不鲜。

第四节　个人保安线

原文："3.10 个人保安线 personal security grounding line

用于保护工作人员防止感应电伤害的接地线。"

由定义看出，个人保安线首先是接地线的一种，其作用是保护工作人员免受感应电的伤害。个人保安线由铝合金压铸线夹与导线组成，一般制成三分叉、四分叉、五分叉多种形式，为确保个人保安接地线的完好性，保安接地线应在空气流通、环境干燥的专用地点存放。个人保安接地线是保护施工人员避免感应电压触电的保安工具，个人保安线决不能替代电力行业标准《带电作业用便携式接地和接地短路装置》（DL/T 879—2004）所规定的携带型短路接地线的作用。

第五节　电力线路的双重称号

原文："3.11 双重称号 dual title

线路名称和位置称号，位置称号指同杆架设多回路中导线安装位置，如：上线、中线或下线和面向线路杆塔号增加方向的左线或右线。"

电力线路的线路名称在其设计阶段就有一个名称了，一般以线路的两端的变电站站名称缩写作为线路名称。如湖北丹江口到上海的±500kV 直流输电线路称之为丹沪线。由于丹沪线是双回路，为区分回路就需要再给线路一个位置名称，如上线是一回路，下线是二回路，或者左线是一回路，右线是二回路等。位置的上下高低一目了然，前后左右必须有一个参照物。一条线路是由一定数量的杆塔组成的，每一座杆塔都有一个杆塔号。分辨左右线路的办法就是面向杆塔号增加的方向。

第六节 配 电 设 备

原文："3.12 配电设备 power distribution equipment

用于向一个用电区供电的变压器、高低压开关、线路、控制和计量等设备的统称。"

发输电的目的是为了最终用户用到电能，必然有一个重要的分配电能的环节，这就需要配电设备去完成。配电设备就是在电力系统中对高压配电柜，变压器、架空电力线路、电缆线路、断路器，隔离开关、熔断器、低压开关柜，配电盘，开关箱，控制箱等设备的统称。高压配电柜见图3-6-1。

图 3-6-1 高压配电柜

事故案例分析

【事故案例1】 1997年3月6日，某发电厂第二变电所66kV西母线停电进行绝缘子清扫，66kV东母线带7条送电线路，9～11号机运行。同日5时35分，6号机在处理完轴瓦漏油后启动与66kV东母线并列运行。同日8时，运行人员发现6号机的2号瓦处渗油起火。灭火后安排停机备用。值长安排电气填写6号机停机操作票，运行副总说，不用开票了。第二主控值班员电话通知第二变电所值班员准备6号机停机操作。同日8时28分，第二变电所值班员接第二主控电话："6号机已解列，检查6号机202断路器在开位，拉开6号机202东隔离开关。"复诵无误后令本班值班员李、郭两人到现场执行操作。这两人在检查6号机202断路器确在开位后，走到202西隔离开关处把操作把手上挂的"禁止合闸，有人工作"警告牌取下，用202东隔离开关1号钥匙开锁，但没打开。这两人未意识到操作错误，而是认为拿错钥匙，换成2号钥匙打开防误锁。同日8时33分，将处于分闸状态的202西隔离开关合上，造成66kV东母线发生三相接地短路。副总下令停机操作不执行操作票，使运行操作失去有效监督。

【事故案例2】 2002年7月21日，上海某建设实业发展中心在承包的某小区4号房工地上进行开凿电线管墙槽的工作。水电班班长朱某、副班长蔡某，安排普工朱某、郭某两人为一组到 4 号房东单元 4～5 层开凿电线管墙槽。下午 13 时上班后,朱、郭两人携带手提切割机、榔头、凿头、开关箱等作业工具来到作业现场。朱某去了 4 层,郭某去了 5 层。当郭某在东单元西套卫生间墙槽时,由于操作不慎,切割机切破电线,使郭某触电。下午 14 时 20 分左右,木工陈某路过东单元西套卫生间,发现郭某躺倒在地坪上,不省人事。项目部立即叫来工人宣某、曲某将郭某送往医院,经抢救无效死亡。造成事故的直接原因是施工现场用电设备、设施缺乏定期维护、保养,开关箱剩余电流动作保护器失灵。

【事故案例 3】 2002 年 8 月 10 日,上海某建筑工程有限公司在承建的某住宅小区工地上,油漆班正在进行装饰工程的墙面批嵌作业。下午上班后,油漆工屈某在施工现场 47 号房西南广场处,用经过改装的手电钻搅拌机(金属外壳)伸入桶内搅拌批嵌材料。下午 15 时 35 分左右,泥工何某见到屈某手握电钻坐在地上,以为他在休息而未注意。大约 1min 后,发现屈某倒卧在地上,面色发黑,不省人事。何某立即叫来油漆工班长等人用出租车将屈某急送医院,经抢救无效死亡。医院诊断为触电身亡。事后发现屈某在现场施工中用不符合安全使用要求的手电钻搅拌机,本人又违反规定私接电源,加之在施工中赤脚操作,是造成本次事故的直接原因。项目部对职工、班组长缺乏安全生产教育,现场管理不到位,发现问题未能及时制止;况且用自制的手枪钻作搅拌机使用,在接插电源时,未经漏电保护,违反"三级配电,二级保护"原则,是造成本次事故的间接原因。

配套考核题解

试 题

一、名词解释

1. 低[电]压
2. 高[电]压
3. 发电厂[站]
4. 变电站(电力系统的)
5. 电力线路
6. 运用中的电气设备
7. 开关站
8. 断路器
9. 隔离开关
10. 个人保安线
11. 双重称号
12. 配电设备

二、填空题

1. 国家强制性标准《电力安全工作规程 电力线路部分》(GB 26859—2011)规定了_____和在电力生产场所_____的基本_____。

2. GB 26859—2011 适用于具有_____ kV 及以上电压等级设施的发电企业所有_____的电气设备及其相关场所;具有_____ kV 及以上电压等级设施的输电、变电和_____企业所有运用中的电气设备及其相关场所;具有_____ kV 及以上电压等级设施的_____单位运用中的电气设备及其相关场所。其他电力企业和用电单位也可参考使用。

3. 低电压是指用于配电的交流电力系统中 1000V _____以下的电压等级。

4. 高电压通常指_____低压的电压等级，特定情况下，指电力系统中_____的电压等级。

5. 由建筑物、_____设备和全部_____的辅助设备组成的生产电能的工厂称为发电厂（站）。

6. 变电站（电力系统的）是电力系统的一部分，它_____在一个指定的地方，主要包括输电或配电线路的_____、开关及控制设备、建筑物和变压器。通常包括电力系统_____和控制所需的设施（如保护装置）。

7. 电力线路是由在系统_____间用于输配电的导线、_____和附件组成的设施。

8. 运用中的电气设备是指全部带有电压、_____带有电压或_____即带有电压的电气设备。

9. 能关合、承载、开断运行回路_____，也能在规定时间内关合、承载及开断规定的_____（包括_____）的开关设备，也称开关。

10. 在分位置时，_____间有符合规定要求的绝缘距离和明显的_____；在合位置时，能承载正常回路条件下的电流及在_____内异常条件（如短路）下的电流的开关设备。

11. 个人保安线是用于保护工作人员防止_____伤害的接地线。

12. 配电设备是用于向一个_____供电的变压器、高低压开关、_____、控制和_____等设备的统称。

13. 开关站是有开关设备，通常还包括_____、但没有电力变压器的变电站。

14. 双重称号是指线路名称和位置称号，位置称号指_____多回路中导线_____位置。

三、选择题

1. GB 26859—2011 规定了（   ）和在电力生产场所工作人员的基本电气安全要求。
A. 发电厂；　　　　B. 供电公司；　　　　C. 用户；　　　　D. 电力生产单位

2. GB 26859—2011 适用于具有（   ）kV 及以上电压等级设施的发电企业所有运用中的电气设备及其场所。
A. 35；　　　　B. 66；　　　　C. 110；　　　　D. 220

3. GB 26859—2011 适用于具有（   ）kV 及以上电压等级设施的输电、变电和配电企业所有运用中的电气设备及其相关场所。
A. 35；　　　　B. 66；　　　　C. 110；　　　　D. 220

4. GB 26859—2011 适用于具有（   ）kV 及以上电压等级设施的用电单位运用中的电气设备及其相关场所。其他电力企业和用电单位也可参考使用。
A. 35；　　　　B. 66；　　　　C. 110；　　　　D. 220

四、判断题（正确的画"√"，不正确的画"×"）

1. GB 26859—2011 规定了电力生产单位和在电力生产场所工作人员的基本电气安全要求。　　　　　　　　　　　　　　　　　　　　　　　　　　（　　）

2. GB 26859—2011 适用于具有 66kV 及以上电压等级设施的发电企业所有运用中的电气设备及其相关场所；具有 35kV 及以上电压等级设施的输电、变电和配电企业所有运用中的电气设备及其相关场所；具有 220kV 及以上电压等级设施的用电单位运用中的电气设备及其相关场所。其他电力企业和用电单位也可参考使用。（　　）

五、改错题

1. 低［电］压是指用于配电的交流电力系统中 250V 及其以下的电压等级。

高［电］压通常是指超过低压 250V 的电压等级。特定情况下，指电力系统中输电的电压等级。

2. 电力系统的变电站是电力系统的一部分，主要包括输电或配电线路的终端、开关及控制设备、建筑物和变压器。通常包括电力系统安全和控制所需的设施（如保护装置）。

3. 电力线路是指在系统两点间用于输配电的导线组成的设施。

4. 运用中的电气设备是指全部带有电压或一经操作即带有电压的电气设备。

5. 断路器是能关合、承载、开断运行回路正常电流，也能在规定时间内关合、承载及开断规定的过负荷电流的开关设备，也称开关。

6. 隔离开关是在分位置时，触头间有明显的断开标志；在合位置时，能承载正常回路条件（如短路）下的电流及在规定时间内异常条件（如短路）下的电流的开关设备。

7. 个人保安线是用于保护工作人员防止触电伤害的接地线。

8. 配电设备是用于向一个用电区供电的变压器、高低压开关、控制和计量等设备的统称。

六、问答题

1. 《电力安全工作规程　电力线路部分》的"范围"是什么？

2. 术语"低［电］压"的定义是怎样的？

3. 术语"高［电］压"的定义是怎样的？

4. 术语"发电厂［站］"的定义是怎样的？

5. 术语"变电站（电力系统的）"的定义是怎样的？

6. 术语"电力线路"的定义是怎样的？

7. 术语"运用中的电气设备"的定义是怎样的？

8. 术语"开关站"的定义是怎样的？

9. 术语"断路器"的定义是怎样的？

10. 术语"隔离开关"的定义是怎样的？

11. 术语"个人保安线"的定义是怎样的？

12. 术语"配电设备"的定义是怎样的？

13. 术语"双重称号"的定义是怎样的？

答　　案

一、名词解释

1. 低［电］压：用于配电的交流电力系统中 1000V 及其以下的电压等级。

2. 高［电］压：①通常指超过低压的电压等级；②特定情况下，指电力系统中输电的电压等级。

3. 发电厂［站］：由建筑物、能量转换设备和全部必要的辅助设备组成的生产电能的工厂。

4. 变电站（电力系统的）：电力系统的一部分，它集中在一个指定的地方，主要包括输电或配电线路的终端、开关及控制设备、建筑物和变压器。通常包括电力系统安全和控制所需的设施（如保护装置）。

5. 电力线路：在系统两点间用于输配电的导线、绝缘材料和附件组成的设施。

6. 运用中的电气设备：全部带有电压、一部分带有电压或一经操作即带有电压的电气设备。

7. 开关站：有开关设备，通常还包括母线，但没有电力变压器的变电站。

8. 断路器：能关合、承载、开断运行回路正常电流，也能在规定时间内关合、承载及开断规定的过负荷电流（包括短路电流）的开关设备，也称开关。

9. 隔离开关：在分位置时，触头间有符合规定要求的绝缘距离和明显的断开标志；在合位置时，能承载正常回路条件下的电流及在规定时间内异常条件（如短路）下的电流的开关设备。

10. 个人保安线：用于保护工作人员防止感应电伤害的接地线。

11. 双重称号：线路名称和位置称号，位置称号指同杆架设多回路中导线安装位置，如上线、中线或下线和面向线路杆塔号增加方向的左线或右线。

12. 配电设备：用于向一个用电区供电的变压器、高低压开关、线路、控制和计量等设备的统称。

二、填空题

1. 电力生产单位；工作人员；电气安全要求

2. 66；运用中；35；配电；220；用电

3. 及其

4. 超过；输电

5. 能量转换；必要

6. 集中；终端；安全

7. 两点；绝缘材料

8. 一部分；一经操作

9. 正常电流；过负荷电流；短路电流

10. 触头；断开标志；规定时间

11. 感应电

12. 用电区；线路；计量

13. 母线

14. 同杆架设；安装

三、选择题

1. D

2. B

3. A

4. D

四、判断题

1. （√）

2. （√）

五、改错题

1. 低［电］压是指用于配电的交流电力系统中 1000V 及其以下的电压等级。高［电］压通常指超过低压 1000V 的电压等级。特定情况下，指电力系统中输电的电压等级。

2. 电力系统的变电站是电力系统的一部分，它集中在一个指定的地方，主要包括输电或配电线路的终端、开关及控制设备、建筑物和变压器。通常包括电力系统安全和控制所需的设施（如保护装置）。

3. 电力线路是指在系统两点间用于输配电的导线、绝缘材料和附件组成的设施。

4. 运用中的电气设备是指全部带有电压、一部分带有电压或一经操作即带有电压的电气设备。

5. 断路器能关合、承载、开断运行回路正常电流，也能在规定时间内关合、承载及开断规定的过负荷电流（包括短路电流）的开关设备，也称开关。

6. 隔离开关在分位置时，触头间有符合规定要求的绝缘距离和明显的断开标志；在合位置时，能承载正常回路条件（如短路）下的电流及在规定时间内异常条件（如短路）下的电流的开关设备，也称刀闸。

7. 个人保安线是用于保护工作人员防止感应电伤害的接地线。

8. 配电设备是用于向一个用电区供电的变压器、高低压开关、线路、控制和计量等设备的统称。

六、问答题

1. 答：（1）GB 26859—2011 规定了电力生产单位和在电力生产场所工作人员的基本电气安全要求。

（2）GB 26859—2011 适用于具有 66kV 及以上电压等级设施的发电企业所有运用中的电气设备及其相关场所；具有 35kV 及以上电压等级设施的输电、变电和配电企业所有运用中的电气设备及其相关场所；具有 220kV 及以上电压等级设施的用电单位运用中的电气设备及其相关场所。其他电力企业和用电单位也可参考使用。

2. 答：用于配电的交流电力系统中 1000V 及其以下的电压等级。可用 LV 表示。

3. 答：（1）通常指超过低压的电压等级。

（2）特定情况下，指电力系统中输电的电压等级。可用 HV 表示。

4. 答：由建筑物、能量转换设备和全部必要的辅助设备组成的生产电能的工厂。

5. 答：电力系统的一部分，它集中在一个指定的地方，主要包括输电或配电线路的终端、开关及控制设备、建筑物和变压器。通常包括电力系统安全和控制所需的设施（如保护装置）。

6. 答：在系统两点间用于输配电的导线、绝缘材料和附件组成的设施。

7. 答：全部带有电压、一部分带有电压或一经操作即带有电压的电气设备。

8. 答：有开关设备，通常还包括母线，但没有电力变压器的变电站。

9. 答：能关合、承载、开断运行回路正常电流，也能在规定时间内关合、承载及开断规定的过负荷电流（包括短路电流）的开关设备，也称开关。

10. 答：在分位置时，触头间有符合规定要求的绝缘距离和明显的断开标志；在合位置时，能承载正常回路条件（如短路）下的电流的开关设备，也称刀闸。

11. 答：用于保护工作人员防止感应电伤害的接地线。

12. 答：用于向一个用电区供电的变压器、高低压开关、线路、控制和计量等设备的统称。

13. 答：线路名称和位置称号，位置称号指同杆架设多回路中导线安装位置，如：上线、中线或下线和面向线路杆塔号增加方向的左线或右线。

第四章 作业要求

原文："4 作业要求"

第一节 工 作 人 员

原文："4.1 工作人员"

一、条文 4.1.1

原文："4.1.1 经医师鉴定，无妨碍工作的病症（体格检查至少每两年一次）。"

在电力系统一线工作的员工身体条件是放在首位的。妨碍电气工作的病症主要有：高血压、心脏病、癫痫病、精神病、色盲、口吃、聋哑，以及恐高症。

如何确定是否有上述病症和缺陷，需要医师的鉴定。过去一般规定要在县区级及以上医院进行体检。现在国家将医疗机构划分为三级十等，一级医院分为甲等、乙等和丙等；二级医院分为甲等、乙等和丙等；三级医院分为特等、甲等、乙等和丙等。三甲医院是最好的医院。一级医院是直接为社区服务的基层医院。二级医院主要指跨几个社区的地区性医院和大型企业的职工医院。体格检查至少应在二级医院进行。

经过医生体格检查、鉴定，确实不患有妨碍工作的病症，如严重心脏病、3级以上高血压病、癫痫病、精神病、关节僵硬和习惯性脱臼症、代偿性肺结核、耳聋、色盲、色弱等。电力工作很多是属于特种作业的范畴，工作现场和环境始终有电场存在。可以说，所有的运行问题，都是围绕着一个"电"字展开的。电气设备承受额定参数的高电压、高气压、高温度运行，旋转和能量的作用，使得其性状处在动态变化之中，用这种变化的大小和速度，可以表征它们运行得是否良好。其外部表象反映为：发热设备裸金属漆色或本色发生变化；充油设备油色变化过甚；有机绝缘烧损发出异味；高压设备绝缘降低时沿面放电，起始时有轻微的光声等现象发生。电气工作人员应能调动并运用全部感官，迅速而敏捷地发现这些现象，有效地监控设备，预防事故，及时消除故障苗头。所以，要求电气工作人员视觉、嗅觉、听觉及其他感官功能正常，四肢灵活，工作之中不发生行为失常、动作错乱的现象。同时，还要求电气工作人员无神经系统的疾病及传染病等。为此，新参加工作的电气工作人员必须进行某些确定项目和一般项目的体格检查，合格与否由医师鉴定。另外，由于还存在后天患病的可能，因此所有的电气工作人员还应做定期体检，以便于及时发现不符合职业条件的疾病，及早地进行治疗或调换适合的工作。

无论是新职工还是老职工，体检应在县级以上人民医院进行，最好能固定在某一个医院，这样便于在医院中为职工个人建立起一个健康档案。另外县级以上人民医院的医疗设备和诊断水平相对较高，鉴定准确。《农村电网低压电气安全工作规程》（DL/T 477—2010）已明确"经县级以上医疗机构鉴定"的要求。

二、条文 4.1.2

原文："4.1.2 具备必要的安全生产知识和技能，从事电气作业的人员应掌握触电急救等救护法。"

1. 一般工作人员

（1）除了身体条件外，工作人员应具备必要的安全生产知识和技能。

1）电气安全基本概念有：①电气安全基础；②风险与安全；③防护；④安全标志；⑤颜色标志的代码；⑥电气设备电源特性的标记；⑦三相电力系统相导体的钟时序数标识；⑧电磁兼容性；⑨安全技术措施。

2）电气安全基本要素有：①电压；②电流；③阻抗；④接地。

3）电气安全技术措施有：①中性点接地系统；②低压配电系统的接地型式及安全技术要求；③防护；④保护装备和器件。

4）电气附件及元器件有：①插头和插座；②连接器；③保护器件；④端子。

5）电气试验有：①预防性试验；②诊断性试验。

6）静电安全技术有：①起电；②静电消散和静电集聚；③静电放电；④静电防护材料；⑤静电防护制品；⑥静电测量与检测；⑦静电安全；⑧静电灾害及其预防。

7）人机界面标志标识有：①指示器和操作器件的编码规则；②设备端子和导体终端的标识；③操作规则；④导体颜色或字母数字标识。

8）外壳对人和设备的防护有：①外壳防护等级；②试验的一般要求；③试验的具体要求；④检验用试具。

9）电气设备应用场所的安全要求有：①基本要求；②电气安全程序；③在导电体或电路部件处或附近工作；④电气设备的应用；⑤安全断电操作的步骤；⑥在断开的带电体、电路部件上工作或在其附近工作必须锁定和标识；⑦临时保护接地装置。

10）用电产品安全使用和用电安全管理有：①用电安全的基本原则；②用电产品的设计制造与选择；③用电产品的安装、使用与维修；④特殊场所用电安全的一般原则；⑤用电的电磁兼容性（EMC）；⑥手持式电动工具的使用安全技术；⑦脉冲电子围栏安装和安全运行；⑧无线电发射设备安全要求；⑨多媒体设备安全要求；⑩家庭控制系统安全要求；⑪用电安全管理。

11）电力安全工作的一般规定有：①作业要求；②一般安全措施；③安全组织措施；④安全技术措施；⑤线路运行与维护安全要求；⑥邻近带电导线的工作安全要求；⑦线路作业工作安全要求；⑧配电设备上的工作安全要求；⑨带电作业安全要求；⑩电力电缆工作安全要求；⑪掌握紧急救护法特别是触电急救法。

（2）单位应对工作人员进行教育和培训。使其掌握安全生产知识和技能，如国家安全生产方针政策、安全生产法规标准，树立消灭三违观念，掌握三不伤害技能、电气火灾的预防和扑救，了解使用相关安全用具的方法与检查鉴别是否完好的基本要点，掌握电气作业危险点辨识分析和控制的基本方法、正确使用劳动防护用品与用具，以及电气安全技术等。

（3）工作人员如接到违反本规程的命令，有权拒绝执行。

（4）任何人发现有违反国标《安规》的情况应立即制止，有权停止作业或者在采取可能的应急措施后撤离作业场所，并立即报告。

（5）作业现场任何人员和任何工作都严禁约时停送电。

（6）禁止非电气人员修理、拆卸电气设备或电气装置。

2. 对于在一定程度上负有安全生产责任的各级领导

（1）懂得安全法规，标准及方针政策。企业各级负责人应有意识地培养自己的安全法规和安全技术素质，认真学习国家和行业主管部门颁布的安全法规文件和有关安全技术法规，以及事故发生规律。安全生产的技术法规包括安全生产的管理标准；劳动生产设备、工具安全卫生标准，生产工艺安全卫生标准，防护用品标准等；重大责任事故的治安处罚与行政处罚；违反安全生产法律应承担的相应的民事责任；违反安全生产法律应承担的相应的刑事责任；在什么情况下构成重大责任事故罪等。

（2）安全管理能力培养。企业各级负责人只有具备较高的安全管理素质才能真正负起"安全生产第一责任人"的责任，在安全生产问题上正确运用决定权、否决权、协调权、奖惩权；要机构、人员、资金、执法上为安全生产提供保障条件。

（3）树立正确的安全思想。重视人的生命价值；强烈的安全事业心和高度的安全责任感。

（4）建立应有的安全道德。具备正直、善良、公正、无私的道德情操和关心职工、体恤下属的职业道德，对于贯彻安全法规制度，要以身作则，身体力行。形成求实的工作作风。防止口头上重视安全，实际上忽视安全，即所谓"说起来重要，做起来次要，忙起来不要"的恶习。

（5）各级领导必须以身作则，充分发动群众、依靠群众，要发挥安全监督机构和群众性安全组织的作用，严格监督国家电力安全强制性标准的贯彻执行。

（6）各级领导均不得发出违反国标电力《安规》的命令。

3. 从事电气作业的人员尤其要掌握触电急救法

触电急救法是紧急救护法中的重要一项。在电力行业《安规》中都将紧急救护法作为规范性附录。国标《安规》没有将紧急救护法列入规范性附录，这是因为在 2008 年已将电力行业《安规》中的这个附录以专门的行业标准发布了——《电力行业紧急救护技术规范》（DL/T 692—2008）。电气作业人员可以学习该标准，掌握触电急救法，以及创伤急救法、挤压伤急救法、冻伤急救法、动物咬伤急救法、溺水急救法、高温中暑急救法和有害气体中毒急救法。

规程中对电气工作人员的条件规定了三条，这三条缺一不可，也不是仅具备一条即可以。首先是身体条件，这是工作的基础，要求没有妨碍电气工作的病症。其次是要具备必要的电气知识，这就是作为电气工作人员的职业技能要求的基础知识和专业技能，但这还不够，还必须熟悉《安规》的有关部分，并经考试合格。其三是学会紧急救护法，这是一旦发生人体伤害事故的自我救护或救护他人、抢救受害者生命的必备知识和技能。特别是学会触电急救方法，并能正确施行，是贯彻执行"安全第一，预防为主，综合治理"方针的实际体现。以往的经验表明，发生人身触电事故后，急救是否迅速，方法是否正确、有效，对伤员的复苏关系很大。因此，为了挽救生命、减轻痛苦、减少损失，电气工作人员人人都要学习和掌握紧急救护方法。

国标《安规》热力和机械部分的规定如下。

1）所有工作人员都应具备必要的安全救护知识，应学会紧急救护方法，特别要学会触电急救法、窒息急救法、心肺复苏法等，并熟悉有关烧伤、烫伤、外伤、气体中毒等急救常识。

2）使用易燃物品（如乙炔、氢气、油类、天然气、煤气等）的人员，必须熟悉这些物质的特性及防火防爆规则。

3）使用有毒危险品（如氯气、氨、汞、酸、碱）的人员，必须熟悉这些物质的特性及应急处理常识，防止不当施救。

4）使用有放射性物质（如钴、铯）的人员，必须熟悉放射防护及应急处理常识。

以上规定，同样适用于变电、线路等工作人员。

（1）紧急救护法的基本要求。

1）紧急救护的基本原则是在现场采取积极措施保护伤员生命，减轻伤情，减少痛苦，并根据伤情需要，迅速联系医疗部门救治。急救的成功条件是动作快，操作正确。任何拖延和操作错误都会导致伤员伤情加重或死亡。

2）要认真观察伤员全身情况，防止伤情恶化。发现呼吸、心跳停止时，应立即在现场就地抢救，用心肺复苏法支持呼吸和循环，对脑、心重要脏器供氧。应当记住只有在心脏停止跳动后分秒必争地迅速抢救，救活的可能才较大。

3）现场工作人员都应定期进行培训，学会紧急救护法。会正确解脱电源、会心肺复苏法、会止血、会包扎、会转移搬运伤员、会处理急救外伤或中毒等。

4）生产现场和经常有人工作的场所应配备急救箱，存放急救用品，并应指定专人经常检查、补充或更换。

（2）触电急救的基本原则。

1）触电急救必须分秒必争，立即就地迅速用心肺复苏法进行抢救，并坚持不断地进行，同时及早与医疗部门联系，争取医务人员接替救治。在医务人员未接替救治前，不应放弃现场抢救，更不能只根据没有呼吸或脉搏擅自判定伤员死亡，放弃抢救。只有医生有权作出伤员死亡的诊断。

2）现场触电抢救，对采用肾上腺素等药物应持慎重态度。如没有必要的诊断设备条件和足够的把握，不得乱用。在医院内抢救触电者时，由医务人员经医疗仪器设备诊断，根据诊断结果决定是否采用。

（3）创伤急救的基本原则。

1）创伤急救原则上是先抢救，后固定，再搬运，并注意采取措施，防止伤情加重或污染。需要送医院救治的，应立即做好保护伤员措施后送医院救治。

2）抢救前先使伤员安静躺平，判断全身情况和受伤程度，如有无出血、骨折和休克等。

3）外部出血立即采取止血措施，防止失血过多而休克。外观无伤，但呈休克状态，神志不清，或昏迷者，要考虑胸腹部内脏或脑部受伤的可能性。

4）为防止伤口感染，应用清洁布片覆盖。救护人员不得用手直接接触伤口，更不得在伤口内填塞任何东西或随便用药。

5）搬运时应使伤员平躺在担架上，腰部束在担架上，防止跌下。平地搬运时伤员头部在后，上楼、下楼、下坡时头部在上，搬运中应严密观察伤员，防止伤情突变。

4. 带电作业人员作业资格

带电作业人员应经专门培训，并经考试合格，本单位领导批准后，方能参加工作。

带电作业是一个技术性较强操作安全水平要求较高的特殊工种。因此，凡开展带电作业的单位，对作业人员必须坚持专业培训，考试合格后才能允许参加批准项目的作业。

（1）各网局（省局）应建立带电作业培训中心，配备模拟设备和场地，有计划地对全网（省）带电作业人员分期分批进行轮训，以逐步提高他们的技术素质。

（2）根据网局（省局）安排，各基层单位带电作业专责人协助教育科编制本单位的年度培训计划，并认真执行。

（3）带电作业新人员的培训。所谓带电作业新人员，系指由线路工改为带电作业工或从技工学校新分配的人员，而不是指未转正的学徒工。对新参加带电作业人员，要指派带电作业经验丰富的技术人员和技工向他们逐条讲解《安规》带电作业部分、《带电作业现场操作规程》，并组织他们学习电工基础和带电作业基本知识，绝缘材料性能，常用工具的构造、规格、性能、用途、使用范围和操作方法。

上述基本知识考试合格后，还需经过模拟实际操作训练（运行设备上操作考核，只有全部符合要求，才能发给合格证）参加经批准的带电作业项目操作。

（4）带电作业人员的日常培训。带电作业的日常培训，每月应不少于4h。学习内容包括：带电作业基本知识和规程制度；实际操作练习：技术问答和考问讲解；复杂项目作业前的技术交底以及事故实例学习等。

（5）工作负责人（包括监护人，下同）的培训。工作负责人是带电作业现场操作的组织者，安全措施的实施者，责任重大，因此，除一般带电作业的培训外，还需进行工作负责人的专门培训。培训内容为：工作负责人的组织能力；处理作业中的意外情况的应变能力和理论知识，以不断提高他们的理论水平和实际工作能力。

（6）带电作业人员的考核（包括规程考试和基本知识的考试）每年不少于一次。考试前一周，应通知被考人。考试成绩应登记在带电作业合格证内。考试成绩不合格者，应在半个月内补考，仍不及格者，收回合格证，并按有关规定扣发奖金，直到考试合格为止。

（7）带电作业人员的管理。

1）带电作业是在不停电的设备上进行的特殊作业，要求作业人员具有一定的技术水平和专业知识，因此，人员的配备应从电力技校、中专毕业生或三级及以上的线路工中选择，学徒工不允许参加带电作业。

2）带电作业人员应保持相对稳定，人员变动应征求本单位带电作业负责人意见，并经总工程师批准。

3）带电作业人员脱离带电作业三个月以上者，应重新进行《安规》带电作业部分考试，并履行批准手续。

4）带电作业工作负责人和工作票签发人按《安规》规定条件和程序审批。

5. 新参加工作人员、外来人员要求

（1）新参加电气工作的人员、实习人员和临时参加劳动的人员（管理人员、临时用工等）必须经过安全知识教育后，方可下现场随同参加指定的工作，但不得单独工作。

（2）对外单位派来支援的电气工作人员，工作前应对其介绍现场电气设备接线情况和有关安全措施。

三、条文 4.1.3

原文："4.1.3 具备必要的电气知识和业务技能，熟悉电气设备及其系统。"

国家颁发的技术工人等级标准中都有不同工种的应知应会、三熟三能内容。一般来讲，凡是拿到上岗证的工作人员已具备必要的知识和技能，见表 4-1-1。

表 4-1-1　　　　　　　　　　电气工人必要的电气知识和业务技能

项　　目	具　体　内　容
必要的电气知识	（1）电工基础知识 （2）电力系统基本知识 （3）电力变压器 （4）电机 （5）高压电器及成套配电装置 （6）低压电器及成套装置 （7）高压电力线路 （8）低压电力线路 （9）过电压保护 （10）继电保护和自动装置及二次回路 （11）电力电缆线路基础知识 （12）电气绝缘基础知识 （13）高压试验基本知识 （14）试验和测量基本知识
必要的业务技能	（1）会熟练使用电工工具和仪表 （2）安装检修低压电器和电气照明设备 （3）安装检修发电机、电动机及故障处理 （4）安装检修维护高、低压电力线路及故障处理 （5）高低压成套配电装置安装检修维护及故障处理 （6）电气运行操作及故障处理 （7）电力电缆线路敷设、运行检修及故障处理 （8）电力电缆线路附件加工安装 （9）继电保护自动装置测试 （10）分立元件继电保护自动装置测试 （11）微机保护措施 （12）继电保护动作分析和故障处理 （13）电力变压器运行维护检修和试验操作 （14）互感器、避雷器、断路器、电容器的试验操作 （15）电力电缆的试验操作 （16）电力安全工具器具预防性试验 （17）电气设备交接和预防性试验 （18）携带型仪器仪表的使用 （19）低压带电作业 （20）高压带电作业

四、安全教育培训和安规考试

国标《安规》对安全教育培训及安规考试未作规定，编者根据实际增加这项内容。

1. 安全教育的重要性和必要性

《中华人民共和国劳动法》规定企业必须对员工进行安全教育，它是在职生产人员培训的重要内容，也是安全管理的重要内容。安全教育是提高企业各级领导和广大员工对安全重要性的认识、树立牢固的"安全第一"思想的需要；是员工掌握安全操作技能知识和专业安全技术的需要，是完成生产任务和确保安全生产的需要。

安全教育之所以重要，首先在于它能提高各级领导和广大员工搞好安全生产工作的责任感和自觉性，为搞好安全生产奠定"安全第一"的思想基础；其次还在于它能使广大员工掌握安全知识，提高安全操作技术水平，为搞好安全生产创造有利条件；再则是为适应我国电力工业的高速发展，要求员工的业务技术素质适应时代前进的步伐。所以，安全教育也是搞好安全生产的重要措施。

为了传授安全知识和安全技术，使新员工、低级工掌握安全生产的全过程和具有生产实践能力，达到"三熟三能"，以维持稳定生产，识别和消除生产过程中的不安全因素，必须加强安全教育才能达到目的；为了从已发生的事故中吸取教训，避免重复发生事故，需要进行事故案例教育；为了普及推广预先发现可能导致发生事故的各种危险因素及事故隐患，即从预防事故来看也有进行安全教育的必要性。

2. 安全教育按内容分类

安全教育按内容可分为安全思想教育、安全知识教育、安全技术教育三大类。

（1）安全思想教育。只有思想上重视安全工作的重要性，才会认真执行安全规章制度、学习安全知识、掌握安全技术。因此它是安全教育的核心、基础，是最根本的安全教育。它应包括：安全方针、政策、纪律教育，法制教育，职业道德教育，安全生产先进经验教育和事故案例教育等部分。

（2）安全知识教育。主要是基础知识教育，如电气安全知识，防火、防爆、起重、焊接、转动机械设备的安全知识，登高作业和其他各种危险作业的安全知识教育。

（3）安全技术教育。包括一般安全技术和专业安全技术教育。一般安全技术是员工必须具备的、最基本的安全技术知识，掌握应知应会的安全技术；专业安全技术是指某个工种必须具备的专业安全技术，在完成一般安全技术教育的基础上，还要按照不同工种，进行专门的、深入的专业安全技术教育。安全技术还包括安全系统工程等现代化管理知识的内容，如安全文化、事故隐患评估与治理、安全规程、两票三制等。

3. 安全教育培训的目的

（1）定期对有关作业人员进行安全规程、制度、技术等培训，使其熟练掌握有关安全措施和要求，明确各自安全职责，提高安全防护的能力和水平。

（2）对临时工和外来工作人员的安全管理应符合《安全生产工作规定》要求，临时工和外来工作人员必须经过安全培训并考试合格方可工作。

4. 制定安全教育培训计划

应针对当前安全生产中存在的问题及实际工作特点开展安全培训工作。负责安全培训的部门和相关人员，应该深入了解安全生产中存在的危及人身安全的隐患，结合工作实际制定安全教育培训计划。

5. 安全教育培训的形式

（1）在岗生产人员应定期进行有针对性的现场考问、反事故演习、技术问答、事故预想等现场培训。

（2）安全培训要结合生产现场实际，通过培训增强职工辨识危险、有害因素的能力，提高人身安全防护技能。

（3）企业对本单位班组安全日活动要提出具体要求，并下发到班组，提高安全日活动的质量。充分利用班组安全日活动这种形式，开展安全教育和培训，及时检查班组安全工作中存在的死角，制定有效的措施。

（4）企业应结合生产实际，经常性开展多种形式的安全思想教育，提高员工安全防护意识，掌握安全防护知识和伤害事故发生时的自救、互救方法。

6. 安全教育按层次分类——三级安全教育培训工作

企业要做好新入厂人员（包括实习，代培人员）、临时聘用人员的三级安全教育培训工作，经安全工作规程考试合格后方可进入生产现场工作。

安全教育按层次可分为厂、车间和班组三级。

（1）厂级安全教育主要是对新员工进行入厂安全教育，内容主要是本企业的行业安全知识教育、厂安全纪律教育。此外还有统一组织特殊工种安全培训、考试发证教育、企业员工的安规教育考试等。

（2）车间级安全教育主要是结合具体工作岗位进行安全规程制度、运行操作规程教育，安全工器具安全使用知识教育，结合设备和任务进行教育，如怎样填写"两票"，并进行"两票"资质考试，进行紧急救护知识、消防知识、消防器材使用知识教育、工业卫生和防止职业病教育等。

（3）班组级安全教育则是三级教育中最具体的、最重要的、内容最有操作性的、对实践最需要的一种教育。班组级安全教育分为两类。一类是对新员工的安全教育，主要内容是介绍本班组的概况、生产特点、作业环境、危险区域、设备状况、安全（消防）设施等；讲解本工种安全工作规程和岗位职责、安全生产责任制，指出危险作业地点的安全注意事项；讲解正确使用防护用品和文明生产的要求；学习掌握必要的安全技术和安全防护设施的性能与作用；组织重视安全、技术熟练、富有经验的老员工进行安全作业示范，并讲解安全操作要领，说明怎样操作是危险的，怎样操作是安全的，强调不遵守操作规程将会带来的危害性，强调不违章冒险，不擅自单独操作，并辅以实例说明。另一类是日常的安全教育，主要包括安全思想教育、纪律教育、法制教育、新员工班组安全教育、复工安全教育、"调岗"安全教育、经常性安全教育、对外包人员的安全教育。

7. 企业要建立安全教育室

要运用安全录像、幻灯、计算机多媒体、广播、闭路电视等多种形式普及安全技术知识，并进行经常性的演讲、竞赛等，不断提高职工的安全意识和安全防护技能。

8. 安全教育培训应列入安全技术劳动保护措施计划

企业安全技术劳动保护措施计划中关于安全教育培训的重点内容如下。

（1）企业领导和安全生产管理人员从事生产经营活动相应的安全生产知识、紧急救护知识、消防器材使用的培训。

（2）企业职工相应的安全生产知识、紧急救护知识、消防器材使用的培训。

（3）购置或编印安全技术劳动保护的资料、器具、刊物、宣传画、标语、幻灯及电影片等。

（4）举行安全技术劳动保护展览会，设立陈列室、安全教育室等。

（5）紧急救护等安全操作方法（包括紧急救护模拟人购置）的教育训练及座谈会、报告会等。

（6）建立与贯彻有关安全生产规程制度的措施。

9. 安规考试

（1）电气工作人员对本规程应每年考试一次。所有电气工作人员（包括领导干部）每年 6 月前或每年春检预试前组织复习一次《安规》，并进行考试。考试采取分级考试方法，即发电、电网企业职工的《安规》考试由企业自行命题，组织考试。对发电和电网企业的领导和安监部门工作人员由企业的上级单位命题并组织考试。所有考试成绩出榜公布。凡考试不合格的应补考，补考不合格的要脱岗学习、复试，直到考试合格才能复岗参加工作。

为什么要选在每年 6 月前呢？因为每年的 6 月份是全国的安全生产活动月，大家都不希望在安全活动月中出现事故，成为典型。

（2）因故间断工作人员。因故间断电气工作连续 3 个月以上者，必须重新温习本规程，并经考试合格后，方能恢复工作。

根据对人体智力研究的结果表明，成年人如果连续 3 个月对某一事件再没有靠五官感觉过，那么再重新接触该事件时就会有陌生感、生疏感，有些记得、有些记不得。在这种精神状态下，如果和班组其他工作人员一起工作时，就可能发生伤害自己，或伤害他人，或被别人伤害的事情，或者造成设备事故，因此，凡是间断电气工作连续 3 个月以上者（不包括分段间断电气工作，累计 3 个月以上者），必须重新温习《安规》，并经考试合格后，方能恢复工作。考试命题和组织可由本班组或本车间进行，也可由单位安监部门进行考试。

（3）外单位承担或外来人员参与公司系统电气工作的工作人员应熟悉本规程并经考试合格，方可参加工作。工作前，设备运行管理单位应告知现场电气设备接线情况、危险点和安全注意事项。

外单位派员支援有两种情况：一种是检修任务时间紧，工作量大，本单位人手不够；另一种是本单位缺少高级专门技工，不能胜任需求援。无论哪种情况，对同行单位来协助工作的电业职工，主要应介绍现场电气主接线、环境及工作条件，特别是要讲清设备带电部位、范围、安全措施、工作注意事项等应遵守的规定。

国网《安规》要求外单位承担或外来人员参与公司系统电气工作的工作人员应熟悉本规程、并经考试合格，方可参加工作。

（4）新参加电气工作的人员、实习人员和临时参加劳动的人员（如干部、临时工等），必须经过安全知识教育后，方可下现场随同参加指定的工作，但不得单独工作。可在老职工和有经验的人员带领或监护下工作。因为这些人员接受的安全知识教育是低下的、别人口授的，还缺乏感性认识，没有经过实践的磨炼，缺乏现场应变能力和处理突发事件的能力，因此不能单独工作。

第二节 作 业 现 场

原文："4.2作业现场"

一、条文4.2.1

原文："4.2.1 作业现场的生产条件、安全设施、作业机具和安全工器具等应符合国家或行业标准规定的要求，安全工器具和劳动防护用品在使用前应确认合格、齐备。"

本条有两层意思，一是对单位的要求，一是对作业人员的要求。

1. 对单位的要求

单位应对作业现场的生产条件、安全设施、作业机具和安全工器具四个方面按国家或行业标准规定配齐、合格，如：①发电厂升压站；②变电站户内配电房；③变电站户外架构；④开关站（开闭所）；⑤电力线路走廊；⑥电缆沟、电缆隧道；⑦配电变压器台等。

2. 对劳动作业环境的基本要求

（1）作业现场的生产条件和安全设施应符合国家标准《电力安全工作规程》（GB 26860—2011）、《国家电网公司电力安全工作规程》（国家电网安监〔2009〕664号）和《电力建设安全工作规程》（DL 5009）的有关要求。工作人员的劳动防护用品应合格、齐备。

（2）生产现场各种安全标志、设备及安全工器具标示、安全警示线、安全防护等安全设施符合原国家电力公司《电力生产企业安全设施规范手册》要求。

（3）经常有人工作的场所或施工车辆上宜配备急救箱，存放急救用品，并应指定专人定期检查、补充或更换。

（4）各类作业人员应被告知其作业现场和工作岗位存在的危险因素、防范措施及事故紧急处理措施。

（5）工作人员在作业现场内可能发生人身伤害事故的地点，应设立安全警示牌，并采取可靠的防护措施。凡检修时可能形成的坠落高度在2.0m以上的孔、坑应预留装设临时防护栏杆的槽孔等措施。

（6）工作场所的照明，应该保证足够的亮度。在操作盘、重要表计、主要楼梯、通道、调度室、机房，控制室等地点，还应设有事故照明。

（7）生产场所的井、沟、坑、孔、洞，必须覆以与地面齐平的坚固盖板。施工中的预留孔和检修中需打开的孔洞，应加装可靠的临时盖板，未加盖板前必须设置临时围栏，悬挂标示牌等。临时打的孔洞，施工结束后必须恢复原状。

（8）所有楼梯、平台、通道、栏杆都应保持完整，铁板必须铺设牢固。铁板表面应有纹路以防滑跌。

（9）对交叉作业现场应制定完备的交叉作业安全防护措施。

（10）现场作业人员有权了解作业现场存在的危险因素、防范及应急措施；有权拒绝违章指挥，拒绝在威胁人身及设备安全的条件下作业。

3. 对作业人员的要求

作业人员在作业之前要首先检查要使用的安全工器具和劳动防护用品是否还合格，是否齐备，有无缺项或遗失，决不能凑合和马虎从事。

4. 电力安全工器具管理要求

（1）电力安全工器具系指为防止触电、灼伤、坠落、摔跌等事故，保障工作人员安全的各种专用工具和器具。要严格按照国家及国家电网公司《电力安全工器具管理规定（试行）》（国家电网安监〔2005〕516号）的要求，对电力安全工器具管理实行购置、验收、保管、配置、发放、使用、试验、检查、报废全过程管理。

（2）严格按照国家电网公司有关规定与要求，结合本企业实际，每年在安全技术劳动保护措施计划中列专项资金，用于购置和配足电力安全工器具。

（3）严格控制电力安全工器具的购置，杜绝不符合国家、电力行业标准的产品进入生产现场。各单位使用的电力安全工器具、专项检修工器具（如检修平台、检验装置）等，均应到经国家电网公司认可的专业生产厂家去购买。

（4）电力安全工器具的使用要按照国家、电力行业相关标准、规程以及厂家使用说明书的要求，正确使用。

（5）电力安全工器具的日常管理要定点，定位、定量，台账清楚。

（6）严格按照原国家电力公司《电力安全工器具预防性试验规程》（国电发〔2002〕777号）对电力安全工器具进行试验检测。不合格者一律报废。

（7）凡是未经检验（包括检验超期）、标识不清、损坏的电力安全工器具，严禁使用。

（8）企业要配齐对电力安全工器具进行试验检测的仪器、仪表等设备。

（9）电力安全工器具的保管、存放所需要的设施符合《国家电网公司电力安全工作规程》（2009年版）的要求。

5. 安全工器具的定义、分类和使用注意事项

（1）安全工器具定义。

防止触电、灼伤、坠落、摔跌等事故，保障工作人员安全的各种专用工具和器具，称为安全工器具。安全工器具不包括带电作业工器具。

（2）安全工器具分类。

安全工器具分为绝缘安全工器具和一般防护安全工器具两大类。

绝缘安全工器具又分为基本绝缘安全工器具和辅助绝缘安全工器具。

（3）基本绝缘安全工器具定义。

基本绝缘安全工器具是指能直接操作带电设备或接触及可能接触带电体的工器具，如电容型验电器、绝缘杆、核相器、绝缘罩、绝缘隔板等，这类工器具和带电作业工器具的区别在于工作过程中为短时间接触带电体或非接触带电体，将携带型短路接地线也归入这个范畴。

（4）辅助绝缘安全工器具定义。

辅助绝缘安全工器具是指绝缘强度不是承受设备或线路的工作电压，只是用于加强基

本绝缘安全工器具的保安作用，用以防止接触电压、跨步电压、泄漏电流电弧对操作人员的伤害，不能用辅助绝缘安全工器具直接接触高压设备带电部分。属于这一类的安全工器具有绝缘手套、绝缘靴、绝缘胶垫等。

（5）一般防护安全工器具定义。

一般防护安全工器具是指防护工作人员发生事故的工器具，如安全带、安全帽等，将登高用的脚扣、升降板、梯子等归入这个范畴，导电鞋也归入这个范畴。

（6）安全工器具的预防性试验定义。

为防止使用中的电力安全工器具性能改变或存在隐患而导致在使用中发生事故，对电力安全用具进行试验、检测和诊断的方法和手段，称为预防性试验。

（7）安全工器具的分类和用途，见表4-2-1。

表4-2-1 安全工器具分类和用途

分类	名 称	用 途
基本绝缘安全工器具	电容型验电器	通过检测流过验电器对地杂散电容中的电流，检验设备、线路是否带电的装置
	携带型短路接地线	用于防止设备、线路突然来电，消除感应电压，放尽剩余电荷的临时接地的装置
	个人保护接地线	主要用于防止感应电压危害的个人用接地装置
	绝缘杆（棒）	用于短时间对带电设备进行操作的绝缘工具，如接通或断开高压隔离开关、跌落熔丝具等
	核相器	用于检查待连接设备、电气回路是否相位相同的装置
	绝缘罩	由绝缘材料制成，用于遮蔽带电导体或非带电导体的保护罩
	绝缘隔板	用于隔离带电部件、限制工作人员活动范围的绝缘平板
辅助绝缘安全工器具	绝缘胶垫	加强工作人员对地绝缘，由特殊橡胶制成的橡胶板
	绝缘鞋	由特种橡胶制成的，用于人体与地面绝缘的靴子
	绝缘手套	由特种橡胶制成的，起电气绝缘作用的手套
一般防护安全工器具	安全带	高处作业中预防坠落伤亡的个人防护用品
	安全帽	对人体头部受外力、坠物伤害起防护作用的帽子
	脚扣	用钢或合金材料制作的用于攀登电杆的工具
	升降板	由脚踏板和吊绳组成的攀登电杆的工具
	竹（木）梯	由木料、竹料制作的登高作业的工具
	导电鞋	由特种导电性能橡胶制成的，在220～500kV带电杆塔上及220～500kV带电设备区非带电作业时为防止静电感应所穿用的鞋子

（8）安全工器具使用应注意事项。

1）工器具保管良好，外观清洁、干燥。无损伤痕迹和变形，无挪作它用的现象。

2）安全工器具的电压等级应与运行设备的电压等级相符，并在试验合格的有效期间内。

3）使用安全工器具时应严格执行规程规定。基本安全工具必须借助于辅助安全工具的配合，才可实施操作。

4）检查发现安全工器具存在损伤，绝缘性能降低时，应予澄清。

5）必须按照科学的方法，对其绝缘耐电性能，进行周期性的鉴定性项目试验，以便于及时发现绝缘降低等性能缺陷，采取措施修复或更换（新品亦需试验、耐压应合格），以防止由于安全工器具不合格而发生事故。

6.安全工器具试验项目、周期和要求

（1）国网《安规》变电部分。

1）附录 J 绝缘安全工器具试验项目、周期和要求。

2）附录 K 带电作业高架绝缘斗臂车电气试验标准表。

3）附录 L 登高工器具试验标准表。

4）附录 M 常用起重设备检查和试验的周期及要求。

（2）国网《安规》线路部分。

1）附录 K 带电作业高架绝缘斗臂车电气试验标准表。

2）附录 L 绝缘安全工器具试验项目、周期和要求。

3）附录 M 登高工器具试验标准表。

4）附录 N 起重机具检查和试验周期、质量参考标准。

（3）绝缘安全工器具试验项目、周期和要求。

在线路和配电设备上工作所使用的绝缘安全工器具应满足国标《安规》线路部分附录 E 的要求，见表 4-2-2。

表 4-2-2　　　　　　　　绝缘安全工器具试验项目、周期和要求

序号	器具	项目	周期	要求				说　明
1	电容型验电器	启动电压试验	1年	启动电压值不高于额定电压的40%，不低于额定电压的15%				试验时接触电极应与试验电极相接触
		工频耐压试验	1年	额定电压/kV	试验长度/m	工频耐压/kV		
						持续时间1min	持续时间5min	
				10	0.7	45	—	
				35	0.9	95	—	
				66	1.0	175	—	
				110	1.3	220	—	
				220	2.1	440	—	
				330	3.2	—	380	
				500	4.1	—	580	
2	携带型短路接地线	成组直流电阻试验	≤5年	在各接线鼻之间测量直流电阻，对于25mm²、35mm²、50mm²、70mm²、95mm²、120mm²的各种截面，平均每米的电阻值应分别小于 0.79mΩ、0.56mΩ、0.40mΩ、0.28mΩ、0.21mΩ、0.16mΩ				同一批次抽测，不少于2条，接线鼻与软导线压接的应做该试验

续表

序号	器具	项目	周期	要求				说 明
2	携带型短路接地线	操作棒的工频耐压试验	5年	额定电压/kV	试验长度/m	工频耐压/kV		试验电压加在护环与紧固头之间
						持续时间 1min	持续时间 5min	
				10	—	45	—	
				35	—	95	—	
				66	—	175	—	
				110	—	220	—	
				220	—	440	—	
				330	—	—	380	
				500	—	—	580	
3	个人保安线	成组直流电阻试验	≤5年	在各接线鼻之间测量直流电阻,对于10mm²、16mm²、25mm²各种截面,平均每米的电阻值应小于1.98mΩ、1.24mΩ、0.79mΩ				同一批次抽测,不少于2条
4	绝缘杆	工频耐压试验	1年	额定电压/kV	试验长度/m	工频耐压/kV		
						持续时间 1min	持续时间 5min	
				10	0.7	45	—	
				35	0.9	95	—	
				66	1.0	175	—	
				110	1.3	220	—	
				220	2.1	440	—	
				330	3.2	—	380	
				500	4.1	—	580	

核相器表格:

序号	器具	项目	周期	要求				说 明
5	核相器	连接导线绝缘强度试验	必要时	额定电压/kV	工频耐压/kV	持续时间/min		浸在电阻率小于100Ω·m水中
				10	8	5		
				35	28	5		
		绝缘部分工频耐压试验	1年	额定电压/kV	试验长度/m	工频耐压/kV	持续时间/min	
				10	0.7	45	1	
				35	0.9	95	1	
		电阻管泄漏电流试验	半年	额定电压/kV	工频耐压/kV	持续时间/min	泄漏电流/mA	
				10	10	1	≤2	
				35	35	1	≤2	
		动作电压试验	1年	最低动作电压应达0.25倍额定电压				

序号	器具	项目	周期	要求			说 明
6	绝缘罩	工频耐压试验	1年	额定电压/kV	工频耐压/kV	持续时间/min	
				6～10	30	1	
				35	80	1	
7	绝缘隔板	表面工频耐压试验	1年	额定电压/kV	工频耐压/kV	持续时间/min	电极间距离300mm
				6～35	60	1	
		工频耐压试验	1年	额定电压/kV	工频耐压/kV	持续时间/min	
				6～10	30	1	
				35	80	1	
8	绝缘胶垫	工频耐压试验	1年	电压等级	工频耐压/kV	持续时间/min	使用于带电设备区域
				高压	15	1	
				低压	3.5	1	
9	绝缘靴	工频耐压试验	半年	工频耐压/kV	持续时间/min	泄漏电流/mA	
				15	1	≤7.5	
10	绝缘手套	工频耐压试验	半年	电压等级	工频耐压/kV	持续时间/min	泄漏电流/mA
				高压	8	1	≤9
				低压	2.5	1	≤2.5
11	导电鞋	直流电阻试验	穿用≤200h	电阻值小于100kΩ			
12	绝缘夹钳	工频耐压试验	1年	额定电压/kV	试验长度/m	工频耐压/kV	持续时间/min
				10	0.7	45	1
				35	0.9	95	1
13	绝缘绳	工频耐压试验	半年	100kV/0.5m，持续时间5min			

二、条文 4.2.2

原文："4.2.2 经常有人工作的场所及施工车辆上宜配备急救箱，存放急救用品，并指定专人检查、补充或更换。"

2008 年颁发的《电力行业紧急救护技术规范》（DL/T 692—2008）规定了电力行业紧急救护工作中的技术操作要求，适用于全国电力行业各企业单位的生产现场紧急救护技术操作。规范要求"生产现场与流动作业车应配备简易急救箱或存放相应的急救物品，并由专人负责，定期检查、补充及更换"。

1. 简易急救箱内物品的配备

简易急救箱内物品的配备见表4-2-3。

表4-2-3　　　　　　　　　　简易急救箱应配备的物品

序号	内容	数量	序号	内容	数量
1	吸收性明胶海绵	10块	11	医用棉签	3包
2	消毒敷料	30块	12	碘伏消毒剂	1瓶
3	弹性护创膏	2包	13	钝头镊子	1把
4	医用橡皮膏	1卷	14	剪刀	1把
5	平纹弹力绷带	2卷	15	手电筒	1只
6	医用纱布绷带	1卷	16	安全别针	12只
7	圆筒弹力绷带	4卷	17	止血带	1根
8	承插式夹板	4卷	18	呼吸隔膜	10张
9	颈托	1只	19	呼吸面罩	5个
10	三角巾	4块			

2. 现场紧急救护基本要求

（1）紧急救护应就地抢救，动作迅速、果断，方法正确、有效。并如实填写紧急救护现场记录表（表4-2-4）。

表4-2-4　　　　　　　　　　紧急救护现场记录表

受伤者姓名：⋯⋯⋯⋯⋯⋯　性别：⋯⋯⋯⋯⋯⋯　年龄：⋯⋯⋯⋯⋯⋯	

受伤者姓名：⋯⋯⋯⋯⋯⋯　性别：⋯⋯⋯⋯⋯⋯　年龄：⋯⋯⋯⋯⋯⋯

单位：⋯⋯⋯⋯⋯⋯⋯⋯⋯⋯⋯⋯⋯⋯⋯⋯⋯⋯⋯⋯⋯⋯⋯⋯⋯⋯⋯⋯

受伤类型：⋯⋯⋯⋯⋯⋯　部位：⋯⋯⋯⋯⋯⋯⋯⋯⋯⋯⋯⋯⋯⋯⋯⋯

1. ⋯⋯⋯⋯⋯⋯⋯⋯⋯⋯⋯⋯⋯⋯⋯⋯⋯⋯⋯⋯⋯⋯⋯⋯⋯⋯⋯⋯⋯

2. ⋯⋯⋯⋯⋯⋯⋯⋯⋯⋯⋯⋯⋯⋯⋯⋯⋯⋯⋯⋯⋯⋯⋯⋯⋯⋯⋯⋯⋯

3. ⋯⋯⋯⋯⋯⋯⋯⋯⋯⋯⋯⋯⋯⋯⋯⋯⋯⋯⋯⋯⋯⋯⋯⋯⋯⋯⋯⋯⋯

4. ⋯⋯⋯⋯⋯⋯⋯⋯⋯⋯⋯⋯⋯⋯⋯⋯⋯⋯⋯⋯⋯⋯⋯⋯⋯⋯⋯⋯⋯

5. ⋯⋯⋯⋯⋯⋯⋯⋯⋯⋯⋯⋯⋯⋯⋯⋯⋯⋯⋯⋯⋯⋯⋯⋯⋯⋯⋯⋯⋯

6. ⋯⋯⋯⋯⋯⋯⋯⋯⋯⋯⋯⋯⋯⋯⋯⋯⋯⋯⋯⋯⋯⋯⋯⋯⋯⋯⋯⋯⋯

受伤时间：⋯⋯⋯⋯⋯⋯　急救时间：⋯⋯⋯⋯⋯⋯⋯⋯⋯⋯⋯⋯⋯⋯

参加急救人数：⋯⋯⋯⋯⋯⋯⋯⋯⋯⋯⋯⋯⋯⋯⋯⋯⋯⋯⋯⋯⋯⋯⋯⋯

呼吸脉搏情况：

　急救前：⋯⋯⋯⋯⋯⋯⋯⋯⋯⋯⋯⋯⋯⋯⋯⋯⋯⋯⋯⋯⋯⋯⋯⋯⋯⋯

　急救后：⋯⋯⋯⋯⋯⋯⋯⋯⋯⋯⋯⋯⋯⋯⋯⋯⋯⋯⋯⋯⋯⋯⋯⋯⋯⋯

其他情况：

　急救前：⋯⋯⋯⋯⋯⋯⋯⋯⋯⋯⋯⋯⋯⋯⋯⋯⋯⋯⋯⋯⋯⋯⋯⋯⋯⋯

　急救后：⋯⋯⋯⋯⋯⋯⋯⋯⋯⋯⋯⋯⋯⋯⋯⋯⋯⋯⋯⋯⋯⋯⋯⋯⋯⋯

急救措施：⋯⋯⋯⋯⋯⋯⋯⋯⋯⋯⋯⋯⋯⋯⋯⋯⋯⋯⋯⋯⋯⋯⋯⋯⋯⋯

主要急救人：

填表人：⋯⋯⋯⋯⋯⋯⋯⋯　　　　　　　　年　　月　　日

（2）现场紧急救护的基本原则是在现场采取积极措施保护伤员生命，减轻伤情，减少痛苦；并根据伤情需要迅速联系医疗部门救治。急救成功的条件是动作快，操作正确。任何拖延和错误操作都会导致伤员伤情加重或死亡。

（3）现场事故发生后，在现场的工作人员应在班组安全员或受过紧急救护培训人员的带领下，迅速地开展现场紧急救护工作，并及时向有关部门报告，请求急救医疗支援。

第三节　作　业　措　施
原文："4.3 作业措施"

一、条文 4.3.1
原文："4.3.1 在电力线路（以下简称：'线路'）及配电设备上工作应有保证安全的制度措施，可包含工作申请、工作布置、现场勘查、书面安全要求、工作许可、工作监护，及工作间断和终结等工作程序。"

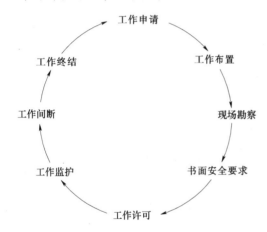

图 4-3-1　在电力线路及其配电设备上
工作保证安全的制度措施

在电力线路及其配电设备上工作保证安全的措施之一是制度措施，八项制度措施依序进行，环环相扣、形成闭环管理。如图 4-3-1 所示。

二、条文 4.3.2
原文："4.3.2 在线路及配电设备上进行全部停电或部分停电工作时，应向设备运行维护单位提出停电申请，由调度机构管辖的需事先向调度机构提出停电申请，同意后方可安排检修工作。"

在电力线路及其配电设备上工作保证安全的措施之一是技术措施。技术措施中最重要的一项就是停电措施。在电气设备上进行全部停电或部分停电工作时，如果线路及其设备没有停下电来，作业人员就上去了，后果可想而知。怎样办理停电手续，规程根据运行设备的管辖权限给出了两种申请办法：①运行线路及设备由线路及设备运行维护单位管辖，检修单位应向线路及设备运行维护单位提出停电申请；②运行线路及设备由调度机构管辖，检修单位需事先向调度机构提出停电申请。线路及设备运行维护单位或调度机构同意停电申请后方可进一步安排检修工作。

三、条文 4.3.3
原文："4.3.3 在检修工作前应进行工作布置，明确工作地点、工作任务、工作负责人、作业环境、工作方案和书面安全要求，以及工作班成员的任务分工。"

在电力线路及配电设备上保证安全的措施之一是工作布置，这既是组织措施的一部分，也有技术措施的成分。这实际上也是全体作业人员在检修工作开始前的知情权的体现。全体作业人员要明确以下各点。

（1）工作地点：在何地何处，如何到达。

（2）工作任务：是维护检修、还是小修、大修，工作简单还是复杂。

（3）工作负责人：姓名、性别、职称、资历、个人爱好、领导风格。

（4）作业环境：温度、湿度、清洁卫生情况，作业条件怎样，有无危险点。

（5）工作方案：工作方案若是车间制定的，工作负责人应组织全体作业人员学习、讨论、研讨执行方案的步骤、措施；若是工作负责人亲自指定的或委派技术员指定的，应组织全体作业人员讨论、完善，熟悉工作方案的每一个细节。

（6）书面安全要求：全体作业人员应熟悉工作票上所列出的安全要求和安全措施，明确哪些安全措施是要在作业前完成的，哪些安全措施是在作业中要时刻注意的，哪些安全措施在作业完成后是要拆除的。

（7）工作班成员的任务分工。

1）工作班成员包括工作负责人、工作监护人在内的总人数是多少。每个人的姓名、性别、爱好、性格、学识技能水平、亲和力、团队精神等都要有个互相了解。

2）在这次作业中的具体任务分工是怎样的，有无重复项目、合作项目，每个人应承担的责任。

3）明确在作业中由于自己的不慎或违章将会给自己或同伴带来哪些不良后果，容易发生意外的环节在哪里，应采取哪些措施。

四、违规制止

安全生产，人人有责。任何工作人员在作业现场发现有违反本规程，并足以危及人身和设备安全者。应立即制止。

1. 作业现场制止违章行为的意义

遵章与违章是电力安全生产中存在的一对矛盾。前者是电力职工最起码的思想觉悟和职业道德行为，后者是电力生产最大的敌人。违章是事故的内涵，事故则是违章的必然结果。安全工作必须牢固树立违章必纠的思想，发现现场人员的违章行为应立即加以制止，这是安全生产实践的直接要求，也是开展群众性安全监督的体现。电力企业安全生产要实现全方位、全过程的有效监察，离不开工作现场对违章现象的制止和纠正。现场制止违章，不仅能维护总体的安全生产，维护职工共同的利益，而且也是电力职工应尽的职责、应有的良知，要自觉地见诸行动。

2. 违章作业

违章作业，简称违章。电力生产中，凡违反国家制定的有关法规、规程、条例、指令，或违反单位制订的现场工作规程和修试、运行操作等安全生产规定，以及那些虽没有明确的条文规定，但其做法确实明显的不利于生产安全、对工作构成威胁的行为，都称之为违章作业。据有关统计资料介绍，电力系统的各种事故，由违章引起的占到了总数的80%以上，习惯性违章又占了总违章事故的1/4。这些都是由于某些电力职工安全观念淡薄，导致了在长期的工作中安全行为习惯劣化的结果。

3. 产生违章作业的原因

（1）安全思想麻痹，对《安规》条文一知半解，不能认真执行工作和进行操作。如某断路器停电检修需进行倒闸操作，操作人"拉开××母线隔离开关"时，未发现闭锁销子失灵，监护人虽然知道检查项目重要，但时间长了，认为这是规范的项目操作，已经熟悉了，结果也未仔细察看闭锁位置，留下了事故隐患。在履行许可工作票手续时，许可人和检修负责人也只抬头看了上边的隔离开关触头"确已断开"，而对被标示牌遮住的闭锁销子都未再作检查。在进行开关检修中，该母线隔离开关滑出去，引起三相弧光短路，造成了严重的设备损坏、母线停电的责任事故。

（2）某些电业职工缺乏自我保护意识，在进行实际操作中以完成任务为目的。思想懒惰，存在着侥幸心理，忽视工作中的安全措施。有时怕麻烦，或者为了早完工早下班回家，赶任务抢时间。他们对安全工作技术措施的严密性缺乏深入认识，直到事故发生了，写检查反省时才从思想上得以警醒。

（3）习惯性违章已成习惯。纠正这种顽症是要花很大气力和时间的。探究其原因，比较复杂，很多单位对安全工作要求不严，检查规程执行情况走过场、安全教育流于形式，致使习惯性违章屡禁不止。在这样的环境之中，电气上工作的电业职工有很大部分人都不注意培养良好的安全工作行为，养成一种严肃认真、一丝不苟的工作作风。习惯性违章者善于盲从，经常受别人工作行为的影响，甚至有时候有意模仿别人而不进行是非判断。进入工作现场不认真查对安全措施，也不察看现场周围的工作条件是否安全，马马虎虎地工作，不但对别人的违章未觉察，自己也跟着违章。

4. 违章必究

（1）奖罚分明是安全制度管理的重要手段之一，也是安全生产经济责任制的核心。安全工作中"严"是爱，"松"是害。在《关于加强安全生产工作的决定》和《安全生产工作规定》中，都要求对发生责任性事故的单位和个人实行重罚，通过惩处少数人起到教育一大片的作用。同时，必要的处罚是保障安全规章制度实施，建立安全生产秩序的重要手段。严重违章导致有后果的予以行政处分，应由厂级有关部门执行，班组一级主要是对一般违章违纪行为按厂纪厂规给予恰当的处理。作为班组主要应做到两个百分之百，即对违章者百分之百登记并上报，对违章者百分之百按规定扣奖或罚款。

（2）《中华人民共和国刑法》中有3条涉及违章造成重大后果的可以追究刑事责任的条款，摘录如下。

第一百三十四条 工厂、矿山、林场、建筑企业或者其他企业、事业单位的职工，由于不服管理、违反规章制度，或者强令工人违章冒险作业，因而发生重大伤亡事故或者造成其他严重后果的，处三年以下有期徒刑或者拘役；情节特别恶劣的，处三年以上七年以下有期徒刑。

第一百三十五条 工厂、矿山、林场、建筑企业或者其他企业、事业单位的劳动安全设施不符合国家规定，经有关部门或者单位职工提出后，对事故隐患仍不采取措施，因而发生重大伤亡事故或者造成其他严重后果的，对直接责任人员，处三年以下有期徒刑或者拘役；情节特别恶劣的，处三年以上七年以下有期徒刑。

第三百九十七条 国家机关工作人员滥用职权或者玩忽职守，致使公共财产、国家和人民利益遭受重大损失的，处三年以下有期徒刑或者拘役；情节特别严重的，处三年以上七年以下有期徒刑。本法另有规定的，依照规定。

第四节 其 他 要 求

原文："4.4 其他要求"

一、条文 4.4.1

原文："4.4.1 工作人员应被告知其作业现场存在的危险因素和防范措施。"

这是工作人员的知情权。新修订《安全生产法》第四十一条规定："生产经营单位应当教育和督促从业人员严格执行本单位的安全生产规章制度和安全操作规程，并向从业人员如实告知作业场所和工作岗位存在的危险因素、防范措施以及事故应急措施。"

（1）工作人员有权知晓所在的作业现场存在哪些危及作业人员生命和健康的危险因素，如有毒有害气体、液体，触电危险和与带电体发生放电危险，高空坠物危险、动物咬伤危险、高温中暑昏厥危险、溺水危险、挤压伤危险、骨折危险、烧伤危险、冻伤危险等，以及一些不知名的危险和无法预料的危险。

（2）工作人员有权知道单位为防范这些危险因素采取了哪些措施，要求每个工作人员应采取的必要防范措施有哪些。如预防高空坠物和与坚固物体碰头必须佩戴合格的安全帽，而且佩戴方法要正确。从事接触高温物体工作，应戴手套和穿专用的防护工作服。

（3）工作人员应熟悉作业环境、存在的危险有害因素、预防控制措施及事故应急处置措施。

在生产过程中，要保证好职工的人身安全和身体健康，采取一切管理措施和技术措施消除危害人们的安全、健康和影响正常生产的不利因素，使人们有一个安全的、卫生的、整洁文明的劳动（工作）环境。

要使职工能在安全、文明、整洁、卫生的环境中从事职业劳动，保证安全和健康，就应分析在电力生产过程中的危害健康、影响正常劳动的因素，这些危害因素如下。

（1）电力生产过程中使用的生产资料和生产过程中产生的有毒、有害物质，如原料、材料、中间产品、副产品、产品、有毒气体、酸雾及粉尘的种类、名称和数量。

（2）生产场所特殊的作业条件和环境，如高温、高压、高湿、高空作业、水下作业、易燃易爆、腐蚀、有毒、辐射、振动、噪声、易溺水、易受机械伤害、电磁、电离、易触电等作业部位和程度。

（3）生产过程中危险因素较大的设备种类、型号、数量。

（4）可能发生的重大生产事故。

（5）可能受到职业伤害的人数及受害程度。

二、条文 4.4.2

原文："4.4.2 在发现有直接危及人身安全的紧急情况时，现场负责人有权停止作业并组织人员撤离作业现场。"

这是对现场负责人的指挥权和停止作业权的规定。

现场负责人应事先了解作业场所的逃生路线，并设置明显的逃生路线标识。一旦发现有直接危及人身安全的紧急情况时，现场负责人可不经请示汇报，立即下令停止作业，并按照预案组织全体人员撤离危及人身安全的作业现场。这条规定充分体现了"以人为本"、

"人命关天"的崇高思想。

新修订《中华人民共和国安全生产法》第五十二条规定：从业人员发现直接危及人身安全的紧急情况时，有权停止作业或者在采取可能的应急措施后撤离作业场所。

《中华人民共和国劳动法》关于这方面的条文如下。

第九十二条 用人单位的劳动安全设施和劳动卫生条件不符合国家规定或者未向劳动者提供必要的劳动防护用品和劳动保护设施的，由劳动行政部门或者有关部门责令改正，可以处以罚款；情节严重的，提请县级以上人民政府决定责令停产整顿；对事故隐患不采取措施，致使发生重大事故，造成劳动者生命和财产损失的，对责任人员比照刑法第一百八十七条的规定追究刑事责任。

第九十三条 用人单位强令劳动者违章冒险作业，发生重大伤亡事故，造成严重后果的，对责任人员依法追究刑事责任。

三、条文 4.4.3

原文："4.4.3 野外作业前，应根据野外工作特点做好工作准备，对工作环境的危险点进行排查，并做好防范措施。"

架空电力线路及其配电设备都是在户外露天布置的，无论是架设线路还是巡视线路除城市段线路外，基本上都是在野外进行的。因此应根据野外工作特点做好充分的准备工作。

1. 野外作业特点

（1）注意野外作业安全。野外作业安全是指野外线路架设或正常巡线、事故巡线作业的综合安全。为保证安全，应熟悉作业区周围的地理环境、状况，了解有无危险动物、是否有捕猎陷阱、夹具等；必须配备足够的干粮、饮用水、急救包和必要的通信工具，掌握自救、互救方法；并注意防火。在山区、林区、沙漠、高原、沼泽、水上及喀斯特发育地区作业时，须遵守相应的安全规范。

（2）一条线路查巡下来最少也需要是十天半月，而且为了发现缺陷还专拣坏天气进行，的确十分辛苦！野外作业时应注意防雨、防雷、防暑、防冻、防洪、防风、防虫、防蛇、防大型野兽、更要注意安全生产避免工伤事故，因为远离城市抢救较困难，尽量不吃野生的果菜避免食物中毒。周围地理地形复杂宿营地址要仔细选择，严防山石滚落、泥石流、塌方事故的伤害。

2. 制定野外作业安全制度

（1）野外作业前必须制定好安全预案措施，并确认好互保联保对子，报线路工区和安监处备案，必要时安全员要到场监督。

（2）作业时必须认真对工作场地进行检查，特别要注意是否有毒蛇、毒蜂等危险因素，确认无危险因素后，方可工作。

（3）夏季野外作业时，必须做好防暑工作，防止中暑。

（4）使用氧气、乙炔进行焊割时，氧气瓶与乙炔瓶相隔摆放距离应达 5m 以上，并远离工作人员达 5m 以上。夏季时应使用东西遮挡，以防止高温曝晒发生爆炸。

（5）涉及电气作业时，必须认真检查电源线的绝缘情况，相隔 50m 左右要安装电器控制开关。电源线摆放不能与其他备件、管子等同道，以防磨穿电源线。电源线不能沿公路、潮湿场所摆放。收线时，必须先停下电源并检验无电后方可进行。

（6）使用三脚架起吊重物时必须固定好，以防侧翻伤人。

（7）涉及高处作业时必须有人监护，并佩戴安全帽，系好安全带，搞好防范措施，严禁进行交叉作业。

（8）起吊重物必须由起重工到场起吊并作指挥。

（9）严格穿戴好劳动保护用品。

（10）注意防火工作，预防火灾。

3．野外巡线注意要点

（1）遇有高低不平的地方，切勿贸然下跳。地面有积雪覆盖，应用棍棒试探前行。

（2）在农田，注意保护农作物。在水田和泥沼地带需穿长筒靴。

（3）攀登山路，不要站在活动的石块或裂缝松动的边缘上。

（4）在林区禁止吸烟、燃烧柴禾加热饭菜。

（5）在未弄清楚河水深浅时不得涉水过河，禁止游泳过河。

（6）不许在铁轨、桥梁上休息、睡觉、进食。

（7）乘坐船只、木筏，应备有救生用具，听从船员指挥。

四、条文 4.4.4

原文："4.4.4 配电系统中的开关站、高压配电站（所）内工作可参照 GB 26860—2011 《电力安全工作规程　发电厂和变电站电气部分》的有关规定执行。"

（1）单独巡视开关站、配电站不准进行其他工作，不得移开或越过遮栏。

（2）雷雨天气需巡视设备时，应穿绝缘靴，穿雨衣。不得打伞，不得靠近避雷器和避雷针。

（3）进入配电站或开关站应随手关门，离开时把门锁好。

（4）一旦高压设备发生接地故障，室内不得接近故障点 4m 以内，室外不得接近故障点 8m 以内。需进入上述范围人员，必须穿绝缘鞋；需接触设备外壳和构架时，应戴绝缘手套，防止跨步电压。

五、国标《安规》线路、电气部分有关作业措施和其他要求比较

国标《安规》根据线路作业、变电作业的不同特点，提出了不同的作业措施和其他要求，见表 4-4-1。

表 4-4-1　　　　　　　　线路、变电作业措施和其他要求比较

项目	电力线路部分	发电厂和变电站电气部分
作业措施	4.3.1　在电力线路（以下简称"线路"）及配电设备上工作应有保证安全的制度措施，可包含工作申请、工作布置、现场勘查、书面安全要求、工作许可、工作监护，及工作间断和终结等工作程序	4.3.1　在电气设备上工作应有保证安全的制度措施，可包含工作申请、工作布置、书面安全要求、工作许可、工作监护以及工作间断、转移和终结等工作程序
	4.3.2　在线路及配电设备上进行全部停电或部分停电工作时，应向设备运行维护单位提出停电申请，由调度机构管辖的需事先向调度机构提出停电申请，同意后方可安排检修工作	4.3.2　在电气设备上进行全部停电或部分停电工作时，应向设备运行维护单位提出停电申请，由调度机构管辖的需事先向调度机构提出停电申请，同意后方可安排检修工作

续表

项目	电力线路部分	发电厂和变电站电气部分
作业措施	4.3.3 在检修工作前应进行工作布置，明确工作地点、工作任务、工作负责人、作业环境、工作方案和书面安全要求，以及工作班成员的任务分工	4.3.3 在检修工作前应进行工作布置，明确工作地点、工作任务、工作负责人、作业环境、工作方案和书面安全要求，以及工作班成员的任务分工
其他要求	4.4.1 工作人员应被告知其作业现场存在的危险因素和防范措施	4.4.1 作业人员应被告知其作业现场存在的危险因素和防范措施
	4.4.2 在发现直接危及人身安全的紧急情况时，现场负责人有权停止作业并组织人员撤离作业现场	4.4.2 在发现有直接危及人身安全的紧急情况时，现场负责人有权停止作业并组织人员撤离作业现场
	4.4.3 野外作业前，应根据野外工作特点做好工作准备，对工作环境的危险点进行排查，并做好防范措施	
	4.4.4 配电系统中的开关站、高压配电站（所）内工作可参照《电力安全工作规程 发电厂和变电站电气部分》（GB 26860—2011）的有关规定执行	

事故案例分析

【事故案例 1】 2005 年 10 月 25 日 13 时 53 分，某发电公司 3 台 60 万 kW 机组同时跳闸，甩负荷 163 万 kW，导致主网频率由 50.02Hz 最低降至 49.84Hz。事故发生后，华北网调及时启动事故处理应急预案，调起备用机组，迅速将主网频率恢复正常，未造成对社会的拉路限电。经过专家组详细调查，查明造成此次事故的直接原因是某检修公司检修人员处理综合水泵房开关柜信号故障时，误将交流电源接至直流负极，造成交流系统与网控直流系统的混接，导致机组全停。华北电网公司为认真吸取事故教训，进一步强化安全管理，加强网厂协调，共同确保电网安全稳定运行，发了事故通报。

【事故案例 2】 1962 年 9 月 15 日，某电业局的一个试验组（5 人）到本溪某加工厂用户变电所进行电气设备试验工作。当组长在查看设备时，有一名实习生王某（1962 年 3 月××大学毕业）自己打开高压开关柜手摸电缆头内触电，经人工呼吸及剖胸按摩心脏急救无效死亡。

1962 年 8 月 22 日，某供电站电气试验班实习技术员姚某，在某变电所做开关介质损失试验时，误触 3kV 试验电压以致造成人身死亡。

上述两次触电死亡事故均是由于对实习人员的安全教育不够、现场安全制度不严和安全措施不力所造成的。必须加强对新人员的安全教育，特别注意新人员在现场工作的安全情况。新人员必须经安规考试优良，才允许在试验人员的领导和监护下开始实习。

【事故案例 3】 1989 年 11 月 6 日，某电业局某地一次变电所试验所进行 10kV 磐机线继电保护定检。继电保护工作负责人分配王某、李某合上行灯电源，同时到高压室外和主控室传话联系观察灯窗和警报情况。王某合上行灯电源断路器后，走到 2 号主变压器三次侧断路器处，按动脱扣铁杆，造成三次侧主断路器跳闸，10kV系统全停。王某是新参加工作的人员，对新参加工作的人员，应进行严格的安全教育，特别强调在工作现场，绝对不允许随意操作工作范围以外的其他设备。

【事故案例4】 1993年10月7日，某供电局一次变电站检修班，违反行标安规第6条关于"参加带电作业人员，应经专门培训，并经考试合格，领导批准后，方能参加工作"的规定，由所技术员焦某带领，用不良绝缘子检测杆绑抹布蘸金属洗涤剂的方法擦拭变电设备油污。擦拭工作未办理工作票，没有明确分工，没有指定监护人，所有人员均无带电操作权，就凭焦某在作业前讲注意保持人体与带电设备安全距离为1.8m，也没有作业的详细安全技术措施，就开始作业。220kV设备擦拭中侥幸没有出事。转到66kV现场后，朱某看到磐铝线W相断路器油标下部有油污，就用检测杆擦。检测杆全长3.7m，上节长1.17m，中节长0.83m，下节长1.7m，抹布绑在上节顶端。这时洗涤剂已渗透到中节下部。朱某站在U相断路器电源侧位置，因检测杆靠近V相断路器，检测杆中节与V相断路器中腰法兰放油阀门放电，形成V、W相短路，接着发展为三相弧光短路。朱某听到放电声，扔下检测杆就跑。事故损失电量1万kWh，经济损失6000元。

【事故案例5】 1988年7月6日，某电业局变电工区运行专责技术员陶某，到35kV八面通变电站落实评选红旗变电站有关事宜。在检查设备巡视到6.3kV化工线处，陶某突然想起变电工区主任布置核对电流互感器变比，便向该变电站站长提出。该站长与调度联系同意，又与用户联系无问题后，该站长就将化工线路断路器切断，并到开关站将小车开关拉出，打开开关柜后铁门。由于柜内很黑，看不清楚，该站长就让站内一名徒工去找手电筒，陶某在观望取手电筒的徒工，回头一看该站长已进入柜内触电，于同日10时55分死亡。这是一个典型的领导干部不执行规程自食苦果的案例。此案例从联系调度与用户同意后的所作所为就是一个违章接一个违章。不开操作票，不执行操作监护制，不填用工作票，不执行停电、验电、装设接地线、悬挂标示牌和装设遮栏、履行工作许可手续。好像变电工区和变电站是自家人，自家人要干事不必那么繁琐，可以走捷径。以致站长自己死在误认为柜内无电的设备上。基层班（组）长和车间一级的专业技术人员，都必须以身作则，带头遵守《电力（业）安全工作规程》，作出广大工人的表率。安全生产，人人有责，却不可再以领导自居，无视《电力（业）安全工作规程》，违章指挥、违章操作、违章作业、害人害己。

试　　题

一、填空题

1. 电气作业的三要素是_____、_____和_____。

2. 电气工作人员经医师鉴定，无_____工作的病症（体格检查至少每_____年一次）。

3. 具备_____的安全生产知识和技能，从事电气作业的人员应_____触电急救等救护法。

4. 具备必要的_____知识和业务技能，_____电气设备及其系统。

5. 作业现场的_____、_____、_____和_____等应符合国家或行业标准规定的要求，安全工器具和_____在使用前应确认合格、齐备。

6. 经常有人工作的场所及_____车辆上宜配备_____，存放_____，并指定专人检查、补充或更换。

7. 在电力线路（以下简称"线路"）及配电设备上工作应有保证安全的_____措施，可包含工作申请、工作布置、_____、书面安全要求、_____、_____及工作间断和终结等工作程序。

8. 在线路及配电设备上进行全部停电或部分停电工作时，应向设备_____单位提出停电申请，由调度机构管辖的需_____向调度机构提出停电申请，_____后方可安排维修工作。

9. 在_____前应进行工作布置，_____工作地点、工作任务、工作负责人、作业环境、工作方案和_____，以及_____的任务分工。

10. 工作人员应被_____其作业现场存在的_____和_____。

11. 在发现直接_____人身安全的紧急情况时，现场负责人_____停止作业并组织人员_____作业现场。

12. 行标《电业安全工作规程》（电力线路部分）是为了切实_____职工在生产中的_____和_____，电力系统、发供配电设备的_____，结合电力生产多年来的实践经验而制定的。

13. 行标《电业安全工作规程》（电力线路部分）适用于_____中的发、变、送、配、_____和_____电气设备上工作的一切人员（包括_____安装人员）。

14. 各单位的_____和_____，必须严格执行《电力（业）安全工作规程》，各单位可根据_____制定补充条文，经厂（局）主管生产的领导（总工程师）_____后执行。

15. 2009年发布的《国家电网公司电力安全工作规程（线路部分）》适用于运用中的_____、_____、_____（包括特高压、高压直流）、配电和_____电气设备上及相关场所的工作人员（包括基建安装、_____），其他单位和相关人员_____。

二、选择题

1. 经医师鉴定，无（　　）工作的病症。

A. 影响；　　　　B. 妨碍；　　　　C. 危害；　　　　D. 破坏

2. 具备必要的安全生产知识和技能，从事电气作业的人员应（　　）触电急救等救护法。

A. 懂得；　　　　B. 学会；　　　　C. 掌握；　　　　D. 知道

3. 具备必要的电气知识和业务技能，（　　）电气设备及其系统。

A. 了解；　　　　B. 知晓；　　　　C. 明白；　　　　D. 熟悉

4. 在发现直接危及人身安全的紧急情况时，现场负责人（　　）停止作业并组织人员撤离作业现场。

    A. 应该；   B. 可以；   C. 有权；   D. 无权

    5. 野外作业前，应根据野外工作特点做好工作准备，对工作环境的危险点进行（   ），并做好防范措施。

    A. 摸底；   B. 登记；   C. 交代；   D. 排查

    6. （   ）。各级领导必须以身作则，要充分发动群众，依靠群众；要发挥安全监察机构和群众性的安全组织的作用，严格监督《电力（业）安全工作规程》的贯彻执行。

    A. 安全第一，预防为主；

    B. 安全生产，人人有责；

    C. 管生产必须管安全；

    D. 谁主管，谁负责

    7. 电力线路工作人员对《电力安全工作规程 电力线路部分》应每年考试（   ）。因故间断电气工作连续（   ）以上者，必须重新温习本规程，并经考试合格后，方能恢复工作。

    A. 一次；   B. 两次；   C. 三个月；   D. 六个月

    8. 电气工作人员要学会紧急救护法，特别要学会（   ）。

    A. 心肺复苏法；   B. 触电急救；   C. 创伤急救；   D. 七会

三、判断题（正确的画"√"，不正确的画"×"）

    1. 作业现场的生产条件、安全设施、作业机具和安全工器具等应符合国家或行业标准规定的要求，安全工器具和劳动防护用品在使用前应确认合格。   （   ）

    2. 经常有人工作的场所及施工车辆上宜配备急救箱，存放急救用品，并指定专人检查、补充或更换。   （   ）

    3. 在线路及配电设备上进行全部停电或部分停电工作时，应向设备运行维护单位提出停电申请，由调度机构管辖的需事先向调度机构提出停电申请，方可安排检修工作。

    （   ）

    4. 在电力线路（以下简称"线路"）及配电设备上工作应有保证安全的制度措施，可包含工作申请、工作布置、现场勘察、书面安全要求、工作许可、工作监护，及工作间断和终结等工作程序。   （   ）

    5. 配电系统中的开关站、高压配电站（所）内工作可参照《电力安全工作规程 发电厂和变电站电气部分》（GB 26860—2011）的有关规定执行。   （   ）

    6. 工作人员应知其作业现场存在的危险因素和防范措施。   （   ）

    7. 参加带电作业人员，应经专门培训，并经考试合格，方能参加工作。   （   ）

    8. 新参加电气工作的人员，实习人员和临时参加劳动的人员（如干部、临时工、农民工等），必须经过安全知识教育后，方可下现场单独工作。   （   ）

    9. 对外单位派来支援的电气工作人员应先进行安规考试，然后在工作前向其介绍现场电气设备接线情况和有关安全措施。   （   ）

    10. 电气工作人员应按其职务和工作性质，熟悉《电力（业）安全工作规程》（热力和机械部分、发电厂和变电站电气部分、电力线路部分、高压试验室部分）的有关部分，

并不定期进行考试。　　　　　　　　　　　　　　　　　　　　　　（　　）

11. 任何人发现有违反《电力（业）安全工作规程》的情况，应立即制止，经纠正后才能恢复作业。各类作业人员有权拒绝违章指挥和强令冒险作业；在发现直接危及人身、电网和设备安全的紧急情况时，有权停止作业或者在采取可能的紧急措施后撤离作业场所，并立即报告。　　　　　　　　　　　　　　　　　　　　　（　　）

12. 各类作业人员应被告知其作业现场和工作岗位存在的危险因素、防范措施及事故紧急处理措施。　　　　　　　　　　　　　　　　　　　　　　（　　）

四、改错题

1. 经医师鉴定，工作人员无妨碍工作的病症（体格检查至少每两年一次）。工作人员具备安全生产知识和技能，从事电气作业的人员应掌握触电急救等救护法。工作人员具备电气知识和业务技能，熟悉电气设备及其系统。

2. 作业现场的生产条件、安全设施、作业机具和安全工器具等应符合国家或行业标准规定的要求，安全工器具和劳动防护用品在使用前应确认合格。经常有人工作的场所及施工车辆上宜配备急救箱，存放急救用品，并指定专人检查、补充。

3. 在电力线路（以下简称"线路"）及配电设备上工作应有保证安全的措施，可包含工作申请、工作布置、现场勘察、书面安全要求、工作许可、工作监护及工作间断和终结等工作程序。

4. 在线路及配电设备上进行全部停电或部分停电工作时，应向设备运行维护单位提出停电申请，由调度机构管辖的需事先向调度机构提出停电申请，方可安排检修工作。

5. 在检修工作前应进行工作布置，明确工作地点、工作任务、工作负责人、作业环境、工作方案和书面安全要求。

6. 工作人员应被告知其作业现场存在的危险因素和防范措施。在发现直接危及人身安全的紧急情况时，现场负责人必须立即请示工作票签发人，得到同意后方可停止作业并组织人员撤离作业现场。

7. 野外作业前，应根据野外工作特点做好工作准备，对工作环境进行检查，做好防范措施。

五、问答题

1. 电气作业要求的三要素是什么？

2. 电气工作人员必须具备的条件有哪些？

3. 电气作业现场应具备什么条件？

4. 在电力线路及配电设备上工作应采取哪些必要的作业措施？

5. 在电力线路及配电设备上工作还有哪些其他要求？

6. 为什么要制定《电力（业）安全工作规程》？

7. 《电力安全工作规程　电力线路部分》的适用范围是什么？

8. 怎样执行《电力安全工作规程　电力线路部分》？

9. 什么是运用中的电气设备？

10. 电气工作人员必须具备哪些条件？

11. 对各类电气工作人员执行《电力安全工作规程　电力线路部分》有什么具体

要求？

12. 如果你在工作中发现有违反《电力（业）安全工作规程》，并足以危及人身和设备安全者，你该怎么办？

13. 安全教育从内容上分为哪几类？安全教育按层次分为哪三级？

14. 安全用具是做什么用的？安全用具分为几类？

答　　案

一、填空题

1. 工作人员；作业现场；作业措施

2. 妨碍；两；一

3. 必要；掌握

4. 电气；熟悉

5. 生产条件；安全设施；作业用具；安全工器具；劳动防护用品

6. 施工；急救箱；急救用品

7. 制度；现场勘察；工作许可；工作监护

8. 运行维护；事先；同意

9. 检修工作；明确；书面安全要求；工作班成员

10. 告知；危险因素；防范措施

11. 危及；有权；撤离

12. 保证；安全；健康；安全运行

13. 运用；农电；用户；基建

14. 领导干部；电气工作人员；现场情况；批准

15. 发；输；变；用户；农电人员；参照执行

二、选择题

1. B

2. C

3. D

4. C

5. D

6. B

7. A；C

8. B

三、判断题

1. （×）

2. （√）

3. （×）

4. （√）

5. （√）

6. （×）

7. （×）

8. （×）

9. （×）

10. （×）

11. （√）

12. （√）

四、改错题

1. 经医师鉴定，工作人员无妨碍工作的病症（体格检查至少每两年一次）。工作人员具备必要的安全生产知识和技能，从事电气作业的人员应掌握触电急救等救护法。工作人员具备必要的电气知识和业务技能，熟悉电气设备及其系统。

2. 作业现场的生产条件、安全设施、作业机具和安全工器具等应符合国家或行业标准规定的要求，安全工器具和劳动防护用品在使用前应确认合格、齐备。经常有人工作的场所及施工车辆上宜配备急救箱，存放急救用品，并指定专人检查、补充或更换。

3. 在电力线路（以下简称"线路"）及配电设备上工作应有保证安全的制度措施，可包含工作申请、工作布置、现场勘察、书面安全要求、工作许可、工作监护及工作间断和终结等工作程序。

4. 在线路及配电设备上进行全部停电或部分停电工作时，应向设备运行维护单位提出停电申请，由调度机构管辖的需事先向调度机构提出停电申请，同意后方可安排检修工作。

5. 在检修工作前应进行工作布置，明确工作地点、工作任务、工作负责人、作业环境、工作方案和书面安全要求，以及工作班成员的任务分工。

6. 工作人员应被告知其作业现场存在的危险因素和防范措施。在发现直接危及人身安全的紧急情况时，现场负责人有权停止作业并组织人员撤离作业现场。

7. 野外作业前，应根据野外工作特点做好工作准备，对工作环境的危险点进行排查，并做好防范措施。

五、问答题

1. **答**：电气作业要求的三要素是：工作人员、作业现场、作业措施，缺一不可。

2. **答**：（1）身体条件：经医师鉴定，无妨碍工作的病症（体格检查至少每两年一次）。

（2）安全知识条件：具备必要的安全生产知识和技能，从事电气作业的人员应掌握触电急救等救护法。

（3）业务技能条件：具备必要的电气知识和业务技能，熟悉电气设备及其系统。

3. **答**：电气作业现场应具备的条件是：

（1）作业现场的生产条件、安全设施、作业机具和安全工器具等应符合国家或行业标准规定的要求，安全工器具和劳动防护用品在使用前应确认合格、齐备。

（2）经常有人工作的场所及施工车辆上宜配备急救箱，存放急救用品，并指定专人检查、补充或更换。

4. **答**：（1）在电力线路及配电设备上工作应有保证安全的制度措施，可包含工作申请、工作布置、现场勘察、书面安全要求、工作许可、工作监护，及工作间断和终结等工作程序。

（2）在线路及配电设备上进行全部停电或部分停电工作时，应向设备运行维护单位提出停电申请，由调度机构管辖的需事先向调度机构提出停电申请，同意后方可安排检修工作。

（3）在检修工作前应进行工作布置，明确工作地点、工作任务、工作负责人、作业环境、工作方案和书面安全要求，以及工作班成员的任务分工。

5. **答**：在电力线路及配电设备上工作的其他要求是：

（1）在发现直接危及人身安全的紧急情况时，现场负责人有权停止作业并组织人员撤离作业现场。

（2）野外作业前，应根据野外工作特点做好工作准备，对工作环境的危险点进行排查，并做好防范措施。

（3）配电系统中的开关站、高压配电站（所）内工作可参照《电力安全工作规程　发电厂和变电站电气部分》（GB 26860—2011）的有关规定执行。

6. **答**：为了切实保证职工在生产中的安全和健康以及电力系统发、供、配电设备的安全运行，结合电力生产多年来的实践经验及教训，制定《电力安全工作规程　电力线路部分》。

7. **答**：各单位的领导干部和电气工作人员，必须严格执行《电力安全工作规程　电力线路部分》。本规程适用于运用中的发、变、送、配、农电和用户电气设备上工作的一切人员（包括基建安装人员）。

8. **答**：（1）安全生产、人人有责。

（2）各单位领导必须以身作则，要充分发动群众，依靠群众；要发挥安全监督机构和群众性的安全组织的作用，严格监督本规程的贯彻执行。

（3）各单位可根据现场情况制定补充条文，经厂（公司）主管生产的领导（总工程师）批准后执行。

（4）任何工作人员发现有违反本规程，并足以危及人身和设备安全者，应立即制止。

（5）对认真遵守本规程者，应给予表扬和奖励；对违反本规程者，应认真分析，加强教育，分别情况，严肃处理。对造成严重事故者，应按情节轻重，给予行政和刑事处分。

9. **答**：所谓运用中的电气设备，系指全部带有电压或一部分带有电压及一经操作即带有电压的电气设备。

10. **答**：电气工作人员必须具备下列条件：

（1）经医师鉴定，无妨碍工作的病症（体格检查约两年一次）。

（2）具备必要的电气知识，且按其职务和工作性质，熟悉《电力安全工作规程 热力和机械部分、发电厂和变电站电气部分、电力线路部分、高压试验室部分》的有关部分，并经考试合格。

（3）学会紧急救护法，特别要学会触电急救。

11. **答**：（1）电力线路工作人员对本规程应每年考试一次。

（2）因故间断电气工作连续 3 个月以上者，必须重新学习本规程，并经考试合格后，方能恢复工作。

（3）参加带电作业人员，应经专门培训，并经考试合格、领导批准后，方能参加工作。

（4）新参加电气工作的人员、实习人员和临时参加劳动的人员（如干部、临时工、农民工等），必须进行安全知识教育后，方可下现场随同参加指定的工作，但不得单独工作。

（5）对外单位派来支援的电气工作人员，工作前应介绍现场电气设备接线情况和有关安全措施。

12. **答**：挺身而出，立即制止。

13. **答**：安全教育从内容上分为安全思想教育、安全知识教育、安全技术教育三类。安全教育按层次可分为厂（公司）级、车间（工区）级和班组级三级。

14. **答**：安全用具是用来防止触电、灼伤、坠落、摔跌等事故，保障工作人员安全地使用的各种专用工具和器具。

安全用具分为基本绝缘安全用具、辅助绝缘安全用具和一般防护安全用具三类。

第五章 安全组织措施

原文："5 安全组织措施"

第一节 一般要求

原文："5.1 一般要求"

一、条文 5.1.1

原文："5.1.1 安全组织措施作为保证安全的制度措施之一，包括工作票、工作的许可、监护、间断和终结等。工作票签发人、工作负责人（监护人）、工作许可人、专责监护人和工作班成员在整个作业流程中应履行各自的安全职责。"

1. 安全组织措施是为保证安全的制度措施之一

为电力线路及配电设备所进行的各项维护工作和检修作业是电网安全生产的核心。保证安全工作的组织措施就是为实现电力线路作业安全而制定的一套管理体系和管理原则，是对电力线路所进行的运行、维护、检修作业全过程的安全行为的提炼、完善和普遍地加以总结的结晶。正确实施保证安全的组织措施，就能从不同的职能层次上对安全工作的主要环节予以合理地把握，就能实现主观努力与客观条件的紧密结合，安全工作与组织措施相互制约，相互促进，形成对线路运行、维护、检修作业的安全保证。保证安全工作的组织措施已形成一个有机的整体，从事电力线路工作的每位电业职工都应自觉遵守和维护。

2. 安全组织措施的内容

安全组织措施作为一种保证安全的制度措施之一，包括以下制度，各种人员在整个作业流程中都有自己的安全职责，并要认真履行。

（1）工作票制度——工作票签发人，工作负责人。

（2）工作许可制度——工作许可人，工作负责人。

（3）工作监护制度——工作负责人（监护人）、专责监护人。

（4）工作间断制度——工作班成员（包括负责人、监护人）。

（5）工作终结和恢复送电制度——工作班成员（包括负责人、监护人），工作许可人。

在这五项制度中，工作票制度是基础、是核心，其余四项都是围绕工作票制度展开的，是在执行工作票中所应该遵守的制度，是为工作票能够安全地执行所必需的环环紧扣的保证安全工作的组织措施中不可缺少的制度。只有认真贯彻执行这五项制度，才能既保证作业人员的人身安全，又保证设备系统的安全。

国网《安规》将保证安全工作的组织措施由原来的五项增加为六项，即增加了第一项：现场勘察制度。在《农村电网低压电气安全工作规程》（DL 477—2010）中已出现了这样的条文，只是没有将它提出来单独规定为一项。

按照 DL 477—2010 中规定，对大型或较复杂的工作，工作负责人填写工作票前应到现场勘查，根据实际情况制订安全、技术及组织措施。

国网《安规》对此的规定有：①现场勘察制度；②工作票制度；③工作许可制度；④工作监护制度；⑤工作间断制度；⑥工作结束和恢复送电制度。

国标《安规》在4.3作业措施里明确指出在线路及配电设备上工作保证安全的制度措施有：①工作申请；②工作布置；③现场勘察；④书面安全要求（工作票是准许在线路及配电设备上工作的书面安全要求之一）；⑤工作许可；⑥工作监护；⑦工作间断和终结。

3. 执行安全组织措施的关键——三种人

工作票签发人、工作负责人、工作许可人的担当资格由各单位根据实际制定。但各单位每年应对工作票签发人、工作负责人、工作许可人进行培训，经考试合格，以正式文件公布有资格担任工作票签发人、工作负责人、工作许可人的人员名单。

4. 执行组织措施的所有人员

工作票签发人、工作负责人（监护人）、工作许可人、专责监护人和工作班成员在整个作业流程中应履行各自的安全职责。

在线路及配电设备上进行全部停电或部分停电工作时，应向设备运行维护单位提出停电申请，由调度机构管辖的需事先向调度机构提出停电申请，同意后方可安排检修工作。

在检修工作前应进行工作布置，明确工作地点、工作任务、工作负责人、作业环境、工作方案和书面安全要求，以及工作班成员的任务分工。

二、条文 5.1.2

原文："5.1.2 工作票是准许在线路及配电设备上工作的书面安全要求之一，可包含编号、工作地点、工作内容、计划工作时间、工作许可时间、工作终结时间、停电范围和安全措施，以及工作票签发人、工作许可人、工作负责人和工作班成员等内容。"

1. 工作票是准许在线路及配电设备上工作的书面安全要求之一

工作票采用"票""面"合一的方式。国家标准给出的工作票包含的11项内容是最基本的内容，各单位只能在这11项的基础上有所增加而不能减少。有的单位将工作地点和工作内容合并为一项为"工作任务"。采取表格形式将工作地点和工作内容相对应，见表5-1-1。

表 5-1-1　　　　　　　　　　　将工作地点与工作内容并列

	工作地点	工作内容
工作任务		

2. 需要填用工作票的工作应和不需要填用工作票的工作区别开来

并不是所有的工作都需要填用工作票，因此各单位应编制需要填用工作票的具体工作任务清单，经主管生产的领导（总工程师）批准后，书面通知有关工作岗位。这样在签发工作票时就有据可查。

三、条文 5.1.3

原文："5.1.3 除需填用工作票的工作外，其他可采用口头或电话命令方式。"

采用口头或电话命令的方式也应看作是一种工作票，是准许在线路及配电设备上工作的语音安全要求方式，接到的口头或电话命令可以记载在记录本上，或录音备查。

工作票以及口头或电话命令都是允许工作的命令形式。按照批准的工作内容填写的工作票，是在电力线路上进行工作的凭证和依据，是命令的书面形式。填用工作票的实质是根据工作票上所填写的内容，实现层层把关，核实安全措施，从而实现安全作业。工作票的核心是工作负责人，保证安全的组织措施中的五项制度的执行都离不开工作负责人上下左右运作。口头或电话命令可以看做是命令的语音形式，和命令的书面形式具有同样的效力。

第二节　现　场　勘　察
原文："5.2 现场勘察"

一、条文 5.2.1

原文："5.2.1 工作票签发人或工作负责人认为，现场勘查的线路作业，作业单位应根据工作任务组织现场勘察。"

输配电线路长年累月在电网经营企业的围墙外运行，经受酷暑严寒、风吹雨打，甚至有不法分子偷盗线路器材，尽管有线路巡检，但线路巡检也是有周期性的，因此，在对作业现场安全实际情况没有把握的情况下，应组织现场勘查。有权决定是否组织现场勘查的是工作票签发人或工作负责人。实地前去勘察的就是准备作业的人员。现场勘查不是毫无目的野外旅游，而是要紧密结合工作任务的要求去进行。

线路作业具有点多、面广、线路长、施工复杂、危险性大的特点，从众多事故案例分析，许多事故的发生，往往是作业人员事前缺乏危险点的勘察与分析，操作中缺少危险点的控制措施所致，因此作业前的危险点的勘察与分析是一项十分重要的组织措施。

进行电力线路施工作业、工作票签发人和工作负责人认为有必要现场勘察的施工（检修）作业，施工、检修单位均应根据工作任务组织现场勘察，并填写现场勘察记录。

电力线路作业现场勘查记录格式见表 5-2-1。

二、条文 5.2.2

原文："5.2.2 现场勘察应查看现场检修（施工）作业范围内设施情况，现场作业条件、环境，应停电的设备、保留或邻近的带电部位等。"

该条给出了线路作业现场勘察的重点和工作内容的有关规定：①作业范围内的设施情况；②作业现场的作业条件；③作业现场周围环境情况；④作业现场应停电设备；⑤作业现场无需停电设备；⑥作业现场邻近的带电部位。

表 5－2－1　　　　　　　电力线路作业现场勘察记录表参考格式

电力线路作业现场勘查记录

勘察单位：　　　　　　　　　　　　　　　　　　　　　　　　　编号：

勘察负责人：　　　　　　；

勘察人员：

勘察的线路或设备的名称（多回应注明双重称号）：＿＿＿＿＿＿＿＿＿＿＿＿＿＿＿＿＿＿＿＿

＿＿

工作任务（工作地点或地段以及工作内容）：＿＿＿＿＿＿＿＿＿＿＿＿＿＿＿＿＿＿＿＿＿＿＿＿

＿＿

现场勘查内容

1. 需要停电的范围：
2. 保留的带电部分：
3. 作业现场的条件、环境及危险点：
4. 应采取的安全措施
5. 附图与说明：

记录人：　　勘察日期：＿＿＿＿＿＿年＿＿＿＿＿＿月＿＿日＿＿＿时＿＿＿分至＿＿＿日＿＿＿时＿＿＿分

下面列举吉林省电力有限公司按照国家标准《电力安全工作规程电力线路部分》和国网公司标准《电力安全工作规程线路部分》制定的现场勘查制度供读者参考。

吉林省电力有限公司现场勘察制度（试行）

第一章　总　　则

第一条　为深入贯彻执行国家电网公司《电力安全工作规程》等有关规定，规范现场勘察工作，保证施工、检修作业安全，特制定本制度。

第二条　有关施工、检修作业项目在进行作业前应严格执行现场勘察制度，并认真做好记录。

第三条　本制度适用于吉林省电力有限公司所属各发，供电单位。

第二章　应进行现场勘察的工作

第四条　在电力线路上进行以下作业：

1. 电力线路杆塔组立、拆除工作；

2. 电力线路紧、撤导地线工作；

3. 在电力线路（杆塔）上进行的革新、实验、科研项目；

4. 涉及两个及以上二级单位联合停电作业；

5. 除带电测试绝缘子、220kV 带电更换绝缘子工作以外的 66kV 及以上线路带电作业；

6. 送电专业同杆塔架设的双回（多回）线路，其中一回线路停电的复杂作业；

7. 配电作业填用线路（电缆）第一种工作票、带电工作票的工作；

8. 事故抢修；

9. 配电作业涉及两个及以上多电源供电区域的停电作业（含有电源联络线供电、停电区域内有自备电源或双电源供电客户的区域）；

10. 在带电杆塔上架设通信光缆或其他线缆等工作；

11. 新建电力线路的施工作业。

第五条 以下变电施工、检修作业需进行现场勘察：

1. 66kV 及以上主设备大修、改造；

2. 设备改进、革新、试验、科研项目的施工作业；

3. 一次变电所 1 台主变停电且主变回路有作业，4 回及以上 66kV 进线的二次变电所 66kV 母线停电作业；

4. 改变设备及系统接线方式和运行参数的工作项目；

5. 变电所二次回路安装、改动、更新及设备不停电进行二次回路测试工作，更换或改动保护及自动装置工作。

第六条 联合作业项目，外单位或本单位多经企业进入系统内运行设备或运行区域内的作业项目。

第七条 工作票签发人或工作负责人认为有必要进行现场勘察的其他检修作业。

第八条 进行上述施工和检修作业前，施工、检修单位应根据工作任务组织现场勘察，并认真填写现场勘察记录。现场勘察由工作票签发人或工作负责人组织，有关人员参加，设备运行管理单位配合。

第三章 现场勘察的内容

第九条 现场勘察应查看现场施工（检修）作业需要停电的范围、保留的带电部位和作业现场的条件、环境及其他危险点等。现场勘察结果记录在现场勘察记录中。

第十条 现场勘察重点包括以下内容：

1. 勘察现场施工（检修）作业需要停电的范围及设备、保留的带电部位以及并架或邻近、交叉带电设备，作业现场的条件、环境、地形及其他危险点等，并初步确定作业方法；

2. 施工（检修）作业需要停电的范围及设备，接线方式，杆塔号、导线规格；

3. 并架（邻近）带电的设备、邻近公（铁）路、建筑物、河流、电力（通信、路灯）线路的位置；

4. 接地线装设位置；

5. 杆（塔）组立的拉线、地锚，紧、撤线时装设的临时接线，起重机械、牵引机械的位置等；

　　6.画出交叉跨越公（铁）路、建筑物、河流、电力（通信）线路示意图；

　　7.画出有可能送电到停电线路的分支线路情况及双电源供电方式示意图；

　　8.施工（检修）车辆、机具需要经过的道路和进出通道的情况；

　　9.其他影响施工（检修）作业的危险因素。

　　第十一条　根据现场勘察结果，对危险性、复杂性、困难程度较大的作业项目，应编制组织措施、技术措施、安全措施，经本单位主管生产领导（总工程师）批准后执行。

第四章　现 场 勘 察 记 录

　　第十二条　勘察单位（部门、班组）应填写勘察负责人所在单位（部门、班组）名称，若施工单位进行现场勘察，则将现场勘察记录填写一式两份，一份交运行单位（部门、班组）保存。

　　第十三条　工作地段示意图应符合现场实际，标明停电线路（设备）双重名称、电压等级、停电范围、保留带电部位、采取的安全措施（接地线位置）、应拉开的断路器（开关）、隔离开关（刀闸）、熔断器等相关信息。

　　第十四条　工作范围一次接线图应符合现场实际，标明停电设备双重名称、电压等级、停电范围、邻近保留带电间隔、接地线位置、应拉开的断路器（开关）、隔离开关（刀闸）、熔断器等相关信息。

　　第十五条　电力线路（电缆）施工、检修作业现场如有交叉、邻近电力线路或其他线路、道路（河流）情况，应填写在现场勘察记录中并根据情况采取可靠的安全措施。

　　第十六条　电力线路（电缆）检修、施工作业进行现场勘察时，还应检查杆塔、拉线基础情况；检查双电源、自发电、小水（火）电情况，并详细做好记录，采取安全措施。检查符合标准应填写"无"。

　　第十七条　现场勘察记录应按顺序编号，每月进行装订、保管。

　　第十八条　现场勘察负责人、参与勘察人员的签名应由本人填写，其他人员不得代签。

第五章　附　　则

　　第十九条　本制度自发布之日起执行。

　　第二十条　本制度解释权归吉林省电力有限公司安监部。

　　附件：1.电力线路（电缆）作业现场勘察记录

　　　　　2.变电专业作业现场勘察记录

　　三、条文5.2.3

原文："5.2.3根据现场勘察结果，对危险性、复杂性和困难程度较大的作业项目，应制订组织措施、技术措施和安全措施。"

　　该条给出根据勘察结果应采取哪些措施的规定，主要是对危险性较大的、复杂性较高的和困难程度严重的作业项目，应制定具体的组织措施、技术措施和安全措施。

　　电力线路作业现场勘查记录实例见表5-2-2。

表 5－2－2　　　　　　　　　　**电力线路作业现场勘察记录表实例**

电力线路作业现场勘查记录

勘察单位：永安供电所　　　　　　　　　　　　　　　　　　　　　　　　编号 1006001

勘察负责人：康云华　勘察人员：康云华　覃军　杨爱民、于春洲等

勘察的线路或设备的名称（多回应注明双重编号）：

10kV 蒋永 306 线路 P94－P105 杆、10kV 蒋茶 312 线 P77 杆，10kV 蒋永 306 线路白青支线 P1 杆、白郝支线 P1 杆。

工作任务（工作地点或地段及工作内容）：

(1) 安装 10kV 蒋永线 P95－P105 杆的横担。

(2) 10kV 蒋茶 312 线 P78 杆与蒋永 306 线 P95 杆同杆架设至蒋永 306 线 P105 杆处。

(3) 更换安装 P96、P104、P105 杆拉线，将白青支线从蒋永 306 线 P105 杆处开断。

(4) 将白青支线接入蒋茶 312 线，在 10kV 蒋永线 306P96 杆安装隔离开关两组。

现场勘察内容

1. 需要停电的范围：10kV 蒋茶 312 线路全线转检修。 　　　　　　　　　10kV 蒋永 306 线路全线转检修
2. 保留的带电部位：无
3. 作业现场的条件、环境及危险点： (1) 作业现场 10kV 蒋永 306 线 P95－P104 杆间在茶安电站大坝上，P95 杆在坝头，P105 杆邻近青石村道边。 (2) 10kV 蒋茶 312 线 P78 杆与 10kV 蒋永 306 线 P95 杆同杆，10kV 蒋永 306 线 P96、P97、P98 有用户胶质铝芯接户线。 (3) 白青支线 P1 杆、白郝支线 P1 杆有同杆架设的白沙溪村变低压线路。 (4) 10KV 蒋永 306 线 P96－P97 杆有大坝防洪变共杆胶质线。 (5) 作业现场有行人通过
4. 应采取的安全技术措施： (1) 在 10kV 蒋永线 306P94 杆验电无压后装设 1# 接地线、在 10kV 蒋永线 312P77 杆验电无压后装设 2# 接地线、在白青分支线 P1 杆验电无压后装设 3# 接地线、在白郝支线 P1 杆负荷侧验电无压后装设 4# 接地线、在白郝支线 P1 杆禽业分支线侧验电无压后装设 5# 接地线、在白青分支线 P1 杆共杆白沙溪村变低压线路验电无压后装设 6# 接地线、在白郝支线 P1 杆共杆白沙溪村变低压线路电源侧验电无压后装设 7# 接地线、在白郝分支线 P1 杆共杆白沙溪村变低压线路支线侧验电无压后装设 8# 接地线，解除蒋永线 306P96、P97、P98 杆、白青分支线 P1 杆共杆低压用户接户线。 (2) 在邻近蒋永线 306P105 杆的青石村道两端、茶安大坝蒋茶 312P77 杆侧设置"线路施工，车辆慢行"双向警示标示牌各一块。在蒋永线 306P95、P96、P104、P105 杆周围用安全隔离警示带设置安全警示隔离区域。 (3) 锁好白沙溪村变控制箱门，并在箱门手柄上悬挂"线路有人工作、禁止合闸"标示牌、在大坝防洪变配电屏操作手柄上悬挂"线路有人工作、禁止合闸"标示牌，并锁好配电房
5. 线路施工工器具使用及施工作业注意事项： (1) 使用绳索传递物品防止坠物伤人。 (2) 使用脚扣和安全带时注意操作规范。 (3) 将导线码紧，收至横担时应防止导线滑出和跑线。 (4) 登杆前检查杆根，拉线是否牢靠。 (5) 高处作业系好安全带；高处作业使用工具袋，杆上作业人员使用的工具、材料等使用绳索传递，不得乱扔，防止空中坠物伤人。 (6) 更换拉杆、拉线前应根据实际情况使用临时拉线。 (7) 架设导线时，杆上工作人员不能离开，不得跨在导线上或站在导线内角侧，防止牵引绳或导线卡住。 (8) 应逐相进行架设，防止跑线伤人
6. 附图与说明：见停电区域图

工作负责人：　　　　　　　　工作票签发人：

记录人：康云华

勘察日期：2010 年 06 月 07 日 10 时 10 分至 07 日 12 时 50 分

第三节 工 作 票 种 类

原文："5.3 工作票种类"

一、工作票的种类

1. 国标《安规》线路部分

国标《安规》线路部分推荐的线路工作票共有四种，分别是电力线路第一种工作票、电力线路第二种工作票、带电作业工作票和紧急抢修单。以附录A、附录B、附录C、附录D的形式列于正文后面。附录A、附录B、附录C和附录D都是资料性附录，属于推荐性标准。

2. 行标《安规》线路部分

行标《安规》线路部分推荐的工作票只有两种类型，即电力线路第一种工作票和电力线路第二种工作票，没有带电作业工作票和紧急抢修单。

3. 国网《安规》线路部分

国网《安规》线路部分和国网《安规》电气部分一样，线路工作票也有六种，分别是电力线路第一种工作票、电力线路第二种工作票，电力电缆第一种工作票、电力电缆第二种工作票，带电作业工作票和紧急抢修单。

二、条文 5.3.1

原文："5.3.1 需要线路或配电设备全部停电或部分停电的工作，填用电力线路第一种工作票（见附录A）。

注：配电设备全部停电是指供给该配电设备上的所有电源线路均已全部断开。"

条文的注释很重要，它规定了配电设备全部停电的定义，那就是指供给该配电设备上的所有电源线路均已全部断开。所有电源线路，只断开了部分，哪怕还剩下一条也不能说这个配电设备全部停电了。这一点在执行工作票的停电措施时容易漏项，乍看好像全部断开了，焉知还暗藏了玄机，在验电，装设接地线时就会显现出来。

国标《安规》线路部分附录A表A.1给出了电力线路第一种工作票格式，见表5-3-1。

表5-3-1 国标《安规》线路部分推荐的电力线路第一种工作票格式（表A.1）

单 位			编 号	
工作负责人（监护人）			班组	
工作班成员（不包括工作负责人）： 共 人				
工作的线路或设备名称（多回路应注明双重称号）： 				

续表

单 位				编 号	

工作任务	工作地点或地段 （注明分、支线路名称、线路的起止杆号）			工作内容	

计划工作时间：自　　年　月　日　时　分至　　年　月　日　时　分

安全措施 （必要时可附页绘图说明）	应改为检修状态的线路间隔名称和应拉开的断路器、隔离开关、熔断器（包括分支线、用电单位线路和配合停电线路）：	
	保留或邻近的带电线路、设备：	
	其他安全措施和注意事项：	
	<div align="center">应挂的接地线</div>	
	线路名称及杆号	接地线编号
	工作票签发人签名： 工作负责人签名： 收到工作票	签发日期：　　年　　月　　日　　时　　分 　　　　　　　　年　　月　　日　　时　　分

确认本工作票上述各项内容许可工作开始	许可方式	许可人	工作负责人签名	许可工作的时间				
				年	月	日	时	分
				年	月	日	时	分
				年	月	日	时	分

确认工作负责人布置的工作任务和安全措施。
工作班组人员签名：

工作负责人变动情况：原工作负责人　　　　离去，变更　　　　为工作负责人
工作票签发人签名：　　　　日期：　　年　月　日　时　分

工作人员变动情况（变动人员姓名、日期及时间）：
　　　　　　　　　　　　　　　　　　　　　　　工作负责人签名：

工作票延期：有效期延长到　　　　年　月　日　时　分。
　　工作负责人签名：　　　　　　日期：　　年　月　日　时　分
　　工作许可人签名：　　　　　　日期：　　年　月　日　时　分

续表

单 位		编 号				
工作票终结	现场所挂的接地线编号 共 组， 已全部拆除、带回。					
	工作终结报告					
	终结报告的方式	许可人	工作负责人签名	终结报告时间		
				年 月 日 时 分		
				年 月 日 时 分		
				年 月 日 时 分		
备注： (1) 指定专责监护人 负责监护 （人员、地点及具体工作） (2) 其他事项：						

三、条文 5.3.2

原文："5.3.2 带电线路杆塔上与带电导线符合表1最小安全距离规定的工作以及运行中的配电设备上的工作，填用电力线路第二种工作票（见附录B）。

表 1　　　　　　　　　在带电线路杆塔上工作与带电导线最小安全距离

电压等级 kV	10及 以下	20、 35	66、 110	220	330	500	750	1000	±50	±500	±660	±800
安全距离 m	0.7	1.0	1.5	3.0	4.0	5.0	8.0	9.5	1.5	6.8	9.0	10.1

注　1. 表中未列电压等级按高一挡电压等级安全距离。

2. 750kV数据是按海拔2000m校正的，其他等级数据是按海拔1000m校正的。"

简言之，第一种工作票是在全部停电或部分停电设备上的工作，第二种工作票是在不停电设备上的工作，虽然设备不停电，但工作人员也不会发生触电危险，这是因为这些作业项目是在离带电体安全距离之外的地方工作的。也就是表1所列的不同电压等级下的最小安全距离。所以，第二种工作票可称之为不停电工作票。在带电线路杆塔上与带电导线符合表1最小安全距离规定的工作以及运行中配电设备上的工作，填用电力线路第二种工作票。

国标《安规》附录B表B.1给出了电力线路第二种工作票格式，见表5-3-2。

表 5-3-2　　国标《安规》线路部分推荐的电力线路第二种工作票格式（表 B.1）

单 位		编 号	
工作负责人（监护人）		班组	
工作班成员（不包括工作负责人）： 共 人			
电力电缆双重名称：			

单　位		编　号	

	线路或设备名称	工作地点、范围	工作内容
工作任务			

计划工作时间：自　　　年　　月　　日　　时　　分至　　　年　　月　　日　　时　　分

注意事项（安全措施）：
　　工作票签发人签名：　　　　　　　　　　　　　　　　　日期：　　年　　月　　日　　时　　分
　　工作负责人签名：　　　　　　　　　　　　　　　　　　日期：　　年　　月　　日　　时　　分

确认工作负责人布置的工作任务和安全措施。
工作班组人员签名：

工作开始时间：　　　年　　月　　日　　时　　分　　工作负责人签名：
工作完工时间：　　　年　　月　　日　　时　　分　　工作负责人签名：

工作票延期：有效期延长到　　　　年　　月　　日　　时　　分
　　工作负责人签名：　　　　　　　　　　　　　　　　　日期：　　年　　月　　日　　时　　分
　　工作许可人签名：　　　　　　　　　　　　　　　　　日期：　　年　　月　　日　　时　　分

备注：

四、条文 5.3.3

原文："5.3.3 带电作业或与带电设备距离小于表1规定的安全距离但按带电作业方式开展的不停电工作，填用带电作业工作票（见附录C）。"

　　如果作业地点在表1所列的安全距离之内，除了停电检修，又不想停电的话，那只有采取带电作业工具进行带电作业这一条路可走了。带电作业在电力行业《安规》中仍填用线路第二种工作票。

　　国标《安规》附录C线路部分表C.1给出了电力线路带电作业工作票格式，见表5-3-3。

五、条文 5.3.4

原文："5.3.4 事故紧急抢修工作使用紧急抢修单（见附录D）或工作票。非连续进行的事故修复工作应使用工作票。"

表 5-3-3　国标《安规》线路部分推荐的电力线路带电作业工作票格式（表 C.1）

单　位			编　号	
工作负责人（监护人）			班　组	

工作班成员（不包括工作负责人）：

共　人

	线路或设备名称	工作地点、范围	工作内容
工作任务			

计划工作时间：自　　年　月　日　时　分至　　　年　月　日　时　分

停用重合闸线路（应写双重名称）：

工作条件（等电位、中间电位或地电位作业，或邻近带电设备名称）：

注意事项（安全措施）：

工作票签发人签名：　　　　签发日期：　　年　月　日　时　分

确认本工作票上述各项内容。
　工作负责人签名：

工作许可：
　调度许可人（联系人）：　　许可时间：　　年　月　日　时　分
　工作负责人签名：　　　　　日　期：　　年　月　日　时　分

指定　　　　　为专责监护人　　　专责监护人签名：

补充安全措施：

确认工作负责人布置的工作任务和安全措施。
　工作班成员签名：

工作终结汇报调度许可人（联系人）：
　工作负责人签名：　　　　日　期：　　年　月　日　时　分

备注：

1. **事故紧急处理**

（1）事故紧急处理。事故紧急处理是指电力线路或电气设备在运行中发生了故障或严重缺陷后的紧急处理和抢送电，故障或缺陷有进一步扩大的可能，如不立即处理将危及人身安全，造成火灾或设备严重损坏的事故。对此，必须迅速组织人员进行紧急处理，如将直接对人员生命有威胁或严重异常的设备停电；将已损坏的设备隔离；变电所（站）母线电压突然消失时，将连接到该母线上的断路器断开；扑灭火灾等。

（2）事故紧急处理所对应的具体工作主要是倒闸操作，例如，拉开或合上某些断路器和隔离开关，拉开或合上某些直流操作回路，切除或投入某些继电保护装置和自动装置，装设或拆除临时接地线等。在事故紧急处理中，可不用操作票，这是因为在进行上述单一的简单操作时，如拉合一个开关，使用刀闸拉合一组避雷器、一组 PT、一台消弧线圈、拉开或拆除全厂（所）仅有的一组接地刀闸或接地线等，危险性较小。同时也为解救触电人员、扑救火灾、抢救危急设备等赢得更多的宝贵时间。

2. **事故紧急处理应注意的问题**

（1）为了能正确、迅速地处理事故，在事故处理过程中，虽然可不用操作票，但现场的工作人员应有明确的分工，并做好必要的安全措施。事故处理完毕以后，要将事故发生的时间、情况和处理的全过程详细记录在记录簿内，然后立即报告有关领导和调度值班员。

（2）事故紧急处理不包括事故后转为临修或修复后的恢复送电等，因为，在这种情况下，值班员或事故处理人员完全有时间填写操作票。

3. **事故紧急抢修**

（1）事故紧急抢修。事故紧急抢修是指电气线路或电气设备在运行中发生了故障或严重缺陷，因时间紧迫需要紧急抢修，而且工作量不大，所需时间不长，在短时间内能够恢复运行的工作。

（2）如果事故抢修需要线路停电，应由线路所属单位的责任班组向调度提出申请。事故抢修所对应的工作主要是在停电后的电气设备上进行的抢修工作。如由于自然灾害及外力破坏等所造成的配电线路倒杆、电杆倾斜、断线、金具或绝缘子脱落等停电事故，需要迅速进行的抢修工作等。事故抢修因为时间紧迫，且工作量不大，所需时间不长，在短时间内就能够恢复运行，因此，可以不使用工作票，填用事故紧急抢修单。但在事故抢修前，必须做好安全技术措施，并得到值班负责人或工作负责人的许可，工作中必须做好监护工作。

国标《安规》附录 D 表 D.1 给出了紧急抢修单格式，见表 5-3-4。国标《安规》电气部分和线路部分推荐的紧急抢修单格式相同，适用于线路或电气设备的紧急抢修。

4. **事故抢修应注意的问题**

事故抢修既不同于上述的紧急事故处理也不同于正常的事故检修。事故抢修可以不用工作票，但应由有经验的检修人员到现场勘察决定抢修方案，领导检修工作，按规定做好安全措施，并指定专人负责，做好人员分工。事故抢修完成后，将事故抢修过程记入故障处理记录簿内，并补画补填有关的图纸资料，移交运行人员保存。

表 5-3-4　　　　　国标《安规》推荐的紧急抢修单格式（表 D.1）

单　位			编　号	
抢修工作负责人（监护人）			班组	
抢修班人员（不包括抢修工作负责人）： 　　　　　　　　　　　　　　　　　　　　　　　　　　　　共　　人				
抢修任务（抢修地点和抢修内容）：				
安全措施：				
抢修地点保留带电部分或注意事项：				
上述各项内容由抢修工作负责人　　　　　根据抢修任务布置人　　　　　的布置填写。				
经现场勘察需补充下列安全措施： 经许可人（调度/运行人员）　　　同意（　月　日　时　分）后，已执行。				
许可抢修时间：　　　年　月　日　时　分 许可人（调度/运行人员）：				
抢修结束汇报： 本抢修工作于　　　年　月　日　时　分结束。 现场设备状况及保留安全措施： 抢修班人员已全部撤离，材料工具已清理完毕，事故应急抢修单已终结。 抢修工作负责人：　　　　　许可人（调度/运行人员）： 填写时间：　　　年　月　日　时　分				

5. 非连续进行的事故修复工作应使用工作票

如果设备损坏比较严重，抢修工作量较大，短时间内不能恢复运行，则应转为正常的事故检修。正常的事故修复是指发生事故停电以后，设备损坏比较严重，维修工作量较大，短时间内不能恢复运行的检修工作。事故抢修转为正常的事故检修后，就应补填工作票并履行正常的工作许可手续，因为这些工作是在高压设备上进行的，涉及人员和设备的安全。因为从工作票上可以反映出工作票制度、保证安全的组织和技术措施的执行情况，以及工作负责人所负安全责任的履行情况等内容。因而可以把工作票作为许可工作的书面凭证。

第四节 工作票的填用

原文："5.4 工作票的填用"

一、条文 5.4.1

原文："5.4.1 工作票应使用统一的票面格式。"

1. 工作票格式

《电力安全工作规程 电力线路部分》（GB 26859—2011）的附录 A、附录 B、附录 C、和附录 D 给出了推荐性的格式，见表 5-3-1～表 5-3-4。

（1）一个单位的工作票票面格式应该统一。如果要按国标《安规》推荐的格式，那么就要停用以前印制的与推荐格式不一样的工作票格式，不可混用。

（2）手书工作票的票面格式与计算机生成或打印的工作票票面格式应统一，不可两张皮。

（3）工作票宜应用计算机管理，各单位可制定计算机管理工作票的有关规定。

（4）条文 5.4.2～5.4.4 给出了可填用一张电力线路第一种工作票或电力线路第二种工作票或电力线路带电作业工作票的规定情况。

1）一条线路、同一个电气连接部位的几条线路或同杆架设且同时停送电的几条线路上的工作，可填用一张电力线路第一种工作票。

2）同一电压等级、同类型的数条线路上的不停电工作，可填用一张电力线路第二种工作票。

3）同一电压等级、同类型采取相同安全措施的数条线路上依次进行的带电作业，可填用一张电力线路带电作业工作票。

2. 电力线路工作票填写要求

应使用钢笔或圆珠笔填写，字迹清楚整洁，不得任意涂改，以免造成错看、误解。对于个别错、白、漏字需要修改时，先将错字划掉，然后在相应位置写上正确字，可以用红笔改字。

工作票所填写的内容涉及工作任务、工作地段、设备的名称编号以及操作有关设备的动词如停、送、拉、合、投、退等重要内容，一字之差，含义完全不同，就会造成严重后果。如果工作票上字迹不清或任意涂改，即使一个字认错了，就可能引发事故。因此，字迹必须正确清楚，不得任意涂改。对于个别一般的错字、漏字需要修改时，字迹应清楚，但对线路设备的名称、编号和停、送等动词不得修改，如填写有误时应重新填写工作票，以防止万一出现对涂改部分误认时引发事故。

（1）各单位应按规程要求统一印制统一格式，并按照单位代码分类号统一编有双页顺序号，按序使用。

（2）工区、所的名称应填写企业、科室、工区、班组或队的名称。多班组作业时，应分别写出班、组或队的名称。

（3）填写工作班成员栏时，如为单一班组作业，则所有人员姓名应全部写出，总人数为工作负责人加工作班成员数；如为多班组作业，则工作班成员栏中只写分班组工作负责人×××等×人（分班组人数至少应是两人，防止失去工作监护），总工作人数为各分班组人数之和加总工作负责人。

工作班人员，应填写全部工作班人员名单，写明共几人，而不是只写部分人名字后加"等"字。如因人名多，工作票上写不下，可以在工作票后附名单。

（4）停电线路名称栏内，对于全线停电应写明线路名称和出线断路器编号，对双回线还应注明线路的双重称号；对于配电线路部分段的停电工作，应写明线路名称和停电范围的起、止杆号。对于不和其他配电线路联络的配电线路的部分停电工作，其停电范围也可填作：××号杆柱上断路器负荷侧停电等。要注意的一点是，停电范围的起、止杆号同工作地段两侧的杆塔号，在大多数情况下是不相同的。

（5）工作地段是指工作地点两侧由工作班在现场装设接地线的杆塔以内的范围。工作地段栏内应填写线路名称（包括主干线、分支线）和工作地点装设接地线杆塔的工作区段的起止杆塔编号。对于配电线路工作地段内可能返送电到工作地段的分支线、双电源、自备电源用户以及所有配电变压器台架、配电室等，在工作票上应有防止返送电的安全措施要求，由工作负责人组织在现场采取可靠的安全措施后，方可开始工作。鉴于配电线路停电工作时工作地段接线复杂，可能返送电的因素较多，因此在签发工作票时应附有工作地段简图，标示出保留带电线路的杆编号，以及工作地段两侧装设接地线的杆塔编号、工作地段内防止返送电安全措施的杆塔编号或处所等。以确保安全措施正确完备，并便于工作负责人在现场组织实施和检查是否已经全部布置完成。

（6）工作任务栏内要分项填清各个项目。

（7）在安全措施栏内应详细填清应执行的各项安全措施。如对单一电源线路干线停电，应拉开发电厂或变电所该线路的断路器及其两侧隔离开关，双电源线还应断开对侧断路器及其两侧隔离开关；分支线停电则应拉开分支线柱上断路器及隔离开关，或断开分路跌落式熔断器，摘下熔体管件；对有产生近距离感应电压及可能返供电的线路，也应断开其各侧断路器及隔离开关，要求断开所有停电断路器及隔离开关的操作能源。部分停电的工作，应在"保留带电线路或带电设备"栏中注明带电设备的名称和带电侧、部位。

（8）应挂接地线。在发电厂和变电所端，对线路各端点所有可能产生感应电压及一经合闸即可送电到工作地点的所有线路侧隔离开关处均应装设接地线或合上线路接地隔离开关。多班组作业时，应根据感应电压的处所，在各工作段两侧挂接地线，使工作人员始终处在接地线包围的范围内，这是防止工作地点突然来电的可靠安全措施。填写该栏目时，应写清线路的汉字名称、具体杆号及确切方位（如大号侧或小号侧）。

（9）填写计划工作时间栏时，应按计划书批准的时间填写，如为临时检修或机动检修，则以所需要的时间填写。

（10）工作票签发人应提前一天填写工作票并签名，或由工作负责人填写工作票交由签发人审查并签名。对于用户单位线路的工作票，仍应由线路调管单位签发（工作现场采取的安全措施及人员的安全问题，由施工单位自行负责）。工作票签发后，应较计划工作时间提早一天送至线路调管单位，以便及早进行各项操作、变更运行方式的准备。

（11）备注栏内应填写工作票中需要加调、提醒、警示的未尽事项，也可指出工作中可能出现的影响安全作业的客观因素，并提出防止和消除的对策等。

3. 线路工作票执行程序

中国南方电网公司制定的线路工作票执行程序流程图见图 5-4-1。

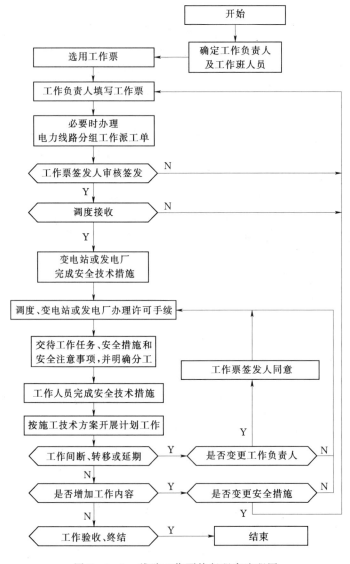

图 5-4-1 线路工作票执行程序流程图

二、条文 5.4.2

原文:"5.4.2 一条线路、同一个电气连接部位的几条线路或同杆塔架设且同时停送电的几条线路上的工作,可填用一张电力线路第一种工作票。

注:同一个电气连接部位是指电气上相互连接的几个电气单元设备。"

可填用一张电力线路第一种工作票的工作如下。

(1) 在停电的线路或同杆(塔)架设多回线路中的部分停电线路上的工作。

(2) 在全部或部分停电的配电设备上的工作。

所谓全部停电,系指供给该配电设备上的所有电源线路均已全部断开者。

(3) 高压电力电缆停电的工作。

(4) 在直流线路停电时的工作。

(5) 在直流接地极线路或接地极上的工作。

三、条文 5.4.3

原文:"5.4.3 同一电压等级、同类型的数条线路上的不停电工作,可填用一张电力线路第二种工作票。"

可填用一张电力线路第二种工作票的工作如下。

(1) 带电线路杆塔上且与带电导线最小安全距离不小于表1规定的工作。

(2) 在运行中的配电设备上的工作。

(3) 电力电缆不需要停电的工作。

(4) 直流线路上不需要停电的工作。

(5) 直流接地极线路上不需要停电的工作。

凡是在作业过程中能采用特殊技术或防范措施而不需要停电就能开展的作业,应填用电力线路第二种工作票,简称线路二种票。

四、条文 5.4.4

原文:"5.4.4 同一电压等级、同类型采取相同安全措施的数条线路上依次进行的带电作业,可填用一张电力线路带电作业工作票。"

数条线路共用一张电力线路带电作业工作票应满足以下条件:①同一电压等级;②同类型作业;③采取相同安全措施;④依次进行。

五、条文 5.4.5

原文:"5.4.5 工作票由设备运行维护单位签发或由经设备运行维护单位审核合格并批准的其他单位签发。承发包工程中,工作票可实行双方签发形式。"

这一条是有关工作票制度的签发规定。

1. 有资格签发工作票的单位

(1) 设备运行维护单位签发。

(2) 经设备运行维护单位审核合格并批准的其他单位签发。

2. 承发包工程中工作票可实行双签发形式

(1) 合同期一年及以上承担发包单位的检修、维护、施工、安装任务的承包单位的有关人员,符合《安规》资格要求的,可以担任发包单位相关工作的工作票签发人、工作负责人;但发包单位必须对其进行培训,经考试合格后方可取得相应资格,并予以书面公布。

（2）临时承担发包单位大小修、临故修任务的发电单位、电力检修单位的有关人员，符合《安规》资格要求的，可以担任发包单位相关工作的工作票签发人、工作负责人，人员名单由承包单位提供，发包单位必须对其进行培训，经考试取得相应资格，并予以书面公布。但工作票签发时，必须实行"双签发"制度，承包单位工作票签发人签发后，发包单位的工作票签发人必须再次审核、签发。

3. 工作票填写与签发

（1）工作票一般由工作票签发人填写。也可由工作负责人填写，填写后交工作票签发人审核。工作票签发人对工作票的全部内容确认无误后签发，并应将工作票全部内容向工作负责人作详细交代。

（2）原则上工作票应由车间主任、副主任签发，或由车间主任提出，经单位主管生产的领导批准的车间专业工程师、技术员签发。必要时也可由车间主任提出，经单位有关部门考核、主管生产领导批准的正副班长签发。

（3）同一张工作票中，工作票签发人、工作负责人和工作许可人三者不得互相兼任。

4. 事故抢修可不填用工作票的情况

（1）事故抢修工作（指生产主、辅设备等发生故障被迫紧急停止运行，需要立即恢复的抢修和排除故障工作）可不填用工作票。但必须经值长同意，在做好安全措施的情况下方可进行工作。

（2）对不填用工作票的事故抢修工作，必须明确工作负责人、工作许可人，并按电力安全工作规程的要求做好安全措施，办理工作许可手续和工作终结手续。工作许可人应将工作负责人姓名、采取的安全措施、工作开始时间、工作结束时间以及工作处理情况记入值班记录簿。

5. 应填用工作票的事故抢修工作

（1）预计抢修工作时间超过 4h，则应填用工作票。

（2）夜间如找不到工作票签发人，可先开工，第二天白班上班时抢修工作仍需继续进行的，应履行工作票手续。

6. 工作票发给监护人的情况

建筑工、油漆工等非电气人员进行工作时，工作票发给监护人，但所有安全措施必须事先向全体工作人员交代清楚。

7. 应重新签发工作票的情况

工作结束前如遇下列情况，应重新签发工作票，并重新履行工作许可手续。

（1）部分检修设备将投入运行时。

（2）值班人员发现检修人员严重违反电力安全工作规程或工作票内所填写的安全措施，喝令制止检修人员工作并将工作票收回。

（3）必须改变检修与运行设备的隔断方式或改变工作条件时。

六、条文 5.4.6

原文："5.4.6 工作票一份交工作负责人，另一份交工作票签发人或工作许可人。"

1. 纸质工作票

（1）纸质工作票一式两份。

（2）应使用钢笔或签字笔填写，应正确、清楚，不得任意涂改。

（3）若有个别错漏字需要修改，应使用规范的修改符号，修改后的字迹应清楚；并在修改处加盖修改人名章。

（4）设备名称、设备编号、压板（连接片）、插头、操作动词不准涂改。

（5）每张工作票的改字不得超过 3 个，否则应重新填票。

（6）纸质工作票应统一编号，按顺序使用；每份工作票的编号应是唯一的。

（7）微机工作票管理系统必须具备自动过号功能。

2. 用计算机生成或打印的工作票

（1）用计算机生成或打印的工作票应使用统一的票面格式，也是一式两份。

（2）计算机工作票由工作票签发人审核无误，手工或电子签名后方可执行。

3. 两份工作票的归宿

（1）一份应保存在工作地点，由工作负责人收执。

（2）另一份由工作许可人收执，按值移交。工作许可人应将工作票的编号、工作任务、工作负责人、许可开工时间等记入值班记录簿及工作票登记簿中。

4. 手写工作票的补填

手写工作票有破损不能继续使用时，应补填新的工作票。

5. 计算机工作票的更新

计算机开出和打印的工作票污损严重，不能继续使用时，不得将其复印后继续使用，必须按下列程序更新工作票：

（1）工作负责人向值班负责人申请更新工作票。

（2）工作许可人重新打印一份工作票。

（3）新工作票的编号与原工作票的票号相同，同时收回已破损的工作票。

（4）时间按当时时间，可不再检查安全措施情况。

（5）由工作许可人在新工作票备注栏内注明"更新工作票""原票已收回保存"字样。

七、条文 5.4.7

原文："5.4.7 一个工作负责人不应同时执行两张及以上工作票。"

一个工作负责人不应同时执行两张及以上工作票。也就是说，一个工作负责人只能发给一张工作票。一个工作负责人只能手持一张工作票，工作票上所列的工作地点以一个电气连接部分为限。

八、条文 5.4.8

原文："5.4.8 持线路工作票进入变电站（包括发电厂升压变电站和换流站，以下同）进行架空线路、电缆等工作，应得到变电站工作许可人许可后方可开始工作。"

不能以为有了线路工作票就可以畅通无阻。进入变电站内进行线路工作票上所列需在变电站作业的工作内容，应得到变电站工作许可人的许可后才能开始工作。也就是说，经过单位批准的变电站工作许可人，应对持线路工作票的作业班组履行工作许可手续。

九、条文 5.4.9

原文："5.4.9 变更工作班成员或工作负责人时，应履行变更手续。"

1. 变更工作班成员的变更手续

需要变更工作班成员时，应经工作负责人同意。在对新工作人员进行安全交底手续后，方可进行工作。

2. 变更工作负责人的变更手续

非特殊情况不得变更工作负责人。如需变更工作负责人应由原工作票签发人同意并将变更情况通知工作许可人。工作许可人将变动情况记录在工作票上，在工作票的"工作负责人变更"栏内填写离去的和新到的工作负责人姓名、变更日期及时间；工作票签发人和工作许可人签名。工作负责人只允许变更一次。原工作负责人应与现工作负责人进行工作任务和安全措施的交接。

十、条文 5.4.10

原文："5.4.10 电力线路第一种工作票、电力线路第二种工作票和电力线路带电作业工作票的有效时间，以批准的检修计划工作时间为限，延期应办理手续。"

这是关于工作票有效时间及延期的规定。

（1）计划检修的工作票应在开工前不少于一天的时间发送给运行值班员。

（2）临时安排检修的工作票，应在开工前 1h 发送给运行值班员。

（3）电气工作票的有效时间必须以批准的检修期为限。

（4）若检修工作不能在批准期限内完成时，应在工期尚未结束之前，由工作负责人向运行值班负责人说明延期理由，并办理延期手续。

（5）电力线路第一、第二种工作票延期手续只能办理一次。如需再次延期，应终结该张工作票，重新办理新工作票。带电作业工作票不准延期。

1）电力线路第一种工作票需办理延期手续，应在有效时间尚未结束以前由工作负责人向工作许可人提出申请，经同意后给予办理。

2）电力线路第二种工作票需办理延期手续，应在有效时间尚未结束以前由工作负责人向工作许可人提出申请，经同意后给予办理。

十一、按口头或电话命令执行的工作

测量接地电阻，涂写杆塔号，悬挂警告牌，修剪树枝，检查杆根地锚，打绑桩，杆、塔基础上的工作，低压带电工作和单一电源低压分支线的停电工作等，按口头和电话命令执行。

1. 行标《安规》按口头或电话命令进行的电力线路的工作

（1）一般的线路运行维护工作。如测量杆塔和配电变压器接地装置的接地电阻；修剪树枝；检查杆地下锚桩；为电杆打绑桩；杆、塔基础上的工作等。

（2）低压带电作业和单一电源低压分支线停电进行的工作。

（3）事故处理。为缩短事故停电时间，尽快消除事故根源而恢复故障设备正常运行的工作。事故处理虽然可不填用工作票，但必须指定工作负责人、工作许可人，并按规定采取完善的安全措施，严格履行工作许可和工作终结手续，并将上述情况记入记录簿。

2. 国网《安规》按口头或电话命令执行的工作

（1）测量接地电阻。

（2）修剪树枝。

（3）杆塔底部和基础等地面检查、消缺工作。

（4）涂写杆塔号、安装标志牌等，工作地点在杆塔最下层导线以下，并能够保持 GB 26859—2011 表 1 安全距离的工作。

（5）接户、进户计量装置上的低压带电工作和单一电源低压分支线的停电工作。

十二、签发工作票的注意事项

（1）只能由管理该线路运行、检修的电力生产单位签发工作票。外单位施工人员在电力生产设备系统上进行作业时，工作票仍应由管理该设备的电力生产单位签发。施工单位应事先以书面形式向有关的电力生产单位提出包括工作任务、施工人员状况和需要采取的安全措施要求等内容的申请，经电力生产单位审查符合现场条件后，由电力生产单位签发工作票、布置安全措施、办理许可手续。工作票签发单位对所采取的安全措施是否正确完备负责，施工单位对施工现场安全措施和作业中的安全负责，并在工作结束后即时办理工作终结报告手续。

（2）对于上级电力生产管理部门对电力系统企业实行统一安全管理的施工单位即施工企业（含多经企业），也可以采用双方会签工作票的办法，明确双方安全责任，确保工作安全。所谓双方会签工作票，是指施工企业的工作票签发人根据工作任务和所派工作负责人和工作班成员等情况填写工作票有关的栏目的内容，然后签发工作票，由工作负责人将施工企业签发的工作票送交有关电力生产单位。电力生产单位的工作票签发人接到施工企业签发的工作票后，在审查工作任务、工作的地段、工作负责人等无问题以后，负责填写应采取安全措施和保留电线路或带电设备栏目的内容，然后签发工作票。这样，在工作票上将出现两个工作票签发人，生产单位的工作票签发人对所采取的防止工作地段突然来电的安全措施是否安全、正确、完备负责，施工企业的工作票签发人对所派工作人员是否适当和作业有关安全措施的贯彻执行负责，工作负责人对正确组织施工和安全监护负责。双方安全责任明确，即所谓工作票双签发，从而可以保证工作安全。

（3）一回线路检修（施工），其邻近或交叉的其他电力线路需进行配合停电和接地时，应在工作票中列入相应的安全措施。若配合停电线路属于其他单位，应由检修（施工）单位事先书面申请，经配合线路的设备运行管理单位同意并实施停电、接地。

（4）若一张停电工作票下设多个小组工作，小组分布在长线路或同一个电气连接部位上，且同时停、复役，主要安全措施一次完成，每个小组应指定工作负责人（监护人），并使用工作任务单。

电力线路工作任务单格式见表 5-4-1。

工作任务单应写明工作任务、停电范围、工作地段的起止杆号及补充的安全措施。工作任务单一式两份，由工作票签发人或工作负责人签发，一份留存，另一份交小组负责人执行。工作结束后，由小组负责人交回工作任务单，向工作负责人办理工作结束手续。

表 5-4-1 　　　　　**国家电网公司工作任务单格式（附录 H）**

电力线路工作任务单

单位_____工作票号_____编号_____

1. 工作负责人_____

2. 小组负责人_____ 小组名称_____

小组人员_____共_____人

3. 工作的线路或设备双重名称_____

4. 工作任务

工作地点或地段（注明线路名称、起止杆号）	工作内容

5. 计划工作时间

自_____年___月___日___时___分

至_____年___月___日___时___分

6. 注意事项（安全措施，必要时可附页绘图说明）

工作任务单签发人签名_____ _____年___月___日___时___分

小组负责人签名_____ _____年___月___日___时___分

7. 确认本工作票 1～6 项，许可工作开始

许可方式	许可人	小组负责人签名	许可工作的时间
			年　　月　　日　　时　　分

8. 确认小组负责人布置的任务和本施工项目安全措施

小组人员签名：_____

9. 小组工作于_____年___月___日___时___分结束，现场临时安全措施已拆除，材料、工具已清理完毕，小组人员已全部撤离。

工作终结报告

终结报告方式	许可人姓名	小组负责人签名	终结报告时间
			年　　月　　日　　时　　分

备注_____

第五节　工作票所列人员的安全责任

原文：5.5 工作票所列人员的安全责任

一、条文 5.5.1

原文："5.5.1 工作票签发人：

a）确认工作必要性和安全性；

b）确认工作票上所填安全措施正确、完备；

c）确认所派工作负责人和工作班人员适当、充足。"

1. 工作票签发人的基本条件

工作票签发人可由线路工区（所）熟悉人员技术水平、熟悉设备情况、熟悉本规程的主管生产领导、技术人员或经供电局主管生产领导（总工程师）批准的人员来担任。工作票签发人不得兼任该项工作的工作负责人。

2. 工作票签发人的任职资格

(1) 资格。工作票签发人是电力安全生产的重要职能负责人，他不仅要熟悉设备、熟悉人员，还要熟悉《安规》和现场规程，能正确把握工作的必要性和安全性，应采取的安全措施和如何防范事故发生。

(2) 资格认定。工作票签发人具有上述能力应经单位考试合格鉴定，经企业总工程师或主管生产领导审查批准，并由生产管理部门按所批准专业门类以正式文件公布。这既是对工作人员的安全负责，也是对工作票签发人本人负责。只有批准公布的工作票签发人才有权签发工作票。非文件名单以外的任何人员无权签发工作票。批准公布的工作票签发人不得签发非本专业工作票。运行值班人员应该坚决拒绝接收没有资格签发工作票的人员签发的工作票。

(3) 工作票签发人不得兼任该项工作的工作负责人。工作负责人对工作票签发人签发的工作票的正确性负有审查、复核的责任。因为工作负责人将根据工作票带领工作班成员进行作业，工作票上所开列的项目、所采取的安全措施是否正确将直接影响工作班的作业效果和安全。若工作票签发人兼任该项工作的工作负责人时，将失去对自己所签发的工作票的审查、复核作用。因此，工作票签发人不得兼任该项工作的工作负责人，但是工作票签发人可以作为别的工作票签发人所签发的工作票的工作负责人，也可在自己所签发的工作票的工作范围内做工作负责人的一名工作班成员。

(4) 工作票签发人不搞终身制。工作票签发人应每年进行一次考试，批准后的人员名单除书面公布外，应在工作票管理系统中设置相应权限，并在控制室备案。

(5) 工作票签发人签发工作票时应向工作负责人详细交代清楚。

1) 工作票签发人在签发工作票时应将工作票全部内容向工作负责人交代清楚。

2) 工作票如果是工作负责人填写的，工作票签发人应认真审核，向工作负责人交代工作票全部内容，确认无误后签发。

3) 工作票签发人不得兼任该项工作的工作负责人。

(6) 危险点分析。

1) 实施具体检修任务前，应分析、辨识工作任务全过程可能存在的危险点，并制定风险控制措施。

2) 危险点分析由工作票签发人或者工作负责人组织，全体工作班成员参加。

3) 危险点分析应从防止人身伤害、设备损坏、环境污染等方面考虑，并应涵盖工作任务的全过程。

4) 危险点分析结果由工作票签发人填入工作票。

(7) 工作票签发人安全责任。

1) 确认工作是否必要和安全。

2) 确认工作票上所填安全措施、注意事项是否正确、完备。

3) 确认所派工作负责人和工作班人员是否适当和足够，精神状态是否良好，能否胜任所承担工作。

工作票签发人的三项安全责任是一环扣一环的。首先要有工作任务确认，确认这项工作有无必要去做，因为每进行一项工作都是有成本支出的，劳动力成本，工器具消耗材料,如需停电还有少供电损失等,因此工作票签发人要对工作必要性要审时度势,该项工作可与其他工作合并一块进行的就不必单另进行,可再延缓的就不必急忙去干。所有对工作必要性的提出和审查,是工作票签发人的第一安全责任。

当认为工作有必要进行时,就要确定是停电作业还是不停电作业,是签发第一种工作票还是签发第二种工作票。作业的危险点在什么地方,应该采取什么安全措施。这样对工作是否安全、工作票上所填安全措施是否正确完备审查后,就该考虑派哪些人去执行这项工作,谁担任工作负责人能胜任这项工作,需要派多少人去才能不会在工作中感到人手缺少,不够用而影响工作效率或造成不安全因素,失去监护,诱发事故。

从以上分析可以看出,工作票签发人相当于战争中的最高军事指挥员,他决定要不要发起这项攻事,采用什么战略战术,配备什么火力,让谁去担任战地指挥员,派多少士兵合适,就能没有牺牲而又能取得胜利。

二、条文 5.5.2

原文:"5.5.2 工作负责人(监护人):

a)正确、安全地组织工作;

b)确认工作票所列安全措施正确、完备,符合现场实际条件,必要时予以补充;

c)工作前向工作班全体成员告知危险点,督促、监护工作班成员执行现场安全措施和技术措施。"

1. 工作负责人的基本条件

工作负责人应由在业务技术和组织能力上均能胜任工作任务,并能保证工作安全和工作质量的人员担任,实习人员不能担任工作负责人。

(1)熟悉电力安全工作规程的有关部分。

(2)掌握检修设备情况(如结构、性能等)和与检修设备相关的系统。

(3)掌握安全施工方法、检修工艺和质量标准。

(4)经专门考试合格。每年应对工作负责人进行一次资格考试,批准后的工作负责人名单除书面公布外,应在工作票管理系统中设置相应权限。并在控制室备案。

2. 工作负责人(监护人)安全责任

(1)正确、安全地组织工作,对工作人员给予必要的指导。

(2)确认工作票所列安全措施、注意事项是否正确和完备,是否符合现场实际条件,必要时予以补充。

(3)会同工作许可人检查所有安全措施的执行情况,是否达到全过程的安全检修工作条件,是否符合现场实际。

(4)确认工作班成员精神状态良好,工作班成员变更是否合适。

(5)工作前向工作班全体成员交代工作任务及告知危险点,所采取的安全措施和注意事项;督促、监护工作班成员执行现场安全措施和技术措施。

(6)督促所有工作班成员在工作票相应栏内确认签名,结合实际进行安全思想教育。

三、条文 5.5.3

原文:"5.5.3 工作许可人:

a)确认工作票所列安全措施正确完备,符合现场条件;

b）确认线路停、送电和许可工作的命令正确；

c）确认许可的接地等安全措施正确完备。"

1. 工作许可人的基本条件

（1）工作许可人应由运行值班负责人（单元制的正单元长、副单元长、机组长，非单元制的运行班长、副班长）担任。

（2）有能力正确执行、检查安全措施的独立值班人员也可担任。但只能担任本岗位管辖范围内设备、系统的工作许可人，并经考试合格。

（3）办理工作票的值班员（工作许可人）每年应进行一次资格考试，批准后的人员名单除书面公布外，应在工作票管理系统中设置相应权限，并在控制室备案。

2. 工作许可人的职能

线路工作票的工作许可人，是所属电网的运行指挥职能人员——调度值班员或被直接操控和调管的变电所当值值班员，以及由县电力局或企业送电工区自己调管的配网运行值班员。他们按职责范围受理电力线路工作票并许可工作。工作许可人的职能如下。

（1）受理线路一种票时，应根据电网实际情况及有关规定，严格审查工作的必要性，坚持该修必修的原则。

（2）负责将检修线路的电源（包括双电源、T接线电源、近距离平行架设线路，用户自备有可能反供接入该线路的电源）全部断开，保证线路停电、送电和操作、许可工作的命令正确无误。

（3）负责审查工作票措施中接地线的数量、挂设位置接地线，负责审查发电厂和变电所的线路接地线等安全措施确保正确完备。

3. 工作许可人的安全责任

（1）工作许可人接到工作票后，应对照系统运行状态审查所列工作内容、安全措施、注意事项是否正确完备，是否符合现场条件；对工作票所列内容哪怕发生很小的疑问，也必须向工作票签发人询问清楚，必要时要求作详细补充。

（2）若工作票填写不符合要求或安全措施有误，应将工作票返回工作票签发人，重新签发工作票。

（3）确认工作现场布置的安全措施完善，确认检修设备无突然来电的危险；必要时予以补充。

（4）会同工作负责人到现场共同确认工作票所列安全措施已正确执行，具体指明设备系统的实际隔离措施，向工作负责人现场证明设备系统已确无电压。

（5）工作许可人不得签发工作票。工作许可人应将工作票的编号、工作任务、工作负责人、许可开工时间等记入值班记录簿及工作票登记簿中。

四、条文5.5.4

原文："5.5.4 专责监护人：

a）明确被监护人员和监护范围；

b）工作前对被监护人员交待安全措施，告知危险点和安全注意事项；

c）督促被监护人员执行本标准和现场安全措施，及时纠正不安全行为。"

有些作业需要设立专责监护人，专责监护人应确实行使监护专责，明确监护对象和监护范围，工作开始前对监护对象交代安全措施，详细讲述危险点和作业注意事项，督促监护对象遵章守纪。及时纠正不安全行为，不得和工作班成员一道共同作业。

五、条文 5.5.5

原文："5.5.5 工作班成员：

a) 熟悉工作内容、工作流程，掌握安全措施，明确工作中的危险点，并履行确认手续；

b) 遵守安全规章制度、技术规程和劳动纪律，执行安全规程和实施现场安全措施；

c) 正确使用安全工器具和劳动防护用品。"

完成检修任务要靠全体工作班成员。工作开始前要熟悉工作任务及工作的危险点、安全措施和注意事项。明确后要在工作票相应栏目中签名确认，工作开始后，要发挥团队精神，互相关心工作安全，互相监督班组成员遵章守纪，正确使用安全工器具和劳动防护用品，执行现场安全措施。

六、工作票所列人员的安全责任分析

电力线路安全工作措施集中反映在由工作票签发人所签发的工作票上，体现在工作票的各个栏目、时间、签名及其履行程序的各个环节上。参与工作票上所列工作任务的所有人员是否严格执行工作票上所列安全措施，遵守安全规程和现场规程也应该实事求是反映到票面上。工作票是工作班成员的护身符，它从多角度、多层次地对所有工作人员——工作票签发人、工作负责人、工作许可人、工作监护人、工作班成员提出了约束、规范和原则要求，从而保证在执行工作票过程中安全组织体系的严密性、完整性和连贯性的实现，保证作业人员的生命安全和电力设备的安全。

第六节　工　作　许　可
原文："5.6 工作许可"

一、条文 5.6.1

原文："5.6.1 填用电力线路第一种工作票的工作，工作负责人应在得到全部工作许可人的许可后，可开始工作。"

1. 工作许可人和全部工作许可人

（1）线路作业工作许可一般包括：值班调度员或工区值班员许可；进入变电站作业变电站值班员许可；工作班自行所做安全措施的工作许可；配合停电线路或用户停电线路的工作许可等方式。要充分考虑到各个层面的工作许可人。工作负责人一定要搞清楚许可工作命令下达的许可人是谁、有几位。如果只得到一位工作许可人的许可工作命令，而忘记了还有别的工作许可人的许可命令还未下达就盲目工作必然酿成事故。

（2）在部分可代行调度功能的变电站（名单由相应主管局确定，一般仅限于从变电站放射形出线且无环供和倒供可能的线路）中，可由变电站值班负责人履行许可手续，并报调度备案。

（3）进入发电厂、变电站内对其管辖的架空线路或电缆进行工作，凭已办理许可手续的线路工作票，经值班人员许可（明确工作地点及相关安全注意事项后，在"备注"栏双方签名）后开始工作。当工作涉及变电站内其他设备停电时，应由该工作班人员办理电气第一种工作票，并实行"双签发"。

2. 工作可以开始的条件

（1）填用电力线路第一种工作票的全线停电工作，开工前要在调度员统一指挥下，由有关发电厂、变电站运行值班人员完成该线路电源侧保证安全的技术措施，如停电、挂接地线、挂标示牌等项操作。由于电力线路停电检修时，往往引起系统运行方式的改变，还需要进行相应的倒闸操作，因此需要一定的操作时间（包括下达命令和向调度报告操作结果等时间）。调度员在得到发电厂、变电站值班员确已完成该线路各电源侧保证安全的技术措施的报告后，调度员方可直接或者通过工区值班员向工作负责人发出许可工作的命令。在许可工作命令发出以前，应该认为线路仍在带电状态，任何人不得开始在线路上进行工作。工作负责人只有在得到调度员或工区值班员的许可工作命令以后，方可组织工作班人员在工作地段两端验电、挂接地线。工作负责人在确认完成现场安全措施后，方可向工作班成员下达开始工作的命令。工作班成员也只有在得到工作负责人可以开始工作的命令以后，方可按照任务分工，开始在工作地段的线路上进行工作。在此之前，工作班成员不得擅自开始进行工作，否则将会造成人身伤害事故。只有在完成现场安全措施，工作负责人发出开始工作的命令以后，工作人员才可以按照分工开始在线路上进行工作。

（2）填用电力线路第一种工作票的配电线路分支停电工作，在签发工作票时，可由签发人许可工作负责人到现场组织工作班成员，按工作票所列的操作顺序进行分支线停电操作以后，按工作票所列安全措施要求布置工作地段的安全措施，然后开始工作。工作结束后，拆除工作地段安全措施，然后按与停电操作顺序相反的顺序进行恢复送电操作，之后，向工作票签发人报告工作终结，交回工作票。

（3）对于配电线路分支线停、送电操作由配电运行班进行操作的，应由运行班操作监护人在完成停电操作和相应的安全措施以后，向工作负责人办理工作许可手续。工作负责人在办理许可工作手续后，才可以组织工作班成员布置工作地段的安全措施，然后发出开始工作的命令。工作结束后，拆除工作地段的安全措施，向运行班操作监护人办理工作终结手续。操作监护人在办理工作终结手续以后，才可以组织操作人共同进行送电操作。

（4）供电单位应该对配电线路分支线的停电工作、用户分界点设备停电工作和用户配合电力系统停电检修用户专用设备时的申请、批准程序和办理工作许可、工作终结的程序、联系办法，以及分支线的停、送电操作等作出明确、具体的书面规定。

（5）用户分界点设备，指产权属于用户而连接系统和用户内部电气设备的断路器、隔离开关、跌落式熔断器等设备，用户内部电气设备需要检修时，用户自己断开分界点设备就可以进行检修等，而分界点设备需要检修时，则必须由电力生产单位采取停电和布置安全措施以后才能进行检修。因此，如果由用户检修工作班进行分界点设备的检修工作时，则必须事先向电力生产单位提出申请，并在完成停电和布置完安全措施以后，电力生产单位才能向用户工作班的工作负责人发出许可工作命令；工作结束后，用户工作负责人向电力生产单位的工作许可人报告工作终结。由于有关用户的停电工作在电力生产单位内部由用电监察部门负责管理，而办理停电申请、批准手续，执行停电和布置安全措施还要涉及配电、生技、调度等部门，因此必须有明确的职责分工和办事程序才能保证这项工作正常进行。总的来说，手续比较复杂，而且如果用户工作班成员技术素质差、执行安全规程不严格时，不仅会影响停电工作的安全，并且还会影响系统的安全运行。因此，有些供电单位与用户达成协议，用户分界点设备需要停电检修时，委托供电单位进行检修，不采取用户工作班自己检修的方式，以保证工作安全和配电系统安全运行。这种做法也是可取的。

（6）用户配合电力系统停电机会检修用户用设备时，也必须事先向电力生产单位提出申请，其申请、批准等程序和用户分界点设备检修相同，在开始工作前必须得到电力生产单位的许可证命令，工作结束后，必须即时向工作许可人报告工作终结。用户绝对不可以擅自配合系统停电进行与系统有关的设备检修工作，否则将可能发生触电伤害事故。例如，某农村专用变压器台架上的跌落式熔断器有缺陷，需要进行检修，该村没有向电力生产单位提出申请，只是从报纸上的停电通知中看到这条线路某一天停电，于是准备在该线路停电时配合进行检修工作。而实际情况是该线路的停电计划有变动，推迟了日期。但不巧的是，这一天却因缺电将该线路拉闸限电，当农村电工看到线路停电以后，认为是线路检修停电，于是就登上变压器台架进行检修工作，在工作还没有完成之前，调度根据系统电力供需情况不再对该线路限电，于是向该线路恢复送电，由于农村电工在工作前没有在工作地点的电源侧挂接地线，以致在线路恢复送电时造成其触电死亡。

二、条文 5.6.2

原文："5.6.2 填用电力线路第二种工作票时，不必履行工作许可手续。"

电力线路第二种工作票不需履行许可手续，但对于需要退出相关线路重合闸的工作，在工作前应由工作负责人与调度取得联系，得到有关重合闸已退出的明确答复后，并将下达通知的调度员姓名记在工作票上。

三、条文 5.6.3

原文："5.6.3 带电作业工作负责人在带电作业工作开始前，应与设备运行维护单位或值班调度员联系并履行有关许可手续。带电作业结束后应及时汇报。"

为什么许可开始工作的命令，必须通知到工作负责人本人呢？这是因为：工作负责人是由经过考试考核合格并经批准的人员担任的，工作中工作负责人对所执行的工作任务和相应的安全措施以及工作进展情况、安全措施状况掌握得最全面、最清楚，并负有全面的安全责任。因此，只能由工作负责人直接接受许可工作命令并报告工作终结。如果由其他人员代为接受许可工作命令或报告工作终结，可能由于技术水平低、缺乏经验、情况掌握不准确或者传达过程中使内容失真而引发人身伤害事故。这方面的事故教训很深刻，必须认真吸取。

四、条文 5.6.4

原文："5.6.4 许可工作可采用下列命令方式：

a）电话下达；

b）当面下达；

c）派人送达。"

对于许可开始工作的命令，在值班调度员或工区值班员不能和工作负责人用电话直接联系时，可经中间变电所用电话传达。中间变电所值班员应将命令全文记入操作记录簿，并向工作负责人直接传达。电话传达时，上述三方必须认真记录，清楚明确，并复诵核对无误。在目前通信手段灵活、可靠的情况下，完全可以做到发令人直接向工作负责人发布命令和接受工作负责人的工作终结报告。

当面通知和派人传达许可命令要以书面形式进行，电话传达许可命令和报告工作终结都要复诵无误，做好记录，并进行录音。

五、条文 5.6.5

原文："5.6.5 工作许可人应在线路可能受电的各方面都拉闸停电、装设好接地线后，方可发出线路停电检修的许可工作命令。"

1. 工作许可人发出许可命令的时机

（1）线路停电检修，工作许可人应在线路可能受电的各方面（含变电站、发电厂、环网线路、分支线路）都拉闸停电，并挂好接地线后，方能发出许可工作的命令。

（2）当几个工作班组同时在一条停电线路上工作时，为防止个别工作班的工作尚未结束就恢复送电，值班调度员或工区值班员必须在发出许可工作命令以前，将所许可的工作班组数目、工作负责人姓名、工作地段和工作任务记入记录簿内，才能发出许可工作的命令，以便在接受各个班组的工作终结报告时与记录核对，防止在遗漏了个别班组尚未报告工作终结的情况下，误向线路恢复送电，造成触电伤害事故。现在有的单位调度停电作业时不按要求做记录，送电时也不核对，多次造成伤亡事故，教训极为沉痛。

2. 值班调度员发令要求

根据工作许可人安全责任的规定，值班调度员应完成下列工作后方可发出许可工作的命令。

（1）被检修线路已断开了各方面电源，包括近距离内对开展检修有妨碍的电力线路的配合性停电，并收到了命令回复的准确结果。

（2）根据线路停电撤运状态，已发令将其各端挂好接地线，收到了命令回复。各既定部位已挂设了不准将线路隔离开关、断路器合闸的警示牌，线路已布置转入检修状态。

（3）核对工作班组的名称、数目、工作负责人姓名，知悉工作地点和工作任务等情况，并详细记录在线路停电检修申请书或批准书中。

六、条文 5.6.6

原文："5.6.6 不应约时停、送电。"

约时停电是指不必履行工作许可手续，工作人员可以按预先约定的停电时间（或发现要检修的线路失去电压），开始进行工作。由于系统运行方式或情况的变化，不能按约定的时间把要进行工作的线路停下电来，或者虽然发现要进行的线路失去电压，但可能是其他原因临时停电，还有随时恢复送电的可能，在这种情况下如果按约定的时间开始工作，将会引发人身触电事故。因此，严禁约时停电工作。只有在得到值班调度员或工区值班员许可工作的命令，方可在工作地段布置安全措施后，开始进行工作。

约时送电是指不必履行工作终结手续，值班调度员可以按照预先约定的时间下令恢复送电。由于工作中发现新的问题或者工作班人员因某些原因使工作任务不能在预先约定的时间内完成，如果调度员按照预先约定的时间下令恢复送电，也将引发人身触电事故。因此，严禁约时送电工作，值班调度员只有在得到所有已许可工作的工作负责人的工作终结报告以后，方可下令向停电工作的线路恢复送电。

约时停、送电是十分危险的，必须认真执行许可和工作终结制度，严格禁止约时停、送电。

第七节 工 作 监 护

原文："5.7 工作监护"

一、条文 5.7.1

原文："5.7.1 工作许可后，工作负责人、专责监护人应向工作班成员交待工作内容和现场安全措施。装设好现场接地线，工作班成员履行确认手续后方可开始工作。"

在工作许可人完成工作许可后，工作班还不能立即工作。我们习惯将允许工作班开始工作的手续称为"再次许可"。这就是工作负责人（监护人）、专责监护人应向工作班成员交待工作内容、成员分工、现场安全措施、带电部位和安全注意事项，进行危险点告知。工作班全体成员履行确认手续后方可正式开始工作。

（1）工作负责人在办理完工作许可手续后，带领工作班成员进入工作现场。开工前，向全体工作班成员宣读工作票，向全体工作班成员交代清楚工作任务、安全措施和安全注意事项，并明确分工。

（2）组织工作班成员落实工作票上所列安全措施，必须在安全措施全部做完后，工作班全体成员都履行完确认手续后，工作负责人才可以向工作班成员下达开始工作的命令，工作班成员在接到开始工作的命令后，方可按照分工开始工作。

二、条文 5.7.2

原文："5.7.2 工作负责人、专责监护人应始终在工作现场，对工作班成员进行监护。线路停电工作时，工作负责人在工作班成员确无触电等危险的情况下，可一起参加工作。"

本条对工作负责人（监护人）、专责监护人如何进行监护作出规定。

1. 对工作负责人（监护人）监护工作的规定

（1）始终在工作现场，对工作班成员进行监护。

（2）始终在工作现场，及时纠正工作班成员的不安全行为。

（3）工作负责人在全部停电时，可参加工作班工作。

（4）部分停电时，只要在安全措施可靠，人员集中在一个工作地点，不致误碰有电部分的情况下，工作负责人方可参加工作。

（5）工作期间，工作负责人若因故须短时离开工作现场时，应由工作票签发人指定临时工作负责人。临时负责人必须具备相应的资格（在公布备案的名单里）。工作负责人与临时负责人办完交接手续、并告知工作班成员方可离开。工作负责人返回工作现场时也应履行同样的交接手续。

（6）工作负责人与临时负责人交接内容如下。

1）现场安全措施。

2）工作内容和注意事项。

3）工作地点周围和附近运行设备状况。

4）工作进展情况。

5）与其他人员有关安全方面的联系。

6）人员精神状态和健康情况。

7）移交工作票。

8）其他与安全有关的注意事项。

（7）若工作负责人必须长时间离开工作现场，应由原工作票签发人变更工作负责人，履行变更手续，并告知全体工作班成员和工作许可人。原工作许可人与现工作负责人按（6）所述八项要求做好必要的交接。

2. 对专责监护人监护工作的规定

（1）专责监护人应始终在工作现场对工作班成员进行监护，不得兼做其他工作。哪怕人手不够、忙不过来，也不能放弃职责，参加工作班工作。

（2）专责监护人临时离开时，应通知被监护人员停止工作或离开工作现场，待专责监护人回来后方可恢复工作。

（3）若专责监护人必须长时间离开工作现场时，应由工作负责人变更专责监护人，履行变更手续，并告知全体被监护人员。

3. 临时负责人

如工作负责人必须离开工作现场时，应临时指定负责人，并设法通知全体工作人员及工作许可人。

工作期间，工作负责人因故必须离开工作现场时，应指定能胜任的工作班成员临时代替，工作负责人要设法通知全体工作人员和工作许可人，并向临时工作负责人详细交代现场工作情况，移交工作票。工作负责人返回工作现场时，也应履行交接手续。

如果没有能胜任的人选临时代替工作负责人，而工作负责人又因故必须离开工作现场时，则应将全体工作人员撤出工作现场，停止现行工作，待工作负责人返回现场后，再进入现场继续工作。

4. 小组负责人担任监护人

分组工作时，每个小组应指定小组负责人（监护人）。在线路停电时进行工作，工作负责人（监护人）在班组成员确无触电危险的条件下，可以参加工作班工作。

工作班分组工作时，工作负责人应指定各小组负责人负责该小组人员的安全监护，使全体工作人员始终都处于被监护之下。小组监护人负有工作班监护人同等的监护责任。

工作负责人只有在班组成员绝对没有触电危险和高处坠落危险的情况下，才可以参加班组的工作。

5. 对工作负责人规定

工作负责人（监护人）必须始终在工作现场，对工作班人员的安全应认真监护，及时纠正不安全的动作。

工作中如果工作人员误登带电杆塔或工作中的活动范围超出邻近带电部位的安全距离，将会发生触电事故，而且工作人员经常处于高空的杆塔上工作，一旦疏忽大意，将会发生高处坠落事故。因此，工作负责人即监护人必须始终在现场认真监护，及时纠正不安全的动作，防止触电或高处坠落等事故的发生。

三、条文 5.7.3

原文："5.7.3 工作票签发人或工作负责人，应根据现场的安全条件、施工范围、工作需要等具体情况，增设专责监护人和确定被监护的人员。"

工作负责人也是当仁不让的监护人，除领导全班工作外，在现场不参加作业就是监护大家，发现异常，及时纠正不安全行为。但当工作负责人监护不过来，或有重点监护对象须一对一进行监护时，工作票签发人或工作负责人，可根据现场的安全条件、施工范围、工作需要等具体情况，增设专责监护人，对已确定的被监护人员实行监护。

对有触电危险或复杂的工作，工作负责人无法全面监护时，应增设专人监护，以保证工作班全体成员始终处于被监护之下。专责监护人如果兼任其他工作，势必分散精力，影响认真履行监护职责，将会导致被监护人员在进行有危险的工作过程中失去监护而发生事故。因此，专责监护人不得兼任其他工作。

第八节 工 作 间 断
原文："5.8 工作间断"

一、条文 5.8.1

原文："5.8.1 在工作中遇恶劣气象条件或其他威胁到工作人员安全的情况时，工作负责人或专责监护人可下令临时停止工作。"

条文 5.8 所说的工作间断是指需要数日才能完成的工作内容，在每天收工后到第二天复工前的时间间隔。当日收工，应清扫工作地点，工作班成员全部从工作现场撤出，所做的全部安全措施不变。第二天来复工时，应履行工作许可手续后才能进入工作地点工作。履行许可工作手续如下。

(1) 应得到工作许可人的许可。

(2) 工作负责人应重新检查安全措施是否符合工作票的要求。

(3) 工作人员应在工作负责人或专责监护人的带领下进入工作地点。

(4) 若无工作负责人或监护人带领，工作人员不得私自进入工作地点。

条文 5.8.1 所说的工作间断是指电力线路工作票在执行过程中，遇到威胁工作人员安全的紧急特殊情况，如大风、雷电、雪雨；或突发事件，如某个工作人员或全体工作人员体力消耗过大需休息和补充食物、饮水等，而在一定时间段内暂时停止作业的情况。

工作间断时主要是工作现场与环境、安全措施方面存在互相影响，因此工作票签发人和工作负责人应适度把握好工作间断的时机。当作业过程中出现任何突然情况而威胁到工作人员安全及恶劣气候出现时，均应果断决定停止现场作业。

二、条文 5.8.2

原文："5.8.2 工作间断时，工作地点的全部接地线可保留不变。若工作班需暂时离开工作地点，应采取安全措施。恢复工作前，应检查接地线等各项安全措施的完整性。"

本条所说的工作间断主要是指在白天的工作间断。

白天工作间断时，工作地点的全部接地线仍保留不动。如果工作班须暂时离开工作地点，则必须采取安全措施和派人看守，不让人、畜接近挖好的基坑或接近未竖立稳固的杆塔以及负载的起重和牵引机械装置等。恢复工作前，应检查接地线等各项安全措施的完整性。

当日工作间断，所有安全措施均保留不动，但对施工机械设备的负载状态，必须采取切实的安全措施，防止状态失控而发生倾倒等事故。应指派专人在工作现场看守，阻诚外部人畜进入施工区域。在恢复工作之前，应首先检查安全措施的完整性，当符合工作票及现场安全要求时，方可下达恢复作业的命令，重新开始工作。

三、条文 5.8.3

原文："5.8.3 填用数日内有效的电力线路第一种工作票，每日收工时若将工作地点所装设的接地线拆除，次日恢复工作前应重新验电、接地。"

本条所说的工作间断主要是指每日收工的工作间断。

填用数日内工作有效的第一种工作票，每日收工时如果要将工作地点所装的接地线拆除，次日重新验电装接地线恢复工作，均须得到工作许可人许可后方可进行。

如果经调度允许的连续停电、夜间不送电的线路，工作地点的接地线可以不拆除，但次日恢复工作前应派人检查。

对于隔日工作间断，如晚间高压线路需要送电时，工作负责人在每日收工前应向工作许可人汇报作业情况，特别是线路设备恢复状况和安全措施拆除情况。次日恢复作业之前，必须重新向许可人征询，得到许可工作后，方可重新验电并装设接地线，各项安全措施重新布设完毕，可接续工作。在线路工作票有效工期内，如工作许可人批准被检修线路晚间不送电，则工作地点的安全措施可以不拆除，但次日复工前应对其完整性进行检查，应指派专人严格执行。工作地段的安全措施（接地线）一旦拆除，该线路无论送电与否一律视为带电线路。

第九节　工作终结和恢复送电

原文："5.9 工作终结和恢复送电"

一、条文 5.9.1

原文："5.9.1 完工后，工作负责人应检查线路检修地段的状况，确认杆塔、导线、绝缘子串及其他辅助设备上没有遗留的个人保安线、工具、材料等，确认全部工作人员已从杆塔撤下后，再下令拆除工作地段所装设的接地线。接地线拆除后，不应再登杆工作。"

这里出现三个概念：一是"完工"，二是"工作终结"，三是"工作票终结"。

1. 完工

在规定时间内将工作票上所列工作内容全部完成。

完工后，工作负责人应检查线路检修地段的状况，确认杆塔、导线、绝缘子串及其他辅助设备上没有遗留的个人保安线、工具、材料等，确认全部工作人员已从杆塔上撤下后，再下令拆除工作地段所装设的接地线。接地线拆除后，不应再登杆工作。

2. 结束现场工作

（1）分组作业时，本区段或本组工作任务完成后，小组负责人首先应自检并做完善。其一般内容有以下几方面：

1）检修质量自查。对所发现的缺陷或遗留的问题应进一步核查并整改。

2）对所使用的机械、器具进行整理、清擦、维护装箱，并清理工作现场。

3）报告总工作负责人并会同一起检查检修后设备状况，发现问题时应作重新处置。

4）安全措施暂不拆除，本小组工作人员全部从杆塔上撤下，进行其他有关准备。

（2）总工作负责人得到各小组负责人的报告并共同检查验证工作任务均已完成，同时提交了有关记录和资料，证明所有工作人员都已撤离至杆塔下。

（3）总工作负责人向各小组负责人发令拆除工作区段内自己挂设的接地线和其他自做的安全措施，恢复原有的标志及遮栏设施，检查并确认所有挂设的接地线已全部整理收回，此时即标志着工作已终结。脱离了接地的高压线路（并非全部脱离）已被认为带电，不准任何人再登杆塔进行任何工作。

这一条应成为线路工作一条必须严格遵守的纪律。因为有些人在主观意识上总认为刚禀报完，线路一定不会马上有电的，再上去检查、处理一下问题不大，正是这种主观想法，曾经造成了很多沉痛的教训。

3．工作完成后又发现缺陷的处理程序

工作地段的接地线是保证工作班人员不遭突然来电的基本安全措施，工作完工拆除地线后，线路就有突然来电的可能。因此，《安规》规定，工作地段的接地线拆除以后，应即视为线路带电，不允许任何人再登杆进行任何工作。

当接地线已经拆除，又发现新的缺陷或遗留问题必须登杆处理时，可根据情况按以下程序进行处理。

（1）在向工作许可人报告工作终结前必须登杆处理的缺陷或遗留问题时，工作负责人可组织重新在工作地段两端验电、挂地线，做好安全措施后，进行登杆处理。

（2）已向工作许可人报告工作终结后，发现必须登杆处理的缺陷或问题时，工作负责人必须向工作许可人报告情况，经调度批准并得到调度或工区值班员下达的许可工作命令后，工作负责人方可组织在工作地段两端验电、挂地线。做好安全措施后，再组织进行登杆处理。

4．工作终结

（1）工作负责人组织清扫、整理现场，做到工完、料净、场地清。

（2）工作负责人全面检查现场、检查线路检修地段的状况，确认杆塔、导线、绝缘子串及其他辅助设备上没有遗留的个人保安线、工具、材料等。

（3）确认全部工作人员已从杆塔撤下后，再下令拆除工作地段所装设的接地线组织工作班成员全部撤离工作地点。

5．工作票终结

（1）工作负责人在上述工作终结后，应向工作许可人做出工作总结的报告。报告内容应包括工作负责人姓名、完工的线路名称和区段、设备改动情况，并说明工作地点所装设的接地线已全部拆除，线路上已无本班工作人员和遗留物，可以送电。

（2）工作许可人在接到所有工作负责人的工作终结报告，并确认全部工作已完毕，所有工作人员已从线路上撤离，接地线已全部拆除，核对无误后，方可下令拆除各侧安全措施，恢复送电。

（3）在工作票上加盖"已终结"印章，表示这张工作票已结束。已结束的工作票一般要保存 3～6 个月。

二、条文 5.9.2

原文："5.9.2 工作终结后，工作负责人应及时报告工作许可人，报告方式如下：

a）当面报告；

b）电话报告。"

本条对工作负责人在工作终结后向工作许可人报告的方式作出规定。

线路停电检修工作完毕后办理工作终结手续是十分重要的一环。电力线路第一种工作票有一栏工作终结的报告，要写明终结报告方式，报告给哪个许可人，就要把许可人的名字写在工作票上，这是很严肃、认真的事，绝不可马虎，这是关系到所有工作人员的生命安全的大事。

终结报告的方法：①由工作负责人亲自当面向许可人报告，报告要有记录，工作负责人、许可人双方签字确证；②电话报告，由工作负责人得到各班组负责人当面禀报，工作结束，人员已撤离线路，工作地点所挂接地线已拆除，以及工作完成情况，并经工作负责人检查，确认无误后用电话直接向调度工作许可人或工作值班人员工作许可人报告。电话报告又可分为直接电话报告或经由中间变电所转达两种。经中间变电所转达报告，应按照以下规定的手续办理。

对于许可开始工作的命令，在值班调度员或工区值班员不能和工作负责人用电话直接联系时，可经中间变电所用电话传送。中间变电所值班员应将命令全文记入操作记录簿，并向工作负责人直接传达。电话传达时，上述三方必须认真记录，清楚明确，并复诵核对无误。

三、条文 5.9.3

原文："5.9.3 工作总结的报告内容应包括工作负责人姓名、完工的线路名称和区段、设备改动情况，并说明工作地点所装设的接地线和个人保安线已全部拆除，线路上已无本班工作人员和遗留物，可以送电。"

工作终结的报告应简明扼要，包括工作负责人姓名，某线路上某处（说明起止杆塔号，分支线名称等）工作已经完工，设备改动情况，工作地点所挂的接地线已全部拆除，个人保安线已全部拆除，线路上已无本班组工作人员，可以送电。

工作负责人向工作许可人汇报的内容有以下几方面。

（1）工作负责人姓名；所执行工作票编号或调度批准编号的工作任务；在××××（数字编号）某线路上××号—××号杆塔（或分支线名称）工作已经完毕，设备改动情况；检修后作出状况评价。

（2）几个班组、所有人员（工作票上所填写的所有人员）已全部从线路上撤离。

（3）工作线路区段内各地点所挂接地线已全部拆除。本工作段已具备带电条件。

工作负责人汇报以上内容完毕，按照调度许可的时间在工作票上填写工作票终结时间并签名。至此，工作负责人履行工作票的职责已完毕。将已执行的工作票交工作票签发人存管。

四、条文 5.9.4

原文："5.9.4 工作许可人在接到所有工作负责人的工作终结报告，并确认全部工作已完毕，所有工作人员已从线路上撤离，接地线已全部拆除，核对无误后，方可下令拆除各侧安全措施，恢复送电。"

本条主要是指恢复送电的程序：①接到所有工作负责人的工作终结报告；②确认全部工作已完毕；③确认所有工作人员已从线路上撤离；④确认接地线已全部拆除；⑤核对无误；⑥下令拆除各侧安全措施；⑦下令送电。

"所有工作负责人"是指在停电线路上所有工作班组的工作负责人，包括用户配合工作的工作负责人。

"全部工作已完毕"是指：①在规定时间内工作票上所列工作内容已全部完成；②工作负责人已组织清扫、整理现场，做到工完、料净、场地清；③工作负责人全面检查现场、接地线全部拆除，组织工作班成员全部撤离了工作地点。

值班调度员或工区值班员接到所有工作班组工作负责人的工作终结报告，确知工作已经完毕，所有工作人员已从线路上撤离，现场接地线已经拆除，并与工作许可时的记录核对所许可的工作班组工作负责人均已报告工作终结，值班调度员方可下令发电厂、变电站拆除线路侧的安全措施，向线路恢复送电。这样规定的目的是防止发生个别工作班的工作尚未完工，尚未报告工作终结的情况，误向停电工作线路恢复送电，造成人身触电事故或带电线合闸造成设备损坏事故。

事故案例分析

【事故案例 1】 1980 年 7 月 25 日，某供电局所属仪征供电站站长口头通知线路班班长拆除 35kV 仪征变电站一条出线杆上的弓字线。规程规定应填用电力线路第一种工作票，但仅给了个口头通知。班长带领外线合同工张某去作业。班长和张某在没有工作票的情况下，弄不清工作性质和停电及带电设备范围，也不进行登杆检修前应做验电、挂地线的安全措施，张某贸然登上电杆去拆弓字线。张某在作业时，误触另一回已送电的弓字线致使死亡。

【事故案例 2】 1979 年 2 月 26 日，某供电局检修人员在 6kV 治安分线进行停电检修工作。工作票上要求的安全措施是在治安分 1 号杆挂一组地线。规程规定，工作负责人的安全责任之一是：严格执行工作票所列安全措施，必要时还应加以补充。但工作负责人却在现场私自做主，拉开了治安分 7 号杆上的跌落式熔断器，用停这组断路器代替治安分 1 号杆的一组接地线。工作完成后，工作负责人未对现场认真检查就匆忙离开，忘记合上跌落式熔断器。128h 以后发觉没有电才合上跌落式熔断器。工作票一旦签发，工作票上所列安全措施必须不折不扣地执行，不能丝毫改变。工作负责人用停断路器代替接地线是绝对不允许的，两者作用不同。如果将停断路器作为补充措施还是可以的，但完工后不能忘记拆除接地线和合上跌落式熔断器。

【事故案例 3】 雷雨季节刚过，一线路班组奉命到一条 10kV 线路拆除该线路上所有变压器台架的 10kV 避雷器。工作票签发人签发了一份电力线路第二种线路工作票，现场工作负责人带领全班成员按工作票要求完成了拆卸高压避雷器的工作。违反了规定：配电设备〔包括高压配电室、箱式变电站、配电变压器台架、低压配电室（箱）、环网柜、电缆分支箱〕停电检修时，应使用电力线路第一种工作票；同一天内几处高压配电室、箱式变电站、配电变压器台架进行同一类型工作，可使用一张工作票。高压线路不停电时，工作负责人应向全体人员说明线路上有电，并加强监护。

【事故案例4】 1994年5月16日，某供电局10kV昂镇线春检。两名工人在检查导线接点时挂了一组临时地线，检查接点任务完成后又去干别的工作未拆接地线。收工后，两人认为别人会帮忙拆除接地线，工作负责人也没有清点接地线，就向调度报了竣工手续。

同日17时，送电时发生了带地线合闸事故。规程规定，完工后，工作负责人必须检查线路检修地点的状况以及在杆塔上、导线上及绝缘子上有无遗留的工具、材料等，通知并查明全部工作人员确由杆塔上撤下后，再命令拆除接地线；工作负责人应按票面地线的组数进行核对，无误后方可向调度汇报竣工；作业班的地线要有编号，每次作业都要按连续编号数量携带地线，如分小组工作时，工作负责人应记明哪个小组拿了哪几号地线，以便工作终结时核对；临时地线必须是谁挂的谁负责拆；工作负责人要指定专人负责每次作业所用地线的携带、运输、发放、收回等管理工作。

【事故案例5】 一个由10人组成的10kV线路检修作业组于某日13时工作结束，工作负责人在察看现场情况正常后，将现场人员全部用车拉回。到单位后清点人数时，发现缺一名作业人员，这时开车司机才告诉工作负责人说："中午在单位食堂里看见过这名作业人员在吃饭，可能是他的活干完了，先回来了。"于是工作负责人宣布工作结束，可以恢复送电。工作许可人在得到工作结束的报告后，命令线路分段断路器送电，结果造成这名作业人员触电烧伤住院。因为该作业人员中午在食堂吃完饭后，又赶回现场继续登杆作业。

【事故案例6】 1991年4月27日，某电业局35kV鸡山线停电春检，在线路上挂了4组地线。作业1h后下雨，工作负责人胡某命令停止工作，并将线路恢复到工作前状态。胡某返回工区向工作票签发人余某汇报，余某向地调汇报。地调不同意半途而废，要求春检工作全部结束后才能停止工作。工区白主任在原工作负责人回家不在单位的情况下更换赵某为工作负责人。赵某带领人员重新工作。同日15时，完成作业任务，逐组逐地线地拆了3组地线，准备拆第4组地线时，道口有火车挡住。同日15时55分，余某看到从家中回来的胡某时间："鸡山线作业完否？地线拆否？"胡某答："工作已完，地线拆完。"胡某指的是他早上下雨时的线路状态，并不知已换了工作负责人，而余某知道工作负责人为赵某，却问原工作负责人胡某。余某向地调报告可以送电。同日16时2分送电，带地线合隔离开关，速断保护动作跳闸，待赵某赶到第4组地线悬挂点时，看到地线已烧断。这是一起典型的违反工作票上所列人员安全责任的带地线合闸事故，也是人身触电未遂事故。试想，正当作业人员拆地线前送电会怎样呢？

配套考核题解

试 题

一、填空题

1. 安全组织措施作为保证安全的_____措施之一，包括工作票、工作的许可、监护、间断和终结等。工作票签发人、工作负责人（监护人）、工作许可人、专责监护人和工作班成员在整个作业_____中应_____各自的_____。

2. 工作票是_____在线路及配电设备上工作的_____之一，可包含编码、工作地点、工作内容、计划工作时间、工作许可时间、工作终结时间、停电范围和_____，以及工作票签发人、工作许可人、工作负责人和工作班成员等内容。

3. 现场勘察应查看现场检修（施工）作业范围内_____情况，现场作业条件、环境，应_____的设备、保留或邻近的_____部位等。

4. 根据现场勘察结果，对危险性、复杂性和困难程度较大的作业项目，应制定_____、_____和_____。

5. 需要线路或配电设备全部_____或部分_____的工作，填用电力线路第_____种工作票。

6. 带电线路杆塔上与带电导线符合 GB 26859—2011 表 1 "在带电线路杆塔上工作与带电导线最小安全距离"的规定的工作以及_____的配电设备上的工作，填用电力线路第_____种工作票。

7. 带电作业或与带电设备距离小于 GB 26859—2011 表 1 规定的安全距离但按_____方式开展的_____工作，填用带电作业工作票。

8. 事故紧急抢修工作使用_____或_____。非连续进行的事故_____工作应使用工作票。

9. 同一个电气连接部位是指_____上相互连接的_____个电气单元设备。

10. 一条线路、同一个电气连接部位的几条线路或_____且同时_____的几条线路上的工作，可填用_____张电力线路第_____种工作票。

11. 同一_____、同_____的数条线路上的_____工作，可填用_____张电力线路第_____种工作票。

12. 同一_____、同_____采用相同_____的数条线路上_____进行的带电作业，可填用_____张电力线路带电作业工作票。

13. 工作票由设备_____单位签发或由经_____单位审核合格并_____的其他单位签发。承发包工程中，工作票可实行_____签发形式。

14. 工作票一份交_____，另一份交_____或_____。一个_____不应同时执行_____及以上工作票。

15. 变更工作班成员或工作负责人，应履行_____手续。

16. 持_____进入变电站（包括发电厂升压变电站和换流站，以下同）进行_____、_____等工作，应得到变电站工作许可人_____后方可开始工作。

17. 电力线路第一种工作票、电力线路第二种工作票和电力线路带电作业工作票的_____时间，以批准的检修计划_____时间为限，_____应办理手续。

18. 工作票签发人的安全责任：

a）确认工作_____和_____；

b）确认工作票上所填安全措施_____、_____；

c）确认所派工作负责人和工作班人员_____、_____。

19. 工作负责人（监护人）的安全责任：

a）_____、_____地组织工作；

b）确认工作票，所列安全措施_____、_____，符合_____实际条件，必要时予以补充；

c）工作前向工作班全体成员_____危险点，_____、_____工作班成员_____现场安全措施和技术措施。

20. 工作许可人的安全责任：

a）确认工作票所列安全措施_____、_____，符合_____条件；

b）确认线路停、送电和许可工作的_____正确；

c）确认许可的_____等安全措施正确、完备。

21. 专责监护人安全责任：

a）明确_____和监护范围；

b）工作前对被监护人员_____安全措施，_____危险点和安全注意事项；

c）监督_____执行本标准和_____安全措施，及时_____不安全行为。

22. 工作班成员安全责任：

a）_____工作内容、工作流程，_____安全措施，_____工作中的危险点，并履行_____手续；

b）_____安全规章制度、技术规程和劳动纪律，执行安全规程和_____现场安全措施；

c）_____使用安全工器具和劳动防护用品。

23. 填用电力线路第一种工作票的工作，工作负责人应得到_____工作许可人的许可后，方可开始工作。

24. 填用电力线路第二种工作票时，_____履行工作许可手续。

25. 填用电力线路带电作业工作票的工作，工作负责人在带电作业工作开始前，应与设备_____或_____联系并履行有关_____手续。带电作业结束后应_____汇报。

26. 工作许可人应在_____可能受电的各方面都_____、装设好_____后，方可_____线路停电检修的许可工作命令。

27. 工作许可人与工作负责人之间不应_____停、送电。

28. 工作许可后，工作负责人、专责监护人应向工作班成员_____工作内容和

_____。装设好现场接地线，工作班成员_____后方可开始工作。

29. 工作负责人、专责监护人应始终_____，对工作班成员进行_____。线路停电工作时，工作负责人在工作班成员_____等危险的情况下，可一起_____工作。

30. 工作票签发人或工作负责人，应根据现场的_____、_____、_____等具体情况，增设专责监护人和确定_____。

31. 工作许可人在接到_____工作负责人的工作终结报告，并确认_____工作已完毕，_____工作人员已从线路上_____，接地线已_____拆除，核对无误后，方可下令拆除_____安全措施，恢复送电。

32. 在电力线路上工作，应按下列方式进行：(1) 填用电力线路第一种工作票；(2)_____；(3)_____。

33. 电力线路第一种工作票的主要内容有：(1) 工区、所（工段）名称；(2) 工作负责人姓名；(3) 工作班人员，共几人；(4)_____（双回线路应注明双重称号）；(5)_____（注明分、支路名称，线路的起止杆号）；(6)_____；(7)_____〔包括拉开的隔离开关、断路器、应停电的范围〕，保留的带电线路或带电设备，应挂的地线（线路名称及杆号，接地线编号）；(8)_____自某年某月某日某时某分至某年某月某日某时某分；(9)_____，许可的命令方式，许可人（签名），许可工作的时间；(10)_____，终结报告的方式，许可人（签名），终结报告的时间；工作票签发人（签字）；工作负责人（签字）；_____。

34. 电力线路第二种工作票的主要内容有：(1) 工区、所（工段）名称；(2) 工作负责人姓名；(3) 工作班人员、共几人；(4)_____工作范围，工作任务；(5)_____自某年某月某日某时某分至某年某月某日某时某分；(6)_____；(7)_____（工区值班员），工作开始时间，某年某月某日某时某分，工作完工时间某年某月某日某时某分；工作票签发人（签名），工作负责人（签名）。

35. 填用电力线路第一种工作票的工作为：(1) 在停电线路（或在_____中的一回停电线路）上的工作；(2) 在全部或部分停电的_____台架上或_____室内的工作。所谓全部停电，系指供给该配电变压器台架或配电变压器室内的所有_____均已全部断开者。

36. 填用电力线路第二种工作票的工作为：(1)_____；(2) 带电线路杆塔上的工作；(3) 在_____的配电变压器台架上或配电变压器室内的工作。

37. 测量接地电阻，涂写_____，悬挂_____，修剪树枝，检查杆根地锚，打_____，杆、塔基础上的工作，低压_____工作和单一_____低压分支线的停电工作等，按口头和电话命令执行。

38. 工作票签发人可由线路工区（所）熟悉_____、熟悉_____、熟悉_____的主管生产领导人、技术人员或经供电局主管生产领导（总工程师）_____的人员来担任。工作票签发人不得_____该项工作的工作负责人。

39. 工作票应用钢笔或圆珠笔填写一式两份，应_____，不得任意_____。如有个别错、漏字要修改时，应_____。工作票一份交_____，一份留存签发人或_____处。

40. 一个工作负责人只能发给_____工作票。

41. 电力线路第_____种工作票，每张只能用于一条线路或同杆架设且停送电时间相同的几条线路。第_____种工作票，对同一电压等级、同类型工作，可在数条线路上共用一张工作票。在工作期间，工作票应始终保留在工作负责人手中；工作终结后交签发人保存_____个月。

42. 电力线路第一、二种工作票的有效时间，以批准的_____为限。

43. 填用_____进行工作，工作负责人在得到_____或_____的许可后，方可开始工作。

44. 线路停电检修，值班调度员必须在发电厂、变电所将_____可能受电的各方面都_____，并挂好_____后，将工作班、组数目，工作负责人的姓名、工作地点和工作任务都记入记录簿内，才能发出_____的命令。

45. 许可开始工作的命令，必须_____到工作负责人，其方法可采用：（1）_____；（2）_____；（3）_____。

46. 对于许可开始工作的命令，在值班调度员或工区值班员不能和工作负责人用电话直接联系时，可经_____用电话传达。_____值班员应将命令全文记入操作记录簿，并向工作负责人_____传达。电话传达时，上述三方必须认真_____，清楚明确，并_____核对无误。

47. 填用电力线路第_____种工作票的工作，不需要履行工作_____手续。

48. 完成工作许可手续后，工作负责人（监护人）应向工作班人员_____现场安全措施、带电部位和其他注意事项。工作负责人（监护人）必须_____在工作现场，对工作班人员的_____应认真监护，及时纠正_____的动作。

49. 分组工作时，每个小组应指定小组负责人（监护人）。在线路_____时进行工作，工作负责人（监护人）在班组成员确无_____危险的条件下，可以参加工作班工作。

50. 工作票签发人和工作负责人，对有_____危险、施工_____容易发生_____的工作，应增设_____监护。专责监护人不得_____其他工作。

51. 如工作负责人必须_____工作现场时，应_____指定负责人，并设法通知_____工作人员及工作_____。

52. 在工作中遇雷、雨、大风或其他任何情况_____到工作人员的_____时，工作负责人或监护人可根据_____，临时停止工作。

53. 白天工作间断时，工作地点的全部_____仍保留不动。如果工作班需暂时离开工作地点，则必须采取_____和_____，不让人、畜接近挖好的_____或接近未竖立稳固的_____以及负载的起重和牵引机械装置等。恢复工作前，应检查_____等各项安全措施的_____。

54. 填用数日内有效的_____，每日收工时如果要将工作地点所装的接地线_____，次日重新验电装接地线恢复工作，均需_____工作许可人许可后方可进行。

55. 如果经调度允许的_____停电、_____不送电线路，工作地点的_____可以不拆除，但次日恢复工作前应派人_____。

56. 完工后，工作负责人（包括小组负责人）必须检查线路_____的状况以及在杆塔上、导线上及绝缘子上有无_____的工具、材料等，通知并查明全部工作人员确由杆塔上_____后，再命令_____。接地线拆除后，应即认为线路_____，不准任何人再_____进行任何工作。

57. 工作终结后，工作负责人应报告工作许可人，报告方法为：（1）从工作地点回来后，_____；（2）用电话报告并_____。电话报告又可分为_____电话报告或经由_____转达两种。

58. 工作终结的报告应简明扼要，包括下列内容：工作负责人姓名，某_____上某处（说明起止杆塔号、分支线名称等）工作已经_____，设备_____情况，工作地点所挂的接地线已_____拆除，线路上已无_____工作人员，可以送电。

59. 工作许可人在接到_____工作负责人（包括用户）的完工报告后，并_____工作已经完毕，所在工作人员已由线路上_____，接地线已_____，并与记录簿核对_____后方可下令_____发电厂、变电站线路侧的安全措施，向线路恢复送电。

二、选择题

1. 所谓全部停电，系指供给该配电变压器台架或配电变压器室内的所有电源线路均已全部（　　）者。

　　A. 拆除；　　　　B. 退出；　　　　C. 拉闸；　　　　D. 断开

2. （　　）可由线路工区（所）熟悉人员技术水平、熟悉设备情况、熟悉本规程的主管生产领导人、技术人员或经供电局主管生产领导（总工程师）批准的人员来担任。

　　A. 工作负责人；　　　　　　　　B. 工作监护人；

　　C. 工作许可人；　　　　　　　　D. 工作票签发人

3. 工作票签发人不得兼任该项工作的（　　）。

　　A. 工作许可人；　　　　　　　　B. 工作负责人；

　　C. 工作监护人；　　　　　　　　D. 小组长

4. 一个工作负责人只能发给（　　）工作票。

　　A. 一张；　　　　B. 两张；　　　　C. 三张；　　　　D. 多张

5. 电力线路第一、二种工作票的有效时间，以批准的（　　）为限。

　　A. 时间；　　　　B. 计划；　　　　C. 检修期；　　　　D. 工作日

6. 电力线路第一种工作票，（　　）张只能用于（　　）条线路或同杆架设且停送电时间相同的（　　）条线路。电力线路第二种工作票，对同一电压等级、同类型的工作，可在（　　）条线路上共用（　　）张工作票。

　　A. 一；　　　　B. 几；　　　　C. 数；　　　　D. 每；

　　E. 两；　　　　F. 三

7. 许可开始工作的命令，必须以：（1）当面通知；（2）电话传达；（3）派人传达三方法通知到（　　）。

　　A. 工作票签发人；　　　　　　　B. 中间变电所值班员；

　　C. 工区值班员；　　　　　　　　D. 工作负责人

8. 严禁约时（　　）。

A. 打电话；　　　　　　　　　　　B. 许可工作；

C. 停、送电；　　　　　　　　　　D. 开始工作

9. 完成工作许可手续后，工作负责人（监护人）应向工作班人员（　　）现场安全措施、带电部位和其他注意事项。

A. 交代；　　　　B. 讲述；　　　　C. 布置；　　　　D. 演示

10. 工作负责人（监护人）必须（　　）在工作现场，对工作班人员的安全应认真监护，及时纠正不安全的动作。

A. 始终；　　　　B. 一直；　　　　C. 经常；　　　　D. 不断

11. 分组工作时，每个小组应指定小组负责人（监护人）。在线路停电时进行工作，工作负责人（监护人）在班组成员确无（　　）危险的条件下，可以参加工作班工作。

A. 其他；　　　　　　　　　　　　B. 任何；

C. 高处坠落；　　　　　　　　　　D. 触电

12. 工作票签发人和工作负责人，对有触电危险、施工复杂容易发生事故的工作，应增设（　　）。

A. 安全措施；　　　　　　　　　　B. 专责监护人；

C. 保护装置；　　　　　　　　　　D. 小组负责人

13. 如工作负责人必须离开工作现场时，应临时指定负责人，并设法通知（　　）工作人员及工作许可人。

A. 部分；　　　　B. 全体；　　　　C. 整个；　　　　D. 某些

14. 在工作中遇雷、雨、大风或其他任何情况威胁到工作人员的安全时，工作负责人或监护人可根据情况，临时（　　）工作。

A. 停止；　　　　B. 安排；　　　　C. 改变；　　　　D. 撤销

15. 白天工作间断时，工作地点的全部接地线仍保留不动。如果工作班须暂时离开工作地点，则必须采取安全措施和（　　）。

A. 增设围栏；　　　　　　　　　　B. 搭设护网；

C. 派人看守；　　　　　　　　　　D. 留人看守

16. 接地线拆除后，应即认为线路（　　）。

A. 有电；　　　　　　　　　　　　B. 随时来电；

C. 运行；　　　　　　　　　　　　D. 带电

17. 持线路工作票进入变电站（包括发电厂升压变电站和换流站，以下同）进行架空线路、电缆等工作，应得到变电站（　　）许可后方可开始工作。

A. 站长；　　　　　　　　　　　　B. 值班员；

C. 工作许可人；　　　　　　　　　D. 技术员

18. 工作负责人、专责监护人应始终在工作现场，对工作班成员进行（　　）。线路停电工作时，工作负责人在工作班成员确无触电等危险的情况下，可一起参加工作。

A. 指导；　　　　B. 监视；　　　　C. 监管；　　　　D. 监护

19. 工作票签发人或工作负责人，应根据现场的安全条件、施工范围、工作需要等具体情况，（　　）专责监护人和确定被监护的人员。

A. 确定；   B. 增设；   C. 撤销；   D. 减少

20. 工作终结的报告内容应包括工作负责人姓名、完工的线路名称和区段、设备改动情况，并说明工作地点所装设的接地线和个人保安线已全部拆除，线路上已无本班组工作人员和（   ），可以送电。

A. 作业工器具；   B. 衣帽；

C. 遗留物；   D. 其他人员

21. 带电作业工作负责人在带电作业工作开始前，应与设备（   ）单位或值班调度员联系并履行有关许可手续。带电作业结束后应及时汇报。

A. 供应；   B. 产权；   C. 投资；   D. 运行维护

三、判断题（正确的画"√"，不正确的画"×"）

1. 填用电力线路第一种工作票的工作为：

A. 在停电线路（或在双回线路中的一回停电线路）上的工作；   （   ）

B. 在全部或部分停电的配电变压器台架上或配电变压器室内的工作； （   ）

C. 带电作业；   （   ）

D. 带电线路杆塔上的工作；   （   ）

E. 在运行中的配电变压器台架上或配电变压器室内的工作；   （   ）

F. 测量接地电阻；   （   ）

G. 低压带电工作和单一电源低压分支线的停电工作等   （   ）

2. 填用电力线路第二种工作票的工作为：

A. 在停电线路（或在双回线路中的一回停电线路）上的工作；   （   ）

B. 在全部或部分停电的配电变压器台架上或配电变压器室内的工作； （   ）

C. 带电作业；   （   ）

D. 在运行中的配电变压器台架上或配电变压器室内的工作；   （   ）

E. 带电线路杆塔上的工作；   （   ）

F. 测量接地电阻；   （   ）

G. 低压带电工作和单一电源低压分支线的停电工作等   （   ）

3. 在电力线路上按口头和电话命令执行的工作为：

A. 在全部或部分停电的配电变压器台架上或配电变压器室内的工作； （   ）

B. 带电线路杆塔上的工作；   （   ）

C. 测量接地电阻；   （   ）

D. 涂写杆塔号；   （   ）

E. 悬挂警告牌；   （   ）

F. 修剪树枝；   （   ）

G. 检查杆根地锚；   （   ）

H. 打绑桩；   （   ）

I. 杆、塔基础上的工作；   （   ）

J. 低压带电工作和单一电源低压分支的停电工作等   （   ）

4. 工作票上所列人员——工作票签发人的安全责任：

A. 正确安全地组织工作；　　　　　　　　　　　　　　　　　（　　）

B. 工作必要性；　　　　　　　　　　　　　　　　　　　　　（　　）

C. 工作票上所填安全措施是否正确完备；　　　　　　　　　　（　　）

D. 工作是否安全；　　　　　　　　　　　　　　　　　　　　（　　）

E. 所派工作负责人和工作班人员是否适当和充足　　　　　　　（　　）

5. 工作票上所列人员——工作负责人（监护人）的安全责任：

A. 正确安全地组织工作；　　　　　　　　　　　　　　　　　（　　）

B. 结合实际进行安全思想教育；　　　　　　　　　　　　　　（　　）

C. 检查工作票上所填安全措施是否正确完备；　　　　　　　　（　　）

D. 工作前对工作班成员交待安全措施和技术措施；　　　　　　（　　）

E. 严格执行工作票所列安全措施，必要时还应加以补充；　　　（　　）

F. 检查工作班人员是否充足；　　　　　　　　　　　　　　　（　　）

G. 检查工作班人员变动是否合适；　　　　　　　　　　　　　（　　）

H. 督促、监护工作人员遵守本规程　　　　　　　　　　　　　（　　）

6. 工作票上所列人员——工作许可人（值班调度员、工区值班员或变电站值班员）的安全责任：

A. 正确安全地组织工作；　　　　　　　　　　　　　　　　　（　　）

B. 审查工作必要性；　　　　　　　　　　　　　　　　　　　（　　）

C. 检查线路停、送电和许可工作的命令是否正确；　　　　　　（　　）

D. 检查发电厂或变电站线路的接地线等安全措施是否正确完备；（　　）

E. 所派工作负责人和工作班人员是否适当和充足　　　　　　　（　　）

7. 工作票上所列人员——工作班成员的安全责任：

A. 正确安全地组织工作；　　　　　　　　　　　　　　　　　（　　）

B. 结合实际进行安全思想教育；　　　　　　　　　　　　　　（　　）

C. 认真执行本规程和现场安全措施；　　　　　　　　　　　　（　　）

D. 互相关心施工安全；　　　　　　　　　　　　　　　　　　（　　）

E. 监督本规程和现场安全措施的实施　　　　　　　　　　　　（　　）

8. 在工作期间，工作票应始终保留在工作负责人手中，工作终结后交签发人保存 3 个月。　　　　　　　　　　　　　　　　　　　　　　　　　　　　　（　　）

9. 事故紧急处理不填工作票，但应做好安全措施。　　　　　　（　　）

10. 填用电力线路第一种工作票进行工作，工作负责人必须在得到值班调度员或工区值班员的许可后，方可开始工作。填用电力线路第二种工作票的工作，不需要履行工作许可手续。　　　　　　　　　　　　　　　　　　　　　　　　　　　　　（　　）

11. 线路停电检修，值班调度员必须在发电厂、变电站将线路可能受电的各方面都拉闸停电，并挂好接地线后，才能发出许可工作的命令。　　　　　　　　　（　　）

12. 工作许可人在接到所有工作负责人（包括用户）的完工报告后，并确知工作已经完毕，所有工作人员已由线路上撤离，接地线已拆除，方可下令拆除发电厂、变电站线路侧的安全措施，向线路恢复送电。　　　　　　　　　　　　　　　　　　（　　）

13. 白天工作间断时，工作地点的全部接地线仍保留不动。如果工作班需暂时离开工作地点，则必须采取安全措施和派人看守，不让人、畜接近挖好的基坑或接近未竖立稳固的杆塔以及负载的起重和牵引机械装置等。恢复工作前，应检查接地线等各项安全措施的完整性。　　　　　　　　　　　　　　　　　　　　　　　　　　　　　　（　　）

14. 填用数日内工作有效的第一种工作票，每日收工时如果要将工作地点所装的接地线拆除，则：

　　A. 次日来到工作地点可直接恢复接地线，重新开始工作；　　　　　（　　）

　　B. 次日来到工作地点，重新验电装接地线恢复工作；　　　　　　　（　　）

　　C. 次日重新验电装接地线恢复工作；　　　　　　　　　　　　　　（　　）

　　D. 次日重新验电装接地线恢复工作，均需得到工作许可人许可后方可进行　（　　）

15. 工作终结后，工作负责人应报告工作许可人，报告方法如下：

　　A. 派工作人员从工作地点赶回来，先行报告；　　　　　　　　　　（　　）

　　B. 亲自用移动电话（手机）报告；　　　　　　　　　　　　　　　（　　）

　　C. 从工作地点回来后，亲自报告；　　　　　　　　　　　　　　　（　　）

　　D. 直接电话报告并经复诵无误；　　　　　　　　　　　　　　　　（　　）

　　E. 经由中间变电站转达，三方复诵核对无误　　　　　　　　　　　（　　）

16. 工作终结的报告应简明扼要，包括以下内容：

　　A. 工作负责人姓名；　　　　　　　　　　　　　　　　　　　　　（　　）

　　B. 某线路上某处（说明起止杆塔号，分支线名称等）工作已经完工；（　　）

　　C. 设备改动情况；　　　　　　　　　　　　　　　　　　　　　　（　　）

　　D. 工作地点所挂的接地线已全部拆除；　　　　　　　　　　　　　（　　）

　　E. 线路上已无本班组工作人员；　　　　　　　　　　　　　　　　（　　）

　　F. 线路上没有任何遗留的物品；　　　　　　　　　　　　　　　　（　　）

　　G. 可以送电　　　　　　　　　　　　　　　　　　　　　　　　　（　　）

17. 填用电力线路第一种工作票的工作，工作负责人应在得到工作许可人的许可后，方可开始工作。　　　　　　　　　　　　　　　　　　　　　　　　　　　（　　）

18. 工作许可后，工作负责人、专责监护人应向工作班成员交代工作内容和现场安全措施。装设好现场接地线，工作班成员方可开始工作。　　　　　　　　　　（　　）

19. 工作间断时，工作地点的全部接地线可保留不变。若工作班需暂时离开工作地点，应采取安全措施。恢复工作前，应检查接地线等各项安全措施。　　　　（　　）

20. 填用数日内有效的电力线路第一种工作票，每日收工时若将工作地点所装设的接地线拆除，次日恢复工作前应重新验电、接地。　　　　　　　　　　　　（　　）

21. 工作许可人在接到所有工作负责人的工作终结报告，并确认全部工作已完毕，所有工作人员已从线路上撤离，接地线已全部拆除，核对无误后，方可下令恢复送电。

　　　　　　　　　　　　　　　　　　　　　　　　　　　　　　　　　（　　）

四、改错题

1. 安全组织措施作为保证安全的措施之一，包括工作票、工作的许可、监护、间断和终结等。工作票签发人、工作负责人（监护人）、工作许可人、专责监护人和工作班成员在整个作业流程中应履行各自的安全职责。

2. 工作票签发人或工作负责人认为，现场勘察的线路作业，作业单位应根据工作任务组织现场勘察。现场勘察应查看现场检修（施工）作业范围内的设施情况，现场作业条件、环境，应停电的设备、保留或邻近的带电部位等。根据现场勘察结果，对危险性、复杂性和困难程度较大的作业项目，应制定安全措施。

3. 工作票由设备运行维护单位签发或由经设备运行维护单位审核合格的其他单位签发。承发包工程中，工作票可实行双方签发形式。

4. 持线路工作票进入变电站（包括发电厂升压变电站和换流站）进行架空线路、电缆等工作，应得到变电站行政负责人许可后方可开始工作。

5. 电力线路第一种工作票、电力线路第二种工作票和电力线路带电作业工作票的有效时间，以工作班到现场的实际工作时间为限，延期应办理手续。

6. 工作票签发人的安全责任是：

（1）确认工作的必要性和安全性；

（2）确认工作票上所填安全措施正确；

（3）确认所派工作负责人和工作班人员适当。

7. 工作负责人（监护人）的安全责任是：

（1）正确、安全地组织工作；

（2）确认工作票所列安全措施正确、完备，符合现场实际条件；

（3）工作前向工作班全体成员告知危险点。

8. 工作许可人的安全责任是：

（1）确认工作票所列安全措施正确完备；

（2）确认线路停、送电和许可工作的命令正确；

（3）确认许可的接地等安全措施正确完备。

9. 专责监护人的安全责任是：

（1）明确被监护人员和监护范围；

（2）工作前对被监护人员交待安全措施，告知危险点；

（3）督促被监护人员执行本标准和现场安全措施。

10. 工作班成员的安全责任是：

（1）熟悉工作内容、工作流程，掌握安全措施，明确工作中的危险点；

（2）遵守安全规章制度、技术规程和劳动纪律，执行安全规程；

（3）正确使用安全工器具和劳动防护用品。

11. 填用电力线路第一种工作票的工作，工作负责人应在得到工作许可人的许可后，方可开始工作。

12. 带电作业工作负责人在带电作业工作开始前，不必履行工作许可手续，只要带电作业结束后及时汇报即可。

13. 工作许可人应在线路可能受电的各方面都拉闸停电后，方可发出线路停电检修的许可工作命令。

14. 工作许可后，工作负责人、专责监护人应向工作班成员交待工作内容和现场安全措施。装设好现场接地线,工作班成员方可开始工作。

15. 工作间断时,工作地点的全部接地线可保留不变。若工作班需暂时离开工作地点,应采取安全措施。恢复工作前,应检查接地线等各项安全措施。

16. 填用数日内有效的电力线路第一种工作票,每日收工时若将工作地点所装设的接地线拆除,次日恢复工作前不必验电就可以直接装设接地线。

17. 完工后,工作负责人应检查线路检修地段的状况,确认杆塔、导线、绝缘子串及其他辅助设备上没有遗留的个人保安线、工具、材料等,确认全部工作人员已从杆塔撤下后,再下令拆除工作地段所装设的接地线。接地线拆除后,若有遗漏应马上登杆处理。

18. 工作总结的报告内容应包括工作负责人姓名、完工的线路名称和区段、设备改动情况,并说明工作地点所装设的接地线已全部拆除,可以送电。

19. 工作许可人在接到所有工作负责人的工作终结报告,并确认全部工作已完毕,所有工作人员已从线路上撤离,接地线已全部拆除,核对无误后,方可下令恢复送电。

五、问答题

1. 在电力线路及配电设备上工作的安全组织措施有哪些?

2. 准许在电力线路和配电设备上工作的方式有哪几种?

3. 工作票是准许在电力线路及配电设备上工作的书面安全要求之一,包含哪些内容?

4. 现场勘察的要求有哪些?

5. 电力线路工作票分为哪几类?各适合哪一种工作?

6. 对工作票的格式有什么规定?

7. 什么情况下可填用一张电力线路第一种工作票?

8. 什么情况下可填用一张电力线路第二种工作票?

9. 什么情况下可填用一张电力线路带电作业工作票?

10. 工作票应由什么单位来签发?什么情况下可实行双签发?

11. 工作票一式几份?应交到何人手中?

12. 一个工作负责人可同时执行几张工作票?

13. 持线路工作票进入变电站进行工作是否可不经许可?

14. 在什么情况下应履行变更手续?

15. 除紧急抢修单外,其他三种工作票的有效时间是如何确定的?

16. 工作票签发人的安全责任是什么?

17. 工作负责人(监护人)的安全责任是什么?

18. 工作许可人的安全责任是什么?

19. 专责监护人的安全责任是什么?

20. 工作班成员的安全责任是什么?

21. 电力线路工作票应怎样履行工作许可手续?

22. 许可工作的命令方式有几种?

23. 工作许可人只有在什么情况下才可发出线路停电检修的许可工作命令?

24. 工作负责人和工作许可人之间不可采取哪种停、送电方式?

25. 工作许可后,工作班成员是否可以开始工作了?

26. 工作负责人只有在什么情况下才可以与工作班成员一起参加工作？

27. 工作票签发人或工作负责人在什么情况下可增设专责监护人和确定被监护的人员？

28. 在什么情况下工作负责人或专责监护人可下令临时停止工作？

29. 工作间断时应注意哪些事项？

30. 填用数日内有效的电力线路第一种工作票，每日收工时是否要拆除接地线？

31. 完工后，工作负责人应做好哪些工作？

32. 工作终结后，工作负责人应向何人报告？怎样报告？

33. 工作终结的报告应包括哪些内容？

34. 工作许可人在什么情况下才可下达拆除各侧安全措施，恢复送电的命令？

35. 在电力线路上工作，应按什么方式进行？

36. 填用电力线路第一种工作票的工作有哪些？

37. 按口头和电话命令执行的工作有哪些？

38. 什么人员有资格担任工作票签发人？工作票签发人能否担任该项工作的工作负责人？

39. 对填写工作票有何具体要求？

40. 一式两份工作票分别由哪些人员收执？

41. 电力线路第一、第二种工作票的有效时间以什么为限？

42. 一个工作负责人可以发给几张工作票？什么情况下可以共用一张工作票？

43. 填用电力线路第一种工作票与填用电力线路第二种工作票在执行上的最大区别在哪里？

44. 工作许可人只有在完成了哪些工作之后才能发出许可开始工作的命令？

45. 许可开始工作的命令可采用什么方法通知到工作负责人？

46. 工作许可制度的最大"天敌"是什么？

47. 工作负责人和工作票签发人在组织工作中应怎样履行工作监护制度？

48. 如工作负责人必须离开工作现场时应怎么办？

49. 在工作中遇到恶劣天气或其他威胁工作人员安全情况时应怎么办？

50. 白天工作间断时应如何做好安全工作？

51. 数日内才能完成的工作每日收工开工应怎么办？

52. 完工后，工作负责人（包括小组负责人）必须进行哪些工作后方应报告工作许可人工作终结？

53. 工作负责人向工作许可人报告工作终结的方法有哪些？

54. 工作终结的报告应包括哪些内容？有什么要求？

55. 工作许可人在什么情况下才能向线路恢复送电？

答　案

一、填空题

1. 制度；流程；履行；安全责任

2. 准许；书面安全要求；安全措施

3. 设施；停电；带电

4. 组织措施；技术措施；安全措施

5. 停电；停电；一

6. 运行中；二

7. 带电作业；不停电

8. 紧急抢修单；工作票；修复

9. 电气；几

10. 同杆架设；停送电；一；一

11. 电压等级；类型；一；一

12. 电压等级；类型；安全措施；依次；一

13. 运行维护；运行维护；经批准；双方

14. 工作负责人；工作票签发人；工作许可人；工作负责人；两张

15. 变更

16. 线路工作票；线路；电缆；许可

17. 有效；工作；延期

18. 必要性；安全性；正确；完备；适当；充足

19. 正确；安全；正确；完备；现场；告知；督促；监护；执行

20. 正确；完备；现场；命令；接地

21. 被监护人员；交待；告知；被监护人员；现场；纠正

22. 熟悉；掌握；明确；确认；遵守；实施；正确

23. 全部

24. 不必

25. 运行维护单位；值班调度员；许可；及时

26. 线路；拉闸停电；接地线；发出

27. 约时

28. 交待；现场安全措施；履行确认手续

29. 在工作现场；监护；确无触电参加

30. 安全条件；施工范围；工作需要；被监护的人员

31. 所有；全部；所有；撤离；全部；各侧

32. 填用第二种工作票；口头或电话命令

33. 停电线路名称；工作地段；工作任务；应采取的安全措施；计划工作时间；许可开始工作的命令；工作终结的报告；备注栏

34. 工作的线路或设备名称；计划工作时间；执行本工作应采取的安全措施；通知调度

35. 双回线路；配电变压器；配电变压器；电源线路

36. 带电作业；运行中

37. 杆塔号；警告牌；绑桩；带电；电源

38. 人员技术水平；设备情况；本规程；批准；兼任

39. 正确清楚；涂改；字迹清楚；工作负责人；工作许可人

40. 一张

41. 一；二；三

42. 检修期

43. 第一种工作票；值班调度员；工区值班员

44. 线路；拉闸停电；接地线；许可工作

45. 通知；当面通知；电话传达；派人传达

46. 中间变电站；中间变电站；直接；记录；复诵

47. 二；许可

48. 交代；始终；安全；不安全

49. 停电；触电

50. 触电；复杂；事故；专人；兼任

51. 离开；临时；全体；许可人

52. 威胁；安全；情况

53. 接地线；安全措施；派人看守；基坑；杆塔；接地线；完整性

54. 第一种工作票；拆除；得到

55. 连续；夜间；接地线；检查

56. 检修地段；遗留；撤下；拆除接地线；带电；登杆

57. 亲自报告；复诵无误；直接；中间变电站

58. 线路；完工；改动；全部；本班组

59. 所有；确知；撤离；拆除；无误；拆除

二、选择题

1. D
2. D
3. B
4. A
5. C
6. D；A；B；C；A
7. D
8. C
9. A
10. A
11. D
12. B
13. B
14. A
15. C
16. D
17. C
18. D
19. B
20. C
21. D

三、判断题

1. A（√）；B（√）；C（×）；D（×）；E（×）；F（×）；G（×）

2. A（×）；B（×）；C（×）；D（√）；E（√）；F（×）；G（×）

3. A（×）；B（×）；C（√）；D（√）；E（√）；F（√）；G（√）；H（√）；I（√）；J（√）

4. A（×）；B（√）；C（√）；D（√）；E（√）

5. A（√）；B（√）；C（×）；D（√）；E（√）；F（×）；G（√）；H（√）

6. A（×）；B（√）；C（√）；D（√）；E（×）

7. A（×）；B（×）；C（√）；D（√）；E（√）

8. （√）

9. （×）

10. （√）

11. （×）

12. （×）

13. （√）

14. A（×）；B（×）；C（×）；D（√）

15. A（×）；B（×）；C（√）；D（√）；E（√）

16. A（√）；B（√）；C（√）；D（√）；E（√）；F（×）；G（√）

17. （×）

18. （×）

19. （×）

20. （√）

21. （×）

四、改错题

1. 安全组织措施作为保证安全的制度措施之一，包括工作票、工作的许可、监护、间断和终结等。工作票签发人、工作负责人（监护人）、工作许可人、专责监护人和工作班成员在整个作业流程中应履行各自的安全职责。

2. 工作票签发人或工作负责人认为，现场勘察的线路作业，作业单位应根据工作任务组织现场勘察。现场勘察应查看现场检修（施工）作业范围内的设施情况，现场作业条件、环境，应停电的设备、保留或邻近的带电部位等。根据现场勘察结果，对危险性、复杂性和困难程度较大的作业项目，应制定组织措施、技术措施和安全措施。

3. 工作票由设备运行维护单位签发或由经设备运行维护单位审核合格并批准的其他单位签发。承发包工程中，工作票可实行双方签发形式。

4. 持线路工作票进入变电站（包括发电厂升压变电站和换流站）进行架空线路、电缆等工作，应得到变电站工作许可人许可后方可开始工作。

5. 电力线路第一种工作票、电力线路第二种工作票和电力线路带电作业工作票的有效时间，以批准的检修计划工作时间为限，延期应办理手续。

6. 工作票签发人的安全责任是：

（1）确认工作的必要性和安全性；

（2）确认工作票上所填安全措施正确、完备；

（3）确认所派工作负责人和工作班人员适当、充足。

7. 工作负责人（监护人）的安全责任是：

（1）正确、安全地组织工作；

（2）确认工作票所列安全措施正确、完备，符合现场实际条件，必要时予以补充；

（3）工作前向工作班全体成员告知危险点，督促、监护工作班成员执行现场安全措施和技术措施。

8. 工作许可人的安全责任是：

（1）确认工作票所列安全措施正确完备，符合现场条件；

（2）确认线路停、送电和许可工作的命令正确；

（3）确认许可的接地等安全措施正确完备。

9. 专责监护人的安全责任是：

（1）明确被监护人员和监护范围；

（2）工作前对被监护人员交待安全措施，告知危险点和安全注意事项；

（3）督促被监护人员执行本标准和现场安全措施，及时纠正不安全行为。

10. 工作班成员的安全责任是：

（1）熟悉工作内容、工作流程，掌握安全措施，明确工作中的危险点，并履行确认手续；

（2）遵守安全规章制度、技术规程和劳动纪律，执行安全规程和实施现场安全措施；

（3）正确使用安全工器具和劳动防护用品。

11. 填用电力线路第一种工作票的工作，工作负责人应在得到全部工作许可人的许可后，方可开始工作。

12. 带电作业工作负责人在带电作业工作开始前，应与设备运行维护单位或值班调度员联系并履行有关许可手续。带电作业结束后应及时汇报。

13. 工作许可人应在线路可能受电的各方面都拉闸停电、装设好接地线后，方可发出线路停电检修的许可工作命令。

14. 工作许可后，工作负责人、专责监护人应向工作班成员交待工作内容和现场安全措施。装设好现场接地线，工作班成员履行确认手续后方可开始工作。

15. 工作间断时，工作地点的全部接地线可保留不变。若工作班需暂时离开工作地点，应采取安全措施。恢复工作前，应检查接地线等各项安全措施的完整性。

16. 填用数日内有效的电力线路第一种工作票，每日收工时若将工作地点所装设的接地线拆除，次日恢复工作前应重新验电、接地。

17. 完工后，工作负责人应检查线路检修地段的状况，确认杆塔、导线、绝缘子串及其他辅助设备上没有遗留的个人保安线、工具、材料等，确认全部工作人员已从杆塔撤下后，再下令拆除工作地段所装设的接地线。接地线拆除后，不应再登杆工作。

18. 工作总结的报告内容应包括工作负责人姓名、完工的线路名称和区段、设备改动情况，并说明工作地点所装设的接地线已全部拆除，线路上已无本班工作人员和遗留物，可以送电。

19. 工作许可人在接到所有工作负责人的工作终结报告，并确认全部工作已完毕，所有工作人员已从线路上撤离，接地线已全部拆除，核对无误后，方可下令拆除各侧安全措施，恢复送电。

五、问答题

1. **答：**安全组织措施作为保证安全的制度措施之一，包括工作票、工作的许可、监护、间断和终结等。工作票签发人、工作负责人（监护人）、工作许可人、专责监护人和工作班成员在整个作业流程中应履行各自的安全职责。

2. **答：**工作票，除需填用工作票的工作外，其他可采用口头或电话命令方式。

3. **答：**工作票是准许在电力线路及配电设备上工作的书面安全要求之一，可包含：

（1）编号；

（2）工作地点；

（3）工作内容；

（4）计划工作时间；

（5）工作许可时间；

（6）工作终结时间；

（7）停电范围和安全措施；

（8）工作票签发人；

（9）工作许可人；

（10）工作负责人；

（11）工作班成员等。

4. **答：**（1）工作票签发人或工作负责人认为，现场勘察的线路作业，作业单位应根据工作任务组织现场勘察。

（2）现场勘察应查看现场检修（施工）作业范围内设施情况，现场作业条件、环境，应停电的设备、保留或邻近的带电部位等。

（3）根据现场勘察结果，对危险性、复杂性和困难程度较大的作业项目，应制订组织措施、技术措施和安全措施。

5. **答**：电力线路工作票分为四类。

（1）电力线路第一种工作票：需要线路或配电设备全部停电或部分停电的工作，填用电力线路第一种工作票。配电设备全部停电是指供给该配电设备上的所有电源线路均已全部断开。

（2）电力线路第二种工作票：带电线路杆塔上与带电导线符合 GB 26859—2011 中表1"在带电线路杆塔上工作与带电导线最小安个距离"最小安全距离规定的工作以及运行中配电设备上的工作，填用电力线路第二种工作票。

电压等级/kV	安全距离/m	电压等级/kV	安全距离/m
10 及以下	0.7	66、110	1.5
20、35	1.0	220	3.0
330	4.0	±50	1.5
500	5.0	±500	6.8
750	8.0	±660	9.0
1000	9.5	±800	10.1

注　1. 表中未列电压等级按高一档电压等级安全距离。

　　2. 750kV 数据是按海拔 2000m 校正的，其他等级数据是按海拔 1000m 校正的。

（3）电力线路带电作业工作票：带电作业或与带电设备距离小于 GB 26859—2011 中表1规定的安全距离但按带电作业方式开展的不停电工作，填用电力线路带电作业工作票。

（4）紧急抢修单：事故紧急抢修工作使用紧急抢修单或工作票。非连续进行的事故修复工作应使用工作票。

6. **答**：工作票应使用统一的票面格式。《电力安全工作规程　电力线路部分》（GB 26859—2011）的附录 A、附录 B、附录 C 和附录 D 给出了推荐性的格式。

7. **答**：一条线路、同一个电气连接部位的几条线路或同杆架设且同时停送电的几条线路上的工作，可填用一张电力线路第一种工作票。同一个电气连接部位是指电气上相互连接的几个电气单元设备。

8. **答**：同一电压等级、同类型的数条线路上的不停电工作，可填用一张电力线路第二种工作票。

9. **答**：同一电压等级、同类型采取相同安全措施的数条线路上依次进行的带电作业，可填用一张电力线路带电作业工作票。

10. **答**：工作票由设备运行维护单位签发或由经设备运行维护单位审核合格并批准的其他单位签发。承发包工程中，工作票可实行双方签发形式。

11. **答**：工作票一式两份。一份交工作负责人，另一份交工作票签发人或工作许可人。

12. **答**：一个工作负责人不应同时执行两张及以上工作票。

13. **答**：持线路工作票进入变电站（包括发电厂升压变电站和换流站）进行架空线路、电缆等工作，应得到变电站工作许可人许可后方可开始工作。

14. **答**：变更工作班成员或工作负责人时，应履行变更手续。

15. **答**：电力线路第一种工作票、电力线路第二种工作票和电力线路带电作业工作票的有效时间，以批准的检修计划工作时间为限，延期应办理手续。

16. **答**：工作票签发人的安全责任是：

（1）确认工作必要性和安全性；

（2）确认工作票上所填安全措施正确、完备；

（3）确认所派工作负责人和工作班人员适当、充足。

17. **答**：工作负责人（监护人）的安全责任是：

（1）正确、安全地组织工作；

（2）确认工作票所列安全措施正确、完备，符合现场实际条件，必要时予以补充；

（3）工作前向工作班全体成员告知危险点，督促、监护工作班成员执行现场安全措施和技术措施。

18. **答**：工作许可人的安全责任是：

（1）确认工作票所列安全措施正确完备，符合现场条件；

（2）确认线路停、送电和许可工作的命令正确；

（3）确认许可的接地等安全措施正确完备。

19. **答**：专责监护人的安全责任是：

（1）明确被监护人员和监护范围；

（2）工作前对被监护人员交待安全措施，告知危险点和安全注意事项；

（3）督促被监护人员执行《电力安全工作规程 电力线路部分》（GB 26859—2011）和现场安全措施，及时纠正不安全行为。

20. **答**：工作班成员的安全责任是：

（1）熟悉工作内容、工作流程，掌握安全措施，明确工作中的危险点，并履行确认手续；

（2）遵守安全规章制度、技术规程和劳动纪律，执行安全规程和实施现场安全措施；

（3）正确使用安全工器具和劳动防护用品。

21. **答**：（1）填用电力线路第一种工作票的工作，工作负责人应在得到全部下作许可人的许可后，可开始工作。

（2）填用电力线路第二种工作票时不必履行工作许可手续。

（3）带电作业工作负责人在带电作业工作开始前，应与设备运行维护单位或值班调度员联系并履行有关许可手续。带电作业结束后应及时汇报。

22. **答**：许可工作可采用下列命令方式：

（1）电话下达；

（2）当面下达；

（3）派人送达。

23. **答**：工作许可人应在线路可能受电的各方面都拉闸停电、装设好接地线后，方可发出线路停电检修的许可工作命令。

24. **答**：不应约时停、送电。

25. **答**：不可以。工作许可后，工作负责人、专责监护人应向工作班成员交待工作内容和现场安全措施。装设好现场接地线，工作班成员履行确认手续后方可开始工作。

26. **答**：工作负责人、专责监护人应始终在工作现场，对工作班成员进行监护。线路停电工作时，工作负责人在工作班成员确无触电等危险的情况下，可一起参加工作。

27. **答**：工作票签发人或工作负责人，应根据现场的安全条件、施工范围、工作需要等具体情况，增设专责监护人和确定被监护的人员。

28. **答**：在工作中遇恶劣气象条件或其他威胁到工作人员安全的情况时，工作负责人或专责监护人可下令临时停止工作。

29. **答**：（1）工作间断时，工作地点的全部接地线可保留不变。

（2）若工作班需暂时离开工作地点，应采取安全措施。

（3）恢复工作前，应检查接地线等各项安全措施的完整性。

30. **答**：填用数日内有效的电力线路第一种工作票，每日收工时若不拆除接地线应派人看守。每日收工时若将工作地点所装设的接地线拆除，次日恢复工作前应重新验电、接地。

31. **答**：完工后，工作负责人应检查线路检修地段的状况，确认杆塔、导线、绝缘子串及其他辅助设备上没有遗留的个人保安线、工具、材料等，确认全部工作人员已从杆塔撤下后，再下令拆除工作地段所装设的接地线。接地线拆除后，不应再登杆工作。

32. **答**：工作终结后，工作负责人应及时报告工作许可人，报告方式为：a）当面报告；b）电话报告。

33. **答**：工作总结的报告内容应包括工作负责人姓名、完工的线路名称和区段、设备改动情况，并说明工作地点所装设的接地线已全部拆除，线路上已无本班工作人员和遗留物，可以送电。

34. **答**：工作许可人在接到所有工作负责人的工作终结报告，并确认全部工作已完毕，所有工作人员已从线路上撤离，接地线已全部拆除，核对无误后，方可下令拆除各侧安全措施，恢复送电。

35. **答**：在电力线路上工作，应按下列方式进行：

（1）填用电力线路第一种工作票；

（2）填用电力线路第二种工作票；

（3）填用电力线路带电作业工作票；

（4）紧急抢修单；

（5）口头或电话命令方式。

36. **答**：填用电力线路第一种工作票的工作为：

（1）在停电线路（或在双回线路中的一回停电线路）上的工作；

（2）在全部停电（所谓全部停电，系指供给该配电变压器台架或配电变压器室内的所有电源线路已全部断开者）或部分停电的配电变压器台架上或配电变压器室内的工作。

37. **答**：电力线路按口头和电话命令执行的工作为：

（1）测量接地电阻；

（2）涂写杆塔号；

（3）悬挂警告牌；

（4）修剪树枝；

（5）检查杆根地锚；

（6）打绑桩；

（7）杆塔基础上的工作；

（8）低压带电工作；

（9）单一电源低压分支线的停电工作。

38. **答**：工作票签发人可由线路工区（所）熟悉人员技术水平、熟悉设备情况、熟悉安全规程的主管生产领导人、技术人员或经供电局主管生产领导（总工程师）批准的人员来担任。工作票签发人不得兼任该项工作的工作负责人。

39. **答**：（1）工作票应用钢笔或圆珠笔填写一式两份，应正确清楚，不得任意涂改。

（2）如有个别错、漏字要修改时，字迹应清楚。

40. **答**：填好的一式两份工作票一份交工作负责人，一份留存签发人或工作负责人。在工作期间，工作票应始终保留在工作负责人手中；工作终结后交签发人保存3个月。

41. **答**：电力线路第一、二种工作票的有效时间，以批准的检修期为限。

42. **答**：一个工作负责人只能发给一张工作票。电力线路第一种工作票，每张只能用于一条线路或同杆架设且停送电时间相同的几条线路。电力线路第二种工作票，对同一电压等级、同类型工作，可在数条线路上共用一张工作票。

43. **答**：填用电力线路第一种工作票进行工作，工作负责人必须在得到值班调度员或工区值班员的许可后，方可开始工作。

填用电力线路第二种工作票的工作，不需要履行工作许可手续。

44. **答**：线路停电检修，值班调度员只有在依次完成了下列三项工作后才能发出许可开始工作的命令：

（1）必须在发电厂、变电站将线路可能受电的各方面都拉闸停电；

（2）挂好接地线；

（3）将工作班、组数目，工作负责人的姓名，工作地点和工作任务记入记录簿内。

45. **答**：许可开始工作的命令，必须通知到工作负责人，其方法可采用：

（1）当面通知；

（2）电话传达；

（3）派人传达。

对于许可开始工作的命令，在值班调度员或工区值班员不能和工作负责人用电话直接联系时，可经中间变电站用电话传达。中间变电站值班员应将命令全文记入操作记录簿，并向工作负责人直接传达。电话传达时，上述三方必须认真记录，清楚明确，并复诵核对无误。

46. **答**：约时停送电。

47. **答**：（1）工作负责人（监护人）必须始终在工作现场，对工作班人员的安全应认真监护，及时纠正不安全的动作。

（2）分组工作时，每个小组应指定小组负责人（监护人）。在线路停电时进行工作，工作负责人（监护人）在班组成员确无触电危险的条件下，可以参加工作班工作。

（3）工作票签发人和工作负责人，对有触电危险、施工复杂容易发生事故的工作，应增设专人监护。专责监护人不得兼任其他工作。

48. 答：如工作负责人必须离开工作现场时，应临时指定负责人，并设法通知全体工作人员及工作许可人。

49. 答：在工作中遇雷、雨、大风或其他任何情况威胁到工作人员的安全时，工作负责人或监护人可根据情况，临时停止工作。

50. 答：白天工作间断时，工作地点的全部接地线仍保留不动。如果工作班需暂时离开工作地点，则必须采取安全措施和派人看守，不让人、畜接近挖好的基杆或接近未竖立稳固的杆塔以及负载的起重和牵引机械装置等。恢复工作前，应检查接地线等各项安全措施的完整性。

51. 答：填用数日内工作有效的第一种工作票，每日收工时如果要将工作地点所装的接地线拆除，次日重新验电装接地线恢复工作，均需得到工作许可人许可后方可进行。

如果经调度允许的连续停电、夜间不送电的线路，工作地点的接地线可以不拆除，但次日恢复工作前应派人检查。

52. 答：完工后，工作负责人（包括小组负责人）必须检查线路检修地段的状况以及在杆塔上、导线上及绝缘子上有无遗留的工具、材料等，通知并查明全部工作人员确由杆塔上撤下后，再命令拆除接地线。接地线拆除后，应即认为线路带电，不准任何人再登杆进行任何工作。

53. 答：工作终结后，工作负责人应报告工作许可人，报告方法如下：

（1）从工作地点回来后，亲自报告；

（2）直接电话报告并经复诵无误；

（3）经中间变电站转达报告，中间变电站应将工作负责人的终结报告全文记入操作记录簿，复诵无误并向工作许可人直接传达。工作许可人复诵无误。

54. 答：工作终结报告应包括下列内容：

（1）工作负责人姓名；

（2）某线路上某处（说明起止杆塔号、分支线名称等）工作已经完工；

（3）设备改动情况；

（4）工作地点所挂的接地线已全部拆除；

（5）线路上已无本班组工作人员；

（6）可以送电。

工作终结的报告应简明扼要。

55. 答：工作许可人在接到所有工作负责人（包括用户）的完工报告后，并确认工作已经完毕，所有工作人员已由线路上撤离，接地线已拆除，并与记录簿核对无误后方可下令拆除发电厂、变电站线路侧的安全措施，向线路恢复送电。

第六章 安全技术措施

原文："6 安全技术措施"

第一节 一 般 要 求

原文："6.1一般要求"

一、条文6.1.1

原文："6.1.1 在线路和配电设备上工作，应有停电、验电、装设接地线及个人保安线、悬挂标示牌和装设遮栏（围栏）等保证安全的技术措施。"

电力线路实施作业检修，当采取全部停电或部分停电的工作方式时，针对在电气设备上工作时电压防护的基本特点，将被检修线路各侧各端的设备停电，用隔离开关、跌落式熔断器等与带电设备之间隔离，形成明显可见的空气绝缘间隙，然后在被检修线路隔离开关的线路侧、被检修线路设备与各侧带电设备邻近处的待修侧装设短路接地线，并装设与线路检修工作内容相同的标示牌和遮栏。如工作地点的线路可能存在风磨电、感应电以及预防突然来电，则必须在被检修线路段两侧，由工作班组自己分别装设短路接地线。采取这些措施，既能防止线路断路器和隔离开关可能由于各种原因的误合对工作人员造成的伤害，也能于雷电感应波感应高压到来前，及时将其对地放尽。保证安全的技术措施是保障线路作业人员生命安全最有效的和必不可少的技术手段。在电力系统电气设备上工作时，实施安全技术措施应完全按照《安规》规定的内容和程序进行，其基本步骤如图6-1-1所示。

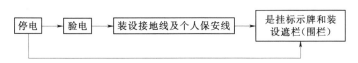

图6-1-1 采取安全技术措施的内容和基本步骤

二、条文6.1.2

原文："6.1.2 工作中所使用的绝缘安全工器具应满足附录E的要求。"

为防止使用中的电力安全工器具性能改变或存在隐患而导致在使用中发生事故，必须对电力安全工器具进行试验、检测和诊断的方法和手段。工作中所使用的绝缘安全工器具应满足附录E（规范性附录）《绝缘安全工器具试验项目、周期和要求》（见表4-2-2）的要求。

供读者参考的有关安全工器具标准如下：

（1）《安全帽》（GB 2811—2007）

（2）《安全帽测试方法》（GB 2812—2006）

（3）《个体防护装备职业安全》（GB 2146—2007）

（4）《安全带》（GB 6095—2009）

（5）《安全带测试方法》（GB/T 6096—2009）

（6）《便携式木梯安全要求》（GB 7059—2007）

（7）《便携式金属梯安全要求》（GB 12142—2007）

（8）《足部防护》（GB 12011—2009）

（9）《电容型验电器》（DL 740—2000）

（10）《带电作业用便携式接地和接地短路装置》（DL/T 879—2004）

（11）国家电网公司标准《电力安全工器具预防性试验规程》

第二节　停　　电

原文：“6.2 停电”

一、条文 6.2.1

原文：“6.2.1 线路停电工作前，应采取下列措施：

a）断开发电厂、变（配）电站的线路断路器和隔离开关；

b）断开工作线路上各端（含分支）断路器、隔离开关和熔断器；

c）断开危及线路停电作业，且不能采取措施的交叉跨越、平行和同杆塔线路的断路器、隔离开关和熔断器；

d）断开可能反送电的低压电源断路器、刀开关和熔断器。”

在全部或部分停电的电力线路上工作，必须将该线路或工作地段的所有可能来电的电源断开。可能来电的电源有：发电厂、变电站、联络线两端的发电厂或变电站、用户自发电、小水电、双电源用户、电压互感器以及不能采取安全措施的交叉跨越、平行和同杆架设的线路。因此，在进行线路作业前，应做好以下五方面的停电措施。

（1）断开发电厂和变电站该线路的断路器及其母线隔离开关、旁母隔离开关和线路隔离开关，并断开它们的操作能源。对于电磁型操动机构，要求取下其控制、合闸熔断器熔管或拉开合闸电源刀开关；对液压机构，可以关闭其油路阀门；对于气动操动机构，可将其气动回路与大气连通。

（2）断开需工作班自己操作的该线路分段断路器、隔离开关及支路跌落式熔断器。

（3）断开对该线路停电工作检修有危险而又无法采取安全措施的交叉跨越线路、平行段较长和同杆架设的线路断路器及其隔离开关。

（4）断开有可能从低压返供电给高压侧的断路器和隔离开关。

（5）确实保证使各断路器和隔离开关保持在可靠的断开位置，所应采取的措施有以下几方面。

1）由操作人（变电站值班员）对设备操作后的位置实际检查，证明操作确已到断开位置，各机构已按程序防误闭锁或上锁管理；

2）对于线路工区自己管理的跌落熔断器、柱上油断路器及其隔离开关等，应摘下熔体管，锁封操作机构，防止被外人合闸；

3）不得忘记在所操作断开的断路器和隔离开关操作机构及一经合闸即可送电到工作地点的设备的操作把手上悬挂"线路有人工作，禁止合闸！"的标示牌。

停电设备的各端应有明显的断开点，或应有能反应设备运行状态的电气和机械等指示，不应在只经断路器断开电源的设备上工作。

二、条文 6.2.2

原文："6.2.2 停电设备的各端应有明显的断开点，或应有能反应设备运行状态的电气和机械等指示，不应在只经断路器断开电源的设备上工作。"

断路器有时因操作连杆部件损坏、触头熔融或绝缘击穿，造成假断开，而位置指示却在分闸位置，所以禁止在只经断路器断开电源的线路上工作，必须同时拉开隔离开关，使电源的各方至少有一个明显的断开点。对组合电器而言，无法直接观察到明显的断开点，要检查断路器、隔离开关是否确已断开，除观看装在组合电器控制柜上的位置显示器外，还应查看装设在组合电器就地的机械位置指示器进行确认。若有指示器外伸连杆的，还要看拐臂位置是否到位。

三、条文 6.2.3

原文："6.2.3 对停电设备的操作机构或部件，应采取下列措施：

a）可直接在地面操作的断路器、隔离开关的操作机构应加锁；

b）不能直接在地面操作的断路器、隔离开关应在操作部位悬挂标示牌；

c）跌落式熔断器熔管应摘下或在操作部位悬挂标示牌。"

应检查断开后的断路器、隔离开关是否在断开位置；断路器、隔离开关的操作机构应加锁；跌落熔断器的熔断管应摘下；并应在断路器（开关）或隔离开关操动机构上悬挂"线路有人工作，禁止合闸"的标示牌。

当线路有人工作时，则应在线路断路器和隔离开关的操作把手上悬挂"线路有人工作，禁止合闸"的标示牌，以提醒值班人员线路上有人工作，以防向有人工作的线路合闸送电。此标示牌的悬挂和拆除应按调度命令执行。

检修线路的断路器、隔离开关的防误闭锁装置应完好，能防止误操作或自合，拉开的线侧隔离开关就地操作把手应自锁或外加锁。跌落式熔断器不便加锁，所以，必须将熔丝摘下。

自发电用户应装防反送电装置，双电源用户应装防止误合的闭锁装置，防止向线路反送电。

标示牌悬挂处是指挂在断路器和隔离开关的控制开关及操作机械的把手上。

第三节 验　电

原文："6.3 验电"

一、条文 6.3.1

原文："6.3.1 在线路上装设接地线前，应在接地部位验明线路确无电压。"

本条是对线路停电作业装设接地线的基本要求，即在规定的线路接地部位验明线路是否带电，确无电压后，才能装设接地线。线路接地部位均有专门标识。

二、条文 6.3.2

原文："6.3.2 直接验电时应使用相应电压等级的验电器在设备的接地处逐相（直流线路逐极）验电。验电前，验电器应在有电设备上确证验电器良好。高压直流线路和 330kV 及以上的交流线路，可使用带金属部分的绝缘棒或专用的绝缘绳逐渐接触导线，根据有无放电声和火花的验电方法，判断线路是否有电。验电时应戴绝缘手套。"

(一) 验电器

1. 验电要用合格的相应电压等级的专用验电器

合格的验电器是指满足以下几点要求。

（1）经过省级以上部门鉴定通过的合格产品。

（2）验电器的额定电压与被验电压相适应。

（3）要按规定按期进行试验。验电器须妥善保管，不得受潮。

（4）应先在有电的设备上验证完好。

2. 用合格的绝缘杆或专用的绝缘绳验电

330kV 及以上的线路，在没有相应电压等级的专用验电器的情况下，可用合格的绝缘杆或专用的绝缘绳验电。验电时，绝缘棒的验电部分应逐渐接近导线，听其有无放电声，确定线路是否确无电压。验电时，应戴绝缘手套，并有专人监护。

对 220kV 及以下的线路，应采用合格的专用验电器进行验电。330kV 及以上线路，由于目前还无成熟的验电器可用，因此，暂时允许采用绝缘棒或绝缘子检测器进行验电，但使用绝缘子检测器进行验电时，不能仅凭一片或几片绝缘子无放电声即认为无电，而必须对整串绝缘子进行检验后才能确认无电。这是为了防止有零值绝缘子时而造成误判断。同时，在验电前同样应先在有电线路上进行测验，以证明绝缘子检测器是否完好，并且其放电间隙距离是否合适。目前国内已有 500kV 验电器产品，但必须经国家鉴定合格后可以使用，也可购买国外产品。

(二) 验电方法

1. 现场验电的一般步骤和注意事项

在线路上装设接地线前，应在接地部位验明线路确无电压。

验电是保证安全挂设接地线（或合上接地隔离开关），从而保证线路安全工作必须且重要的技术步骤之一。按规定实施正确验电，可以有效地防止带电挂地线的恶性事故的发生。现场操作的主要步骤如下。

（1）检查所备验电器在有效试验期内，电压等级与待检修线路的电压等级相同，验电器保管完好，现场检查无碰损。进行超高压线路验电时，应使用绝缘杆或专用的绝缘绳，必须检查其外观是否完好，绝缘强度和电气试验性能是否在有效期内。

（2）必须由两人进行验电操作，其中一人操作，一人监护。操作人应严格执行《安规》规定，佩戴合格的绝缘手套及其他安全防护装具。登杆验电时，需戴安全帽，使用安全带和脚扣。

（3）操作人应熟悉所用验电器的性能；知道该验电器的清晰发光距离（对具体器件可

以参考使用说明书，也可以在相同电压级带电设备上试验得到）。使用回转轮型验电器之前，尤其应仔细研读产品说明书，正确安装调试完好后方可使用。

（4）验电时人体与被验电设备的距离应符合 GB 26859—2011 表 1 的安全距离要求。

（5）操作人登杆前应仔细核对杆塔名称和编号，应与被试设备保持规定的安全距离。操作人应手握持在验电器绝缘护环之下，若该器身标有红线时，则红线以上的部分与接地体也应保持足够的安全距离。试验时应将工作触头逐渐接近待试导线，如果氖管已清晰发光或风轮叶片已正常回转，应即离开导体，这是线路有电的特征。应把握好清晰发光距离，认真复核并查清原因。

（6）操作人应注意区别感应电、风磨电和设备工作电压被验证时的现象。避免强光刺激引起视觉判断错误，防止将有电验成无电，以免误判断而造成严重后果。

2. 线路验电

在停电线路工作地段装接地线前，要先验电，验明线路确无电压。

（1）线路的验电应逐相进行。

为防止线路验电时漏相，线路验电应逐相依序进行，不得漏相。直流线路逐极进行。

（2）高压直流线路和 330kV 及以上的交流线路，可使用带金属部分的绝缘棒或专用的绝缘绳逐渐接近导线，根据有无放电声和火花的验电方法，判断线路是否有电。验电时，应戴绝缘手套。

（3）在恶劣气象条件时，对户外配电设备及其他无法直接验电的设备，可采用间接验电。

（4）对同杆塔架设的多层、同一横担多回线路验电时，应先验低压、后验电压，先验下层、后验上层，先验近侧、后验远侧。

对同杆塔架设的多层电力线路进行验电时，如果先验高压或先验上层，一旦低压或下层线路带电时，由于工作人员有可能身体接触到这些导线或接近到最小安全距离之内时，会发生触电。

3. 断路器验电

检修联络用的断路器或隔离开关时，应在其两侧验电。

联络用的断路器或隔离开关的两侧都可以有电源。因此，检修联络用的断路器或隔离开关时，应在其两侧挂接地线，以防任何一侧向联络断路器或隔离开关送电，对检修联络用的断路器或隔离开关时，应在其两侧验电，不可只验一侧。

三、条文 6.3.3

原文："6.3.3 在恶劣气象条件时，对户外配电设备及其他无法直接验电的设备，可采用间接验电。"

在恶劣气象条件时尽量不要安排作业，不得已时允许对户外配电设备及其他无法直接验电的设备采用间接验电。

四、条文 6.3.4

原文："6.3.4 对同杆塔架设的多层、同一横担多回线路验电时，应先验低压、后验高压，先验下层、后验上层，先验近侧、后验远侧。"

本条规定了验电的先后顺序：先低后高、先下后上、先近后远。

五、条文 6.3.5

原文："6.3.5 线路中联络用的断路器、隔离开关或其组合进行检修时，应在其两侧分别验电。"

由于联络用的断路器、隔离开关或其组合可以两侧受电，因此进行检修时应在其两侧分别验电。

六、条文 6.3.6

原文："6.3.6 验电时人体与被验电设备的距离应符合表 1 的安全距离要求 。"

验电时人体与被验电设备的距离应符合 GB 26859—2011 表 1 中所列电压等级所对应的最小安全距离。因此验电时首先要明确被验电设备的电压等级是多少，电压等级不清楚时应按最高电压等级依次减少。

第四节 装设接地线、个人保安线

原文："6.4 装设接地线，个人保安线"

一、条文 6.4.1

原文："6.4.1 装设接地线不宜单人进行。"

装设接地线必须由两人进行。若为单人值班，只允许使用接地开关接地，或使用绝缘棒合接地开关。

装设接地线在实施安全技术措施停电、验电之后进行，很多情况下要在带电设备附近进行操作。不仅装设接地线，而且拆除接地线也应遵守高压设备上工作的规定，由两人配合进行，以防无人监护而发生误操作，以及带电挂地线发生人身伤害事故时无人救护的严重后果。为此，必须遵守部颁《安规》的有关规定。对单人值班变电所布置安全技术措施时，只允许通过操作机构合接地隔离开关，或使用基本安全工具——绝缘棒合接地隔离开关。

当某些地点值班员装拆接地线确有困难时，可委托检修人员进行，值班人员监护，同时应做好交接记录。

装设接地线应由两人进行（经批准可以单人装设接地线的项目及运行人员除外）。

1. 接地线的构造作用

接地线应有接地和短路导线构成的成套接地线。成套接地线应由有透明护套的多股软铜线和专用线夹组成。接地线截面不应小于 $25mm^2$，并应满足装设地点短路电流的要求。

如利用铁塔接地时，允许每相个别接地，但铁塔与接地线连接部分应清除油漆，接触良好。严禁使用其他导线作接地线和短路线用。

停电线路挂接地线，是指三相短路并接地而言。这样做的目的，是为了保证线路作业人员始终处于接地线保护之中，以防线路意外来电时的危险电压和电弧，或邻近带电设备和线路的影响产生感应电压，造成工作人员触电死亡或严重灼伤，因此要按《安规》要求正确选择短路接地线型式、装设数量，正确选择装设地点、正确使用短路接地线，采取这些措施后，可以避免危险电压和电弧的影响。

对便携式接地线的基本要求如下：

（1）制作材料导电率高，柔韧性好，耐磨损机械强度高，一般应采用多股软铜线绞制或编织成带状。

（2）接地线应有足够的通流容量，满足所挂设线路的短路电流热容量的要求。发生短路后，在本级保护未动作或断路器拒绝分闸，而后备保护断路器未动作切断短路电流时，接地线中产生的热量应不至于将其本身熔断。否则，工作地段将失去保护而使事故扩大。

（3）接地线的截面积必须满足短路电流的要求。当通过数十千安的短路电流时，所产生的电压降应不大于规定的安全电压值。因而其阻抗值应很小，截面积均应较大。

接地线面积无论是短路线部分，还是接地引下线部分，均需要满足短路时动热稳定要求，成套接地线必须用多股软铜线制成，并外包透明绝缘塑套。其截面积可按下列计算：

$$S = \frac{I_{K3}}{c}\sqrt{T}$$

式中　S——接地线选用的最小面积，mm^2；

　　　I_{K3}——流过接地线的三相短路电源稳定值，A；

　　　c——接地线选用材料熟悉稳定系数（铜为264）；

　　　T——主保护动作的等效持续时间，s。

考虑到机械强度，短路接地线的截面积不得小于$25mm^2$。

（4）接地线应由操作绝缘杆（长度根据实际需要确定）、固定用线夹、合格软铜线等构成有接地和短路导线的成套安全保护装置。应符合截面积、机械强度、热容量等具体要求，严禁将不符合规定的导线用于接地短路。

（5）装设接地线之前，应仔细检查所用接地线状况，包括各线夹螺栓紧固，软铜线无严重散股，各相绝缘杆完好，长度适中等。操作过程中，应始终有监护人在场监护，操作人不得碰触接地线，接地线与设备带电侧应保持规定的安全距离。

2. 接地线的防护原理

电位差的存在是产生电流的根本原因。电力生产中发生的各种触电事故，实质上都是由于人体承受了超过其耐受能力的电位差而造成的。因此，降低工作设备的电位是实现人身安全防护的根本措施之一。电力线路作业装设接地线进行防护就是基于这样的原理，把工作地段各侧的检修设备用导电性能良好的金属导线与大地上的接地设施（接地装置或接地体）可靠地连接起来，使检修地段的电气设备上的电位始终与地电位相同，形成一个等地电位的作业保护区域。

3. 接地线的最佳装设地点

为了减轻携带型短路接地线的重量，在设计时采用了最高可能温升，在经受额定短路电流后，短路接地线瞬间最高温度可达到730℃。因此，短路接地线应装设在该装置导电部分的规定地点。

4. 接地线的选择

（1）携带型短路接地线的选择应能承受悬挂点的最大短路电流，其额定短路电流值不得小于装设地点的最大故障电流。当不解除重合闸时，还应考虑二次短路电流冲击对短路接地线额定短路电流值的影响。

（2）短路接地线的长度应适合设备尺寸和固定接地点的距离，其额定短路电流平方和额定时间乘积值不小于故障电流平方和故障时间的乘积值，如接地线的长度小于连接点距离的 1.2 倍，可导致比型式试验时更严重的应力。过长则使短路时工作点残压过高和接地线强烈摆动。

（3）根据方便悬挂短路接地线的要求选择线夹的型式。

（4）接地操作棒的选择应和装设地点的系统额定电压一致，在装设接地线时应保证工作人员、接地线和带电设备保持必要的安全净距，在未装妥接地线前，工作人员亦应和待接地导线保持一定安全距离。

5. 使用接地线基本要求

（1）每次使用携带型短路接地线前，经验电确认已停电设备上确无电压后才能进行。并且要经过详细检查，无断股、绞线松散、夹具断裂松动、护套破损等缺陷。

（2）装设，拆卸接地线或拉，合接地开关必须至少两人进行，一人操作，一人监护。

（3）若为单人值班，只允许使用接地刀闸接地。

（4）装拆接地线或拉合接地刀闸应做好记录，交接班时应交代清楚。

（5）先将接地墙夹连接到接地网上，然后用接地操作棒分别将导线端线夹夹紧在设备导线上，拆除短路接地线，顺序和上述相反。

（6）装设的短路接地线与带电设备的距离应考虑接地线摆动的影响，其安全距离应不小于《安规》所规定的数值。

（7）严禁不用线夹而用缠绕方法进行接地线短路。

（8）应装设接地线的地点如无固定接地装置（如线路检修中，杆塔无接地引下线），可用临时接地板制作一个临时接地点，接地棒埋入地下深度应不小于 0.6m。

6. 接地线的维护

（1）每组接地线均应编号，并存放在规定地点。存放位置也应编号，接地线号码与存放位置号码必须一致。

（2）携带型短路接地线应妥善保管，每次使用前均应认真检查其是否完好，软导线无裸露，否则不得使用。

（3）损坏的接地线应及时修理或更换。禁止使用不符合规定的导线作接地或短路之用。

（4）携带型短路接地线检验周期为每五年一次，检查项目同出厂检验。

经试验合格的携带型短路接地线在经受短路后，应根据经受短路电流大小和外观检验判断是否还能应用，一般应予报废。

二、条文 6.4.2

原文："6.4.2 人体不应碰触未接地的导线。"

人体不得碰触未接地的导线，因为未接地的导线上可能存在感应电压，碰触后造成感应电触电。

三、条文 6.4.3

原文："6.4.3 线路经验明确无电压后，应立即装设接地线并三相短路。电缆接地前应逐相充分放电。"

1. 将检修线路接地并三相短路可以保护工作人员的原理与作用

综合各种触电事故，人身所受到的损害实质上是由于电位差的作用而产生的。在很早以前，人们就设法利用地线降低电位，实现人身安全防护。装设接地线就是基于这样的原理，把工作地点的线路用导电性能良好的金属与大地上的接地设施（接地网和接地极）可靠地连接起来，使工作线路上的电位始终与地电位相同，形成一个等地电位作业保护区域。用接地线将检修线路接地并短路不但可以将设备的感应电荷、断开部分的残余电荷放尽，还能作用于误送来的电源，使其三相短路保护于瞬间动作跳闸，切断电源。装设接地线还能将雷电感应波、导线的"风磨电"全部放掉。可以说，接地线是工作人员防触电的"保命线"。

2. 将检修线路接地并三相短路的原因

将停电线路三相短路接地，是保护工作人员免遭触电伤害最直接的保护措施。其作用是使工作地点始终处于"地电位"的保护之中，同时还可防止剩余电荷和感应电压造成对工作人员的伤害。在发生误送电时，能使断路器保护动作，迅速切除电源。三相短路不接地或三相分别单独接地都是不可靠的。

这是因为在三相短路不接地的情况下，如果发生"单相电源侵入"，如一相带电导体意外地接触了停电线路（设备）的导电部分，或者由于邻近带电设备或平行线路的电磁感应，特别是通过不对称故障电流时在检修线路（设备）的导电部分上产生的感应电压，由于没有接地线保护，这个电压（指对大地而言）就是工作人员所承受的接触电压；而且在大电流接地系统，断路器也不可能跳闸。显然这些都会造成严重触电事故。

三相短路接地时的情况则不同，检修设备的导电部分虽然也会出现对地电压（其值为接地线通过的入地电流和接地电阻的乘积），但由于工作地点大地电位的升高，工作人员承受的接触电压远远小于上述的对地电压。其值为人体所处的电位同对地电位的差值，从而起到了较好的保护作用。

如采用三相分别接地，虽然当单相电源侵入时情况和三相短路后接地相同，但当三相突然来电时，在检修线路（设备）的三相导电部分上，则不可避免地出现由于接地电流即短路电流引起的对地电压。相反，三相短路接地时，从理论上讲（不考虑断路器或隔离开关合入时三相不同期的情况），由于接地线不通过电流，因此，检修设备导电部分的对地电压为零。

由此可见，采用三相短路接地线是保护工作人员免遭触电伤害最有效的措施。装设三相短路接地线（以下简称接地线）必须在验明设备确无电压以后立即进行。如果相隔时间较长，则应在装设接地线前重新验电，这是考虑到在较长时间的间隔过程中，可能发生停电设备已经来电的意外情况。

3. 验明线路无电压后应立即装设接地线

线路经过验明确实无电压后，各工作班（组）应立即在工作地段两端装设接地线。

验电与装设接地线间隔时间越长，则线路带电的几率随之增加。所以，验电后确证无电压后，应立即装设接地线，间隔时间如较长，则应重新验电。

凡有突然来电可能的分支线均要装设接地线。突然来电的可能性一般有以下情况：①人员误操作；②隔离开关定位销失灵而自动闭合；③交叉跨越带电线路与停电作业线路碰接；④用户自发电向线路反送电；⑤双电源用户闭锁失灵，误操作向线路反送电；⑥外引低压电源，经变压器向高压侧反送电；⑦平行带电线路感应电；⑧地电位升高，通过接地线使线路带压；⑨雷击。

四、条文 6.4.4

原文："**6.4.4 装、拆接地线导体端应使用绝缘棒或专用的绝缘绳，人体不应碰触接地线。**"

装、拆接地线导体端应使用绝缘棒或专用的绝缘绳并且戴绝缘手套。人体不应碰触接地线。拉合接地开关后，必须对实际位置进行确认。

五、条文 6.4.5

原文："**6.4.5 不应用缠绕的方法进行接地或短路。**"

接地线应使用专用的线夹固定在导体上，严禁用缠绕的方法进行接地或短路。

装设接地线时应防止麻电、触电烧伤、高处摔伤等，挂设接地线正确合格。

（1）装设之前，应先根据设备接地处所的位置选择合适的接地线，提前进行检查，保证接地线合格良好待用。

（2）准备好所使用的工器具和安全防护用具。例如，阴雨天气，应备好雨具，登高时的梯子；需在杆塔上挂设时，必须系好安全带等。

（3）现场应先理顺展放好地线。因挂地线是和验电一起进行的。验明确无电压后，操作人先将接地极装好，选择挂设时合适的站立位置。例如，在平台、凳子上操作时应站稳，注意人身防护，保持好接地线与周围带电设备的安全距离，特别是部分停电地点，空间距离窄小时更应注意把持安全距离。在接通导体端的整个过程中，操作人员身体不得挨靠接地线金属部分。

（4）对同杆架设的双回线、双母线、旁路母线等电气设备，停一回另一回运行及其他产生感应电压突出明显的设备，应尽量使用接地隔离开关（刀闸）接地。在无接地隔离开关的设备上所挂的地线，均应为带有长绝缘操作杆的地线，以减小操作人员的风险。

（5）挂设导体端时，应缓慢接近导体部分，待即将接触上的瞬间果断地将线夹挂入，并应检查接触良好。

（6）装、拆地线均应使用绝缘棒和戴绝缘手套。人体不得碰触接地线或未接地的导线，以防止感应电触电。

（7）已装设接地线发生摆动，其与带电部分的距离不符合安全距离要求时，应采取相应措施。

（8）使用缠绕方法接地，往往接触不良，当停电线路突然来电时，因接触电阻大使接地线残压升高，同时引起发热而烧断接地线。这会威胁线路作业人员安全。

（9）接地端应固定牢固，接通导体端时应稳定并准确，使之接触良好。

六、条文 6.4.6

原文："**6.4.6 成套接地线应由有透明护套的多股软铜线和专用线夹组成。接地线截面不应小于 25mm²，并应满足装设地点短路电流的要求。**"

1. 接地线应满足的要求

（1）截面积。接地线的作用是保持工作设备的等地电位。它的截面积必须满足短路电流的要求，且最小不得小于 $25mm^2$（按铜材料要求）。要使接地线通过高达数十千安的短路电流，而且该短路电流所产生的电压降不大于规定的安全电压值，就必须使它的阻抗值很小，因此就得选择截面积足够大的导电性能良好的金属材料线。

（2）满足短路电流热容量的要求。热容量要经计算确定。发生短路时，通过短路接地线应及早作用于断路器跳闸。在断路器未跳闸或拒绝动作时，短路电流在接地线中产生的热量应不至于将它熔断。否则，工作地段将失去保护而使事故扩大。

（3）接地线必须具有足够的柔韧性和机械耐拉强度，耐磨，不易锈蚀。电力生产和电力工程上一般都选用多股软裸红铜线来制作接地线。这是因为软裸铜线柔软不易折断，操作携带方便，导电性能好。软铜线外应包有透明的绝缘塑料（透明护套）。

2. 接地线的管理

每组接地线均应编号，并存放在固定地点。存放位置也应编号，接地线号码与存放位置号码必须一致。

（1）接地线应有专门架柜存放。按组编号，使用完毕应检查整理对号入座。在管理方面应建立安全工具记录卡，由专责人保管，负责维修，使其经常保持在完好的备用状态。

（2）接地线以组编号时应按照不重复的原则编号。接地线存放位置也应按照同样组数固定排序，对号存放。这样便于掌握地线的使用和拆除情况，便于检查核对，便于加强管理，防止带地线合闸发生事故。

3. 接地线使用注意事项

接地线在每次装设以前应经过详细检查。损坏的接地线应及时修理或更换。禁止使用不符合规定的导线作接地或短路之用。

接地线必须使用专用的线夹固定在导体上，严禁用缠绕的方法进行接地或短路。

装、拆接地线，应做好记录，交接班时应交代清楚。

（1）应注意坚持使用前和使用后对接地线本体进行检查和维修。导体端头压紧弹簧完好，各压紧螺丝紧固，接地线导体无严重烧伤断股，绝缘操作杆绝缘良好。电业职工必须明白，使用烧伤严重、残缺的不合格地线作接地短路之用，一旦发生事故，祸害非浅。

（2）装设接地线时必须使用专用线夹，用螺丝拧紧在接地极上，保证接触良好严禁用缠绕的方法进行接地或短路，这是因为：①如接触不良在通过短路电流时会产生过早的烧毁；②接触电阻大，在流过短路电流时产生较大的电压降将加到检修设备上，这也是很危险的。因此，短路线部分必须使用完好的专用线夹固定的导体上，而接地线部分应固定在与接地网可靠连接的专用接地螺丝上或用专用的线夹固定在接地体上，并保证其接触良好。当短路接地线采用线夹固定时，其夹具性能应满足在短路电流作用下的动、热稳定要求。

（3）装设或拆除接地线时，人体不得碰触接地线或未接地的导线。

（4）对于因平行或邻近带电设备导致检修设备可能产生感应电压时，应加装接地线或使用个人保安线。加装的接地线应登录在工作票上，个人保安线由工作人员自装自拆。

七、条文 6.4.7

原文："6.4.7 装设接地线、个人保安线时，应先装接地端，后装导线端。拆除接地线的顺序与此相反。"

遵守合理的装设顺序装设接地线，是为了保证操作人逐步接近和介入时的安全。

本条规定了装设和拆除接地线的顺序及连接要求。

装设接地线必须先接接地端，后接导体端，接地线应接触良好，连接应可靠。拆接地线的顺序与此相反。装、拆接地线均应使用绝缘棒和戴绝缘手套。带接地线拆设备接头时，应采取防止接地线脱落的措施。

先装接地端后接导体端完全是操作安全的需要，这是符合安全技术原理的。因为在装拆接地线的过程中可能会突然来电而发生事故，为了保证安全，一开始操作，操作人员就应戴上绝缘手套。使用绝缘杆接地线应注意选择好位置，避免与周围已停电设备或地线直接碰触。操作第一步即应将接地线的接地端可靠地与地极螺栓作良好接触。这样在发生各种故障的情况下都能有效地限制地线上的电位。装设接地线还应注意使所装接地线与带电设备导体之间保持规定的安全距离。拆接地线时，只有在导体端与设备全部解开后，才可拆除接地端子上的接地线。否则，若先行拆除了接地端，则泄放感应电荷的通路即被隔断，操作人员再接触检修设备或地线，就有触电的危险。

装设接地线时，要先接接地端，再接线路端。此时，如果线路有残荷或突然来电，电流通过接地线流入大地，拆除地线时程序相反，其理亦然。装拆地线时，工作人员应使用绝缘棒，并应有专人监护。

拆除接地线时，操作人应根据身体所处的位置角度而安排退离的顺序。应明确导线上的线夹一旦摘开，即认为线路已带电。操作时应保持安全距离，防止感应电引发闪跌事故。当导体端三相全部摘离线路之后，才能拆开接地端。

八、条文 6.4.8

原文："6.4.8 接地线或个人保安线应接触良好、连接可靠。"

个人保安线应使用透明护套的多股软铜线，截面积不应小于 $6mm^2$，并有绝缘手柄或绝缘部件。不应用个人保安线代替地线。接地线或个人保安线的各个电气部分都必须紧密接触，连接可靠，这样才能起到防护作用。禁止使用其他导线作接地线或短路线、个人保安线。

九、条文 6.4.9

原文："6.4.9 在杆塔或横担接地良好的条件下装设接地线时，接地线可单独或合并后接到杆塔上。"

有接地引下线的杆塔，且接地引下线和接地装置接地良好，这时可将接地线单独接到杆塔上，或合并后接到杆塔上。

十、条文 6.4.10

原文："6.4.10 无接地引下线的杆塔装设接地线时，可采用临时接地体。临时接地体的截面积不应小于 $190mm^2$。临时接地体埋深不应小于 0.6m。土壤电阻率较高的地方应采取措施改善接地电阻。"

若杆塔无接地引下线时，可采用临时接地棒，接地棒在地面下深度不得小于 0.6m。临时接地棒的截面积不应小于 $190mm^2$。土壤电阻率较高的地方应采取措施，改善接地电阻。

临时接地棒的接地深度应考虑到接地电阻和牢固程度，接地棒深度超过 0.6m，电阻下降不太明显；接地棒深度小于 0.6m，接地电阻就明显增加，所以不允许小于 0.6m。

十一、条文 6.4.11

原文："6.4.11 线路停电作业装设接地线应遵守下列规定：

a）工作地段各端以及可能送电到检修线路工作地段的分支线都应装设接地线；

b）直流接地极线路，作业点两端应装设接地线；

c）配合停电的线路可只在工作地点附近装设一处接地线。"

本条是有关接地线装设地点的规定，用一句话表述就是有可能送电到在线路上的作业人员的所有位置都应装设接地线。

（1）作用于误送来的电源，可以使其三相接地短路保护动作，由断路器切断电源，避免伤害工作人员。

（2）可以泄放工作地段各种原因产生的电荷，如风磨电，电力机车、电气化铁路及平行高压线路等产生的感应电，沿线传来的雷电波等，都可以通过接地线入地。

（3）将工作地段各侧导线三相短路接地。只要接地体的接地电阻合格，可以认为检修线路的电位与地电位是相等的，都是零电位。挂设接地线起到了强制钳位的作用，使检修线路上无触电危险，实现了等地电位作业保护。

十二、条文 6.4.12

原文："6.4.12、工作中，需要断开耐张杆塔引线（连接线）或拉开断路器、隔离开关时，应先在其两侧装设接地线。"

本条也是有关接地线装设地点的规定，即除了 6.4.11 所述的 3 种情形外，如需断开引线（连接线）或拉开断路器、隔离开关时，应先在其两侧各装一组接地线。

十三、条文 6.4.13

原文："6.4.13 同杆塔架设的多回线路上装设接地线时，应先装低压、后装高压，先装下层、后装上层，先装近侧、后装远侧。拆除时次序相反。"

同杆架设多层上下水平排列的线路挂接地线时，要先装下层、后装上层；左右垂直排列时，先装与人容易接触侧，后装与人不容易接触侧。主要目的是先将与人容易接触的线路首先做好保安措施，防止突然采电。在同杆塔多回路部分线路停电作业装设接地线时，应采取防止接地线摆动的措施，并满足安全距离的要求。

十四、条文 6.4.14

原文："6.4.14 在同杆塔多回路部分线路停电作业装设接地线时，应采取防止接地线摆动的措施，并满足安全距离的要求。"

在同杆塔多回路部分线路停电作业装设接地线，要考虑该接地线是否会因某种原因摆动而误碰未停电线路，因此所装设的接地线应满足与未停电线路的安全距离要求，并采取措施防止接地线摆动。

十五、条文 6.4.15

原文："6.4.15 工作地段有邻近、平行、交叉跨越及同杆塔线路，需要接触或接近停电线路的导线工作时，应装设接地线或使用个人保安线。"

停电线路所处地段有邻近、平行、交叉跨越及同杆塔的未停电线路时，就会在停电线路上产生感应电压，因此需装设接地线或使用个人保安线。

十六、条文 6.4.16

原文："6.4.16 个人保安线应在接触或接近导线前装设，作业结束，人体脱离导线后拆除。"

本条是有关线路作业人员如何使用个人保安线的规定，其核心是要掌握好"前"和"后"。

前：在接触或接近导线前装设；

后：作业结束，人体脱离后拆除。

之前不装设，保护不了作业人员；之后不拆除会埋下事故隐患。

1. 个人保安线的作用

个人保安线的全名是个人保安接地线。这是为了防止邻近带电设备和线路产生的感应电压，以防护保证操作人员的人身安全而装设的接地装置。

2. 个人保安接地线的使用条件

（1）在停电线路上进行需要接触或接近导线的工作，必须装设个人保安接地线。

（2）无论线路是否停电，在需要接触或接近绝缘架空地线工作时，应装设个人保安接地线。

（3）工作票签发人、工作负责人、工作班成员根据作业现场、作业风险评估结果，认为有必要增加使用个人保安接地线。

3. 可以不使用个人保安接地线的情况

（1）作业人员穿全套屏蔽服的停电检修作业。

（2）在 220kV 及以上停电线路上进行单一的检查和清扫绝缘子工作，并确无感应电风险情况。

（3）正在工作的杆塔上已安装工作地线，并保证作业过程中不会失去工作地线的变化情况。

（4）工作地段的俩侧工作地线可见且工作地段内无邻近、平行、交叉跨越及共塔情况。

4. 个人保安接地线使用规范

（1）线路工作地段已安装，且得到工作负责人"可以开始工作"命令后，工作人员可在工作地段内使用个人保安接地线。

（2）装拆个人保安接地线的要求如下。

1）个人保安接地线应在杆塔上接触或接近导线的作业前挂接，作业结束脱离导线后拆除。

2）装设时应先接接地端后接导线端。

3）铁搭与接地线连接部位应清除油漆，且接触良好、连接牢靠。

4）拆除时应先拆导体端后拆接地端。

（3）自行装拆个人保安接地线的要求如下。

1）工作间断时不得保留个人保安接地线在工作现场。

2）每一个停电检修工作点的作业完成后应立即拆除。

3）线随人走、永不离身。

（4）在杆塔或横担接地通道良好的条件下，接地端允许接在杆塔横担部位的金属构件上。如不能保证杆塔接地通道良好，则应接续接地引下线，接地端采用接地棒。接地棒要镀锌，其截面不得小于 $16mm^2$，埋入深度最少离地面 0.6m。

（5）禁止用个人保安接地线代替携带型短路接地线。

5. 个人保安接地线的选用

根据绝缘子的长度，个人保安接地线分为 35kV、110kV、220kV、330kV、500kV 等，选用与电压等级相适应长度的个人保安接地线。

6. 个人保安接地线的管理

（1）个人保安接地线实行单位统一编号、班组存放、定期检查。

（2）工作开始前发放个人保安接地线，并记录在案。

（3）工作结束拆除后与记录核对。

（4）在工作票备注栏内填入数字：

已拆除携带型短路接地线（　　　）组；

已拆除个人保安接地线（　　　）组。

十七、条文 6.4.17

原文："6.4.17 个人保安线应使用透明护套的多股软铜线，截面积不应小于 $16mm^2$，并有绝缘手柄或绝缘部件。不应用个人保安线代替接地线。"

1. 个人保安线的组成

个人保安线由铝合金压铸接地线夹与透明护套的多股软铜线，以及保安钳和铜鼻子组成，可根据需要使用三分叉、四分叉、五分叉多种形式，如图 6-4-1 所示。

2. 个人保安线常用配置

（1）接横担：配 $16mm^2$ 接地软铜线 $4\times1.5m+$ 1.5m 或 $3\times1.5m+1.5m$，配钳子或接地棒

（2）接地：配 $16mm^2$ 接地软铜线 $4\times1.5m+$ 1.5m 或 $3\times1.5m+1.5m$，配钳子或接地棒

3. 个人保安线使用和维护

（1）为保证人身和设备的安全，确保保安接地线的完好性，个人保安接地线应在空气流通、环境干燥的专用地点存放。

（2）个人保安接地线是保护施工人员避免感应电压触电的保安工具，不能替代 DL/T 879—2004 部标准所规定的携带型短路接地线的作用。

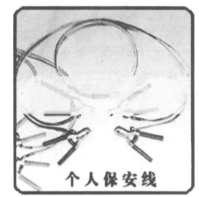

图 6-4-1　个人保安线组成

（3）保安接地线在使用前，应做好例行检查，发现有线夹开裂、缺损、连接部件接触不良、松动、绝缘护层破损等缺陷时，禁止使用。

（4）使用个人保安线前，应先验电、放电，确认电气设备已停电并悬挂接地线后，方可进行操作。

十八、装设接地线位置

线路经过验明确实无电压后，各工作班（组）应立即在工作地段两端装设接地线。凡有可能送电到停电线路的分支线，也要装设接地线。

若有感应电压反映在停电线路上时，应加装接地线。同时，要注意在拆除接地线时，防止感应电触电。

高压线路待修地段的接地线的挂设应在线路工作票已被许可之后进行，由工作班组自己操作挂设。《安规》对接地线的挂设范围与数量做了原则性的规定。结合现场实际，需装设接地线的地点有以下几种。

（1）在无分支的线路段作业时，需在工作地段的大号侧和小号侧分别挂接地线，接地线应包括整个工作地段。存在感应电压的中间区段，可以根据实际长度增挂一组或数组接地线，以泄放感应电荷。

（2）在有分支线路段作业时，凡有可能送电至停电检修线路的电源线，均应在检修范围各端装设接地线，使所有工作区段各端都被接地线所包括。泄放区间内感应电荷的接地线均由班组自行装设。

（3）同一条线路同时有几个独立班组工作时，为防止其他工作班组终结工作而拆除接地线，失去接地保护，每个独立作业班组均应在各自工作地段两侧独立挂接地线，互相不能代替，也不能用发电厂、变电站的出口地线或接地开关来代替线路工作班组的地线。

（4）工作中，需要断开耐张杆塔引线（连接线）或拉开断路器、隔离开关时，应先在其两侧装设接地线。

（5）对办理一张综合工作票的多班组工作及同杆塔架设的停送电时间相同的几条线路同时工作时，应按照工作票规定的安全措施方案，在许可工作之前将安全措施一次布设完毕。对个别区段，根据实际情况需加装接地线时，由各班组负责实施。

（6）停电线路与带电线路平行时，为防止感应电压，除在线路工作地段两端装设接地线外，还应在线路工作处加装接地线。若需断引流线，应保证断点两侧均装设有接地线。若需在绝缘架空地线上工作，当其与带电线路平行或有产生感应电压可能时，应先在架空地线上装设地线。

（7）直流接地极线路，作业点两端应装设接地线。

（8）配合停电的线路可只在工作地点附近装设一处接地线。

（9）电缆接地前应逐相充分放电。

（10）超高压线路是铁塔的，允许每相用地线接在铁塔上，用铁塔接地，但铁塔与接地线线夹连接部位应清除油漆，接触良好。

十九、其他线路停电作业安全措施

1. 与电力机车牵引电源平行走向的电力线路

由于电力机车牵引电源的不对称性，会在与电气化铁道牵引交流电源线相平行走向的电力输电线路上产生较高的电磁感应电压，而且牵引电源通过大地回流时还会使铁道沿线的地电位升高。在这样的条件下即使在线路两端装设短路接地线，也仍会发生线路作业人员麻电、触电事故。对此，应采取以下措施。

（1）人员上杆作业时不能同时触及导线和横担，必须脚先踩到最下边一片绝缘子上，系好腰绳脱离接地体后方可接触导线，也可用短路线将横担与导线短接的方法来消除两者的电位差。

（2）上杆作业人员应穿绝缘鞋和戴线手套。

（3）地面工作需放、紧导线时，人员不要直接用手拉导线，应用绝缘绳拴在导线上，人拉绝缘绳。

2. 大电流接地系统的线路停电作业

在大电流接地系统的线路停电作业时，除按规定在线路两端装设三相短路接地线进行保护外，可给上杆作业人员配给一条个人保护用辅助地线。三相短路接地线主要是用来限制入侵电压幅值，而辅助保护地线的纯金属短路作用则是使作业人员免遭接地线残压的危害，不允许用辅助保护地线代替班组作业地段两端挂的接地线。

第五节　悬挂标示牌和装设遮栏

原文："6.5 悬挂标示牌和装设遮栏"

一、条文 6.5.1

原文："6.5.1 在一经合闸即可送电到工作地点的断路器、隔离开关及跌落式熔断器的操作处，均应悬挂'禁止合闸，线路有人工作！'或'禁止合闸，有人工作！'的标示牌。"

1. 标示牌作用

停电设备验电接地后即将进入检修状态，其基本的直观的标志就是悬挂含有既定内容的标示牌和设置遮栏。比如，对一经合闸即可送电到工作地点的断路器和隔离开关，设置保证安全的技术措施，其外象化应标明检修现场人员的活动范围、行走通道、带电与不带电的间隔等等需要被告知的内容，工作人员可能误登和模糊接近的情况等，都应该依靠标示牌和遮栏来给予提醒、阻止、引导和警示。所以说，挂标示牌和设置遮栏是保证安全的技术措施、"四项"内容中的最后步骤，也是完善和完整技术措施必需的补充和直接的显示。

悬挂标示牌可提醒有关人员及时纠正将要进行的错误操作和行为，以防止误向有人工作的设备（线路）合闸送电和误入误触带电部分。

2. 标示牌分类

标示牌顾名思义，它是靠醒目的符号，不同的颜色和内容来标明所挂处电气设备的状态和工作现场的特征的。按其所述内容可以分为提示性和警示性两类。提示性标示牌有"从此上下"、"在此工作"、"禁止合闸，有人工作！"和"禁止合闸，线路有人工作！"共四种，主要用于设备修检工作中，配合保证安全的组织措施和技术措施，合理地适时悬挂。警示性标示牌有"禁止攀登，高压危险"、"止步，高压危险！"两种，大多都长期或永久性地悬挂在发电厂和变电所室内、外的高压配电设备，装置的网门、围栏，设备本体上和架构显明的位置上，用来警告非电气值班员，预知危险。

二、条文 6.5.2

原文："6.5.2、配电设备部分停电的工作，工作人员与未停电设备安全距离不符合表2规定时应装设临时遮栏。其与带电部分的距离应符合表3的规定。

表2　　　　　　　　　　　配电设备不停电时的安全距离

电压等级/kV	10 及以下	20、35
安全距离/m	0.70	1.00

注　表中未列电压应选用高一电压等级的安全距离。

表3　　　　　　　　　人员工作中与配电设备带电部分的安全距离

电压等级/kV	10 及以下	20、35
安全距离/m	0.35	0.60

临时遮栏应装设牢固，并悬挂'止步，高压危险！'的标示牌。35kV 及以下设备可用与带电部分直接接触的绝缘隔板代替临时遮栏。"

国家电网公司《电力安全工作规程线路部分》将国标《安规》表2和表3的电压等级扩大到110kV，见表 6-5-1 和表 6-5-2。还增加了一条高压试验时的措施。

表 6-5-1　　　　　　　　　　设备不停电时的安全距离

电压等级/kV	10 及以下	20、35	63（66）、110
安全距离/m	0.70	1.00	1.50

表 6-5-2　　　　工作人员工作中正常活动范围与带电设备的安全距离

电压等级/kV	10 及以下	20、35	63（66）、110
安全距离/m	0.35	0.60	1.50

注　1. 表 6-5-1、表 6-5-2 中未列电压应选用高一档电压等级的安全距离。
　　2. 表 6-5-1、表 6-5-2 在国网《安规》线路部分中的表号分别"表 4-1"和"表 4-2"。

1. 临时遮栏作用和形式

临时遮栏是根据检修工作需要而设立的临时安全措施。正确使用临时遮栏可以确保电气作业人员与带电设备保持既定的安全距离。特别对于部分停电的工作，使用它能够阻止工作人员走错间隔发生失误。临时遮栏是临时的，因而也是灵活的和实用的。临时遮栏由于使用场合不同，一般有以下三种形式。

（1）可以和电气设备直接接触的绝缘挡板。它只用于 35kV 及以下电压等级，用干燥木材、橡胶及其他坚韧绝缘材料制成。

（2）栅栏状遮栏。其特点是安装固定方便，移动也简便对其要求是界隔明显、标色醒目，高度可根据实际情况确定。

（3）绳索围栏。在围绕界隔场地时使用绳索围栏。它上面一般串有红色三角小旗，检修工作时可在其上朝向围栏里面（高压试验时应朝外）挂上适当数量的"止步，高压危险！"的标示牌。它可以使用专门的活动式铁栏杆架设，适用于室外高压设备或单元设备检修，高压试验时使用。

2. 临时遮栏设置

（1）部分停电的工作应装设临时遮栏。

部分停电的工作，安全距离小于 GB 26859—2011 表2规定距离以内的未停电设备，应装设临时遮栏。临时遮栏与带电部分的距离，不得小于表2的规定数值。临时遮栏可用干燥木材、橡胶或其他坚韧绝缘材料制成，装设应牢固，并悬挂"止步，高压危险！"的标示牌。

35kV及以下设备的临时遮栏，如因工作特殊需要，可用绝缘挡板与带电部分直接接触。但此种挡板必须具有高度的绝缘性能，并符合表4-2-2的要求。

部分停电的工作，如果其电气安全距离不符合不停电时的规定时，为防止工作人员正常活动中与带电设备接近时出现不能保证安全的电气距离和有误入其他带电设备间隔的危险时，就应装设临时遮栏。临时遮栏虽然为绝缘体或坚韧的绝缘材料，但由于它通常都在地面或具有与设备外壳相同的地电位，所以只起界隔作用，它的绝缘能力未经试验，要求与带电设备的距离符合GB 26859—2011表2的规定，同时在该遮栏上还要悬挂"止步，高压危险！"的标示牌。

（2）绝缘挡板与带电体直接接触，有两项要求：①限于35kV及以下设备上工作时特殊需要的情况；②该临时遮栏（绝缘挡板）必须有很高的耐电绝缘强度，并按规定周期和试验标准耐压合格。临时遮栏达到以上要求方可使用。

（3）手车式开关从其柜内拉至检修位置时，开关柜内的上触头（母线侧）应被装置的挡板自动将三相触头封闭，若无此挡板时，应临时采用绝缘隔板将触头封隔，严防在柜内工作时误触电。

3. 其他应装设围栏的场合

在室内高压设备上工作，应在工作地点两旁间隔和对面间隔的遮栏上和禁止通行的过道上悬挂"止步，高压危险！"的标示牌。

高压配电设备做耐压试验时，应在周围设围栏，围栏上应向外悬挂适当数量的"止步，高压危险！"标示牌。严禁工作人员在工作中移动或拆除围栏和标示牌。

在室外地面高压设备上工作，应在工作地点四周装设围栏，其出入口要围至临近道路旁边，并设有"从此进出！"的标示牌。工作地点四周围栏上悬挂适当数量的"止步，高压危险！"标示牌，标示牌应朝向围栏里面。若室外配电装置的大部分设备停电，只有个别地点保留有带电设备而其他设备无触及带电导体的可能时，可以在带电设备四周装设全封闭围栏，围栏上悬挂适当数量的"止步，高压危险！"标示牌，标示牌应朝向围栏外面。

4. 严禁越过围栏。

对室外高压设备上工作装设围栏，分为两类。一种在工作地点四周装设围栏，其出入口要围至临近道路旁边，并设有"从此进出！"的标示牌。工作地点四周围栏上悬挂适当的"止步，高压危险！"标示牌，标示牌应朝向围栏里面。另一种若室外配电装置的大部分设备停电，只有个别地点保留有带电设备而其他设备无触及带电体的可能时，可以在带电设备周围装设全封闭网状围栏，围栏上悬挂适当的"止步，高压危险！"标示牌，标示牌应朝向围栏外面。因设了出入口，强调"严禁越过围栏。"

三、条文6.5.3

原文："6.5.3 在城区、人口密集区、通行道路上或交通道口施工时，工作场所周围应装设遮栏，并在相应部位装设交通警示牌。"

在新架线路、事故线路或检修线路处在城镇的建城区、人口密集区、通行道路上或交通道口上时，应在工作场所周围装设遮栏，以形成一个封闭的施工区域。在遮栏的相应部位应装设交通警示牌，让其他行人或车辆绕行。通常都有这样的礼貌用语："×××在此施工，给市民生活造成不便，深表歉意，请绕行，谢谢合作！"必要时，可派人在遮栏处看管，夜间应有警示红灯。

四、条文 6.5.4

原文："6.5.4 标示牌式样见附录 F。"

附录 F 表 F.1 标示牌样示见表 6-5-3。

表 6-5-3 　　　　　　　　　　标 示 牌 式 样

名　称	悬　挂　处	式　样	
		颜色	字样
禁 止 合 闸，有人工作！	一经合闸即可送电到施工设备的隔离开关（刀闸）操作把手上	白底，红色圆形斜杠，黑色禁止标志符号	黑字
禁 止 合 闸，线路有人工作！	线路隔离开关（刀闸）把手上	白底，红色圆形斜杠，黑色禁止标志符号	黑字
在此工作！	工作地点或检修设备上	衬底为绿色，中有直径 200mm 和 65mm 白圆圈	黑字，写于白圆圈中
止步，高压危险！	施工地点临近带电设备的遮栏上；室外工作地点的围栏上；禁止通行的过道上；高压试验地点；室外构架上；工作地点临近带电设备的横梁上	白底，黑色正三角形及标志符号，衬底为黄色	黑字
从此上下！	工作人员可以上下的铁架、爬梯上	衬底为绿色，中有直径 200mm 白圆圈	黑字，写于白圆圈中
从此进出！	室外工作地点围栏的出入口处	衬底为绿色，中有直径 200mm 白圆圈	黑体黑字，写于白圆圈中
禁 止 攀 登，高压危险！	高压配电装置构架的爬梯上，变压器、电抗器等设备的爬梯上	白底，红色圆形斜杠，黑色禁止标志符号	黑字

注 1. 在计算机显示屏上一经合闸即可送电到工作地点的隔离开关的操作把手处所设置的"禁止合闸，有人工作！"、"禁止合闸，线路有人工作！"的标记可参照表中有关标示牌的式样。

　　2. 标示牌的颜色和字样参照《安全标志及使用导则》（GB 2894—2008）。

1. 标示牌使用场合

标示牌通常用于以下场合。

（1）"禁止合闸，有人工作！"用于一经合闸即可送电到检修设备的断路器和隔离开关的操作把手上。

（2）"禁止攀登，高压危险！"应悬挂在带电设备架构的扶梯上，高压设备区围墙上以及需要阻止攀登的设施上。

（3）"禁止合闸，线路有人工作！"为线路作业专用。为了使其不与其他标示牌混淆而能明显区分，制成红底色，其挂、拆操作一般均按值班调度员或值班负责人命令执行，固定挂在线路隔离开关的操作把手上。

（4）"止步，高压危险！"悬挂于高压室内和室外带电运行设备的遮栏上，或设备架构及设备区通道周围，以警示人员引起注意，严禁接近。

（5）"在此工作！"专挂于工作地点中心显明的位置上或需要检修的设备上。

（6）"从此上下！"挂在工作人员登高作业的扶梯或铁架上。它只在检修作业登高时使用。

2. 标示牌使用维护要求

（1）颜色醒目、字迹清晰耐久、图形尺寸符合规程标准。

（2）标示牌要有防火性能。为便于悬挂应铸有眼孔，利于固定。

（3）标示牌悬挂时应注意挂牢，防止滑落或被风吹掉。对安全距离以外接近设备部分的标示牌，最好使用绝缘绳带扎挂，而不用金属线挂扎，以避免特殊情况下由金属线造成设备短路、触电等事故。

（4）悬挂标示牌要选好位置。电气运行班进行现场维护工作时，应注意检查有无字迹脱落而模糊、绑扎绳索断脱和残缺不全的标示牌。发现这样的标示牌后应及时进行处理或更换。

（5）标示牌的悬挂和拆除是一件严肃和严格的工作，必须按照值班调度员或值长的命令执行。非当值在岗的其他人员不得擅自动用标示牌。

3. "禁止合闸，有人工作！"和"禁止合闸，线路有人工作！"标示牌悬挂要求

在一经合闸即可送电到工作地点的断路器和隔离开关的操作把手上，均应悬挂"禁止合闸，有人工作！"的标示牌。

如果线路上有人工作，应在线路断路器和隔离开关操作把手上悬挂"禁止合闸，线路有人工作！"的标示牌，标示牌的悬挂和拆除，应按调度员的命令执行。

高压电气设备因型式和接线不同、控制方式不同，应按照实际进行具体的挂设工作。如检修设备为单母线就地控制方式，则只在靠电源的隔离开关操作把手上挂标示牌；对于电源联络线断路器，应在其两侧隔离开关的操作把手上挂标示牌。如有的隔离开关既可就地控制（手动操作）也能远方控制（电动操作）时，则应在两地点断路器控制开关把手上和操作把手上分别挂标示牌；对检修设备与带电部分经过两个隔离开关的，只需在带电处隔离开关的操作把手上挂标示牌；对双母线单断路器接线，应在两母线隔离开关、线路隔离开关操作把手上，断路器控制开关操作把手上分别挂标示牌。

对由于设备原因，接地开关与检修设备之间连有断路器，在接地开关和断路器合上后，在断路器操作把手上，应悬挂"禁止分闸！"的标示牌。

在显示屏上进行操作的断路器和隔离开关的操作处均应相应设置"禁止合闸，有人工作！"或"禁止合闸，线路有人工作！"以及"禁止分闸！"的标记。

4. "在此工作！"、"从此上下！"、"止步，高压危险！"、"禁止攀登，高压危险！"标示牌悬挂要求

（1）在工作地点悬挂"在此工作！"的标示牌。一张工作票若有几个工作地点，均应悬挂"在此工作"的标示牌。标示牌应悬挂在检修间隔的遮栏上、室外变电所的围栏上及停电检修的设备外壳上。隔离开关检修时，"在此工作"标示牌应悬挂在隔离开关把手上或隔离开关支架上，检修的隔离开关则不挂"禁止合闸，有人工作"标示牌。在控制室保护盘工作，可不挂标示牌，应按继电保护工作的规定，将检修设备与运行设备加以明确的

区分标志，如用红布帘隔开等。

（2）在室外架构上工作，则应在工作地点邻近带电部分的横梁上，悬挂"止步，高压危险！"的标示牌。此项标示牌在值班人员的监护下，由工作人员悬挂。在工作人员上下铁架和梯子上应悬挂"从此上下！"的标示牌。在邻近其他可能误登的带电架构上，应悬挂"禁止攀登，高压危险！"的标示牌。

室外构架上工作，工作地点邻近带电部分的横梁上悬挂"止步，高压危险"的标示牌，可在办理工作许可手续时，在工作许可人监护下由检修人员悬挂。在办理工作终结手续时，仍在工作许可人监护下由检修人员取下。这是因为值班人员一般不具备专门登高工具和熟练的登高技能。因此，由检修人员来悬挂就比值班人员去悬挂安全得多。在检修人员上、下铁架或梯子上应悬挂"从此上下"的标示牌，在邻近其他可能误登的带电架构上，应挂"禁止攀登，高压危险！"的标示牌。

（3）在室内高压设备上工作，应在工作地点两旁及对面运行设备间隔的遮栏（围栏）上和禁止通行的过道遮栏（围栏）上悬挂"止步，高压危险！"的标示牌。

高压开关柜内手车开关拉出后，隔离带电部位的挡板封闭后禁止开启，并设置"止步，高压危险！"的标示牌。

五、遮栏、接地线和标示牌的移动或拆除

严禁工作人员在工作中移动或拆除遮栏、接地线和标示牌。

临时遮栏、接地线、标示牌、红白带、围栏等，这些都是为保证检修工作人员的人身安全和设备的安全运行所做的措施，工作人员不得随便移动或拆除。工作人员如因工作必须而要求变动上述安全措施的内容时，应征得工作许可人的同意。工作许可人应根据当时情况（是否符合安全的准则）决定是否满足工作人员的要求，工作人员在得到工作许可人的同意而临时变动的安全措施，在完成了工作后，应立即恢复原来状态并报告工作许可人。

国网《安规》更加严格强调这一点："严禁工作人员擅自移动或拆除遮栏和标示牌。"

事故案例分析

【事故案例1】 ××年×月×日，某疗养所向德都供电所借工具和求援帮助移线。所主任派副班长张某和 7 名工人前去支援。张某首先拉开了施工地点的电源断路器，验电后，在断路器负荷侧挂地线 1 组，而后开始作业。与此同时，疗养所电工又邀请了供电所的牛某和徐某帮助查找配电盘上电能表冒火原因。电工向牛、徐讲明盘上有两个电源断路器，漏讲了水文队来的电源开关。3 人多次在盘上开合断路器，使外来的电源断路器全部在合的位置上。同日 14 时，水文队为向上级报告情况，启动了自备发电机。低压电流经过配电盘、变压器返送到 179 号杆的高压线路上，正在杆上作业的张某等 3 人触电，造成一死两伤事故。张某只停了高压电，而没有断开低压或摘开低压熔断器；地线只在高压侧挂了一组，而在低压侧没有挂。没有"断开有可能返回低压电源的断路器和隔离开关。"没有在"有可能送电到停电线路的分支线"挂接地线。因此，必须加强对自备发电机用户的管理。

【事故案例 2】 2005 年 10 月 25 日 13：53，某发电公司 3 台 60 万 kW 机组同时跳闸，甩负荷 163 万 kW，导致主网频率由 50.02Hz 最低降至 49.84Hz。事故发生后，华北网调及时启动事故处理应急预案，调起备用机组，迅速将主网频率恢复正常，未造成对社会的拉路限电。经过专家组详细调查，查明造成此次事故的直接原因是某检修公司检修人员处理综合水泵房开关柜信号故障时，误将交流电源接至直流负极，造成交流系统与网控直流系统的混接，导致机组全停。华北电网公司为认真吸取事故教训，进一步强化安全管理，加强网厂协调，共同确保电网安全稳定运行，发了事故通报。

【事故案例 3】 ××年×月×日，某供电所为用户架设一条 10kV 配电线路，工作负责人是《安规》考试不合格的临时工蒙某，工作班成员全是临时工。这条新线路要从城关 10kV 线路终端 42 号杆接引。42 号杆是 15m 高圆形混凝土电杆，杆上有 8 层横担，最上层为 6kV 南北走向线路，第 2 层为 10kV 终端，第 3～7 层为低压线路和用户线，第 8 层为路灯线。蒙某考虑任务量大，要求所里派人支援。所里派来收费员肖某和张某。蒙某要肖某、张某把公用配电变压器停下，并在低压侧装设接地线。张某考虑到 42 号杆上还有从食品厂变压器引来的低压线，又停了食品厂配电变压器。蒙某派肖某去变电站办停电手续，肖某不会填停电申请书，仿照了一张。变电站值班人员就按肖某的停电申请书停了城关线，并装设了接地线、标示牌，却未停 42 号杆上的 6kV 线。蒙某接到肖某的电话"城关线已停电，接地线已装上"后，不验电、不装设接地线，并在无人监护下，爬上 42 号杆触及 6kV 线路上，造成触电身亡事故。

【事故案例 4】 ××年×月×日，某供电局城关供电站站长等 3 人，没办工作票，也不验电，挂接地线，就去处理 10kV 煤矿支 1 号杆的缺陷。工人王某在登杆过程中碰到已经停运 8 年的线路中相导线，造成触电身亡事故。虽然线路停运，而且线路两端早已拆开，但与化肥线交叉处有串电现象。

【事故案例 5】 ××年×月×日，某电业局安装公司线路工区工人李某为用户接 380V 引线工作。当天变压器台全天停电，上午已将横担和拉线做好，本应接头接好才可撤点汇报竣工。为刁难用户，拖了 27 天后，同日李某派殷某和魏某等 3 人去原工作点进行接头工作，并指示他们要停电接线。殷某考虑已报竣工，申请停电又影响不好，便未停电就进行工作。于是，魏某登变压器台准备作业，当爬到高压母线侧电柱上，在小于安全距离情况下就开始工作。魏某小腿触到 10kV 避雷器引线上，起弧着火。因现场没有停电工具，未能及时停电解救，烧伤严重死亡。为了面子，不要性命，不办票，不停电，不认真监护，以致事故发生。

【事故案例 6】 ××年×月×日，某供电局线路运行班工人协助基建单位施工，准备在新建即将投入运行的某一条 220kV 4 回线的电厂侧进行阻波器与结合电容器的搭接工作。新架 4 回线与原来的一回线属同塔并架，左右垂直排列，水平距离 11.44m，平行 1.35km。因原一回线带电运行，会有感应电压反映在新建的 4 回线上，按规程要求应加装接地线，以防止感应电触电。经基建单位许可，工作人员登上架构，强行进入绝缘子串，到达离导线数起第二片绝缘子后停下来准备装设接地线。另一名工作人员接好接地端后，登上架构将接地线另一端传递给绝缘子串上的工作人员。他接到地线后，因地线较重，一使劲，脚不由得向前一蹬碰到导线，感应电触电。当即失去知觉，悬吊空中，后从尼龙安全带中脱出，造成坠地而亡事故。由此案例可知，在装设和拆除接地线时，都要注意防止感应电触电。

【事故案例7】 ××年×月×日8时，某地第三发电厂高压班宋工程师到网控办理电气第一种工作票，工作内容为在二期变电站新架的220kV三西丙和三西丁线进行线路至阻波器引下线施工。工作票上的安全措施只注意到变电站开关场方面的防护措施，而没有考虑变电站外的线路走向和平行线路段会有感应电压，特别是三西丙线和三西丁线是新线路，两端都没有接引，不会有电，故没有采取任何防护措施。同月7日下午和8日上午都是使用25t汽车吊吊笼，人站在吊笼内，用氧气带对三西丙线实际尺寸测量。同月8日8时40分，吊车水平向三西丁线转杆，开始测量三西丁线U相线路至阻波器引下线实际尺寸。苍某在吊车笼内接近三西丁线U相后，监护人安某问："完了没有？"，苍某答："没有。"一会儿安某又问，苍某没吱声，只见他右手扶着线路站在吊笼里电击身亡。后测三西丁线U相感应电压为1500V，V相为400V，W相为2750V；而三西丙线没有感应电压。查看图纸发现，新架三西丁线与原来运行的三西甲线同杆架设约有15km。工作票签发人对变电站外线路会有感应电压没有考虑，因此没有对三西丙线和三西丁线加装接地线。

【事故案例8】 1986年10月3日6时30分，某发电厂0号高压厂用备用变压器和6kV乙段母线检修工作结束。电气运行班长在值长同意后，开始办理该工作票的工作终结手续。班长安排两名值班电工拆除安装在6kV厂用乙母线上的接地线，为恢复该段母线运行作准备。根据上班运行记录，6kV厂用乙母线共装接地线7组（实际装有8组）。来到现场后发现乙段的工作电源断路器6102小车已在试验位置，在拆完7组地线后，测定母线绝缘合格后，开始恢复母线运行的操作。同日7时13分，当合上乙母线工作电源6102断路器时，其动、静触头放电短路。事故发生后，对6kV乙母线检查，发现在6102电源断路器有一组地线。这组地线在检修开工前已接上，但没有在运行记录簿上记录，交接班时也没作交代。此漏拆的地线原来接在小车断路器的正面，后被检修人员移到背面，检修结束后，又被检修人员推到试验位置，运行人员检查时又没将小车断路器拉出，以致漏拆地线，因此发生了带地线合闸的误操作事故。

【事故案例9】 1964年春，某电业局清理10kV配电线路时，班长严重不负责任，没有经过验电和挂接地线，即允许工人登杆工作。实际上当时油断路器的触头尚未断开，线路还是带电的，以致工人在杆上发生触电死亡事故。

【事故案例10】 1964年春，某电业局在进行登杆检查工作时，工作负责人未检查安全工具是否完备合格，也没有对工作人员进行监护，发生了工人从杆顶坠落死亡事故。死者在登杆时已因脚扣不好，四次从杆上滑下，但仍勉强登上杆顶，终于又因脚扣滑脱，坠落身亡。

【事故案例11】 1964年春，某电业局工人在更换耐张绝缘子串时，安全带系得不当，套在临时拉线上，当临时拉线突然松脱时，该工人从17m高处坠落以致死亡。

配套考核题解

试　题

一、填空题

1. 在_____和_____上工作，应有停电、验电、装设接地线及_____、悬挂标示牌和_____等保证安全的技术措施。

2. 线路停电工作前，应采取下列措施：

a) 断开_____的线路断路器和隔离开关；

b) 断开工作线路上_____断路器、隔离开关和熔断器；

c) 断开_____线路停电作业，且不能采取措施的交叉跨越、平行和同杆塔线路的断路器、隔离开关和熔断器；

d) 断开可能_____的低压电源断路器、刀开关和熔断器。

3. 停电设备的_____应有明显的_____，或应有能反应设备运行状态的电气和机械等指示，不应在只经_____断开电源的设备上工作。

4. 对停电设备的_____或部件，应采取下列措施：

a) 可直接在地面操作的断路器、隔离开关的操作机构应_____；

b) 不能直接在地面操作的断路器、隔离开关应在_____悬挂标示牌；

c) 跌落式熔断器熔管应_____或在操作部位悬挂标示牌。

5. 对同杆塔架设的多层、同一横担多回线路验电时，应先验_____压、后验_____压，先验_____层、后验_____层，先验_____侧、后验_____侧。

6. 线路中_____用的断路器、隔离开关或其组合进行检修时，应在其_____分别验电。

7. 线路经验明确无电压后，应_____装设接地线并三相_____。电缆接地前应逐相充分_____。装设接地线不宜_____进行。人体不应碰触未_____的导线。

8. 装、拆接地线_____应使用绝缘棒或专用的绝缘绳，人体不应碰触_____。

9. 成套接地线应由有透明护套的_____铜线和专用_____组成。接地线截面不应小于_____，并应满足_____地点短路电流的要求。

10. 装设接地线、个人保安线时，应先装_____，后装_____。拆除接地线的顺序与此_____。接地线或个人保安线应_____良好、_____可靠。

11. 无接地引下线的杆塔装设接地线时，可采用临时接地体。临时接地体的截面积不应小于_____。临时接地体埋深不应小于_____。土壤电阻率较高的地方应采取措施改善接地电阻。

12. 工作中，需要断开耐张杆塔_____或拉开断路器、隔离开关时，应先在其_____装设接地线。

13. 同杆塔架设的多回线路上装设接地线时，应先装_____压、后装_____压，先装_____层、后装_____层，先装_____侧、后装_____侧。拆除时次序相反。

14. 在同杆塔多回路部分线路停电作业装设接地线时，应采取防止接地线_____的措施，并满足_____的要求。

15. 工作地段有_____、_____、_____跨越及同杆塔线路，需要_____停电线路的导线工作时，应装设接地线或使用个人保安线。

16. 个人保安线应在接触或接近导线前装设，作业结束，人体_____导线后拆除。

17. 在城区、人口密集区、通行道路上或交通道口施工时，工作场所周围应装设_____，并在_____装设交通警示牌。

18. 进行线路作业前，应断开发电厂、变电站（包括用户）_____断路器和隔离开关，检查断开后的断路器、隔离开关是否在_____位置，将断路器、隔离开关的操作机构_____，并应在断路器或隔离开关操作机构上悬挂_____的标示牌。

19. 进行线路作业前，应断开需要工作班_____的线路各端断路器、隔离开关和熔断器，检查断开后的断路器、隔离开关是否在_____位置，将断路器、隔离开关的操动机构_____，并在断路器或隔离开关操动机构上悬挂"线路有人工作，禁止合闸！"的_____。

20. 进行线路作业前应断开_____该线路停电作业，且不能采取_____的交叉跨越、平行和同杆线路的断路器和隔离开关，_____断开后的断路器和隔离开关是否在断开位置，断路器和隔离开关的_____应加锁，并应在断路器开关或隔离开关的操动机构上_____"线路有人工作，禁止合闸！"标示牌。

21. 进行线路作业前，应断开有可能_____低压电源的断路器和隔离开关，应检查断路器和隔离开关是否在_____位置，断路器和隔离开关的操动机构应加锁，并应在断路器或操动机构上悬挂"线路有人工作，_____！"的标示牌。

22. 跌落熔断器的熔断管应_____。

23. 在停电线路_____装接地线前，要先_____，验明线路确无电压。

24. 验电要用合格的相应_____的_____验电器。

25. 验电时，应_____，并有专人_____。

26. 线路的验电应_____进行。检修联络用的断路器或隔离开关时，应在其_____验电。对同杆架设的_____电力线路进行验电时，先验_____，后验_____，先验_____，后验_____。

27. 线路经过验明确实无_____后，各工作班（组）应_____在工作地段_____挂接地线。凡有可能送电到停电线路的_____也要挂接地线。

28. 挂接地线时，应先接_____，后按_____，拆接地线时的程序与此_____。同杆塔架设的多层电力线路挂接地线时，应先挂_____，后挂_____，先挂_____，后挂_____。

29. 装、拆接地线时，工作人员应使用_____，人体不得碰触_____。

30. 接地线应有_____和_____构成的成套接地线。成套接地线必须用_____组成，其截面不得小于_____。

31. 若杆塔无接地引下线时，可采用_____，接地棒在地面下深度不得小于

_____。如利用铁塔接地时，允许每相个别接地，但铁塔与接地连接部分应清除_____，_____良好。

32. 若有_____反应在停电线路上时，应加挂_____。同时，要注意在_____接地线时，防止_____触电。

33. 严禁使用其他导线作_____和_____，接地线_____要可靠，不准_____。

二、选择题

1. 线路的验电应（　　）进行。

A. 逐根；　　　　B. 逐条；　　　　C. 逐相；　　　　D. 逐段

2. 检修联络用的断路器或隔离开关时，应在其（　　）验电。

A. 前后；　　　　B. 左右；　　　　C. 上下；　　　　D. 两侧

3. 对同杆塔架设的多层电力线路进行验电时，先验（　　）压，后验（　　）压，先验（　　）层，后验（　　）层。

A. 前；　　　　B. 后；　　　　C. 上；　　　　D. 下；

E. 高；　　　　F. 低；　　　　G. 远；　　　　H. 近

4. 同杆塔架设的多层电力线路挂接地线时，应先挂（　　）压，后挂（　　）压，先挂（　　）层，后挂（　　）层。

A. 前；　　　　B. 后；　　　　C. 远；　　　　D. 近；

E. 上；　　　　F. 下；　　　　G. 高；　　　　H. 低

5. 若杆塔无接地引下线时，可采用临时接地棒，接地棒在地面下深度不得小于（　　）m。

A. 0.5；　　　　B. 0.6；　　　　C. 0.7；　　　　D. 0.8

6. 成套接地线必须用多股软铜线组成，其截面积不得小于（　　）mm²。

A. 10；　　　　B. 16；　　　　C. 25；　　　　D. 35

7. 无接地引下线的杆塔装设接地线时，可采用临时接地体。临时接地体的截面积不应小于190mm²，临时接地体埋深不应小于0.6m。土壤电阻率较高的地方应采取措施（　　）接地电阻。

A. 降低；　　　　B. 改善；　　　　C. 提高；　　　　D. 改良

8. 工作中，需要断开耐张杆塔引线（连接线）或拉开断路器、隔离开关时，应先在其（　　）装设接地线。

A. 一侧；　　　　B. 电源侧；　　　　C. 负荷侧；　　　　D. 两侧

9. 在同杆塔多回路部分线路停电作业装设接地线时，应采取防止接地线（　　）的措施，并满足安全距离的要求。

A. 震动；　　　　B. 振动；　　　　C. 活动；　　　　D. 摆动

10. 在一经合闸即可送电到工作地点的断路器、隔离开关及跌落式熔断器的（　　），均应悬挂"禁止合闸，线路有人工作！"或"禁止合闸，有人工作！"的标示牌。

A. 安装处；　　　　　　　　B. 操作处；

C. 工作处；　　　　　　　　D. 横梁上

三、判断题（正确的画"√"，不正确的画"×"）

1. 进行线路作业前，应做好下列停电措施：

（1）断开发电厂、变电站（包括用户）线路断路器和隔离开关；

（2）断开需要工作班操作的线路各端断路器、隔离开关和熔断器；

（3）断开危及该线路停电作业，且不能采取安全措施的交叉跨越、平行和同杆线路的断路器和隔离开关；

（4）断开有可能返回低压电源的断路器和隔离开关。 （　）

2. 330kV 及以上的线路，在没有相应电压等级的专用验电器的情况下，可用合格的绝缘杆或专用的绝缘绳验电。验电时，将绝缘杆的验电部分迅速接近导线，听其有无放电声，确定线路是否确无电压。 （　）

3. 在停电线路工作地段装接地线前，要先验电。验明线路确实无电压后，各工作班（组）应立即在工作地段两端挂接地线。 （　）

4. 凡有可能送电到停电线路的分支线也要挂接地线，但要先验电，验明线路确无电压后立即进行。 （　）

5. 挂接地线时，应先接导线端，后接接地端。同杆塔架设的多层电力线路挂接地线时，应先挂高压，后挂低压，先挂上层，后挂下层。 （　）

6. 接地线应有接地和短路导线构成的成套接地线。成套接地线必须用多股软铜线组成，其截面积不得小于 25mm²。如成套接地线不够用可以其他导线代替。 （　）

7. 线路停电作业装设接地线应遵守下列规定：

a）工作地段各端以及可能送电到检修线路工作地段的分支线都应装设接地线；

b）直流接地极线路，作业点两端应装设接地线；

c）配合停电的线路可只在工作地点附近装设一处接地线。 （　）

8. 在线路和配电设备上工作，应有停电、验电、装设接地线及个人保安线、悬挂标示牌和装设遮栏（围栏）等保证安全的技术措施。 （　）

9. 在杆塔或横担接地通道良好的条件下装设接地线时，接地线不可单独或合并后接到杆塔上。 （　）

10. 工作地段有邻近、平行、交叉跨越及同杆塔线路，需要接触或接近停电线路的导线工作时，应装设接地线或使用个人保安线。个人保安线应在接触或接近导线前装设，作业结束，人体脱离导线后拆除。 （　）

四、改错题

1. 在线路和配电设备上工作，应有：

（1）停电；

（2）验电；

（3）装设接地线；

（4）悬挂标志牌等保证安全的技术措施。

2. 停电工作前，应采取下列措施：

（1）断开发电厂、变（配）电站的线路断路器；

（2）断开工作线路上各端（含分支）断路器和熔断器；

（3）断开危及线路停电作业，且不能采取措施的交叉跨越、平行和同杆塔线路的断路器和熔断器；

（4）断开可能反送电的低压电源断路器和熔断器。

3. 在线路上装设接地线前，应在接地部位验明线路确无电压。直接验电时应使用验电器在设备的接地处验电。验电前应在有电设备上确认验电器良好。高压直流线路和330kV 及以上的交流线路，可使用带金属部分的绝缘棒或专用的绝缘绳接触导线，根据有无放电声和火花的验电方法，判断线路是否有电，验电时应戴绝缘手套。

4. 对同杆塔架设的多层、同一横担多回线路验电时，应先验方便处、后验困难处。

5. 线路经验明确无电压后，应立即装设接地线。电缆接地前应逐相充分放电。

6. 成套接地线应由有透明护套的多股软铜线和专用线夹组成。接地线截面积不应小于 16mm²，并应满足装设地点短路电流的要求。

7. 无接地引下线的杆塔装设接地线时，可采用临时接地体。临时接地体的截面积不应小于 160mm²。临时接地体埋深不应小于 0.5m。土壤电阻率较高的地方应采取措施改善接地电阻。

8. 工作地段有邻近、平行、交叉跨越及同杆塔线路，需要接触或接近停电线路的导线工作时应使用个人保安线。个人保安线应在接触或接近导线前装设，作业结束，人体脱离导线后拆除。

9. 在一经合闸即可送电到工作地点的断路器、隔离开关及跌落式熔断器上，均应悬挂"禁止合闸，线路有人工作！"或"禁止合闸，有人工作！"标示牌。

10. 在城区、人口密集区、通行道路上或交通道口施工时应装设遮栏，并在相应部位装设交通警示牌。

五、问答题

1. 在线路和配电设备上工作保证安全的技术措施有哪些？

2. 在线路和配电设备上工作所使用的绝缘安全工器具应满足哪些要求？

3. 线路停电工作前应采取哪些措施？

4. 对停电设备的操动机构或部件，应采取哪些措施？

5. 怎样确定停电设备已断开？

6. 在线路上装设接地线前，应先进行哪项工作？

7. 什么是直接验电法？怎样验电？验电时应注意什么问题？

8. 什么情况下可采用间接验电？

9. 对同杆塔架设的多层、同一横担多回线路应怎样验电？

10. 线路中联络用的断路器、隔离开关或其组合进行检修时应怎样验电？

11. 验电时人体与被验电设备的距离应符合什么规定？

12. 装设接地线是否可以单人进行？

13. 专设接地线时人体应保持什么状态？

14. 线路经验明确无电压后应立即开展什么工作？

15. 装、拆接地线导体端应使用什么工具？

16. 是否可用缠绕的方法进行接地或短路？

17. 对成套接地线有什么要求？

18. 装设接地线、个人保安线的顺序是怎样的？应注意哪些事项？

19. 在杆塔或横担接地良好的条件下装设接地线时，有什么特殊规定？

20. 无接地引下线的杆塔装设接地线时，应采取哪些措施？

21. 线路停电作业装设接地线应遵守哪些规定？

22. 工作中，需要断开耐张杆塔引线（连接线）或拉开断路器、隔离开关时，应先采取什么措施？

23. 同杆塔架设的多回线路上装设接地线时的顺序是怎样的？

24. 在同杆塔多回路部分线路停电作业装设接地线时应采取哪些措施？

25. 工作地段有邻近、平行、交叉跨越及同杆塔线路，需要接触或接近停电线路的导线工作时，应采取什么措施？

26. 对个人保安线有什么要求？怎样正确使用个人保安线？

27. 在一经合闸即可送电到工作地点的断路器、隔离开关及跌落式熔断器的操作处，均应悬挂什么样的标示牌？此类标示牌有什么特点？

28. 配电设备部分停电的工作，在什么情况下应装设临时遮栏并悬挂标示牌？

29. 在城区、人口密集区、通行道路上或交通道口施工时，工作场所周围应采取哪些安全措施？

30. 进行线路作业前，应做好哪些停电措施？

31. 在做了停电措施后还应进行哪些工作？

32. 在停电线路工作地段装接地线前，先要进行什么工作？

33. 验电时应注意哪些事项？

34. 怎样对线路进行验电？

35. 验明线路确实无电压后应立即进行什么工作？

36. 对接地线有什么具体要求？

37. 怎样在停电线路上挂接地线？

38. 装、拆接地线应注意哪些事项？

答　　案

一、填空题

1. 线路；配电设备；个人保安线；装设遮栏（围栏）

2. 发电厂、变（配）电站；各端（含分支）；危及；反送电

3. 各端；断开点；断路器

4. 操动机构；加锁；操作部位；摘下

5. 低；高；下；上；近；远

6. 联络；两侧

7. 立即；短路；放电；单人；接地

8. 导体端；接地线

9. 多股软；线夹；25mm²；装设

10. 接地端；导线端；相反；接触；连接

11. 190mm²；0.6m

12. 引线（连接线）；两侧

13. 低；高；下；上；近；远

14. 摆动；安全距离

15. 邻近；平行；交叉；接触或接近

16. 脱离

17. 遮栏；相应部位

18. 线路；断开；加锁；"线路有人工作，禁止合闸！"

19. 操作；断开；加锁；标示牌

20. 危及；安全措施；检查；操动机构；悬挂

21. 返回；断开；禁止合闸

22. 摘下

23. 工作地段；验电

24. 电压等级；专用

25. 戴绝缘手套；监护

26. 逐相；两侧；多层；低压；高压；下层；上层

27. 电压；立即；两端；分支线

28. 接地端；导线端；相反；低压；高压；下层；上层

29. 绝缘杆；接地线

30. 接地；短路导线；多股软铜线；25mm²

31. 临时接地棒；0.6m；油漆；接触

32. 感应电压；接地线；拆除；感应电

33. 接地线；短路线；连接；缠绕

二、选择题

1. C
2. D
3. F；E；D；C
4. H；G；F；E
5. B
6. C
7. B
8. D
9. D
10. B

三、判断题

1. （√）
2. （×）
3. （√）
4. （√）
5. （×）
6. （×）
7. （√）
8. （√）
9. （×）
10. （√）

四、改错题

1. 在线路和配电设备上工作，应有：

（1）停电；

（2）验电；

（3）装设接地线及个人保安线；

（4）悬挂标示牌和装设遮栏（围栏）等保证安全的技术措施。

2. 线路停电工作前，应采取下列措施：

（1）断开发电厂、变（配）电站的线路断路器和隔离开关；

（2）断开工作线路上各端（含分支）断路器、隔离开关和熔断器；

（3）断开危及线路的停电作业，且不能采取措施的交叉跨越、平行和同杆塔线路的断路器、隔离开关和熔断器；

（4）断开可能反送电的低压电源断路器、刀开关和熔断器。

3. 在线路上装设接地线前，应在接地部位验明线路确无电压。直接验电时应使用相应等级的验电器在设备的接地处逐相（直流线路逐极）验电。验电前应在有电设备上确认验电器良好。高压直流线路和330kV及以上的交流线路，可使用带金属部分的绝缘棒或专用的绝缘绳逐渐接触导线，根据有无放电声和火花的验电方法，判断线路是否有电。验电时应戴绝缘手套。

4. 对同杆塔架设的多层、同一横担多回线路验电时，应先验低压、后验高压，先验下层、后验上层，先验近侧、后验远侧。

5. 线路经验明确无电压后，应立即装设接地线并三相短路。电缆接地前应逐相充分放电。

6. 成套接地线应由有透明护套的多股软铜线和专用线夹组成。接地线截面积不应小于25mm²，并应满足装设地点短路电流的要求。

7. 无接地引下线的杆塔装设接地线时，可采用临时接地体。临时接地体的截面积不应小于190mm²。临时接地体埋深不应小于0.6m。土壤电阻率较高的地方应采取措施改善接地电阻。

8. 工作地段有邻近、平行、交叉跨越及同杆塔线路，需要接触或接近停电线路的导线工作时应装设接地线或使用个人保安线。个人保安线应在接触或接近导线前装设，作业结束，人体脱离导线后拆除。

9. 在一经合闸即可送电到工作地点的断路器、隔离开关及跌落式熔断器的操作处，均应悬挂"禁止合闸，线路有人工作！"或"禁止合闸，有人工作！"标示牌。

10. 在城区、人口密集区、通行道路上或交通道口施工时，工作场所周围应装设遮栏，并在相应部位装设交通警示牌。

五、问答题

1. **答：** 在线路和配电设备上工作，应有：

(1) 停电；

(2) 验电；

(3) 装设接地线及个人保安线；

(4) 悬挂标示牌和装设遮栏（围栏）等保证安全的技术措施。

2. **答：** 在线路和配电设备上工作所使用的绝缘安全工器具应满足《电力安全工作规程　电力线路部分》（GB 26859—2011）附录E《绝缘安全工器具试验项目、周期和要求》的要求。

3. **答：** 线路停电工作前，应采取下列措施：

(1) 断开发电厂、变（配）电站的线路断路器和隔离开关；

(2) 断开工作线路上各端（含分支）断路器、隔离开关和熔断器；

(3) 断开危及线路停电作业，且不能采取措施的交叉跨越、平行和同杆塔线路的断路器、隔离开关和熔断器；

(4) 断开可能反送电的低压电源断路器、刀开关和熔断器。

4. **答：** 对停电设备的操作机构或部件，应采取下列措施：

(1) 可直接在地面操作的断路器、隔离开关的操动机构应加锁；

(2) 不能直接在地面操作的熔断器、隔离开关应在操作部位悬挂标示牌；

（3）跌落式熔断器熔管应摘下或在操作部位悬挂标示牌。

5. **答**：停电设备的各端应有明显的断开点，或应有能反应设备运行状态的电气和机械等指示，不应在只经断路器断开电源的设备上工作。

6. **答**：在线路上装设接地线前，应在接地部位验明线路确无电压。

7. **答**：（1）直接验电时应使用相应等级的验电器在设备的接地处逐相（直流线路逐极）验电。

（2）验电前应在有电设备上确认验电器良好。

（3）高压直流线路和3301kV及以上的交流线路，可使用带金属部分的绝缘棒或专用的绝缘绳逐渐接近导线，根据有无放电声和火花的验电方法，判断线路是否有电。

（4）验电时应戴绝缘手套。

8. **答**：在恶劣气象条件时，对户外配电设备及其他无法直接验电的设备，可采用间接验电法。

9. **答**：对同杆塔架设的多层、同一横担多回线路验电时，应先验低压、后验高压，先验下层、后验上层，先验近侧、后验远侧。

10. **答**：线路中联络用的断路器、隔离开关或其组合进行检修时，应在其两侧验电。

11. **答**：验电时人体与被验电设备的距离应符合 GB 26859—2011 中表 1 的安全距离要求。

12. **答**：装设接地线不宜单人进行。

13. **答**：人体不应碰触未接地的导线。

14. **答**：线路经验明确无电压后，应立即装设接地线并三相短路。电缆接地前应逐相充分放电。

15. **答**：装、拆接地线导体端应使用绝缘棒或专用的绝缘绳，人体不应碰触接地线。

16. **答**：不应用缠绕的方法进行接地或短路。

17. **答**：成套接地线应由有透明护套的多股软铜线和专用线夹组成。接地线截面积不应小于25mm²，并应满足装设地点短路电流的要求。

18. **答**：装设接地线、个人保安线时应先装接地端，后装导线端。拆除接地线的顺序与此相反。

接地线或个人保安线应接触良好、连接可靠。

19. **答**：在杆塔或横担接地良好的条件下装设接地线时，接地线可单独或合并后接到杆塔上。

20. **答**：无接地引下线的杆塔装设接地线时，可采用临时接地体。临时接地体的截面积不应小于190mm²。临时接地体埋深不应小于0.6m。土壤电阻率较高的地方应采取措施改善接地电阻。

21. **答**：线路停电作业装设接地线应遵守下列规定：

（1）工作地段各端以及可能送电到检修线路工作地段的分支线都应装设接地线；

（2）直流接地极线路，作业点两端应装设接地线；

（3）配合停电的线路可只在工作地点附近装设一处接地线。

22. **答**：工作中，需要断开耐张杆塔引线（连接线）或拉开断路器、隔离开关时，应先在其两侧装设接地线。

23.答：同杆塔架设的多回线路上装设接地线时，应先装低压、后装高压，先装下层、后装上层，先装近侧、后装远侧。拆除时次序相反。

24.答：在同杆塔多回路部分线路停电作业装设接地线时，应采取防止接地线摆动的措施，并满足安全距离的要求。

25.答：工作地段有邻近、平行、交叉跨越及同杆塔线路，需要接触或接近停电线路的导线工作时应装设接地线或使用个人保安线。

26.答：（1）个人保安线应使用透明护套的多股软铜线，截面积不应小于 $16mm^2$，并有绝缘手柄或绝缘部件。

（2）不应用个人保安线代替接地线。个人保安线应在接触或接近导线前装设，作业结束，人体脱离导线后拆除。

27.答：在一经合闸即可送电到工作地点的断路器、隔离开关及跌落式熔断器的操作处，均应悬挂"禁止合闸，线路有人工作！"或"禁止合闸，有人工作！"标示牌。此类标示牌的式样为黑字，白底，红色圆形斜杠，黑色禁止标志符号。悬挂在隔离开关把手上。

28.答：（1）配电设备部分停电的工作，工作人员与未停电设备安全距离不符合 GB 26859—2011 中表 2 规定时应装设临时遮栏。与其带电部分的距离应符合 GB 26859—2011 中表 3 的规定。

（2）临时遮栏应装设牢固，并悬挂"止步，高压危险！"的标示牌。该标示牌为黑字，白底，黑色正三角形及标志符号，衬底为黄色。

（3）35kV 及以下设备可用与带电部分直接接触的绝缘隔板代替临时遮栏。

29.答：在城区、人口密集区、通行道路上或交通道口施工时，工作场所周围应装设遮栏，并在相应部位装设交通警示牌。"在此工作！"标示牌衬底为绿色，中有直径200mm 和 65mm 白圆圈，黑字，写在白圆圈中。

30.答：进行线路作业前，应做好下列停电措施：

（1）断开发电厂、变电站（包括用户）线路断路器和隔离开关；

（2）断开需要工作班操作的线路各端断路器、隔离开关和熔断器；

（3）断开危及该线路停电作业，且不能采取安全措施的交叉跨越、平行和同杆线路的断路器和隔离开关；

（4）断开有可能返回低压电源的断路器和隔离开关。

31.答：（1）应检查断开后的断路器、隔离开关是否在断开位置。

（2）断路器、隔离开关的操动机构应加锁。

（3）跌落熔断器的熔断管应摘下。

（4）应在断器或隔离开关操动机构上悬挂"线路有人工作，禁止合闸！"的标示牌。

32.答：在停电线路工作地段装接地线前，要先验电，验明线路确无电压。

33.答：（1）验电要用合格的相应电压等级的专用验电器。

（2）330kV 及以上的线路，在没有相应电压等级的专用验电器的情况下，可用合格的绝缘杆或专用的绝缘绳验电。在验电时，绝缘杆的验电部分应逐渐接近导线，听其有无放电声，确定线路是否确无电压。

（3）验电时，应戴绝缘手套，并有专人监护。

34. **答：**（1）线路的验电应逐相进行。

（2）检修联络用的断路器或隔离开关时，应在其两侧验电。

（3）对同杆架设的多层电力线路进行验电时，先验低压，后验高压；先验下层，后验上层。

35. **答：**线路经过验明确实无电压后，各工作班（组）应立即在工作地段两端挂接地线。凡有可能送电到停电线路的分支线也要挂接地线。若有感应电压反应在停电线路上时，应加挂接地线。

36. **答：**接地线应有接地和短路导线构成的成套接地线。成套接地线必须用多股软铜线组成，其截面不得小于 $25mm^2$。严禁使用其他导线作接地线和短路线。

37. **答：**同杆塔架设的多层电力线路挂接地线时，应先挂低压、后挂高压；先挂下层，后挂上层。

38. **答：**（1）挂接地线时，应先接接地端，后接导线端，接地线连接要可靠，不准缠绕。

（2）若杆塔无接地引下线时，可采用临时接地棒，接地棒在地面下深度不得小于 0.6m。

（3）如利用铁塔接地时，允许每相个别接地，但铁塔与接地线连接部分应清除油漆，接触良好。

（4）拆接地线时的程序与挂接地线时的程序相反，即先拆导线端，后拆接地端。

（5）在拆除有感应电压反应在停电线路上时所加挂接地线，要防止感应电触电。

（6）装、拆接地线时，工作人员应使用绝缘杆，人体不得碰触接地线。

第七章 线路运行与维护

原文："7 线路运行与维护"

第一节 一 般 要 求

原文："7.1 一般要求"

原文："线路运行与维护包含线路巡视、线路停复役操作、杆塔及配电设备维护和测量、砍剪树木等。作业时应注意自我防护，保持安全距离。"

规程原文节下没有设条，根据这段话的意思可以将两句话分成两个方面。一方面是讲线路运行维护的工作内容，另一方面是讲作业人员在进行线路运行维护作业时要注意人身安全。

一、线路运行维护的工作内容

1.《电力安全工作规程》（电力线路部分）

原燃料工业部于1955年初次颁发《电业安全工作规程》时分为发电厂和变电所电气部分、高压架空线路部分。原水利电力部在规程执行20多年后重新修改后于1977年颁发时改名为《电业安全工作规程》（发电厂和变电所电气部分、电力线路部分）。从《高压架空线路部分》改名为《电力线路部分》，扩大了《电业安全工作规程》的使用范围，过去仅适合于高压超高压架空电力线路，现在不仅适合于高压、超高压架空电力线路，也适用于中压、低压架空电力线路，同样适用于直流线路、电力电缆线路，由此可以看出，《电力安全工作规程》（电力线路部分）适合于把电源（发电机）和用户连接在一起的各种电压等级、各种导线形式的所有线路，同时也适用于用户内部的各种电压等级和各种导线形式的所有线路。一言以蔽之，凡是在有电的线路上工作，为了作业者自身的安全，为了设备的安全，为了系统的安全，应遵守《电力安全工作规程》（电力线路部分）的各项规定。

2. 电力线路路径

架空电力线路虽然架设于高于地面几米到十几米乃至几十米的空中，但电力线路的电磁场会对周围物体产生危害。为了保证线路安全运行以及沿线居民的健康，在设计电力线路时已充分考虑到路径选择的问题，并为电力线路留出规定的走廊宽度。

（1）尽量少占耕地农田，尽量避免经过居民区、林区、矿区、危险区（滑坡、泥石流、塌方、洪水易冲刷区）、重冰区、重雷区、强烈地震区、湖泊、高山、沼泽地带等。

（2）路径选择要统筹兼顾、合理安排，既要转弯少、特殊跨越少，还要便于施工以及今后的运行维护和检修的方便，还要路径最短，凡能与公路平行、靠近的地方应尽量靠近。

（3）尽量减少强电场对各种弱电线路和设备（如各种通信线，调频、调幅电台、机场、航空港等重要设施）的干扰影响、与被干扰设施保持规定的安全距离。

（4）高压架空线路与铁路、公路、道路、河流、管道及各种架空线路接近或交叉跨越，也必须保持规定的最小垂直距离。

（5）超高压线路下面一定距离处的电场强度有可能对人体健康产生妨碍，人体进入一定强度的电磁场后，可能引起血压和脉搏变动、心脏无节律波动、易于激动烦恼、出现不愉快和疲劳现象。为降低高压线下的电场强度，可以在线下种植大片植物（自然长高不超过 2m），能够很明显地改善所种植物高度处及以下的电场强度。

3. 自然气候和环境对电力线路的影响

中、低压配电线路大都在城镇村庄，受天气影响的程度相对高压架空线路较弱。自然气候和环境对高压线路产生的影响如下。

（1）气温变化引起导线伸缩、导线弛度变化。

（2）雷电活动造成绝缘击穿、绝缘子串冲击闪络，使线路断路器跳闸。

（3）大风危害。线路设计已经考虑了风速，但当风速超过一定值时，线路设备在迎风面水平方向上的机械荷载将增加，拉伸作用使悬垂绝缘子串偏斜，导线张力和弛度都将增加，造成空气绝缘间隙减小，易发生相间短路和导线烧伤等事故。风使导线产生振动，引起金属疲劳，严重时造成导线断股，甚至断线。

（4）覆冰使导线应力增加，杆塔及承力元件的荷载也增加，严重覆冰时会导致倒杆断线事故。

（5）大气污秽使绝缘子表面形成污秽层，当遇到潮湿（如雾、毛毛细雨）气候条件时，发生闪络击穿。污闪是电力生产中积极重点预防的事故之一。

（6）电晕是导线表面及其附近的电场强度超过了空气击穿强度时，在导线表面附近产生的游离放电现象。电晕放电不仅增加了电能损失，而且还产生噪声及无线电杂音，对通信产生影响和干扰。

4. 保证电力线路安全运行

（1）结合每条电力线路的运行环境和设备健康水平，建立线路档案，做到"安全第一，预防为主，综合治理"。

（2）电力线路的运行工况是通过运行维护人员进行定期和不定期巡视检查而掌握的。巡视工作质量的好坏，与运行人员的技术素质和职业道德有关。线路巡视必须做到巡视到位，不漏项目，原因判断准确，处置妥当合理。

（3）缺陷管理是运行管理的中心环节，必须搞好线路的缺陷管理工作，编制检修计划安排消缺。

（4）搞好线路维护和检修，保证设备完好率达到100％。坚持"应修必修，修必修好"的原则，积极推广不停电处理缺陷和进行线路整改工作。

（5）搞好线路的防护工作。架空电力线路行程数十千米和数百千米，光靠线路巡视人员的定期巡视和不定期巡视是远远不够的，必须积极宣传执行《中华人民共和国电力法》和《电力设施保护条例》以及《电力设施保护条例实施细则》，积极依靠沿线居民、当地政府开展护线活动。造成电力设施破坏的因素有外力、内力、自然力和混合力四种。电力设施保护主要是防止外力、自然力和混合力对电力设施造成的破坏。电力设施保护的主体是全社会，既有国家也有公民，既有电力管理部门、司法机关和电力企业，又有国家其他职能部门、企事业单位和社会团体以及人民群众的广泛参与，除了保障电力企业生产和建设的顺利进行外，更重要的是维护公共安全。

二、线路运行维护作业时自我防护要求

线路运行维护作业人员要注意自我防护，做到三不伤害：不伤害自己，不伤害别人，不被别人伤害。国标电力线路部分共有5张表涉及各种安全距离，见表7-1-1。

表7-1-1　国家标准《电力安全工作规程　电力线路部分》中表1～表5安全距离汇总比较表

电压等级/kV	表1 在带电线路杆塔上工作与带电导线最小安全距离/m	表2 配电设备不停电时的安全距离/m	表3 人员工作中与配电设备带电部分的安全距离/m	表4 邻近或交叉其他电力线工作的安全距离/m	表5 与架空输电线及其他带电体的最小安全距离/m
<1	0.7	0.7	0.35	1.0	1.5
1～10	0.7	0.7	0.35	1.0	3.0
20	1.0	1.0	0.60	2.5	4.0
35	1.0	1.0	0.60	2.5	4.0
66	1.5			3.0	4.0
110	1.5			3.0	5.0
220	3.0			4.0	6.0
330	4.0			5.0	7.0
500	5.0			6.0	8.5
750	8.0			9.0	
1000	9.5			10.5	
±50	1.5			3.0	
±500	6.8			7.8	
±660	9.0			10.0	
±800	10.1			11.1	

注　1. 表中未列电压等级按高一档电压等级安全距离，如44kV采用66kV，154kV采用220kV电压等级的安全距离。

　　2. 750kV数据是按海拔2000m校正，其他电压等级数据是按海拔1000m校正。

第二节　线路巡视
原文："7.2 线路巡视"

一、条文7.2.1

原文："7.2.1 单人巡线时，不应攀登杆塔。"

1. 巡线工作应由有电力线路工作经验的人员担任

怎样才算是一个有电力线路工作经验的人员呢？那就是应该做到"三熟"、"三能"。"三熟"是指应该掌握的电气理论知识、管理制度、专业技能知识的范围。"三能"是指将理论知识用于指导实践，要求达到的技能水平和具体效果。电力线路运行维护人员应具备的"三熟"、"三能"要求，见表 7-2-1。

表 7-2-1 电力线路运行维护人员应具备的"三熟"、"三能"要求

项　　目	具 体 要 求
熟悉工作对象	(1) 架空电力线路组成元件，包括型号、结构、数量； (2) 线路所在电力系统运行的简明状况； (3) 电力系统基本原理、线路基本参数； (4) 熟悉导线、架空地线、绝缘子、杆塔、各种金具，防雷装置、接地装置； (5) 线路运行环境、线路健康状况
熟悉工具和工作方法	(1) 线路带电和不带电条件下的维护工艺； (2) 线路作业工具的检查、试验、使用； (3) 线路各种巡视方法； (4) 线路元件的操作
熟悉规程制度	(1) 熟悉线路防护规程、检修规程； (2) 熟悉线路安全运行规程、缺陷管理制度； (3) 熟悉设备交接验收等管理制度
能看懂图纸和从原理上分析	(1) 能看懂专业图纸（系统网络图、杆塔结构图、线路平断面图等）； (2) 能正确分析运行状况； (3) 能正确鉴别故障和缺陷的严重程度，从原理上分清它们产生的原因，可能出现的后果，提出可行的措施
能及时发现故障和排除故障	(1) 当出现线路故障后，要求能迅速找出故障点； (2) 及时排除故障，并能针对性地提出防范同类问题的措施
能掌握检修基本技能	(1) 能熟练掌握运行维护中常用的和基本的检修技能； (2) 能负责或独立完成维护工作，小修项目； (3) 新设备投运前或线路检修后的验收； (4) 熟练使用各种测量工具和仪表，懂得正确的测量方法； (5) 正确测量线路有关电气参数，准确测算各种电气距离，达到准确度要求； (6) 正确填写好各种运行记录和检修记录

作为线路巡线人员除应具备上述"三熟"、"三能"外，还应对所巡视的线路熟悉和掌握要求，见表 7-2-2。

表 7-2-2 巡线人员对所巡视线路的熟悉和掌握要求

项　　目	具 体 要 求
熟悉架空线路全面情况	(1) 线路路径、线路全长； (2) 所有导线、架空地线的各种型号、规格及所使用的区段； (3) 线路的运行参数、最大输送能力的电流值以及所巡视线路在所连接电力网中的功用； (4) 最大档距、最大弛度和最小弛度段最大跨越档； (5) 耐张杆塔、转角杆塔与各自的转角度数； (6) 换位杆塔及换位方式、换位的具体长度及确切的地名段； (7) 有多少基特殊杆塔、交叉跨越杆塔、分支塔、跨河塔、跨路塔，及经过市镇居民点的处所等

续表

项　目	具　体　要　求
熟悉高压线路的绝缘结构	(1) 由线路绝缘结构所限定的安全距离、交叉跨越距离及具体的地点与数量； (2) 交叉跨越处的安全防护措施； (3) 绝缘子串的片数、型号及与导线横担的各种连接方式； (4) 绝缘子串的电位分布标准； (5) 线路是否经过污秽地区及污秽等级
熟悉气象条件	(1) 熟悉线路所经过地区的自然气象区划分及该线路设计时的组合气象条件； (2) 熟悉线路经过地区的最大风速、受风害区域； (3) 熟悉线路经过地区的最大覆冰、雷暴日数、重雷区； (4) 熟悉线路经过区域的最高气温最低气温、昼夜最大温差等； (5) 线路所采取的防震设计及具体安装方法
熟悉土壤电阻率	(1) 熟悉线路沿线的土壤电阻率情况，特别是高土壤电阻率的地段； (2) 采取的降阻方法； (3) 接地杆塔的接地电阻值
会维护	(1) 掌握全线路各个维护项目的维护工作方法和操作技能； (2) 具体个体独立工作并消除普通缺陷的安全行为能力
掌握线路技术状况	(1) 掌握所巡视线路的技术状况，清楚设备缺陷分级管理的具体规定内容； (2) 详细掌握二类设备、三类设备的数量和确切情况，正确进行有关分析
巡线有关事项的执行和处理	(1) 单独巡线人员应具备在各种巡视工作时自我安全防护的能力； (2) 故障巡线时应注意的安全事项、巡视重点和方法，应搜集记录的故障现象； (3) 正确填写有关巡线记录

2. 巡线人员的人数要求

(1) 新人员不得一人单独巡线。

(2) 单人巡线时，禁止攀登电杆和铁塔。

(3) 偏僻山区和夜间巡线必须有两人进行。

(4) 暑天、大雪天等恶劣天气，必要时由两人进行。

以上四条是行标安规对巡线人员的人数的基本规定。由此规定可以看出，线路的正常巡视通常是由有电力线路工作经验的一个人巡视即可。在偏僻山区巡线，考虑到安全问题，必须有两人进行，同样夜间巡线也必须两人进行。对于恶劣天气下的巡线，必要时由两人进行，这主要看高温和大雪的严重程度。为培养新人员，使新人员熟悉线路情况，可由有经验的老人员带一个新人员进行两人巡线。新人员不得一人单独巡线。老人员单独巡线时，也不准攀登电杆和铁塔。单独巡线人员应考试合格并经工区（公司、所）主管生产领导批准。

国网《安规》对此规定是：巡线工作应由有电力线路工作经验的人员担任。单独巡线人员应考试合格并经工区（公司、所）主管生产领导批准。电缆隧道、偏僻山区和夜间巡线应由两人进行。暑天、大雪天等恶劣天气，必要时由两人进行。单人巡线时，禁止攀登电杆和铁塔。较行标安规增加了电缆隧道巡视工作应由两人进行，单独巡线人员的条件：应考试合格并经工区（公司、所）主管生产领导批准。

3. 线路巡视种类

为了掌握线路的运行状况，及时发现缺陷和沿线威胁线路安全运行的隐患，必须按期进行巡视与检查。线路巡视的种类见表 7-2-3。

表 7-2-3　　　　　　　　　　　　**线 路 巡 视 种 类**

种 类	定 义
定期巡视	由专职巡线员进行，掌握线路的运行状况，沿线环境变化情况，并做好护线宣传工作，一般每季度至少一次，市区每月一次
特殊性巡视	在气候恶劣（如台风、暴雨、覆冰等）、河水泛滥、火灾和其他特殊情况下，对线路的全部或部分进行巡视或检查，巡视时间按需要确定
夜间巡视	在线路高峰负荷或阴雾天气时进行，检查导线接点有无发热打火现象、绝缘子有无闪络、木横担有无燃烧现象等。在重要负荷与污秽地区，每年至少一次
故障性巡视	在线路发生故障后为查明线路发生故障的地点和原因所进行的专门巡视
监察性巡视	由部门领导和线路专责技术人员进行，其目的是了解线路及设备的状况，并检查和指导巡线员的工作。重要线路和事故多发的线路每年至少一次，一般线路抽查巡视

4. 线路巡视主要内容

除了对线路本体设施进行巡视外，还应了解线路沿线情况。线路巡视的主要内容见表 7-2-4。

表 7-2-4　　　　　　　　　　　　**线 路 巡 视 主 要 内 容**

巡视对象	主 要 内 容
杆塔	（1）杆塔是否倾斜；铁塔构件有无弯曲、变形、锈蚀；螺栓有无松动；混凝土杆有无裂纹、酥松、钢筋外露，焊接处有无开裂、锈蚀；木杆有无腐朽、烧焦、开裂；绑桩有无松动；木楔是否变形或脱出； （2）杆塔基础有无损坏、下沉或上拔，周围土壤有无挖掘或沉陷，寒冷地区电杆有无冻鼓现象； （3）杆塔位置是否合适，有无被车撞的可能；线路保护设施是否完好，标志是否清晰； （4）杆塔有无被水淹、水冲的可能。防洪设施有无损坏、坍塌； （5）杆塔标志（如杆号、相位警告牌等）是否齐全、明显； （6）杆塔周围有无杂草和蔓藤类植物附生。有无危及安全的鸟巢、风筝及杂物
横担及金具	（1）木横担有无腐朽、烧损、开裂、变形； （2）铁横担有无锈蚀、歪斜、变形； （3）金具有无锈蚀、变形；螺栓是否紧固，是否缺帽；开口销有无锈蚀、断裂、脱落
绝缘子	（1）瓷件有无脏污、损伤、裂纹和闪络痕迹； （2）铁脚、铁帽有无锈蚀、松动、弯曲
导线、架空地线、耦合地线	（1）有无断股、损伤、烧伤痕迹，在化工、沿海等地区的导线有无腐蚀现象； （2）三相导线弛度是否平衡，有无过紧、过松现象； （3）导线接头是否良好，有无过热现象（如接头变色、雪先熔化等），连接线夹弹簧垫是否齐全，螺帽是否紧固； （4）过（跳）引线有无损伤、断股、歪扭，与杆塔、构件及其他引线间距离是否符合规定； （5）导线上有无抛扔物； （6）固定导线用绝缘子上的绑线有无松弛或开断现象

巡视对象	主 要 内 容
防雷设施	(1) 避雷器瓷套有无裂纹、损伤、闪络痕迹，表面是否脏污； (2) 避雷器的固定是否牢固； (3) 引线连接是否良好，与邻相和杆塔构件的距离是否符合规定； (4) 各部附件是否锈蚀，接地端焊接处有无开裂、脱落； (5) 保护间隙有无烧损、锈蚀或被外物短接，间隙距离是否符合规定； (6) 雷电观测装置是否完好
接地装置	(1) 接地引下线有无丢失、断股、损伤； (2) 接头接触是否良好，线夹螺栓有无松动、锈蚀； (3) 接地引下线的保护管有无破损、丢失，固定是否牢靠； (4) 接地体有无外露、严重腐蚀，在埋设范围内有无土方工程
拉线、顶（撑）杆、拉线柱	(1) 拉线有无锈蚀、松弛、断股和张力分配不均等现象； (2) 水平拉线对地距离是否符合要求； (3) 拉线绝缘子是否损坏或缺少； (4) 拉线是否妨碍交通或被车碰撞； (5) 拉线棒（下把）、抱箍等金具有无变形、锈蚀； (6) 拉线固定是否牢固，拉线基础周围土壤有无突起、沉陷、缺土等现象； (7) 顶（撑）杆、拉线柱、保护桩等有无损坏、开裂、腐朽等现象
接户线	(1) 线间距离和对地、对建筑物等交叉跨越距离是否符合规定； (2) 绝缘层是否老化、损坏； (3) 接点接触是否良好，有无电化腐蚀现象； (4) 绝缘子有无破损、脱落； (5) 支持物是否牢固，有无腐朽、锈蚀、损坏等现象； (6) 弛度是否合适，有无混线、烧伤现象
配电变压器和变压器台架	(1) 套管是否清洁，有无裂纹、损伤、放电痕迹； (2) 油温、油色、油面是否正常，有无异声、异味； (3) 呼吸器是否正常，有无堵塞现象； (4) 各个电气连接点有无锈蚀、过热和烧损现象； (5) 分接开关指示位置是否正确，换接是否良好； (6) 外壳有无脱漆、锈蚀；焊口有无裂纹、渗油；接地是否良好； (7) 各部密封垫有无老化、开裂，缝隙有无渗漏油现象； (8) 各部螺栓是否完整，有无松动； (9) 铭牌及其他标志是否完好； (10) 一、二次熔断器是否齐备，熔丝大小是否合适； (11) 一、二次引线是否松弛，绝缘是否良好，相间或对构件的距离是否符合规定，对工作人员上下电杆有无触电危险； (12) 变压器台架高度是否符合规定，有无锈蚀、倾斜、下沉；木构件有无腐朽；砖、石结构台架有无裂缝和倒塌的可能，地面安装的变压器，围栏是否完好； (13) 变压器台架上的其他设备（如表箱、开关等）是否完好； (14) 台架周围有无杂草丛生、杂物堆积，有无生长较高的农作物、树、竹、蔓藤类植物接近带电体

续表

巡视对象	主 要 内 容
配变站	（1）各种仪表、信号装置指示是否正常； （2）各种设备、各部接点有无过热、烧伤、熔接等异常现象；导体（线）有无断股、裂纹、损伤；熔断器接触是否良好，空气开关运行是否正常； （3）各种充油设备的油色、油温是否正常，有无渗、漏油现象；呼吸器中的变色硅胶是否正常； （4）各种设备的瓷件是否清洁，有无裂纹、损坏、放电痕迹等异常现象； （5）开关指示器位置是否正确； （6）室内温度是否过高，有无异音、异味现象；通风口有无堵塞； （7）照明设备和防火设施是否完好； （8）建筑物、门、窗等有无损坏；基础有无下沉；有无渗、漏水现象；防小动物设施是否完好、有效； （9）各种标志是否齐全、清晰； （10）周围有无威胁安全、影响运行和阻塞检修车辆通行的堆积物等； （11）接地装置连接是否良好，有无锈蚀，损坏等现象
柱上油断路器和负荷开关	（1）外壳有无渗、漏油和锈蚀现象； （2）套管有无破损、裂纹、严重脏污和闪络放电的痕迹； （3）开关的固定是否牢固；引线接点和接地是否良好；线间和对地距离是否足够； （4）油位是否正常； （5）开关分、合位置指示是否正确、清晰
隔离开关和熔断器	（1）瓷件有无裂纹、闪络、破损及脏污； （2）熔丝管有无弯曲、变形； （3）触头间接触是否良好，有无过热、烧损、熔化现象； （4）各部件的组装是否良好，有无松动、脱落； （5）引线接点连接是否良好，与各部间距是否合适； （6）安装是否牢固，相间距离、倾斜角是否符合规定； （7）操动机构是否灵活，有无锈蚀现象
电容器	（1）瓷件有无闪络、裂纹、破损和严重脏污； （2）有无渗、漏油； （3）外壳有无鼓肚、锈蚀； （4）接地是否良好； （5）放电回路及各引线接点是否良好； （6）带电导体与各部的间距是否合适； （7）开关、熔断器是否正常、完好； （8）并联电容器的单台熔丝是否熔断； （9）串联补偿电容器的保护间隙有无变形、异常和放电痕迹
沿线情况	（1）沿线有无易燃、易爆物品和腐蚀性液、气体； （2）导线对地、对道路、公路、铁路、管道、索道、河流、建筑物等距离是否符合规定，有无可能触及导线的铁烟囱、天线等； （3）周围有无被风刮起危及线路安全的金属薄膜、杂物等； （4）有无威胁线路安全的工程设施（如机械、脚手架等）； （5）查明线路附近的爆破工程有无爆破申请手续，其安全措施是否妥当； （6）查明防护区内的植树、种竹情况及导线与树、竹间距离是否符合规定； （7）线路附近有无射击、放风筝、抛扔外物、飘洒金属和在杆塔、拉线上拴牲畜等； （8）查明沿线污秽情况； （9）查明沿线江河泛滥、山洪和泥石流等异常现象； （10）沿线有无违反《电力设施保护条例》的建筑

5. 线路运行标准

线路运行标准，如表7-2-5所示。

表7-2-5　　　　　　　　　　　线路运行标准项目标准

项 目	标 准
杆塔位移与倾斜的允许范围	(1) 杆塔偏离线路中心线不应大于0.1m； (2) 木杆与混凝土杆倾斜度（包括挠度），转角杆、直线杆不应大于15/1000，转角杆不应向内角倾斜，终端杆不应向导线侧倾斜，向拉线侧倾斜应小于200mm； (3) 铁塔倾斜度，50m以下倾斜度应不大于10/1000，50m及以上倾斜度应不大于5/1000
杆塔及基础	(1) 混凝土杆不应有严重裂纹、流铁锈水等现象，保护层不应脱落、酥松、钢筋外露，不宜有纵向裂纹，横向裂纹不宜超过1/3周长，且裂纹宽度不宜大于0.5mm； (2) 木杆不应严重腐朽； (3) 铁塔不应严重锈蚀，主材弯曲度不得超过5/1000，各部螺栓应紧固； (4) 混凝土基础不应有裂纹、酥松、钢筋外露现象
横担与金具	(1) 横担与金属应无严重锈蚀、变形、腐朽。铁横担、金具锈蚀不应起皮和出现严重麻点，锈蚀表面积不宜超过1/2； (2) 木横担腐朽深度不应超过横担宽度的1/3； (3) 横担上下倾斜、左右偏歪不应大于横担长2%

绝缘子、瓷横担项下：

(1) 绝缘子、瓷横担应无裂纹、釉面剥落面积不应大于100mm²；
(2) 瓷横担线槽外端头釉面剥落面积不应大于200mm²；
(3) 铁脚无弯曲，铁件无严重锈蚀；
(4) 绝缘子应根据地区污秽等级和规定的泄漏比距来选择其型号，验算表面尺寸。污秽等级标准如下表：

污秽等级	污秽条件		泄漏比距/(cm·kV⁻¹)	
	污秽特征	盐密/(mg·cm⁻²)	中性点直接接地	中性点非直接接地
0	大气清洁地区及离海岸50km以上地区	0～0.03（强电解质） 0～0.06（弱电解质）	1.6	1.9
1	大气轻度污染地区或大气中等污染地区，盐碱地区，炉烟污秽地区，离海岸10～50km地区，在污闪季节中干燥少雾（含毛毛雨）或雨量较多时	0.03～0.01	1.6～2.0	1.9～2.4
2	大气中等污染地区，盐碱、炉烟污秽地区，离海岸3～10km地区，在污闪季节中潮湿多雾（含毛毛雨），但雨量较少时	0.05～0.1	2.0～2.5	2.4～3.0
3	大气严重污染地区，大气污染而又有重雾的地区，离海岸1～3km及盐场附近重盐碱地区	0.10～0.25	2.5～3.2	3.0～3.8
4	大气特别严重污染地区，严重盐雾侵袭地区，离海岸1km以内的地区	0.25	3.2～3.8	3.8～4.5

续表

项　目	标　准
导线、架空地线、耦合地线	(1) 导线通过的最大负荷电流不应超过其允许电流； (2) 导（地）线接头无变色和严重腐蚀，连接线夹螺栓应紧固； (3) 导（地）线应无断股；7 股导（地）线中的任一股导线损伤深度不得超过该股导线直径的 1/2；19 股及以上导（地）线，某一处的损伤不得超过 3 股； (4) 导线过引线、引下线对电杆构件、拉线、电杆间的净空距离，1～10kV 不小于 0.2m，1kV 以下不小于 0.1m； (5) 每相导线过引线、引下线对邻相导体、过引线、引下线的净空距离，1～10kV 不小于 0.3m，1kV 以下不小于 0.15m； (6) 高压（1～10kV）引下线与低压（1kV 以下）线间的距离，不应小于 0.2m； (7) 三相导线的弛度应力求一致，弛度误差应在设计值的 −5%～+10% 之内；一般档距导线弛度相差不应超过 50mm
拉线	(1) 拉线应无断股、松弛和严重锈蚀； (2) 水平拉线对通车路面中心的垂直距离不应小于 6m； (3) 拉线棒应无严重锈蚀、变形、损伤及上拔等现象； (4) 拉线基础应牢固，周围土壤应无突起、淤陷、缺土等现象
接户线	(1) 接户线的绝缘层应完整、无剥落、开裂等现象；导线不应松弛； (2) 每根导线接头不应多于 1 个，且应用同一型号导线相连接； (3) 接户线的支持构架应牢固，无严重锈蚀、腐杇； (4) 导线、接户线的线距及交叉跨越距离应符合有关规定

6. 线路设备健康水平分类

对线路设备的健康水平进行级别分类评定，可以全面地概括出线路设备的技术状况。通常将线路设备分为三类，分别称为一类设备、二类设备、三类设备，应提高一类设备、二类设备占整个设备的比率，努力消灭三类设备。各类设备的主要标准特征见表 7-2-6

表 7-2-6　　　　　　　　线路设备健康水平分类标准特征

类别	主 要 标 准 特 征
一类设备	一类设备是指完好的设备。该类设备经运行实际检验，其技术状况良好，能够保证在设计的额定输送容量条件下安全运行。 (1) 杆塔构架和基础完好，混凝土杆仅有轻微裂纹，倾斜度符合有关规程要求，木杆和木横担无腐杇，铁横担只有轻微锈蚀。 (2) 导线、架空地线弛度正常且完好，仅有轻微锈蚀，存在断股处已做可靠处理。电气连接良好，能够在额定输送容量下安全运行。 (3) 杆塔及绝缘子良好，其各部连接紧密牢固，螺栓完整无缺，金具无变形损伤，铁件锌层和护漆层仅有轻微脱落和锈蚀现象。 (4) 导线对地距离、相间距离、交叉跨越距离均符合规程要求。 (5) 防雷过电压及防振动设施健全良好。接地装置完好，接地电阻符合要求。防污秽闪络已采取了有效措施。 (6) 杆塔周围没有被洪水冲刷，或虽有冲刷可能，但已经采取了有效的保护措施。 (7) 线路运行标志完整、醒目。 (8) 线路运行资料齐全，数据正确，与现场实际情况相符

类别	主 要 标 准 特 征
二类设备	二类设备是指基本完好的设备，虽个别部件存在一般性缺陷，但不至于妨碍运行，并能经常保证线路的安全运行。 （1）杆塔结构完好，倾斜度虽超过了规程要求，但不至于造成倾倒。水泥杆存在对强度影响不大的裂纹。拉线有不甚严重的锈蚀。 （2）导线、架空地线有一般程度的锈蚀，但不影响安全运行。 （3）绝缘子有轻微损伤，但不影响绝缘和机械强度使安全运行可靠性降低。 （4）线路运行、检修和试验资料基本齐全，符合现场实际情况。 （5）接地网接地电阻符合规定，接地装置完好。 （6）导线的对地距离、相间距离、交叉跨越距离及其他安全距离均符合规程要求。 （7）线路名称、杆塔号及相序标志完整醒目。 （8）防雷、防振动设施齐全，接地装置完好
三类设备	三类设备指有重大缺陷或不能保证线路安全运行的设备。 （1）铁塔、铁横担与木杆、木横担分别有严重的锈蚀或腐朽。杆塔倾斜严重，基础下沉、露浅，混凝土电杆有严重的弯曲、裂缝、露筋，不能保证线路安全运行。 （2）导线、架空地线和拉线严重锈蚀、断股。导线对地、对周围建筑物、对交叉跨越设施的距离不符合规程要求。 （3）线路绝缘子老化裂纹、线路金具及铁附件严重锈蚀变形，严重影响强度。 （4）导线连接器接触不良，电阻值过大，铜铝连接未使用。 （5）线路图线、运行检修或试验资料不全，运行无从把握，未在规定周期内进行设备检查测试及预防性试验
评级办法	线路设备评级时，应按评级标准逐条进行（以条为单位），评级后应计算出设备的完好率（即一、二类设备的总台数与评级设备总数之比的百分数）

7. 设备缺陷分类

缺陷管理是电力生产和安全运行中影响全局的重要环节。由于各种缺陷发生时的情况及严重程度不同，因此对它们的处理时间和处理方法也不同。为了按照轻重缓急分别对待，有必要将缺陷进行分类，从而做到心中有数，防患于未然，减少运行检修费用，保证线路设备始终处于安全、稳定、连续运行状态。线路缺陷一般也分为三类，分别称为一般缺陷、重大缺陷、紧急缺陷。

线路设备缺陷认定标准和处理方法见表7-2-7。

表7-2-7　　　　　　　线路设备缺陷认定标准和处理方法

类别	认定标准和处理方法
一般缺陷（三类缺陷）	指那些性质轻微，在一定的运行时间段内也不会加剧，对安全运行无重大影响的缺陷。三类缺陷由运行班组按月度上报，在季度或年内的检修计划中安排消除
重大缺陷（二类缺陷）	与三类缺陷相比，此类缺陷已对安全运行构成较大影响，但仍然可以在短期内继续运行而不至于发展成为事故。对于此类缺陷，要求应在短期内尽快予以消除，未消除之前，运行人员应加强监视，必须采取限制缺陷继续发展的有效措施
紧急缺陷（一类缺陷）	此类缺陷已相当严重，直接威胁到安全运行，并且随时都有可能扩大而导致设备毁损发生事故。因此，该类缺陷一旦发生，必须进入事故状态，巡查人员尽速立即报告工区和生产部门领导

8. 线路设备缺陷分级管理

线路设备缺陷的分级管理流程，如图 7－2－1 所示。

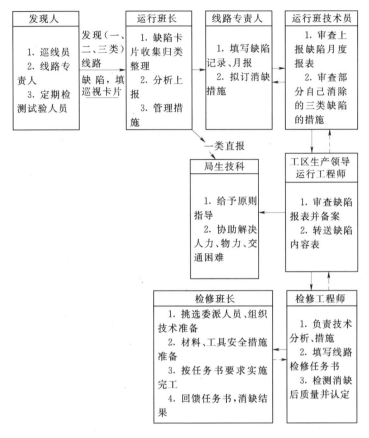

图 7－2－1　线路设备缺陷管理流程图

对线路设备缺陷实行分级管理，即分为线路运行维护班组、线路工区、供电局生技部门三级管理。运行班组是线路管理的直接责任单位，班组应掌握全部设备缺陷内容。维护专责人应按职责掌握自己负责段线路的全部缺陷。全部缺陷中，除了班组能自行消除的部分缺陷（大多是三类缺陷）外，其余全部缺陷均应报至工区，制订计划及时安排消除。二类缺陷一般由工区和班组共同处理，一类缺陷应按规定及时上报供电局生技部门。对于负荷性质重要的系统主网架干线的重大缺陷、疑难问题，以及需要列入年度大修或更新改造工程中消除的缺陷，也需报经生技部门负责协助工区消除。

线路设备缺陷管理，按程序步骤进行消缺是强化安全责任制，提高安全管理格局的实际表现。线路缺陷实施按程序步骤查处，不仅明确了各职能人员的责任与工作标准，而且在管理程序方面也实现了层层递进、环环相扣、互相监督与制约，不易产生失误，出现问题时也易于纠正。

9. 巡线安全注意事项

（1）夜间巡线应沿线路外侧进行。

（2）大风巡线应沿线路上风侧前进，以免万一触及断落的导线。

（3）事故巡线应始终认为线路带电，即使明知该线路已停电，亦应认为线路随时有恢复送电的可能。

（4）巡线人员发现导线断落地面或悬吊空中，应设法防止行人靠近断线点 8m 以内，并迅速报告领导，等候处理。

国网《安规》对巡线的安全注意事项和安全技术措施作了较多的补充，其条文如下。

（1）雷雨、大风天气或事故巡线，巡视人员应穿绝缘鞋或绝缘靴；暑天、山区巡线应配备必要的防护工具和药品；夜间巡线应携带足够的照明工具。

（2）夜间巡线应沿线路外侧进行；大风巡线应沿线路上风侧前进，以免万一触及断落的导线；特殊巡视应注意选择路线，防止洪水、塌方、恶劣天气等对人的伤害。

事故巡线应始终认为线路带电。即使明知该线路已停电，亦应认为线路随时有恢复送电的可能。

（3）巡线人员发现导线、电缆断落地面或悬吊空中，应设法防止行人靠近断线地点 8m 以内，以免跨步电压伤人，并迅速报告调度和上级，等候处理。

（4）进行配电设备巡视的人员，应熟悉设备的内部结构和接线情况。巡视检查配电设备时，不得越过遮栏或围墙。进出配电设备室（箱），应随手关门，巡视完毕应上锁。单人巡视时，禁止打开配电设备柜门、箱盖。

国网《安规》较行标安规增加了特殊巡视应注意选择路线，防止洪水、塌方、恶劣天气等对巡线人员的伤害。对巡线人员发现导线、电缆断落地面或悬吊空中的报告处理程序进行了细化。行标安规规定"迅速报告领导，等候处理"，国网《安规》为"迅速报告调度和上级，等候处理"，其目的均是为了提高处理速度。

10. 做好线路巡视维护工作的措施

如何提高线路运行工作质量，提高线路安全运行的可靠性，是一个需要长期努力实践并不断探索总结，不断提高认识水平与管理水平而逐步完善的课题。作为线路运行维护人员，首先应扎实地做好基础工作，在巡视与维护方面下工夫。

（1）深刻认识巡视的特点，在做好正常巡视的同时，特别注重抓好特殊巡视。周期性正常巡视需要检查和掌握的是普遍的表面状况，通过巡视过程，必须对全部设备的零部件及构件做到 100% 地检查到位，不遗漏任何一个元件，需要使故障和缺陷 100% 地被检出，从而保证（及时消除缺陷）线路的健康水平。对于特殊巡视故障巡视，因其具有很强的针对性和目的性，因此在巡线前应充分做好下列工作。

1）应选择在最大潮流分布或最大负荷（最高气温时）的典型及有代表性的时间段内进行。

2）在大雪、覆冰天气状况下巡视时，应实地观察并记录天气情况、运行参数、覆冰厚度、地段、污湿闪等，所有与故障和异常有关的参数都应详细记录，这是进行运行统计分析的宝贵原始资料。线路巡视人员应该培养并增强这种职业敏锐感觉和灵敏性。

3）线路的故障巡视要善于参考和运用线路保护动作记录报告。因为继电保护自动装置动作，其自动打印表单以及发生故障后的分析报告，对尽快寻找事故原因并缩短故障查处时间有重要作用。巡视时，必须从实际出发，完全按照实际情况进行搜集整理，从而使得巡查工作更有实效。

（2）制定科学的巡视周期与具体的（一定程度上也是灵活的）特巡方式。巡视时间的确定，应在研究和掌握了该线路的安全运行规律时，综合线路各类事故发生的特点并结合气候变化的特点而确定。定期巡视与不定期巡视，长周期与机动巡视，对于发现故障是互相配合而统一的。巡视周期合理，不仅可以节约劳动力及减少费用，而且对适时发现故障具有切实意义，在保证安全的前提下符合高效益、高效率、高质量的原则。

（3）从一定意义上说，保证安全运行所牵涉的质量问题，归根到底是如何学会和掌握一整套巡查发现故障的方法并努力采用先进的仪器仪表进行诊查的问题。加强输电线路安全技术管理，提高安全运行的可靠性，一方面要强调职业人员自身技术素质的提高；另一方面必须尽可能地借助和使用现代化的智能型故障侦查仪器和工具。

（4）搞好线路的维护工作。由于外部自然界各种因素的影响，会使高压线路部分设备元件出现性能降低和状态变化，主观上要求能够预知这些缺陷并采取措施消除，否则将难以保证线路的连续供电。

11. 线路经常性维护的主要内容

（1）对杆塔基础及拉线基础培土，拉线的调整或更换，埋设防护桩，扶正杆塔。

（2）涂刷线路杆塔的序号及相位号，悬挂警示标示牌，对线路走廊内的非法占用物进行清理，砍剪通道树枝，清除杆塔鸟巢及安放防鸟设施，线路杆塔零件的补缺。

（3）登上杆塔进行必要的维护工作，包括登杆检查、带电检测绝缘子、停电后的绝缘子清扫、护线条的修整、防振锤或磁钢棒的安装与拆除等。

（4）进行线路设备的有关测量工作，如测量弛度、接头温度、接地装置的接地电阻及交叉跨越距离的变化等。

二、条文 7.2.2

原文："7.2.2 恶劣气象条件下巡线和事故巡线时，应依据实际情况配备必要的防护用具、自救器具和药品。"

恶劣气象条件下巡线通常发生在以下两种情况：①在安排的计划周期巡线过程中遇到突发恶劣气象；②在发生恶劣气象时为取得线路运行的第一手资料安排的临时性巡线。因此应依据实际情况，往最坏处着想配备必要的防护用具，如防雨、防雷、防风等用具。最好能备配一把瑞士军刀和一些绳索。必要的防暑、防寒外用药和内服药品。巡线人员依据自身的身体健康状况配备一些常用药品。

因火灾、地震、台风、大冰雪、洪水、泥石流、沙尘暴等灾害引发的线路事故巡线时，必须制订必要的安全措施和配备必要的防护用具和自救用具。

三、条文 7.2.3

原文："7.2.3 夜间巡线应沿线路外侧进行。"

通常电力线路无所谓外侧、内侧，电力线路的保护区是以边线两侧多少米以内是线路走廊、属于线路保护区。外侧、内侧一说主要是指线路转角处，转角大的一侧为外侧，转角小的一侧为内侧，一旦发生倒杆断线事故，线路杆塔会向转角小的一侧倾斜。因此，为防不测，夜间巡线到线路转角处，应沿线路外侧进行。

四、条文 7.2.4

原文："7.2.4 大风时，巡线宜沿线路上风侧进行。"

巡线时如遇大风，应沿线路上风侧进行，也就是为防杆塔被大风刮倒断线，巡线人员应选择线路迎风一侧巡线，在线路上风侧观察杆塔导线不会被风沙迷眼。如在下风侧抬头观察受到大风的阻力很难进行。

五、条文7.2.5

原文："7.2.5 事故巡线应始终认为线路带电。"

因事故导致线路停电而需进行巡线时，应始终认为事故线路仍带有电压，不能当停电线路对待。正常的停电检修线路有工作票记载停电时间和送电时间，事故停电线路随时都有恢复送电的可能。

事故巡线人员一旦发现有导线、电缆断落地面或悬挂在空中，应设法防止行人靠近断线地点8m以内，以免跨步电压伤人，并迅速报告调度和上级，断落地点方位，等候抢修人员处理。

第三节 电 气 操 作

原文："7.3 电气操作"

一、操作发令

原文："7.3.1 操作发令"

（一）条文7.3.1.1

原文："7.3.1.1 发令人发布指令应准确、清晰，使用规范的操作术语和设备名称。"

1. 电气操作

电气操作，俗称倒闸操作，是电力系统中电气设备改变运行状态（由运行状态改变为撤运状态或检修状态），切换电气运行接线方式所需进行的操作及其执行过程的统称。电力线路作为最重要的电气设备，正确施行各项操作或工作，必然需要用完整的组织措施和制度加以保证。只有正确实施倒闸操作，才能保证作业人员的安全，保证电气设备的安全，保证电网的安全、经济运行。

2. 发令人

运行中的高压线路及与其连接的电气设备是电力系统的一部分，进行任何项目操作时，均必须按照该电网的调度值班员（包括线路工区的运行调度员）下达的命令执行。调度值班员是发布线路操作命令的责任职能人员（有权发布线路倒闸操作命令的人员，均由网省公司或厂总工程师对其资质予以审查，每年初书面行文公布一次），其所下达命令的形式有口头、电话和书面等三种。不论用何种形式下达的命令，均应清楚明确并保证命令内容的正确性。作为调度命令，其本身就体现着严肃的组织手段，严格的内容要求及严谨的执行方式。某项命令一旦发出，具有不可移易的性质。发令人不仅要有高度的职业责任心和技术能力，而且要熟悉所调管电网的运行方式、线路状态、设备性能规格型号等实际的全盘情况。只有这样，其所发布的命令才能做到正确无误。

（二）条文7.3.1.2

原文："7.3.1.2 受令人接令后，应复诵无误后执行。"

正确无误地接受调度命令是确保安全操作的重要环节。受令人接受命令时，应在线路操作命令记录本中按规范格式做详细记录,包括发令时间、发令人、受令人、命令号、命令内容、执行时间限制等内容。记录应认真、字迹清楚。全部命令记录完,受令人应就执行操作的有关问题逐项提出并向发令人询问清楚。如需变更时,要求发令人再作补充,直至无问题后,应将命令内容向发令人全部复诵一遍,核对无误,受令即告完毕。从时间上看,此时即视为命令已经开始执行的过程。

二、操作方式

原文:"7.3.2 操作方式"

(一) 条文 7.3.2.1

原文:"7.3.2.1 电气操作有就地操作和遥控操作两种方式。"

电气操作可以通过就地操作、遥控操作、程序操作完成。遥控操作、程序操作的设备应满足有关技术条件。

就地操作可以分为三类,由一人完成的操作,称为单人操作;由两人进行的同一项操作,称为监护操作,操作人应是熟练的运行人员,监护人员由运行值班负责人担任。由检修人员完成的操作,称为检修人员操作。检修人员操作也可以归类为监护操作,担任检修人员操作的监护人,可以是同一单位的检修人员,也可以是设备运行人员。

(二) 条文 7.3.2.2

原文:"7.3.2.2 正式操作前可进行模拟预演,确保操作步骤正确。"

无论是单人操作、监护操作、检修人员操作还是就地操作、遥控操作、程序操作,都应该在正式操作前进行模拟预演。操作人和监护人应根据模拟图或接线图核对所填写的操作项目,在模拟图(或微机防误装置、微机监控装置)上进行核对性模拟预演;无误后,再进行实际操作,从而确保操作步骤正确。

三、操作分类

原文:"7.3.3 操作分类"

(一) 条文 7.3.3.1

原文:"7.3.3.1 监护操作,是指有人监护的操作。"

担任监护人的是运行值班负责人、同一单位的检修人员或设备运行人员。监护人应了解操作目的和操作顺序。监护人不仅要在操作现场监护,而且在模拟图前模拟预演时也应在场监护。以确保操作人所填写的操作项目正确和模拟预演操作步骤正确。监护操作时,操作人在操作过程中不准有任何未经监护人同意的操作行为。

(二) 条文 7.3.3.2

原文:"7.3.3.2 单人操作,是指一人进行的操作。"

实行单人操作的设备、项目及运行人员需经设备运行管理单位批准,人员应通过专项考核。单人值班的变电站或发电厂升压站操作时,运行人员根据发令人用电话传达的操作指令填写操作票,复诵无误。

四、操作票填写

原文:"7.3.4 操作票填写"

(一) 条文 7.3.4.1

原文:"7.3.4.1 操作票是线路和配电设备操作前,填写操作内容和顺序的规范化票式。

可包含编号、操作任务、操作顺序、操作时间，以及操作人或监护人签名等。"

（1）按规定填写的线路电气操作票是现场实施操作的凭证，因此操作票填写的正确与否是进行线路电气操作的重要步骤。实际操作票制度，通过具体的措施如责任监护、检查、执行等一系列过程，不仅能够保证操作票填写正确，而且能够保证整个操作程序正确，从而为实现安全作业创造条件并提供措施保证。

（2）高压线路发生事故或部分设备故障后进行检修，主观上只需要很短的时间就可以使设备恢复正常，这种紧急检修工作，通常称之为事故处理。行标安规中指出，事故处理时的操作"可不填写操作票"。但操作仍然以调度员的命令为依据，并严格按现场运行规程中有关规定执行，同时还采取其他措施和安全技术措施。虽然没有填写操作票，但实质上已经履行了倒闸操作制度的实际内容和步骤。

（二）条文 7.3.4.2

原文："7.3.4.2 操作票由操作人员填用，每张票填写一个操作任务。"

（1）操作票应用钢笔或圆珠笔填写，票面应清楚整洁，不得任意涂改。操作票不得用铅笔填写，也不得用纯蓝墨水填写，要用灌注蓝黑墨水或碳黑墨水的钢笔填写，也不得用红色墨水或红色圆珠笔填写。字迹应工整，不应潦草，不应有错别字和丢字落字现象，应尽量保持票面清洁。

（2）用计算机开出的操作票应与手写格式票面统一。操作票票面应清楚整洁，不准任意涂改。操作票应填写设备双重名称，即设备名称和编号。操作人和监护人应根据模拟图或接线图核对所填写的操作项目，并分别手工或电子签名。

（3）电气操作人员应根据值班调度员（线路工区值班员）的操作命令（口头或电话）填写电气操作票。操作命令应清楚明确，受令人应将命令内容向发令人复诵，核对无误。

按照班组（或工区）制定的范例操作票填写。如无范例操作票，可参考已执行过的操作票。其目的主要是为了衡量所填写操作票的操作程序步骤是否正确。所填操作票不得违反现场运行规程。当调度员（线路工区值班员）全文发布操作票内容时，应按该命令内容详细填写，并向发令人复诵，自己要认真进行审查核对。

（4）操作票要填写设备双重名称，即设备名称和编号。

为防止收受操作命令中因设备名称谐音、近音而错发生事故，所操作的设备必须填写双重名称，即电气设备的汉字名称和数字编号名称。操作人填写完毕后，由监护人进行审查，双方均认为没有问题后，操作人先在操作票上的"操作人"项下签字，然后交给监护人，监护人在操作票上的"监护人"项下签字。

（三）条文 7.3.4.3

原文："7.3.4.3 操作前应根据模拟图或接线图核对所填写的操作项目，并经审核签名。"

操作票上的操作项目由操作人员填写，操作人员（包括监护人）应了解操作目的和操作顺序，对发令人发布的指令有疑问时应向发令人询问清楚无误后执行。操作人和监护人应根据模拟图或接线图核对操作票上所填写的操作项目，并分别手工或电子签名，然后经运行值班负责人（检修人员操作时由工作负责人）审核签名。每张操作票只能填写一个操作任务。

（四）条文 7.3.4.4

原文："7.3.4.4 事故紧急处理、拉合断路器的单一操作时，可不填用操作票。"

可以不用操作票的工作有：①事故应急处理；②拉合断路器（开关）的单一操作。

上述各项操作在完成后应做好记录。事故应急处理还要保存好原始记录。

（五）条文 7.3.4.5

原文："7.3.4.5 操作票见附录 G。"

（1）国标《安规》电力线路部分推荐的操作票格式见表 7－3－1。

表 7－3－1　　　　　　　　　操 作 票 格 式
操 作 票

单位				编号			
发令人		受令人		发令时间		年　月　日　时　分	
操作开始时间： 年　月　日　时　分				操作结束时间： 年　月　日　时　分			
（　）监护操作　　　　　　　　　　（　）单人操作							
操作任务：							
顺序	操作项目						√
备注：							
操作人：　　　　　　监护人：　　　　　　值班负责人（值长）：							

（2）国家电网公司《安规》线路部分规定的操作票格式见表 7 - 3 - 2。

表 7 - 3 - 2 **操 作 票 格 式**

电力线路倒闸操作票

单位_____ 编号_____

发令人		受令人		发令时间					
					年 月 日 时 分				
操作开始时间： 年 月 日 时 分				操作结束时间： 年 月 日 时 分					
操 作 任 务									
顺序		操作项目					✓		
备注：									
操作人：				监护人：					

（3）操作票应事先连续编号，计算机生成的操作票应在正式出票前连续编号，操作票按编号顺序使用。作废的操作票，应注明"作废"字样，未执行的应注明"未执行"字样，已操作的应注明"已执行"字样。操作票应保存一年。

五、操作的基本条件

原文："7.3.5 操作的基本条件"

（一）条文 7.3.5.1

原文："7.3.5.1 具有与实际运行方式相符的一次系统模拟图或接线图。"

在实际操作前，操作人和监护人应先在模拟图前拿着操作票，按照操作票上操作项目顺序依次进行模拟操作。模拟操作的过程也就是核对操作票的过程。通过与模拟图核对，不仅能加深对操作项目的理解和记忆，而且可能发现票面上的一些问题，或者发现票面与设备不一致的地方，通过模拟图核对及时加以纠正、解决，从而可以避免在实际操作中诱发事故。

（二）条文7.3.5.2

原文："7.3.5.2 操作设备应具有明显的标志，包括命名、编号、设备相色等。"

操作设备应具有明显的标志，如命名、编号、分合指示、旋转方向、切换位置的指示及设备相色等。这是操作设备应具有的可进行操作的基本条件。如果在核对性模拟预演时无误，而现场设备的标志有误或模糊不清，误导操作人员同样会发生不测。

（三）条文7.3.5.3

原文："7.3.5.3 高压配电设备应具有防止误操作的闭锁功能，必要时加挂机械锁。"

1. 高压配电设备应具有防止误操作的闭锁功能

高压电气设备都应安装完善的防误操作闭锁装置。防误操作闭锁装置不得随意退出运行，停用防误操作闭锁装置应经本单位分管生产的行政副职或总工程师批准；短时间退出防误操作闭锁装置时，应经变电站站长或发电厂当班值长批准，并应按程序尽快投入。

2. 应加挂机械锁的三种情况和机械锁钥的管理

（1）未装防误操作闭锁装置或闭锁装置失灵的刀闸手柄、阀厅大门和网门。

（2）当电气设备处于冷备用时，网门闭锁失去作用时的有电间隔网门。

（3）设备检修时，回路中的各来电侧刀闸操作手柄和电动操作刀闸机构箱的箱门。

机械锁要1把钥匙开1把锁，钥匙要编号并妥善保管。

六、操作的基本要求

原文："7.3.6 操作的基本要求"

（一）条文7.3.6.1

原文："7.3.6.1 停电操作应按照'断路器—负荷侧隔离开关—电源侧隔离开关'的顺序依次进行，送电合闸操作按相反的顺序进行。不应带负荷拉合隔离开关。"

对断路器、隔离开关进行操作时，不论操作票中是否列有检查项目，在未确证其实际位置时，现场操作之前都必须实地检查，以防误操作而导致恶性事故。

检查所操作的电气设备外壳接地应牢固、可靠。为防止操作过程中因设备绝缘损坏导致高电压串至人体，操作人必须穿好绝缘靴并戴绝缘手套。对无机械传动的电气设备进行操作时，应使用合格且电压等级合适的绝缘杆，并借助穿戴绝缘靴与手套进行操作。雨天操作时，所使用的绝缘工具应加防雨罩。

（二）条文7.3.6.2

原文："7.3.6.2 应按操作任务的顺序逐项操作。"

电气操作应由两人进行，一人操作，一人监护，并认真执行监护复诵制。发布命令和复诵命令都应严肃认真，使用正规操作术语，准确清晰，按操作票顺序进行逐项操作，每操作完一项，应检查无误后，做一个"√"记号。

以上所讲，便是电气操作中的监护复诵制。监护复诵制是安全操作措施的核心内容，线路运行维护人员一定要严肃对待每个操作步骤，杜绝走捷径或走过场，杜绝脱离监护人操作或无票操作等习惯性违章作业行为。执行监护复诵制度的主要步骤如下。

（1）监护人审查操作票并签名后，与操作人一起，根据所要进行的操作内容，带上所用安全器具至操作地点。

（2）进入操作现场后，监护人也应戴好安全帽并手持操作票。若对柱上油断路器等设备进行操作时，操作人还应穿绝缘靴并戴绝缘手套，核对所操作的设备名称（含编号名称），应与操作任务中所列名称完全一致，并进一步检查设备是否具备操作条件。

（3）核对设备名称编号无疑后，操作人站好操作位置，监护人在操作票上记录开始操作时间后即可逐项发布操作命令；监护人高声诵读第一项操作内容，操作人听清楚后，应手指该项设备部件并同时复诵命令内容；监护人听复无疑义后向操作人回答"对"或"执行"；操作人听到后即可进行该项操作，完毕后回复到开始操作前的初始位置等候；监护人确认后，在操作票上第一项序号左侧画"√"符号，开始诵读第二项操作命令内容……。如此逐项操作，直至畅通并执行完最后一项命令内容，经双方全部检查确认后，全部操作即告完毕。

（4）监护人应记录操作终了时间，向发令人报告"××号操作令，操作人×××于×时×分执行完毕。"操作人应据此（操作后的设备实际运行状态）在模拟图板上修改出实际接线位置，并修整所用过的工器具归入存放位置。

国网《安规》将"监护复诵制"改名为"唱票、复诵制"。具体规定是：电气操作应由两人进行，一人操作，一人监护，并认真执行唱票、复诵制。发布指令和复诵指令都应严肃认真，使用规范操作术语，准确清晰，按操作票顺序逐项操作，每操作完一项，应检查无误后，做一个"√"记号。操作中发生疑问时，不准擅自更改操作票，应向操作发令人询问清楚无误后再进行操作。操作完毕，受令人应立即汇报发令人。

（5）操作中发生疑问时，不准擅自更改操作票，必须向值班调度员或工区值班员报告，待弄清楚后再进行操作。

电气操作中出现疑问时，往往是不安全因素的显现。操作人和监护人绝不可麻痹大意而擅自更改操作票进行操作，应该遵循良好的职业习惯，主动向发令人报告，质询清楚后再操作，确保操作无差错。

（三）条文 7.3.6.3

原文："7.3.6.3 雷电天气时，不宜进行电气操作，不应就地电气操作。"

雷电活动对电力网的运行有较大的影响，无论是直击雷或是感应雷，都可能产生大气过电压。由于雷电波陡度大且幅值高，形成的雷电压可达几百至上千千伏，其作用在线路上必然会沿线路并向各分支溃散。如果操作人员不遵守规定而在此时冒险操作，断路器或隔离开关恰好在雷电波到来瞬间分断电路，其后果不堪设想。雷过电压会击穿设备的绝缘薄弱点放电，使断路器分断时电弧难以熄灭而发生重燃。如果此时是用绝缘杆直触带电导体操作，则操作人将冒很大的危险。线路作业人员应牢记：雷电时，严禁电气操作或进行其他线路工作。

（四）条文 7.3.6.4

原文："7.3.6.4 操作机械传动的断路器或隔离开关时，应戴绝缘手套。没有机械传动的断路器、隔离开关和跌落式熔断器，应使用绝缘棒进行操作。"

（1）操作柱上油断路器时，应有防止断路器爆炸的措施，以免伤人。由于柱上油断路器遮断容量较小，维护检查相对缺油等未发现或及时消除，使得该断路器在性能降低状态下运行。遇有线路出口附近发生短路，故障遮断时则油被气化形成的压力大，仅有的7％的缓冲空间难以承受，电弧蹿出油面不能熄灭时，断路器将有发生爆炸的危险。所以，操作该设备时应采取可靠的安全防护措施，包括事先检查断路器油位正常；线路确无短路、无接地故障存在；操作时必须戴好安全帽；尽量使操作人员与柱上断路器保持较大空间距离。

（2）凡登杆进行电气操作时，操作人员应戴安全帽，并使用安全带。登上电杆进行高处电气操作时，强调监护人应到位做好提醒和监护工作。登杆前应系好安全带、戴好安全帽，并按规定检查其是否完好，在试验合格的有效期间内。所用脚扣等也应进行有效的强度检查。

（五）条文7.3.6.5

原文："7.3.6.5 更换配电变压器跌落式熔断器熔丝，应先将低压刀闸和高压隔离开关或跌落式熔断器拉开。装卸跌落式熔断器熔管时，应使用绝缘棒。"

更换配电变压器跌落式熔断器熔丝的工作，应先将低压刀开关和高压隔离开关或跌落式熔断器拉开。摘挂跌落式熔断器的熔管时，必须使用绝缘棒，并应有专人监护。其他人员不得触及设备。

跌落熔断器是6～35kV配网线路配电变压器上使用较多的控制元件。该元件虽然结构简单，但与配电变压器组合后，若在带负荷运行状况下违章操作时，很容易发生弧光短路事故。因此，必须严格执行操作规程，操作过程中应注意以下事项。

（1）进行该项工作时，必须遵守高压电气设备工作至少应有两人的规定，在有效的监护之下进行。这与执行电气操作票制度的内容一致。

（2）操作时，应先拉开变压器低压侧负荷总刀开关或拔下分相总熔丝。为了防止溅弧烧伤操作人手臂或触电，拉开开关时要戴上绝缘手套，讲究技巧，初分瞬间要快，以利熄弧。

（3）断开跌落式熔断器时，应使用合格的绝缘杆。首先应拉开中间相熔体管，后拉开两边相熔体管。当三相为水平排列且有风天操作时，应先拉开中间相，再拉开下风侧相，最后拉开上风侧相。

（4）用绝缘杆摘挂熔体管时，应注意挑脱挂接稳定，避开配电变压器下端，防止熔体管掉落砸坏变压器瓷套。

（5）发现熔丝熔断时，应查明原因，若两相同时熔断时，更应对设备进行详细检查。怀疑熔丝规格偏小，应经核算后才可改变。

（6）熔丝更换完毕，设备加入运行的操作顺序与上述恰好相反。

（六）条文7.3.6.6

原文："7.3.6.6 雨天操作室外高压设备时，应使用有防雨罩的绝缘棒，并穿绝缘靴、戴绝缘手套。"

一般来讲操作电气设备都应在良好天气下进行。除非不得已，接到需雨天操作室外高压设备的命令，这时应加强绝缘防护，穿绝缘鞋、戴绝缘手套，使用的操作工具绝缘棒应有防雨罩，这样雨水不会影响有效的绝缘长度，保证作业人员的生命安全。

（七）条文 7.3.6.7

原文："7.3.6.7 装卸高压熔断器，应戴护目眼镜和绝缘手套，必要时使用绝缘夹钳，并站在绝缘物或绝缘台上。"

装卸高压熔断器的工作是带电作业，卸掉高压熔断器是切断电路，装上高压熔断器是接通电路，都是一种带负荷断开或接通电路的作业。为确保操作人员生命和眼睛安全，应戴护目镜，防护装卸高压熔断器引发电弧的灼伤。还应站在绝缘物或绝缘台上戴上绝缘手套操作。必要时可以使用绝缘夹钳，但仍须戴绝缘手套。

（八）条文 7.3.6.8

原文："7.3.6.8 高压开关柜手车开关拉至'检修'位置后，应确认隔离挡板已封闭。"

高压开关柜手车开关也叫手车式高压开关柜，手车有三个位置，即工作位、试验位和检修位。"工作"位置是热备用状态，即开关柜所有元器件都处于工作状态，只是断路器没有合上，断路器的动触头和静触头没有合到一块。"检修"位置就是把断路器拉出柜体外换上备用小车，这时应注意隔离挡板是否封闭。"试验"位置是把断路器拉到断路器可动作，但断路器又是与一次系统脱离的，且是安全脱离的，动触头和静触头在脱开位置，处于能保证安全距离的位置，二次插头还插在插座上，只要一合操作电源，就可以试验二次回路和断路器动作是否正常。

手车式高压开关柜的主要电器元件安装在可用手抽出的小车上，所以叫手车柜。手车柜有很好的互换性，常用的手车类型有隔离开关手车、断路器手车、计量装置手车、高压互感器手车、电容器手车、所用变手车等。

（九）条文 7.3.6.9

原文："7.3.6.9 操作后应检查各相的实际位置，无法观察实际位置时，可通过间接方式确认该设备已操作到位。"

（1）操作人和监护人来到现场后，每按操作票上的操作项目进行一项操作之前都应先检查核对所面对的操作设备的名称和编号是否和操作票所填写的一致，操作设备的断、合位置是否与操作票上所填写的断、合位置一致，如果完全一致，核对检查无误后，即可进行操作。操作完该项操作项目后，还应再次检查核对所操作设备的名称和编号，以及所操作设备的断、合位置，待一切无误后，才可进行下一操作项目的操作。对下一项目的操作同样应先检查核对现场设备名称、编号以及设备的断、合位置，无误后方可操作。操作后再次检查核对，以此类推，不可省略。

在现场检查核对完毕操作票上第 1 项操作任务，并准备开始实际操作时，应将此时间记入操作票上方的"操作开始时间"栏中。

（2）操作完毕，受令人应立即报告发令人。

操作完操作票上所列的最后一项操作项目并检查核对完设备名称、编号及断、合位置无误后，应立即向发令人报告：所有操作项目都已操作完毕，该项操作任务顺利完成。同时，将这一时间记入操作票上方的"操作终了时间"栏中。

国网《安规》对此的规定是：操作前、后，都应检查核对现场设备名称、编号和断路器、隔离开关的断、合位置。电气设备操作后的位置检查应以设备实际位置为准，无法看到实际位置时，可通过设备机械指示位置、电气指示、仪表及各种遥测、遥信信号的变化，且至少应有两个及以上的指示已同时发生对应变化，才能确认该设备已操作到位。

这样的规定是为了满足 GIS 封闭式开关柜等设备和遥控操作断路器确认断开位置的需要。

（十）条文 7.3.6.10

原文："7.3.6.10 发生人身触电时，应立即断开有关设备电源。"

俗话说：人命关天。当发生严重危及人身安全情况时，已不容先请示汇报，等候操作命令了。时间就是生命，早一点切断电源，就多一点生存希望，因此可不等待命令即行断开电源。当危及人身安全情况消除后，应立即报告领导，由领导组织有关人员对为什么会发生严重危及人身安全情况的起因进行调查，对这起人身伤亡未遂事故也应搞个水落石出，杜绝类似情况重演。

国网《安规》对此规定是：如发生严重危及人身安全情况时，可不等待指令即行断开电源，但事后应立即报告调度或设备运行管理单位。

第四节　测　　量

原文："7.4 测量"

一、电气测量

1. 电气测量人员

（1）测量人员必须了解仪表的性能、使用方法、正确接线，熟悉测量的安全措施。

在线路的运行维护中必然要遇到一些测量问题，通过测量从而知道线路设备的健康程度。从某种意义上来说，测量就是侦察的眼睛，因此线路运行维护人员应具备电气测量工作的基本技能。首先要对所使用的测量工器具的性能、使用方法有所了解，当然懂得越多越好。其次会在现场正确接线，如果接线不正确，一则损害仪表，二则可能威胁测量人员的安全，三则测量数值不准确。再次应熟悉测量的安全措施，这些安全措施有的是为保证测量人员安全而设置的，有的是为保证仪表安全而设置的，有的是在测量过程中的安全措施，测量人员必须会布置和实施这些安全措施。

由仪表的制造原理可以知道，任何仪表的测量都是有误差的。因此，测量人员还应知道所使用仪表的准确度等级，懂得误差产生的原因、误差的大致范围，并能分析和采取措施消除或减少误差，使测量结果满足准确度等级要求。

国网《安规》对此规定是：测量人员应了解仪表的性能、使用方法和正确接线，熟悉测量的安全措施。

（2）电气测量工作，至少应由两人进行，一人操作，另一人监护。

由于要监视和掌握设备的健康状况，线路设备的测量通常都是在带电情况下进行的。因此，测量人员应具备安全工作的基本条件，要求他们技术技能合格，并有实际测量的工作经验，强调应有自我安全防护的能力。

严格执行《安规》规定，必须做好保证测量工作安全的各项措施，包括按规定办理工作票及履行许可监护手续。对于重要的测量项目或工作人员未经历的测量项目，工作之前均应针对实际制订切实的操作步骤和安全实施方案。

在带电条件下进行电气测量，特别是工作总人数只有两人而测量又需要人员协助时，为防止失去监护人作用，必须首先落实各项安全技术措施，包括在防止误接近的安全距离处设置临时围栏或用实物分界隔离；保证仪器仪表的位置布置正确；检查连接线的绝缘完好；安全距离等项内容符合要求。

国网《安规》对此规定是：直接接触设备的电气测量工作，至少应由两人进行，一人操作，另一人监护。夜间进行测量工作，应有足够的照明。

国网《安规》将电气测量工作前加一定语"直接接触设备的"来修饰，这就缩小了电气测量工作的范围。

2. 测量环境要求

夜间进行测量工作，应有足够的照明。

手电筒是测量人员必备的现场照明工具。不仅夜间测量需要，即使在白天进行测量，也有个别地方光线不足，影响仪表读数。因此，除了应在现场有充足照明的地方进行测量外，还应备有手电。

二、条文 7.4.1

原文："7.4.1 测量杆塔、配电变压器和避雷器的接地电阻，可在线路和设备带电的情况下进行。解开或恢复配电变压器和避雷器的接地引线时，应戴绝缘手套。不应直接接触与地电位断开的接地引线。"

1. 接地电阻表

接地电阻表有新旧两种类型的产品，它们都可以用来直接测量各种接地装置的接地电阻值，也可以用来测量土壤电阻率。旧型号（ZC 型）接地电阻表的基本原理是：当测量人员摇转手柄使发电机转速达 120r/min 后，便可以产出 90～98Hz 的交流电流。该电流经电流互感器一次绕组到接地极，通过大地与探测针回到发电机。指示部分的表计是一检流计，它的灵敏度较高。检测回路由电流互感器、二次绕组、调节（电位平衡的调节）器、倍率变换装置和测量标度盘构成。该系列产品常用的量程范围为 0～100 和 0～1000 两种。测量时使用电流探测针 C 和电位探测针 P，将它们按一定的几何距离布置，构成测量正常工作条件。新型号接地电阻表主要是在结构上用干电池取代了原发电机和电流变换电源部分，使装置变得小巧、简单、先进，使用快捷、方便。

接地电阻表的使用方法及注意事项如下。

（1）根据被测接地装置接地体布设形状，选择合适的接地极和探测针的布置位置。一般对发电厂变电站的接地网和电力线路伸长形接地装置的接地电阻，合适的电极

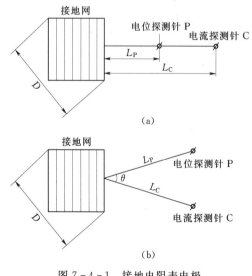

图 7-4-1　接地电阻表电极
布置位置示意图
（a）适于线路；（b）地域较小及两表法测量

布置如图 7 - 4 - 1 所示。

在图 7 - 4 - 1 (a) 中，L_C 为电流探测针 C 至接地网边缘的水平距离，一般取接地网最大对角线长度 D 的 4～5 倍，这样可以使两者之间的电位分布趋于平缓，测量结果准确；L_P 为电位探测针 P 到接地网边缘之间的距离，为上述 L_C 距离的 50％～60％。

按照以上 L_C、L_P 至接地极取 4D～5D 布置，有很多时候存在困难。根据设计规程规定，此时：①对土壤电阻率较均匀的地区，取 $L_C = 2D$，$L_P = D$；②对土壤电阻率不均匀地区，可取 $L_C = 3D$、$L_P = 1.7D$。

在图 7 - 4 - 1 (b) 中，电流探测针 L_C 与电位探测针 L_P 至接地网的距离取值相等，为 $L_C = L_P \geqslant 2D$，它们与接地网接地极之间形成的夹角值 θ 约为 30°，这种布置法适用于地域相对较小的场合。接地电阻值采用交流电流—电压表法测量时，电极宜按图 7 - 4 - 1 (b) 中三角形法布置。

(2) 测量时，将仪表放到水平位置，检查检流计指针应在中心线位置上（否则应用零位调整钮调零，使针指在中心线上），然后选择倍率挡（根据经验估计被测值），同时旋转测量示度盘，使检流计指针平衡。最后进一步调整标度盘使指针指于中心线上。此时标盘读数乘以标度倍率即为所测电阻值。

(3) 为了保证测量数值准确，第一次读取数值后，应沿接地极和电流探测针的连线，将电流探测针小范围移动三次，其移动距离每次以 5％L_C 为宜。如果这三次所测值都接近，说明第一次测量结果分散性不大，可用。若相差较大时，应做详细检查和调整，再进行测量验证。

(4) 测量线路杆塔接地装置的接地电阻时，应确保电位、电流探测针至接地极三者在一条直线上，并且该线（即探针）与线路方向垂直。

2. 电流—电压表法测量接地电阻

使用接地电阻表测量高压线路设备接地装置的接地电阻具有直接、操作方便及调整简单等优点。但在高压线路上使用时，由于土壤电阻率高且不均匀，特别是存在电极布置距离不够的条件限制，使得测量误差达不到要求，可以根据实际情况使用电流—电压表法测量接地电阻。

所谓电流—电压表法，是通过向被测接地体区域施加工频交流电压，至一定距离的电流和电压探测针处形成回路，通过分别装设的表针测出该两回路的电压降和电流值，根据部分电路的欧姆定律容易求得接地电阻 R_x 值。测量时，可按图 7 - 4 - 2 所示布置电极。

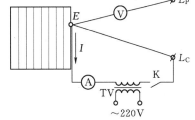

图 7 - 4 - 2　电流—电压表法测量
接地电阻示意图

与接地电阻测试仪测量比较，电流—电压表法使用了如下一些表计和元件。

V——电压表。为了减少因电压表内阻分流形成的对测量结果准确度的影响，应尽量采用高内阻抗电压表。

A——电流表。

TV——隔离变压器。由于采用交流电源，星形中性点都是直接接地的，为防止工频交

流电压直接与 E 和电流探测针之间形成短路而损毁仪表设备，则用变压器 TV 将一次、二次之间的电气联系隔开，测量时可用回路开关 K 进行控制。

E——接地装置接地极端头。

测量时接通开关 K，只要电位探测针打入地中深度合适（一般不小于 0.6m），则地中电流 I 在测试区域内的分布（特别在 L_P 段内电压降落）就比较均匀，接地电阻值 R_x 可按下式计算：

$$R_x = \frac{U}{I} \quad (\Omega)$$

使用电流—电压表法测量时，其操作程序繁琐、需一些元器件并需做许多准备工作，因而受到限制。但该方法也有优点，即可不受地域局限，测量范围较广，精确度高。

3. 架空电力线路杆塔接地装置的接地电阻

（1）接地电阻值是预防大气过电压的主要技术数据。

杆塔接地装置的接地电阻值是高压线路预防过电压的主要技术数据，其数值是否合格将直接关系线路雷击闪络、跳闸率及绝缘运行的可靠性。所以，降低并监视线路杆塔的接地电阻值不超过规定标准，是线路运行维护的一项重要工作。

（2）接地电阻值的分类。

接地电阻值有工频接地电阻 R_g 和冲击接地电阻 R_{ch} 的区别。前者 R_g 是工频电流通过时所具有的阻值，它与土壤电阻率 ρ 值成正比，与接地体布设长度 L 及其圆周长 $2\pi L$ 成反比，与接地体埋设深度土壤干湿程度等都有关系。当接地体布设形式不同时，接地装置会产生一个屏蔽作用使 R_g 有不同的增加。当土壤电阻率 $\rho \leqslant 300\Omega \cdot m$ 时，线路杆塔的混凝土基础也有一定的自然接地的作用。因而，布设线路人工接地体时，尽可能不要将它包围屏蔽。冲击接地电阻 R_{ch} 是由很大幅值的雷电流冲击作用于接地体及区域时呈现的阻值。由于介质不够均匀，雷电作用于接地体土壤时，其击穿电场强度很低（约 8.5kV/cm），会在土壤中产生火花放电。出现这种效应将会使 R_{ch} 比 R_g 减少，但较长的人工接地体自感较大，雷电流通过时，其等效的高频作用特点又产生阻碍作用限制电流通过，使 R_{ch} 增大。为了求得较好的防雷效果，在布置人工接地体时，应限制单射线形接地体的长度（有关规程中已列出各种土壤电阻率对应的单射线接地体最大长度允许值）。另外，由于冲击接地电阻 R_{ch} 不易测量，它与 R_g 的不同主要是人工接地体不同屏蔽的影响，所以实践中一般均用工频接地电阻作为标准使用。有架空地线电力线路的杆塔工频接地电阻允许值见表 7-4-1。这些数值是在雷雨季节，在具有最大电阻率的干燥土壤中实际测得的。

表 7-4-1　　　　有架空地线电力线路的杆塔工频接地电阻允许值

土壤电阻率 ρ 值范围 /$(\Omega \cdot m)$	$\rho \leqslant 100$	$100 < \rho \leqslant 500$	$500 < \rho \leqslant 1000$	$1000 < \rho \leqslant 2000$	$\rho > 2000$
工频接地电阻 R_g /Ω	10	15	20	25	30

注　当敷设 6～8 根总长度为 80m 或用两根连接伸长接地线时，该阻值不作规定。

各种型式接地装置的工频接地电阻估算值和冲击接地电阻估算值见表 7-4-2。

表 7-4-2　　　　　不同土壤电阻率电力线路典型接地装置接地电阻值

土壤电阻率 ρ /(Ω·m)	接地装置平面示意图工频接地	工频接地电阻 R_g 估算值 /Ω	冲击接地电阻 R_{ch} 估算值/Ω	
			60kA$<I_{ch}$	100$<I_{ch}$
$\rho\leqslant100$	7m 或	$R_g\leqslant10$	7.4	4.5
$100<\rho\leqslant300$	18m 或 15m / 15m	$R_g\leqslant15$	13	9.5
$300<\rho\leqslant500$	120° 27m 或 27m / 27m	$R_g\leqslant15$	13.5	12.8
$500<\rho\leqslant1000$	120° 41m 或 41m	$R_g\leqslant20$	17	15.6
$1000<\rho\leqslant2000$	90° 54m 或 54m	$R_g\leqslant25$	20	19
$2000<\rho\leqslant4000$	60° 80m 或 80m	$R_g\leqslant30$	22	20
$\rho>400$	6条100m 或 8条80m 射线或 2条连续伸长接地线	不规定	30	29

4. 土壤电阻率测量方法

土壤电阻率是受水分、土壤的组分、土壤的均匀程度及性质等因素作用变化较大的设计参数,它对降低杆塔接地电阻及进行线路过电压防护有直接影响。测量土壤电阻率时,仍然应用接地电阻测试的原理与方法,测出接地电阻值 R_g 后按关系式计算。根据对土壤电阻率特点的研究,应使用有 4 个引出端(电极)的接地电阻表进行测量。该表的 4 根引出线分别连接电量探测针,按照等距离将探测针垂直布置在一条直线上。因探测针对电量的感受与探测针插入地中的深度密切相关,为提高测量准确度,要求探测针插入深度不小于 $a/20$。可以看出,这样的方法是实用的。土壤电阻率测试接线布置如图 7-4-3 所示。

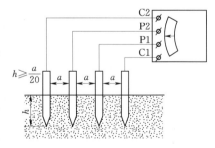

图 7-4-3　土壤电阻率测量电极
布置示意图

读出接地电阻 R，则土壤电阻率 ρ 按下式计算：

$$\rho = 2\pi a R (\Omega \cdot m)$$

式中　π——圆周率，取 3.1416；

　　　a——探针间距离，m。

5. 测量接地电阻注意事项

接地电阻测量线路验收和运行时的主要测试项目。测量接地电阻时，应避免在雨雪天气测量，一般可在雨后三天测量。所测接地电阻值尚应根据土壤当时干燥、潮湿情况，乘以季节系数，其季节系数见表 7-4-3。

表 7-4-3　　　　　　　　　　　　防雷接地装置季节系数

埋深/m	0.5	0.8~1.0	2.5~3.0
水平接地值	1.4~1.8	1.25~1.45	1.0~1.1
垂直接地体	1.4~1.8	1.15~1.3	1.0~1.1

测量接地电阻应注意以下安全事项。

（1）杆塔、配电变压器和避雷器的接地电阻测量工作，可以在线路带电的情况下进行。

（2）解开或恢复电杆、配电变压器和避雷器的接地引线时，应戴绝缘手套。

（3）严禁接触与地断开的接地线。

断开配电变压器和避雷器至接地体的引下线时，应采取安全措施并戴合格的绝缘手套进行操作。断开设备端侧的该线头时，因其与电源侧星形接线的中性点或避雷器下侧连接而必定带有部分线路工作电压，必须视为带电体并将它妥善包扎固定。测量过程中，不得接触该断开的接地引线。对于非带电运行的设备与接地网的连线，即使无触电危险，也应将它解开，使仪表单独与接地极连接再进行测量，以确保测量结果准确。

国网《安规》对此的规定是：杆塔、配电变压器和避雷器的接地电阻测量工作，可以在线路和设备带电的情况下进行。解开或恢复配电变压器和避雷器的接地引线时，应戴绝缘手套。严禁直接接触与地断开的接地线。

国网《安规》中将解开或恢复接地引线的对象删掉了杆塔，这是因为杆塔的接地电阻与配电变压器和避雷器的接地电阻不同。

三、条文 7.4.2

原文："7.4.2 用钳形电流表测量线路或配电变压器低压侧的电流时，不应触及其他带电部分。"

1. 钳形电流表

钳形电流表是在不断开电源接线的情况下能够测量电路中的电流、电压及功率的携带式仪表。有的钳形电流表还能测量电阻、测量电网的泄漏电流，形成一个"万用"钳形电流表。钳形电流表的外形和使用方法，如图 7-4-4 所示。它是由单匝穿心式电流互感器和磁电式电流表（内有整流器）或电磁式电流表组成的。被测电流的导线相当于电流互感器的一次绕组，电流互感器二次绕组和电流表串联。

2. 测量高压线路设备的电流

（1）对高压线路设备进行测量前，应认真检查钳表的型号、参数、额定电压与被测试设备相适应。测量人员应按照现场运行规定做好安全防护措施，应戴绝缘手套并站绝缘垫台，始终应有监护人在场履行监护职责。

（2）在进行有关高压测量工作或读取表计数值过程中，监护人应特别提醒操作人注意，不得与测量仪表、设备或其他人接触；注意始终保持与带电部分的安全距离。

（3）对被测电流量若无法估计时，应先将钳表的量程开关旋至最大档，试测后再选择合适档位重新测量，读取数值。

（4）握持钳表使被测导线钳入后，应保证使钳口闭合紧密无噪声，从而保证读数准确。

3. 测量低压电流

测量低压线路和配电变压器低压侧的电流时，可使用钳形电流表。测量时应注意不触及其他带电部分，以防发生相间短路。

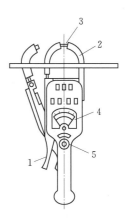

图 7 - 4 - 4　钳形电流表的
外形及使用方法示意图
1—手柄；2—铁芯；3—钳口；
4—表盘；5—调节开关

（1）测量低压设备的电流时，应选择合适的测量地点与处所。在线间距离相对小的地点进行测量时，应做好防止钳表介入后触及其他带电部分而发生相间短路、接地的措施。

（2）为使读数准确，应使钳口两个面很好接合。如有杂音，可将钳口重新开合一次。如果声音依然存在，可检查接合面上有无污垢存在，如有污垢，可用汽油擦干净。

（3）测量小于5A以下的电流时，为了得到较准确的读数，若条件允许，可把导线多绕几圈放进钳口内进行测量，但实际电流值应为读取数除以放进钳口内的导线圈数。

四、条文 7.4.3

原文："7.4.3 测量设备绝缘电阻，应将被测量设备各侧断开，验明无电压，确认设备上无人，方可进行。在测量中不应让他人接近被测量设备。测量前后，应将被测设备对地放电。"

1. 绝缘电阻表

绝缘电阻表俗称兆欧表、摇表，其表盘度数以 MΩ 为单位，在测量时需用手去摇动仪表中的直流发电机。常用的绝缘电阻表主要由一个磁电式流比计和一个供作测量电源的手摇直流发电机组成。常用的绝缘电阻表有 ZC - 7、ZC - 11、ZC - 25 等型号。绝缘电阻表额定电压有 250V、500V、1000V、2500V 等几种，测量范围有 500MΩ、1000MΩ、2000MΩ 等几种。380/220V 低压设备的绝缘电阻用 500V 绝缘电阻表测量；500V 绝缘导线、绝缘子的绝缘电阻用 1000V 绝缘电阻表测量：10kV 高压设备、农用地埋线的绝缘电阻用 2500V 绝缘电阻表测量。

2. 绝缘电阻表使用方法

现以 ZC - 7 型携带式绝缘电阻表为例说明绝缘电阻表的使用方法。

绝缘电阻表上有三个接线柱，一个是"L"接线柱，用来接被测对象；一个是"E"接线柱，用来接地；还有一个是"G"接线柱，叫做屏蔽接线端子或叫保护环，如在天气潮湿的情况下测电缆的绝缘电阻时应使用，其作用是消除表壳表面接线柱"L"与"E"间的漏电以及电缆绝缘层表面泄漏电流对绝缘电阻值的影响。

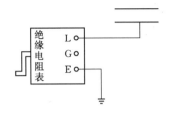

图 7-4-5　测量架空电力
线路对地的绝缘电阻

用绝缘电阻表测量架空电力线路对地的绝缘电阻，如图 7-4-5 所示。使用时，应将仪表放平，以 120r/min 的转速摇手柄，此时指针的指示值即为被测物的绝缘电阻。

3. 测量绝缘电阻时的注意事项

（1）被测物必须与其他电源断开，其表面应擦拭干净。测试完毕后，被测物应充分放电，以防造成触电事故。

（2）仪表的发电机电压等级应与被测物的耐压水平相适应，以避免把被测物的绝缘击穿。

（3）仪表的发电机在转动时，不得将端钮短路。

（4）使用仪表前要作一次开路试验和短路试验，以检查仪表及测量用接线是否正常。开路试验是指把仪表两连接线开路，转动手摇发电机至额定转速，表针指示应为"∞"（无穷大）处；短路试验是指慢摇发电机时，将两连接线相碰一下，表针指示应为"0"处，这表明绝缘电阻表性能完好，可以使用。否则，应做检查并将故障排除。

（5）转动手摇发电机时应由慢到快，待调速器发生滑动后，便可保持均衡转速使表针稳定下来，并读数。如遇被测物短路，表针摆到"0"点，应立即停止摇动，以避免绝缘电阻表过流损坏。

（6）读取测试数值后，为防止被试设备向绝缘电阻表反放电而损坏绝缘电阻表，需要在绝缘电阻表未停转之时就将 L 端断开，再停转绝缘电阻表。

五、条文 7.4.4

原文："7.4.4 测量线路绝缘电阻，若有感应电压，应将相关线路同时停电，取得许可，通知对侧后方可进行。"

新建高压输电线路或检修完毕的电力线路需要测量线路绝缘电阻，如被测量线路和 220kV 及以上架空线路交叉、平行、跨越时将会有感应电压发生。因此应将相关线路同时停电后才能测量线路绝缘电阻。

六、条文 7.4.5

原文："7.4.5 测量带电线路导线的垂直距离（导线弛度、交叉跨越距离），可用测量仪或绝缘测量工具。不应使用皮尺、普通绳索、线尺等非绝缘工具。"

1. 经纬仪

经纬仪是电力线路工程定位中，测、绘各种视距测量必须使用的一类仪器。了解其结构并掌握使用方法，不仅可以避免仪器的不正常（使用不当）损坏，也有助于顺利进行有关测量并达到要求的精度。

（1）经纬仪构造和分类。

经纬仪是由基座、镜筒、垂直度盘、水平度盘等几部分组成。基座安置在三脚架上，用以支承仪器。镜筒为一望远镜，内有十字丝用以瞄准目标。垂直度盘在测量垂直角度时使用。水平度盘有上度盘和下度盘，在测量水平角度时使用。图 7-4-6 为普通游标经纬仪外形图。

除游标经纬仪外，比较先进的有光学经纬仪，它的垂直度盘与水平度盘均是利用透镜反射，精度较高，结构严密，但其使用的基本原理均相同。图7-4-7为苏州产J2光学经纬仪。

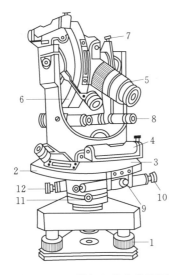

图7-4-6　游标经纬仪外形图

图7-4-7　光学经纬仪

1—脚螺旋；2—水平度盘；3—游标盘；4—游标
盘水准管；5—望远镜；6—垂直度盘；
7、9、11—制动螺旋；8、10、12—微动螺旋

（2）经纬仪测量步骤。

1）对中。将三脚架安置平稳踏实后，进行仪器对中，即要求水平度盘中心与测点中心（即木桩上圆钉中心）在同一铅垂线上。以垂球对准测点中心时，用调整三脚架的个别架腿高低来调垂球尖端对中，或用光学对点器对中。若相差过大，或虽已对中而仪器的基座发生倾斜时，应重新安放三脚架再对中。

2）整平。仪器对中后，调整基座脚螺旋，观察水平度盘上水准器气泡是否在中心位置，并要求度盘旋转至任何方向均呈水平位置。

3）照准。用望远镜瞄准目标，并使目标在镜筒视场范围以内，然后拧紧度盘固定螺旋，旋动微调螺旋，使目标位于十字丝垂直蛛丝中心。

（3）经纬仪使用注意事项。

1）经纬仪属于精密测量仪器，均配有专用箱袋装运。运输过程中要注意防震动和磕碰，现场拆装箱时必须按位置尺寸妥善安放。应当注意，它的部件稍有扭曲形变，即使看不出来，也会给测量造成误差。

2）了解所使用经纬仪的构造和操作方法。使用前详细阅读仪器说明书，避免错误操动损坏仪器。

3）应按照正确顺序从底三脚架向上逐层稳步安装，每件安装完毕随即检查。三脚架安放场地应平实，角腿稳定，仪器望远镜等各部制动螺栓松紧适度。

4）仪器经整平、照准好目标以后，不能碰动三脚架及仪器，否则极易发生误差。用镜筒寻找目标时，只能轻扶镜筒缓慢在垂直方向上下移动，不准用手握住三脚架或仪器。

5）对仪器应注意维护。避免强烈的光照射使水准管破裂；严寒天气则应防止冻裂水泡；遇有雪雨或大风沙尘时，应及时遮护或装箱保护；望远镜目镜、物镜、标度盘沾落尘灰时，应及时用软毛刷轻拭去尘，保护其表面光洁度。

6）仪器使用完毕要精心保养。要扣好各镜头护罩；注意除尘、除湿，专用箱内干燥剂失效后应及时更换，仪器沾水后应晾晒干方可装箱；保存地点应清洁、干燥。

2. 电力线路需要测量限距和弛度的情况

架空电力线路设计、建成、交接之初，其各种限距和弛度都是符合标准的。由于外界人为的自然因素干扰，将可能引起限距、弛度及其他形态发生变化，给安全运行带来危害。线路巡视人员按照规定进行各种巡视发现限距、弛度变化应分析产生的原因。当发现下列情况之一时，应进行有关测量并检查其安全距离是否改变。

（1）发现杆塔歪斜引起导线弛度过大过小。

（2）高压线附近新建建筑物，或某些设施在高压线下穿越、交叉跨越等。如新修公路，新架设电信线路、低压电力线等。

（3）线路邻档之间荷重不均匀，并且悬垂线夹握力不合适，导线从内中滑动，弛度已明显改变者。

（4）线路杆塔移位或杆塔几何尺寸改变，绝缘子串长度变化。

（5）巡视人员通过目测检查发现特殊跨越段、顶线档及吊线档本身弛度大，而相邻相弛度小等问题时，都应进行距离测量。

3. 目测观察弛度的方法

（1）等长法，也叫平行四边形法，即在选定的两端高差不大的杆塔上观察弛度的方法，如图 7-4-8 所示。由于两点只能连成一条直线，所以从观察档 A、B 两端电杆导线悬垂线夹起向下分别量取弧垂值 f，在此处下方分别绑一水平的木板条，巡视人员在杆上沿着板的上沿向另一端木板条观察，如果导线的最低点刚好与 ab 段直线相切三点成一直线时，说明导线弛度值恰好合乎要求的弛度值。等长法适合于线路架设紧线及巡视观察，被观察档弛度 f 都为已知值。该方法操作简单，观测结果也比较准确。

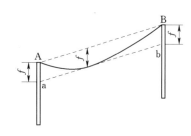

图 7-4-8 等长法观察
弛度示意图

（2）异长法。线路运行巡视时，由于导线的实际弛度为未知数，用等长法观察实际操作时，需反复调整弛度板才能达到要求，有时不够方便。所以进行弛度测量时，也可以使用异长法，但异长法观察弛度与等长法比较，需增加必要的计算步骤。

采用异长法观察弛度时，可以将 B 杆的弛度板固定，其距离值 b 采用原标准弛度值。此时在 A 杆上的观察人员可边观察边平行移动弛度板，使目测从弛度板上沿看到的 ab 直线刚好与导线弛度最低点相切。量出 Aa 点间此时的 a 值，按下式计算被观察导线的弛度值：

$$f = \left(\frac{\sqrt{a} + \sqrt{b}}{2} \right)^2$$

如果弛度值已知，需求出 A 杆上弛度板的绑扎距离以便于观察时，则 $a=(\sqrt{a}-\sqrt{b})^2$。

4. 选定弛度观察档的规定

选择弛度观察档的规定如下。

(1) 耐张段档数在 5 档或以下时，选择靠近中部的一档作为观察档。

(2) 耐张段档数在 6～12 档时，可靠近两端各选择一档作为观察档。

(3) 耐张段档数在 12 档以上时，在其靠近两端处和中间处各选择一档作为观察档。

(4) 选择耐张段观察档时，应尽量选用地形平坦、高差较小、档距较大的档，以使观测结果具有代表性。

5. 电力线路限距和弛度的测量方法

(1) 非仪器测量法。有等长法、异长法、抛挂绝缘绳法。

(2) 借助经纬仪测量法。主要有角度法，其中以档端角度法使用的较多，而档内角度法和档外角度法多在地形地貌受限制时才采用。

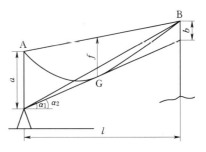

档端角度法是在观察档任一基杆塔（实际都取低位杆观察高位杆）导线悬挂点垂直正下方安放经纬仪，调平后测出望远镜筒中心至该悬挂点的垂直距离 a，然后将望远镜筒十字线分别对准相邻杆塔导线悬挂点和导线弛度最低点 G，测出它们的仰角 α_1 和 α_2，如图 7-4-9 所示。

图 7-4-9 经纬仪档端角度法
测量弛度示意图

导线弛度的计算式为

$$f=\frac{1}{4}(\sqrt{a}+\sqrt{b})^2=\frac{1}{4}[\sqrt{a}+\sqrt{l(\tan\alpha_1-\tan\alpha_2)b}]^2$$

式中　a——档 A 端导线悬挂点至经纬仪的垂直距离，m；

b——经纬仪望远镜筒中心与导线弛度最低点 G 的射线在 B 杆上的交点与档 B 端导线悬挂点之间的距离，m；

l——观察档水面距离，m；

α_1——档 B 端导线悬挂点的仰角；

α_2——导线弛度最低点的观察仰角。

采用档端角度法时，所用仪器调试程序少，数据测量方便，计算也较简单。适应各种档距和高差的测量，并且所测结果精度高，因而被广泛采用。

6. 限距和弛度测量注意事项

(1) 严格遵守有关带电运行条件下测量的相关规定，保证工作人员至少有两人，必须在有效的安全监护之下开展各项工作。攀登杆塔进行工作时，应执行工作票制度，必须采取切实有效的安全措施。例如，用抛挂法测量时须核实所用绳索是否为合格的绝缘测绳；登杆塔测量导线悬挂点至地面的垂直距离及弛度板固定距离时，均需使用绝缘测绳。

(2) 测量人员登杆前，应明确与带电导体应保持的安全距离的确切数值，并落实有效的监护措施。对测量人员所用的安全帽、安全带、防护服装及其使用工器具等均应检验合格，对各项安全措施均应逐项予以落实。

（3）测量前应测试并记录现场的温度、风速，便于根据要求将测量值换算成最高气温或最低气温时的数值。

（4）使用经纬仪测量时，要注意使用方法正确避免产生误差。测量前，测量人员根据各自的视力仔细调节望远镜目镜，使其十字线成像清晰。调节物镜时，可先用望远镜上的瞄准缺口和准星对准观察目标，然后反复调节对光螺旋，使所观察的目标成像清晰，再观察目镜，若十字线与目标有相对移动时，需用对光螺旋进行微调，以便消除视差。采用此种方法调节后，不仅使物像与目镜十字线重合，而且观察目标清晰稳定。每当改变测量距离和目标时，均需按此种方法进行对光或重新对光。

（5）使用经纬仪测量时，应根据现场地形条件选择最适当的仪器安放点，这样可以减少测量或计算步骤并能提高测量准确度。当进行易位复测时，两次测量结果之差不超过仪器标度盘最小格的一半为合格。

（6）将导线弧度检测结果与原标准进行比较时，应采用原设计弧度值而不可使用验收移交的测量值。

1）新线路弧度误差为设计弧度的＋5％及－2.5％，但正误差最大值应不超过500mm。

2）当弧度值大于30m时，其正、负误差均应不大于2.5％。

3）按大跨越档设计的跨越档，其误差应不大于＋2％或－2.5％。相同误差；水平排列的不超过200mm，非水平排列的不超过300mm。

国网《安规》对此的规定是：带电线路导线的垂直距离（导线弧度、交叉跨越距离），可用测量仪或使用绝缘测量工具测量。严禁使用皮尺、普通绳索、线尺等非绝缘工具进行测量。

7．杆塔挠曲和倾斜

杆塔的挠曲和倾斜都是由于其受力结构缺陷或作用力变化而发生的形态改变。当杆塔受到机械荷载作用力，或不平衡力矩过大或安装设计使杆塔自身承载力过小时，都会使杆塔头部或身部发生偏离正常位置的弯曲变形，此种变形称之为挠曲（可分为杆头挠曲和杆身挠曲）。

产生挠曲的原因与其基础没有关系。而杆塔倾斜，则是由于杆塔基础不稳，使得整体向一侧倾斜，使其头部偏离正常位置。衡量这种偏离的严重程度用倾斜度表示，即杆塔顶部偏离原杆塔中心线的偏离值 S 与杆塔地面以上部分高度 H 比值的百分数。用 q 表示倾斜度，则有

$$q=\frac{S}{H}\times100\%$$

8．杆塔倾斜度测量方法

（1）重锤法。重锤法测量杆塔倾斜度，如图7-4-10所示。

重锤法适用于不太高的杆塔。测量时，均应做好有关安全防护措施，并执行现场运行规程规定。测量人在现场监护人监督下，明确与带电导体应保持的安全距离值，登至杆塔顶端，应找准塔尖或塔头部对称中心位置，吊重锤锤尖触及地面P点，稳定后做好记号，

量出杆塔中心 O 至 P 点距离即为倾斜值 S。需计算顺线路和横线路倾斜值时，可近似划取其纵横平面投影，如图 7-4-10 (b) 所示，分别量出 S_x 和 S_y 的距离值。

（2）经纬仪测量法。

1）用绝缘测绳在塔脚间拉取对角线，找出杆塔中心点。在横线路方向摆好塔尺，目测选定顺线路方向距杆塔两倍塔高距离的线路中心线上安放好经纬仪并调平。

2）调整经纬仪，使其望远镜的筒镜十字线交点对准杆塔顶部中心点，将水平面度盘固定，再将筒镜向下对准地面上的塔尺，读出横线路方向的倾斜值 S_y。

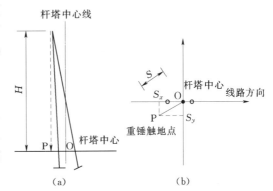

图 7-4-10 杆塔倾斜度测量示意图
（a）测量图；（b）平面投影图

3）按上述同样方法，测取出顺线路方向的倾斜值 S_x，则总倾斜值为

$$s = \sqrt{S_x^2 + S_y^2}$$

4）测出杆塔至地面高度 H（或根据有关图表查得），杆塔倾斜度为

$$q = \frac{\sqrt{S_x^2 + S_y^2}}{H} \times 100\%$$

七、测量导线连接器电阻

1. 导线连接器电阻测量装置工作原理

运行线路导线连接器电阻测量装置是由能钩紧导线且中间距离适当可调的两只接触钩、带有整流器 V 和 PV 电压表可调电位器 R_w 的电测部分以及特制的电木检验杆等三部分组成。接触钩按需要长度紧密接触于导线或连接器两端，兼做整流器回路的电源连接线。测量部分被装置在一方形盒内，固定于检验杆上端部。方型盒面盘上有调节转换开关和 PV 电压表，便于调整和读数。电木检验杆应保证有足够的耐电强度，下端有操作握持手柄。其测量原理接线，如图 7-4-11 所示。

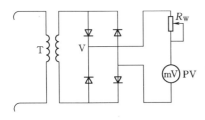

图 7-4-11 导线连接器的电阻测量原理电路图

测量时，将装置的接触钩卡接于连接器两端，PV 表即指示出该接续段两端的电压降，设为 $U_L = IR_L$，再用同样的方法测出相同长度该导线的电压降 $U_d = IR_d$，两者相比可得

$$\frac{U_L}{D_d} = \frac{IR_L}{IR_d} = \frac{R_L}{R_d} = K \quad R_L = KR_d$$

式中　R_d——所测长度导线的电阻，Ω；

R_L——所测连接器或接头的电阻。

可见，测量是按照比较的原理实现的。这种装置只能用于水平排列的线路上检测，而对三角形排列的导线，其顶线一般不便于检测。

2. 测量导线连接器电阻注意事项

（1）在带电条件下测量时，应认真遵守《安规》中有关带电作业的规定，天气恶劣时不得进行工作。

（2）为使毫伏电压表指示值较大，应在线路高峰负荷时间测量。如果负荷电流较小，应使用切换和调整的方法，使工作条件适宜。

（3）钢制接触钩挂接于导线上时，为消除氧化层膜的影响，可将检验杆来回摆转几次，保证测量结果准确。测完连接器电压降再测导线电压降时，为避免误差，应错开在1m以外的地方进行。

（4）较高导线上的测量读数，可借助望远镜观察，同时根据经验，估计该种读数存在的视觉误差。

（5）测量结果的比值 K 值，按规程规定应当小于或等于 1（$K \leqslant 1$）。当 $1.2 < K < 2.0$ 时，在运行中应加强监视和检测，不得使缺陷恶化从而酿成事故；当 $K > 2.0$ 时，说明连接器缺陷已严重，应当尽快更换和处理。

八、测量导线温度

1. 用半导体点温计测试带电导线温度

半导体点温计是按照电桥平衡原理制成的仪器。它的桥臂中接有对温度敏感的热敏电阻，当该感受元件与被测物体接触而受较高温度影响时，其电阻值随即发生变化，电桥失去平衡，就会有电流通过微安表头，点温计就可以直接读到被测物体的温度（表盘按温度值刻度），其量程范围为 $0 \sim 150℃$。使用半导体点温计测量时，需要借助绝缘强度合格的绝缘棒进行，即将测量探头和表头共同绑扎在其端部用探头去紧触被测物体的发热部位，接触时应有适当的压力，约数十秒时间指针即有反应。由于仪器被高举在绝缘杆端部，为读表方便，应使绝缘杆与被测物保持 $45°$ 角以上，必要时借助望远镜观看其指示数值。

2. 用红外线测温仪测试带电导线温度

红外线测温仪具有瞄准系统，能使被测物体清晰地被看到，准确地直接读出被测导体的温度，并且灵敏度高、现场使用灵活方便的特点，是目前为止带电测量导线连接器等元件发热较为先进及首选的测温仪器。它的测量范围为 $0 \sim 100℃$ 或 $0 \sim 300℃$；最小温度分辨率能达到 $1℃$；最小测量距离为 2m；最大量距为目标直径×距离系数（测量距离与目标直径之比有 750、1000、1500 倍三种）。使用红外测温仪的操作步骤和注意事项如下。

（1）做好准备工作。红外线测温仪由接收器、测量箱、三脚架及连接电缆四部分组成。使用之前需压下接收器后部弹簧扣，打开后盖，按极性要求装入探测器偏压电池后，将后盖盖好扣紧。再给测量箱下部按标准极性装入（6 节）一号电池并盖好盖板，然后把接收器装到三脚架上。用电缆将接收器和测量箱连接起来，注意将电缆端头连接锁环旋紧。

（2）通电检查调校。仪器装接好后打开电源开关，内部直流变换器发出很小的正常工作声音。按下键式开关，若仪器指针指示在表盘 V 的刻度范围之内，表示电池电压充足，此时再按下偏压键开关，仪器指针应指示在表盘 V2 刻度范围之内，表示偏压充足。调整仪器面板上"辐射率"旋钮至所需辐射率刻度（由产品说明书提供各不同被测物所适宜的辐射率。如对已经氧化的铝导线接头，辐射率范围为 $0.8 \sim 0.9$），盖好接收器前盖，按下"调零"按钮，内部电容将充电，表盘指针指示正偏。此时应依照说明书提示调整"调零"旋钮，使指针回到零刻度线。最后按下"100℃"按钮（若对被测物体温度估计超过

100℃时，则应按下"300℃"按钮），盘表指针将指示一定的数值，该值大致为环境温度的示数，由此表明仪器状态正常。

（3）瞄准测量。取下前盖，转动接收器并将准星对准被测目标，同时分别旋紧底座旁的锁紧手轮和支架顶部的锁紧螺栓，即可在瞄准镜内观察被测目标。观察时，可以先转动目镜上的镜帽作视度调节（使不同视力的测量人员均可看清分划板上的十字线），接着就可以转动接收器前方的"调焦"手轮，从而带动内镜筒作前后平行移动，直至在瞄准镜里能看到清楚的物像。然后调节底座两侧的"水平"和"俯仰"微调手轮，使被测物目标与十字线相互重合，此时表头上指示的就是被测物自标的温度。读取识数时，为避免瞄准不精确而产生测量误差，还可以分别细微调转"仰俯"、"水平"或"调焦"手轮，使表头上指示值最大。

（4）数值读取校正。若表头读数超过100℃量程，可切换300℃按钮后再读数。数值读出后，按下列距离系数进行校正：首先观察瞄准镜分划板上刻有十字线为圆心的三个校正圈是否被被测物目标影像所盖满，若被测目标仅盖满小圈或中圈，则表头读数分别乘以说明书中给出的校正系数后为实际测量值；若被测目标的像盖满大圈时，表头读数即为实际被测温度值。

第五节 维 护

原文："7.5 维护"

一、条文 7.5.1

原文："7.5.1 砍剪靠近带电线路的树木时，人体、绳索与线路保持表4的安全距离。

表 4 邻近或交叉其他电力线工作的安全距离

电压等级/kV	10及以下	20、30	66、110	220	330	500	750	1000	±50	±500	±600	±800
安全距离/m	1.0	2.5	3.0	4.0	5.0	6.0	9.0	1.0	3.0	7.8	10.0	11.1

注 1. 表中未列电压等级按高一档电压等级安全距离。

　　2.750kV数据是按海拔2000m校正的，其他等级数据是按海拔1000m校正的。"

国标《安规》称"维护"，因除砍剪树木外，还有一条锚固杆塔、维修拉线的任务；行标《安规》称"砍伐树木"；国网《安规》称"砍剪树木"，实际上在线路走廊内砍树的工作少，大多是剪枝。

1. 在电力线路走廊内砍剪树木的有关规定

在电力线路下和通道两侧砍剪超过规定的树木，是线路运行维护中的经常性工作之一。但线路走廊树木是否需要砍剪或修整，应以规定的安全距离并结合所经过地域的实际情况来确定。砍剪树木的目的是防止树枝因自然长高而缩小与带电导线的安全距离，使导线与树木接近或接触而造成放电接地，根据有关规程规定，在下述能够满足安全距离的条件下，可以不砍剪通道内的树木。

（1）低杆果木、农作物、经济作物或树木自然生长高度不超过2m者。

（2）考虑树木自然生长高度之后，尚可与高压导线保持足够垂直距离的。

（3）线路通过城市公园、绿化区域防护林带时，按最大计算风偏条件，导线与树木之间的净空距离仍能保持规定数值的。

（4）线路通过果林、经济作物林或城市灌木林、街道行道树，导线与上述树木之间能保持表7－5－1规定的数值的。

表7－5－1　　　　　　　　高压线路与被跨树木可不砍伐的安全距离允许值

类别		电压等级/kV				备注
		35～110	154～220	330	500	
树木自然生长高度/m	垂直距离	4.0	4.5	5.5	7.5	导线最大弧度（40℃）
	净空距离	3.5	4.0	5.0	7.0	最大风偏情况下
果园、经济作物林、城市街道、防护林		3.0	3.5	4.5	8.5	导线最大弧度（40℃）下

对于超出上述范围的树木，应作适当的修剪，保证在一个修剪周期内树枝生长后的高度与导线间的距离仍然合格。

高压线路通过林区时应砍剪出防护通道。该通道的宽度应不小于线路宽度加上该林区主要树种高度的2倍，并且对通道附近超过主要树种高度的个别树木也应砍剪。

树枝接触或接近高压带电导线时，应将高压线路停电或用绝缘工具使树枝远离带电导线，之前人体不应接触树木。

2. 砍剪树木安全措施

（1）在线路带电情况下，砍剪靠近线路的树木时，工作负责人必须在工作开始前，向全体人员说明：电力线路有电，不得攀登杆塔；树木、绳索不得接触导线。

（2）上树砍剪树木时，不应攀抓脆弱和枯死的树枝；不应攀登已锯过的或砍过的未断树木；人和绳索应与导线保持安全距离，并使用安全带，同时应注意马蜂。

（3）工作负责人应履行职责，做好各项组织工作，在开始工作前应向全体工作人员讲清电力线路带电，让人人明确，有效防止误攀杆塔。

（4）明确规定工作人员、绳索与导线应保持的安全距离，树木与绳索不得接近至该距离之内。工作中出现树枝接触高压带电导线时，严禁工作人员直接用手去攫取，有效防止人员直接和间接触电。

（5）登高上树作业时应使用安全带，防止发生摔跌碰伤事故。不能攀抓枯死的或脆弱的树枝，注意马蜂袭击，避免人员失控摔跌。所有砍剪的树木下或倒树范围区域内，人员不应逗留，须有专人负责监护。

3. 国网《安规》对砍剪树木的一般安全措施如下

（1）在线路带电情况下，砍剪靠近线路的树木时，工作负责人应在工作开始前，向全体人员说明：电力线路有电，人员、树木、绳索应与导线保持 GB 26859—2011 的安全距离。

（2）砍剪树木时，应防止马蜂等昆虫或动物伤人。上树时，不应攀抓脆弱和枯死的树枝，并使用安全带。安全带不得系在待砍剪树枝的断口附近或以上。不应攀登已经锯过或砍过的未断树木。

（3）大风天气，禁止砍剪高出或接近导线的树木。

（4）使用油锯和电锯的作业，应由熟悉机械性能和操作方法的人员操作。使用时，应先检查所能锯到的范围内有无铁钉等金属物件，以防金属物体飞出伤人。

4. 防止树倒落线伤人

为防止树木（树枝）倒落在导线上，应设法用绳索将其拉向与导线相反的方向。绳索应有足够的长度，以免拉绳的人员被倒落的树木砸伤。树枝接触高压带电导线时，严禁用手直接去取。

砍剪的树木下面和倒树范围内应有专人监护，不得有人逗留，防止砸伤行人。

必须采取防止树木倒落在导线上的切实措施。应根据树木高度使用足够长度的绳索牵控树木倒落方向，避免拉绳人员被倒落树木砸伤。对已经锯过或砍伐过的已明显不牢靠的未锯断树木，规定不能攀登。

国网《安规》对此规定如下。

（1）砍剪树木应有专人监护。待砍剪的树木下面和倒树范围内不得有人逗留，防止砸伤行人。为防止树木（树枝）倒落在导线上，应设法用绳索将其拉向与导线相反的方向。绳索应有足够的长度，以免拉绳的人员被倒落的树木砸伤。砍剪山坡树木应做好防止树木向下弹跳接近导线的措施。

（2）树枝接触或接近高压带电导线时，应将高压线路停电或用绝缘工具使树枝远离带电导线至安全距离。此前严禁人体接触树木。

二、条文 7.5.2

原文：“7.5.2 树枝接触或接近高压带电导线时，应将高压线路停电或用绝缘工具使树枝远离带电导线，之前人体不应接触树木。”

树枝已经接触到或接近高压带电导线时，就为线路运行埋下事故隐患，也就是我们通常所说的“树扫线”，引起重合闸频繁动作。要砍剪这样的树枝，必须将高压线路停电后。如无法安排线路停电，应先用绝缘工具将树枝远离带电导线后再行砍剪。在线路未停电，或未用绝缘工具将树枝离开带电导线到安全距离外，作业人员不得接触树木。同时要做好防护措施，保证其他人员也不接触树木，以免触电。

三、条文 7.5.3

原文：“7.5.3 需锚固杆塔维修拉线时，应保持锚固拉线与带电导线的安全距离符合表 4 的规定。”

有些杆塔需要维修运行中的拉线时，需先锚固临时拉线代替要维修的拉线。锚固拉线与带电导线的安全距离应符合表 4 “邻近或交叉其他电力线工作的安全距离” 的规定。

事故案例分析

【事故案例 1】 某供电局线路班派两名巡线员进行 16kV 线路事故巡线，到达导线断落在地面处后，立即用手机把情况汇报班长。巡线员看到该线路所带的用户全部没有电，又见天色已晚，怕丢失导线，便把落地导线盘起来，然后蹬爬梯上到杆上把线盘悬挂在横担上。下杆后，巡线员通知班长可以恢复送电。巡线员自以为做得很对，但却受到批评，因为他们违反了事故巡线的安全规定。

【事故案例 2】　1962 年 7 月，某供电公司学徒工在事故巡线中，下水过沟，被水冲走淹死。同月，该公司供电所做拦河线工作时，工人涉水过河被淹死。

【事故案例 3】　一冬季大风雪天发生 10kV 线路接地事故，该线路地处山区，为尽快恢复送电，某分公司调度命令检修班立即巡线处理事故，检修班接到命令后，班长分别安排 6 个人分 6 片进行事故巡线。为尽快发现事故点，各巡线人员分别沿线路下风侧进行巡线，最后终于在一分歧线路的下风侧发现了事故点，事故很快得到处理并恢复了供电，但事后却受到分公司对此次事故处理的通报批评。

【事故案例 4】　1962 年 11 月 19 日，某地区 110kV 钢筋混凝土单杆送电线路发生了倒杆 7 基的重大事故。经 9 天紧急抢修后，于 11 月 28 日晚恢复了对该地区供电，少送电量 39 万 kWh。该线路全长 94.8km，共 422 基电杆，主要杆型为 21m 高上字形等径钢筋混凝土单杆，共有 270 基。原设计为 3 根拉线，按等角 120° 布置，1962 年夏季加以补强，改为 4 根拉线。这次倒杆事故发生在中牟以东杆号为 241～247，均为单杆。与倒下的 7 基单杆相邻的第 240 和 248 号均为钢筋混凝土双杆，没有倾倒。倒杆的直接原因是 243 号杆北侧两根拉线上 250mm 长的麻股和钢线卡子均被盗，拉线因主要扎紧部分失去作用，又在 17m/s 的风速下，拉线便从剩余的 100mm 段的麻股中滑脱，主杆即折断倒下。其他 6 基因新加的拉线抱箍焊接不良，耳环撕裂，拉线失去作用，相继倾倒。

事故起因虽是拉线零件被盗，但从主观上检查原因是由于巡线工作不认真，发现和处理缺陷不及时所造成的。该供电所缺乏经常的巡线制度，对该线的巡线在 1961 年 7 月后已有两个月未安排巡线，9 月份在巡线人员要求下，班长才同意布置巡线，但巡视 1/3 后又停止。对巡线中发现拉线零件被盗也认为不是问题，未加重视，也未及时解决。

应加强电力线路巡线工作，提高巡线质量。应按照《安规》和运行规程的要求，建立巡线制度，并做好缺陷登记与处理。企业领导人员也要进行监督性巡视，并加强对巡线人员的培训和职业道德教育，解决必要的劳保用品。

在线路经过地区依靠当地党政领导，积极开展群众性的护线：与当地公安紧密联系，以防止盗窃再次发生。

【事故案例 5】　1975 年 10 月 21 日 8 时，某电业局城关服务站对 10kV137 线路的 5 号杆大号侧线路检修。拉开了 5 号杆上的柱上油断路器，并在电杆上用粉笔写明"线路有人工作，禁止合闸！"同时在 6 号杆处装一组接地线，安全措施做好后便进行停电和线路上的登杆检查工作。同日 13 时 31 分，西上庄乡西上庄村农机厂社员郭某未与当地供电部门联系，也未了解线路上是否有人工作，即到 5 号杆下用高压绝缘操作杆合上了油断路器，造成"带地线合断路器"的严重事故。该市一座电厂 J137 断路器速断跳闸，3 号杆小号侧过线夹附近、东边线烧断落地；6 号杆处所装接地线烧伤。当时线路上有 8 位同志工作，由于有接地线的保护幸免于难。事后该电业局组织抢修，于 10 月 22 日 17 时 40 分恢复送电，共造成少供电 26800kWh。

【事故案例 6】　2005 年 10 月 26 日，某电厂在运行人员进行操作的过程中，发生一起管理人员擅自操作运行设备，造成带电合接地开关的误操作事故。事故前，1 号发电机组处于冷备用状态，1 号发电机出口断路器 QF 711 三相在断开，1 号发电机出口隔离开关 OS7111 三相在断开，1 号主变压器在运行状态，1 号高压厂用变在运行状态。为配合电气维护班的"厂房 94.5m 层 1 号发电机出口 BV151 - 153U、V、W 相电压互感器的熔断器检查"工作。1 通入 15 时 18 分，当班值长下令操作值人员（监护人杨某、操作人谢某）开始进行"1 号发电机出口 BV 电压互感器检查安全措施"操作（操作票编号：2 - 10 - 26 - 1）；同日 15 时 27 分 07 秒，合上 1 号发电机隔离开关和接地开关制制电源：同日 15 时 27 分 12 秒，操作至第 13 项"合上 1 号发电机组出口接地隔离开关 QS 71137"时，因不能远方操作，操作值人员在现场将断路器、隔离开关远近控把手切至"现地"位置，现场合不上；监护人杨某立即到 1 号发电机组现地控制单元处电话汇报当班值长，并经得同意后将断路器、隔离开关远近控把手"远方"、"现地"位置切换了三次，仍合不上；同日 15 时 31 分 30 秒，监护人杨某和操作人谢某两人立即前往 1 号发电机组现地控制单元处电话汇报当班值长，要求自动化班人员前来检查；此时，在现场检查工作的发电部副主任吴某来到 1 号发电机组出口断路器室，为了尽快做好安全措施，给检查工作争取时间，擅自对接地开关进行操作，但由于对现场不熟悉，误将 QS71117 当成 QS71137，合上 QS71117，造成 1 号主变压器差动保护动作 1 号主变压器高压侧断路器 QP2001 事故跳闸。

事故暴露出该厂控制回路不可靠。检查为 QS 71137 当时操作回路有故障，其操作回路中的 Q81 - 1011 钥匙（在操动机构右侧边盖下方）松动。QS71117 的闭锁条件为 1 号发电机组出口隔离开关 QS7111 在分闸位置，QS 71137 的闭锁条件为 1 号机组出口断路器 QF711 和 1 号机组出口隔离开关 QS7111 在分闸位置，表明 QS71117 和 QS71137 两接地隔离开关逻辑闭锁回路不合理。施工单位未按图纸施工；操作人员习惯性违章，进出高压配电室未将门锁好或派人守护。

【事故案例 7】 1964 年 6 月 16 日，某发电厂莱芜工段在莱芜变电所出口处测量 110kV 与 6kV 交叉线路的导线垂直距离，发生了检修工何某、严某两人严重触电烧伤事故。何某烧伤面积达 85%，虽经多方抢救，但因烧伤严重，于 6 月 23 日死亡。严某烧伤面积约 20%，没有生命危险。事故过程是：同日，110kV 神（头）莱（芜）线停电，进行更换绝缘工作，全部工作于同日 11 时 48 分结束。工段长邵某（高级工）亲自向该发电厂值长汇报"工作已结束，地线已拆除，人员已退出，可以送电"。同日 15 时 13 分，值长按中调命令通知莱芜变电所立即将神莱线合闸充电（神头侧的断路器仍在检修中）。然而就在同日 14 时 30 分邵某忽然擅自决定令高某、何某和严某等三人测量神莱线与车关线（6kV）交叉处的导线垂直距离，并令高某填写第二种工作票，指定高某担任工作负责人，邵某自己为工作领导人。当时，高某问邵某："110kV 神莱线是否送电？"邵答"17 日才送电"，并说"东关线没有停电"。同日 15 时 40 分，邵某率领上述三人来到现场。何某、严某两人用竹竿绑着 30m 长的皮卷尺进行测量，当竹竿接近神莱线导线时，即发生巨响声和火光，何某和严某两人当即倒地，身上均着火。高某用自己外衣盖灭严某身上的明火后，又奔向何某身边灭火，但无效，即撕去何某身上的衣服后，火才被熄灭（邵某当时吓呆，未参加抢救）。立即送严某和何某两人去医院抢救。

《电业安全工作规程》（高压架空线路部分）（燃料工业部 1955 年颁发）第 144 条规定，线路带电时，测量导线距离"在地面用测角仪器测量"。如按第 145 条采用测量杆和卷尺，则"只可在线路已停电并已接地的情况下"进行。卷尺中都织有细金属丝。

【事故案例 8】 1962 年 5 月 29 日，某供电局发生了线路维护工人刘某在巡修线路剪树工作中从树上摔下受伤死亡的事故。剪树工作由两人进行。在当日下午重新开始剪树工作时，刘某把梯子靠在树上便独自一人上了树，另一人仍在休息喝水，地面无人监护刘某，刘某在树上工作时也未使用安全带。当刘某要下树时，另一人喝完水在修理工具，也不去监护刘某。结果，刘某就在下树过程中摔下受重伤，送医院治疗无效死亡。

为吸取事故教训，该供电局专门为此下发了关于《砍剪树木工作的安全操作措施》的文件，以规范砍剪树作业。

【事故案例 9】 1992 年 5 月 29 日，某供电站检修班在 10kV 城干线带电线路附近砍剪树木，树倒在 10kV 高压线路上，某工人碰到树枝致使触电身亡。规程规定：为防止树木（树枝）倒落在导线上，应设法用绳索将其拉向与导线相反的方向。绳索必须有足够的长度。本案没有采取任何防止树倒砸线的安全措施，以致发生了触电身亡的事故。

【事故案例 10】 1984 年 1 月 13 日，某供电所在消除 10kV 配电线路障碍物时，工人李某等 2 人去某镇中学围墙处低压线路附近砍剪树枝时发生重伤事故。李某上树后，没使用安全带，从上往下剪树枝。完成任务后下树准备踩竹梯子时，双手抓住树枝，脚却未踩到梯子上，身体悬空后脚踩到一枯枝上，手移到另一嫩枝上，枯枝踩断，人从 5m 高处落下，脊椎 3 处骨折。规程规定：上树砍剪树木时，不应攀抓脆弱和枯死的树枝。砍剪树枝工作必须两人进行，一人操作，另一人认真监护，把持梯子，指点下树人如何行动踩到梯子上。

【事故案例 11】 1992 年 6 月 15 日 9 时 40 分，某电业局送变电部线路工段巡线班班长方某，在单人巡线时发现有一株树靠近并高出带电的线路。当方班长在树上锯树干时，由于拴树干的绳子断了，方某与树枝一起掉下，碰到 35kV 线路的 U 相导线上，致使触电后坠落死亡。这是一起惨痛的事故，班长的责任心、敬业精神是没的说，但却赔上了性命。从行标《安规》的规定可以看出，砍剪树木是集体作业，有工作负责人，有监护人，应使用安全带。规程规定：单人巡线时，禁止攀登电杆和铁塔。那么靠近导线的大树是否可以攀登呢？方班长单人巡线是有上树准备的，因为他身上有手锯、有绳子，看来该单位的运行规程中是允许单人巡线和可以处理危及线路安全运行的树木的。但方班长身上又无安全带，上树属于高处作业，是方班长忘记带了，还是运行规程没有规定呢？为防止类似事故发生，单人巡线不准进行任何作业，只准记录缺陷。

配套考核题解

试　　题

一、填空题

1. 巡线工作应由有电力线路工作_____的人担任。_____不得一人单独巡线。偏僻山区和夜间巡线必须由_____进行。暑天、大雪天，必要时由_____进行。

2. 单人巡线时，禁止_____电杆和铁塔。夜间巡线应沿线路_____进行；大风巡线应沿线路_____前进，以免万一触及断落的导线。

3. 事故巡线应始终认为线路_____，即使明知该线已_____，亦应认为线路随时有恢复_____的可能。

4. 巡线人员发现导线断落地面或悬吊在空中，应设法防止行人靠近断线地点_____以内，并迅速报告_____，等候处理。

5. 电气操作应使用操作票。电气_____应根据值班调度员（线路工区值班员）的_____（口头或电话）_____操作票。事故处理可根据值班调度员的命令进行_____，可不填写_____。

6. 操作票应用钢笔或圆珠笔填写，票面应清楚_____，不得任意_____。操作命令应清楚_____，受令人应将命令内容向发令人_____，核对_____。

7. 操作票中的操作项目栏内要填写设备_____名称，即设备名称和编号。操作人和监护人应先后在操作票下方的操作人、监护人处分别_____。

8. 电气操作前，应按操作票上所操作顺序与_____核对相符。操作前、后，都应检查_____现场设备名称、编号和断路器、隔离开关的_____、_____位置。操作完毕，受令人应立即报告_____。

9. 电气操作应由_____进行，_____操作，_____监护，并认真执行_____。

10. 电气操作应认真执行监护复诵制。发布命令和复诵命令都应严肃认真，使用_____操作术语，准确_____。电气操作必须按操作票上顺序栏中所列顺序进行_____操作，每操作完一项，做一个_____记号。

11. 操作机械传动的断路器或隔离开关时，应戴_____。没有机械传动的断路器、隔离开关和跌落熔断器应使用合格的_____进行操作。雨天操作应使用有防雨罩的_____。

12. 凡登杆进行电气操作时，操作人员应_____，并使用_____。操作柱上油断路器时，应有防止断路器_____的措施，以免伤人。

13. 操作中发生疑问时，不准擅自_____操作票，必须向值班调度员或工区值班员_____，待弄清楚后再进行_____。

14. 更换配电变压器跌落熔断器熔丝的工作，应先将_____和_____或拉开。摘挂_____时，必须使用绝缘棒，并行专人监护。其他人员不得触及设备。

15. 雷电时，严禁进行_____和更换_____工作。

16. 如发生严重危及人身_____情况时，可不等待_____即行_____电源，但事后应立即报告领导。

17. _____测量工作，至少应由两人进行，一人操作，一人监护。夜间进行测量工作，应有足够的_____。

18. 测量人员必须了解仪表的_____，使用方法，正确_____，熟悉测量的_____。

19. 杆塔、配电变压器和避雷器的_____测量工作，可以在线路_____的情况下进行。解开和恢复电杆、配电变压器和避雷器的_____时，应戴绝缘手套。严禁接触与地断开的_____。

20. 测量低压线路和配电变压器低压侧的_____时，可使用_____，应注意不触及其他带电部分，防止_____短路。

21. 带电线路导线的垂直距离（导线弛度、交叉跨越距离）可用_____或在地面用抛挂_____的方法测量。严禁使用_____、_____等测量带电线路导线的垂直距离。

22. 在线路带电情况，砍伐靠近_____的树木时，工作负责人必须在工作开始前，向全体人员说明：电力线路有电，不得_____杆塔；树木、绳索不得_____导线。

23. 上树砍剪树木时，不应攀抓_____和_____的树枝。人和绳索应与导线保持_____。应注意_____，并使用_____。不应攀登已经锯过的或砍过的_____树木。

24. 为防止树木（树枝）倒落在导线上，应设法用_____将其拉向与导线_____的方向。绳索应有足够的长度，以免拉绳的人员被倒落的树木_____。树枝接触高压带电导线时，严禁用_____直接去取。

25. 砍剪的树木_____和倒树_____内应有专人_____，不得有人_____，防止砸伤_____。

26. 操作的基本条件：

（1）具有与实际运行方式相符的一次系统模拟图或_____。

（2）操作设备应具有明显的标志，包括命名、编号、_____等。

（3）高压配电设备应具有防止误操作的闭锁功能，必要时加挂_____。

二、选择题

1. 巡线工作应由有电力线路工作经验的人担任。新人员不得一人单独巡线。偏僻山区和夜间巡线必须由（　　）人进行。暑天、大雪天，必要时由两人进行。

A. 一；　　　　　B. 两；　　　　　C. 三；　　　　　D. 多

2. 单人巡线时，禁止攀登电杆和铁塔。夜间巡线应沿线路（　　）侧进行；大风巡线应沿线路上风侧前进，以免万一触及断落的导线。

A. 外；　　　　　B. 内；　　　　　C. 上；　　　　　D. 下

3. 事故巡线应始终认为线路带电，即使明知该线路已停电，亦应认为线路随时有恢复送电的可能。巡线人员发现导线断落地面或悬吊空中，应设法防止行人靠近断线点（　　）m 以内，并迅速报告领导，等候处理。

A. 50；　　　　　B. 30；　　　　　C. 12；　　　　　D. 8

4. 电气操作中发生疑问时，不准（　　），必须向值班调度员或工区值班员报告，待弄清楚后再进行操作。

A. 继续操作；　　　　　　　　　B. 不闻不问；

C. 擅自更改操作票；　　　　　　D. 左顾右盼

5. 凡登杆进行电气操作时，操作人员应戴安全帽，并使用安全带。操作机械传动的断路器或隔离开关时，应戴绝缘手套。没有机械传动的断路器、隔离开关和跌落熔断器，应使用合格的（　　）进行操作。

    A. 绝缘钳；   B. 绝缘杆；

    C. 绝缘棒；   D. 绝缘罩

6. （　　），严禁进行电气操作和更换熔丝工作。

    A. 人风时；   B. 事故时；

    C. 雷雨时；   D. 雷电时

7. 电气测量工作，至少应由两人进行，一人操作，一人监护。夜间进行测量工作，应有足够的（　　）。

    A. 胆量；   B. 人数；

    C. 工具；   D. 照明

8. 带电线路导线的垂直距离（导线弛度、交叉跨越距离）可用测量仪或在地面用（　　）的方法测量。严禁使用皮尺、线尺（夹有金属丝者）等测量带电线路导线的垂直距离。

    A. 抛挂尼龙绳；   B. 抛挂麻绳；

    C. 抛挂棉线绳；   D. 抛挂绝缘绳

9. 为防止树木（树枝）倒落在导线上，应设法用绳索将其拉向与导线（　　）的方向。绳索应有足够的长度，以免拉绳的人员被倒落的树木砸伤。

    A. 一致；   B. 相同；

    C. 相反；   D. 平行

10. 砍剪的树木下面和倒树范围内应有（　　），不得有人逗留，防止砸伤行人。

    A. 专人监护；   B. 遮栏和围栏；

    C. 消防工具；   D. 急救药箱

11. 装卸高压熔断器，应戴护目眼镜和绝缘手套，必要时使用（　　），并站在绝缘物或绝缘台上。

    A. 绝缘棒；   B. 螺丝刀；

    C. 绝缘夹钳；   D. 克丝钳

12. （　　）应检查各相的实际位置，无法观察实际位置时，可通过间接方式确认该设备已操作到位。

    A. 操作前；   B. 操作时；

    C. 操作后；   D. 停电时

三、判断题（正确的画"√"，不正确的画"×"）

1. 电气操作应使用电气操作票。电气操作人员应根据值班调度员（线路工区值班员）的操作命令（口头或电话）填写操作票。操作命令应清楚明确，受令人应将命令内容向发令人复诵，核对无误。事故处理可根据值班调度员的命令进行操作，可不填写操作票。
                                                  （　　）

2. 电气操作应由三人进行，一人操作，一人唱票，一人监护，并认真执行监护复诵制。发布命令、复诵命令和监护命令都应严肃认真，使用正规操作术语，准确清晰，按操作票顺序进行逐项操作，每操作完一项，做一个"√"记号。   （　　）

3. 更换配电变压器跌落熔断器熔丝的工作，应先将低压刀开关和高压隔离开关或跌落熔断器拉开。摘挂跌落熔断管时，必须使用绝缘棒。其他人员不得触及设备。 （ ）

4. 如发生严重危及人身安全情况下，可不等待命令即行断开电源。 （ ）

5. 测量人员必须了解仪表的性能，使用方法，正确接线，熟悉测量的安全措施。测量低压线路和配电变压器低压侧的电流时，可使用钳形电流表，应注意不触及其他带电部分，防止相间短路。 （ ）

6. 杆塔、配电变压器和避雷器的接地电阻测量工作不准在线路带电的情况下进行。

（ ）

7. 在线路带电的情况下进行杆塔、配电变压器和避雷器的接地电阻测量工作，解开或恢复电杆、配电变压器和避雷器的接地引线时，应戴绝缘手套。严禁接触与地断开的接地线。 （ ）

8. 在线路带电情况下，砍伐靠近线路的树木时，工作负责人必须在工作开始前，向全体人员说明：电力线路有电，不得攀登杆塔；树木、绳索不得接触导线。 （ ）

9. 上树砍剪树木，应使用安全带。不应攀抓脆弱和枯死的树枝。人和绳索应与导线保持安全距离。应注意马蜂。不应攀登已经锯过的或砍过的未断树木。 （ ）

10. 待砍剪的树木下面和倒树范围内不得有人逗留，防止砸伤行人。 （ ）

11. 应按操作任务的顺序逐项操作。停电操作应按照"断路器—负荷侧隔离开关—电源侧隔离开关"的顺序依次进行，送电合闸操作按相反的顺序进行。不应带负荷拉合隔离开关。 （ ）

12. 高压开关柜手车开关拉至"检修"位置后，应确认隔离挡板已封闭。 （ ）

四、改错题

1. 线路运行与维护包含线路巡视、线路停复役操作、杆塔及配电设备维护和测量、砍剪树木等。作业时应注意自我防护。

2. 恶劣气象条件下巡线和事故巡线时，应依据实际情况配备必要的防护用具和药品。

3. 夜间巡线应沿线路内侧进行。大风时，巡线宜沿线路顺风侧进行。

4. 操作票由发令人填写、操作人员使用，每张操作票填写一个操作任务。操作人员在操作前应根据模拟图或接线图核对所填写的操作项目，并经审核签名。

5. 电气操作的基本条件是：

（1）具有与实际运行方式相符的一次系统模拟图或接线图。

（2）操作设备应具有明显的标志。

（3）高压配电设备应具有防止误操作的闭锁功能。

6. 停电操作应按照"断路器—负荷侧隔离开关—电源侧隔离开关"的顺序依次进行。送电合闸操作应按照"负荷侧隔离开关—电源侧隔离开关—断路器"的顺序进行。不应带负荷拉合隔离开关。

7. 更换配电变压器跌落式熔断器熔丝，应先将高压隔离开关或跌落式熔断器拉开。装卸跌落式熔断器熔管时，应使用绝缘棒。装卸高压熔断器，应戴护目眼镜和绝缘手套，必要时使用绝缘夹钳，并站在绝缘物或绝缘台上。

8. 测量杆塔、配电变压器和避雷器的接地电阻，可在线路和设备不带电的情况下进行。解开或恢复配电变压器和避雷器的接地引线时，应戴绝缘手套。不应直接接触与地电位断开的接地引线。

9. 测量绝缘电阻，应将被测量设备各侧断开，确认设备上无人，方可进行。在测量中不应让他人接近被测量设备。测量前后，应将被测设备对地放电。

10. 树枝接触或接近高压带电导线时，应将高压线路停电或用绝缘工具使树枝远离带电导线。

五、问答题

1. 线路运行与维护的一般要求是什么？

2. 线路巡视的类型及要求是什么？

3. 电气操作有哪几个重要环节？

4. 对电气操作发令人和受令人的要求是什么？

5. 电气操作有几种操作方式？为确保操作步骤正确在正式操作前可进行什么工作？

6. 按操作是否有人监护分为哪几类？

7. 操作票的作用是什么？操作票包含哪些内容？

8. 操作票应由何人填用？每张操作票能填写几个操作任务？

9. 操作票填好后，操作前应先做什么？

10. 什么紧急情况可不填用操作票进行电气操作？

11. 电气操作的基本条件是什么？

12. 电气操作的基本要求是什么？

13. 测量杆塔、配电变压器和避雷器的接地电阻应注意哪些事项？

14. 用钳形电流表测量线路或配电变压器低压侧的电流时应注意哪些事项？

15. 测量的绝缘电阻应注意哪些事项？

16. 测量线路绝缘电阻，若有感应电压，应采取哪些措施？

17. 当发现有树枝接触或接近高压带电导线时，应采取哪些措施？

18. 砍剪靠近带电线路的树木时，人体、绳索与线路保持的安全距离是多少？

19. 需锚固杆塔维修线路时，应保持锚固拉线与带电导线的安全距离是多少？

20. 线路巡视工作应由什么人员担任？一般情况下应由几人进行？

21. 线路巡视工作应注意哪些安全事项？

22. 怎样正确填写操作票？

23. 什么情况下可不填写操作票？

24. 怎样正确进行电气操作？

25. 电气操作应注意哪些安全事项？

26. 操作中发生疑问时应如何处理？

27. 电气测量工作应具备哪些条件？

28. 电气测量工作时测量人员有哪些基本要求？

29. 电气测量工作中应注意哪些安全事项？

30. 在线路带电情况下应怎样进行砍剪树木？

31. 上树砍剪树木应注意哪些安全事项？

答　案

一、填空题

1. 经验；新人员；两人；两人

2. 攀登；外侧；上风侧

3. 带电；停电；送电

4. 8m；领导

5. 操作人员；操作命令；填写；操作；操作票

6. 整洁；涂改；明确；复诵；无误

7. 双重；签名

8. 模拟图板；核对；断；合；发令人

9. 两人；一人；一人；监护复诵制

10. 正规；清晰；逐项；"√"

11. 绝缘手套；绝缘棒；绝缘棒

12. 戴安全帽；安全带；爆炸

13. 更改；报告；操作

14. 低压刀开关；高压隔离开关；跌落熔断器；跌落熔断管

15. 电气操作；熔丝

16. 安全；命令；断开

17. 电气；照明

18. 性能；接线；安全措施

19. 接地电阻；带电；接地引线；接地线

20. 电流；钳形电流表；相间

21. 测量仪；绝缘绳；皮尺；线尺（夹有金属丝者）

22. 线路；攀登；接触

23. 脆弱；枯死；安全距离；马蜂；安全带；未断

24. 绳索；相反；砸伤；手

25. 下面；范围；监护；逗留；行人

26. 接线图；设备相色；机械锁

二、选择题

1. B	4. C	7. D	10. A
2. A	5. C	8. D	11. C
3. D	6. D	9. C	12. C

三、判断题

1. （√）	4. （×）	7. （√）	10. （×）
2. （×）	5. （√）	8. （√）	11. （√）
3. （×）	6. （×）	9. （√）	12. （√）

四、改错题

1. 线路运行与维护包含线路巡视、线路停复役操作、杆塔及配电设备维护和测量、砍剪树木等。作业时应注意自我防护，保持安全距离。

2. 恶劣气象条件下巡线和事故巡线时，应依据实际情况配备必要的防护用具、自救器具和药品。

3. 夜间巡线应沿线路外侧进行。大风时，巡线宜沿线路上风侧进行。

4. 操作票由操作人员填用，每张操作票填写一个操作任务。操作前应根据模拟图或接线图核对所填写的操作项目，并经审核签名。

5. 电气操作的基本条件是：

（1）具有与实际运行方式相符的一次系统模拟图或接线图。

（2）操作设备应具有明显的标志，包括命名、编号、设备相色等。

（3）高压配电设备应具有防止误操作的闭锁功能，必要时加挂机械锁。

6. 停电操作应按照"断路器—负荷侧隔离开关—电源侧隔离开关"的顺序依次进行，送电合闸操作按相反的顺序进行。不应带负荷拉合隔离开关。

7. 更换配电变压器跌落式熔断器熔丝，应先将低压刀开关和高压隔离开关或跌落式熔断器拉开。装卸跌落式熔断器熔管时，应使用绝缘棒。装卸高压熔断器，应戴护目眼镜和绝缘子套，必要时使用绝缘夹钳，并站在绝缘物或绝缘台上。

8. 测量杆塔、配电变压器和避雷器的接地电阻，可在线路和设备带电的情况下进行。解开或恢复配电变压器和避雷器的接地引线时，应戴绝缘手套。不应直接接触与地电位断开的接地引线。

9. 测量绝缘电阻，应将被测量设备各侧断开，验明无电压，确认设备上无人，方可进行。在测量中不应让他人接近被测量设备。测量前后，应将被测设备对地放电。

10. 树枝接触或接近高压带电导线时，应将高压线路停电或用绝缘工具使树枝远离带电导线，之前人体不应接触树木。

五、问答题

1. **答**：线路运行与维护包含线路巡视、线路停复役操作、杆塔及配电设备维护和测量、砍剪树木等，作业时应注意自我防护，保持安全距离。

2. **答**：线路巡视可分为单人巡视、恶劣气象巡线、事故巡线、夜间巡线、大风巡线等。

（1）单人巡线时，不应攀登杆塔。

（2）恶劣气象条件下巡线和事故巡线时，应依据实际情况配备必要的防护用具、自救器具和药品。

（3）夜间巡线应沿线路外侧进行。

（4）事故巡线应始终认为线路带电。

3. **答**：电气操作有六个重要环节：

（1）操作发令；

（2）操作方式；

（3）操作分类；

（4）操作票填写；

（5）操作的基本条件；

（6）操作的基本要求。

4. **答**：（1）发令人发布指令应准确、清晰，使用规范的操作术语和设备名称。

（2）受令人接令后，应复诵无误后执行。

5. **答**：电气操作有就地操作和遥控操作两种方式。

正式操作前可进行模拟预演，确保操作步骤正确。

6. **答**：分为监护操作和单人操作。监护操作，是指有人监护的操作。单人操作，是指一人进行的操作。

7. **答**：操作票是线路和配电设备操作前，填写操作内容和顺序的规范化票式。操作票可包含：

　　(1) 编号；

　　(2) 操作任务；

　　(3) 操作顺序；

　　(4) 操作时间；

　　(5) 操作人签名；

　　(6) 监护人签名。

　　8. **答：** 操作票由操作人员填用，每张操作票填写一个操作任务。

　　9. **答：** 操作前应根据模拟图或接线图核对所填写的操作项目，并经审核签名。

　　10. **答：** 事故紧急处理、拉合断路器的单一操作时，可不填用操作票。

　　11. **答：** 电气操作的基本条件是：

　　(1) 具有与实际运行方式相符的一次系统模拟图或接线图。

　　(2) 操作设备应具有明显的标志，包括命名、编号、设备相色等。

　　(3) 高压配电设备应具有防止误操作的闭锁功能，必要时加挂机械锁。

　　12. **答：** 电气操作的基本要求是：

　　(1) 停电操作应按照"断路器—负荷侧隔离开关—电源侧隔离开关"的顺序依次进行，送电合闸操作按相反的顺序进行。不应带负荷拉合隔离开关。

　　(2) 应按操作任务的顺序逐项操作。

　　(3) 雷电天气时，不宜进行电气操作。

　　(4) 操作机械传动的断路器或隔离开关时，应戴绝缘手套。没有机械传动的断路器、隔离开关和跌落式熔断器，应使用绝缘棒进行操作。

　　(5) 更换配电变压器跌落式熔断器熔丝，应先将低压刀开关和高压隔离开关或跌落式熔断器拉开。装卸跌落式熔断器熔管时，应使用绝缘棒。

　　(6) 雨天操作室外高压设备时，应使用有防雨罩的绝缘棒，并穿绝缘靴、戴绝缘手套。

　　(7) 装卸高压熔断器，应戴护目眼镜和绝缘手套，必要时使用绝缘夹钳，并站在绝缘物或绝缘台上。

　　(8) 高压开关柜手车开关拉至"检修位置"后，应确认隔离挡板已封闭。

　　(9) 操作后应检查各相的实际位置，无法观察实际位置时，可通过间接方式确认该设备已操作到位。

　　(10) 发生人身触电时，应立即断开有关设备电源。

　　13. **答：** (1) 测量杆塔、配电变压器和避雷器的接地电阻，可在线路和设备带电的情况下进行。

　　(2) 解开或恢复配电变压器和避雷器的接地引线时，应戴绝缘手套。

　　(3) 不应直接接触与地电位断开的接地引线。

　　14. **答：** 用钳形电流表测量线路或配电变压器低压侧的电流时，不应触及其他带电部分。

　　15. **答：** (1) 测量绝缘电阻，应将被测量设备各侧断开，验明无电压，确认设备上无人，方可进行。

（2）在测量中不应让他人接近被测量设备。

（3）测量前后，应将被测设备对地放电。

16. **答**：测量线路绝缘电阻，若有感应电压应将相关线路同时停电，取得许可，通知对侧后方可进行。

17. **答**：树枝接触或接近高压带电导线时，应将高压线路停电或用绝缘工具使树枝远离带电导线，之前人体不应接触树木。

18. **答**：砍剪靠近带电线路的树木时，人体、绳索与线路保持 GB 26859—2011 中表 4 的安全距离。

19. **答**：需锚固杆塔维修拉线时，应保持锚固拉线与带电导线的安全距离符合 GB 26859—2011 中表 4 的规定。

20. **答**：巡线工作应由有电力线路工作经验的人担任。

新人员不得一人单独巡线。偏僻山区和夜间巡线必须由两人进行。暑天、大雪天必要时由两人进行。

21. **答**：（1）单人巡线时，禁止攀登电杆和铁塔。

（2）夜间巡线应沿线路外侧进行。

（3）大风巡线应沿线路上风侧前进，以免万一触及断落的导线。

（4）事故巡线应始终认为线路带电，即使明知该线路已停电，亦认为线路随时有恢复送电的可能。

（5）巡线人员发现导线断落地面或悬吊空中，应设法防止行人靠近断线地点 8m 以内，并迅速报告领导，等候处理。

22. **答**：电气操作应使用电气操作票。操作票主要内容有：操作开始时间；操作终了时间；操作任务；操作项目；备注；操作人、监护人、工作许可人的签名处。操作票应编号。

（1）电气操作人员应根据值班调度员（线路工区值班员）的操作命令（口头或电话）填写操作票。

（2）操作票应用钢笔或圆珠笔填写，票面应清楚整洁，不得任意涂改。

（3）操作命令应清楚明确，受令人应将命令内容向发令人复诵，核对无误。

（4）操作票要填写设备双重名称，即设备名称和编号。

（5）操作人和监护人应先后在操作票上分别签名。

23. **答**：（1）事故处理可根据值班调度员的命令进行操作，可不填写操作票。

（2）如发生严重危及人身安全情况下，可不等待命令即行断开电源，但事后应立即报告领导。

24. **答**：（1）电气操作前，应按操作票顺序与模拟图板核对相符。

（2）操作前应检查核对现场设备名称、编号和断路器、隔离开关的断、合位置。

（3）电气操作应由两人进行，一人操作，一人监护，并认真执行监护复诵制。发布命令和复诵命令都应严肃认真，使用正规操作术语，准确清晰。

（4）电气操作应按操作票顺序进行逐项操作，每操作完一项，做一个"√"记号。

（5）操作后应检查核对现场设备名称、编号和断路器、隔离开关的断、合位置。

（6）操作完毕，受令人应立即报告发令人。

25．答：（1）操作机械传动的断路器或隔离开关时，应戴绝缘手套。

（2）没有机械传动的断路器、隔离开关和跌落熔断器，应使用合格的绝缘棒进行操作。

（3）雨天操作应使用有防雨罩的操作棒。

（4）凡登杆进行电气操作时，操作人员应戴安全帽，并使用安全带。

（5）操作柱上油断路器时，应有防止断路器爆炸的措施，以免伤人。

（6）更换配电变压器跌落熔断器熔丝的工作，应先将低压刀开关和高压隔离开关或跌落熔断器拉开。摘挂跌落熔断管时，必须使用绝缘棒，并有专人监护。其他人员不得触及设备。

（7）雷电时，严禁进行电气操作和更换熔丝工作。

26．答：操作中发生疑问时，不准擅自更改操作票，必须向值班调度员或工区值班员报告，待弄清楚后再进行操作。

27．答：（1）电气测量工作，至少应有两人进行，一人操作，一人监护。

（2）夜间进行测量工作，应有足够的照明。

28．答：（1）测量人员必须了解仪表的性能，使用方法，正确接线。

（2）测量人员必须熟悉测量的安全措施。

29．答：（1）杆塔、配电变压器和避雷器的接地电阻测量工作，可以在线路带电的情况下进行。解开或恢复电杆、配电变压器和避雷器的接地引线时，应戴绝缘手套。严禁接触与地断开的接地线。

（2）测最低压线路和配电变压器低压侧的电流时，可使用钳形电流表，应注意不触及其他带电部分，防止相间短路。

（3）带电线路导线的垂直距离（导线弛度、交叉跨越距离）可用测量仪或在地面用抛挂绝缘绳的方法测量。严禁使用皮尺、线尺（夹有金属丝者）等测量带电线路导线的垂直距离。

30．答：（1）在线路带电情况下，砍伐靠近线路的树木时，工作负责人必须在工作开始前，向全体人员说明：电力线路有电，不得攀登杆塔；树木、绳索不得接触导线；人和绳索，应与导线保持安全距离。

（2）为防止树木（树枝）倒落在导线上，应设法用绳索将其拉向与导线相反的方向。绳索应有足够的长度，以免拉绳的人员被倒落的树木砸伤。

（3）树枝接触高压带电导线时，严禁用手直接去取。

31．答：（1）上树砍剪树木时，不应攀抓脆弱和枯死的树枝。

（2）不应攀登已经锯过的或砍过的未断树木。

（3）上树砍剪树木时应使用安全带。

（4）人和绳索应与导线保持安全距离。

（5）应注意马蜂。

（6）待砍剪的树木下面和倒树范围内应有专人监护，不得有人逗留，防止砸伤行人。

第八章 邻近带电导线的工作

原文："8 邻近带电导线的工作"

第一节 一 般 要 求

原文："8.1 一般要求"

一、条文 8.1.1

原文："8.1.1 邻近带电导线的工作主要包含带电线路杆塔上的工作、邻近或交叉其他线路的工作，以及同杆塔多回线路中部分线路停电的工作。"

本条指出邻近带电导线的工作的主要内容有：①带电线路杆塔上的工作；②邻近或交叉其他线路的工作；③同杆塔多回线路中部分线路停电的工作。

二、条文 8.1.2

原文："8.1.2 登杆作业时，应核对线路名称和杆号。"

防止误登同杆塔多回带电线路或直流线路有电极，应采取以下措施。

（1）每基杆塔应标设线路名称和识别标记（色标等）。

（2）工作前应发给作业人员相对应线路的识别标记。

（3）经核对停电检修线路的识别标记和线路名称无误，验明线路确已停电并装设接地线后，方可开始工作。

（4）登杆塔和在杆塔上工作时，每基杆塔都应设专人监护。

工作人员进行登杆作业前，当监护人未到现场，未经监护人的许可，禁止擅自工作；当监护人因故离现场时，应停止作业。

（5）登杆塔至横担处时，应再次核对识别标记与双重称号，确实无误后方可进入检修线路侧横担。

（6）在有可能误登地段的杆塔上工作时，工作负责人应将防误措施（该线路独有的识别标记）写进工作票注意事项栏目。也可以将标识制图，在检修工作之前，发给作业人员作为识别标记。

1）杆塔上各线路应有色标、线路名称牌。色标应在杆塔上任何方位都能看清，现在有些单位将横担刷色漆作为色标，很受广大工人的欢迎。

2）杆、塔的名称牌的颜色和横担颜色一致。

3）每个工人发给同该线路色标同样颜色的袖标。

上述三种颜色一致，就不会弄错了。

第二节　在带电线路杆塔上的工作

原文："8.2 在带电线路杆塔上的工作"

一、原文 8.2.1

原文："8.2.1 带电杆塔上进行测量、防腐、巡视检查、校紧螺栓、清除异物等工作，工作人员活动范围及其所携带的工具、材料等，与带电导线最小距离应符合表 1 的规定。"

（一）在带电线路杆塔上工作安全措施

1. 作业人员与带电导线的最小距离

带电杆塔上进行测量、防腐、巡视检查、校紧螺栓、清除异物等工作，工作人员活动范围及其所携带的工具、材料等，与带电导线最小距离应符合 GB 26859—2011 表 1 的规定。

进行上述工作，应使用绝缘无极绳索，风力应不大于 5 级，并应有专人监护。如不能保持表 1 要求的距离时，应按照带电作业工作或停电进行。

在线路带电情况下，允许在杆塔上进行刷油，除鸟窝，紧杆塔螺栓，检查架空地线，查看金具、绝缘子工作。绝缘架空地线因有感应电压，不允许检查，220kV 线路绝缘架空地线的感应电压可高达 3000V 以上，曾发生过触电死亡事故。

在带电线路杆塔上从事上述工作时，都应填用电力线路第二种工作票，杆塔上工作人员必须按表 1 的规定保持与带电线路的安全距离。

表 1 规定的安全距离是在带电线路杆塔上工作的人与带电导线间最小安全距离。考虑到这类工作比较简单，工作量不大，时间不长，活动范围有一定限制，因此安全距离考虑人活动的范围就比较小。安全距离为

$$安全距离 = A + (60 \sim 130)\,cm$$

式中　　A——按过电压值推算出来的距离，cm；

60～130cm——不同电压等级人的活动裕度。

所以进行上述工作时，一定要指派专人监护，监督工作人员随时注意保持安全距离。

2. 在带电线路杆塔上工作的安全措施

进行上述工作必须使用绝缘无极绳索、绝缘安全带。

由于安全距离规定的人活动范围较小，只有 60～130cm，所以使用的工具都不宜过长，使用的绳索、安全带、悬挂绳等都应采用绝缘的，绝缘绳索还须两头相连的无极绳索，以防绳索过长碰及带电导线。

3. 在不能保持与带电导线的安全距离时

如不能保持表 1 要求的距离时，应按照带电作业工作进行。

（二）在 10kV 及以下带电线路杆塔上的工作

在 10kV 及以下的带电杆塔上进行工作，工作人员距最下层高压带电导线垂直距离不得小于 0.7m。

工作人员在带电杆塔上刷油、除鸟窝、紧杆塔螺栓、查看金具、绝缘子工作时，距最下层 10kV、6kV、3kV 高压带电导线以及 380V 电压带电导线垂直距离均不得小

于 0.7m。

（三）邻近运行中的直流接地极线路

运行中的高压直流输电系统的直流接地极线路和接地极应视为带电线路。各种工作情况下，邻近运行中的直流接地极线路导线的最小安全距离按±50kV 直流电压等级控制。

二、条文 8.2.2

原文："8.2.2 风力大于 5 级时应停止工作。"

上述作业时，风速不应大于 5 级，即风速小于 8～10m/s。因为风速过大时，人及工具与带电导线间的安全距离不易保持。在无风或微风的情况下，进行上述作业可以无人监护，但有 3～5 级风时，应有专人监护。大于 5 级应停止上述作业。

第三节　邻近或交叉其他线路的工作

原文："8.3 邻近或交叉其他线路的工作"

一、条文 8.3.1

原文："8.3.1 工作人员和工器具与邻近或交叉的运行线路应符合表 4 的安全距离。"

所谓邻近或交叉其他电力线路是指停电检修的线路，可能与所邻近的带电线路导线接近至 GB 26859—2011 表 4 所示安全距离以内，将成为危险距离的情况。

邻近或交叉其他线路有两种工况，一种是可以停电，一种是不可以停电。

（一）邻近或交叉的线路能停电工作

停电检修的线路如与另一回带电线路相交叉或接近，以致工作时人员和工器具可能和另一回导线接触或接近至 GB 26859—2011 表 4 安全距离以内，则另一回线路也应停电并予接地。工作中应采取防止损伤另一回线的措施。

上述邻近或交叉介入危险距离以内的线路停电检修时，应采取的安全措施如下。

（1）检修线路和邻近交叉需配合停电的线路如属于同一单位管理，则可办理一张线路第一种工作票（否则，应分别申请），由主管部门工作票签发人签发工作票，同时认真履行审查、申请、许可等程序。

（2）按照线路调管权限进行申请，得到同意后由值班调度员发令给该两条线路各端的变电所，变电所值班员依据命令分别操作，将这些线路的断路器及两侧隔离开关全部拉开，并将线路验明无压接地，在线路隔离开关操作把手上挂"禁止合闸，线路有人工作！"的红底色标示牌，作为发电厂和变电所采取的安全措施。

（3）调度值班员按规定已许可工作票开始工作，工作负责人还必须执行有关运行规程的规定，布置现场作业的安全技术措施，在被检修线路工作地段可能误送电的各侧验电挂设接地线。另一回配合停电的线路（因没有必然接触的要求和原因），只在作业地点附近一处适当的地点挂一组接地线。

（4）如果需配合停电的线路权属其他单位，为了避免该单位实施停电措施时出现失误，工作负责人必须澄清该线路各端停电接地确已正确实施，有确切的证明方可开始工作。

（5）对邻近或交叉进入防护距离以内的配合停电线路，工作负责人应针对现场的实际状况，于未开工之前就制定并落实有关防止损伤配合停电线路的具体措施。

（6）开始工作之前，工作负责人应宣读工作票，讲解有关安全事项并突出强调重点，明确工作分工与监护责任者。待全体工作人员无疑义时，方可许可开始工作。

（二）邻近或交叉的线路不能停电工作

如邻近或交叉的线路不能停电时，应遵守国网《安规》线路部分 5.2.2～5.2.4 条的规定。工作中应采取防止损伤另一回线的措施。

1. 在带电的电力线路邻近进行工作

邻近带电的电力线路进行工作时，有可能接近带电导线至 GB 26859—2011 表 4 安全距离以内时，应做到以下要求。

（1）采取一切措施，使人体、导线、施工机具等与带电导线符合 GB 26859—2011 表 4 安全距离规定。牵引绳索和拉绳符合表 8-3-1 安全距离规定。

表 8-3-1　　　　　　　　　与架空输电线及其他带电体的最小安全距离

电压/kV	<1	1～10	35～63	110	220	330	500
最小安全距离/m	1.5	3.0	4.0	5.0	6.0	7.0	8.5

注　本表在国标《安规》线路部分中的表号是"表 5"，在国网《安规》线路部分中的表号是"表 11-4"。

（2）作业的导、地线还必须在工作地点接地。绞车等牵引工具应接地。

如检修线路与邻近的带电线路安全距离符合表 4 的规定，检修时仍然要十分注意，牵引绳索和拉绳等一定要注意保持表 8-3-1 的安全距离。作业的导、地线还必须在工作地点接地，绞车等牵引工具也必须接地，以防因不注意保持安全距离，而造成感应电压触电。

在邻近高压线路带电导线处工作时，如果该线路属重要负荷以及客观原因不能停电，而工作中又有可能进入危险距离以内时，必须采用切实的事故预防措施。

（1）采取一切可能手段保证作业活动范围界限处与带电导体保持表 4 规定的安全距离。对作业地点邻近处检修的导地线，应使用牵引绳索和拉绳有效地加以控制。防止跃动失控而与带电导线接触，或接近至危险距离以内。作业使用的牵引绳索、工具等都必须注意保持与带电导体的安全距离。

（2）将作业的导线和地线在工作地点处可靠接地。作业所用牵引绞车、放线滑轮等牵张机具也应在适当地点实施接地。这样做可以泄放邻近高压线产生的感应电荷，当作业不慎将导地线接触高压线而带电时，可将工频电流随处入地，保证作业人员安全。

2. 在交叉档内放落、降低或架设导、地线工作

在交叉档内松紧、降低或架设导、地线的工作，只有停电检修线路在带电线路下面时才可进行，但必须采取防止导、地线产生跳动或过牵引而与带电导线接近至 GB 26859—2011 表 4 安全距离以内的措施。

停电检修的线路如在另一回线路的上面，而又必须在该线路不停电情况下进行放松或架设导、地线以及更换绝缘子等工作时，应采取安全、可靠的措施。安全措施应经工作人员充分讨论后，经工区批准执行。措施应能保证以下两点。

（1）检修线路的导、地线牵引绳索等与带电线路的导线应保持 GB 26859—2011 表 4

规定的安全距离。

（2）要有防止导、地线脱落、滑跑的后备保护措施。

进行放落和降低导、地线或者架设导地线的工作时，为保证该交叉档内作业安全，应该使用绝缘拉绳控制导地线，防止其产生跳动和过牵引造成弛度过小而与带电导线间接近至危险范围以内，造成闪络放电。

3. 停电检修的线路在另一回线路的上面

停电检修的线路如在另一回线路的上面，而又必须在该线路不停电情况下进行放松或架设导、地线以及更换绝缘子等工作时，必须采取安全、可靠的措施。安全措施应由工作人员充分讨论后经工区批准执行。措施应能保证以下两点。

（1）检修线路的导线、地线牵引绳索等与带电线路的导线必须保持足够的安全距离。

（2）要有防止导、地线脱落、滑跑的后备保护措施。

如果下方线路不能停电而必须在下方线路带电的条件下工作（如下方线路性质重要，而上方线路出现紧急缺陷需要尽快消除时），应由工区主管部门专业人员深入现场调查研究，紧密结合具体的工作项目和现场条件，拟定实施方案（可采用搭设跨越架的方法实施检修）并交全体作业人员讨论补充，由工区主管领导批准方可执行。方案和措施应能保证以下两点。

（1）被检修线路导、地线及其牵引绳索等有关材料和机具与带电导线之间保持足够的安全距离。

（2）由于导、地线在上方且有较大自重，因而要有防止导、地线脱落、滑跑的周密的保护措施。

二、条文 8.3.2

原文："8.3.2 在变电站、发电厂出入口处或线路中间某一段有两条以上相互靠近的平行或交叉线路时，应满足以下要求：

a）每基杆塔上都应有线路名称和杆号；

b）经核对检修线路的名称无误，验明线路确已停电并装设接地线，方可开始工作。"

在变电站、发电厂出入口处或线路中间某一段有两条以上相互靠近的平行或交叉线路时，要求做好以下安全措施。

（1）每基杆塔上都应有双重名称，线路名称和杆号。

（2）经核对停电检修线路的双重名称无误，验用线路确已停电并装设好地线后，工作负责人方可宣布开始工作。

（3）在该段线路上工作，登杆塔时要核对停电检修线路的双重名称无误，并设专人监护，以防误登有电线路杆塔。

（4）做判别标识、色标或采取其他措施，以使工作人员能正确区别哪一条线路是停电线路。

（5）在这些平行或交叉线路上进行工作时，应发给工作人员相对应线路的识别标记。

（6）登杆塔前经核对标记无误，验明线路确已停电并装设好地线后，方可攀登。

（7）在这一段平行或交叉线路上工作时，要设专人监护，以免误登有电线路杆塔。

第四节　同杆塔多回线路中部分线路停电的工作

原文："8.4 同杆塔多回线路中部分线路停电的工作"

一、条文 8.4.1

原文："8.4.1 同杆塔多回线路中部分线路或直流线路中单极线路停电检修，应满足表1规定的安全距离。同杆塔架设的 10kV 及以下线路带电时，当满足表4规定的安全距离且采取安全措施的情况下，只能进行下层线路的登杆塔检修工作。"

1. 同杆塔多回线路双重称号的命名方法

（1）统一线路方向和空间位置的确定方法。即确定左右方位时以面向线路、杆塔号增加的方向为辨识方位；同杆塔以"干"字或"丰"字形排列的多回线路，可以有左上线、左下线或右中线、右下线等具体区分。当某一回线路有停电检修时，工作票上应特别注意写清楚正确的双重称号（编号名称＋汉字名称）。

（2）同杆塔多回线路的称号，应分别和集中在同一块图标上，不得有相同或发音相近的名称及数字编号。同一发电厂、变电站及同一电压级的电网内，都不能出现语音相同或相近的汉语线路名称。线路的数字名称宜按系统编制的代码有规律地组合，不得有相同编号出现。

（3）多回路的线路名称应反映在杆塔图标或标牌上，应能准确地表达出线路名称、方位、相序（或相序排列规律），除名称外，其余可以用简明图符、色标统一标示。

2. 工作票中应填写停电检修线路的双重称号

工作票签发人和工作负责人对停电检修的一回线路的正确称号应特别注意。多回线路中的每一回线路都应有双重称号，即线路名称、左线或右线和上线或下线的称号。面向线路杆塔号增加的方向，在左边的线路称为左线，在右边的线路称为右线。

同杆、塔架设多回线路中，部分线路停电工作是一项比较危险的工作，稍不注意，就可能误上带电线路，特别是在杆、塔上很容易迷失方向，弄错左、右线路误上带电线路。

因此，这类检修工作在签发工作票开始就要弄清楚停电检修的双重名称，是左线还是右线，是上线还是下线，绝对不能搞错，在工作票上一定要写清楚。

3. 工作负责人核对停电检修线路的双重称号

工作负责人在接受许可开始工作的命令时，应向工作许可人问明哪一回线路（左右线或上下线）已经停电接地，同时在工作票上记下工作许可人告诉的停电线路的双重称号，然后核对所指的停电的线路是否与工作票上所填的线路相符。如不符或有任何疑问时，工作负责人不得进行工作，必须查明已停电的线路确实是哪一回线路后，方能进行工作。

二、条文 8.4.2

原文："8.4.2 风力大于5级时，不应在同杆塔多回线路中进行部分线路检修工作及直流单极线路检修工作。"

进行线路作业，风力5级是一个停止工作的硬命令。风力5级，即风速为 $8\sim10\text{m/s}$，在大于5级的风力下，在杆塔上作业的人员及工具与带电线路的安全距离将不易保持，再则在如此风力下作业人员自身在杆塔上的稳定度也难维持。因此风力大于5级时应停止在一切线路上的工作。

三、条文 8.4.3

原文："8.4.3 防止误登同杆塔多回路带电线路或直流线路有电极，应采取以下措施：

　　a）每基杆塔应标设线路名称和识别标记（色标等）；

　　b）工作前应发给工作人员相对应线路的识别标记；

　　c）经核对停电检修线路的识别标记和线路名称无误，验明线路确已停电并装设接地线后，方可开始工作；

　　d）登杆塔和在杆塔上工作时，每基杆塔都应设专人监护；

　　e）登杆塔至横担处时，应再次核对识别标记与双重称号，确实无误后方可进入检修线路侧横担。"

为保证调度命令的停电线与停电检修线路相符无误，工作负责人接到工作许可人的许可开始工作的命令时，应向工作许可人再核对停电、接地的线路名称，左线还是右线，上线还是下线，线路完整的双重名称，并与工作票写的停电线路名称核对，查明确实无误后，方能在工作段验电挂接地线开始工作。

工作负责人应搞清许可工作的全部内容，在接受许可工作命令时应注意以下三个方面。

（1）向工作许可人认真复述并确认许可工作的关键内容，在工作票上记录许可人姓名及所许可的具体工作内容。对许可人提醒和交待的其他安全措施也应记录清楚。

（2）核对许可人许可的停电线路是否与工作票所填写的线路名称、编号和方位完全相符，这是工作负责人检查调度所做的安全措施是否正确、完备的一项步骤。开始工作前，还需进一步对照设备进行核查。

（3）接受许可命令之后，如果在核查中发现许可内容与工作票的内容不相符时，工作负责人必须本着高度负责的精神查明已停电的线路确实是哪一回线路后，方能进行工作。

四、条文 8.4.4

原文："8.4.4 在杆塔上工作时，不应进入带电侧的横担，或在该侧横担上放置任何物件。"

同杆塔架设多回线路中部分线路停电的工作应遵守以下规定。

（1）在同杆塔架设的多回线路中，部分线路停电检修，应在工作人员对带电导线最小距离不小于表 4 规定的安全距离时，才能进行。

严禁在有同杆塔架设的 10kV 及以下线路带电情况下，进行另一回线路的登杆停电检修工作。

（2）遇有 5 级以上的大风时，严禁在同杆塔多回线路中进行部分线路停电检修工作。

（3）工作票签发人和工作负责人对停电检修线路的称号应特别注意正确填写和检查。多回线路中的每回线路都应填写双重称号（即线路双重名称和位置称号，位置称号指上线、中线或下线和面向线路杆塔号增加方向的左线或右线）。

（4）工作负责人在接受许可开始工作的命令时，应与工作许可人核对停电线路双重称号无误。如不符或有任何疑问时，不得开始工作。

（5）为了防止在同杆塔架设多回线路中误登有电线路，还应采取以下措施。

1）每基杆塔应设识别标记（色标、判别标志等）和双重名称。

2）工作前应发给作业人员相对应线路的识别标记。

3）经核对停电检修线路的识别标记和双重名称无误，验明线路确已停电并挂好接地线后，工作负责人方可发令开始工作。

4）登杆塔和在杆塔上工作时，每基杆塔都应设专人监护。

5）作业人员登杆塔前，应核对停电检修线路的识别标记和双重名称无误后，方可攀登。登杆塔至横担处时，应再次核对停电线路的识别标记与双重称号，确实无误后方可进入停电线路侧横担。

（6）在杆塔上进行工作时，不得进入带电侧的横担，或在该侧横担上放置任何物件。

（7）绑线要在下面绕成小盘再带上杆塔使用。严禁在杆塔上卷绕或放开绑线。

（8）在停电线路一侧吊起或向下放落工具、材料等物体时，应使用绝缘无极绳圈传递，物件与带电导线的安全距离应保持表8-3-1的规定。

（9）放线或撤线、紧线时，应采取措施防止导线或架空地线由于摆（跳）动或其他原因而与带电导线接近至危险距离以内。

在同杆塔架设的多回线路上，下层线路带电，上层线路停电作业时，不得进行放、撤导线和地线的工作。

（10）绞车等牵引工具应接地，放落和架设过程中的导线也应接地，以防止产生感应电。

第五节　感应电压防护
原文："8.5 感应电压防护"

一、条文 8.5.1
原文："8.5.1 在330kV、±500kV及以上电压等级的线路杆塔及变电站构架上作业，应采取防静电感应措施。"

1. 感应电压及其对线路作业人员的危害

金属导体在地电位上是不显示电性的。而当它处于电场中受到电场力的作用并被绝缘与地隔开时，物体上的电荷将重新分布而呈现出电压。这个电压是在静止状态由强电场感应而生的，所以叫做感应电压。高压输电线路的架空地线或耦合地线上的感应电压，其高低与线路的额定工作电压等级、相间距离、导线的排列方式、悬挂高度等因素有关。作业人员在线路杆塔上穿着绝缘靴具进行间接作业，有时人体就会感应电荷。在相同情况和条件下进行比较，对地绝缘越好，那么，感应电压就越高。很明显，感应电压是由于电荷在绝缘状态下集聚形成的。当人体处于地电位之上的杆塔各处，模拟实际情况进行试验时，所产生的感应电流均在1mA以下。虽然它未构成对人身安全的威胁，但是如果作业人员与地接触不良，偶尔接触铁塔杆架时，突然的麻电会使他们的神经系统受到刺激而推动控制，这样就有可能引起高空摔跌事故。

2. 国标《安规》是电力生产实践经验和智慧的总结

当线路电压等级在220kV及以上时，感应电压已经不容忽视，因此8.5.1规定，在

330kV、±500kV 及以上电压等级的线路杆塔及变电站构架上作业，应采取防静电感应措施。

3. 防静电感应措施

穿上既能与地有良好接触，又有一定屏蔽作用的静电防护服或导电靴，以保持人体与地的良好接触向大地流泄电荷。

（1）在 330kV 及以上电压等级的带电线路杆塔上及变电站构架上作业，应采取穿着静电感应防护服、导电鞋等防静电感应措施（220kV 线路杆塔上作业时，宜穿导电鞋）。

（2）在±400kV 及以上电压等级的直流线路单极停电侧进行工作时，应穿着全套屏蔽服。

（3）带电更换架空地线或架设耦合地线时，应通过金属滑车可靠接地。

4. 其他安全措施

（1）工作开始以前，工作负责人应向参加工作人员指明哪一回线路已经停电，哪一回线路仍带电，以及工作中必须特别注意的事项。

（2）在杆塔上进行工作时，严禁进入带电侧的横担，或在该侧横担上放置任何物件。

（3）绑线要在下面绕成小盘再带上杆塔使用。严禁在杆塔上卷绕绑线或放开绑线。

（4）向杆塔上吊起或向下放落工具、材料等物体时，应使用绝缘无极绳圈传递，保持表 8－3－1 的安全距离。

（5）放线或架线时，应采取措施防止导线或架空地线由于摆动或其他原因而与带电导线接近至危险范围以内。

（6）在同杆塔架设的多回线路上，下层线路带电，上层线路停电作业时，不准进行放、撤导线和地线的工作。

二、条文 8.5.2

原文："8.5.2 绝缘架空地线应视为带电体。在绝缘架空地线附近作业时，工作人员与绝缘架空地线之间的距离应不小于 0.4m（1000kV 为 0.6m）。若需在绝缘架空地线上作业，应用接地线或个人保安线将其可靠接地或采用等单位方式进行。"

在停电线路地段装设的接地线，应牢固、可靠、防止摆动。断开引线时，应在断引线的两侧接地。

如在绝缘架空地线上工作时，应先将该架空地线接地。

绞车等牵引工具应接地，放落和架设过程中的导线亦应接地，以防止带电的线路发生接地短路时产生感应电压。

引线也叫跳线、弓字线和跨接线。必须在断开引线的两端加挂接地线。

如在绝缘架空地线上工作时，应先将该架空地线接地，因为地线上有感应电压。

在同杆塔多回路部分停电线路上装设接地线时，应针对线路特点注意下列事项。

（1）应视检修地段的长短和感应电压的强弱，每段均需挂设接地线。距离较长时，可在两端和中部适当地点挂设，保证万一误碰导致检修线路带电时，工作人员不至于受到其严重危害，仍然能得到地线的有效保护。

（2）应按运行规程的规定挂设接地线，操作人员应做好安全防护措施，在工作负责人的监护下进行。挂设接地线时，两接触端应保证接触牢固、可靠，引下线应绑扎固定或采取限制摆动措施，防止因距离不够引起放电接地。

（3）应保证各检修线段均受接地线有效保护。当某线段解开引线时，应在两侧分别挂好接地线。在绝缘架空地线上工作时，应先将其接地，然后才能工作。

三、条文 8.5.3

原文："8.5.3 用绝缘绳索传递大件金属物品（包括工具、材料等）时，杆塔或地面上工作人员应将金属物品接地后再接触。"

大件金属物品在线路杆塔有可能产生感应电压，如果工作人员接触金属物品会发生感应电压触电。因此无论是在杆塔上的工作人员还是地面上的工作人员都应先将用绝缘绳索传递过来的大件金属物品接地，放掉感应电荷后再接触。

事故案例分析

【事故案例 1】 1993 年 5 月 12 日 6 时，某发电厂通信分场处理电厂至该市通信架空明线线路混线故障时，发现线路弛度过大，准备进行弛度调整。5 月 13 日 8 时 50 分，通信分场主任兼工作负责人于某等 12 人来到距该电厂 37km 的 730 号杆处，准备对 724～732 号线路进行紧线。工作人员下军后各自登杆开始工作。于某登上 727 号杆，此杆上横担距地面 5.8m，与矿务局 6kV 线路交叉，6kV 线路在通信线路上方，由于线路缺陷，导致 6kV 线路与 727 号杆上横担距离缩小，约为 400mm。于某登杆后问 726 号杆上的邸某："此线是不是高压线？"邸答："是高压，注意点！"同日 9 时 7 分，当于某背朝北骑在北侧上横担两对通信线中间，面对杆子拆靠杆侧的一对绑线时，身体后部冒烟，随后左肩躺在 6kV 线路南侧边线上，经抢救无效死亡。通信线路与相交的 6kV 线路安全距离不足是发生事故的原因。但工作负责人不办理工作票，不到工作地点交待安全措施，不执行工作监护是严重的失职行为。

【事故案例 2】 1974 年 3 月 9 日，某供电局检修 10kV 机南线（该电厂至该市机车厂共有南、中、北三条线路）时，现场工作负责人张某和两名徒工从电厂出线 0 号杆开始检修清扫，张某登上 3 号杆，当两名徒工清扫完 0～4 号杆以后，越过 5 号杆（粗杆）继续往前清扫时，在 7 号杆上还看见张某仍在 3 号杆上检修。其后清扫到 9 号杆与从用户侧开始清扫的另一组相遇后，在一起返回电厂途中，发现张某在机中线 5 号杆上吊着，身上冒着烟火，并在抢救中腰绳烧断，又从杆上摔下，最后经抢救无效于同年 3 月 11 日死亡。事故原因是在发电厂、变电所出入口处或线路中间某一段有两条以上线路邻近并行不易区分的情况下，在停电线路验电、挂地线后，并没有在停电线路杆塔下面作标志，也没有设人做监护，以致误登带电线路杆塔，造成触电事故。

【事故案例 3】 1998 年 11 月 23 日，某电业局所属供电所，对 66kV 桦药线停电，更换已裂纹弯曲的 5 号混凝土电杆，5～6 号档垂直跨越 10kV 同杆架设的矽铁二线（上排，用户自维线路）和水泥线（下排，农电线路），为安全需要，这两条线路已停电。按规程规定，相交叉的"另一回电力线路属于其他单位，则工作负责人应该向该单位要求停电和接地，并在确实看到该线路已经接地后，才可开始工作"。然而挂地线的工作没有让用户单位做，而是工作负责人（送电检修班班长）指派李某（监护人）、于某（操作人）在矽铁二线、水泥线 9 号杆挂接地线。于某在李某监护下登 9 号杆挂上了接地线。同日 9 时 30 分，拆接地线时李某登杆，无人监护。当李某右手握住第二排横担，左脚跨越拉线时碰到第三排横担上已拉开跌落熔断器的 V 相熔丝管端，当即放电摔下死亡。原来 9 号杆上还有第三排横担为农电线路，上鸭嘴无电，但底部及熔丝管有电。

【事故案例 4】 1977 年 11 月 10 日，某供电局检修班长王某到西山路 10kV 线路摸底时，漏查了该线路与电厂线路交叉处。11 月 16 日，在班内布置任务时提到 10 号和 11 号间有电厂线路（是按图纸讲的，但实际是在 11 号和 12 号间，工作票上标明的也是错的），要求大家紧新线时要用小拉绳拉住，防止碰到电厂线带电线路。后又补充说，这是 17 日的工作，16 日只在 11 号杆及以下杆号上工作。这么一来，工人们都认为 16 日的工作没有带电交叉跨越。但王某来到 12 号杆上工作时发现上方有 10kV 线路，这正是电厂线。王某本应将这一情况立即报告领导，停止工作，但王某却明知交叉跨越安全距离不够，采取了将新线路中相绝缘子下落 100mm 的办法继续施工。当王某将新线放到绝缘子上时，新线与带电线路放电，当即将正在杆上工作的王某等 6 人击伤，其中两人经抢救无效死亡。规程规定：停电检修的线路、新架线路如与另一回带电线路相交叉以致工作时可能接触或接近至危险距离以内，另一回线路必须停电必接地。

【事故案例 5】 1984 年 2 月 29 日，某供电局在古支二线上进行停电清扫工作，古支一线仍然带电。古支一线和古支二线都是由古城变电所至 110kV 高（井）一八（里庄）二线的厂接点，各有 9 基杆，编号从古城变电所开始依次为 1～9 号，其中在 4 号杆处，古支一线与古支二线平行相距约 20m。当日下午清扫古支二线 2～4 号杆。工人赵某和李某分配从 4 号杆开始清扫，李某为监护人。赵某在古支二线 9 号杆处挂好地线，在登 4 号杆时，在未判明杆塔识别标志和失去监护的情况下，误登未停电的古支一线 4 号杆，造成触电坠落身亡。规程规定：有两条以上的相互靠近的（100m 以内）平行或交叉线路上，要求做判别标识、色标或采取其他措施，以使工作人员能正确区别哪一条线路是停电线路，并要设专人监护，以免误登有电线路杆塔。古支二线和古支一线并未做判别标识，也没有发给工作人员相对应线路的识别标志。

【事故案例 6】 1980 年 1 月 13 日，某电业局送电工区牙克石保线站工人黄某和工作负责人，开了本单位的线路工作票，来到某一电厂出口开关场内，黄某爬上架构处理阻波器，造成触及 110kV 带电隔离开关导致死亡。阻波器产权属于电业局，但装设在电厂变电所开关场内，就应执行"线路、用户检修班或基建施工单位在发电厂或变电站进行工作时，必须由所在单位（发电厂、变电所或工区）签发工作票并履行工作许可手续"的规定。该电业局签发的线路工作票在这里失去作用，需要在这里办理变电站的第一种工作票。黄某和工作负责人拿上线路工作票就好像拿上"通关文牒"一样，进了电厂变电站开关场就登构架工作。因此送电工作人员不仅要学习《电力安全工作规程电力线路部分》，而且还应学习《电力安全工作规程发电厂和变电站电气部分》以及《电业安全工作规程热力和机械部分》中的有关内容。

【事故案例 7】 1991 年 4 月 10 日，某电业局 66kV 辽四乙线停电春检。工作票上只写了同塔架设的辽四甲线仍带电。辽四线向中分支乙线 1～12 号塔也同时清扫。没有指明哪一侧作业，哪一侧带电，线路的双重称号也没有指明。工作票上的安全措施只要求在向中分支线 12 号塔装设一组接地线，没写明是在向中分支乙线上。工作负责人没有发现工作票中存在的严重问题，也未提出异议，而自己也不向工作班成员列队宣读工作票，不进行人员分工，不指定专责监护人，不验电，不挂接地线就和工作班成员分头去登杆作业。同日 9 时 30 分，送变电工区送电站副站长张某在登上向中分支线 9 号直线塔时，误登带电侧造成触电死亡。

【事故案例 8】 1975 年 9 月 17 日，某电业局 44kV 耿联西线停电清扫绝缘子，一名检修工人误登运行中的与耿联西线平行的首小线上感应触电，由杆上掉下，造成死亡。

【事故案例 9】 1990 年 3 月 23 日，某供电局维护班在进行 10kV 某一线春检时，因下雨，便在室内宣读工作票，补充说："下雨杆滑，工作慢一点，别出事，西安分 5 号杆带电，别登过了头。"作业人员乘车到现场后，孟某等 3 人来到西安分 4 号杆下。小组负责人高某分配孟某登 4 号杆。孟某在登杆穿越低压线时，碰到了裸铝接户线触电，从 7.5m 高摔下，造成死亡。西安分 4 号杆是一基除高压外，还有低压双电源的终端杆。停电只停一侧，而另一侧低压线还有电，由 10kV 军民线 12 左 3 号变压器台供电。但工作票签发人却在工作票写明"西安分 4 号杆上高低压均没有电"。工作人员到现场后没有认真、仔细地检查现场，没有弄清各线路走向及断引情况，对同杆塔架设的多层电力线路不验电，不挂接地线，盲目登杆。工作票的宣读必须在工作现场进行，讲明工作任务、工作范围、带电部位及安全注意事项。

【事故案例 10】 1994 年 5 月 31 日，某电业局发生民工王某误触带电导线重伤事故。同日 10 时 10 分，进行 10kV 吊鼻线 4～10 号杆的业扩工程施工，王某在 4 号杆拆除低压双合横担，当向上攀登时，左手距离 10kV 带电导线太近，触电，由于身体自重下滑，脱离电源，人被安全带吊在杆上，被迅速解下，送医院抢救，左手小指和右脚小指截除。这是一次正确使用了安全带从而在触电后避免了二次伤害（高处坠落）的典型案例。

【事故案例 11】 1992 年 4 月 4 日，某电业局发生变电班长王某感应电压触电死亡事故。王某等 10 人在双山站 220kV 陕双西线施工，进行连接引下线等工作。工作前，工作票签发人寥某借了一副接地线带到工作地点，向大家交待工作票内安全技术措施。但变电工作票没有写"在线路侧挂接地线"，施工人员认为寥某拿来的地线短了，不好挂，没有执行。11 时左右开始工作。王某进行工作安排，在没有验电的情况下，就开始在设备上工作了。王某和曹某二人在门型架上工作。当在 W 相绝缘子串耐张线夹处触及导线时，就感到有感应电压，喊地勤人员送上绝缘手套戴好，就把悬空的 W 相引下线上端与耐张线夹接好了。之后，站在隔离开关处的副班长李某叫谭某（站在接地开关水平连杆上）帮他把引下线拉过来，当谭某伸手去抓引下线还未接触到就放电了，发出放电声，谭某受惊立即从隔离开关架上下来，叫人把接地线挂起，地勤人员将接地线的接地端接在接地隔离开关的软铜辫子上，导线端缠绕在引下线下端构成接地。当李某比划好引下线长度，正准备放下引下线时，王某已取开引下线的上端，左手抓住线路侧导线，右手抓住引下线，线路上的感应电流通过人体，沿引下线入地，被感应电压电击死亡。事故后测量，陕双西线感应电压上相 7300V、中相 300V、下相 5900V。为防止来自平行运行线路的电容和电磁耦合的感应电压，接地线应挂在耐张线夹的线路侧，接地线应有合格的绝缘手柄，不得使用缠绕的方式，防止在拆、接过程中被电击。本事故案例中，前是不验电装设接地线，后是已知有感应电压，装设接地线的地点和方法又错误，不能起到保护作用；线路作业组织工作混乱，工作负责人没有履行安全生产职责，自己违章工作，在已经发现有感应电压的情况下，继续冒险作业，终于发生严重后果。

配套考核题解

试　题

一、填空题

1. 邻近带电导线的工作主要包含_____杆塔上的工作、_____其他线路的工作，以及同杆塔多回线路中_____停电的工作。

2. 登杆作业时，应核对线路_____和_____。

3. 在 330kV、±500kV 及以上电压等级的线路杆塔及变电站的构架上作业，应采取防_____措施。

4. 绝缘架空地线应视为带电体。在绝缘架空地线附近作业时，工作人员与绝缘架空地线之间的距离应不小于_____（1000kV 为_____）。若需在绝缘架空地线上作业，应用接地线或个人保安线将其可靠接地或采用等电位方式进行。

5. 风力大于_____时，不应在同杆塔多回线路中进行部分线路检修工作及直流单极线路检修工作。

6. 带电杆塔上进行测量、防腐、巡视检查、校紧螺栓、清除异物等工作，工作人员_____及其所携带的_____、_____等，与带电导线最小距离应符合 GB 26859—2011 表 1 的规定。

7. 在带电杆塔上刷油，除鸟窝，紧杆塔螺丝，检查架空地线（不包括绝缘架空地线），查看金具、绝缘子工作时，作业人员活动范围及其所携带的工具、材料等，与带电导线最小安全距离为：10kV 及以下为_____，20～35kV 为_____，44kV 为_____，60～110kV 为_____，154kV 为_____，220kV 为_____，330kV 为_____，500kV 为_____。如不能保持上述所要求的距离时，应按照带电作业工作进行。

8. 在带电杆塔上刷油，除鸟窝，紧杆塔螺丝，检查架空地线（不包括绝缘架空地线），查看金具、绝缘子工作时，作业人员必须使用_____、_____，风力应不大于_____级，并应有_____。

9. 在 10kV 及以下的带电杆塔上进行工作，工作人员距最下层高压带电导线垂直距离不得小于_____。

10. 停电检修的线路如与另一回带电线路_____或_____，以致工作时可能和另一回导线接触或接近至_____以内，则另一回线路也应停电并予接地。接地线可以只在工作地点_____安装_____处。

11. 邻近或交叉其他电力线工作的安全距离为：10kV 及以下为_____，35（20～

44）kV 为 _____，63～110kV 为 _____，154～220kV 为 _____，330kV 为 _____，500kV 为 _____。

12. 停电检修的线路如与另一回带电线路相交叉或接近，以致工作时可能和另一回导线 _____ 或 _____ 至危险距离以内，则另一回线路也应停电并接地。另一回线路的停电和接地，应填用 _____ 并按照保证安全的组织措施、技术措施的规定同样办理。若另一回电力线路属于其他单位，则工作负责人应向该单位要求停电和接地，并在确实 _____ 该线路已经接地后，才开始工作。工作中应采取防止损伤另一回线的措施。

13. 如邻近和交叉的线路不能停电时，在带电的电力线路附近进行工作时，有可能接近带电导线至危险距离之内时，必须采取一切措施，_____ 与带电导线接触或接近至危险距离以内。_____ 和 _____ 等至带电导线的最小距离应符合：10kV 及以下为 1m；35（22～44）kV 为 2.5m；63～110kV 为 3m；220kV 为 4m；330kV 为 5m；500kV 为 6m。作业的导、地线还必须在工作地点 _____。_____ 等牵引工具必须接地。

14. 在交叉档内放落、降低或架设导、地线工作，只有停电检修线路在带电线路 _____ 时才可进行，但必须采取防止导、地线产生 _____ 或 _____ 而与带电导线 _____ 至危险范围以内的措施。

15. 停电检修的线路如在另一回线路的 _____，而又必须在该线路不停电情况下进行放松或架设导、地线以及更换绝缘子等工作时，必须采取安全可靠的措施。安全措施应由工作人员充分 _____ 后，经工区 _____ 执行。措施应能保证检修线路的导线、地线牵引绳索等与带电线路的导线必须保持 _____ 的安全距离。要有防止导、地线脱落、_____ 的后备保护措施。

16. 在发电厂、变电站出入口处或线路中间某一段有两条以上的相互靠近的（_____ 以内）平行或交叉线路上，要求做判别标志、_____ 或采取其他措施，以使工作人员能正确区别哪一条线路是 _____。在这些平行或交叉线路上进行工作时，应发给工作人员相对应线路的 _____ 标记。登杆前经核对标记无误，验明线路确已停电并挂好地线后，方可 _____。在这一段下行或交叉线路上工作时，要设专人 _____，以免误登有电线路杆塔。

17. 在同杆共架的多回线路中，部分线路停电检修，应在工作人员对带电导线最小距离不小于以下规定的安全距离时，才能进行：10kV 及以下为 0.7m，20～35kV 为 _____，44kV 为 _____，60～110kV 为 _____，154kV 为 _____，220kV 为 _____，330kV 为 _____，500kV 为 _____。

18. 遇有 _____ 级以上的大风时，严禁在同杆塔多回线路中进行 _____ 线路停电检修工作。

19. 工作票签发人和工作负责人对停电检修的一回线路的正确称号应特别注意。多回线路中每一回线路都应有 _____，即线路名称、左线或右线和上线及下线的称号。面向杆塔号 _____ 的方向，在左边的线路称为左线，在右边的线路称为右线。_____ 中应填写停电线路的双重称号。

20. 工作负责人在 _____ 许可开始工作的命令时，应向工作许可人问明哪一回线路 _____ 已经停电接地，同时在工作票上记下工作许可人告诉的停电线路的 _____，然后核对所指的停电的线路是否与工作票上所填的线路相符。如_____或有任何_____时，工作负责人不得进行工作，必须_____已停电的线路确实是哪一回线路后，方能进行工作。

21. 在停电线路地段装设的接地线，应牢固可靠，防止_____。断开引线时，应断引线的_____接地。如在绝缘架空地线上工作时，应先将该架空地线接地。

22. 工作开始前，工作负责人应向参加工作人员_____哪一回线路已经停电，哪一回线路仍带电，以及工作中必须特别注意的_____。

23. 为了防止在同杆塔架设多回线路中_____有电线路，还应采取的措施有：①各条线路应用_____、_____或其他方法加以区别，使登杆塔作业人员能在攀登前和在杆塔上作业时，明确_____停电和带电线路；②应在登杆塔前发给作业人员相对应线路的_____；③作业人员登杆塔前核对标记无误，验明线路确已停电并挂好接地线后，方可_____；④登杆塔和在杆塔上作业时，每基杆塔都应设专人_____。

24. 在杆塔上进行工作时，严禁进入_____侧的横担，或在该侧_____上放置任何物件。

25. 绑线要在下面绕成小盘再带上杆塔使用。严禁在杆塔上_____绑线或_____绑线。

26. 向杆塔上_____或向下_____工具、材料等物体时，应使用_____传递，与邻近或交叉电力线保持的安全距离是：10kV 及以下为 1m，35（20～44）kV 为 2.5m，60～110kV 为 3m，220kV 为 4m，330kV 为 5m，500kV 为 6m。

27. 放线或架线时，应采取措施防止导线或架空地线由于_____或其他原因而与带电导线_____至危险范围以内。在同杆塔架设的多回线路上，下层线路带电，上层线路停电作业时，不准做_____、_____导线和地线的工作。

28. 绞车等牵引工具应_____，放落和架设过程中的导线亦应_____，以防止带电的线路发生接地短路时产生_____。

二、选择题

1. 带电杆塔上进行测量、防腐、巡视检查、校紧螺栓、清除异物等工作，工作人员活动范围及其所携带的工具、材料等，与带电导线最小距离应符合 GB 26859—2011（　　）的规定。

A. 表 1；　　　　B. 表 2；　　　　C. 表 3；　　　　D. 表 4；

E. 表 5

2. 工作人员和工器具与邻近或交叉的运行线路应符合 GB 26859—2011（　　）的安全距离。

A. 表 1；　　　　B. 表 2；　　　　C. 表 3；　　　　D. 表 4；

E. 表 5

3. 在（①）、（②）及以上电压等级的线路杆塔及变电站构架上作业，应采取防静电感应措施。

①A. 110kV；　　　　B. 220kV；　　　　C. 330kV；　　　　D. 500kV

②A. ±50kV；　　　　B. ±500kV；　　　　C. ±660kV；　　　　D. ±800kV

4. 风力大于( )级时，不应在同杆塔多回线路中进行部分线路检修工作及直流单极线路检修工作。

A. 3；　　　　　　B. 4；　　　　　　C. 5；　　　　　　D. 6

5. 同杆塔多回线路中部分线路或直流线路中单极线路停电检修，应满足 GB 26859—2011（①）规定的安全距离。同杆塔架设的 10kV 及以下线路带电时，当满足 GB 26859—2011（②）规定的安全距离且采取安全措施的情况下，只能进行下层线路的登杆塔抢修工作。

①A. 表 1；　　　B. 表 2；　　　C. 表 3；　　　D. 表 4；

E. 表 5

②A. 表 1；　　　B. 表 2；　　　C. 表 3；　　　D. 表 4；

E. 表 5

6. 在带电杆塔上刷油，除鸟窝，紧杆塔螺丝，检查架空地线（不包括绝缘架空地线），查看金具、绝缘子等工作时，作业人员活动范围及其所携带的工具、材料等，与带电导线最小安全距离不得小于以下的规定值：10kV 及以下为( )，20～35kV 为( )，44kV 为( )，60～110kV 为( )，154kV 为( )，220kV 为( )，330kV 为( )，500kV 为( )。如不能保持上述所要求的距离时，应按照带电作业进行。进行上述工作必须使用绝缘无极绳索、绝缘安全带，风力应不大于 5 级，并应有专人监护。

A. 0.7m；　　　　B. 1m；　　　　　C. 1.2m；　　　　D. 1.5m；

E. 2m；　　　　　F. 2.5m；　　　　G. 3m；　　　　　H. 4m；

I. 5m；　　　　　J. 6m

7. 停电检修的线路如与另一回带电线路相交叉或接近，以致工作时可能和另一回导线接触或接近至危险距离以内，则另一回线路也应停电并予接地。接地线可以只在工作地点附近安装一处。邻近或交叉其他电力线工作的安全距离不得小于以下的规定值：10kV 及以下为( )，35（20～44）kV 为( )，60～110kV 为( )，154～220kV 为( )，330kV 为( )，500kV 为( )。

A. 0.7m；　　　　B. 1m；　　　　　C. 1.2m；　　　　D. 1.5m；

E. 2m；　　　　　F. 2.5m；　　　　G. 3m；　　　　　H. 4m；

I. 5m；　　　　　J. 6m

8. 遇有( )级以上的大风时，严禁在同杆塔多回线路中进行部分线路停电检修工作。

A. 4；　　　　　　B. 5；　　　　　　C. 6；　　　　　　D. 7

9. 工作票签发人和工作负责人对停电检修的一回线路的正确称号应特别注意。多回线路中的每一回线路都应有双重称号，即：线路名称、左线或右线和上线或下线的称号。面向线路杆塔号( )的方向，在左边的线路称为左线，在右边的线路称为右线。工作票中应填写停电检修线路的双重称号。

A. 增大；　　　　B. 减小；　　　　C. 增加；　　　　D. 减少

10. 放线或架线时，应采取措施防止导线和架空地线由于( )或其他原因而与带电导线按近至危险范围以内。在同杆架设的多回线路上，下层线路带电，上层线路停电作业时，不准做放、撤导线和地线的工作。

A. 舞动；　　　　　B. 滑动；　　　　　C. 跳动；　　　　　D. 摆动

三、判断题（正确的画"√"，不正确的画"×"）

1. 在变电站、发电厂出入口处或线路中间某一段有两条以上相互靠近的平行或交叉线路时，应满足以下要求：

（a）每基杆塔上都应有线路名称和杆号；　　　　　　　　　　（　　）

（b）经核对检修线路的名称无误，验明线路确已停电并装设接地线，方可开始工作。
　　　　　　　　　　　　　　　　　　　　　　　　　　　　　（　　）

2. 防止误登同杆塔多回路带电线路或直流线路有电极，应采取以下措施：

（a）每基杆塔应标设线路名称和识别标记（色标等）；　　　（　　）

（b）工作前应发给工作人员相对应线路的识别标记；　　　　（　　）

（c）经核对停电检修线路的识别标记和线路名称无误，验明线路确已停电并装设接地线后，方可开始工作；　　　　　　　　　　　　　　　　　（　　）

（d）登杆塔和在杆塔上工作时，每基杆塔都应设专人监护；　（　　）

（e）登杆塔至横担处时，应再次核对识别标记与双重称号，确实无误后方可进行检修线路侧横担。　　　　　　　　　　　　　　　　　　　　（　　）

3. 用绝缘绳索传递大件金属物品（包括工具、材料等）时，杆塔或地面上工作人员应将金属物品紧紧抱住后再放在地下。　　　　　　　　　　　　（　　）

4. 在杆塔上工作时，不应进入带电侧的横担，可在该侧横担上放置任何物件。
　　　　　　　　　　　　　　　　　　　　　　　　　　　　　（　　）

5. 在带电杆塔上进行以下工作时，必须使用绝缘无极绳索、绝缘安全带，风力应不大于5级，并应有人监护。

（a）刷油；　　　　　　　　　　　　　　　　　　　　　　　（　　）

（b）除鸟窝；　　　　　　　　　　　　　　　　　　　　　　（　　）

（c）紧杆塔螺丝；　　　　　　　　　　　　　　　　　　　　（　　）

（d）检查架空地线（不包括绝缘架空地线）；　　　　　　　　（　　）

（e）查看金具、绝缘子；　　　　　　　　　　　　　　　　　（　　）

（f）放、撤导线和地线。　　　　　　　　　　　　　　　　　（　　）

6. 停电检修的线路如与另一回带电线路相交叉或接近，以致工作时可能和另一回导线接触或接近危险距离以内，则另一回线路应停电并予接地。另一回线路的停电和接地，应填用电力线路第一种工作票并按照保证安全的组织措施和技术措施同样办理。若另一回电力线路属于其他单位，则工作负责人应向该单位要求停电和接地。接地线可以只在工作地点附近安装一处。工作负责人在确实看到该线路已经接地后，才可开始工作。工作中应采取防止损伤另一回线的措施。　　　　　　　　　　　　　　　　（　　）

7. 停电检修的线路如在另一回线路的上面，而又必须在该线路不停电情况下进行放松或架设导线、地线以及更换绝缘子等工作时，必须采取安全可靠的措施。安全措施应由工作人员充分讨论后执行。措施应能保证检修线路的导线、地线牵引绳等与带电线路的导

线必须保持足够的安全距离；要有防止导线、地线脱落、滑跑的后备保护措施。（　　）

8. 工作票签发人和工作负责人对停电检修的一回线路的正确称号应特别注意，多回线路中每一回线路都有双重称号，即：线路名称、左线或右线和上线或下线的称号、面向线路杆塔号减少的方向，在左边的线路称为左线，在右边的线路称为右线。工作票中应填写停电检修线路的双重称号。（　　）

9. 为了防止在同杆塔架设多回线路中误登有电线路，各条线路应用标帜、色标或其他方法加以区别，使登杆塔作业人员能在攀登前和在杆塔上工作时，明确区分停电和带电线路。应在登杆塔前发给作业人员相对应线路的识别标记。作业人员登杆塔前核对标记无误，验明线路确已停电并挂好地线后，方可攀登。登杆塔和在杆塔上作业时，每基杆塔都应设专人监护。（　　）

四、改错题

1. 风力大于 6 级时应停止在带电杆塔上进行测量、防腐、巡视检查、校紧螺栓、消除异物等工作。

2. 在变电站、发电厂出入口处或线路中间某一段有两条以上线路时，应满足以下要求：

（1）每基杆塔上都应有线路名称和杆号；

（2）经核对检修线路的名称无误、验明线路确已停电并装设接地线，方可开始工作。

3. 防止误登同杆塔多回带电线路或直流线路有电极，应采取以下措施：

（1）每基杆塔应标设线路名称和识别标记（色标等）。

（2）工作前应发给工作人员相对应线路的识别标记。

（3）经核对停电检修线路的识别标记和线路名称无误，方可开始工作。

（4）登杆塔和在杆塔上工作时，每基杆塔都应设专人监护。

（5）登杆塔至横担处时，应再次核对识别标记与双重称号，确实无误后方可进入检修线路侧横担。

4. 在杆塔上工作时，进入带电侧的横担应注意保持安全距离，不要在该侧横担上放东西。

5. 绝缘架空地线应视为带电体。在绝缘架空地线附近作业时，工作人员与绝缘架空地线之间的距离应不小于 0.2m（1000kV 为 0.4m）。若需在绝缘架空地线上作业，应用接地线或个人保安线将其可靠接地或采用等电位方式进行。

6. 用绝缘绳索传递大件金属物品（包括工具、材料等）时，杆塔或地面上的工作人员应将金属物品抱住后再放在地面上。

五、问答题

1. 邻近带电导线工作的一般要求有哪些?

2. 在带电线路杆塔上的工作应注意哪些事项?

3. 邻近或交叉其他线路的工作应注意哪些事项?

4. 同杆塔多回线路中部分线路停电的工作应注意哪些事项?

5. 防止误登同杆塔多回带电线路或直流线路有电极，应采取哪些措施?

6. 感应电压防护的措施有哪些?

7. 在带电线路杆塔上的工作内容有哪些？应注意哪些事项？

8. 停电检修的线路如与另一回带电线路相交叉或接近，以致工作时可能和另一回导线接触或接近至危险距离以内时，应怎样解决？

9. 如邻近或交叉的线路不能停电时，在带电的电力线路邻近进行工作时，有可能接近带电导线至危险距离以内时，必须满足哪些要求？

10. 如邻近或交叉的线路不能停电时，要在交叉档内放落、降低或架设导线，只有在什么情况下才可以进行？并应采取哪些措施？

11. 如邻近或交叉的线路不能停电时，停电检修的线路如在另一回线路的上面，所采取的安全措施应能保证做到什么？

12. 在发电厂、变电站出入口处或线路中间某一段有两条以上的、相互靠近的（100m 以内）平行或交叉线路上工作时，应有哪些安全要求？

13. 在同杆共架的多回线路中，部分线路停电检修，应在什么条件下才能进行？

14. 遇有几级以上大风时，严禁在同杆塔多回线路中进行部分线路停电检修工作？

15. 什么是多回线路中的每一回线路的双重称号？怎样判别左线或右线？

16. 同杆塔架设多回线路中部分线路停电的工作，工作票签发人和工作负责人应特别注意什么？

17. 同杆塔架设多回线路中部分线路停电的工作，工作负责人在接受许可开始工作的命令时必须查明什么问题后，方能进行工作？

18. 同杆塔架设多回线路中部分线路停电检修，应怎样正确装设接地线？

19. 为了防止在同杆塔架设多回线路中部分线路停电检修，误登有电线路，应采取哪些措施？

20. 同杆塔架设多回线路中部分线路停电检修时应注意哪些安全事项？

答　案

一、填空题

1. 带电线路；邻近或交叉；部分线路
2. 名称；杆号
3. 静电感应
4. 0.4m；0.6m
5. 5 级
6. 活动范围；工具；材料
7. 0.7m；1m；1.2m；1.5m；2m；3m；4m；5m
8. 绝缘无极绳索；绝缘安全带；5；专人监护
9. 0.7m
10. 相交叉；接近；危险距离；附

近；一
11. 1m；2.5m；3m；4m；5m；6m
12. 接触；接近；电力线路第一种工作票；看到
13. 预防；牵引绳索；拉绳；接地；绞车
14. 下面；跳动；过牵引；接近
15. 上面；讨论；批准；足够；滑跑
16. 100m；色标；停电线路；识别；攀登；监护
17. 1m；1.2m；1.5m；2m；3m；4m；5m

18. 5；部分

19. 双重称号；增加；工作票

20. 接受；左右线或上下线；双重称号；不符；疑问；查明

21. 摆动；两侧

22. 指明；事项

23. 误登；标帜；色标；区分；识别

标记；攀登；监护

24. 带电；横担

25. 卷绕；放开

26. 吊起；放落；绝缘无极绳圈

27. 摆动；接近；放；撤

28. 接地；接地；感应电压

二、选择题

1. A

2. D

3. ①C；②B

4. C

5. ①A；②D

6. A；B；C；D；E；G；H；I

7. B；F；G；H；I；J

8. B

9. C

10. D

三、判断题

1. (a)（√）；(b)（√）

2. (a)（√）；(b)（√）；(c)（√）；(d)（√）；(e)（√）

3. （×）

4. （×）

5. (a)（√）；(b)（√）；(c)（√）；

(d)（√）；(e)（√）；(f)（×）

6. （√）

7. （×）

8. （×）

9. （√）

四、改错题

1. 风力大于 5 级时应停止在带电杆塔上进行测量、防腐、巡视检查、校紧螺栓、清除异物等工作。

2. 在变电站、发电厂出入口处或线路中间某一段有两条以上相互靠近的平行或交叉线路时，应满足以下要求：

（1）每基杆塔上都应有线路名称和杆号。

（2）经核对检修线路的名称无误、验明线路确已停电并装设接地线，方可开始工作。

3. 防止误登同杆塔多回带电线路或直流线路有电极，应采取以下措施：

（1）每基杆塔应标设线路名称和识别标记（色标等）。

（2）工作前应发给工作人员相对应线路的识别标记。

（3）经核对停电检修线路的识别标记和线路名称无误，验明线路确已停电并装设接地线后，方可开始工作。

（4）登杆塔和在杆塔上工作时，每基杆塔都应设专人监护。

（5）登杆塔至横担处时，应再次核对识别标记与双重称号，确实无误后方可进入检修线路侧横担。

4. 在杆塔上工作时，不应进入带电侧的横担，或在该侧横担上放东西。

5. 绝缘架空地线应视为带电体。在绝缘架空地线附近作业时，工作人员与绝缘架空地线之间的距离应不小于 0.4m（1000kV 为 0.6m）。若需在绝缘架空地线上作业，应用接地线或个人保安线将其可靠接地或采用等电位方式进行。

6. 用绝缘绳索传递大件金属物品（包括工具、材料等时），杆塔或地面上的工作人员应将金属物品接地后再接触。

五、问答题

1. **答**：邻近带电导线工作的一般要求是：

（1）邻近带电导线的工作主要包含带电线路杆塔上的工作、邻近或交叉其他线路的工作，以及同杆塔多回线路中部分线路停电的工作。

（2）登杆作业时，应核对线路名称和杆号。

2. **答**：（1）带电杆塔上进行测量、防腐、巡视检查、校紧螺栓、清除异物等工作，工作人员活动范围及其所携带的工具、材料等，与带电导线最小距离应符合 GB 26859—2011 中表 1 的规定。

（2）风力大于 5 级时应停止工作。

3. **答**：（1）工作人员和工器具与邻近或交叉的运行线路应符合 GB 26859—2011 中表 4 的安全距离。

（2）在变电站、发电厂出入口处或线路中间某一段有两条以上相互靠近的平行或交叉线路时，应满足以下要求：

1）每基杆塔上都应有线路名称和杆号。

2）经核对检修线路的名称无误、验明线路确已停电并装设接地线，方可开始工作。

4. **答**：（1）同杆塔多回线路中部分线路或直流线路中单极线路停电检修，应满足 GB 26859—2011 中表 1 规定的安全距离。

（2）同杆塔架设的 10kV 及以下线路带电时，当满足 GB 26859—2011 中表 4 规定的安全距离且采取安全措施的情况下，只能进行下层线路的登杆塔检修工作。

（3）风力大于 5 级时，不应在同杆塔多回线路中进行部分线路检修工作及直流单极线路进行工作。

（4）在杆塔上工作时，不应进入带电侧的横担，或在该侧横担上放置任何物件。

5. **答**：防止误登同杆塔多回带电线路或直流线路有电极，应采取以下措施：

（1）每基杆塔应标设线路名称和识别标记（色标等）。

（2）工作前应发给工作人员相对应线路的识别标记。

（3）经核对停电检修线路的识别标记和线路名称无误，验明线路确已停电并装设接地线后，方可开始工作。

（4）登杆塔和在杆塔上工作时，每基杆塔都应设专人监护。

（5）登杆塔至横担处时，应再次核对识别标记与双重称号，确实无误后方可进入检修线路侧横担。

6. **答**：（1）在 330kV、±500kV 及以上电压等级的线路杆塔及变电站构架上作业，应采取防静电感应措施。

（2）绝缘架空地线应视为带电体。在绝缘架空地线附近作业时，工作人员与绝缘架空地线之间的距离应不小于 0.4m（1000kV 为 0.6m）。若需在绝缘架空地线上作业，应用接地线或个人保安线将其可靠接地或采用等电位方式进行。

（3）用绝缘绳索传递大件金属物品（包括工具、材料等时），杆塔或地面上工作人员应将金属物品接地后再接触。

7. **答**：在带电线路杆塔上的工作内容主要有：在带电杆塔上刷油，除鸟窝，紧杆塔螺丝，检查架空地线（不包括绝缘架空地线），查看金具、绝缘子等。

应注意的事项如下：

（1）作业人员活动范围及其所携带的工具、材料等，与带电导线最小安全距离不得小于 GB 26859—2011 中表 1 的规定。

如不能保持 GB 26859—2011 中表 1 要求的距离时，应按照带电作业工作进行。

（2）进行上述工作必须使用绝缘无极绳索、绝缘安全带，风力应不大于 5 级，并应有专人监护。

（3）在 10kV 及以下的带电杆塔上进行工作，工作人员距最下层高压带电导线垂直距离不得小于 0.7m。

8. **答**：停电检修的线路如与另一回带电线路相交叉或接近，以致工作时可能和另一回导线接触或接近至危险距离以内（见 GB 26859—2011 中表 4），则另一回线路也应停电并予接地。

另一回线路的停电和接地，应填用第一种工作票并按照国标《电力安全工作规程》（电力线路部分）第五章安全组织措施、第六章安全技术措施的规定同样处理。

若另一回电力线路属于其他单位，则工作负责人应向该单位要求停电和接地，并在确实看到该线路已经接地后，才可开始工作。

接地线可以只在工作地点附近安装一处。

工作中应采取防止损伤另一回线的措施。

9. **答**：如邻近或交叉的线路不能停电，又要在带电的电力线路邻近进行工作时，有可能接近带电导线至危险距离以内时，则必须做到以下要求：

（1）采取一切措施，预防与带电导线接触或接近至危险距离以内。牵引绳索和拉绳等至带电导线的最小距离应符合 GB 26859—2011 中表 4 的规定。

（2）作业的导、地线还必须在工作地点接地。绞车等牵引工具必须接地。

10. **答**：在交叉档内放落、降低或架设导、地线工作，只有停电检修线路在带电线路下面时才可进行，但必须采取防止导、地线产生跳动或过牵引而与带电导线接近至危险范围以内的措施。

11. **答**：停电检修的线路如在另一回线路的上面，而又必须在该线路不停电情况下进行放松或架设导、地线以及更换绝缘子等工作时，必须采取安全可靠的措施。安全措施应由工作人员充分讨论后经工区批准执行。措施应能保证：

（1）检修线路的导线、地线牵引绳索等与带电线路的导线必须保持足够的安全距离。

（2）要有防止导、地线脱落、滑跑的后备保护措施。

12. **答**：在发电厂、变电站出入口处或线路中间某一段有 2 条以上的、相互靠近的（100m 以内）平行或交叉线路上工作时，其安全要求如下：

（1）做判别标帜、色标或采取其他措施，以使工作人员能正确区别哪一条线路是停电线路。

（2）在这些平行或交叉线路上进行工作时，应发给工作人员相对应线路的识别标记。

（3）登杆塔前经核对标记无误，验明线路确已停电并挂好地线后，方可攀登。

（4）在这一段平行或交叉线路上工作时，要设专人监护，以免误登有电线路杆塔。

13. **答**：在同杆共架的多回线路中，部分线路停电检修，应在工作人员对带电导线最小距离不小于 GB 26859—2011 中表 1 规定的安全距离时，才能进行。

14. **答**：遇有 5 级以上的大风时，严禁在同杆塔多回线路中进行部分线路停电检修工作。

15. **答**：多回线路中的每一回线路都应有双重称号，即：线路名称、左线或右线和上线或下线的称号。面向线路杆塔号增加的方向，在左边的线路称为左线，在右边的线路称为右线。

16. **答**：工作票签发人和工作负责人对停电检修的一回线路的正确称号应特别注意，工作票中应填写停电检修线路的双重称号。

17. **答**：工作负责人在接受许可开始工作的命令时，应向工作许可人问明哪一回线路（左右线或上下线）已经停电接地，同时在工作票上记下工作许可人告诉的停电线路的双重称号，然后核对所指的停电的线路是否与工作票上所填的线路相符。如不符或有任何疑问时，工作负责人不得进行工作，必须查明已停电的线路确实是哪一回线路后，方能进行工作。

18. **答**：在停电线路地段装设的接地线，应牢固可靠防止摆动。断开引线时，应在断引线的两侧接地。

如在绝缘架空地线上工作时，应先将该架空地线接地。

19. **答**：（1）各条线路应用标帜、色标或其他方法加以区别，使登杆塔作业人员能在攀登前和在杆塔上作业时，明确区分停电和带电线路。

（2）工作开始以前，工作负责人应向参加工作人员指明哪一回线路已经停电，哪一回线路仍带电，以及工作中必须特别注意的事项。

（3）应在登杆塔前发给作业人员相对应线路的识别标记。

（4）作业人员登杆塔前核对标记无误，验明线路确已停电并挂好地线后，方可攀登。

（5）登杆塔和在杆塔上作业时，每基杆塔都应设专人监护。

20. **答**：（1）在杆塔上进行工作时，严禁进入带电侧的横担，或在该侧横担上放置任何物件。

（2）绑线要在下面绕成小盘再带上杆塔使用。严禁在杆塔上卷绕绑线或放开绑线。

（3）向杆塔上吊起或向下放落工具、材料等物体时，应使用绝缘无极绳圈传递，保持 GB 26859—2011 中表 4 的安全距离。

（4）放线或架线时，应采取措施防止导线或架空地线由于摆动或其他原因而与带电导线接近至危险范围以内。

（5）在同杆塔架设的多回线路上，下层线路带电，上层线路停电作业时，不准做放、撤导线和地线的工作。

（6）绞车等牵引工具应接地，放落和架设过程中的导线也应接地，以防止带电的线路发生接地短路时产生感应电压。

第九章 线 路 作 业

原文："9 线路作业"

第一节 一 般 要 求

原文："9.1 一般要求"

一、条文 9.1.1

原文："9.1.1 线路作业应在良好的天气下进行，遇有恶劣气象条件时，应停止工作。"

本条是对线路作业时的天气情况的规定。

良好的天气对于从事线路作业的员工来说是首要的，一是对人心情的影响，明媚的阳光、和煦的春风总是让人心旷神怡、信心倍增、精神集中、力量无穷；二是电气设施在恶劣气象条件的绝缘强度降低，机械强度也会降低，存在好天气时没有的危险点，因此线路作业要注意天气预报，最好是 1 周内或 3 天内的天气预报，选择良好天气进行作业。一旦天气变化，出现恶劣气象，诸如 6 级以上大风、暴雨、大雾、冰雪等，均应立即停止工作。

二、条文 9.1.2

原文："9.1.2 垂直交叉作业时，应采取防止落物伤人的措施。"

在进行高处作业时，除有关人员外，不准他人在工作地点的下面通行或逗留，工作地点下面应有围栏或装设其他保护装置，防止落物伤人。如在格栅式的平台上工作，为了防止工具和器材掉落，应采取有效隔离措施，如铺设木板等。

三、条文 9.1.3

原文："9.1.3 带电设备和线路附近使用的作业机具应接地。"

在带电设备和带电线路附近使用的作业机具，无论该机具是人力驱动的、电动的、还是柴油机驱动的都应在现场接地。已有接地体的可就近接入，没有接地体的应在机具下方制作接地体，并保证接地电阻合格。这是防止作业人员使用机具意外触电的保护措施。

四、条文 9.1.4

原文："9.1.4 任何人从事高处作业，进入有磕碰、高处落物等危险的生产场所，均应戴安全帽。"

凡是在作业场所都应该戴安全帽，这是保护作业人员头部最好的措施。一是可以防止有落物砸头，二是可以防止磕碰头颅。不戴安全帽不准进入施工现场或生产现场。

五、条文 9.1.5

原文："9.1.5 直升机作业应遵守国家航空安全要求，并制定完备的安全作业方案。"

采用直升机施放导线和巡视导线属于一种在低空空域飞行的作业。超高压输电公司应配备公司自己的直升机。我国正在进一步深化低空空域管理改革，制定中国低空空域分类、低空空域准入、低空空域运行管理规范等标准和制度，简化直升机飞行申报程序，充分发挥直升机机动、灵活等特点，为直升机在国民经济的有关部门和应急救灾等各类作业飞行创造条件。

拥有"天下第一村"美誉的华西村，都能花费 9000 万，在 2010 年夏天，向美国麦道公司、法国欧直公司分别购买了型号为 MD902 和型号为 AS350B3 的两架直升机，推出"空中看华西"活动。显然，我们比华西村更需要直升机来巡视超高压、特高压输电线路，减轻巡线工人翻山越岭、蹚水过河的老式巡线方式。

国网公司成立自己的直升机航空公司迫在眉睫。

租用直升机作业在我国还不多，国外用直升机放线、空中巡线的应用较多。对于必须使用直升机才能完成的作业，应和国家航空有关部门沟通，遵守有关安全要求，并制订完备的安全作业方案。

第二节 高 处 作 业

原文："9.2 高处作业"

一、条文 9.2.1

原文："9.2.1 高处作业应使用安全带，安全带应采用高挂低用的方式，不应系挂在移动或不牢固的物件上。转移作业位置时不应失去安全带保护。"

（一）安全带使用规定

国标《安规》中有关安全带的规定摘录，见表 9-2-1。行标《安规》中有关安全带的摘录见表 9-2-2。

表 9-2-1 　　　　　　　　国标《安规》中有关安全带规定摘录

《电力（业）安全工作规程》部分	条 文 内 容
电力线路部分	9.2.1　高处作业应使用安全带，安全带应采用高挂低用的方式，不应系挂在移动或不牢固的物件上，转移作业位置时不应失去安全带保护。
	9.4.1　攀登前，应检查杆根、基础和拉线牢固，检查脚扣、安全带、脚钉、爬梯等登高工具、设施完整牢固。上横担工作前，应检查横担连接牢固，检查时安全带应系在主杆或牢固的构件上。
	9.4.5　在杆塔上移位及杆塔上作业时，不应失去安全保护。
	9.4.6　在导线、地线上作业时应采取防止坠落的后备保护措施。在相分裂导线上工作，安全带可挂在一根子导线上，后备保护绳应挂在整组相导线上。
	11.2.11　采用绝缘手套作业法或绝缘操作杆作业法时，应根据作业方法选用人体绝缘防护用具，使用绝缘安全带、绝缘安全帽。必要时还应戴护目眼镜。工作人员转移相位工作前，应得到工作监护人的同意。

续表

《电力（业）安全工作规程》部分	条 文 内 容
发电厂和变电站电气部分	9.2.11 采用绝缘手套作业法或绝缘操作杆作业法时，应根据作业方法选用人体绝缘防护用具，使用绝缘安全带、绝缘安全帽。必要时还应戴护目眼镜。工作人员转移相位工作前，应得到工作监护人的同意
热力和机械部分	15.1.7 在没有脚手架或者在没有栏杆的脚手架上工作，高度超过 1.5m 时，必须使用安全带，或采取其他可靠的安全措施
	15.1.8 安全带在使用前应进行检查，并应定期（每隔 6 个月）按批次进行静荷重试验；试验荷重为 225kg，试验时间为 5min，试验后检查是否有变形、破裂等情况，并做好记录。不合格的安全带应及时处理。悬挂安全带冲击试验时，用 80kg 重量做自由落体试验，若不破断，该批安全带可继续使用。对抽试过的样带，必须更换安全绳后才能继续使用。使用频繁的绳，应经常做外观检查，发现异常时应立即更换新绳，带子使用期为 3～5 年，发现异常应提前报废
	15.1.9 安全带的挂钩或绳子应挂在结实牢固的构件上，或专为挂安全带用的钢丝绳上。禁止挂在移动或不牢固的物件上
	15.8.20 在软梯上只准一个人工作。在软梯上工作的人员，衣着必须灵便，并应使用安全带，戴安全帽，带工具袋
	15.9.1 在悬崖陡壁进行工作的人员必须经过身体检查和安全训练，并应戴安全帽，穿防滑的鞋，使用安全带或安全绳
	15.9.2 安全带或安全绳应挂在坚固可靠的基础上。用来专作固定安全带的绳索，应在每次使用前进行检查；每 6 个月做一次定期试验，试验是以静荷重 225kg，悬吊 5min，如有损坏或变形应禁止使用

表 9－2－2   **行标《安规》中有关安全带规定摘录**

《电业安全工作规程》部分	条 文 内 容
发电厂和变电所电气部分	第 268 条 高处作业人员必须使用安全带
电力线路部分	第 85 条 在杆、塔上工作，必须使用安全带和戴安全帽。安全带应系在电杆及牢固的构件上，应防止安全带从杆顶脱出或被锋利物伤害。系安全带后，必须检查扣环是否扣牢。在杆塔上作业转位时，不得失去安全带保护
	第 88 条 上横担时，应检查横担腐朽锈蚀情况，检查时安全带应系在主杆上
	第 84 条 上杆前，应先检查登杆工具，如脚扣、升降板、安全带、梯子等是否完整、牢靠
	第 165 条 等电位作业人员在电位转移前，应得到工作负责人的许可，并系好安全带
热力和机械部分	第 582 条 在坝顶、陡坡、屋顶、悬崖、杆塔、吊桥以及其他危险的边沿进行工作，临空一面应装设安全网或防护栏杆，否则，工作人员应使用安全带
	第 584 条 在没有脚手架或者在没有栏杆的脚手架上工作，高度超过 1.5m 时，必须使用安全带，或采取其他可靠的安全措施
	第 585 条 安全带在使用前应进行检查，并应定期（每隔 6 个月）进行静荷重试验；试验荷重为 2205N，试验时间为 5min，试验后检查是否有变形、破裂等情况，并做好试验记录；不合格的安全带应及时处理
	第 586 条 安全带的挂钩或绳子应挂在结实、牢固的构件上，或专为挂安全带用的钢丝绳上。禁止挂在移动或不牢固的物件上
	第 657 条 安全带一定要挂在坚固、可靠的基础上，最好是固定在专门用来挂安全带的钢钎上。如用树干作基础时，必须详细检查树干的坚固情况，能否承受规定拉力
	第 658 条 用来专门固定安全带的绳索，应在每次使用前进行检查；每六个月作一次定期试验，试验是以静荷重 2205N，悬吊 5min，如有损坏或变形则不许使用

（二）国网《安规》线路部分对高处作业的一般要求

（1）凡在坠落高度基准面 2m 及以上的高处进行的作业，都应视作高处作业。

（2）凡参加高处作业的人员，应每年进行一次体检。

（3）高处作业均应先搭设脚手架、使用高空作业车、升降平台或采取其他防止坠落措施，方可进行。

（4）利用高空作业车、带电作业车、叉车、高处作业平台等进行高处作业，高处作业平台应处于稳定状态，车辆移动时，作业平台上不准载人。

（5）峭壁、陡坡的场地或人行道上的冰雪、碎石、泥土应经常清理，靠外面一侧应设 1050～1200mm 高的栏杆。在栏杆内侧设 180mm 高的侧板，以防坠物伤人。

（6）高处作业区周围的孔洞、沟道等应设盖板、安全网或围栏，并有固定其位置的措施。同时，应设置安全标志，夜间还应设红灯示警。

（7）当临时高处行走区域不能装设防护栏杆时，应设置 1050mm 高的安全水平扶绳，且应每隔 2m 设一个固定支撑点。

（8）低温或高温环境下进行高处作业，应采取保暖和防暑降温措施，作业时间不宜过长。

（9）在 6 级及以上的大风以及暴雨、雷电、冰雹、大雾、沙尘暴等恶劣天气下，应停止露天高处作业。特殊情况下，确需在恶劣天气进行抢修时，应组织人员充分讨论必要的安全措施，经本单位分管生产的领导（总工程师）批准后，方可进行。

（三）安全带及其他登高工具的定期抽查检验

安全带及其他登高工器具试验标准见表 9-2-3。

表 9-2-3　　　　安全带及登高工器具试验标准表（国网《安规》附录 M）

序号	名称	项目	周期	要求			说明
1	安全带	静负荷试验	1 年	种类	试验静拉力/N	载荷时间/min	牛皮带试验周期为半年
				围杆带	2205	5	
				围杆绳	2205	5	
				护腰带	1470	5	
				安全绳	2205	5	
2	安全帽	A. 冲击性能试验	按规定期限	受冲击力小于 4900N			使用期限：从制造之日起，塑料帽≤2.5 年，玻璃钢帽≤3.5 年
		B. 耐穿刺性能试验	按规定期限	钢锥不接触头模表面			
3	脚扣	静负荷试验	1 年	施加 1176N 静压力，持续时间 5min			
4	升降板	静负荷试验	半年	施加 2205N 静压力，持续时间 5min			
5	竹（木）梯	静负荷试验	半年	施加 1765N 静压力，持续时间 5min			
6	软梯钩梯	静负荷试验	半年	施加 4900N 静压力，持续时间 5min			

续表

序号	名称	项目	周期	要求	说明
7	防坠自锁器	静负荷试验	1年	施加7500N静负荷，持续时间5min	使用期限：从制造之日起，塑料帽≤2.5年，玻璃钢帽≤3.5年
		冲击试验	1年	安全带与悬挂物处同一水平位置，自由落体荷载980N，锁止距离应不超过0.2m	
8	缓冲器	冲击试验	2年抽检	悬挂980N荷载自由落体冲击行程4m，挂点冲击力应不超过8825N	
9	速差自控器	使用前检查		将速差自控器上端悬挂在作业点上方，将自控器内绳索和安全带上半圆环连接，可任意将绳索拉出，在一定位置作业。工作完毕后，人向上移动，绳索自行收回自控器内，坠落时自控器受速度影响制动控制	标准来自于GB/T 6096—2009《安全带检验方法》
		冲击试验	1年	拉出绳长0.8m，安全带与悬挂物处同一水平位置，自由落体荷载980N模拟人，要求模拟人坠落下滑距离不超过1.2m	

注　安全帽在使用期满后，抽查合格后该批方可继续使用，以后每年抽验一次。登高工器具的试验方法参照《电力安全工器具预防性试验规程（试行）》的相关内容。

二、条文9.2.2

原文："9.2.2 高处作业应使用工具袋，较大的工具应予固定。上下传递物件应用绳索栓牢传递，不应上下抛掷。"

正确使用安全带和工具袋应注意以下几点。

（1）在坝顶、陡坡、屋顶、悬崖、杆塔、吊桥以及其他危险的边沿进行工作，临空一面应装设安全网或防护栏杆，否则，工作人员应使用安全带。

（2）在没有脚手架或者在没有栏杆的脚手架上工作，高度超过1.5m时，应使用安全带，或采取其他可靠的安全措施。

（3）安全带和专作固定安全带的绳索在使用前应进行外观检查。安全带应按表9-2-3定期抽查检验，不合格的不准使用。

（4）在电焊作业或其他有火花、熔融源等的场所使用的安全带或安全绳应有隔热防磨套。

（5）安全带的挂钩或绳子应挂在结实、牢固的构件或专为挂安全带用的钢丝绳上，并应采用高挂低用的方式。禁止系挂在移动或不牢固的物件上（如隔离开关支持绝缘子、瓷横担、未经固定的转动横担、线路支柱绝缘子、避雷器支柱绝缘子等）。

（6）高处作业人员在作业过程中，应随时检查安全带是否挂牢。高处作业人员在转移作业位置时，不准失去安全保护。钢管杆塔、30m以上杆塔和220kV及以上线路杆塔，宜设置防止作业人员上下杆塔和杆塔上水平移动的防坠安全保护装置。上述新建线路杆塔必须装设。

（7）高处作业应一律使用工具袋。较大的工具应用绳拴在牢固的构件上，工件、边角余料应放置在牢靠的地方或用铁丝扣牢并有防止坠落的措施，不准随便乱放，以防止从高空坠落发生事故。

三、条文 9.2.3

原文："9.2.3 在线路作业中使用梯子时，应采用防滑措施并设专人扶持。"

1. 梯子

梯子应坚固、完整，有防滑措施。梯子的支柱应能承受作业人员及所携带的工具、材料等攀登时的总重量。

（1）硬质梯子的横档应嵌在支柱上，梯阶的距离不应大于 40cm，并在距梯顶 1m 处设限高标志。使用单梯工作时，梯与地面的斜角度为 60°左右。梯子不宜绑接使用。人字梯应有限制开度的措施。

（2）人在梯子上时，禁止移动梯子。应采用防滑措施并设专人扶持。

（3）使用软梯、挂梯作业或用梯头进行移动作业时，软梯、挂梯或梯头上只准一人工作。作业人员到达梯头上进行工作和梯头开始移动前，应将梯头的封口可靠封闭，否则应使用保护绳防止梯头脱钩。

2. 脚手架

（1）高处作业使用的脚手架应经验收合格后，方可使用。上下脚手架应走坡道或梯子，作业人员不准沿脚手杆或栏杆等攀爬。

（2）脚手架的安装、拆除和使用，应执行国网《安规》动力部分中的有关规定及国家相关规程规定。

第三节 坑 洞 开 挖
原文："9.3 坑洞开挖"

一、条文 9.3.1

原文："9.3.1 挖坑前，应确认地下设施的确切位置，采取防护措施。"

挖坑前，应与有关地下管道、电缆等地下设施的主管单位取得联系，明确地下设施的确切位置，做好防护措施。组织外来人员施工时，应将安全注意事项交待清楚，并加强监护。

城市管道往往也是在道路下面铺设，与电力线路走廊一致。因此，在市区内挖坑要注意地下公用水管、煤气管、电缆以及下水道等地下设施。如果坑位正好与管线重叠和接近，作业中又未采取保护措施，一旦损坏这些设施，将会造成水、煤气、电供应中断，引发煤气爆炸、火灾、水淹、触电伤亡等重大事故。因此，作业人员在施工前一定要同有关部门取得联系、查阅地下设施布置情况，掌握地下设施的准确位置和深度，在施工现场作出明显标记，对施工人员交待清楚，明确挖坑位置。在有地下设施的地段挖坑时，应加强监护。

二、条文 9.3.2

原文："9.3.2 基坑内作业时，应防止物体回落坑内，并采取临边防护措施。"

挖坑时，应及时清除坑口附近浮土、石块，坑边禁止外人逗留。在超过 1.5m 深的基坑内作业时，向坑外抛掷土石应防止土石回落坑内，并做好临边防护措施。作业人员不准在坑内休息。

混凝土电杆的埋深一般占到杆身长度的 1/6，10m 及以上电杆的埋深均超过 1.5m。在超过 1.5m 以后挖坑时，要防止抛土回落坑内伤人。应在坑沿留出 0.3m 左右的无土石地带。坑内工作人员应戴安全帽。坑底面积超过 $2m^2$ 时，需由两个人同时挖掘时，两人不得面对面或互相靠近，防止工具相互致伤。

三、条文 9.3.3

原文："9.3.3 在土质松软处挖坑，应采取加挡板、撑木等防止塌方的措施。不应由下部掏挖土层。"

在土质松软处挖坑，应有防止塌方措施，如加挡板、撑木等。不准站在挡板、撑木上传递土石或放置传土工具。禁止由下部掏挖土层。

(1) 坑壁挖成陡直而不加支撑时的情况有：①在堆填的砂土和砾石土内杆坑深度为 1m；②在亚砂土和亚黏土内杆坑深度为 1.25m；③在黏土内杆坑深度为 1.5m；④在特别密实的土内杆坑深度为 2m。

(2) 在杆坑深度超过上述数值时，坑壁就应加挡板、撑木等支撑来防止塌方。

(3) 在杆坑深度超过上述数值时，如不加挡板、撑木等支撑时，也可将基坑挖成边坡，边坡的最大允许坡度要根据土壤种类来确定，见表 9-3-1。

表 9-3-1　　　　　　　　　　不同土壤的最大允许坡度

土壤分类	砾土、淤泥	砂、黏土	黏土、黄土	坚土
坡度（深度比）	1：0.75	1：0.5	1：0.3	1：0.15

挖土禁止采取掏空下方、悬空的土靠自重塌下来的方法。

四、条文 9.3.4

原文："9.3.4 在可能存在有毒有害气体的场所挖坑时，应采取防毒措施。"

在下水道、煤气管线、潮湿地、垃圾堆或有腐殖物等附近挖坑时，应设监护人。在挖深超过 2m 的坑内工作时，应采取安全措施，如戴防毒面具、向坑中送风和持续检测等。监护人应密切注意挖坑人员，防止煤气、沼气等有毒气体中毒。

五、条文 9.3.5

原文："9.3.5 居民区及交通道路附近开挖的基坑，应设坑盖或可靠遮栏，加挂警示牌，夜间可设置警示光源。"

在居民区及交通道路附近挖的基坑，应设坑盖或可靠围栏，加挂警告标示牌，夜间挂红灯。

在居民区及交通道路附近挖坑，如白天影响交通车辆可在晚间作业，基坑周围应设置围栏，做到文明施工。设置围栏的好处：①作业人员不受外界干扰；②所抛坑土不会洒落围栏外，影响市容；③行人也不跌落坑内。夜间应挂警示红灯，以免车辆、行人碰到围栏上。

六、其他基础开挖

1. 石坑、冻土坑开挖

当遇到石坑、冻土坑需打眼爆破时，应首先检查锤把、锤头及钢钎子，检查锤头有无歪斜、缺口、裂纹等缺陷，锤把是否是用整根硬木制成，锤头安装是否牢固，有无楔栓固定，钢钎子的锤击面是否已开花。打眼时，打锤人应站在扶钎人侧面。打锤人是右手在前持锤时，应站在扶钎人右侧；打锤人是左手在前持锤时，应站在扶钎人左侧。严禁打锤人站在扶钎人的对面。打锤人不得戴手套，扶钎人应戴安全帽。

2. 打绑桩挖坑

（1）变压器台架木杆打绑桩挖坑。

用木杆制作的双柱式变压器台架，经过长期运行木杆根部开始出现腐朽，降低强度。需打绑桩加固挖坑时，应挖好一个绑桩坑并将绑桩埋入和主杆从根部与露出地面部分都捆绑好，或用包箍紧好后，回填土夯实以后，再开始挖另一木杆的绑桩基础。不得同时开挖。

（2）承力杆打绑桩挖坑措施。

承力杆打绑桩挖坑时，应采取防止倒杆的措施。使用铁钎时，注意上方导线。

承力杆打绑桩挖坑前，应先加设临时拉线，以防开挖中倒杆。

3. 铁塔塔脚检查

运行线路的铁塔基础进行检查需在塔脚处挖坑时，在不影响铁塔稳定的情况下，可以单角挖坑，也可以对角同时挖开。对角线塔基开挖应经总工程师批准并采取防倾倒措施。同侧塔基严禁同时开挖。塔基是承受与平衡塔身各方应力的基础，同侧塔基开挖非常危险，塔身会出现倾倒。

第四节　杆塔上作业
原文："9.4 杆塔上作业"

一、条文 9.4.1
原文："9.4.1 攀登前，应检查杆根、基础和拉线牢固，检查脚扣、安全带、脚钉、爬梯等登高工具、设施完整牢固。上横担工作前，应检查横担联结牢固，检查时安全带应系在主杆或牢固的构件上。"

（一）对杆塔作业人员的基本要求

架空电力线路杆塔上工作属于高空作业的范畴，要认清不安全因素及其防范的措施对策。作业人员起码应具备三项从业条件。工作之前严禁饮酒，休息充足、精神状态良好。工作时要穿胶底鞋，戴好安全帽，系好安全带。定点工作时，安全带应系于牢固的结构或主材上，同时检查扣环是否扣牢，防止安全带被拦挂物锋利棱角切割划伤。转移工作点位置时，不得失去安全带保护。整个作业过程应求得监护人的有力监督与指导。杆塔上所有工具物体应装袋用绳索吊送，严禁抛掷。异常雨雪冰冻天气作业时，应采取防寒防滑措施。不应利用绳索、拉线上下杆塔或顺杆下滑。

（二）上杆前准备工作

1. 检查杆根

上木杆前，应先检查杆根是否牢固。新立电杆在杆基未完全牢固或做好拉线以前，严禁攀登。遇有冲刷、起土、上拔的电杆，应先培土加固或支好杆架或打临时拉绳后，再行上杆。

凡松动导、地线，拉线的电杆，应先检查杆根，并打好临时拉线或支好架杆后，再行上杆。

攀登杆塔作业之前，均应检查杆根是否牢固，这是实现自我保护起码的意识要求。对于木杆应检查杆根腐朽程度，新立的电杆应注意检查杆基。当回填未实或混凝土强度未达标准之前严禁攀登电杆。对于杆根被风雨冲刷、起土和上拔的电杆，须先培土加固或打临时拉绳，做好稳固措施之后再行上杆。杆上作业完毕，如需松动导线、地线和拉线，且松动后杆塔受力有较大改变时，应于上杆之前就检查杆根，并根据现场实际状况打好临时拉线，或作杆架支撑。

2. 检查登杆工具

上杆前，应先检查登杆工具，如脚扣、升降板、安全带、梯子等是否牢整、牢靠。

（1）登杆工具要按行标《安规》附录五或国网《安规》附录 M 的规定定期试验，没有试验标牌和超过试验周期而未做试验的不准使用。

（2）上下杆塔应使用合格的登杆工具，使用之前先做检查，确保其完整、可靠，严禁利用绳索和拉线上下杆塔。脚扣和升降板除了做外观检查外，试登第一步或第一板时，应有意识地进行人体本身重量的冲击试验。所用梯子应检查完好，安放角度不得过于陡立或过缓，必要时要加绑扎或有人扶持。

3. 检查杆塔脚钉

攀登杆塔脚钉时，应检查脚钉是否牢固。

（1）登杆塔脚钉长期暴露在大气中，受自然条件影响，容易锈蚀剥落。另外，也有脚钉螺帽松动和被窃的可能，所以登杆时应逐根检查。

（2）从杆塔角钉上攀登上行时，强调检查每一个待抓攀的角钉都应牢固，检查与上攀是同步进行的。登角钉上杆要讲究技巧，手脚配合并用，抓稳攀牢一步，把重心转在该侧保持平衡，然后检查上一个。若在电杆上端的横担上工作时，则应将安全带系在主杆上，检查横担无腐蚀后再到横担上工作。

（3）登杆时，手脚交叉进行，双脚或双手不得同时轮空。

（4）当发现有缺钉或松动脚钉时，应处理好后再行攀登，不可越过而上。这样下杆时，脚或者登松或者登空，均会造成高空坠落事故。

（三）在杆塔上工作安全措施和注意事项

1. 安全带和安全帽

在杆、塔上工作，必须使用安全带和戴安全帽。安全带应系在电杆及牢固的构件上，应防止安全带从杆顶脱出或被锋利物伤害。系安全带后必须检查扣环是否扣牢。在杆塔上作业转位时，不得失去安全带保护。上横担时，应检查横担腐朽锈蚀情况，检查时安全带应系在主杆上。

登杆、塔作业人员必须使用安全带和戴安全帽。

电力工人使用的安全带是由腰带、围杆带、悬挂绳组成的。围杆带是在杆上固定身体的带子,悬挂绳是固定在构件上防止坠落的绳子。安全带应采用双控双保险的挂钩,以防挂钩脱扣坠落伤害。若使用保险套的挂钩,保险套损坏失效或没有保险套的安全带禁止使用。

安全带要高挂低用,要系在电杆或不能脱钩的牢固构件上。

在登杆、塔过程中,可以采用固定或临时的防坠落措施,如使用抱卡式防坠自锁器,使用带钩的绝缘杆,升降板间使用连接安全绳等,防止登杆过程中失去安全带保护。

作业人员攀登杆塔、杆塔上转位及杆塔上作业时,手扶的构件应牢固,不准失去安全保护,并防止安全带从杆顶脱出或被锋利物损坏。

在杆塔上作业时,应使用有后备绳或速差自锁器的双控背带式安全带,当后保护绳超过3m时,应使用缓冲器。安全带和保护绳应分挂在杆塔不同部位的牢固构件上。后备保护绳不准对接使用。

在相分裂导线上工作时,安全带、绳应挂在同一根子导线上,后备保护绳应挂在整组相导线上。

横担有铁质、木质和瓷质三种。铁横担容易锈蚀,木横担容易腐烂,上登前必须检查清楚。检查时,安全带要系在主杆上,严禁系在未经检查的横担上,瓷质横担上不许登人。

2. 拆除构件应千万小心

(1) 杆塔上有人工作时,不准调整或拆除拉线。

(2) 检修杆塔不得随意拆除受力构件,如需要拆除时,应事先做好补强措施。调整倾斜杆塔时,应先打好拉线。

3. 梯子使用注意事项

在杆塔上水平使用梯子时,应使用特制的专用梯子。工作前应将梯子两端与固定物可靠连接,一般应由一人在梯子上工作。使用梯子时,要有人扶持或绑牢。

在梯子上工作时间不能太长,时间太长容易疲劳、昏晕。不能站梯子的最上一个梯蹬上工作,应留有一、二个梯蹬。梯子应有人扶持。无人扶持时,应把梯子下部和地面固定物体紧紧绑在一起,以防人在梯子上工作时底部移动,造成坠落事件。

4. 防止坠落

在杆塔上移位及杆塔上作业时,不应失去保护。

在导线、地线上作业时,应采取防止坠落的后备保护措施。在相分裂导线上工作,安全带可挂在一根子导线上,后备保护绳应挂在整组相导线上。

5. 防止坠物伤人

在杆塔上作业,工作点下方应按坠落半径设围栏或其他保护措施。

杆塔上下无法避免垂直交叉作业时,应做好防落物伤人的措施,作业时要相互照应,密切配合。

国标《安规》热力和机械部分15.1.4条规定了作业高度和隔离区半径的关系:高处

作业地点的下方应设置隔离区,并设置明显的警告标志,防止落物伤人。隔离区域为 R 与起吊工件最大长度之和。隔离区应按以下原则划分。

h 为作业位置至其底部的垂直距离,R 为半径。

当 $2m \leqslant h \leqslant 5m$ 时,$R = 2m$;

当 $5m < h \leqslant 15m$ 时,$R = 3m$;

当 $15m < h \leqslant 30m$ 时,$R = 4m$;

当 $h > 30m$ 时,$R = 5m$。

现场人员应戴安全帽。杆上人员应防止掉东西,使用的工具、材料应用绳索传递,不得乱扔。杆下应防止行人逗留。

现场人员包括施工现场杆上全部人员,以及参加施工的杆下临时辅助人员,均应戴安全帽。非施工人员不得在现场施工范围内逗留。在市区和交通道路施工时,施工现场应设遮栏,必要时设专人监护。

杆塔作业应使用工具袋,较大的工具应固定在牢固的构件上,不准随便乱放。上下传递物件应用绳索拴牢传递,禁止上下抛掷。

二、条文 9.4.2

原文:"9.4.2 新立杆塔在杆基未完全牢固或做好拉线前,不应攀登。"

新立电杆的杆基达到完全牢固需要一定的时间,因此在确认杆基完全牢固之前不应攀登进行杆上作业。

新立锥形铁塔完全靠拉线固定,因此在拉线未做好前不应攀登铁塔进行塔上作业。

三、条文 9.4.3

原文:"9.4.3 不应利用绳索、拉线上下杆塔或顺杆下滑。"

利用绳索、拉线上下杆塔或顺杆下滑到地面,比一步一步利用登杆工具或杆钉、塔材上下杆塔要省时间和省力,但存在事故隐患,危及作业人员身体的可能性。因此这种专业杂技演员表演的项目不应发生在线路作业人员身上。

四、条文 9.4.4

原文:"9.4.4 攀登有覆冰、积雪的杆塔时,应采取防滑措施。"

当杆塔线路的覆冰、积雪可能危及运行线路的安全时,需组织力量进行杆塔导线的除冰除雪。作业人员需攀登有覆冰、积雪的杆塔时,应采取防滑措施,如脚穿防滑保暖的皮靴,手戴防滑保暖的手套及其他防滑措施。

五、条文 9.4.5

原文:"9.4.5 在杆塔上移位及杆塔上作业时,不应失去安全保护。"

在杆塔上移位及杆塔上作业时,任何时候都不可粗心大意、分神失去保护。在杆塔上作业最好的保护措施就是安全带。安全带和专作固定安全带的绳索在使用前应进行外观检查,定期抽查检验,不合格的不准使用。安全带的挂钩或绳子应挂在结实牢固的构件或专为挂安全带用的钢丝绳上,并应采用高挂低用的方式。禁止系挂在移动或不牢固的物件上。在作业期间应随时检查安全带是否拴牢。钢管杆塔、30m 以上杆塔和 220kV 及以上线路杆塔宜设置防止作业人员上下杆塔和杆塔上水平移动的防坠安全保护装置。

六、条文 9.4.6

原文："9.4.6 在导线、地线上作业时应采取防止坠落的后备保护措施。在相分裂导线上工作，安全带可挂在一根子导线上，后备保护绳应挂在整组相导线上。"

在导线、地线上作业时，应使用有后备绳或速差自锁器的双控背带式安全带。当后备保护绳超过 3m 时，应采用缓冲器。安全带和后备保护绳应分挂在杆塔不同部位的牢固构件上。后备保护绳不准对接使用。在相分裂导线上工作，安全带安全绳可挂在同一根子导线上，后备保护绳应挂在整组相导线上。

第五节 杆 塔 施 工
原文："9.5 杆塔施工"

一、条文 9.5.1

原文："9.5.1 立、撤杆塔过程中基坑内不应有人工作。立杆及修整杆坑时，应采取防止杆身倾斜、滚动的措施。"

（一）杆塔施工总的要求

（1）立、撤杆应设专人统一指挥。开工前，应交待施工方法、指挥信号和安全组织、技术措施，作业人员应明确分工、密切配合、服从指挥。在居民区和交通道路附近立、撤杆时，应具备相应的交通组织方案，并设警戒范围或警告标志，必要时派专人看守。

（2）立、撤杆应使用合格的起重设备，禁止过载使用。

（3）立、撤杆塔过程中基坑内禁止有人工作。除指挥人及指定人员外，其他人员应在处于杆塔高度 1.2 倍距离以外。

（4）在带电设备附近进行立、撤杆时，杆塔、拉线、临时拉线与带电设备的安全距离应符合 GB 26859—2011 表 4 的规定，且有防止立撤杆过程中拉线跳动和杆塔倾斜接近带电导线的措施。

架设新的线路，在挖好基坑以后就要将混凝土电杆或木杆在杆坑中竖立起来。铁塔线路，在做好塔脚以后将塔逐段组立起来。撤除旧的线路，在导线撤去后，要将杆塔撤掉。已运行线路升压改造或更新改造工程中，有个别杆塔撤换、新架。由于杆、塔是线路组件中最重和形体最大的部件，属于重大施工项目应制定安全技术措施，经主管生产领导（总工程师）批准执行。

立撤杆塔作业必须设专人指挥，一般称为总指挥，下设若干副总指挥。总指挥应把握全盘，对人员明确分工，落实任务、各尽其责，密切配合，提高工效，保证安全。各级指挥员应由有丰富实践经验、懂施工技术和组织能力的工程技术人员担任。作业前，指挥员应向全体作业人员讲清施工方法及各种联系信号，如手势信号、旗语信号及声音信号的意义，一个施工现场的指挥信号必须统一。外单位支援人员必须熟悉施工单位的指挥。当指挥者距离较远时，为避免失误，可使用对讲机。

因地形、杆型不同，施工方法各异。开工前，现场负责人一定要讲明施工条件、施工方法和施工要求以及危险点所在、安全注意事项。

（5）利用已有杆塔立、撤杆，应先检查杆塔根部及拉线和杆塔的强度，必要时增设临时拉线或其他补强措施。除要检查杆根以外,杆身也要检查,如水泥杆有弯曲。裂纹。剥落等情况,要核实已有杆是否能够承受新杆起吊重力,在不致造成断杆的情况下,可以利用已有杆立杆,必要时添临时拉绳,以防倒杆。

(二) 立杆塔安全措施及注意事项

(1) 立杆过程中,杆坑内严禁有人工作。除指挥人及指定人员外,其他人员必须在远离杆下 1.2 倍杆高的距离以外。

立杆过程中,除指挥人员及指定人员以外,其他人员一律必须远离杆下 1.2 倍杆高的距离以外。这是考虑到万一在立杆过程中倒杆,不致伤害人员。

杆高是指以地面为基准以上的杆长,1.2 倍的杆高距离以外是指以杆高的 1.2 倍为半径的范围以外。

立杆过程中,杆坑内严禁有人工作,防止发生被挤压事故。

(2) 立杆及修整杆坑时,应有防止杆身滚动、倾斜的措施,如采用叉杆和拉绳控制等。

立杆过程中难免坑土回落,需要清坑。这时杆塔尚未固定,可能倾斜或滚动而伤人。所以,清坑前必须先用叉杆或拉绳等措施控制。

(3) 牵引时,不准利用树木或外露岩石作受力桩。一个锚桩上的临时拉线不准超过两根,临时拉线不准固定在有可能移动或其他不可靠的物体上。临时拉线绑扎工作应由有经验的人员担任。临时拉线应在永久拉线全部安装完毕承力后方可拆除。

(4) 杆塔分段吊装时,上下段连接牢固后,方可继续进行吊装工作。分段分片吊装时,应将各主要受力材连接牢固后,方可继续施工。

(5) 杆塔分解组立时,塔片就位时应先低侧、后高侧。主材和侧面大斜材未全部连接牢固前,不准在吊件上作业。提升抱杆时应逐节提升,禁止提升过高。单面吊装时,抱杆倾斜不宜超过 15°;双面吊装时,抱杆两侧的荷重、提升速度及摇臂的变幅角度应基本一致。

(6) 已经立起的杆塔,回填夯实后方可撤去拉绳及叉杆。回填土块直径应不大于 30mm,回填应按规定分层夯实。基础未完全夯实牢固和拉线杆塔在拉线未制作完成前,禁止攀登。

(三) 整体组塔法和分解组塔法比较

使用抱杆组立杆塔,应根据其高度、质量及结构复杂程度,结合现场施工单位的实际条件,选用多种抱杆立杆塔的方法。按工程实际需要,抱杆法可以分为整体组塔法和分解组塔法。

1. 分解组塔法常用方法

(1) 内拉线式悬浮抱杆组塔法。

(2) 提升或抱杆组塔法。

(3) 外拉线式通天抱杆组塔法。

(4) 分段组塔法。

(5) 通天摇臂式抱杆组塔法。

(6) 摇臂悬浮式抱杆组塔法。

（7）倒装式分段组塔法。

2. 整体组立塔常用方法

（1）单固定抱杆整立组塔法。

（2）双固定抱杆组立杆塔法。

（3）倒落式人字抱杆整立杆塔法。

3. 使用抱杆法的安全措施和注意事项

（1）使用抱杆立杆时，主牵引绳、尾绳、杆塔中心及抱杆顶应在一直线上，是指四点在以抱杆顶为基点的垂直于地平面的一个平面内、四点在一平面内，只有纵向牵引力，没有横向分力，抱杆和起立杆塔不会因分力而倾倒。但是两侧须加临时拉绳，防止产生横向应力而倒杆。

（2）为了保证起吊过程中各部受力均衡，两侧拉绳人员应密切配合起吊，并根据情况及时调整，不得使其左右倾斜面发生偏移。

（3）立杆工作开始之前，应先制定防止抱杆根部向下沉陷和滑动的措施。

（4）电杆直立后，应使用钢丝绳做临时拉线，注意不得使用白棕绳。临时拉线应固定在牢固且无移动可能的物体上。

（5）杆塔起立离地后，应对各吃力点处做一次全面检查，确无问题，再继续起立。起立 60°后，应减缓速度，注意各侧拉绳。

杆塔起立离地后，各吃力点均已受力，应暂停起吊，做一次全面检查，是否有异常情况。起吊到 60°时，在抱杆脱离前，为防止吃力点可能发生变化，应减慢起吊速度。

（6）已经立起的电杆，只有在杆基回土夯实完全牢固后，方可撤去叉杆及拉绳。杆下工作人员应戴安全帽。

4. 整体组立杆塔还应制订的具体施工安全措施

整体组立杆塔时，由于塔型、施工现场地形及周围环境等均不一样，故具体施工方法亦不一样。应根据不同情况制定具体现场施工方案和安全技术措施。难度较大者，要经专业人员审核，总工程师批准。整体组立杆塔的优点如下。

（1）减少了绝大部分的高空作业，因此劳动强度大为降低，而且施工方便，发生事故的可能性减少，增加了作业的安全保证。

（2）由于地面组装工作面大且受外界影响较小，因而操作方便，工程进度快；地面组装对铁塔各部尺寸及螺孔位置误差调整处理方便，塔材吊绑减少，对塔身保护层磨损相对减少，从而提高了铁塔质量。

（3）整体组立杆塔可以实行定型的标准化施工管理。

5. 整体组立杆塔的缺点

（1）有时受地形的局限性影响而使施工难以开展；所用工器具较多并随塔重增加而有所增加，所以对大吨位铁塔其工效并不显著。对较高的混凝土电杆有的也不能全部整立。

（2）杆塔整体组立现场需进行很多系统的布置。如需对固定钢丝绳系统、制动钢丝绳系统、牵引系统和动力系统进行布置；对各临时拉线和永久拉线加以组装；作业用地锚的预先埋设；需针对杆塔特点对塔材强度及刚度补强；需对现场障碍物进行清理等。

（3）由于整体组立杆塔作业较复杂，在行标《安规》中专门强调，"应制订具体施工安全措施"，因此，工程建设中需进行一系列施工设计，如确定杆塔的荷重条件及计算杆塔重心，确定整立施工方法，验算杆塔强度，对各起重设备的受力进行计算从而进行相应的起重设备和工器具选择，确定现场布置及施工组织、施工技术措施和质量安全保证措施等。

（4）整体组立杆塔所用工器具较多，选择要求严格。组立时须使用钢丝绳、白棕绳；各种滑车、抱杆；绞磨、卷扬机、拖拉机；深埋式地锚或桩式地锚，各种制动调节紧线器具等。对这些工器具，均要求它们简单轻便、安全可靠、加工制作容易、装卸及搬运方便，用于施工作业时速度快且不易损坏，还要求它们能有广泛的适用范围，能立起较多类型的杆塔，便于制造维修，进行标准化定型生产。

（四）撤杆塔安全措施及注意事项

（1）利用旧杆撤杆，应先检查杆根，必要时应加临时拉绳。

（2）使用吊车撤杆时，钢丝绳套应吊在杆的适当位置以防止电杆突然倾倒。

（3）在撤杆工作中，拆除杆上导线前，应先检查杆根，做好防止倒杆措施，在挖坑前应先绑好拉绳。

线路导线拆除后，杆身应力发生变化，容易倒杆伤人。因此，在拆除导线前，必须检查杆根完善和埋深情况，浅埋杆、转角杆、耐张杆和承力杆在拆除导线前，应先做临时接绳；耐张杆和转角杆拆除线要用梯度法进行，不许突然剪断。

二、条文 9.5.2

原文："9.5.2 顶杆及叉杆只能用于竖立 8m 以下的拔稍杆。"

顶杆及叉杆只能用于竖立 8m 以下的拔梢杆，不准用铁球、桩柱等代用。电杆本身重力大，立杆前应先开好"马道"，工作人员应均匀分布在电杆两侧，听从指挥人员安排，同时备好所有各种工器具。工作中注意叉杆及顶杆的使用范围，不可将其用于重杆。当叉杆或顶杆临时缺少时，不得用铁球、桩柱等工具代替。

三、条文 9.5.3

原文："9.5.3 使用起重机械立、撤杆时，起吊点和起重机械位置应选择适当。撤杆时，应检查无卡盘或障碍物后再试拔。"

使用吊车立、撤杆时，钢丝绳套应挂在电杆的适当位置以防止电杆突然倾倒。吊重和吊车位置应选择适当，吊钩口应封好，并应有防止吊车下沉、倾斜的措施。起、落时应注意周围环境。

适当位置是指电杆重心偏上位置。在起吊过程中防止上重下轻，发生倒吊。

撤杆时，应先检查有无卡盘或障碍物并试拔。

立、撤杆要使用合格的起重设备。起重设备有出厂合格证、使用单位工器具编号、定期试验日期及试验合格证，自制起重设备有试验合格证，否则不准使用。立、撤杆作业中使用的承力工具和起重设备应注意下列事项。

（1）所有设备和工具都应进行检查，发现设备工具损坏、性能降低以及超过了规定的试验期限时禁止使用。必须保证所有起重设备及工器具合格。

（2）根据被吊立杆架载重，对各起重设备允许工作荷重进行必要的核算，严禁过载使用起重设备。

（3）所用抱杆应有产品合格证和使用条件说明书。每年应对抱杆进行一次承载力200％的允许荷重试验，在试验时间10min内应无变形损伤。对于木质抱杆，必要时也应验算强度。

（4）使用的钢丝绳、白棕绳（麻绳）规格应满足承力要求，各类型滑轮和滑轮组应符合安全使用条件。

（5）起重设备将杆件吊离地面约0.5m时，其吊绳和总牵引绳已进入较大的受力状态。此时应暂停起吊，对各吃力点进行全面检查，包括其受力是否正常，各绳扣是否牢固，锚桩是否走动及锚桩表面有无松动变化，抱杆脚有无下沉、滑动及两侧受力是否均衡，主杆是否正常等，从而及时发现异常并处理，避免发生事故。

四、条文9.5.4

原文："9.5.4 使用抱杆立、撤杆时，抱杆下部应固定牢固，顶部应设临时拉线控制，临时拉线应均匀调节。"

使用抱杆立、撤杆时，主牵引绳、尾绳、杆塔中心及抱杆顶应在一条直线上。抱杆下部应固定牢固，抱杆顶部应设临时拉线控制，临时拉线应均匀调节并由有经验的人员控制。抱杆应受力均匀，两侧拉绳应拉好，不准左右倾斜。固定临时拉线时，不准固定在有可能移动的物体上，或其他不牢固的物体上。

五、条文9.5.5

原文："9.5.5 整体立、撤杆塔前应检查各受力和联结部位全部合格方可起吊。立、撤杆塔过程中，吊件垂直下方、受力钢丝绳的内角侧不应有人。"

整体立、撤杆塔前应进行全面检查，各受力、联结部位全部合格方可起吊。立、撤杆塔过程中，吊件垂直下方、受力钢丝绳的内角侧禁止有人。杆顶起立离地约0.8m时，应对杆塔进行一次冲击试验，对各受力点处做一次全面检查，确无问题，再继续起立；杆塔起立70°后，应减缓速度，注意各侧拉线；起立至80°时，停止牵引，用临时拉线调整杆塔。

六、条文9.5.6

原文："9.5.6 在带电设备附近进行立撤杆时，杆塔、拉线、临时拉线与带电设备的安全距离应符合表4的规定，且有防止立、撤杆过程中拉线跳动和杆塔倾斜接近带电导线的措施。"

在带电设备附近立杆或撤杆时，如果附近的带电设备不能停电时，那么杆塔、拉线、安装的临时拉线与带电设备的安全距离应符合GB 26859—2011表4的规定。

有可能拉线跳动和杆塔倾斜接近带电设备、带电线路安全距离以内时，应做到以下要求。

（1）采取有效措施，使人体、导线、施工机具等与带电导线符合表4安全距离规定，牵引绳索和拉绳符合GB 26859—2011表5安全距离规定。

（2）作业的导、地线还应在工作地点接地。绞车等牵引工具应接地。

七、条文9.5.7

原文："9.5.7 临时拉线应在永久拉线全部安装完毕并承力后方可拆除。拆除检修杆塔受力构件时，应事先采取补强措施。杆塔上有人工作时，不应调整或拆除拉线。"

（1）杆塔施工中不宜用临时拉线过夜；需要过夜时，应对临时拉线采取加固措施。

（2）检修杆塔不准随意拆除受力构件，如需要拆除时，应事先做好补强措施。调整杆塔倾斜、弯曲、拉线受力不均或迈步、转向时，应根据需要设置临时拉线及其调节范围，并应有专人统一指挥。

（3）杆塔上有人时，不准调整或拆除拉线。

八、施工现场的排水、焊接、切割

1. 潜水泵

（1）潜水泵应重点检查下列项目且应符合要求。

1）外壳不准有裂缝、破损。

2）电源开关动作应正常、灵活。

3）机械防护装置应完好。

4）电气保护装置应良好。

5）校对电源的相位，通电检查空载运转，防止反转。

（2）潜水泵工作时，泵的周围30m以内水面禁止有人进入。

2. 焊接、切割

（1）电焊机的外壳必须可靠接地，接地电阻不准大于4Ω。

（2）在风力超过5级及下雨雪时，不可露天进行焊接或切割工作。如必须进行时，应采取防风、防雨雪的措施。

（3）不准在带有压力（液体压力或气体压力）的设备上或带电的设备上进行焊接。在特殊情况下需在带压和带电的设备上进行焊接时，应采取安全措施，并经本单位分管生产的领导（总工程师）批准。对承重构架进行焊接，应经有关技术部门的许可。

（4）禁止在油漆未干的结构或其他物体上进行焊接。

3. 气瓶

（1）气瓶的存储应符合国家有关规定。

（2）气瓶搬运应使用专门的抬架或手推车。

（3）用汽车运输气瓶时，气瓶不准顺车厢纵向放置，应横向放置并可靠固定。气瓶押运人员应坐在司机驾驶室内，不准坐在车厢内。

（4）禁止把氧气瓶及乙炔气瓶放在一起运送，也不准与易燃物品或装有可燃气体的容器一起运送。

（5）氧气瓶内的压力降到0.2MPa，不准再使用。用过的气瓶上应写明"空瓶"。

（6）使用中的氧气瓶和乙炔气瓶应垂直放置并固定起来，氧气瓶和乙炔气瓶的距离不得小于5m，气瓶的放置地点不准靠近热源，应距明火10m以外。

第六节　放线、紧线与撤线

原文："9.6 放线、紧线与撤线"

一、条文 9.6.1

原文："9.6.1 交叉跨越各种线路、铁路、公路、河流等放、撤线时，应采取搭设跨越架、封航、封路等安全措施。"

在架空电力线路的放线、撤线过程中，如发生电力线路与铁路、公路、河流、其他电力线路和通信线路交叉跨越时，必须搭设跨越架，对跨越架的技术要求及安全要求如下。

（1）跨越架与被跨越的铁路中心的水平距离应不小于 3m；距铁路轨顶的垂直距离应不小于 6.5m；与公路边侧、弱电线路及低压配电线路的最小水平距离不小于 0.6m；距公路路面的垂直距离不小于 5.5m；距低压配电线路、通信线垂直安全距离不小于 1m。

（2）跨越架的中心应在线路中心线上，宽度应超出所施放或拆除线路的两边各 1.5m，架顶两侧应装设外伸羊角。跨越架与被跨电力线路应不小于表 9-6-1 的安全距离，否则应停电搭设。

表 9-6-1   跨越架与被跨带电线路最小安全距离

距离/m	被跨高压线路等级电压/kV				
	10 及以下	35	66～110	154～220	330
纵架面与导线的水平距离	1.5	1.5	2.0	2.5	3.5
封顶杆与导线的垂直距离	2.0	2.5	3.0	4.0	5.0
封顶杆与避雷线的垂直距离	1.0	1.0	1.5	2.0	2.5

（3）放线、撤线工作中使用的跨越架，应使用坚固无伤相对较直的木杆、竹竿、金属管等，且应具有能够承受跨越物重量的能力，否则可双杆合并或单杆加密使用。搭设跨越架应在专人监护下进行。

（4）跨越架应与线路中心对称，并且用较其宽度宽出 3m 的杉木杆封住顶部并牢固绑扎。对比较高大的跨越架，必要时应增加斜撑杆以防其侧向倾斜，从而保证整个跨越架结构稳固。

（5）跨越架应经验收合格，每次使用前检查合格后方可使用。强风、暴雨过后应对跨越架进行检查，确认合格后方可使用。

（6）借用已有线路做软跨放线时，使用的绳索必须符合承重安全系数要求。跨越带电线路时应使用绝缘绳索。

（7）在交通道口使用软跨时，施工地段两侧应设立交通警示标志牌，控制绳索人员应注意交通安全。

（8）各类交通道口的跨越架的拉线和路面上部封顶部分，应悬挂醒目的警告标志牌。

二、条文 9.6.2

原文："9.6.2 放线、紧线前，应检查导线有无障碍物挂住，导线与牵引绳应可靠连接，线盘架应安放稳固、转动灵活、制动可靠。"

放线、紧线和撤线工作的总要求如下。

（1）放、换导线等重大施工项目（具体项目由供电局决定）应制订安全技术措施，并经局主管生产领导（总工程师）批准。

（2）放线、撤线和紧线工作均应有专人指挥、统一信号，并做到通信畅通、加强监护。工作前应检查放线、紧线与撤线工具及设备是否良好。

（3）交叉跨越各种线路、铁路、公路、河流等放、撤线时，应先取得主管部门同意，做好安全措施，如搭好可靠的跨越架、封航、封路、在路口设专人持信号旗看守等。

（4）放线、紧线前，应检查导线有无障碍物挂住，导线与牵引绳的连接应可靠，线盘架应稳固可靠、转动灵活、制动可靠。放线、紧线时，应检查接线管或接线头以及过滑轮、横担、树枝、房屋等处有无卡住现象。如遇导、地线有卡、挂住现象，应松线后处理。处理时操作人员应站在卡线处外侧，采用工具、大绳等撬、拉导线。禁止用手直接拉、推导线。

（5）紧线、撤线前，应检查拉线、桩锚及杆塔位置正确、牢固。

（6）放线、紧线与撤线作业时，为防止意外跑线时抽伤，工作人员不应站在或跨在以下位置：①已受力的牵引绳上；②导线的内角侧；③展放的导（地）线；④钢丝绳圈内；⑤牵引绳或架空线的垂直下方。

（7）不应采用突然剪断导（地）线的方法松线。

（8）放线、撤线或紧线时，应采取措施防止导（地）线由于摆（跳）动或其他原因而与带电导线间的距离不符 GB 26859—2011 表 4 的规定。

（9）同杆塔架设的多回线路或交叉档内，下层线路带电时，上层线路不应进行放、撤导（地）线的工作。

上层线路带电时，下层线路放、撤导（地）线应保持 GB 26859—2011 表 4 规定的安全距离，采取防止导（地）线产生跳动或过牵引而与带电导线接近至危险范围的措施。

（10）雷雨天不准进行放线、撤线作业。

三、条文 9.6.3

原文："9.6.3 紧线、撤线前，应检查拉线、桩锚及杆塔位置正确、牢固。"

无论紧线或撤线作业，之前都必须先检查杆塔拉线、桩锚及杆塔位置是否正确、牢固。紧线作业杆塔将逐渐承受导线张力，杆塔负载逐渐加大，拉线、桩锚也逐步受力。撤线作业杆塔将逐渐减轻导线张力，杆塔负载逐渐减少、拉线、桩锚也逐步不承受外力。这种负载的变化会影响到拉线、桩锚及杆塔的受力情况，所以必须检查其位置正确并牢固。

四、条文 9.6.4

原文："9.6.4 放线、紧线时，应检查接线管或接线头以及过滑轮、横担、树枝、房屋等处无卡压现象。"

在通过滑轮展放导线过程中，接线管和接线头在经过滑轮、横担、树枝、房屋等处时宜发生卡压、磕绊等现象，应时刻观察、检查，一旦发现及时处理以免影响导线展放速度和放线、紧线质量。

五、条文 9.6.5

原文："9.6.5 放线、紧线与撤线作业时，工作人员不应站在或跨在以下位置：

　　a）已受力的牵引绳上；

　　b）导线的内角侧；

　　c）展放的导（地）线；

　　d）钢丝绳圈内；

　　e）牵引绳或架空线的垂直下方。"

（一）放线

放线是线路架设工程的第三个步骤。放线作业的质量，不仅影响工程速度而且关系到高压线路的安全、经济运行。展放挂线的方法有传统的拖地放线法和张力放线法两种。

1. 拖地放线法及其特点

拖地放线法即非张力放线法，在进行导线或架空地线从线盘上展放作业时，根据每个线盘上导线的长度和放线控制距离合理布线并设置施工条件，采用人力、畜力或拖拉机一类的机械牵引来展放导线的作业方法。与张力放线相比较，非张力放线是高压配网在经济技术条件较差的地域普遍实用的方法，其特点如下。

（1）主要依靠和发挥人力作业，施工方案的确定能充分考虑线路地段的运输条件和复杂地形，针对性强，放线设计灵活。人员主观的因素高，技术含量低，青苗赔偿费多，费时间，因而效率低。

（2）由于是拖地放线（并非直接将导线搁在地面），则导线磨损较大。为保护导线减少损伤，需增加护线人员而加大了用工量。导线跨越障碍物、建筑物和沟渠时易造成弯曲受损，使放线质量降低。

拖地放线适合 35kV 及以下电力线路的导线展放。

2. 张力放线法及其特点

张力放线法是指导线在展放悬挂过程中，使用预先布设在特定场地的张力机、牵引机、钢丝重绕机、导线线盘支架拖车、各种滑轮（放线专用滑轮，开口压线滑轮、铝接地滑轮等）、导线走板等系统配套的机械设备放线的方法。放线时，导线被牵引机牵引，产生一个恒定的张力，使导线始终处于悬空状态，免除了导线与地面、与被跨越物体的直接接触，显示了张力放线的显著特点。

（1）避免导线磨损，能明显地提高放线质量，可减轻线路运行中的电晕及其损耗。

（2）采用了配套机械，作业程序流水化，极大地减轻了作业人员的劳动强度，而且施工放线速度快，一次可牵张展放 2~4 根导线，并达到较长的放线区段（可达 5~7km），使得紧线或挂线，能采用简洁方法进行，提高了工程效率。

张力放线首先在 500kV 线路开始实行，现在已推广到 110kV、220kV 线路上。

3. 张力放线工序

（1）展放导引绳。导引绳就是人力拖地展放的较细的绳，它是为引带牵引绳而沿全线展放的。展放线时，需多人肩扛导引绳沿线路将其从每基杆塔的放线滑轮穿过，直至到达牵引机端。此时将导引绳扯离地面一定高度，在始端（张力场端）和终端（牵引场端）临时锚固。

（2）展放牵引绳。如果牵引绳较细时，也可以像展放导引绳一样将牵引绳拖地展放一次到位，不必展放导引绳。展放牵引绳时，应将小张力机上的牵引绳与导引绳一端连接，在张力场端将导引绳端与小牵引机连接，待准备工作完毕后开动小牵引机和小张力机，用导引绳将牵引绳引带展放到各杆塔的放线滑轮上临时锚固。

（3）展放导线。把牵引绳由内向外绕在牵引机的绕线轮上，顺槽绕满后，按照上进上出或上进下出的关系将绳头引出来与绕线盘固定牢靠。张力场端导线的引带则先用尼龙绳绕在张力机上，其一端与导线连接，缓慢开动张力机即可带动导线并将其绕在张力轮上。

从张力轮上引出的线端与牵引板牢固连接。至此，牵引绳已分别与张力场侧的张力机上的导线头、牵引场侧牵引机上接头接好。

（4）检查各绳及设备完好，缓慢操动牵引机使牵引绳受力绷紧，然后拆除临时桩锚，对两侧放线张力和牵引张力予以调整，待所牵各根导线平衡一致后，就可以正式操动牵张机械展放导线于各滑轮之上。

4. 张力放线安全措施及注意事项

（1）在邻近或跨越带电线路采取张力放线时，牵引机、张力机本体、牵引绳、导地线滑车、被跨越电力线路两侧的放线滑车应接地。邻近750kV及以上电压等级线路放线时，操作人员应站在特制的金属网上，金属网必须接地。

（2）放线作业前，应检查导线与牵引绳连接可靠、牢固。

（3）在张力放线的全过程中，人员不准在牵引绳、导引绳、导线下方通过或逗留。

（4）在各主要设备、杆塔、滑轮及越线架等设备处配置护线人员进行专责监视。在放线牵引过程中，一旦发现导线、牵引绳、牵引板或抗扭锤等在滑轮上卡住、跳槽或跑偏时，应立即发信通知指挥人员停止放线纠查。放线全区段应保持良好的通信联系，当发生意外时应立即停止牵张并采取措施。

（5）灵活掌握牵引板通过滑轮的速度，通过直线塔时，滑轮可不减速；通过转角塔时，滑轮应减速。应根据现场实际随时调整各根导线张力，使牵引板保护水平。牵引板经过滑轮发生翻转时，应立即停机。

（6）避免导线磨损。当导线通过越线架顶时，应设置朝天滑轮，使其从中通过；可能触及地面及棱角等处时，应铺放胶垫，导线接续管钢甲护套外应包缠黑胶带，以防止放线过程中对相邻子导线的鞭击损伤。放线完毕进行卡线时，导线尾部应包缠保护层，防止被钢丝绳磨损。对导线进行压接时应采取措施，防止导线被脏污或碰伤。

（7）宜选用合理的张力。应采用先放中相后放边相的放线顺序，以避免拉断导线。开机时）应先启动张力机，待运转正常后再开牵引机；停机时，先停牵引机再停张力机。

（8）应掌握并控制放线速度。牵引开始时速度应缓慢，加速应均匀，走板通过滑轮时应减速。

（9）张力放线区段若与高压运行线平行时，则存在感应电压危险。在牵引场地、张力场地、导线压接操作场地等处，应分别在牵引绳或导线上安装接地滑轮，实现良好接地。为避免磨损导线，应使用铝轮滑轮，但避雷线及牵引绳等应使用钢质轮滑轮。

（10）应适当控制张力放线区段的长度。为避免通过滑轮磨损导线，一般限制导线通过滑轮次数不宜超过16个，区段长度在5～7km范围。

（11）根据工程建设的技术要求，在大跨越档距中不允许有导线接头，与重要线路交跨的档距不能作为牵张场地。直线杆塔不能锚固导线避雷线的档距也不能成为牵张场地。牵张场地应尽量选在导线正下方处或有上升处，地形应平坦开阔，能满足机具布置占用面积要求且交通运输便利。

5. 非张力放线安全措施和注意事项

（1）合理布置放线场地，分别考虑不同地势地形对周围电力线及通信线的影响。导线接头应避开高压线路交叉跨越档、性质重要的弱电线路及通航河流等。

（2）布线时，为便于集中处理导线接头，应将长度相等的导线、架空地线尽可能布置于同一区段，而对不同规格、捻向的导线不能布置在同一耐张段内（免得造成运行中弛度应力难以平衡的问题）。对于不同线长的线盘，应针对不同耐张段的长度布设。

（3）采用人、畜力牵引放线时，应尽量将放线场地布置在地势较高处，以减少牵引出力。同时，线盘的布置点最好是选择在两种线盘上导线架空地线全长的中间。如果采用固定于一端的机械为非行走机械进行放线时，则应将线盘布置在一端，以便于向另一端牵引展放。

（4）放线开始后，领线人应对准前方走向不得偏斜，掌握行走速度，同时随时注意信号。当各转角杆塔、交叉跨越处或其他基杆下的监视人员发现导线架空地线发生磨损、跳槽、放线滑轮卡涩转动不灵及接续管波卡等现象时，应立即发出停止放线信号。

（5）对所展放的导线架空地线应加强保护。当其经过岩石、坚硬石棱等地段时，应采用各种铺垫措施防止磨损。导线架空地线在各放线滑轮端头处通过后，不得垂直下拉，以防弯曲过度而松股。

（6）各放线轴处应设专人对放线速度进行控制，防止跑偏，同时对其质量进行外观检查。现场应备好标志绳头，如发现导线架空地线有缺陷时，应在该处扎结标记，以便处理时辨认。

（7）拖地放线的收紧高度一般均低于张力放线的锚桩高度。如放线当天该区段不能紧线时，应采取锚固收紧、撑高或埋于地下的措施，保证不损伤导线。

（二）紧线

（1）紧线前，应先检查拉线、拉桩及杆根。如不能适用时，应加设临时拉绳加固。

（2）紧线前，应检查导线有无障碍物挂住。

（3）紧线时，应检查接线管或接头以及过滑轮、横担、树枝、房屋等有无卡住现象。如遇导、地线有卡、挂住现象，应松线后处理。处理时，操作人员应站在卡线处外侧，采用工具、大绳等撬、拉导线。严禁用手直接拉、推导线。

（4）工作人员不得跨在导线上或站在导线内角侧，防止意外跑线时抽伤。

注意检查导线被牵紧的受力状态。为防止跑线伤人，任何工作人员不得跨在导线上或站在导线内角侧。应通过压线滑轮缓慢控制导线收紧升空速度，避免猛烈跃升或较大波动引起跳槽。

（5）沿线联系信号应始终保持畅通，在得到各信号人员的同意后，指挥员方能发布紧线操作命令。各信号观察员应注意检查接线管、接头通过滑轮时有无卡住现象，信号中断时，应按照约定停止紧线。

（6）随时对杆塔拉线、杆根、地锚、临时锚线等进行监视。一旦发现变形或异常时，应立即停止紧线并根据现场实际情况处理，或回松牵引对有关部位受力予以加固。需撤去有关拉线、锚线时，也应按同样操作方法进行。严禁用突然剪断导地线的做法松线，杜绝这种违章作业行为。

（7）在紧线作业过程中，所有作业人员应坚守岗位，共同为作业安全负责。无指挥人员的允许，任何人不得擅离职守。

（三）撤线

（1）撤线前应检查拉线、拉桩及杆根。如不能适用时，应加设临时拉绳加固。

（2）工作人员不应站在导线的内角侧或架空线的垂直下方。

六、条文 9.6.6

原文："9.6.6 不应采用突然剪断导（地）线的方法松线。"

突然剪断导地线，在应力平衡突然受到破坏状态下，杆塔受到冲击力，容易发生倾倒，同时所断导地线由于弹跳也可能导致意外事故。在剪断导线、架空地线前，应在电杆承受张力相反方向的一侧加装临时拉线，使电杆稳固。

七、条文 9.6.7

原文："9.6.7 放线、撤线或紧线时，应采取措施防止导（地）线由于摆（跳）动或其他原因而与带电导线间的距离不符合表 4 的规定。"

在放线、撤线或紧线时，如果带电导线不能停电，则应采取措施防止导（地）线由于摆动、跳跃或其他原因而与带电导线的距离不符合 GB 26859—2011 表 4 最小安全距离的规定。

八、条文 9.6.8

原文："9.6.8 同杆塔架设的多回线路或交叉档内，下层线路带电时，上层线路不应进行放、撤导（地）线的工作。上层线路带电时，下层线路放、撤导（地）线应保持表 4 规定的安全距离，采取防止导（地）线产生跳动或过牵引而与带电导线接近至危险范围的措施。"

在交叉档内松紧、降低或架设导、地线的工作，只有停电检修线路在带电线路下面时才可进行，应采取防止导、地线产生跳动或过牵引而与带电导线接近至 GB 26859—2011 表 4 规定的安全距离以内的措施。

停电检修的线路如在另一回线路的上面，而又必须在该线路不停电情况下进行放松或架设导、地线以及更换绝缘子等工作时，应采取安全可靠的措施。安全措施应经工作人员充分讨论后，经工区批准执行。措施应能保证以下两点。

（1）检修线路的导、地线牵引绳索等与带电线路的导线应保持表 4 规定的安全距离。

（2）要有防止导、地线脱落、滑跑的后备保护措施。

第七节 起 重 与 运 输

原文："9.7 起重与运输"

一、条文 9.7.1

原文："9.7.1 在起吊、牵引过程中，受力钢丝绳的周围、上下方、内角侧，以及起吊物和吊臂下面，不应有人逗留和通过。"

（一）国网《安规》对起重设备和操作、指挥人员的基本要求

1. 起重设备

（1）起重设备应经检验检测机构监督检验合格，并在特种设备安全监督管理部门登记。

（2）对在用起重机械，应当在每次使用前进行一次常规性检查，并做好记录。起重机械每年至少应做一次全面技术检查。起重机具检查和试验周期、质量参考标准，如表 9 - 7 - 1 所示。

表 9 - 7 - 1　起重机具检查和试验周期、质量参考标准（国网《安规》附录 N）

编号	起重工具名称	检查与试验质量标准	检查与预防性试验周期
1	白棕绳纤维绳	检查：绳子光滑、干燥无磨损现象 试验：以 2 倍容许工作荷重进行 10min 的静力试验，不应有断裂和显著的局部延伸现象	每月检查一次 每年试验一次
2	钢丝绳（起重用）	检查：①绳扣可靠，无松动现象；②钢丝绳无严重磨损现象；③钢丝断裂根数在规程规定限度以内 试验：以 2 倍容许工作荷重进行 10min 的静力试验，不应有断裂和显著的局部延伸现象	每月检查一次（非常用的钢丝绳在使用前应进行检查） 每年试验一次
3	合成纤维吊装带	检查：吊装带外部护套无破损，内芯无断裂 试验：以 2 倍容许工作荷重进行 12min 的静力试验，不应有断裂现象	每月检查一次 每年试验一次
4	铁链	检查：①链节无严重锈蚀，无磨损；②链节无裂纹 试验：以 2 倍容许工作荷重进行 10min 的静力试验，链条不应有断裂、显著的局部延伸及个别链节拉长等现象	每月检查一次 每年试验一次
5	葫芦（绳子滑车）	检查：①葫芦滑轮完整灵活；②滑轮吊杆（板）无磨损现象，开口销完整；③吊钩无裂纹、变形；④棕绳光滑无任何裂纹现象（如有损伤须经详细鉴定）；⑤润滑油充分 试验：①新安装或大修后，以 1.25 倍容许工作荷重进行 10min 的静力试验后，以 1.1 倍容许工作荷重作动力试验，不应有裂纹，显著局部延伸现象；②一般的定期试验，以 1.1 倍容许工作荷重进行 10min 的静力试验	每月检查一次 每年试验一次
6	绳卡、卸扣等	检查：丝扣良好，表面无裂纹 试验：以 2 倍容许工作荷重进行 10min 的静力试验	每月检查一次 每年试验一次
7	电动及机动绞磨（拖拉机绞磨）	检查：①齿轮箱完整，润滑良好；②吊杆灵活，铆接处螺丝无松动或残缺；③钢丝绳无严重磨损现象，断丝根数在规程规定范围以内；④吊钩无裂纹变形；⑤滑轮滑杆无磨损现象；⑥滚筒突缘高度至少应比最外层绳索的表面高出该绳索的一个直径，吊钩放在最低位置时，滚筒上至少剩有 5 圈绳索，绳索固定点良好；⑦机械转动部分防护罩完整，开关及电动机外壳接地良好；⑧卷扬限制器在吊钩升起距起重构架 300mm 时自动停止；⑨荷重控制器动作正常；⑩制动器灵活、良好 试验：①新安装的或经过大修的以 1.25 倍容许工作荷重升起 100mm 进行 10min 的静力试验后，以 1.1 倍容许工作荷重作动力试验，制动效能应良好，且无显著的局部延伸；②一般的定期试验，以 1.1 倍容许工作荷重进行 10min 的静力试验	6 个月检查一次；第③项使用前应进行检查；第⑦～⑩项每月试验检查一次 每年试验一次

编号	起重工具名称	检查与试验质量标准	检查与预防性试验周期
8	千斤顶	检查：①顶重头形状能防止物件的滑动：②螺旋或齿条千斤顶，防止螺杆或齿条脱离丝扣的装置良好；⑧螺纹磨损率不超过20%；④螺旋千斤顶，自动制动装置良好 试验：①新安装的或经过大修的，以1.25倍容许工作荷重进行10min的静力试验后，以1.1倍容许工作荷重作动力试验，结果不应有裂纹，显著局部延伸现象；②一般的定期试验，以1.1倍容许工作荷重进行10min的静力试验	每月检查一次 每年试验一次
9	吊钩、卡线器、双钩、紧器	检查：①无裂纹或显著变形；②无严重腐蚀、磨损现象；③转动部分灵活、无卡涩现象 试验：以1.25倍容许工作荷重进行10min静力试验，用放大镜或其他方法检查，不应有残余变化、裂纹及裂口	半年检查一次 每年试验一次
10	抱杆	检查：①金属抱杆无弯曲变形、焊口无开焊；②无严重腐蚀；③抱杆帽无裂纹、变形 试验：以1.25倍容许工作荷重进行10min静力试验	每月检查一次、使用前检查 每年试验一次
11	其他起重工具	试验：以≥1.25倍容许工作荷重进行10min静力试验（无标准可依据时）	每年试验一次、使用前检查

注 1. 新的起重设备和工具，允许"在设备证件发出日起12个月内不需重新试验"。

　　2. 机械和设备在大修后应试验，而不应受预防性试验期限的限制。

（3）起重设备、吊索具和其他起重工具的工作负荷，不准超过铭牌规定。

（4）移动式起重设备应安置平稳、牢固，并应设有制动和逆止装置。禁止使用制动装置失灵或不灵敏的起重机械。

（5）各式起重机应该根据需要安设过卷扬限制器、过负荷限制器、起重臂俯仰限制器、行程限制器、联锁开关等安全装置；其起升、变幅、运行、旋转机构都应装设制动器，其中起升和变幅机构的制动器应是常闭式的。臂架式起重机应设有力矩限制器和幅度指示器。铁路起重机应安有夹轨钳。

（6）起重机上应备有灭火装置，驾驶室内应铺橡胶绝缘垫，禁止存放易燃物品。

2. 起重设备操作人员和指挥人员的基本要求

（1）起重设备的操作人员和指挥人员应经专业技术培训，并经实际操作及有关安全规程考试合格、取得合格证后，方可独立上岗作业，其合格证种类应与所操作（指挥）的起重机类型相符合。起重设备作业人员在作业中，应严格执行起重设备的操作规程和有关的安全规章制度。

（2）起重工作由专人指挥，明确分工；起重指挥信号应简明、统一、畅通。重大物件的起重、搬运工作应由有经验的专人负责，作业前应进行安全技术交底，使全体人员熟悉起重搬运方案和安全措施。

（二）起重作业的一般规定

（1）起吊物件应绑扎牢固，若物件有棱角或特别光滑的部位时，在棱角和滑面与绳索（吊带）接触处应加以包垫。起重吊钩应挂在物件的重心线上。起吊电杆等长物件应选择合理的吊点，并采取防止突然倾倒的措施。

（2）起吊重物前，应由工作负责人检查悬吊情况及所吊物件的捆绑情况，认为可靠后方准试行起吊。起吊重物稍一离地（或支持物），应再检查悬吊及捆绑，认为可靠后，方准继续起吊。

（3）禁止与工作无关的人员在起重工作区域内行走或停留。

（4）没有得到起重司机的同意，任何人不准登上起重机。

（5）吊物上不许站人，禁止作业人员利用吊钩来上升或下降。

（6）在起吊、牵引过程中，受力钢丝绳的周围、上下方、转向滑车内角侧、吊臂和起吊物的下面，禁止有人逗留和通过。

（7）更换绝缘子和移动导线的作业，当采用单吊线装置时，应采取防止导线脱落时的后备保护措施。

（8）雷雨天时，应停止野外起重作业。

二、条文 9.7.2

原文："9.7.2 采用单吊线装置更换绝缘子和移动导线时，应采取防止导线脱落的后备保护措施。"

采用单吊线装置更换绝缘子和移动导线时，既可以是停电作业，也可以带电作业。主要是要采取防止导线突然从绝缘子串上脱落的后备保护措施。

三、条文 9.7.3

原文："9.7.3 在电力设备附近进行起重作业时，起重机械臂架、吊具、辅具、钢丝绳及吊物等与架空输电线及其他带电体的最小安全距离应符合表 5 的规定。

表 5　　　　　　　　与架空输电线及其他带电体的最小安全距离

电压/kV	<1	1~10	35~66	110	220	330	500
最小安全距离/m	1.5	3.0	4.0	5.0	6.0	7.0	8.5

注　表中未列电压等级按高一挡电压等级安全距离。"

在电力设备附近进行起重作业，而电力设备又不可能停电时，起重机臂、吊具、辅具、钢丝绳及吊物等与带电的输电线及其他带电体的最小安全距离应符合 GB 26859—2011 表 5 的规定。

四、条文 9.7.4

原文："9.7.4 装运电杆、变压器和线盘应用绳索绑扎牢固，水泥杆、线盘应塞牢，防止滚动或移动。装运超长、超高或重大物件时，物件重心应与车厢承重中心基本一致，超长物件尾部应设标志。"

1. 车辆船舶运输基本要求

（1）使用车辆、船舶运输，不得超载。运电杆、变压器和线盘必须绑扎牢固，防止滚动、移动伤人。

（2）车辆运输电力器材时，必须绑扎牢固，禁止人货混装。

2. 关于人工搬运的一般规定

（1）搬运的过道应平坦、畅通，如在夜间搬运，应有足够的照明。如需经过山地陡坡或凹凸不平之处，应预先制订运输方案，采取必要的安全措施。

（2）装运电杆、变压器和线盘应绑扎牢固，并用绳索绞紧。水泥杆、线盘的周围应塞牢，防止滚动、移动伤人。运载超长、超高或重大物件时，物件重心应与车厢承重中心基本一致，超长物件尾部应设标志。严禁客货混装。

（3）装卸电杆等笨重物件应采取措施，防止散堆伤人。分散卸车时，每卸一根之前，应防止其余杆件滚动；每卸完一处，应将车上其余的杆件绑扎牢固后，方可继续运送。

（4）使用机械牵引杆件上山时，应将杆身绑牢，钢丝绳不准触磨岩石或坚硬地面，牵引路线两侧 5m 以内，不准有人逗留或通过。

（5）多人抬杠，应同肩，步调一致，起放电杆时应相互呼应协调。重大物件不准直接用肩扛运，雨、雪后抬运物件时应有防滑措施。

电杆一般为圆形，稳定性很差，易滚动伤人，应采取防滚动措施，如用绳绑扎牢固、用专用木楔楔牢钉住、在运输途中车速要缓慢等。多人抬杆最好用杠棒抬，避免用肩直接扛运。

事故案例分析

【事故案例 1】 1987 年 5 月 3 日，某电业局送电工区火龙线工程收尾，工区分配给检修二班的任务是耐张杆接引流线工作。孙某负责 5 号杆引流线爆压。当他将引流线穿好，点燃导火索后将身体躲在杆身里侧。炮响后，雷管的加强帽飞来，穿进孙某露出杆身的右臂 2.5mm。一年后，1988 年 4 月 27 日 11 时，该电业局送电工区运行一班 14 名职工去110kV 新吉甲线 90～119 号停电处理缺陷。在爆压 105 号杆接地引线时，王某插上导火索，用黑胶布把雷管缠到药包上。王某右手拿烟头点燃左手用拇指和食指捏住的导火索，王某还没有跑开就听一声响，王某的左手在流血。原来王某的左手里还拿着一个雷管和一根导火索，王某点燃的不是接地引线上的药包导火索，而是左手中富余的导火索，结果是105 号杆接地引下线药包未炸，王某的左手中指炸掉一节，无名指炸掉半节。和王某在一起工作的还有三位同志，都没有看出问题，提醒王某的左手不该再拿雷管和导火索或由他们接过去拿着发生了事故。

【事故案例 2】 1994 年 4 月 22 日，某电业局送电工区对 220kV 齐让乙线 116～385号杆进行调整绝缘的工作。送电工区安达保线站工作地段是 285～301 号杆，班长杨某和宋某负责 285～287 号杆。同日 10 时开始工作，12 时调整完 285 号、286 号杆绝缘。宋某从 287 号杆右侧混凝土杆登杆，送电工区副主任张某和班长杨某在杆下监护。宋某按 U、V、W 三相顺序从右到左进行调整绝缘工作。同日 13 时 35 分结束，宋某先用小绳将手拉葫芦和定滑轮递下后，又将小绳扔下，接着开始拆除临时接地线和解安全带。同日 13 时40 分，宋某从 287 号杆左侧混凝土杆开始下杆。张某站在距左杆 8m 处，杨某站在另一侧距左杆 9m 处监护宋某下杆。当宋某下到上叉梁抱箍处时，张某发现距地 12m 处外侧少一根脚钉，急喊，"小宋，你从叉梁下来，下面缺脚钉"。宋某双臂一伸，脸朝上水平坠落，造成宋某身亡。规程规定"攀登杆塔脚钉时，应检查脚钉是否牢固"。还"应检查脚钉有无短缺"。要将杆塔缺失脚钉和不牢固作为线路缺陷认真对待。

因此，国标《安规》强调"不仅牢固，还要完整"。

攀登前，应检查杆根、基础和拉线是否牢固，检查脚扣、安全带、脚钉、爬梯等登高工具、设施是否完整、牢固。

【事故案例 3】 1980 年 6 月 26 日，某供电局所辖线路四班与带电班共同处理 110kV 贵惠线被农民放炮炸伤的导线，工人熊某在 53 号杆上安装中线防振锤时，将安全带系在炸伤的导线上，导线突然断裂，安全带脱空，造成熊某从杆上摔下死亡。

【事故案例 4】 1993 年 10 月 25 日，某电业局送电工区在 66kV 新建鞍站线的分支塔鞍八线杆塔上紧线作业中，该塔中横担的两根 50mm×50mm 斜拉角钢端部第二个螺孔处折断，造成正准备做挂线工作的李某绑在斜拉角钢上的安全带从断口处脱出，李某从 21m 高处坠落身亡。

【事故案例 5】 1987 年 8 月 20 日，某供电局 35kV 西奔线停电检修。陆某系好安全带后跟随刘某上塔，刘某站在中横担处，陆某站在下横担处。在起吊验电器后，陆某拿验电器转身准备验电时，突然双手向上一抓，人和验电器一起从 9.8m 处坠落到山芋田里。陆某说："我的安全带是系着的，怎么会掉下来呢？"经检查，陆某在系安全带时把安全带围绳弹簧搭扣误扣在衣服上，没有检查扣环是否扣牢。陆某后到医院检查为脊椎压缩性骨折，双下肢无知觉。

【事故案例 6】 1993 年 10 月 27 日，某电业局输变电工区超高压站，对 63kV 丹浪东线停电进行登杆检查和绝缘子清扫工作，丹浪西线仍然带电运行，但要拆掉丹浪西线侧的警告红旗。赵某和王某负责 26～33 号杆塔的检查、清扫及拆除红旗。首先，由赵某登 33 号杆、王某监护。赵某登杆时，既不戴安全帽，又不扎安全带，监护人王某也不加制止和批评。赵某在 33 号杆上将丹浪西线侧的红旗拆下，然后踏着下横担向带电的丹浪西线的中线导线侧移动，试图抓住导线擦拭绝缘子，这时导线对人体放电，赵某感电后，身体失去平衡，从塔上 23.3m 处坠落死亡。在杆下监护的王某只顾在杆下整理自己的安全用具，没有对杆上的赵某实行监护，本来是清扫丹浪东线的绝缘子，却拆下丹浪西线的警告红旗，试图清扫丹浪西线的绝缘子，造成误触带电线路，高处坠落身亡。如果赵某戴好安全帽，扎好安全带，或许只是感电致残而不致坠落死亡。

【事故案例 7】 在某高温天气里，两名电工为一新低压农户接线送电。电工甲戴着草帽，拿着一把钳子就上杆接电，未戴安全帽，未使用安全带，未使用工具袋，上杆前也未对杆根、基础、拉线等先进行检查，违反了规程中以下规定。

（1）任何人进入生产现场（办公室、控制室、值班室和检修班组室外），应正确佩戴安全帽。

（2）攀登杆塔作业前，应先检查根部、基础和拉线是否牢固。

（3）登杆塔前，应先检查登高工具、设施。

（4）在杆塔上作业时，应使用有后备绳或速差自锁器的双控背带式安全带。

【事故案例 8】 2002 年 7 月 12 日 18 时 20 分左右，李介村村民宋某到田里施化肥时，跌倒在田中新建低压电杆拉线处，同村青年许某见状，即跳入田里去抢救，也跌倒在地。在场的其他人意识到是触电后，即用竹竿把与电杆拉线搭连在一起的带电低压线隔开，将2人送到医院，经抢救无效死亡。这是一起发生在农村低压线路整改中的触电死亡事故。

李介村原380V低压架空线线路南北走向，新架设低压线路东西走向，与原线路垂直，施工时，新线路的末端电杆（高9m，距原线路左侧2.7m）因是终端杆，需要设拉线。新立电杆稍向拉线方向倾斜，拉线跨越原低压线路后，埋设在一水田里，形成交叉。原计划新线路完工后，在拆除老线路，由于当天施工时间较晚，新线路尚未全面完工，故仍由老线路临时供电。新导线架设后，由于紧线承力原因，新建的低压线路终端拉线与事故地点当天恢复送电的老线路的一相导线碰在一起。而施工人员在工作结束时，未对当天工作的现场进行检查。没有发现该拉线与将恢复送电的线路碰在一起。同日18时20分左右恢复对该村供电后，导致该拉线及拉线所处水田带电，造成下田的农民宋某及救人的许某触电身亡。

许村供电营业所违反有关规定，擅自聘用未经培训考试合格的人员参加施工，且疏于监督。施工期间，未组织对该施工现场进行安全检查，未及时发现隐患。汤某等施工人员凭经验、凭直觉施工，严重违章作业。在拉线施工中未执行《农村低压电力技术规程》（DL/T 499—2001）中"穿越和接近导线的电杆线必须装设与线路电压等级相同的拉线绝缘子；导线与拉线、电杆间最小间隙不应小于50mm"的规定，在拉线敷设时没有考虑与导线留有足够的净空距离和采取必要的安全措施。施工在当天工作结束后，未认真履行工作终结、验收和恢复送电制度提出的各项安全要求，且明知老线路要带电运行，也未对新、老线路进行认真检查，就贸然对老线路送电。这次事故也暴露出剩余电流动作保护器的管理存在问题。该事故配电变压器台区的总漏电保护因线路过长、漏电过大，且正值旧线路改造而擅自被停用，使得新线路终端拉线碰及带电老线路时，不能正常动作，切断电源。

【事故案例9】 1994年9月24日，某电业局所属供电所配电工王某为市电话局的公用电话亭接220V电源。王某用6m高梯子登上电杆接电源，因位置不顺当需要换位，换位时却解开了安全带，不慎从6m处摔下，经抢救无效死亡。规程明确规定：在杆上作业转位时，不得失去安全带的保护；在杆、塔上工作，必须使用安全带和安全帽。王某未戴安全帽，加重了伤害程度。

【事故案例10】 1989年6月19日，某电业局所属供电局检修工张某令关某登24号杆，因高、低压全部停电，张某未对关某登杆进行监护，在地面上分线。在登杆过程中，关某在跨越路灯支架时，右脚扣未卡牢便移动左脚，从杆上摔下，经抢救无效死亡。

【事故案例11】 1980年7月14日，某电力局线路队队长沈某参加220kV杭南线线路巡视和测量绝缘子工作。沈某登上190号杆塔（26.15m）工作，当完成顶相绝缘子串测量工作后，在进行转移时，不慎失去安全带保护，在距地面20m处，失手摔落地面，造成死亡。

【事故案例12】 1982年9月24日，某供电局送电处带电三班，在某变电所35kV线路终端杆上更换耐张绝缘子。电工张某在杆上用绝缘绳代替安全带上的围杆绳系在杆上，用活结系牢后便站在横担上用绝缘操作杆取弹簧销子。在弯腰过程中，活结头卡在横担的缝中，当他再次直腰时，活结头便从活结中抽出，张某便失去保护，从横担上摔下。由于土质较软又是臀部着地，因此张某幸免于难。

【事故案例 13】 1986 年 12 月 16 日，某电业局 35kV 北碚甲线停电作业。叶某用三角紧线器紧完第一根导线后，将三角紧线器（4kg）从导线上摘下往滑绳钩上挂时，不慎失手从 7m 高的架构上掉落下来，正巧打在不戴安全帽而又在同杆下方工作的杨某头上，造成砸伤事件。

【事故案例 14】 1981 年 9 月 22 日，某电业局送电工区在 220kV 松滨线 183 号修巡线吊桥。王某在地面工作，他想到桥下边观察导线弛度。这时，谭某用钳子打紧线器，紧线器恰巧掉落到王某头顶上，因王某未戴安全帽，头皮被打破，造成轻伤事件。

现场人员应戴安全帽，无论是高处作业人员和地面工作人员都应戴安全帽。高处作业人员思想要集中，但又难免会掉落下来东西，也无暇顾及地面。因此，地面工作人员当有必要进入高处作业现场时，应与上面的作业人员打个招呼，提醒一下，并时刻注意高处作业人员的动向。

【事故案例 15】 1975 年 7 月 13 日 8 时 30 分，某供电局升压工程处线路五班，在沙埠变电站附近带电改造龙巨线 54 号杆，不幸发生倒杆，造成 4 人死亡、4 人重伤和大面积停电事故。

54 号杆是 110kV 线路的一基直线杆。当从新安江电厂到新建的 220kV 沙埠变电站的线路升压为 220kV 后，需将该基杆改造成转角杆（39°28′），作为今后沙埠变电站到巨化变电站 110kV 出线。该项工程于 7 月 7—12 日已将两根混凝土杆按设计要求移好位置，电杆朝外角侧预偏 100mm 左右；原架空地线横担已拆除，地线放入滑车后用钢丝绳套吊在杆顶；三相导线均放入放线滑车内，挂在绝缘子串上；导线横担与主杆固定的穿钉已拆除，导线横担用双钩紧线器和滚筒吊在杆上；每根混凝土杆均有 4 根临时拉线固定，外角侧混凝土杆已填土 2m 左右尚未夯实；内角侧混凝土杆尚未填土。

7 月 13 日，由班长带领一个工作班一大早来到现场继续昨天的工作，拆除老导线横担，组装新地、导线横担。当时，杆上有 8 人工作，杆下有一部分人在回填杆坑。到同日 8 时 20 分，地线横担已装好，两根混凝土杆的杆坑分别已填土 2.6m 和 1.8m。因新装的导线横担较老，导线横担降低 1.9m，工作负责人为保证带电作业的安全距离，需把导线下降 3.9m。而将导线下降 3.9m 后，又发现导线与临时拉线的距离不够，班长遂布置工作人员拆除线路垂直方向的 4 根临时拉线。当时曾有一位电工提出："拆除拉线有没有问题？"班长不假思索地反问道，"直线杆导线没动会倒吗？"在场参加回填土的队长听到他俩的对话，也未意识到拆除拉线会有什么严重后果，所以未加制止，继续带领工作人员向内侧杆坑填土。在拆临时拉线过程中，杆上人员继续在组装横担抱箍，卸外角侧杆顶装地线横担用的小扒杆，挂绝缘软梯。同日 8 时 30 分，当 4 根线路垂直方向的临时拉线拆除完毕时，杆身就失去平衡，加以杆坑填土不足和未完全夯实，在极短时间内，这两根电杆向外角倾倒，并在地面处截断，造成杆上 8 人分别从 10~15m 高处坠落，导致 4 人死亡、4 人重伤的重大事故。三相带电导线落地，造成龙巨地区大面积停电，少送电量 18.5 万 kWh。

【事故案例 16】 1988 年 12 月 7 日，某电业局送电工区带电班长孔某，在进行 66kV

东化线工程施工中，自行立梯子上去撤电源线，由于本人将梯子放置位置不当，又无人扶持，不牢固，以致当电源线突然下落时，将孔某从 6m 高处刮下，造成坠落受伤。

【事故案例 17】 1992 年 5 月 31 日，某电业局送电工区带电班栾某等三人去 35kV 鸡东线 25 号杆装设管型避雷器的接地线。工作班成员张某在杆上工作。当他取备用螺栓时，用腿夹着的接地线脱落，触碰到下面的带电导线，结果将在杆下用手把着接地线的李某感电致伤。

这次作业中，接地线的传递是在带电线路杆塔上进行的，应考虑到接地线在传递和安装过程中有可能碰到带电导线的安全措施。

【事故案例 18】 1962 年 8 月 12 日，某电业局所属供电所对 10kV 的全矿线进行停电检修，任务是清扫全线绝缘子，更换三基根部严重腐烂的木杆。工作现场共有 32 人，由一名 7 级工班长领导，下分 6 个组进行工作。其中，担任换杆工作的小组共 18 人，由一名 6 级工担任组长，工作前一天，曾开会研究第二天的工作和分组问题，但未详细研究换杆的方法和安全措施。当日开工前，宣读了工作票，但工作票中只有立杆措施，未有拆除导线和将旧杆放倒的措施。结果导致倒杆事故的发生，造成杆上工作的技工李某经救治无效死亡。

开工后，换杆小组先集中力量更换第 64 号杆。随后组长派技工李某和孙某（两人均为 5 级工）先去 59 号杆拆线和放倒木杆，既未明确两人中谁为工作负责人，也未布置安全措施或施工方法，组长仍在第 64 号杆处领导立杆工作。59 号杆是单杆、鸟骨型横担，杆高 12m，木杆的下端有两根接腿，两侧有拉线。接腿根部也基本上完全腐烂了。李某和孙某两人在登杆前先在顺导线方向设了一副叉杆，又在叉杆的反方向设了一根临时大拉绳，以防倒杆。在落线过程中，因原拉线妨碍导线下放，还用另一根大绳来临时代替拉线，以便落线时将拉线解开。李某和孙某两人登杆后，先落下南侧的两条导线和一条架空地线，未发生问题。接着将北侧的拉线解开，进行落线。当导线落在拉线上把处，导线已压到被作为临时代替拉线的大拉绳上（该绳一头系在杆上，另一头引至 10m 处由一徒工拉住。这种方法已极不可靠，而且又错误地位于导线下方，影响导线下落）。当时，李某欲把原拉线重新接上再落线，但孙某说："没关系，慢慢地放，试试看。"李某未坚持己见。当导线越是往下落，拉绳的徒工因承受不了导线在绳子上的重力就越向杆子走近，绳子与杆子所成的角度就越小。当导线下放到离地约 2m 时，绳子已几乎与杆子平行，失去了拉紧的作用，终于发生了倒杆事故。造成李某被杆压倒，肠脾破裂，内脏流血。事故发生在同日 10 时 40 分，众人将李某辗转送了几个医院，直到同日下午 4 时才送妥，但已救治无效，李某在同日 23 时 50 分死亡。另一名技工孙某的腰部和背部也受伤。

【事故案例 19】 1987 年 3 月 18 日，某电气安装公司二道电气承装队队长布置班长常某，在承建的一条 10kV 线路的 18 号杆上安装横担。规程规定：新立电杆在杆基未完全牢固以前，严禁攀登。18 号杆是 300mm 等径杆，杆高 15m，如果杆基不牢固，危险性很大。常某安排孟某等 4 人登杆作业。孟某登杆后喊："杆子晃动厉害，赶快打拉线。"副班长申某问质安员张某该怎么打拉线。张某说往树上拴，申某说角度不对。孟某又说把汽车开过来往汽车上打。汽车开过来后，用了一副新线绳，上端绑到杆的头部，下端由常某和申某两人绑到汽车尾部小横梁上。过了 1h 后，常某告诉在车上卸绝缘子的杨某下车去拉料。杨某和常某进入驾驶室让司机陈某开车。陈某起车 2m 左右，将电杆从地面处拉拆倒下，造成杆上作业的孟某、安某、田某 3 人死亡和唐某重伤事故。规程规定：固定临时拉线时，不能固定在有可能移动的物体上或其他不可靠的物体上。常某已知汽车当了拉线地锚还要开走，要了杆上的 3 条人命。

【事故案例 20】 1999 年 10 月 16 日下午，某超高压输变电公司所属电力高压实业公司承接的万青 2218 线路改造工程，在拆除 74 号塔时，发生了 74 号塔离地 8.65m 处弯折并倾倒，使在塔上工作的两名外协工随同铁塔一起倒地，造成人身死亡事故。

【事故案例 21】 某线路班成员甲、乙、丙 3 人在某 10kV 线路上施工作业，由于天气较热，成员乙把安全帽摘下来放在屁股底下坐在作业杆的背阴面休息，成员丙在杆上装金具，并随手将 250mm 扳手放在横担上，成员甲在用绳索往杆上传递绝缘子时，不慎将成员丙放在横担上的扳手碰落，正好砸在成员乙的头上，顿时满头鲜血昏迷不醒。规程明确规定：任何人进入生产现场（办公室、控制室、值班室和检修班组室除外），应戴安全帽；高处作业应使用工具袋，较大的工具应固定在牢固的构件上，不准随便乱放；上下传递物件应用绳索拴牢传递，严禁上下抛掷；在高处作业现场，工作人员不得站在作业处的垂直下方，高空落物区不得有无关人员通行或逗留；应做好防落物伤人的措施，作业时要相互照应，密切配合。

【事故案例 22】 某日傍晚，一供电单位线路班的工作人员甲在一低洼处的电杆上装设横担，该电杆是 90°转角杆，并向外角侧倾斜 10°左右，电杆坑是前一天新回填土，并装设有两组拉线，由于天色将晚工作还没结束，工作负责人便又安排工作人员乙上杆协助工作，当工作人员乙上到工作人员甲的脚下位置时，电杆突然向外角倾倒，甲、乙工作人员随杆摔倒在地，造成倒杆事故。

【事故案例 23】 1976 年 5 月 24 日，某河退水闸工地发生一起特大触电群伤事故，当场 66 人触电倒下，死亡 28 人，轻重伤 38 人。事故的发生，是由于该闸闸址定在 10kV 高压配电线下方，又将开挖弃土堆放于导线下方，使高压线对地距离越来越小，肇事处的导线离地（弃土）距离仅 4.35m。在已出现如此危及生命安全的情况后，不仅没有采取措施，还将在平地绑扎好的长 9m、宽 8m、闸墩钢筋最高处达 2.6m、重约 2t 的闸唐和闸墩底板钢筋架，盲目地用人力顶托方法搬运，从高压线下横穿。既不通知当地供电部门停电，也不拆迁高压线路，致使顶部钢筋触及带电高压线，致使 66 个人全部触电倒下，并被压在钢筋整体架构下，造成了当场死亡 28 人，轻重伤 38 人的沉痛事故。

【事故案例 24】 一个由 14 人组成的运杆小组用钢丝绳牵引电杆上山，工作开始前，工作负责人安排两人将电杆绑牢，牵引过程中由于受地形限制，钢丝绳与地面紧密接触，14 人分两组分别在爬山路线两侧距电杆 1m 左右看护和协助牵引。

牵引过程中钢丝绳与地面紧密接触，14 人分两组分别在爬山路线两侧距电杆 1m 左右，看护和协助牵引都违反了规程规定：凡使用机械牵引杆件上山，应将杆身绑牢，钢丝绳不得触磨岩石或坚硬地面，爬山路线左右两侧 5m 以内，不得有人停留或通过。

【事故案例 25】 1982 年 2 月 10 日，某电业局线路工区检修班在 110kV 介张线 7 号塔放线工程中，未加装临时拉线，未倒绞磨，在放完北面导线后放南面导线时，铁塔从距地面 4.66m 处折断倒下，塔上工作的李某、任某、武某 3 人随塔跌下死亡。

【事故案例 26】 1980 年 6 月 23 日，某供电局设备安装公司在兴塔变电站 35kV 进线电杆（18m）进行紧线工作，在 4 个方向用 3 根 8 号铁线做好临时拉线。放线前，临时动议将永久性拉线做好，将西、北侧各加装一根钢丝绳加强拉线。但西侧的一根钢丝绳未穿进地锚的拉攀孔内，只与原来的 3 根 8 号铁线加了两只 U 形轧头，且未夹紧，将东南两侧拉线作了反紧。就在杆上有 3 人的情况下，也在杆上的副班长下令在杆上的另一人拆除西侧临时拉线，当即倒杆，造成 3 人一死、两伤事故。

【事故案例 27】 1987 年 4 月 19 日 8 时 30 分，某电业局送电工区带电班在撤除 35kV 鸡滴丙线 28 号单杆（高 18m）时，没打临时拉线，没采取防止倒杆措施，就在杆身的负荷侧左侧挖开深度为 2m 的"槽"。曲某上杆打临时拉线和挂滑轮立抱杆，下杆至距地面 5m 时，杆身向道路倾斜，曲某情急中跳下杆来，造成双手撑地致残。

【事故案例 28】 1990 年 3 月 7 日，某电业局 110kV 铜南线停电，更换防污型悬式绝缘子，使用新华牌 PC 型紧固器作为起吊和放落导线的起重工具。同日 10 时，魏某等 2 人在 39 号杆上换好右边相绝缘子串和换上左边线绝缘子串后，装复悬式线夹时，因薪绝缘子串比原绝缘子串长一些，需将线放下一点距离才能套装。当扳动紧固器手柄将其钢丝绳放松时，紧固器的制动扳手卡死不能返回，在导线重力（3kN）作用下，带动钢丝绳迅速下滑，钢丝绳从绳轮中抽出。站在导线上的魏某因把安全带系在紧固器上而不是系在杆塔牢固的构件上，人随导线及绝缘子从高处坠落死亡。紧固器是新领的，器身上无标牌，说明书给出的拉紧力为不大于 14.7kN，同类产品标明的使用拉力仅为 4.9kN，说明书上的拉紧力与实际不符。魏某若把安全带系在杆塔的牢固构件上，也不致失去保护，即使紧固器失灵不会发生高处坠落伤亡事故。

【事故案例 29】 1963 年 4 月 12 日，某供电局在撤除杆上低压导线时，工人登杆前未检查杆根腐朽情况，即登杆作业，也未在剪断导线前按规程加装临时拉线。当工人在杆上采用剪断导线的方法撤除旧导线时，杆子倒下，致使杆上工作的一级工谢某左臂骨压伤，肠子震断，造成重伤事件。

【事故案例 30】 1963 年 3 月 18 日，某电业局配电工人在吊变压器油箱时，错误地采用"空中吊人"的方法，登上 4.5m 高的支架上挂链式起重机，人从高处坠落，造成脊椎骨折断。

【事故案例 31】 1964 年春，某电厂线路工在登杆进行移动横担工作前，没有检查杆根（实际杆根已全部腐朽），同时也没有考虑拆除导线后产生的不平衡张力，没有装设临时拉线。以致在杆上拆除导线后，发生杆倒人亡的严重事故。

【事故案例 32】 1980 年 5 月 10 日，某供电局所属供电所进行 10kV 城区线雷达支 5 号杆移位工程。5 号杆靠近河边，杆根周围泥土被挖，实际埋深只有 600mm，其中一侧仅有 300mm。任某等 2 人上杆撤除导线，当撤除了最后一根导线时发生倒杆事件，两人随杆倒下，任某被电杆砸中头部当场死亡，另一人受伤。规程规定，放、换导线等重大施工项目应制定安全技术措施；撤线前应先检查拉线、拉桩和杆根情况，如不能适用时，应加设临时拉线加固。撤杆、撤线等工作，必须按规程要求，做好电杆的防倒措施，确保作业人员的安全。布置如此重大的任务，一定要事先实地踏勘，工作前详细交代工作内容、工作性质以及安全注意事项，特别是领导已经掌握的工作危险程度后更要认真讲明，并提醒作业人员应侧重注意的问题。

【事故案例 33】 1975 年 9 月 26 日，某电业局在拆除配电木杆线路工作中，一名仅参加施工作业 13 天的农民临时工登杆作业，登杆前未检查木杆杆根腐烂情况，又未采取安全措施。结果当导线全部从杆上撤除后发生倒杆时，发生该临时工随杆摔落砸伤，并经抢救无效死亡。

【事故案例 34】 某施工队在一条 10kV 线路的 55～57 号杆间进行更换导线工作，工作班成员的甲、乙分别担任 55 号和 57 号两杆的紧线任务，当紧第一根导线（中间线）时，57 号杆的拉线从拉线球处抽出，致使 57 号杆向反方向倾倒，在 57 号杆上紧线的乙被砸在杆下。事后查明，该施工队在工作前，并未认真检查拉线、桩锚和杆塔，对可能发生的事故隐患未采取可靠的措施。

【事故案例 35】 某施工队在 10kV 分支线路上进行更换导线工作，现场工作负责人按工作票要求完成现场安全措施布置后，分 3 组开始撤旧导线，当第一组将旧导线用绳索放下时，碰触到该分支线 1～2 号间下方跨越的另一条 10kV 带电线路上，造成另一条线路跳闸强送不成功。

停电检修的线路如在另一回线路的上面，而又应在该线路不停电情况下进行放松或架设导、地线以及更换绝缘子工作时，应采取可靠的措施。安全措施应经工作人员充分讨论后，经工区批准执行。措施应能保证：检修线路的导、地线牵引绳索等与带电线路的导线应保持规程规定的安全距离；要有防止导地线脱落、滑跑的后备保护措施。

【事故案例 36】 某施工队在一 10kV 线路上进行紧线工作，当导线被绞磨紧起后，一名作业人员上到杆上，在连接好悬垂瓶子和紧线卡具后，将安全带移到与卡具多处活动点连接的导线上，这时，双钩紧线器与倒装线夹连接的铁线扣突然勒断，导线迅速从空中落下，该作业人员也随导线从杆上摔下造成事故。

这是违反了国网安规线路部分 6.2.5 的规定：在杆塔高处作业时，应使用有后备绳的双保险安全带，安全带和保护绳应分别挂在杆塔不同部位的牢固构架上，应防止安全带从杆顶脱出或被锋利物损坏。人员在转位时，手扶的构架应牢固，且不得失去后备绳的保护。

【事故案例 37】 某供电局在运一盘电缆时，没有绑扎牢固，汽车上同时乘有 4 名工人，在行驶时突然刹车，电缆盘向前一冲，绑扎铁丝挣断，电缆盘将站在前面的一名工人挤死，教训沉痛。

【事故案例 38】 1977 年 3 月 3 日，某电力局调度所通信班在长吉线通信工程中倒运混凝土杆，电杆在拖车上放置。当到达一个杆位卸下一根混凝土杆时没有放稳，王某就拿起撬棍拔杆。汽车驾驶员见对面来了一辆车，想为其让道，于是就发动车，起车往前提车。正在正车和拖车之间进行工作的王某被拖车车轮压住，造成粉碎性骨折。凡在汽车前、后等危险部位的作业人员，作业之前必须和驾驶员打招呼，告其在什么部位工作，并要在作业中做好应急准备。汽车驾驶员在起车之前，要对车前车后进行瞭望，确认无人后，鸣笛示警才可起车，而且要缓起慢行，超过车身长之后，才可加速。

配套考核题解

试 题

一、名词解释

1. 土方开挖
2. 弃土
3. 取土
4. 人工挖土
5. 石方开挖
6. 钻孔爆破
7. 钻孔机械
8. 凿岩机
9. 风动凿岩机
10. 手持式凿岩机
11. 炸药

12. 雷管
13. 工业雷管
14. 火雷管
15. 电雷管
16. 导火索
17. 钻孔
18. 装药
19. 起爆
20. 明火起爆
21. 电力起爆

二、填空题

1. 挖坑前，必须与有关地下管道、电缆的_____取得联系，明确_____的确实位置，做好_____。组织_____施工时，应交代清楚，并加强_____。

2. 在超过_____深的坑内工作时，_____要特别注意防止土石_____坑内。

3. 在松软土地挖坑，应有防止_____的措施，如加_____、_____等。禁止由下部_____土层。

4. 在居民区及交通道路附近挖的基坑，应设_____或可靠_____，夜间挂_____。

5. 塔脚检查，在不影响铁塔_____的情况下，可以在_____的两个基脚同时_____。

6. 进行石坑、冻土坑打眼时，应检查锤把、_____及_____。打锤人应站在扶钎人的_____，严禁站在_____，并不得_____，扶钎人应_____。钎头有_____现象时，应更换修理。

7. 变压器台架的木杆打帮桩时，相邻两杆不得同时_____。承力杆打帮桩挖坑时，应采取防_____的措施。使用铁锹时，注意_____导线。

8. 立、撤杆塔等重大施工项目（具体项目由供电企业决定）应制订_____，并经企业主管生产领导（总工程师批准）。立、撤杆要设专人统一_____。开工前，讲明施工方法及_____，工作人员要明确_____，密切_____，服从指挥。在居民区和交通道路上立、撤杆时，应设专人_____。

9. 方、撤杆要使用合格的_____设备，严禁_____使用。立杆过程中，杆坑内严禁_____工作。除指挥人及指定人员外，其他人员必须远离_____倍杆高的距离之外。

10. 立杆及修整杆坑时，应有防止杆身_____、_____的措施，如采用_____和_____控制等。

11. 顶杆及叉杆只能用于竖立_____的单杆，不得用铁锹、桩柱等_____。立杆前，应开好_____。工作人员要均匀地分配在电杆的_____。

12. 利用_____立、撤杆，应先检查_____，必要时应加设临时_____。

13. 使用_____立、撤杆时，_____应吊在杆的适当位置以防止电杆突然_____。

14. 在撤杆工作中，拆除杆上_____前，应先检查_____，做好防止_____措施，在挖坑前应先绑好_____。

15. 使用抱杆立杆时，主牵引绳、尾绳、杆塔中心及抱杆应在_____上。抱杆应受力_____，两侧拉绳应拉好，不得左右_____。固定临时拉线时，不得固定在有可能_____的物体上，或其他不可靠的物体上。

16. _____起立离地后，应对各_____处做一次全面检查，确无问题，再继续_____。起立_____后，应减缓速度，注意_____拉绳。

17. 已经立起的电杆，只有在杆基回土_____完全牢固后，方可撤去_____及_____。杆下工作人员应_____。

18. 整体_____杆塔，还应制订具体_____措施。

19. 上木杆前，应先检查_____是否牢固。新立电杆在_____未完全牢固以前，严禁_____。遇有冲刷、起土、上拔的电杆，应先_____加固或支好_____或打_____后，再行上杆。

20. 凡_____导线、地线、拉线的电杆，应先检查_____，并打好_____或支好_____后，再行上杆。

21. 上杆前，应先检查登杆工具，如脚扣、升降板、安全带、梯子等是否_____。攀登杆塔脚钉时，应检查脚钉是否_____。

22. 在杆塔上工作，必须使用安全带和戴安全帽。安全带应系在电杆及牢固的_____上，应防止安全带从_____脱出或被_____伤害。系安全带后必须检查_____是否扣牢。在杆塔上作业_____时，不得失去安全带保护。

23. 杆塔上有人工作时，不准_____或_____拉线。

24. 检修杆塔不得随意拆除_____，如需要拆除时，应事先做好_____措施。调整_____杆塔时，应先打好_____。

25. 使用梯子时，要有人_____或_____。

26. 上横担时，应检查横担_____情况，检查时安全带应系在_____上。

27. 现场人员应戴安全帽。杆上人员应防止_____，使用的工具、材料应用_____传递，不得乱扔。杆下应防止行人_____。

28. 放、换导线等重大施工项目（具体项目由供电企业决定）应制订_____措施，并经企业主管生产领导（总工程师）批准。_____、_____和_____工作，均应设专人统一指挥、统一信号，检查_____及设备是否良好。

29. 交叉跨越各种线路、铁路、河流等_____、_____时，应先取得主管部门_____，做好安全措施，如搭好可靠的_____、在路口设专人持信号旗_____等。

30. 紧线前，应先检查导线有无_____。紧线时，应检查_____或_____以及_____、横担、树枝、房屋等有无_____现象。工作人员不得_____导线上或站在导线_____侧，防止意外_____时抽伤。

31. 紧线、撤线前，应先检查_____、_____及_____。如不能适用时，应加设_____加固。

32. 严禁采用突然_____导、地线的做法_____。

33. _____和_____应分别运输、携带和存放，严禁和易燃物放在一起，并应有_____保管，运输中雷管应有_____措施。携带雷管时，必须将_____。

34. 电雷管与_____不得由同一人_____。雷雨天不应携带_____，并应停止_____作业。在_____附近不得使用电雷管。

35. 如在车辆不足的情况下，允许同车携带少量炸药（不超过_____）和雷管（不超过_____）。携带雷管人员应坐在_____，车上炸药应有专人管理。

36. 爆破人员应经过_____培训。爆破工作应有_____指挥。

37. _____和_____炸药时，不得使炸药受到强烈冲击_____，严禁使用_____往炮眼内推送炸药，应使用_____轻轻捣实。

38. _____的接线和点火起爆必须由同_____进行。_____的导火索长度应能保证_____离开危险区范围。点火于点燃导火索后应立即离开危险区。

39. 爆破_____应根据土壤性质、药量、爆破方法等规定_____。一般钻孔闷炮危险区半径应为_____；土坑开花炮危险区半径应为_____；石坑危险区半径应为_____；裸露药包爆破的危险区半径不小于_____。如果用深坑爆破加大药力时，按具体情况扩大危险范围。

40. 爆破现场的工作人员都应_____。准备起爆时，除点_____的人以外，都必须离开危险区进行_____。起爆前要_____检查危险区内是否_____停留，并设人_____。放炮过程中严禁任何人进入危险区内。

41. 如需在坑内点火放炮时，应事先考虑好_____能迅速、安全地_____坑内的措施。雷管和导火索连接时，应使用_____夹雷管口，严禁碰_____部分，严禁用_____雷管。

42. 如遇有_____时，应等_____后再去处理。不得从炮眼中抽取雷管和炸药。重新打眼时，_____要离原眼 0.6m；_____要离原眼 0.3～0.4m，并与原眼方向_____。

43. 爆破时应考虑对周围建筑物、电力线、通信线等设施的_____，如有_____可能时，应采取特殊措施。

44. 起重工作必须由有_____的人领导，并应统一_____，统一_____，明确分工，做好安全措施。

45. 起重工作前，工作负责人应对起重工作和_____进行全面_____。起重机械，如绞磨、汽车吊、卷扬机、手摇绞车等，必须_____平稳牢固，并应设有_____

和_____装置。

46. 起吊物体必须_____，物体若有_____或特别光滑的部分时，在棱角和滑面与_____接触处应加以_____。

47. 使用开门_____时，应将开门_____扣紧，防止_____自动跑出。

48. 起重时，在起重机械的滚筒上至少应绕有_____钢丝绳，拖尾钢丝绳应随时_____，并应由有经验的人负责。

49. 当重物吊离_____后，工作负责人应_____各受力部位，无异常情况后方可_____。

50. 在起吊、牵引过程中，_____钢丝绳的周围、上下方、内角侧和起吊物的_____，严禁有人_____或_____。

51. 起重机具均应有_____标明允许工作_____，不得_____铭牌使用。无铭牌或自造的起重机具，必须经_____合格后，方准使用。

52. 用于固定起重设备起重钢丝绳的安全系数应为_____；用于人力起重超重钢丝绳的安全系数应为_____；用于机动起重机起重钢丝绳的安全系数应为_____。

53. 用于_____起重物起重钢丝绳的安全系数应为10；用于供_____升降用起重钢丝绳的安全系数应为14。

54. 起重机具应妥善_____，列册_____，定期检查试验。外表检查周期为每_____一次；登高工具试验周期为每_____年一次；起重工具试验周期为每_____年一次。

55. 登高工具试验时间为_____，试验静拉力为980～2205N；起重工具试荷时间为_____，试验静重为允许工作荷重的1.25～2倍。

56. 安全带（大带）、安全腰绳、升降板的试验静拉力均为_____，安全带（小带）试验静拉力为_____，脚扣的试验静拉力为_____；竹（木）梯的试验荷重为_____。

57. 起重白棕绳、钢丝绳、铁链、扒杆、夹头及卡的试验静重为允许工作荷重的_____倍；起重葫芦及滑车、吊钩、绞磨的试验静重为允许工作荷重的_____倍。

58. 钢丝绳应定期_____，当钢丝绳断股或钢丝绳压扁变形及表面起毛严重者应予_____。

59. 钢丝绳的钢线_____或_____达到原来钢丝直径的_____及以上，或钢丝绳受过严重_____或局部_____烧伤者，应予报废。

60. 钢丝绳_____数量不多，但_____很快者，应予报废。

61. 使用车辆、船舶运输，不得_____。运电杆、变压器和线盘必须_____，防止滚动、移动_____。

62. 装卸电杆应防止_____伤人。当_____卸车时，每卸完一处，必须将车上其余的电杆_____牢固后，方可继续_____。

63. 多人抬杆，必须_____，步调_____，起放电杆时应互相_____。

64. 凡用绳子牵引杆子上山，必须将杆子_____，钢丝绳不得_____地面，爬山路线两侧_____以内，不得有人停留或_____。

65. 线路作业应在_____的天气下进行，遇有_____条件时，应_____工作。

66. _____作业时，应采取防止_____伤人的措施。

67. 带电设备和线路附近的作业机具应_____。

68. 任何人从事_____，进入有磕碰、高处落物等危险的生产场所，均应_____。

69. _____作业应遵守国家航空_____，并制定完备的_____方案。

70. 高处作业应使用安全带，安全带应采用_____的方式，不应系在移动或不牢固的物体上。_____作业位置时不应失去_____保护。

71. 高处作业应使用_____，较大的工具应予固定。_____传递物件应用绳索拴牢传递，不应_____抛掷。

72. 在线路作业中使用梯子时，应采用_____措施并设专人_____。

73. 挖坑前，应_____地下设施的_____位置。

74. 基坑内作业时，应防止物体_____坑内，并采取_____防护措施。

75. 在土质松软处挖坑，应采取加_____、_____等防止塌方的措施。不应由_____掏挖土层。

76. 在可能存在有毒有害气体的_____挖坑时，应采取_____措施。

77. 居民区及交通道路附近开挖的基坑，应设_____或可靠_____，加挂_____，夜间可设置警示_____。

78. 攀登前，应检查杆根、基础和拉线牢固，检查脚扣、安全带、脚钉、爬梯等登高工具、设施_____。上横担工作前，应检查横担_____，检查时安全带应系在_____或牢固的_____上。

79. 新立杆塔在_____未完全牢固或做好_____前，不应攀登。

80. 不应利用绳索、拉线_____杆塔或_____。

81. 攀登有覆冰、积雪的杆塔时，应采取_____措施。

82. 在杆塔上_____及杆塔上_____时，不应失去安全保护。

83. 在导线、地线上作业时应采取防止_____的后备保护措施。在相分裂导线上工作，_____可挂在一根子导线上，后备保护绳应挂在_____上。

84. 立、撤杆塔过程中基坑内不应_____。立杆及修整杆坑时，应采取防止_____倾斜、滚动的措施。

85. 顶杆及叉杆只能用于竖立_____以下的拔稍杆。

86. 使用起重机械立、撤杆时，_____和起重机械_____应选择适当。撤杆时应检查无_____或_____后再试拔。

87. 使用抱杆立、撤杆时，抱杆下部应固定_____，顶部应设_____控制，_____应均匀调节。

88. _____立、撤杆塔前应检查各_____和_____部位全部合格方可起吊。立、撤杆塔过程中，吊件_____、受力钢丝绳的_____不应有人。

89. 在带电设备附近进行立、撤杆时，杆塔、拉线、临时拉线与带电设备的安全距离应符合 GB 26859—2011 中表 4 的规定，且有防止立、撤杆过程中拉线_____和杆塔

_____接近带电导线的措施。

90. 临时拉线应在_____全部安装完毕并_____后方可拆除。拆除检修杆塔受力构件时，应事先采取_____措施。杆塔上有人工作时，不应_____或_____拉线。

91. 交叉跨越各种线路、铁路、公路、河流等放、撤线，应采取_____、_____、_____等安全措施。

92. 放线、紧线前，应检查导线有无障碍物_____，导线与牵引绳应可靠_____，线盘架应安放稳固、转动灵活_____。

93. 放线、紧线时，应检查_____或_____以及过滑轮、横担、树枝、房屋等处无_____现象。

94. 紧线、撤线前，应检查拉线、锚桩及杆塔位置_____、_____。

95. 放线、紧线与撤线作业时工作人员不应站在或跨在以下位置：

(1) 已受力的_____上；

(2) 导线的_____侧；

(3) _____的导（地）线；

(4) 钢丝绳圈内；

(5) 牵引绳或架空线的_____。

96. 不应采用突然_____导（地）线的方法_____。

97. 放线、撤线或紧线时，应采取措施_____导（地）线由于摆（跳）动或其他原因而与带电导线间的_____不符合 GB 26859—2011 中表 4 的规定。

98. 同杆塔架设的多回线路或交叉档内，_____线路带电时，_____线路不应进行放、撤导（地）线的工作。

99. 上层线路带电时，下层线路放、撤导（地）线应保持 GB 26859—2011 中表 4 规定的安全距离，采取防止导（地）线产生_____或_____而与带电导线接近至危险范围的措施。

100. 在起吊、牵引过程中，受力钢丝绳的周围、上下方、内角侧，以及起吊物和吊臂下面，不应有人_____和_____。

101. 采用_____装置更换绝缘子和移动导线时，应采取防止导线_____的后备保护措施。

102. 在电力设备附近进行起重作业时，起重机械_____、_____、辅具、钢丝绳及_____等与架空输电线及其他带电体的最小安全距离应符合 GB 26859—2011 中表 5 的规定。

103. 装运电杆、变压器和线盘应用绳索绑扎_____，混凝土杆、线盘应_____，防止滚动或移动。

104. 装运超长、超高或重大物件时，物件重心应与车厢承重重心基本_____，超长物件尾部应设_____。

三、选择题

1. 在超过（　　）深的坑内工作时，抛土要特别注意防止土石回落坑内。

A. 0.8m；　　　　　　B. 1.2m；　　　　　　C. 1.5m；　　　　　　D.1.8m

2. 在松软土地挖坑，应有防止（ ）措施，如加挡板、撑木等。禁止由下部掏挖土层。

A. 坍塌；   B. 塌方；   C. 落陷；   D. 倾倒

3. 在居民区及交通道路附近挖的基坑，应设坑盖或可靠围栏，夜间挂（ ）。

A. 灯笼；   B. 红布；   C. 黄灯；   D. 红灯

4. 进行石坑、冻土坑打眼时，应检查锤把、锤头及钢钎子。打锤人应站在扶钎人（ ），严禁站在（ ），并不得戴手套，扶钎人应戴安全帽。钎头有开花现象时，应更换修理。

A. 下面；   B. 正面；   C. 背面；   D. 对面；

E. 侧面；   F. 上面

5. 变压器台架的木杆打帮桩时，相邻两杆不得同时挖坑。承力杆打帮桩挖坑时，应采取防止倒杆的措施。使用钎时，注意（ ）导线。

A. 下方；   B. 上方；   C. 前方；   D. 后方

6. 立、撤杆要设专人统一指挥。开工前，讲明施工方法及信号，工作人员要明确分工、密切配合，服从指挥。在居民区和交通道路上立、撤杆时，应设（ ）。

A. 警戒围栏；   B. 警报信号；   C. 急救药箱；   D. 专人看守

7. 立杆过程中，杆坑内严禁有人工作。除指挥人员及指定人员外，其他人员必须在远离杆下（ ）倍杆高的距离以外。

A. 0.8；   B. 1.0；   C. 1.2；   D. 1.5

8. 竖立轻的单杆可用（ ），不得用铁锹、桩柱等代用。立杆前，应开好"马道"。工作人员要均匀地分配在电杆的两侧。

A. 顶杆及叉杆；   B. 抱杆；   C. 旧杆；   D. 吊车

9. 使用抱杆立杆时，主牵引绳、尾绳、杆塔中心及抱杆顶应在（ ）直线上。抱杆应受力均匀，两侧拉绳应拉好，不得左右倾斜。

A. 数条；   B. 五条；   C. 三条；   D. 一条

10. 杆塔起立离地后，应对各吃力点处做一次全面检查，确无问题，再继续起立。起立（ ）后，应减缓速度，注意各侧拉绳。

A. 30°；   B. 45°；   C. 60°；   D. 75°

11. 上木杆前，应先检查杆根是否牢固。新立电杆在杆基未完全牢固以前，严禁攀登。遇有冲刷、起土、上拔的电杆，应先（ ）后，再行上杆。

A. 培土加固；   B. 支好架杆；   C. 打临时拉线；   D. 检查杆根；

E. 检查脚钉；   F. 检查脚扣

12. 紧线前，应检查导线有无障碍物挂住。紧线时，应检查接线管或接线头以及过滑轮、横担、树枝、房屋等有无（ ）现象。工作人员不得跨在导线上或站在导线内角侧，防止意外跑线时抽伤。

A. 咬住；   B. 绊住；   C. 拽住；   D. 卡住

13. 紧线、撤线前，应先检查拉线、拉桩及杆根。如不能（ ）时，应加装临时拉线加固。严禁采用突然剪断导、地线的做法松线。

A. 满足；　　　　　B. 保险；　　　　　C. 适用；　　　　　D. 适合

14. 炸药和雷管应分别运输，如在车辆不足的情况下，允许同车携带少量炸药和雷管。炸药不超过（　　）；雷管不超过（　　）。携带雷管人员应坐在驾驶室内，车上炸药应有专人管理。

A. 5kg；　　　　　B. 10kg；　　　　　C. 15kg；　　　　　D. 10 个；

E. 20 个；　　　　F. 30 个

15. 爆破基坑应根据土壤性质、药量、爆破方法等规定危险区。一般钻孔闷炮危险区半径应为（　　）；土坑开花炮危险区半径应为（　　）；石坑危险区半径应为（　　）；裸露药包爆破的危险区半径不小于（　　）。

A. 500m；　　　　B. 400m；　　　　C. 300m；　　　　D. 200m；

E. 100m；　　　　F. 50m；　　　　G. 30m

16. 如遇有哑炮时，应等（　　）后再去处理。不得从炮眼中抽取雷管和炸药。重新打眼时，深眼要离原眼（　　）；浅眼要离原眼（　　），并与原眼方向平行。

A. 20min；　　　　B. 30min；　　　　C. 0.3m；　　　　D. 0.4m；

E. 0.5m；　　　　F. 0.6m

17. 起重钢丝绳的安全系数应符合下列规定：①用于固定起重设备为（　　）；②用于人力起重为（　　）；③用于机动起重为（　　）；④用于绑扎起重物为（　　）；⑤用供人升降为（　　）。

A. 2；　　　　　B. 2.5；　　　　　C. 3.5；　　　　　D. 4.5；

E. 5；　　　　　F. 6；　　　　　G. 10；　　　　　H. 14

18. 登高工具外表检查周期为每月一次，试验静拉力周期为每半年一次，试荷时间为（　　）。

A. 1min；　　　　B. 5min；　　　　C. 10min；　　　　D. 15min

19. 起重工具外表检查周期为每月一次，试验静重周期为每年一次，试荷时间为（　　）。

A. 1min；　　　　B. 5min；　　　　C. 10min；　　　　D. 15min

20. 凡用绳子牵引杆子上山，必须将杆子绑牢，钢丝绳不得触磨地面，爬山路线两侧（　　）以内，不得有人停留或通过。

A. 3m；　　　　　B. 5m；　　　　　C. 8m；　　　　　D. 10m

21. 高处作业应使用（　　），安全带应采用高挂低用的方式，不应系挂在移动或不牢固的物件上。转移作业位置时不应失去安全带保护。

A. 安全帽；　　　B. 安全带；　　　C. 安全绳；　　　D. 软梯

22. 高处作业应使用（　　），较大的工具应予固定。上下传递物件应用绳索拴牢传递，不应上下抛掷。

A. 安全带；　　　B. 安全帽；　　　C. 工具袋；　　　D. 安全绳

23. 在线路作业中使用梯子时，应采用（　　）措施并设专人扶持。

A. 防滑；　　　　B. 防倒；　　　　C. 防溜；　　　　D. 防断

24. 在导线、地线上作业时应采取防止坠落的后备保护措施。在相分裂导线上工作，安全带可挂在一根子导线上，后备保护绳应挂在（　　　）上。

    A. 一根子导线；　　　B. 两根子导线；　　　C. 三根子导线；　　　D. 整组相导线

25. 顶杆及叉杆只能用于竖立（　　　）以下的拔稍杆。

    A. 15m；　　　　　　B. 12m；　　　　　　C. 10m；　　　　　　D. 0.8m

26. 临时拉线应在永久拉线全部安装完毕并（　　　）后方可拆除。杆塔上有人工作时，不应调整或拆除拉线。

    A. 验收；　　　　　　B. 承力；　　　　　　C. 拉紧；　　　　　　D. 合格

27. 交叉跨越各种线路、铁路、公路、河流等放、撤线时，应采取（　　　）、封航、封路等安全措施。

    A. 直升机；　　　　　B. 停电；　　　　　　C. 搭设跨越架；　　　D. 派人值守

28. 同杆塔架设的多回线路或交叉档内，（　　　）层线路带电时，（　　　）层线路不应进行放、撤导（地）线的工作。（　　　）层线路带电时，（　　　）层线路放、撤导（地）线应保持 GB 26859—2011 中表 4 规定的安全距离，采取防止导（地）线产生跳动或过牵引而与带电导线接近至危险范围的措施。

    A. 上；　　　　　　　B. 下；　　　　　　　C. 左；　　　　　　　D. 右

29. 在电力设备附近进行起重作业时，起重机械臂架、吊具、辅具、钢丝绳及吊物等与架空输电线及其他带电体的最小安全距离应符合 GB 26859—2011 表 5 的规定。

表 5   与架空输电线及其他带电体的最小安全距离

电压/kV	<1	1～10	35～66	110	220	330	500
最小安全距离/m							

注   表中未列电压等级按高一挡电压等级安全距离。

    A. 8.5；　　　　　　B. 5.0；　　　　　　C. 3.0；　　　　　　D. 6.0；

    E. 1.5；　　　　　　F. 4.0；　　　　　　G. 7.0

四、判断题（正确的画"√"，不正确的画"×"）

1. 挖坑前，必须与有关地下管道、电缆的主管单位取得联系，明确地下设施的确实位置，做好防护设施。组织外来人员施工时，应交代清楚。　　　　　　　　　　　　（　　）

2. 在超过 1.5m 深的坑内工作时，抛土要特别注意防止土石回落坑内。在松软土地挖坑，应有防止塌方措施，如加挡板、撑木等。禁止由下部掏挖土层。　　　　　　（　　）

3. 在居民区及交通道路附近挖的基坑，应设坑盖或可靠围栏，夜间应加大照明。

                                                      （　　）

4. 塔脚检查，在不影响铁塔稳定的情况下，可以在四个基脚同时挖坑。　　　（　　）

5. 进行石坑、冻土坑打眼时，应检查锤把，锤头及钢钎子，钢钎子钎头有开花现象时，应更换修理。打锤人应站在扶钎人正面，严禁站在侧面，并不得戴手套，扶钎人应戴安全帽。　　　　　　　　　　　　　　　　　　　　　　　　　　　　　　（　　）

6. 立、撤杆要设专人统一指挥。开工前，讲明施工方法及信号，工作人员要明确分工，密切配合，服从指挥。立、撤杆要使用合格的起重设备，严禁过载使用。在居民区和交通道路上立、撤杆时，应设专人看守。　　　　　　　　　　　　　　　（　　）

7. 立杆过程中，杆坑内严禁有人工作。除指挥人员及指定人员外，其他人员必须在远离杆下 1.2 倍杆高的距离以外。立杆及修整杆坑时，应有防止杆身滚动、倾斜的措施，如采用叉杆和拉绳控制等。　　　　　　　　　　　　　　　　　　　　　（　　）

8. 顶杆及叉杆只能用于竖立轻的单杆，不得用铁锹、桩柱等代用。立杆前要开好"马道"。工作人员均站在电杆的一侧。　　　　　　　　　　　　　　　　　（．　）

9. 利用旧杆立、撤杆，应先检查杆根，必要时应加设临时拉线。　　　　（　　）

10. 使用吊车立、撤杆时，钢丝绳套应吊在杆的适当位置以防止电杆突然倾倒。

（　　）

11. 使用抱杆立杆时，主牵引绳、尾绳、杆塔中心及抱杆顶不应在一条直线上。抱杆应受力均匀，两侧拉绳应拉好，不得左右倾斜。　　　　　　　　　　　（　　）

12. 杆塔起立离地后，应对各吃力点处做一次全面检查，确无问题，再继续起立。起立 60°后，应减缓速度，注意各侧拉绳。已经起立的电杆，只有在杆基回土夯实完全牢固后，方可撤去叉杆及拉绳。杆下工作人员应戴安全帽。　　　　　　　　　（　　）

13. 上木杆前，应先检查杆根是否牢固。新立电杆在杆基未完全牢固以前，严禁攀登。　　　　　　　　　　　　　　　　　　　　　　　　　　　　　　　（　　）

14. 遇有冲刷、起土、上拔的电杆，应：
A. 先培土加固后，再行上杆。　　　　　　　　　　　　　　　　　　（　　）
B. 先支好架杆后，再行上杆。　　　　　　　　　　　　　　　　　　（　　）
C. 先打临时拉线后，再行上杆。　　　　　　　　　　　　　　　　　（　　）
D. 先检查杆根后，再行上杆。　　　　　　　　　　　　　　　　　　（　　）
E. 先检查登杆工具后，再行上杆。　　　　　　　　　　　　　　　　（　　）

15. 凡松动导线、地线、拉线的电杆，应：
A. 先检查杆根，并打好临时拉线后，再行上杆。　　　　　　　　　　（　　）
B. 先检查杆根，并支好架杆后，再行上杆。　　　　　　　　　　　　（　　）
C. 先检查杆根，再检查登杆工具后，再行上杆。　　　　　　　　　　（　　）
D. 先检查杆根，再检查脚钉是否牢固后，再行上杆。　　　　　　　　（　　）

16. 上杆前，应先检查登杆工具，如脚扣、升降板、安全带、梯子等是否完整牢靠。攀登杆塔脚钉时，应检查脚钉是否牢固。　　　　　　　　　　　　　（　　）

17. 在杆塔上工作，必须使用安全带和戴安全帽。安全带应系在电杆及牢固的构件上，应防止安全带从杆顶脱出或锋利物伤害。系安全带后必须检查扣环是否扣牢。在杆塔上作业转位时，不得失去安全带保护。杆塔上有人工作时，不准调整或拆除拉线。（　　）

18. 检修杆塔不得随意拆除受力构件，如需要拆除时，应事先征得工区技术负责人同意。调整倾斜杆塔时，应先打好临时拉线。　　　　　　　　　　　　　（　　）

19. 使用梯子时，要有专人看守。　　　　　　　　　　　　　　　　　（　　）

20. 上横担时，应检查横担腐朽锈蚀情况，检查时安全带应系在横担牢固的构件上。

（　　）

21. 放线、撤线和紧线工作，均应设专人统一指挥、统一信号，应制订安全技术措施，应检查紧线工具及设备是否良好。　　　　　　　　　　　　　　　　　（　　）

22. 撤线前，应先检查拉线、拉桩及杆根。如不能适用时，应加设临时拉绳加固。严禁采用突然剪断导、地线的做法松线。 （　　）

23. 紧线前，应先检查拉线、拉桩及杆根。如不能适用时，应加设临时拉线加固。紧线前，应检查导线有无障碍物挂住。紧线时，应检查接线管或接线头以及过滑轮、横担、树枝、房屋等有无卡住现象。工作人员不得跨在导线上或站在导线内角侧，防止意外跑线时抽伤。 （　　）

24. 炸药和雷管在运输、携带和存放时，严禁和易燃物放在一起，并应有专人保管。 （　　）

25. 运送和装填炸药时，不得使炸药受到强烈冲击挤压，严禁使用金属物体往炮眼内推送炸药，应使用木棒轻轻捣实。 （　　）

26. 运输中雷管应有防震措施。携带雷管时，必须将引线短路。电雷管与电池不得由同一人携带。在强电场附近不得使用电雷管。雷雨天不应携带电雷管，并应停止爆破作业。 （　　）

27. 电雷管的接线和点火起爆必须由同一人进行。火雷管的导火索长度应能保证点火人离开危险区范围。点火者于点燃导火索后应立即离开危险区。 （　　）

28. 如遇有哑炮时，应等 20min 后再去处理。从哑炮炮眼中抽取雷管和炸药时要胆大心细。 （　　）

29. 起重工作必须由有经验的人领导，并应统一指挥、统一信号，明确分工，做好安全措施。工作前，工作负责人应对起重工作和工具进行全面检查。起重机械，如绞磨、汽车吊、卷扬机、手摇绞木等，必须安置平稳牢固，并应设有制动和逆制装置。 （　　）

30. 在起吊、牵引过程中，受力钢丝绳的周围、上下方、外角侧和起吊物的下面，严禁有人逗留和通过。 （　　）

31. 起重机具均应有铭牌标明允许工作荷重，不得超铭牌使用。无铭牌或自造的起重机具，必须经试验后，方可使用。 （　　）

32. 钢丝绳应定期上油，遇有钢丝绳断股者或钢丝绳断丝数量不多，但断丝增加很快者，应予报废。 （　　）

33. 使用车辆、船舶运输，不得超载。运电杆、变压器和线盘必须绑扎牢固，防止滚动、移动伤人。 （　　）

34. 装卸电杆应防止散堆伤人。当分散卸车时，每卸完一处，必须将车上其余电杆绑扎后，方可继续运送。 （　　）

35. 多人抬杆，必须错肩，起放电杆，互相呼应。 （　　）

36. 凡用绳子牵引杆子上山，爬山路线两侧 3m 以内，不得有人通过。 （　　）

五、改错题

1. 在线路作业中使用梯子时，应采用防滑措施。

2. 基坑内作业时，应防止物体回落坑内。

3. 攀登杆塔前应检查杆根、基础和拉线牢固，检查脚扣、安全带等登高工具。上横担工作前，应检查横担连接牢固，检查时安全带应系在主杆上。

4. 立、撤杆塔过程中基坑内不应有人工作。立杆及修整杆坑时，应采取防止杆身倾斜的措施。

5. 顶杆及叉杆只能用于竖立 10m 以下的拔稍杆。

6. 整体立、撤杆塔前应检查各受力和连接部位方可起吊。立、撤杆塔过程中，吊件垂直下方、受力钢丝绳的外角侧不应有人。

7. 临时拉线应在永久拉线全部安装完毕后方可拆除。

8. 交叉跨越各种线路、铁路、公路、河流等放、撤线时，应采取搭设跨越架等安全措施。

9. 放线、紧线前，应检查导线有无障碍物挂住，导线与牵引绳应可靠连接，线盘架应安放稳固、转动灵活。

10. 放线、紧线时，应检查接线管和接线头及过滑轮、横担等处无卡压现象。紧线、撤线前，应检查拉线、桩锚及杆塔位置正确。

11. 在起吊、牵引过程中，受力钢丝绳的周围、上方、外角侧，以及起吊物和吊臂前方，不应有人逗留和通过。

12. 装运电杆、变压器和线盘应用绳索绑扎牢固，防止滚动或移动。装运超长、超高或重大物件时，物件重心应与车厢承重重心基本一致，超长物件应设标志。

六、问答题

1. 线路作业的一般要求是什么？

2. 高处作业应遵守哪些规定？

3. 坑洞开挖应采取哪些安全措施？

4. 攀登杆塔应注意哪些事项？

5. 杆塔上作业应注意哪些事项？

6. 立、撤杆塔过程中基坑内是否可以有人工作？

7. 顶杆及叉杆只能用于竖立多长的混凝土电杆？

8. 使用抱杆立、撤杆时应注意哪些事项？

9. 使用起重机械立、撤杆时应注意哪些事项？

10. 在带电设备附近进行立、撤杆时应注意哪些事项？

11. 临时拉线只有在什么情况下方可拆除？杆塔上有人工作时是否可以调整或拆除拉线？

12. 拆除检修杆塔受力构件时，应事先采取什么措施？

13. 交叉跨越各种线路、铁路、公路、河流等放、撤线时，应采取哪些安全措施？

14. 放线、紧线前和放线、紧线时应检查哪些部位并应达到什么要求？

15. 紧线、撤线前，应检查哪些项目？

16. 放线、紧线与撤线作业时工作人员不应站在或跨在哪些位置？

17. 不应采用哪种方法松线？

18. 放线、撤线或紧线时应注意什么问题？

19. 同杆塔架设的多回线路或交叉档内，下层线路带电时上层线路不应进行什么工作？上层线路带电时下层线路放、撤导线的工作应注意哪些事项？

20. 在起吊、牵引过程中，哪些部位不应有人逗留和通过？

21. 采用单吊线装置更换绝缘子和移动导线时，应采取哪些保护措施？

22. 在电力设备附近进行起重作业时，起重机械臂架、吊具、辅具、钢丝绳及吊物等与架空输电线及其他带电体的最小安全距离是如何规定的？

23. 装运电力器材应注意哪些事项？

24. 挖坑前，必须先进行哪些工作？

25. 挖深坑时应主要注意什么事项？

26. 在松软土地挖坑应采取哪些安全措施？

27. 在居民区及交通道路附近挖的基坑应采取哪些防护措施？

28. 在什么情况下可以同时挖铁塔的两个基脚？

29. 进行石坑、冻土坑打眼时，应注意哪些安全事项？

30. 为旧电杆打帮桩时应注意哪些事项？

31. 立杆、撤杆中的一般安全注意事项有哪些？

32. 立杆及修整杆坑时应采取哪些防止杆身滚动、倾斜的措施？

33. 用顶杆及叉杆立杆时应注意哪些事项？

34. 使用抱杆立杆时应注意哪些事项？

35. 利用旧杆立、撤杆应注意哪些事项？

36. 使用吊车立、撤杆时应主要注意什么问题？

37. 已经立起的电杆什么情况下方可撤去叉杆及拉绳？

38. 在撤杆工作中，拆除杆上导线前应注意哪些事项？

39. 上杆前，应进行哪些检查工作？

40. 在杆塔上工作时必须使用哪些安全工器具？

41. 在杆塔上，上横担时应注意什么安全事项？

42. 检修杆塔时应注意哪些事项？

43. 杆塔上工作现场应注意哪些安全事项？

44. 放线、撤线和紧线中的一般安全注意事项有哪些？

45. 紧线工作应注意哪些安全事项？

46. 撤线工作应注意哪些安全事项？

47. 炸药和雷管在运输、携带和存放中应遵守哪些规定？

48. 对爆破人员和爆破工作有什么总的要求？

49. 怎样往炮眼内推送炸药？如遇有哑炮时如何重新打眼？

50. 电雷管的接线和点火起爆必须怎样进行？

51. 火雷管的导火索长度及连接有什么安全要求？

52. 爆破基坑的危险区是根据什么规定的？

53. 爆破现场应做好哪些安全措施？

54. 起重工作中的一般安全注意事项有哪些？

55. 起重物体时应注意哪些安全事项？

56. 起重钢丝绳的安全系数应符合哪些规定？

57. 起重钢丝绳遇有哪些情况时应予报废？

58. 起重机具怎样管理？

59. 常用登高、起重工具的试验标准和试验周期是如何规定的？

60. 使用车辆、船舶运输应注意哪些事项？

61. 使用人力搬运电杆应注意哪些安全事项？

答　案

一、名词解释

1. 为工程建设将土（包括黏性土、砂土、砾、卵石及特大石块等）开采并从一处搬运至另一处的施工过程。

2. 弃土是将建筑物多余土方开挖、运输、堆置在弃料场的施工过程。

3. 取土是在指定料场开采土料运至指定地点的施工过程。

4. 遇土方量不大的工程，靠人工用镐、锹等简单工具开挖。

5. 将岩体破碎、清除或搬运至别处的施工过程。石方开挖一般都用凿岩设备钻孔，孔内装填炸药爆破，破碎后的石块用挖掘机具装入运输设备运至指定地点。在开挖松软岩体时也可用风镐、撬、楔等工具施工。

6. 用凿岩设备钻孔，装填炸药爆破，以破碎岩体的施工技术。钻孔爆破包括钻孔、装药和起爆三道工序。

7. 在岩土或混凝土中钻凿孔眼的施工设备。凿岩机适用于钻凿小直径孔眼，钻孔机适用于钻凿大直径孔眼。

8. 按照工作动力可分为风动凿岩机、液压凿岩机、电动凿岩机和内燃凿岩机四种。

9. 又称风钻。它是以压缩空气为动力，使钻头对岩石产生频繁冲击，将岩石破碎而实现钻进。按照架持方式，风动凿岩机可分为手持式、气腿式、导轨式等几种。

10. 常用在中硬或坚硬岩石中钻孔，用人工手持钻凿向下的、水平的或倾斜的孔，钻孔孔径为 34～42mm，孔深一般 4m 左右。

11. 在一定外界能量（如加热、摩擦、撞击等）作用下，能由其本身的能量使其物态瞬间改变，同时释放大量热能和产生大量气体的物质。炸药爆炸时，对周围介质做功并伴随声、光效应。炸药种类繁多，常用的有：2 号岩石硝铵炸药、铵油炸药、胶质炸药、梯恩梯等。此类炸药安定性好，在外界条件影响下性能变化不大，在常温下能长期储存，统称为安全炸药。

12. 引爆炸药的爆破器材。雷管内装的起爆药是对一般冲击如打击、加热具有很高敏感度的炸药。其爆炸时能产生起爆冲能而引爆其他炸药爆炸。19 世纪 60 年代瑞典化学家 A. B. 诺贝尔（A. B. Nobel）发现硝化甘油能用雷汞引爆，雷汞即广泛地用于雷管生产，因最初管内仅装雷汞，故名雷管。

13. 工业雷管是用金属、纸或塑料制成的小管，由管壳、正起爆药、副起爆药及加强帽构成。工业雷管的品种繁多，按引爆方式有火雷管和电雷管。

14. 用导火索的火焰冲能引爆的雷管。6 号或 8 号火雷管的外壳用铜、铝、铁、复铜、纸、塑料等材料制成，一端开口以插入导火索，导火索的火焰通过加强帽小孔传入正起爆药起爆。

15. 电雷管构造与火雷管基本相同，只是在管壳开口段有一个用高电阻金属桥丝和脚丝组成的电激发点火装置。点火装置类型通常有：金属桥丝炽热式、导电引燃药炽热式和火花式三种。

16. 用以引爆火雷管和黑火药的索状点火器材。导火索以黑火药作芯药，用涂以防潮剂的纸条包裹，外缠麻、棉线，表面呈灰白色，正常燃速时间为 $100\sim120s/m$。在一般爆破作业中可用导火索起爆药包。导火索长度要能保证点炮人员在燃完规定导火索后撤退至安全地点，且不短于 1.2m。导火索用专门点火用的点火棒、点火筒点火。

17. 工程施工中，钻孔的位置、孔径和孔深视所采用的炸药性能、爆破方法等决定。一般孔径越大，炸药直径也越大，炮孔间距也可加大。较小的石方开挖中，在缺乏钻孔机械时，也有用锤击钢钎凿孔。

18. 钻孔内装药方法，根据结构要求可分人工或机械装药两种。人工装药是将炸药按设计装药结构制成药卷，中国 2 号岩石硝胺炸药药卷有 $\phi32$、$\phi35$、$\phi38$，药量有 100、150、200g 三种。在清理检查钻孔后用木质炮棍将药卷徐徐送入孔内。

19. 炮孔起爆主要有明火起爆、电力起爆、导爆索起爆、导爆管起爆、气管起爆、激光起爆等几种方式。

20. 用点火器点燃导火索，使导火索的火花引爆火雷管，由火雷管再引爆炸药的起爆方法。这种方法操作简单、费用省，一般小量爆破均可使用，但安全性较差。

21. 依靠电源的一定电流通过导线使电雷管引爆再引爆炸药的起爆方法。连接成电爆网络可以同时起爆很多炮孔。使用延期电雷管可以控制不同炮孔的起爆时间，在起爆前还可用仪表检测整个起爆网络，保证起爆的可靠性，适用于各种爆破工程。

二、填空题

1. 主管单位；地下设施；防护措施；外来人员；监护

2. 15m；抛土；回落

3. 塌方；挡板；撑木；掏挖

4. 坑盖；围栏；红灯

5. 稳定；对角线；挖坑

6. 锤头；钢钎子；侧面；对面；戴手套；戴安全帽；开花

7. 挖坑；倒杆；上方

8. 安全技术措施；指挥；信号；分工；配合；看守

9. 起重；过载；有人；1.2

10. 滚动；倾斜；叉杆；拉绳控制

11. 轻；代用；"马道"；两侧

12. 旧杆；杆根；拉线

13. 吊车；钢线绳套；倾倒

14. 导线；杆根；倒杆；拉绳

15. 一条直线；均匀；倾斜；移动

16. 杆塔；吃力点；起立；60°；各侧

17. 夯实；叉杆；拉绳；戴安全帽

18. 组立；安全

19. 杆根；杆基；攀登；培土；架杆；临时拉线

20. 松动；杆根；临时拉线；架杆

21. 完整牢靠；牢固

22. 构件；杆顶；锋利物；扣环；转位

23. 调整；拆除

24. 受力构件；补强；倾斜；拉线

25. 扶持；绑牢

26. 腐朽锈蚀；主杆

27. 掉东西；绳索；逗留

28. 安全技术；放线；撤线；紧线；紧线工具

29．放线；撤线；同意；跨越架；看守

30．障碍物挂住；接线管；接线头；过滑轮；卡住；跨在；内角；跑线

31．拉线；拉桩；杆根；临时拉线

32．剪断；松线

33．炸药；雷管；专人；防震；引线短路

34．电池；携带；电雷管；爆破；强电场

35．10kg；20个；驾驶室内

36．专门；专人

37．运送；装填；挤压；金属物体；木棒

38．电雷管；一人；火雷管；点火人

39．基坑；危险区；50m；100m；200m；300m

40．戴安全帽；导火索；隐蔽；再次；有人；警戒

41．点火人；离开；专用钳子；雷汞；牙咬

42．哑炮；20min；深眼；浅眼；平行

43．影响；砸碰

44．经验；指挥；信号

45．工具；检查；安置；制动；逆制

46．绑牢；棱角；绳子；包垫

47．滑车；勾环；绳索

48．五圈；拉紧

49．地面；再检查；正常起吊

50．受力；下面；逗留；通过

51．铭牌；荷重；超；试验

52．3.5；4.5；5～6

53．绑扎；人

54．保管；登记；月；半；一

55．5min；10min

56．2205N；1470N；980N；1765N

57．2；1.25

58．浸油；报废

59．磨损；腐蚀；1/4；损坏；断裂

60．断丝；断丝增加

61．超载；绑扎牢固；伤人

62．散堆；分散；绑扎；运送

63．同肩；一致；呼应

64．绑牢；触磨；5m；通过

65．良好；恶劣气象；停止

66．垂直交叉；落物

67．接地

68．高处作业；戴安全帽

69．直升机；安全要求；安全作业

70．高挂低用；转移；安全带

71．工具袋；上下；上下

72．防滑；扶持

73．确认；确切

74．回落；临边

75．挡板；撑木；下部

76．场所；防毒

77．坑盖；遮栏；警示牌；光源

78．完整牢固；连接牢固；主杆；构件

79．杆基；拉线

80．上下；顺杆下滑

81．防滑

82．移位；作业

83．坠落；安全带；整组相导线

84．有人工作；杆身

85．8m

86．起吊点；位置；卡盘；障碍物

87．牢固；临时拉线；临时拉线

88．整体；受力；连接；垂直下方；内角侧

89．跳动；倾斜

90．永久拉线；承力；补强；调整；拆除

91．搭设跨越架；封航；封路

92．挂住；连接；制动可靠

93．接线管；接线头；卡压

94. 正确；牢固

95. 牵引绳上；内角；展放；垂直下方

96. 剪断；松线

97. 防止；安全距离

98. 下层；上层

99. 跳动；过牵引

100. 逗留；通过

101. 单吊线；脱落

102. 臂架；吊具；吊物

103. 牢固；塞牢

104. 一致；标志

三、选择题

1. C

2. B

3. D

4. E；D

5. B

6. D

7. C

8. A

9. D

10. C

11. A；B；C

12. D

13. C

14. B；E

15. F；E；D；C

16. A；F；C～D

17. C；D；E～F；G；H

18. B

19. C

20. B

21. B

22. C

23. A

24. D

25. D

26. B

27. C

28. B；A；A；B

29. E；C；F；B；D；G；A

四、判断题

1. （×）

2. （√）

3. （×）

4. （×）

5. （×）

6. （√）

7. （√）

8. （×）

9. （√）

10. （√）

11. （×）

12. （√）

13. （√）

14. A（√）；B（√）；C（√）；D（×）；E（×）

15. A（√）；B（√）；C（×）；D（×）

16. （√）

17. （√）

18. （×）

19. （×）

20. （×）

21. （√）

22. （√）

23. （√）

24. （×）

25. （√）

26. （√）

27. （√）

28. （×）

29. (√)　　　　　　　　33. (√)

30. (×)　　　　　　　　34. (×)

31. (×)　　　　　　　　35. (×)

32. (×)　　　　　　　　36. (×)

五、改错题

1. 在线路作业中使用梯子时，应采用防滑措施并设专人扶持。

2. 基坑内作业时，应防止物体回落坑内，并采取临边防护措施。

3. 攀登杆塔前应检查杆根、基础和拉线牢固，检查脚扣、安全带、脚钉、爬梯等登高工具、设施完整牢固。上横担工作前，应检查横担连接牢固，检查时安全带应系在主杆或牢固的构件上。

4. 立、撤杆塔过程中基坑内不应有人工作。立杆及修整杆坑时，应采取防止杆身倾斜、滚动的措施。

5. 顶杆及叉杆只能用于竖立 8m 以下的拔稍杆。

6. 整体立、撤杆塔前应检查各受力和连接部位全部合格方可起吊。立、撤杆塔过程中，吊件垂直下方、受力钢丝绳的内角侧不应有人。

7. 临时拉线应在永久拉线全部安装完毕并承力后方可拆除。

8. 交叉跨越各种线路、铁路、公路、河流等放、撤线时，应采取搭设跨越架、封航、封路等安全措施。

9. 放线、紧线前，应检查导线有无障碍物挂住，导线与牵引绳应可靠连接，线盘架应安放稳固、转动灵活、制动可靠。

10. 放线、紧线时，应检查接线管和接线头及过滑轮、横担、树枝、房屋等处无卡压现象。紧线、撤线前，应检查拉线、桩锚及杆塔位置正确、牢固。

11. 在起吊、牵引过程中，受力钢丝绳的周围、上下方、内角侧，以及起吊物和吊臂下面，不应有人逗留和通过。

12. 装运电杆、变压器和线盘应用绳索绑扎牢固，混凝土杆、线盘应塞牢，防止滚动或移动。装运超长、超高或重大物件时，物件重心应与车厢承重重心基本一致，超长物件尾部应设标志。

六、问答题

1. **答**：线路作业的一般要求是：

(1) 线路作业应在良好的天气下进行，遇有恶劣气象条件时应停止工作。

(2) 垂直交叉作业时，应采取防止落物伤人的措施。

(3) 带电设备和线路附近使用的作业机具应接地。

(4) 任何人从事高处作业，进入有磕碰、高处落物等危险的生产场所，均应戴安全帽。

(5) 直升机作业，应遵守国家航空安全要求，并制订完备的安全作业方案。

2. **答**：(1) 高处作业应使用安全带，安全带应采用高挂低用的方式，不应系挂在移动或不牢固的物件上。转移作业位置时不应失去安全带保护。

(2) 高处作业应使用工具袋，较大的工具应予固定。上下传递物件应用绳索拴牢传递，不应上下抛掷。

（3）在线路作业中使用梯子时，应采用防滑措施并设专人扶持。

3. **答**：（1）挖坑前，应确认地下设施的确切位置，采取防护措施。

（2）基坑内作业时，应防止物体回落坑内，并采取临边防护措施。

（3）在土质松软处挖坑，应采取加挡板，撑木等防止塌方的措施。不应由下部掏挖土层。

（4）在可能存在有毒有害气体的场所挖坑时，应采取防毒措施。

（5）居民区及交通道路附近开挖的基坑，应设坑盖或可靠遮栏，加挂警示牌，夜间可设置警示光源。

4. **答**：（1）攀登前应检查杆根、基础和拉线牢固，检查脚扣、安全带、脚钉、爬梯等登高工具、设施完整牢固。上横担工作前，应检查横担连接牢固，检查时安全带应系在主杆或牢固的构件上。

（2）新立杆塔在杆基未完全牢固或做好拉线前，不应攀登。

（3）不应利用绳索、拉线上下杆塔或顺杆下滑。

（4）攀登有覆冰、积雪的杆塔时，应采取防滑措施。

5. **答**：（1）在杆塔上移位及杆塔上作业时，不应失去保护。

（2）在导线、地线上作业时应采取防止坠落的后备保护措施。在相分裂导线上工作，安全带可挂在一根子导线上，后备保护绳应挂在整组相导线上。

6. **答**：立、撤杆塔过程中基坑内不应有人工作。立杆及修整杆坑时，应采取防止杆身倾斜、滚动的措施。

7. **答**：顶杆及叉杆只能用于竖立 8m 以下的拔稍杆。

8. **答**：使用抱杆立、撤杆时，抱杆下部应固定牢固，顶部应设临时拉线控制，临时拉线应均匀调节。

9. **答**：（1）使用起重机械立、撤杆时，起吊点和起重机械位置应选择适当。撤杆时，应检查无卡盘或障碍物后再试拔。

（2）整体立、撤杆塔前应检查各受力和连接部位全部合格方可起吊。

（3）吊件垂直下方、受力钢丝绳的内角侧不应有人。

10. **答**：在带电设备附近进行立、撤杆时，杆塔、拉线、临时拉线与带电设备的安全距离应符合 GB 26859—2011 中表 4 的规定；且有防止立撤杆过程中拉线跳动和杆塔倾斜接近带电导线的措施。

11. **答**：临时拉线应在永久拉线全部安装完毕并承力后方可拆除。杆塔上有人工作时，不应调整或拆除拉线。

12. **答**：拆除检修杆塔受力构件时，应事先采取补强措施。

13. **答**：交叉跨越各种线路、铁路、公路、河流等放、撤线时，应采取搭设跨越架、封航、封路等安全措施。

14. **答**：（1）放线、紧线前，应检查导线有无障碍物挂住，导线与牵引绳应可靠连接，线盘架应安放稳固、转动灵活、制动可靠。

（2）放线、紧线时，应检查接线管和接线头以及过滑轮、横担、树枝、房屋等处无卡压现象。

15. **答：**紧线、撤线前，应检查拉线、桩锚及杆塔位置正确、牢固。

16. **答：**放线、紧线与撤线作业时工作人员不应站在或跨在以下位置：

(1) 已受力的牵引绳上。

(2) 导线的内角侧。

(3) 展放的导（地）线。

(4) 钢丝绳圈内。

(5) 牵引绳或架空线的垂直下方。

17. **答：**不应采用突然剪断导（地）线的方法松线。

18. **答：**放线、撤线或紧线时，应采取措施防止导（地）线由于摆（跳）动或其他原因而与带电导线间的距离不符合 GB26859—2011 中表 4 的规定。

19. **答：**(1) 同杆塔架设的多回线路或交叉档内，下层线路带电时，上层线路不应进行放、撤导（地）线的工作。

(2) 上层线路带电时，下层线路放、撤导（地）线应保持 GB 26859—2011 中表 4 规定的安全距离，采取防止导（地）线产生跳动或过牵引而与带电导线接近至危险范围的措施。

20. **答：**在起吊、牵引过程中，受力钢丝绳的周围、上下方、内角侧，以及起吊物和吊臂下面，不应有人逗留和通过。

21. **答：**采用单吊线装置更换绝缘子和移动导线时，应采取防止导线脱落的后备保护措施。

22. **答：**在电力设备附近进行起重作业时，起重机械臂架、吊具、辅具、钢丝绳及吊物等与架空输电线及其他带电体的最小安全距离应符合 GB 26859—2011 中表 5 的规定。

23. **答：**(1) 装运电杆、变压器和线盘应用绳索绑扎牢固，混凝土杆、线盘应塞牢，防止滚动或移动。

(2) 装运超长、超高或重大物件时，物件重心应与车厢承重重心基本一致，超长物件尾部应设标志。

24. **答：**挖坑前，必须与有关地下管道、电缆的主管单位取得联系，明确地下设施的确实位置，做好防护措施。组织外来人员施工时，应交代清楚，并加强监护。

25. **答：**在超过 1.5m 深的坑内工作时，抛土要特别注意防止土石回落坑内。

26. **答：**在松软土地挖坑，应有防止塌方措施，如加挡板、撑木等。禁止由下部掏挖土层。

27. **答：**在居民区及交通道路附近挖的基坑，应设坑盖或可靠围栏，夜间挂红灯。

28. **答：**塔脚检查，在不影响铁塔稳定的情况下，可以在对角线的两个基脚同时挖坑。

29. **答：**进行石坑、冻土坑打眼时，应检查锤把、锤头及钢钎子。打锤人应站在扶钎人侧面，严禁站在对面，并不得戴手套，扶钎人应戴安全帽。钎头有开花现象时，应更换修理。

30. **答：**变压器台架的木杆打帮桩时，相邻两杆不得同时挖坑。承力杆打帮桩挖坑时，应采取防止倒杆的措施。使用铁锹时，注意上导导线。

31. **答：**(1) 立、撤杆塔等重大施工项目（具体项目由供电局决定）应制定安全技术措施，并经局主管生产领导（总工程师）批准。

（2）立、撤杆要设专人统一指挥。开工前，讲明施工方法及信号，工作人员要明确分工、密切配合、服从指挥。

（3）在居民区和交通道路上立、撤杆时，应设专人看守。

（4）立、撤杆要使用合格的起重设备，严禁过载使用。

（5）整体组立杆塔，还应制定具体施工安全措施。

32. 答：立杆及修整杆坑时，应有防止杆身滚动、倾斜的措施，如采用叉杆和拉绳控制等。

33. 答：顶杆及叉杆只能用于竖立轻的单杆，不得用铁锹、桩柱等代用。立杆前，应开好"马道"。工作人员要均匀地分配在电杆的两侧。

34. 答：（1）使用抱杆立杆时，主牵引绳、尾绳、杆塔中心及抱杆顶应在一条直线上。抱杆应受力均匀，两侧拉绳应拉好，不得左右倾斜。固定临时拉线时，不得固定在有可能移动的物体上，或其他不可靠的物体上。

（2）杆塔起立离地后，应对各吃力点处做一次全面检查，确无问题，再继续起立。起立 60°后，应减缓速度，注意各侧拉绳。

35. 答：利用旧杆立、撤杆、应先检查杆根，必要时应加设临时拉线。

36. 答：使用吊车立、撤杆时，钢丝绳套应吊在杆的适当位置以防止电杆突然倾倒。

37. 答：已经立起的电杆，只有在杆基回土夯实完全牢固后，方可撤去叉杆及拉绳。杆下工作人员应戴安全帽。

38. 答：在撤杆工作中，拆除杆上导线前，应先检查杆根，做好防止倒杆措施，在挖坑前应先绑好拉绳。

39. 答：（1）上木杆前，应先检查杆根是否牢固。

（2）遇有冲刷、起土、上拔的电杆，应先培土加固或支好架杆、或打临时拉线后，再行上杆。

（3）凡松动导、地线，拉线的电杆，应先检查杆根，并打好临时拉线或支好架杆后，再行上杆。

（4）新立电杆在杆基未完全牢固以前，严禁攀登。

（5）上杆前，应先检查登杆工具，如脚扣、升降板、安全带、梯子等是否完整牢靠。

（6）攀登杆塔脚钉时，应检查脚钉是否牢固。

40. 答：在杆、塔上工作，必须使用安全带和戴安全帽。安全带应系在电杆及牢固的构件上，应防止安全带从杆顶脱出或被锋利物伤害。系安全带后必须检查扣环是否扣牢。在杆塔上作业转位时，不得失去安全带保护。

使用梯子时，要有人扶持或绑牢。

41. 答：上横担时，应检查横担腐朽锈蚀情况，检查时安全带应系在主杆上。

42. 答：检修杆塔不得随意拆除受力构件，如需要拆除时，应事先做好补强措施。调整倾斜杆塔时，应先打好拉线。杆塔上有人工作时，不准调整或拆除拉线。

43. 答：现场人员应戴安全帽。杆上人员应防止掉东西，使用的工具、材料应用绳索传递，不得乱扔。杆下应防止行人逗留。

44. **答：**（1）放、换导线等重大施工项目（具体项目由供电局决定）应制订安全技术措施，并经局主管生产领导（总工程师）批准。

（2）放线、撤线和紧线工作，均应设专人统一指挥、统一信号，检查紧线工具及设备是否良好。

（3）交叉跨越各种线路、铁路、公路、河流等放、撤线时，应先取得主管部门同意，做好安全措施，如搭好可靠的跨越架、在路口设专人持信号旗看守等。

45. **答：**（1）紧线前，应先检查拉线、拉桩及杆根，如不能适用时，应加设临时拉线加固。

（2）紧线前应检查导线有无障碍物挂住。

（3）紧线时应检查接线管或接线头以及过滑轮、横担、树枝、房屋等有无卡住现象。

（4）工作人员不得跨在导线上或站在导线内角侧，防止意外跑线时抽伤。

46. **答：**（1）撤线前，应先检查拉线、拉桩及杆根。如不能适用时，应加设临时拉线加固。

（2）严禁采用突然剪断导、地线的做法松线。

47. **答：**炸药和雷管在运输、携带和存放中应遵守以下规定：

（1）炸药和雷管应分别运输、携带和存放，严禁和易燃物放在一起，并应有专人保管。

（2）如在车辆不足的情况下，允许同车携带少量炸药（不超过 10kg）和雷管（不超过 20 个）。携带雷管人员应坐在驾驶室内，车上炸药应有专人管理。

（3）运输中雷管应有防震措施。携带雷管时，必须将引线短路。

（4）电雷管与电池不得由同一人携带。雷雨天不应携带电雷管，并应停止爆破作业。在强电场附近不得使用电雷管。

48. **答：**爆破人员应经过专门培训。爆破工作应有专人指挥。爆破时应考虑对周围建筑物、电力线、通信线等设施的影响，如有砸碰可能时，应采取特殊措施。

49. **答：**运送和装填炸药时，不得使炸药受到强烈冲击挤压，严禁使用金属物体往炮眼内推送炸药，应使用木棒轻轻捣实。

如遇有哑炮时，应等 20min 后再去处理。不得从炮眼中抽取雷管和炸药。重新打眼时，深眼要离原眼 0.6m；浅眼要离原眼 0.3～0.4m，并与原眼方向平行。

50. **答：**电雷管的接线和点火起爆必须由同一人进行。

51. **答：**火雷管的导火索长度应能保证点火人离开危险区范围。点火者于点燃导火索后应立即离开危险区。

雷管和导火索连接时，应使用专用钳子夹雷管口，严禁碰雷汞部分，严禁用牙咬雷管。

52. **答：**爆破基坑应根据土壤性质、药量、爆破方法等规定危险区。一般钻孔闷炮危险区半径为 50m；土坑开花炮危险区半径应为 100m；石坑危险区半径应为 200m；裸露药包爆破的危险区半径不小于 300m。

如用深孔爆破加大药力时，应按具体情况扩大危险范围。

53. **答：**（1）爆破现场的工作人员都应戴安全帽。准备起爆时，除点导火索的人以外，都必须离开危险区进行隐蔽。

（2）起爆前要再次检查危险区内是否有人停留，并设人警戒。放炮过程中严禁任何人进入危险区内。

（3）如需在坑内点火放炮时，应事先考虑好点火人能迅速、安全地离开坑内的措施。

54.**答：**（1）起重工作必须由有经验的人领导，并应统一指挥、统一信号，明确分工，做好安全措施。

（2）起重机具均应有铭牌标明允许工作荷重，不得超铭牌使用。无铭牌或自造的起重机具，必须经试验合格后，方准使用。

（3）起重机械，如绞磨、汽车吊、卷扬机、手摇绞车等，必须安置平稳牢固，并应设有制动和逆制装置。

（4）工作前，工作负责人应对起重工作和工具进行全面检查。

55.**答：**（1）起重时，在起重机械的滚筒上至少应绕有五圈钢丝绳，拖尾钢丝绳应随时拉紧，并应由有经验的人负责。

（2）起吊物体必须绑牢，物体若有棱角或特别光滑的部分时，在棱角和滑面与绳子接触处应加以包垫。

（3）使用开门滑车时，应将开门勾环扣紧，防止绳索自动跑出。

（4）当重物吊离地面后，工作负责人应再检查各受力部位，无异常情况后方可正式起吊。

（5）在起吊、牵引过程中，受力钢丝绳的周围、上下方、内角侧和起吊物的下面，严禁有人逗留和通过。

56.**答：**起重钢丝绳的安全系数应符合下列规定：

（1）用于固定起重设备为 3.5。

（2）用于人力起重为 4.5。

（3）用于机动起重为 5～6。

（4）用于绑扎起重物为 10。

（5）用于供人升降用为 14。

57.**答：**钢丝绳应定期浸油，遇有下列情况之一者应予报废：

（1）钢丝绳在一个节距中有下表内的断丝根数者。

钢 丝 绳 断 丝 根 数

最初的安全系数	钢丝绳结构							
	6×19＝114+1		6×37＝222+1		6×61＝366+1		18×19＝342+1	
	逆捻	顺捻	逆捻	顺捻	逆捻	顺捻	逆捻	顺捻
小于6	12	6	22	11	36	18	36	18
6～7	14	7	26	13	38	19	38	19
大于7	16	8	30	15	40	20	40	20

（2）钢丝绳断股者。

（3）钢丝绳的钢丝磨损或腐蚀达到原来钢丝直径的 40％ 及以上，或钢丝绳受过严重退火或局部电弧烧伤者。

（4）钢丝绳压扁变形及表面起毛刺严重者。

（5）钢丝绳断丝数量不多，但断丝增加很快者。

58. **答**：起重机具应妥善保管、列册登记，定期检查试验。

59. **答**：常用登高、起重工具试验标准和试验周期如下表所示。

常用登高、起重工具试验标准和试验周期

分类	名称		试荷时间/min	试验静拉力/N	试验静重（允许工作荷重倍数）	试验周期	外表检查周期
登高工具	安全带	大带	5	2205		半年一次	每月一次
		小带		1470			
	安全腰绳		5	2205		半年一次	每月一次
	升降板		5	2205		半年一次	每月一次
	脚扣		5	980		半年一次	每月一次
	竹（木）梯		5	试验荷重1765N		半年一次	每月一次
起重工具	白棕绳		10		2	每年一次	每月一次
	钢丝绳		10		2	每年一次	每月一次
	铁链		10		2	每年一次	每月一次
	葫芦及滑车		10		1.25	每年一次	每月一次
	扒杆		10		2	每年一次	每月一次
	夹头及卡		10		2	每年一次	每月一次
	吊钩		10		1.25	每年一次	每月一次
	绞磨		10		1.25	每年一次	每月一次

60. **答**：使用车辆、船舶运输，不得超载。运电杆、变压器和线盘必须绑扎牢固，防止滚动、移动伤人。

61. **答**：（1）装卸电杆应防止散堆伤人。当分散卸车时，每卸完一处，必须将车上其余的电杆绑扎牢固后，方可继续运送。

（2）多人抬杆，必须同肩，步调一致，起放电杆时应互相呼应。

（3）凡用绳子牵引杆子上山，必须将杆子绑牢，钢丝绳不得触磨地面，爬山路线两侧5m以内，不得有人停留或通过。

第十章 配电设备上的工作

原文："10 配电设备上的工作"

第一节 一 般 要 求

原文："10.1 一般要求"

一、条文 10.1.1

原文："10.1.1 在高压配电室、箱式变电站、配电变压器台架上的停电工作，应先拉开低压侧刀开关，后拉开高压侧隔离开关或跌落式熔断器，再在停电的高、低压引线上验电、接地。"

（一）工作票

配电设备［包括高压配电室、箱式变电站、配电变压器台架、低压配电室（箱）、环网柜、电缆分支箱］停电检修时，应使用电力线路第一种工作票；同一天内几处高压配电室、箱式变电站、配电变压器台架进行同一类型工作，可使用一张工作票。高压线路不停电时，工作负责人应向全体人员说明线路上有电，并加强监护。

以上要求是国网《安规》中规定的，国标安规中未提出这一要求。

（二）停电操作顺序

在高压配电室、箱式变电站、配电变压器台架上的停电工作，应先拉开低压侧刀开关，后拉开高压侧隔离开关或跌落式熔断器，再在停电的高、低压引线上验电、接地。

国网《安规》更进一步指出：在高压配电室、箱式变电站、配电变压器台架上进行工作，不论线路是否停电，应先拉开低压侧刀开关，后拉开高压侧隔离开关或跌落式熔断器，再在停电的高、低压引线上验电、接地。以上操作可不使用操作票，在工作负责人监护下进行。

（三）验电和接地

（1）环网柜、电缆分支箱等箱式配电设备宜设置验电和接地装置。

（2）高压配电设备验电时，应戴绝缘手套。

（3）进行配电设备停电作业前，应断开可能送电到待检修设备、配电变压器各侧的所有线路（包括用户线路）断路器、隔离开关和熔断器，并验电、接地后，才能进行工作。

（4）两台及以上配电变压器低压侧共用接地引下线时，其中一台停电检修时，其他配电变压器也应停电。

（四）10kV 配电网

1. 对 10kV 配电变压器的要求

（1）新建和改造的台区，应选用低损耗配电变压器（目前主要是采用 S9 系列和少量非晶合金配电变压器）。64、73 系列高能耗配电变压器要全部更换。

（2）容量在 315kVA 及以下的配电变压器宜采用杆上配置，容量在 315kVA 以上的配电变压器宜采用落地式安装。宜选用多功能配电柜，不宜再建配电房。

（3）新建和改造配电变压器台应达到以下安全要求。

1）柱上及屋上安装式变压器底部对地距离不得小于 2.5m。

2）落地安装式变压器四周应建围墙（栏），围墙（栏）高度不得小于 1.8m，围墙（栏）距变压器的外廓净距不小于 0.8m，变压器底座基础应高于当地最大洪水位，但不得小于 0.3m。

（4）变压器的安装地点应交通方便，地势较高并易于巡视检查。对周围空间凌乱、架空线多的地点以及转角杆、T 接线杆装有其他设备的电杆上，均不能安装变压器。

2. 对 10kV 变台的要求

（1）变压器台的建筑应牢固、可靠，不得倾斜，满足高压线路不停电状态下进行检修时的安全防护距离。变压器应安装平稳，采用杆上安装时，其倾斜不得大于 20mm；采用杆台上安装时，所搭设的横担与支承物应有足够的强度，所用角钢不得小于 L75×8 的规格，槽钢不得小于 10 号，均需采用镀锌或防腐处理，支承的混凝土电杆应装设底盘。双杆台上只适于安装容量不超过 315kVA 的配电变压器，过大时应采用落地方式安装。

（2）配电变压器台各部必须满足规定的对地安全垂直高度：①对变压器支承架为 2.5～3m；②高压跌落式熔断器距地面为 4.5～5m，熔断器之间水平距离应大于 600mm。

（3）配电变压器的高压侧宜采用国家定型的新型熔断器和金属氧化物避雷器。低压侧总开关应采用自动空气开关，并加装剩余电流动作保护器。各侧引线都应使用多股绝缘线，铜线截面积不得小于 16mm²，铝线截面积不得小于 35mm²。各引线应拉紧，与变压器外壳、电杆、横担等接地体的距离不得小于 200mm；高压引线间的距离在其固定处不得小于 300mm；低压引线之间及其对其他物体的距离不得小于 150mm。

3. 对配电变压器保护的要求

配电变压器低压侧或其内部发生故障时，应靠相应熔断器熔断来实现保护作用，熔丝选择是否适当对设备和供电安全影响很大。选择熔丝应注意以下几点。

（1）配电变压器低压侧熔丝，负荷率在 80% 以下时，按其额定电流值选配；负荷率在额定状态时，考虑电动机启动、电网电压变化，可按其额定电流 1.2 倍值选配熔丝。

（2）高压侧熔断器熔丝应根据变压器容量大小、负荷率并结合实际与上级保护特性配合（即分、支路熔断器）。对过负荷的保护，侧重从低压侧保护上考虑，高压侧熔丝应不影响设备出力达到铭牌规定值。配电变压器发生故障短路，应先熔断该保护熔丝。当配电变压器容量在 50kVA 及以下时，熔丝电流宜按 2.0～3.5 倍额定电流选取；当配电变压器容量在 80～100kVA 时，熔丝电流按 1.5～2.5 倍额定电流选取；当配电变压器容量在 100kVA 以上时，熔丝电流按 1.5～2 倍额定电流选取。熔丝规格不能小于 3A。

（3）保护动作配合，除了动作电流配合外，还要求配电变压器高压熔丝的熔断时间应小于上级保护熔断器熔断动作时间。进行这种动作时限和电流值的配合时，应结合实际并根据熔断器伏安特性曲线来求得。

（4）对于较大的高压熔丝，必须按所需规格配置。高压熔丝的熔断特性是非线性的，不能按照简单的算法将其并联使用。

4．对配网的要求

（1）城镇配网应采用环网布置，开网运行的结构。乡村配网以单放射式为主，较长的主干线或分支线装设分段或分支开关设备，应积极推广使用自动重合器和自动分段器，并留有配网自动化发展的余地。

（2）导线应选用钢芯铝绞线，导线截面根据经济电流密度选择，并留有不少于 5 年的发展余度，但应不小于 35mm²，负荷小的线路末段可选用 25mm²。一般选用裸导线，在城镇或复杂地段可采用绝缘导线。

（五）配电变压器巡视检查项目和运行维护项目

1．配电变压器巡视检查项目

（1）音响正常。正常运行中变压器所发出的是均匀而轻微的"嗡嗡"声，内部应无爆裂声及变调的严重异响。

（2）油色正常。变压器油的颜色应为浅黄色或浅红色。油标管中油位应与当时环境温度线相适应，无满油或看不见油位情况，注意检查排除假油位。

变压器油的作用如下。

1）散热。变压器油充斥于器身之内，吸收绕组和铁芯的发热量，在散热器回路循环时带出散去。

2）增加设备相间、层间以及主绝缘的能力，使整个设备的绝缘强度提高。

3）隔离作用。变压器中充油后只有油枕中的油与空气在界面上接触，可防止设备元件的氧化和潮浸，保证其绝缘能力不至于降低。

（3）变压器本体完好、清洁，无严重的油漆脱落和渗漏油现象，瓷套管无破损、裂纹和放电痕迹。

（4）所带负荷适中、无过负荷现象。上层油温未超过规定的允许值，法兰散热情况良好，各引线弛度合适，电气距离符合要求、接线柱紧密无发热。

（5）检查一、二次熔丝完好，符合技术条件，高压熔丝不得用铜、铝线等金属丝代替。

（6）防雷保护设施齐全。变压器接地装置完整，接地电阻合格，各接地引线连接处接触牢固完好。

2．配电变压器无载调压操作

因为配电变压器容量均较小，绝大多数都是采用无载调压方式，而电网电压随运行方式和负荷变化，往往会超出允许的电压质量变动范围。这对变压器的正常运行和用户用电设备的出力及使用寿命都有直接影响。通过操作分接开关来改变二次电压是运行维护人员应该掌握的普通的技能之一，操作时应注意以下事项。

（1）操作之前，应熟知该变压器分接开关的结构及操作的基本技巧，参照铭牌标注的具体的档位数值，平稳地使用扳手或其他工具来扭动档位，防止过扭或损坏分接开关传动杆与低部触头而造成接触不良。

（2）分接开关切换到分头后，必须测量直流电阻。为准确起见，应使用惠斯顿电桥，并按要求拆、接引线和调试。所用测量仪表准确度等级应不低于 0.5 级，以便于对测试结果进行比较。

（3）经测试，三相电阻不平衡已超过规定的数值（即三相中最大差值与三相平均值之比的百分值，一般不超过 2%）时，可能是内部接触部分未用分头存在被氧化、烧伤、弹簧压力降低等原因而造成接触不良。可将分接开关进行多次往复切换，然后再作测试。属于上述氧化原因的话，不平衡值会有些改变。

（4）分接开关操作调整完毕，将变压器投入运行后，应对其输出电流、电压等进行全面检查，并做好各项调试记录。

3. 配电变压器预防性试验项目和标准

配电变压器的预防性试验在有关试验规程中都有详细、明确的规定，其内容见表 10 - 1 - 1。

表 10 - 1 - 1　　　　　　　　　　配电变压器预防性试验项目标准周期

项　　目	类　　别		
	标准值	周期	试验方法说明
测量绝缘电阻 /MΩ	不作规定	每 1～2 年/次	测量结果须折算到 20℃时或同一温度下，并与以前的测量结果比较，所测结果不应低于以前测量结果的 70%
交流耐压 试验 /kV	0.4	4	泄漏电流不作规定，与历年数值比较不应有显著变化
	6	21	
	10	30	
测量绕组的直流电阻			（1）对大于 630kVA 以上的配电变压器，绕组直流电阻折算到同一温度下各相相互间的差别，不应大于三相平均值的 2%，并与出厂时或交接时试验结果比较； （2）对于 630kVA 以下的配电变压器绕组直流电阻，相间差别一般不大于三相平均值的 4%，线间差别一般也不大于三相平均值的 2%
绝缘油电气 强度/kV	运行中	20	
	新投入	25	

（六）配电变压器停电检修

1. 配电变压器检修填用电力线路第一种工作票

配电变压器台（架、室）停电检修时，应使用电力线路第一种工作票；同一天内几处配电变压器台（架、室）进行同一类型工作，可使用一张工作票。高压线路不停电时，工作负责人应向全体人员说明线路上有电，并加强监护。

配电变压器停电检修时，同一类型的工作是指内容相同，其操作方法、安全措施和有关要求也相同的工作，所以同一天内在多处变压器台（架、室）上进行同类型工作，可以用一张工作票，但工作票需写明所要检修的配电变压器的名称，需要高压线路停电时，一张工作票只适用于一条线路。

上述工作，都要履行许可手续。

（1）同一条线路上的多台配电变压器停电进行同类型的工作，因为工作内容相同，停电范围一致，所以安全措施的设置也能够统一和规范，可以统一在同一张线路、一种工作票之中，由一名工作负责人负责实施。如果属于某一支路段停电，则安全措施布设更为统一简便。

（2）多台配电变压器上进行同类型工作时，按照专业技术进行操作不需要停电，那么就可以填用一张电力线路第二种工作票（如按周期测量配变接地体的接地电阻的工作）。工作票签发人和工作负责人应注意区分，不可将不同线路的全部停电与部分停电的工作共票进行，也不能将部分停电与不停电的工作混票进行，混淆安全措施易发生事故。

国网《安规》对此规定如下。

配电设备〔包括：高压配电室、箱式变电站、配电变压器台架、低压配电室（箱）、环网柜、电缆分支箱〕停电检修时，应使用电力线路第一种工作票；同一天内几处高压配电室、箱式变电站、配电变压器台架进行同一类型工作，可使用一张工作票。高压线路不停电时，工作负责人应向全体人员说明线路上有电，并加强监护。

2. 配电变压器检修安全措施

在配电变压器台（架、室）上进行工作，不论线路已否停电，必须先拉开低压刀开关（不包括低压熔断器），后拉开高压隔离开关或跌落熔断器，在停电的高压引线上接地。上述操作在工作负责人监护下进行时，可不用操作票。

配电变压器停电操作前，人员不能登上变压器台，以防安全距离不够伤人，只有待三相跌落式熔断器全断开才能上台工作。

如高压侧为跌落式熔断器时，拉开后应将熔丝管摘下，在停电的高压引线上验电装设接地线，同时在低压侧也应验电装设接地线。有的单位低压侧不验电即装设地线是不对的，因为低压侧有可能倒送电引起危险。

配电变压器停电检修的安全措施包括下述几点。

（1）首先根据检修内容和范围确定需要停电的范围。工作票签发人需要掌握检修设备及其安装地点的主要情况，针对现场条件确定停电并范围。配电变压器高压侧隔离开关或跌落式熔断器检修时，必须将所连接的线路全部或部分（分、支路段）停电短路接地，使检修地点能得到接地线保护。

（2）填用线路第一种票的工作，实施部分停电的配电变压器单元设备检修时，工作负责人应向全体人员指明周围设备确切的带电部位，强调应保持的安全距离，并在现场设立监护人。设置安全防护存在困难时，还应采取其他措施，如装设绝缘罩、加设绝缘挡板等。

（3）变压器本体单元操作停电时，应先断开低压侧全部负荷刀开关，后拉开高压侧跌落式熔断器，根据工作范围确定接地线挂设地点并在高压引下线上验电装设接地线。单元设备的接线较复杂时，为保证操作无差错，应填用电气操作票，在监护人监护下按规定审核各操作步骤，保证其程序正确无误。

3. 吊放变压器安全注意事项

在吊起或放落变压器前，必须检查配电变压器台的结构是否牢固。

吊起或放落变压器时，应遵守邻近带电部分有关规定。

4. 配电变压器停电试验安全措施

配电变压器停电进行试验时，台架上严禁有人，地面有电部分应设围栏，悬挂"止步，高压危险！"的标示牌，并有专人监护。

配电变压器试验时，试验电压很高，台架上空间较小，安全距离不够，所以台架上的人员必须全部撤下来。

配电变压器高压试验应注意遵守以下几点。

（1）进行配变交流耐压试验时，试验电压为额定电压的数倍，而架台面积窄小，安全防护距离受到限制，因而进行试验时，台架上严禁有人停留。拆接线人员应执行高压试验有关规定，杜绝违章作业。

（2）试验用高压试验设备布置在地面上时，应按照试验高压值所要求的安全距离布置围栏范围，防止外人误闯入。临时围栏上应悬挂"止步，高压危险！"的标示牌，并根据需要在现场设立专人监护。

5. 配电变压器绝缘油的试验

绝缘油的主要试验项目及标准如下。

（1）外观色度。根据经验对绝缘油的色泽目视观察并加以判断，纯净的油品外观透明略带淡黄色，而当发现油色变化严重时，则说明油质已经劣化。

绝缘油标号一般有 10 号、25 号和 45 号三种，同时也代表各自的凝固点。当用于断路器（不发热元件）时，可根据地区最低气温选用较高牌号油；若用于变压器时，因其内部发热，以最低气温天气运行时不被凝固为前提选择。

（2）黏度。是绝缘油重要的性质之一，它与温度有着紧密的关系。运行中油浸变压器热量的散发主要是靠油循环来实现的，黏度大小直接牵涉流动性而影响散热效果。若油的黏度大，则液体分子运动时的摩擦阻力也大，油的冷热对流循环必须不畅。有关标准规定，当试油温度为 20℃时，其运动黏度应不大于 30St；当试油温度为 50℃时，其运动黏度不大于 9.6St。

（3）水分。水分对绝缘油的绝缘水平特别是击穿电压影响很大。有试验表明，当含水量为 0.03％时，其击穿电压将降低 1/4。绝缘油中的水分来自两个方面：①潮气侵入；②油中有机物质受温度作用分解。这些水分几乎都是以显微状态析出的，当其被溶于油中后，即成为电的良导体，因此必须想方设法来消除油中水分。按有关规程规定标准，绝缘油的含水量应小于 0.003％。

（4）杂质。杂质是指油中含有的固体绝缘纤维及空气中的灰尘，以及油中的有机物不饱和烃类分解出的氧化物、油泥等。油中的杂质以悬浮状态存在时，其吸附性及多孔性极易吸收水分，因而油中不允许存在杂质。

（5）游离碳。是绝缘油在电弧高温时油质被分解后剩余的残质，单独的碳微粒对油的性能影响并不大，但它对水分特别敏感，在电场作用下即形成游离碳。变压器油中不允许存在游离碳。

（6）闪点。是指绝缘油被加热时所发生的蒸汽与空气混合后，接近火焰而发生闪燃的温度。对闪点进行测定，实际上是对油中易挥发成分如较轻馏分的低分子烃所形成的气体及溶解气体的测定。对于绝缘油，此闪燃温度要求越高越好，新油及再生油闪点应不低于140℃，运行中油亦不能比新油标准降低5℃。

（7）酸价。表示其中有机酸的数值。主要是由于氧气对油中烃类化合物氧化以及混入油中的杂质在温度作用下产生的。酸价的测定是以中和每克油中有机酸所用的 KOH 的毫克数来表示，规程规定新油的酸价值应不大于 0.03mg/g。运行中不大于 0.1mg/g。

（8）击穿电压。绝缘油击穿电压要求见表 10-1-2。

表 10-1-2   绝缘油击穿电压要求   单位：kV

使用设备电压等级	3～15		20～35		63～220		330		500	
	新油及再生油	运行油	新油及再生油	运行油	新油及再生油	运行油	新油及再生油	运行油	新油及再生油	运行油
试验电压（不小于）	30	25	35	30	40	35	50	45	60	50

（七）柱上断路器、跌落熔断器检修

线路柱上断路器、隔离开关、跌落式熔断器进行检修时，必须在连接该设备的两侧线路全部停电，并验电接地后，才能进行工作。

国网《安规》对此规定如下：进行配电设备停电作业前，应断开可能送电到待检修设备、配电变压器各侧的所有线路（包括用户线路）断路器、隔离开关和熔断器，并验电、接地后，才能进行工作。

（八）电力电容器巡视检查安全注意事项

（1）电容器不得过负荷运行。这是因为电容器的介质损失（P_s）与电容器所承受的电压 U_N 的平方成正比，即 $P_s = 2\pi f C U_N^2 \tan\delta \times 10^{-6}$（W）。当运行电压超过额定值时，介质损耗增加很多，内部发热将使绝缘老化加快，降低电容器使用寿命。所以，有关标准规定，当有过电压出现时，其值不得超过额定电压 U_N 的 1.1 倍；三相电流不平衡值不得超过电容器额定电流的 5%；电容器电流不能超过额定电流的 1.3 倍。巡视时应通过所装接表计进行监视。

（2）各连接部位应严密、可靠，各电容器金属外壳和架构应有可靠的接地。

（3）电容器应无异常声响和发热，各接头无严重过热和熔焊。用于温度监视的变色漆等无发热显示。

（4）电容器本体完好，无鼓肚、喷油和渗漏油现象。各绝缘套管部分绝缘良好，无破损裂纹和放电现象。

（5）发现电容器开关跳闸后，应根据其保护动作情况，全面查清原因，经查确实无问题，才可按规定试合电容器开关。

（九）电容器停电工作

1. 安全措施

进行电容器停电工作时，应先断开电源，将电容器放电和接地后才能进行工作。

电力电容器作为无功补偿设备，当它从电网上被切除时，所带的残余电压仍然很高，其最大值与电网的峰值电压相等。切除后数秒钟时电容电压用下式表示为

$$U_t = U_0 e^{-\frac{t}{RC}} \times 10^{-3} \text{（kV）}$$

式中　U_0——电容器被切除瞬间的电源电压，V；

　　　　R——电容器组本体等效放电回路电阻，Ω；

　　　　C——电容器的电容量，F。

端电压下降的速度，取决于电容器本身的绝缘电阻 R 所决定的时间常数 $T=RC$。由于电容器绝缘能力很好，自放电速度是很缓慢的，远达不到规程规定的放电时间 $t \leqslant 30s$、电容器残压 $U_t \leqslant 65V$ 的要求，因此电力电容器必须装设放电装置，以确保工作人员的人身安全。

（1）对于额定电压 1kV 以上的电容器，可利用装置自投或手动投入"V"形接线的电压互感器或放电变压器的一次绕组放电。放电后认真检查，看其是否达到了要求。

（2）电容器放电所采用的专用电阻，其正常运行的功率损耗应不超过 1W/kvar 的标准。对于低压电容器组放电，可以用两个 220V 白炽灯泡串联，或根据需要接成 Y 形或 $\triangle$ 形与电容器并接放电。

（3）额定容量 100kvar 及以上的电容器，虽然装置本身已有放电电阻，但为了安全作业，该装置仍然需设置放电线圈，它的有功功率损耗不得超过其额定容量的 1%。

（4）对于串容器组，经放电装置放电后，仍可能有部分残存电荷未放尽，应再进行一次人工放电。操作时，作业人员应做好自身安全防护，将接地棒多次接触电容器套管接线柱头，直至无火花和放电声响后方可将接地线的导体端固接在其引线上，将电容器接地。

（5）检修电容器组，拆动串联电容器之间的连接线时，作业人员应善于使用短接线随时将它们单个对地放电或将其两极短接，确保工作安全。

2. 电力电容器预防性试验项目

（1）电容。这是指在单位电压作用下电容器极板上储存电荷的能力，其数值为 $C=Q/V$（F）。通过对电容值的测量，并与设备铭牌电容值比较，可以间接地看出电容器内部性状的变化。所测出的电容值以不超出厂家参数值的 $\pm 10\%$ 为合格。

（2）绝缘电阻。绝缘电阻大小反映电容器各部分之间介质的绝缘程度。对于额定电压 1kV 及以下的电容器，应使用 1000V 绝缘电阻表测量；额定电压在 1kV 以上的电容器，应使用 2500V 绝缘电阻表测量，测量时应分别测量两极对外壳和两极之间的绝缘电阻。由于电容器自身的特点，测量时特别应注意几点。

1）对反复充分放电完毕的电容器，绝缘电阻表 L 端应待其转速接近额定值 120N/min 时才可接触电容器接线柱，并记录充电 15s 和 60s 时的读数，如若不测吸收比，则待电容器充电后绝缘电阻表指针稳定时读取被测出的绝缘电阻值。

2）为防止损坏绝缘电阻表，L 端应在读取数值后绝缘电阻表仍以额定转速摇转时即离开被测接线柱，之后才能停转绝缘电阻表。将电容器组充分对地放电，所测绝缘电阻值与历次试验结果相比较，应无明显降低。

（3）电容器两极对外壳的交流耐压试验标准值见表 10-1-3。

表 10-1-3　　　　　　　　　　电力电容器交流耐压试验标准　　　　　　　　单位：kV

额定电压	$\leqslant 0.5$	1.05	3.15	6.3	10.5
试验电压	2.1	4.2	15	21	30

（4）冲击试验。电容器合闸瞬间，在额定电压作用下会出现很大的涌进电流，对内部绝缘介质会形成冲击作用。规程规定需对电容器进行 3 次合闸冲击试验，检验其外形有无形变反应。试验时，熔丝不应熔断，三相电流差不超过三相平均值的 5％。

二、条文 10.1.2

原文："10.1.2 采用高压双电源供电和有自备电源的用电单位，高压接入点应设有明显断开点。采用低压双电源供电和有自备电源的用电单位，在电源切换点上应采取机械或电气联锁等措施。"

（1）采用高压双电源供电和有自备电源的用电单位，高压接入点应设有明显断开点。采用低压双电源供电和有自备电源的用电单位，在电源切换点上应采取机械或电气连锁等措施。

（2）作业前，检查双电源和有自备电源的用户是否已采取机械或电气连锁等防反送电的强制性技术措施。

（3）在双电源和有自备电源的用户线路的高压系统接入点，应有明显断开点，以防止停电作业时用户设备反送电。

三、条文 10.1.3

原文："10.1.3 环网柜、电缆分支箱等箱式配电设备宜设置验电和接地装置。"

高压配电室、箱式变电站、配电变压器台架、低压配电室（箱）、环网柜、电缆分支箱等都属于配电设备，在环网柜、电缆分支箱等箱式配电设备上停电工作，应有保证安全的组织措施和技术措施。应填用线路第一种工作票，验电、装设接地线。环网柜和电缆分支箱等箱式配电装置在设计和制造时应考虑设置便于作业人员验电和装设接地线的装置。

四、条文 10.1.4

原文："10.1.4 两台及以上配电变压器低压侧共用接地引下线时，其中一台停电检修时，其他配电变压器也应停电。"

两台及以上配电变压器低压侧共用接地引下线时，它们就成为一个电气部分，其中一台停电检修时，其他配电变压器如果不停电，就会在共用的接地引下线上有不平衡电流通过，对在停电变压器上检修的人员造成危害，因此其他配电变压器也应停电。因此共用接地引下线的数台配电变压器最好能安排共同停电同时检修。

五、条文 10.1.5

原文："10.1.5 高压配电设备验电时，应戴绝缘手套。"

（1）配电设备验电时，应戴绝缘手套。如无法直接验电，可以按规定进行间接验电。

（2）进行电容器停电工作时，应先断开电源，将电容器充分放电、接地后才能进行工作。

（3）配电设备接地电阻不合格时，应戴绝缘手套方可接触箱体。

（4）配电设备应有防误闭锁装置，防误闭锁装置不准随意退出运行。倒闸操作过程中，禁止解锁。如需解锁，应履行批准手续。解锁工具（钥匙）使用后，应及时封存。

（5）杆塔上带电核相对，作业人员与带电部位保持 GB 26859—2011 表 1 的安全距离。核相工作应逐相进行。

六、条文 10.1.6

原文："10.1.6 配电设备中使用的电缆接头，不应带负荷插拔。普通型电缆接头不应带电插拔。"

配电设备中使用的电缆接头，不应带负荷插拔。普通型电缆接头不应带电插拔。可带电插拔的肘型电缆接头，不宜带负荷操作。

插拔型电缆接头由于组件是在工厂中预先组装好，在工地只需将电缆插头简单地插在一起。将电缆切割到适当的长度，剥掉电缆护层并连接。在故障装置或常规服务的情况下，使用电缆插头装置可以迅速地从网络中断开。另一个优点是安装者不需要打开电缆插头装置来完成电气连接，这意味着不正确的安装，特别是防水连接器装置的不正确安装完全可以排除。所有插拔式电缆接头都不宜带负荷操作、带负荷插拔。只有肘型插拔式电缆接头可带电插拔。普通型电缆接头不应带电插拔。

第二节 架空绝缘导线作业

原文："10.2 架空绝缘导线作业"

一、条文 10.2.1

原文："10.2.1 架空绝缘导线不应视为绝缘设备，不应直接接触或接近。"

随着城镇化的进程加快、街道绿化与架空线的矛盾，使用架空绝缘导线的线路越来越多。

架空绝缘导线不应视为绝缘设备，不应直接接触或接近。应在架空绝缘导线的适当位置设立验电接地环或其他验电接地装置。不应穿越未停电接地的绝缘导线进行工作。在停电作业中，开断或接入绝缘导线前，应采取防感应电的措施。

国网《安规》的要求如下。

（1）架空绝缘导线不应视为绝缘设备，作业人员不准直接接触或接近。架空绝缘线路与裸导线线路停电作业的安全要求相同。

（2）架空绝缘导线应在线路的适当位置设立验电接地环或其他验电接地装置，以满足运行、检修工作的需要。

（3）禁止工作人员穿越未停电接地或未采取隔离措施的绝缘导线进行工作。

（4）在停电检修作业中，开断或接入绝缘导线前，应做好防感应电的安全措施。

二、条文 10.2.2

原文："10.2.2 应在架空绝缘导线的适当位置设立验电接地环或其他验电接地装置。"

在架空绝缘导线上进行停电检修，如何进行验电和装设接地线呢？这就需要在架空绝缘导线的适当位置剥除绝缘层安装一个铜验电接地环，如图 10-2-1 所示。

三、条文 10.2.3

原文："10.2.3 不应穿越未停电接地的绝缘导线进行工作。"

不能认为有绝缘层的绝缘导线带电也不会发生触电危险而可以任意穿越绝缘导线进行作业。不能把带电的绝缘导线当作停电并接地的电力线路，不能把架空绝缘导线视为绝缘设备，作业人员不准直接接近或接触，不准在其间穿越。架空绝缘导线线路与裸导线线路

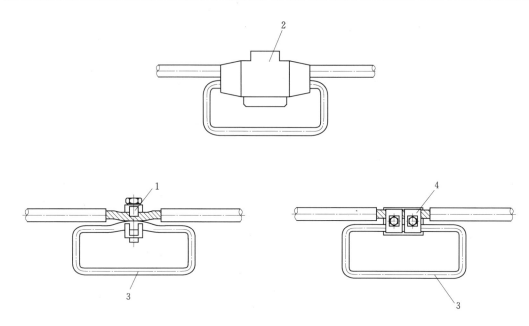

图 10 - 2 - 1　10kV 及 1kV 铜芯或铝芯绝缘导线验电接地装置图

1—JQT₂₁₃黄铜线夹；2—绝缘罩；3—铜验电接地环；4—JBL 异型铝并钩线夹

停电作业的安全要求是一致的。如作业要求需工作人员穿越未停电接地的绝缘导线，则应采取隔离措施。

四、条文 10.2.4

原文："10.2.4 在停电作业中，开断或接入绝缘导线前，应采取防感应电的措施。"

在停电作业中，如需开断或接入绝缘导线，应穿绝缘靴，戴绝缘手套和防护眼镜，以防感应电压触电。

第三节　装　表　接　电

原文："10.3 装表接电"

一、条文 10.3.1

原文："10.3.1 装表接电作业宜在停电下进行。带电装表接电时，应戴手套，防止机械伤害和电弧灼伤。"

1. 装表接电的一般要求

（1）装表接电作业宜在停电下进行。

（2）电能表与电流互感器、电压互感器配合安装时，宜停电进行。

（3）所有配电箱、电表箱均应可靠接地，且接地电阻应满足要求。作业人员在接触运用中配电箱、电表箱前，应检查接地装置是否良好，并用验电笔确认其确无电压后，方可接触。

2. 带电装表接电注意事项

（1）带电装表接电工作时，应采取防止短路、电弧灼伤和机械伤害的措施。

（2）带电工作时，应有防止电磁式电流互感器二次开路和电磁式或电容式电压互感器二次短路的安全措施。

（3）当发现配电箱、电表箱箱体带电时，应断开上一级电源将其停电，查明带电原因，并作相应处理。

（4）带电接电时，作业人员应戴手套。

二、条文 10.3.2

原文："10.3.2 带电安装有互感器的计量装置时，应防止电磁式电流互感器二次开路和电磁式或电容式电压互感器二次短路。"

1. 电流互感器

电流互感器有两个特点：①电流互感器的一次电流是由所在回路负荷决定的，一般均很大；②电流互感器二次回路是低阻抗回路，正常运行情况下，用于建立磁势的激磁电流很小，总磁化力也很小，一次绕组产生的磁化力基本上被二次绕组的磁化力所平衡，这也就是电流互感器正常运行时所具有的电磁关系。如果不慎将二次回路断开，造成开路，就会出现危险的情况，此时，二次电流为零，则二次绕组的磁化力也为零，一次电流产生的磁化力全部变成了激磁磁通，会在二次绕组上产生很高的感应电动势，有时可达千伏以上。开路产生的高电压不仅使得电流互感器铁芯严重饱和而发热，同时它可能使得二次设备和回路绝缘遭受损坏，严重威胁到电气工作人员的人身安全。其危害性非常之大。因此，在运行中必须采取可靠措施，严禁电流互感器二次侧开路运行。

简单地说，在运行中的电流互感器二次回路上工作，安全措施的中心内容就是将电流互感器二次侧可靠地短接，以及工作时防止其开路，具体实施的措施规定如下。

（1）短接二次绕组应妥善可靠，遵守《安规》规定，使用专用的短路线和短路片，在端子排或接线柱上紧密连接，禁止用缠绕的方法去短接。

（2）实施短路措施时，要防止在装、拆电流互感器短路线过程中二次侧开路发生危险。操作时，必须有专人监护，站在绝缘垫上，使用绝缘工具进行。

（3）短路线做好之后，工作只能在短路点处以后的二次部分进行，严禁在短路线之前即电流互感器与短路点之间的回路上进行任何工作。

（4）在电流互感器上工作的安全措施整体性强，工作应认真谨慎地进行，注意不得将回路的永久接地点断开。

2. 电压互感器

电压互感器的作用是把高电压按比例关系变换成 100V 或更低等级的标准二次电压，供保护、计量、仪表装置取用。同时，使用电压互感器可以将高电压与电气工作人员隔离。电压互感器虽然也是按照电磁感应原理工作的设备，但它的电磁结构关系与电流互感器相比正好相反。电压互感器二次回路是高阻抗回路，二次电流的大小由回路的阻抗决定。当二次负荷阻抗减小时，二次电流增大，使得一次电流自动增大一个分量来满足一、二次侧之间的电磁平衡关系。可以说，电压互感器是一个被限定结构和使用形式的特殊变压器。

电压互感器二次回路高阻抗的特点，决定了在其上进行工作时安全措施的主要内容，就是要严格防止二次回路短路和接地，工作时必须遵守以下规定。

（1）断接工作部分电压接线时的操作应戴绝缘手套，使用绝缘工具；操作压板应稳、应准确，各位置上旋钮应旋紧。在端子排上拆线头要做好标记和绝缘包扎，并妥善固定。

（2）接用临时试验负荷的二次电源线，应使用装有熔断器的刀闸，熔丝的熔断电流应和电压互感器各级熔断器的保护特性相配合。保证在该负荷部分发生接地短路故障时，本级熔断器先熔断而不影响总路熔断器。

（3）断开某些二次设备的引线，如果可能引起保护元件误动的，应按规定向调度部门或生产主管人员申请对该元件采取措施，必要时将其退出运行。

三、条文 10.3.3

原文："10.3.3 配电箱、电表箱应可靠接地。工作人员在接触配电箱、电表箱前，应检查接地装置良好，并用验电笔确认箱体无电后，方可接触。"

配电箱、电表箱的外壳及整个箱体是不带电的，并且有接地线与接地装置相连接。工作人员需接触配电箱、电表箱前应认为它们是有电的，应依次进行以下检查确认无电后，方可接触。

（1）检查配电箱、电表箱的接地是否可靠；

（2）接地装置良好后，用完好的验电笔验箱体看有无电压；

（3）符合上述条件后可打开箱体进行作业。

第四节　低压不停电作业

原文："10.4 低压不停电作业"

一、条文 10.4.1

原文："10.4.1 低压不停电作业时，工作人员应穿绝缘鞋、全棉长袖工作服，戴手套、安全帽和护目眼镜，站在干燥的绝缘物上进行。"

1. 低压不停电作业的一般要求

（1）低压带电作业应设专人监护。

（2）低压不停电作业时，工作人员应穿绝缘鞋、全棉长袖工作服，戴手套、安全帽和护目眼镜，并且站在干燥的绝缘物上，如木凳、橡胶等。

（3）低压不停电工作，应使用有绝缘柄的工具，站在干燥的绝缘物上进行。

（4）使用有绝缘柄的工具，其外裸的导电部位应采取绝缘措施，防止操作时相间或相对地短路。

（5）禁止使用锉刀、金属尺和带有金属物的毛刷、毛掸等工具。

2. 低压不停电作业注意事项

（1）高低压线路同杆塔架设，在低压带电线路上工作时，应先检查与高压线的距离，采取防止误碰带电高压设备的措施。在低压带电导线未采取绝缘措施时，工作人员不应穿越。

（2）在带电的低压配电装置上工作时，应采用防止相间短路和单相接地的绝缘隔离措施。

（3）上杆前，应先分清相线、中性线，选好工作位置。

断开导线时，应先断开相线，后断开中性线。

搭接导线时，顺序应相反。

人体不应同时接触两根线头。

二、条文 10.4.2

原文："10.4.2 低压不停电工作，应使用有绝缘柄的工具。"

低压不是安全电压，低压不停电工作时，作业人员应使用有绝缘柄的工具，如有绝缘柄的螺丝刀、克丝钳、断线钳等。

三、条文 10.4.3

原文："10.4.3 高低压线路同杆塔架设，在低压带电线路上工作时，应先检查与高压线的距离，采取防止误碰带电高压设备的措施。在低压带电导线未采取绝缘措施时，工作人员不应穿越。"

这是一种特殊的低压不停电作业，不停电的低压线路在同杆架设的高压线路之下。如果不在高低压带电导线之间采取绝缘隔离措施，工作人员不得穿越，以防误碰带电的高压设备。一般来讲同杆架设的高低压线路之间的安全距离只是考虑了两个电压等级之间不会发生空气击穿、闪络的距离，没有留下可供人体穿越其间的距离。

四、条文 10.4.4

原文："10.4.4 在带电的低压配电装置上工作时，应采用防止相间短路和单相接地的绝缘隔离措施。"

在带电的低压配电装置上工作时，最容易发生的事故就是作业人员或工具将两相导线短路，或通过作业人员或工具发生单相接地。因此应在采用防止相间短路和单相接地的绝缘隔离措施后，作业人员方可在带电的低压配电装置上工作。

五、条文 10.4.5

原文："10.4.5 上杆前，应先分清相线、零线，选好工作位置。断开导线时，应先断开相线，后断开零线。搭接导线时，顺序应相反。人体不应同时接触两根线头。"

相线：L1、L2、L3，或 A、B、C，或 U、V、W，或黄、绿、红。

中性线：neuter，neuterl line，N。

零线：null，null line，PEN，中性线和接地保护线共用一根导线。

在 TN-C 低压配电系统，中性线和保护接地线共用，俗称为零线，应按上述 10.4.5 中的要求执行。

在 TN-S 低压配电系统，中性线和保护接地线分开，再加上 3 根相线共有 5 根导线，断开导线时，应先断开相线、中性线，最后是接地保护线。搭接导线时，首先将独立的接地保护线搭接好，然后搭接中性线和 3 根相线。

事故案例分析

【事故案例 1】 1981 年 6 月 13 日，某供电局值班人员持修理小票到 6kV 某线路一个变压器台架上进行缺相查找和恢复送电工作。在未对现场故障情况做任何检查的情况下，就先操作变压器的一次断路器，在操作过程中发生了弧光短路的停电事故。规程规定，在变压器台（架、室）上进行工作，不论线路已否停电，均必须先拉开低压隔离开关，后拉开高压隔离开关。作业人员图省事、怕麻烦，未按规程规定执行，盲目操作一次断路器而引发事故。

【事故案例 2】 某供电公司送电工区安排带电班带电处理 330kV 3033 某线路 180# 塔中相小号侧导线防震锤掉落缺陷。工作人员乘车到达作业现场，工作负责人李某某现场宣读工作票及危险点预控分析，并进行了现场分工，工作负责人李某某攀登软梯作业，王某某登塔悬挂绝缘绳和绝缘软梯，刘某某为专责监护人，地面帮扶软梯人员为王某、刘某，其余 1 名为配合人员。绝缘绳及软梯挂好，检查牢固可靠后，工作负责人李某某开始攀登软梯，李某某登到与梯头（铝合金）0.5m 左右时，导线上悬挂梯头通过人体所穿屏蔽服对塔身放电，导致其从距地面 26m 左右跌落到铁塔平口处（距地面 23m）后坠落地面（此时工作人员还未系安全带），造成 1 人死亡。本次作业的 330kV 某线铁塔为 ZMT1 型，由 ZM1 型改进，中相挂线点到平口的距离由原来的 10.32m 压缩到 8.1m；档窗的 K 接点距离由 9.2m 增加到 9.28m；两边相的距离由 17m 压缩到 13m（ZMT1 塔在北京良乡铁塔试验场通过真型试验）。但由于此次作业忽视改进塔型的尺寸变化，事前未按规定进行组合间隙验算。作业人员沿绝缘软梯进入强电场作业，绝缘软梯挂点选择不当，造成安全距离不能满足《电力安全工作规程电力线路部分》等电位作业最小组合间隙及《甘肃省电力系统带电作业现场安全工作规程》的规定（2002 年 12 月制定，经海拔修正后某地区应为 3.4m），此次作业在该铁塔无作业人时最小间隙距离约为 2.5m，作业人员进入后组合间隙仅余 0.6m，是导致事故发生的主要原因。工作票所列工作条件未涉及"等电位作业的组合间隙"以及"工作人员与接地体的距离"，重点安全措施漏项；工作条件中所列的安全距离均未按海拔高度进行校正；列入工作票的安全措施在工作现场未严格执行；工作组织不严谨，作业前未进行现场查勘，没有对现场接线方式、设备特性、工作环境、间隙距离等情况进行分析；也没有研究确定作业方案和方法及制定必要的安全技术措施；工作负责人违反《安规》规定，直接参与工作，专责监护人未尽到监护职责。事故暴露出该单位缺陷管理不规范。对于防震锤掉落的一般性缺陷，当作紧急缺陷处理；对于可通过配合线路计划检修停电处理的缺陷，却采取高风险性的带电作业进行处理。缺陷分类和分级管理的要求落实执行不到位。安全预控措施流于形式。本次带电作业未制定"作业指导书"；虽然进行了危险点分析，使用了危险点分析卡，但控制措施中仍未涉及"等电位作业的组合间隙"，以及"工作人员与接地体的距离"等关键问题；防止高空坠落的控制措施并未执行，危险点分析预控流于形式。

配套考核题解

试　　题

一、名词解释

1. 杆上变压器

2. 杆上断路器

3. 杆上隔离开关　　　　　　　　6. 配电变电站

4. 跌落式熔断器　　　　　　　　7. 配电变电站运行检修

5. 避雷器

二、填空题

1. 配电变压器台（架、室）停电检修时，应使用_____；同一天内几处配电变压器台（架、室）进行同一类型工作，可使用_____。高压线路不停电时，工作负责人应向全体人员说明线路上有电，并加强_____。

2. 在配电变压器台（架、室）上进行工作，不论线路已否停电，必须_____低压刀开关（不包括低压熔断器），_____高压隔离开关（刀闸）或跌落熔断器（保险器），在停电的高压引线上_____。上述操作在工作负责人监护下进行时，可不用_____。

3. 在吊起或放落变压器前，必须检查配电变压器台的_____是否牢固。吊起或放落变压器时，应遵守_____部分有关规定。

4. 配电变压器停电做试验时，台架上严禁_____，地面有电部分应设_____，悬挂"止步，高压危险！"的标示牌，并有_____。

5. 进行电容器停电工作时，应先_____，将电容器_____后，才能进行工作。

6. 线路柱上断路器、隔离开关、跌落熔断器进行检修时，必须在_____该设备的_____线路全部停电，并_____后，才能进行工作。

7. 低压带电作业应设专人_____，使用有_____的工具。工作时，站在干燥的绝缘物上进行，并戴_____和_____。必须穿_____工作。严禁使用锉刀、_____和带有金属物的毛刷、毛掸等工具。

8. 高低压同杆架设，在低压带电线路上工作时，应先检查与高压线的_____，采取防止误碰带电高压设备的措施。在低压带电导线未采取绝缘措施时，工作人员不得_____。

9. 在带电的低压配电装置上工作时，应采取防止_____和_____的绝缘隔离措施。

10. 在高压配电室、箱式变电站、配电变压器台架上的停电工作应_____拉开低压侧刀开关，_____拉开高压侧隔离开关或跌落式熔断器，再在停电的高、低压引线上验电、接地。

11. 采用高压双电源供电和有自备电源的用电单位，高压接入点应设有明显_____。采用低压双电源供电和有自备电源的用电单位，在电源_____上应采取机械或电气连锁等措施。

12. 环网柜、电缆分支箱等箱式配电设备宜设置_____和_____装置。

13. 两台及以上配电变压器低压侧_____接地引下线时，其中一台停电检修时，其他配电变压器也应停电。_____配电设备验电时，应戴绝缘手套。

14. 配电设备中使用的_____接头，不应带负荷_____。普通型电缆接头不应带电_____。

15. 架空绝缘导线不应视为_____设备，不应_____接触或接近。

16. 应在架空绝缘导线的适当位置设立_____或其他验电接地装置。

17. 在停电作业中，开断或接入绝缘导线前，应采取防_____的措施。

18. 装表接电作业宜在_____下进行。_____装表接电时，要戴手套，防止机械伤害和电弧灼伤。

19. 带电安装有互感器的计量装置时，应防止电磁式电流互感器二次_____和电磁式或电容式电压互感器二次_____。

20. 配电箱、电表箱应可靠接地。工作人员在_____配电箱、电表箱前，应_____接地装置良好，并用验电笔_____箱体无电后，方可接触。

21. 低压不停电作业时，工作人员应穿绝缘鞋、_____长袖工作服，戴手套、安全帽和_____。

22. 低压不停电工作，应使用有_____的工具，站在干燥的_____上进行。

23. 高低压线路同杆塔架设，在_____带电线路上工作时，应先检查与_____的距离，采取防止误碰_____设备的措施。在低压带电导线未采取绝缘措施时，工作人员不应_____。

24. 在TN-C低压供电系统，上杆前，应先分清_____、_____，选好工作位置。在TN-S低压供电系统，应先分清_____、_____和_____。

25. 断开导线时，应先断开_____，后断开_____。搭接导线时，顺序应相反。

26. 人体不应同时接触两根_____。

三、选择题

1. 配电变压器台（架、室）停电检修时，应使用（　　）；同一天内几处配电变压器台（架、室）进行同一类型工作，可使用一张工作票。高压线路不停电时，工作负责人应向全体人员说明线路上有电，并加强监护。

A. 电气第一种工作票；　　　　　　B. 电力线路第一种工作票；
C. 电气第二种工作票；　　　　　　D. 电力线路第二种工作票

2. 在吊起或放落变压器前，必须检查配电变压器台的结构是否（　　）。

A. 符合要求；　　　　　　B. 坚固；
C. 稳固；　　　　　　　　D. 牢固

3. 进行电容器停电工作时，应先断开电源，将电容器放电（　　）后，才能进行工作。

A. 彻底；　　　　　　B. 迨净；
C. 5min；　　　　　　D. 接地

4. 线路柱上断路器、隔离开关、跌落熔断器进行检修时，必须在连接设备的（　　）线路全部停电，并验电接地后，才能进行工作。

A. 两侧；　　　B. 两端；　　　C. 上下；　　　D. 前后

5. 采用高压双电源供电和有自备电源的用电单位，高压接入点应设有明显（　　）。采用低压双电源供电和有自备电源的用电单位，在电源（　　）上应采取机械或电气连锁等措施。

A. 接入点；　　　　　　B. 断开点；
C. 切换点；　　　　　　D. 连接点

四、判断题（正确的画"√"，不正确的画"×"）

1. 配电变压器台（架、室）停电检修时，应使用电力线路第一种工作票；同一天内几处配电变压器台、（架、室）进行同一类型工作，可使用一张工作票。高压线路不停电时，工作负责人应向全体人员说明线路上有电，并加强监护。（　　）

2. 在配电变压器台（架、室）上进行工作，不论线路已否停电，必须拉开低压刀开关（不包括低压熔断器），必须拉开高压隔离开关或跌落熔断器，在停电的高压引线上接地。上述操作在工作负责人监护下进行时，可不用操作票。（　　）

3. 配电变压器停电做试验时，地面有电部分应设围栏，悬挂"止步，高压危险！"的标示牌，并有专人监护。（　　）

4. 进行电容器停电工作时，应先断开电源，将电容器放电后，才能进行工作。

（　　）

5. 线路柱上断路器、隔离开关、跌落熔断器进行检修时，必须在连接该设备的线路全部停电，并验电接地后，才能进行工作。（　　）

6. 低压带电作业需上杆时，上杆前，应先分清相线、中性线、接地保护线，选好工作位置。需带电断开导线时，应先断开相线，后断开中性线。搭接导线时，顺序应相反。人体不得同时接触两根线头。（　　）

五、改错题

1. 在高压配电室、箱式变电站、配电变压器台架上的停电工作应先拉开高压侧的隔离开关或跌落式熔断器，后拉开低压侧的刀开关，再在停电的高、低压引线上验电、接地。

2. 采用高压双电源供电和有自备电源的用电单位，高压接入点应设有明显的断开点。采用低压双电源供电和有自备电源的用电单位，在电源切换点上应采取连锁等措施。

3. 两台及以上配电变压器低压侧共用接地引下线时，其中一台停电检修时，其他配电变压器不必停电。

4. 架空绝缘导线可视为绝缘设备，可以直接接触或接近。也可以穿越未停电接地的绝缘导线进行工作。

5. 装表接电作业宜在停电下进行。带电装表接电时，要防止机械伤害和电弧灼伤。

6. 带电安装有互感器的计量装置时，应防止电磁式电流互感器二次短路和电磁式或电容式电压互感器二次开路。

7. 配电箱、电表箱应可靠接地。工作人员在接触配电箱、电表箱前，应检查接地装置良好，方可接触。

8. 低压不停电作业时，工作人员应穿绝缘鞋、戴手套和护目眼镜。应使用有绝缘柄的工具。

9. 在带电的低压配电装置上工作时，应采用绝缘隔离措施。

10. 上杆前，应先分清相线、零线，选好工作位置。断开导线时，应先断开零线，后断开相线。搭接导线时，顺序应相反。人体不应同时接触两根线头。

六、问答题

1. 配电设备上工作的一般要求是什么？

2. 架空绝缘导线作业应注意哪些事项？

3. 装表接电作业应注意哪些事项？

4. 低压不停电作业，工作人员应采取哪些防护措施？工作人员应采取哪些安全措施？

5. 高低压线路同杆塔架设，在低压带电线路上工作时应采取哪些措施？

6. 低压不停电作业应注意哪些事项？

7. 配电变压器台（架、室）停电检修时，应使用哪种工作票？若同一天内几处配电变压器台（架、室）进行同一类型工作时，可否使用一张工作票？应注意哪些安全事项？

8. 在配电变压器台（架、室）上进行工作必须采取哪些安全措施？是否需要办理操作票？

9. 在吊起或放落配电变压器工作中应注意哪些事项？

10. 配电变压器停电做试验时应注意哪些安全事项？

11. 进行电容器停电工作时，应具备什么条件时才能进行工作？

12. 线路柱上断路器、隔离开关、跌落熔断器进行检修时，必须具备哪些条件才能进行工作？

13. 低压线路带电作业时应怎样分清是相线和中性线？

14. 为什么低压带电作业也必须设专人监护？

15. 为什么低压带电作业时人体不得同时接触两根线头？

答　案

一、名词解释

1. 装在电杆上的配电变压器，简称杆变。具有节约使用土地、围栏设施和安装材料等优点。杆上变压器应安置在牢固的杆上变电台上，变电台可用角钢或其他材料制成，并固定在相应的电杆上。杆上变压器大多采用油浸式电力变压器，采用架空进出线或电缆进出线。

2. 可以安装在电杆上的断路器，通常还包括杆上负荷开关。主要用于中压架空配电线路。在小容量配电网中，有自动跳闸能力的可用作线路保护开关。在较大容量的配电网中，作为分段开关、网络联络开关、大用户及大分支的分路开关使用。

3. 装在电杆上部用来隔离电路的高压户外型手动操作开关，简称杆刀，俗称刀闸。为便于地面操作，其操作手柄装于离地面适当高度的电杆上，并用拉杆与其上方的传动机构相连接。其用途是将配电线路进行分段，利用杆上隔离开关断开或合上的不同工作状态，使各段配电线路可以按照配电网运行方式的需要进行各种连接，从而使配电网的运行更为灵活，有利于安全供电。

4. 一种主要用于户外作为过电流保护用的熔断器。在熔丝元件熔断后，熔丝管在其机构和自身质量作用下，绕着支座向下跌落，使熔断器的下接触与熔断器的上接触之间形成一个明显的隔离断口，显示开断状态。主要用于保护配电变压器和架空配电线路的分支线路，还可以操作开断一定容量的变压器空负荷电流或一定容量的电容器组的电容电流。

5. 一种能释放过电压能量限制过电压幅值的保护设备。使用时将避雷器安装在被保护设备附近，与被保护设备并联。在正常情况下避雷器不导通。当作用在避雷器上的电压达到避雷器的动作电压时，避雷器导通，通过大电流，释放过电压能量，并将过电压限制在一定水平，以保护设备的绝缘。在释放过电压能量后，避雷器会自动恢复到不导通的正常工作状态。杆上变压器的高压侧和低压侧均装设防雷装置。

6. 变换供电电压、分配电力并对配电线路及配电设备实现控制和保护的配电设施。它与配电线路组成配电网，实现分配电力的功能。安装在架空配电线路上的作配电用的变压器（包括杆上的或地面的）实际上是一种最简单的中压配电变电站，其接线简单，在高、低压侧分别装有跌落式熔断器和熔丝作为过电流保护，装有避雷器作为防雷保护。这种中压配电变电站常被简称为配电变压器。

7. 为保证配电变电站设备安全运行，保持额定出力和持续地为用户提供合格电能而采取的技术措施。其内容包括正常运行工作、异常情况处理、设备检修和技术资料管理等四个方面。正常运行工作包括监视和控制、记录、设备巡视、设备维护、电气操作、工作票受理验收、事故处理等。异常情况处理包括配电网单相接地、变压器过负荷、电压异常及配电装置其他异常情况等。设备检修包括预防性试验、定期小修、定期大修和临时检修等。技术资料管理包括配电变电站运行检修工作应具备的规程和资料等。

二、填空题

1. 电力线路第一种工作票；一张工作票；监护

2. 先拉开；后拉开；接地；操作票

3. 结构；邻近带电

4. 有人；围栏；专人监护

5. 断开电源；放电接地

6. 连接；两侧；验电接地

7. 监护；绝缘柄；手套；安全帽；长袖衣；金属尺

8. 距离；穿越

9. 相间短路；单相接地

10. 先；后

11. 断开点；切换点

12. 验电；接地

13. 共用；高压

14. 电缆；插拔；插拔

15. 绝缘；直接

16. 验电接地环

17. 感应电

18. 停电；带电

19. 开路；短路

20. 接触；检查；确认

21. 全棉；护目眼镜

22. 绝缘柄；绝缘物

23. 低压；高压线；高压；穿越

24. 相线；中性保护线；相线；中性线；接地保护线

25. 相线；中性保护线

26. 线头

三、选择题

1. B

2. D

3. D

4. A

5. B；C

四、判断题

1.（√）

2.（×）

3.（×）

4.（×）

5.（×）

6.（√）

五、改错题

1. 在高压配电室、箱式变电站、配电变压器台架上的停电工作应先拉开低压侧刀开关，后拉开高压侧隔离开关或跌落式熔断器，再在停电的高、低压引线上验电、接地。

2. 采用高压双电源供电和有自备电源的用电单位，高压接入点应设有明显的断开点。采用低压双电源供电和有自备电源的用电单位，在电源切换点上应采取机械或电气连锁等措施。

3. 两台及以上配电变压器低压侧共用接地引下线时，其中一台停电检修时，其他配电变压器也应停电。

4. 架空绝缘导线不应视为绝缘设备，不应直接接触或接近。不应穿越未停电接地的绝缘导线进行工作。

5. 装表接电作业宜在停电下进行。带电装表接电时，要戴手套，防止机械伤害和电弧灼伤。

6. 带电安装有互感器的计量装置时，应防止电磁式电流互感器二次开路和电磁式或电容式电压互感器二次短路。

7. 配电箱、电表箱应可靠接地。工作人员在接触配电箱、电表箱前，应检查接地装置良好，并用验电笔确认箱体无电后，方可接触。

8. 低压不停电作业时，工作人员应穿绝缘鞋、全棉长袖工作服，戴手套、安全帽和扩目眼镜。低压不停电工作，应使用有绝缘柄的工具，站在干燥的绝缘物上进行。

9. 在带电的低压配电装置上工作时，应采用防止相间短路和单相接地的绝缘隔离措施。

10. 上杆前，应先分清相线、零线，选好工作位置。断开导线时，应先断开相线，后断开零线。搭接导线时，顺序应相反。人体不应同时接触两根线头。

六、问答题

1. **答**：配电设备上工作的一般要求是：

(1) 在高压配电室、箱式变电站、配电变压器台架上的停电工作应先拉开低压侧刀开关，后拉开高压侧隔离开关或跌落式熔断器，再在停电的高、低压引线上验电、接地。

(2) 采用高压双电源供电和有自备电源的用电单位，高压接入点应设有明显断开点。采用低压双电源供电和有自备电源的用电单位，在电源切换点上应采取机械或电气连锁等措施。

(3) 环网柜、电缆分支箱等箱式配电设备宜设置验电和接地装置。

(4) 两台及以上配电变压器低压侧共用接地引下线时，其中一台停电检修时，其他配电变压器也应停电。

(5) 高压配电设备验电时，应戴绝缘手套。

(6) 配电设备中使用的电缆接头，不应带负荷插拔。普通型电缆接头不应带电插拔。

2. **答**：(1) 绝缘导线不应视为绝缘设备，不应直接接触或接近。

(2) 应在架空绝缘导线的适当位置设立验电接地环或其他验电接地装置。

(3) 在停电作业中，开断或接入绝缘导线前，应采取防感应电的措施。

3. **答**：(1) 装表接电作业宜在停电下进行。带电装表接电时，要戴手套，防止机械伤害和电弧灼伤。

（2）带电安装有互感器的计量装置时，应防止电磁式电流互感器二次开路和电磁式或电容式电压互感器二次短路。

（3）配电箱、电表箱应可靠接地。工作人员在接触配电箱、电表箱前，应检查接地装置良好，并用验电笔确认箱体无电后，方可接触。

4. **答**：（1）低压不停电作业时，工作人员应穿绝缘鞋、全棉长袖工作服，戴手套、安全帽和护目眼镜。

（2）低压不停电工作，应使用有绝缘柄的工具，站在干燥的绝缘物上进行。

5. **答**：（1）高低压线路同杆塔架设，在低压带电线路上工作时，应先检查与高压线的距离，采取防止误碰带电高压设备的措施。

（2）在低压带电导线未采取绝缘措施时，工作人员不应穿越。

6. **答**：（1）上杆前，应先分清相线、中性线，选好工作位置。

（2）断开导线时，应先断开相线，后断开中性线。

（3）搭接导线时，顺序应相反。

（4）人体不应同时接触两根线头。

7. **答**：配电变压器台（架、室）停电检修时，应使用第一种工作票。

同一天内几处配电变压器台（架、室）进行同一类型工作，可使用一张工作票。

高压线路不停电时，工作负责人应向全体人员说明线路上有电，并加强监护。

8. **答**：在配电变压器台（架、室）上进行工作，不论线路已否停电，必须先拉开低压刀开关（不包括低压熔断器），后拉开高压隔离开关或跌落熔断器，在停电的高压引线上接地。

上述操作在工作负责人监护下进行时，可不用操作票。

9. **答**：（1）在吊起或放落变压器前，必须检查配电变压器的结构是否牢固。

（2）在吊起或放落变压器时，应遵守邻近带电部分有关规定：工作人员和起重设备与10kV带电导线的最小安全距离应大于0.7m。

10. **答**：配电变压器停电做试验时，台架上严禁有人，地面有电部分应设围栏，悬挂"止步，高压危险！"的标示牌，并有专人监护。

11. **答**：进行电容器停电工作时，应先断开电源，将电容器放电接地后，才能进行工作。

12. **答**：线路柱上断路器、隔离开关、跌落熔断器进行检修时，必须在连接该设备的两侧线路全部停电，并验电接地后，才能进行工作。

13. **答**：在低压线路上带电作业时，只有分清相线、中性线，才能选择杆上作业的位置和角度。要分清哪根线是中性线，哪几根线是相线，应先在地面上根据一些标志和导线排列方式判断。如路灯线一根接中性线，一根接某一相线，进行辨认。登杆后，用验电器、低压试电笔进行测试，必要时可用电压表测量。

14. **答**：低压带电作业设专人监护，是防止工作人员触电的重要的和必需的保护措施之一，也是由低压带电作业自身的特点和工作安全实际情况决定的。

（1）小于等于1000V的工作设备虽然定义为低压设备，但低压并不等于安全工作电压。

（2）所谓低压带电作业，是指一类作业范畴的概括。电气设备带电体与带电体之间、带电体与地之间的空间，绝缘距离已减至很小，作业中操作活动范围较之于高压带电作业仍然有着严格的限制，分厘之差就可能引出短路、接地而发生人身触电事故。

（3）对高、低压同杆架设的三相四线制线路设备，线与线之间电压可达 400V。登杆作业时，作业点上方存在着高压。类似于这些工作，作业人员的一系列的安全和操作技艺，需要由地面或近前的专业人员进行监护、指导和协助。

15. **答**：一般在低压带电作业时，往往导线两根线头间会存在电压差，甚至是线电压，因此在作业时一般工作人员不得同时接触两根线头，以防发生触电伤人事故。

第十一章 带 电 作 业

原文："11 带电作业"

第一节 一 般 要 求

原文："11.1 一般要求"

一、条文 11.1.1

原文："11.1.1 带电作业安全距离、安全防护措施等应按国家和行业的相关标准、导则执行。"

国标《安规》中规定的比较宏观、概括，它要求：带电作业安全距离、安全防护措施等应按国家和行业的相关标准、导则执行。

行标《安规》和国网《安规》中规定的则比较详细、可操作性强。

（一）相关标准目录

带电作业安全距离、安全防护措施等应按国家和行业的相关标准、导则执行。国家和行业及电力企业的有关带电作业的相关规程、导则，见表 11 - 1 - 1。

表 11 - 1 - 1　　　国家、行业和电力企业带电作业相关规程、导则目录

序号	归　类	名　　　称
1	综合	《电工术语带电作业》（GB/T 2900.55—2002）
2		《带电作业工具设备术语》（GB/T 14286—2008）
3		《配电线路带电作业技术导则》（GB/T 18857—2008）
4		《带电作业绝缘配合导则》（DL/T 876—2004）
5		《带电作业用工具库房》（DL/T 974—2005）
6		《绝缘工具柜》（DL/T 1145—2009）
7		《带电作业工具专用车》（GB/T 25725—2010）
8		《架空配电线路带电安装及作业工具设备》（DL/T 858—2004）
9		《交流线路带电作业安全距离计算方法》（GB/T 19185—2008）
10		《送电线路带电作业技术导则》（DL/T 966—2005）
11		《配电网运行规程》（Q/GDW 519—2010）
12		《10kV 架空配电线路带电作业管理规范》（Q/GDW 520—2010）
13		《华北网带电作业管理规范》（Q/HBW _ 21704—2008）
14		国家电网生（2007）751 号《国家电网公司带电作业管理规定（试行）》
15		《±800kV 直流线路带电作业技术规范》（DL/T 1242—2013）
16		《配电线路带电作业技术导则》（GB/T 18857—2008）

序号	归类	名　称
17	特种设备	《带电作业用绝缘斗臂车的保养维护及在使用中的试验》（DL 854—2004）
18		《华北网带电作业专用车辆管理规范》（Q/HBW _ 14203—2008）
19	绝缘遮蔽	《带电作业用遮蔽罩》（GB/T 12168—2006）
20		《带电作业用绝缘毯》（DL/T 803—2002）
21		《带电作业用绝缘垫》（DL/T 853—2004）
22		《带电作业用导线软质遮蔽罩》（DL/T 880—2004）
23	工具	《带电作业工具设备术语》（GB/T 14286—2008）
24		《带电作业工具基本技术要求与设计导则》（GB/T 18037—2008）
25		《带电作业工具、装置和设备的质量保证导则》（DL/T 972—2005）
26		《带电作业工具、装置和设备使用的一般要求》（DL/T 877—2004）
27		《带电作业工具、装置和设备预防性试验规程》（DL/T 976—2005）
28		《带电作业工具、装置和设备预防性试验规程编写说明》（DL/T 976—2005）
29		《带电作业用绝缘工具试验导则》（DL/T 878—2004）
30		《带电作业用绝缘绳索》（GB/T 13035—2008）
31		《带电作业用绝缘绳索类工具》（DL 779—2001）
32		《带电作业用提线工具通用技术条件》（GB/T 15632—2008）
33		《带电作业用空心绝缘管、泡沫填充绝缘管和实心绝缘棒》（GB 13398—2008）
34		《带电作业用交流 1kV～35kV 便携式核相仪》（DL/T 971—2005）
35		《带电作业用铝合金紧线卡线器》（GB/T 12167—2006）
36		《带电作业用铝合金紧线卡线器》（GB/T12167—2006）
37		《带电作业用绝缘滑车》（GB/T 13034—2008）
38		《交流 1kV、直流 1.5kV 及以下电压等级带电作业用绝缘手工工具》（GB/T 18269—2008）
39		《电容型验电器》（DL 740—2000）
40		《带电作业用便携式接地和接地短路装置》（DL/T 879—2004）
41	人身防护	《带电作业用绝缘手套》（GB/T 17622—2008）
42		《带电作业用防机械刺穿手套》（DL/T 975—2005）
43		《带电作业绝缘鞋（靴）通用技术条件》（DL/T 676—2012）
44		《带电作业用绝缘袖套》（DL 778—2001）
45		《10kV 带电作业用绝缘服装》（DL/T 1125—2009）

（二）带电作业适用海拔高度

关于带电作业的海拔，国标《安规》没有规定，行标《安规》的规定没有直流，国网《安规》的规定最全面。国网《安规》带电作业的规定如下。

适用于在海拔 1000m 及以下交流 10～1000kV、直流 ±500～±800kV（750kV 为海拔 2000m 及以下值）的高压架空电力线路、变电所（发电厂）电气设备上，采用等电位、中间电位和地电位方式进行的带电作业，以及低压带电作业。

在海拔 1000m 以上（750kV 为海拔 2000m 以上）带电作业时，应根据作业区不同海拔高度，修正各类空气与固体绝缘的安全距离和长度、绝缘子片数等，并编制带电作业现场安全规程，经本单位分管生产领导（总工程师）批准后执行。

行标《安规》中带电作业的规定只适合于 1000m 及以下低海拔地区，这是因为高海拔地区空气稀薄、气压低，随着海拔高度的升高，气温和湿度、气压明显地按一定趋势下降。如海拔每升高 1000m，空气绝缘将下降 10% 左右。高海拔地区的这些外部自然条件，使得电气设备在绝缘设计以及作业安全上具有较高的要求，国家对高海拔地区另有相关的技术标准规定。

二、条文 11.1.2

原文："11.1.2 带电作业应在良好天气下进行。如遇雷电（听见雷声、看见闪电）、雪、雹、雨、雾等，不应进行带电作业。风力大于 5 级，或湿度大于 80% 时，不宜进行带电作业"。

良好的天气应是蓝天白云、和风拂面。这也是进行带电作业的良机。

空气湿度可以从温湿度计上方便查出。风力我们可以用我们的感官确定。风力等级表是根据平地上离地 10m 处风速值大小制定的。在一般情况下以 0～12 级共 13 个级别表示，但在特殊情况下存在 13 级以上的风力等级。比如，在 2008 年台风"桑美"袭击福建时，瞬时风力达 19 级（68m/s）。0～12 级的风力等级表见表 11-1-2，13 级以上风力等级表见表 11-1-3。

表 11-1-2 　　　　　　　　　0～12 级 风 力 等 级 表

风级及其符号	名　称	风速 /(m·s⁻¹)	陆地物象	海面波浪	浪高 /m
0	无风	0.0～0.2	船静，烟直上	平静	0.0
1	软风	0.3～1.5	烟示风向，风向标不转动	微波峰无飞沫	0.1
2	轻风	1.6～3.3	感觉有风，树叶微响	小波峰未破碎	0.2
3	微风	3.4～5.4	树叶树枝摇摆，旌旗展开	小波峰顶破裂	0.6
4	和风	5.5～7.9	吹起尘土、纸张、灰尘	小浪白沫波峰	1.0
5	轻劲风	8.0～10.7	小树摇摆，水面泛小波	中浪折白沫峰群	2.0
6	强风	10.8～13.8	树枝摇动，电线有声，举伞困难	大浪到个飞沫	3.0
7	疾风	13.9～17.1	步行困难，大树摇动	破峰白沫成条	4.0
8	大风	17.2～20.7	折毁树枝，前行感觉阻力很大	浪长高有浪花	5.5
9	烈风	20.8～24.4	屋顶受损，瓦片吹飞	浪峰倒卷	7.0
10	狂风	24.5～28.4	拔起树木，摧毁房屋	海浪翻滚咆哮	9.0
11	暴风	28.5～32.6	损毁普遍，房屋吹走	波峰全呈飞沫	11.5

续表

风级及其符号	名 称	风速/(m·s⁻¹)	陆地物象	海面波浪	浪高/m
12	台风 （亚太平洋西北部和南海海域） 或飓风 （大西洋及北太平洋东部）	≥32.7	陆上极少，造成巨大灾害	海浪滔天	14.0

注 本表所列风速是指平地上离地10m处的风速值。

表 11-1-3　　　　　　　　　13～17级及以上风力等级表

风级及其符号	风速/(m·s⁻¹)	风速/(km·h⁻¹)
13	37.0～41.4	134～149
14	41.5～46.1	150～166
15	46.2～50.9	167～183
16	51.0～56.0	184～201
17	56.1～61.2	202～220
17级以上	≥61.3	≥221

在特殊情况下，必须在恶劣天气进行带电抢修时，应组织有关人员充分讨论并采取必要的安全措施，经厂（局）主管生产领导（总工程师）批准后方可进行。

雷、雨、雪、雾和大风天气下不得或不宜进行带电作业的原因分析如下。

（1）雷雨天气，无论是感应雷还是直击雷都可能产生大气过电压。大气过电压不仅影响电网的安全、稳定运行，而且它还可能使电气设备绝缘和带电作业工具遭到破坏，给人身安全带来极大危害。

（2）阴雨、雾和潮湿天气，绝缘工具长时间在露天中使用会被潮侵。其时绝缘强度明显下降，甚至会使工具产生形变及其他绝缘问题。

（3）在高温天气，作业人员在杆塔和导线上作业时间过长会发生中暑；严寒下雪天气，导线本身弧垂减小又易于覆冰，将使拉伸应力（导线的抗拉强度）增加很多，直至接近导线的最大使用拉力（临界状态），在这种状况下进行工作，又将加大导线的载荷，如果过牵引就有发生断线危险的可能。

（4）当风力超过5级时，人员在空中作业会出现比较大的侧向受力，使工作的稳定性遭到破坏，给操作和作业造成困难，监护能见度变差。同时，线路出现故障的机会也增多。

一旦遇有紧急情况需要在恶劣天气进行带电抢修，必须有严格保证安全的组织措施，严密的技术实施方案，经厂、局总工程师批准才能进行。

三、条文11.1.3

原文："11.1.3 带电作业应设专责监护人。复杂作业时，应增设监护人。"

1. 对带电作业工作票签发人和工作负责人的要求

带电作业工作票签发人和工作负责人应具有带电作业实践经验。工作票签发人必须经厂（局）领导批准，工作负责人也可经工区领导批准。

带电作业工作票签发人和工作负责人对带电作业现场情况不熟悉时，应组织有经验的人员到现场查勘。根据查勘结果作出能否进行带电作业的判断，并确定作业方法和所需工具以及应采取的措施。

带电作业是一种安全技艺要求很高、实践性很强的特种作业方式。现场勘察是带电作业的前奏，工作票签发人和工作负责人应该实事求是履行职责，遇到具体的作业项目，应一切从实际出发，在对现场设备结构等实际工况不熟悉时，必须进行现场查勘和研究，从而对能否施行该项目的作业作出取舍。这是贯彻"安全第一，预防为主，综合治理"，落实安全责任的实际表现，要严防产生形式主义，主观武断，造成决策上、方法上以及安全措施上的失误。

国标《安规》、国网《安规》专门为带电作业设计了"电力线路带电作业工作票"和"电气带电作业工作票"，不再使用第二种工作票。

（1）对带电作业工作票签发人的要求有：①必须熟悉设备、熟悉人员的技术水平；②必须熟悉《安规》；③必须具有实际操作经验，了解带电作业项目的操作步骤、保证作业安全的关键所在和事故预防措施。

（2）对带电作业工作票工作负责人的要求有：①必须熟悉《安规》；②必须熟悉作业线路、设备的情况；③必须熟悉工作班成员的情况；④必须具有一定的理论知识和带电作业实际能力，对带电作业中可能出现的问题有一定的预见性；⑤必须具有组织带电作业，确保安全的领导能力；⑥必须具有相当的异常情况处理能力。

2. 带电作业对监护人的要求和监护注意事项

带电作业必须设专人监护。监护人应由有带电作业实践经验的人员担任。监护人不得直接操作。监护的范围不得超过一个作业点。复杂的或高杆塔上的作业应增设（塔上）监护人。

带电作业的全过程从始至终都是在工作负责人和监护人具体的监督指导下完成的。作业现场监护是否得当、指挥是否得力，关系着工作人员的人身安全。所以，监护带电作业又不同于停电作业监护，更应注意以下几点。

（1）带电作业必须设有专责监护。监护人不但应有亲身的实践经验，还应熟悉带电作业各种工器具的性能、操作方法和维修要领，熟悉《安规》中的有关部分。

（2）工作负责人指定的专责监护人必须负起责任，遵守规定，专事一个地点的工作监护。不得上手直接参与操作。

（3）如果在高杆塔上或复杂的建筑架构上带电作业，一般地面监护能见度很多都受到了限制。在这种情况下，应在杆塔或就近的高层平台上增设近距离监护人，传达工作负责人的指挥命令，同时监护作业人员正确操作，保持安全距离，制止错误行动和动作。

四、条文 11.1.4

原文："11.1.4 线路运行维护单位或工作负责人认为有必要时，应组织到现场勘查。根据勘查结果判断能否进行带电作业，并确定作业方案、所需工具，以及应采取的措施。"

带电作业工作票签发人和工作负责人对带电作业情况不熟悉时，应组织有经验的人员到现场勘查。根据勘查结果做出能否进行带电作业的判断，并确定作业方案、所需工具，以及应采取的措施。

（一）带电作业方式分类

在不停电的电气设备上按照等电位原理，使用绝缘安全用具操作、水冲洗等方法进行工作，其主要方式有等电位作业、地电位作业、中间电位作业、全绝缘作业及自由作业。

（1）等电位作业。是指工作人员穿上全套合格的均压服（屏蔽服），借助于各种绝缘安全用具进入强电场直接接触带电导体进行的作业。等电位作业时，人体已与地面绝缘，和带电导体处于相同的电场之中，两者的电位差等于零。人体由于屏蔽服的保护，所通过的电流微乎其微，可以认为是零。因此，等电位作业是安全的。

（2）地电位作业。是指间接作业。作业人员与设备带电部位保持规定的安全距离，使用各种绝缘安全用具实施作业。由于作业时作业人员始终处在与大地相同的电位之上，所以叫做地电位作业。

（3）中间电位作业。是指对超高压电气设备上的某些工作，借助于合格的绝缘升高机具，操作人员按等电位作业时的安全要求着全套屏蔽服，在临近高压带电导体附近一定的角度位置操作绝缘安全用具进行的作业。操作人员处在地电位和超高压电场之间的中间电位状态。这种中间电位作业方式，要求绝缘相当可靠，所使用的绝缘安全用具和机具，都是合格的相应电压等级的基本绝缘安全用具。

（4）低压带电作业。是指在对地电压250V的电气设备上，工作人员穿长袖衣服和绝缘鞋、戴绝缘手套，在专人监护下，使用有绝缘手柄的工具实施的作业。在低压间接带电作业中，应采取防止相间短路和单相接地短路的隔离措施。

（5）行标《安规》针对当时实际存在的两线一地制系统，制定了在两线一地线路上带电作业的有关规定。国标《安规》和国网《安规》由于两线一地线路在全国范围内早已全部改造成三线制供电，故都没有这方面的内容。

对应于三线制系统而言，两线一地制系统一般适于较小容量的独立系统。它有两条相线，而把另一条相线从送电出口端即接地用大地代替，至用户受电处再将配电变压器高压侧该相（一般均为 V 相）接地，以取出地中相电流。

两线一地制系统由于正常运行中相对地电压即为线电压，大地中长期流过相电流，接地网处经常带有较高的电位，造成带电作业安全和技术防范上的难度，因此，一般不宜进行带电作业。在停电作业时，在某些情况下布置安全措施时，应采取必要的方法隔离这一高电位，以防止它对工作人员造成危害。比如，在发电厂和变电所中进行线路作业布置安全措施时，不能将接地线像在三相三线制系统一样挂在线路侧，而应该挂在线路隔离开关的内侧（断路器侧），以防止将接地网的高电位引入线路，同时在线路作业地点亦应采取可靠的验电接地措施，进行地电位作业。再一种情况是，在两线一地制线路上和变电所内隔离开关上同时有工作时，因线路上已经挂有地线，此时就要防止工作人员同时接触变电所内和线路侧设备而遭受接地网对地的全部电压的危害。对此，凡是部分停电接地网存在对地电位时，都应按照设备实际接线，采取可靠的安全隔离或其他防护措施。

（二）带电作业现场踏勘

线路运行维护单位或工作负责人认为有必要时，应组织到现场勘察。根据勘察结果判断能否进行带电作业，并确定作业方案、所需工具，以及应采取的措施。

带电作业工作票签发人或工作负责人认为有必要时，应组织有经验的人员到现场勘察，根据勘察结果作出能否进行带电作业的判断，并确定作业方法和所需工具以及应采取的措施。

（三）其他规定

（1）交流线路地电位登塔作业时，应采取防静电感应措施；直流线路地电位登塔作业时，宜采取防离子流措施。

（2）采用绝缘手套作业法或绝缘操作杆作业法时，应根据作业方法选用人体绝缘防护用具，使用绝缘安全带、绝缘安全帽。必要时，还应戴护目眼镜。工作人员转移相位工作前，应得到工作监护人的同意。

五、条文 11.1.5

原文："11.1.5 带电作业有下列情况之一者，应停用重合闸或直流再启动装置，并不应强送电：

a）中性点有效接地系统中可能引起单相接地的作业；

b）中性点非有效接地系统中可能引起相间短路的作业；

c）直流线路中可能引起单极接地或极间短路的作业；

d）不应约时停用或恢复重合闸及直流再启动装置。"

停用重合闸是为了防止带电作业引出的故障使断路器跳闸后重合，造成人身和设备损害而扩大事故。据此，凡是带电作业引出的故障可使断路器跳闸的都应向调度部门申请退出重合闸，强调断路器跳闸后，不得强送电。如中性点直接接地系统可能引起单相接地的作业；中性点不接地或经消弧线圈接地的系统可能引起相间短路的作业；实际工作中存在的工作负责人和监护人认为可能引起断路器跳闸的作业。对可能发生以上情况的作业，均应由工作负责人向调度部门申请将重合闸停用。如果不停用重合闸，一旦断路器故障跳闸又重合时，在线路中将会产生高达 7～8 倍的工频过电压，这对带电作业的人身危害可想而知。因此，带电作业都应停重合闸，并严禁约时停用或恢复重合闸或直流再启动保护。

六、条文 11.1.6

原文："11.1.6 在带电作业过程中如设备突然停电，应视设备仍然带电，工作负责人应及时与线路运行维护单位或调度联系。线路运行维护单位或值班调度员未与工作负责人取得联系前不应强送电。"

带电作业工作负责人在带电作业工作开始前，应与值班调度员联系，需要停用重合闸或直流再启动保护的作业和带电断、接引线，应由值班调度员履行许可手续。带电作业结束后，应及时向调度值班员汇报。

高压输电线路和设备都是在调度部门管理的范围之内，不论是带电作业还是其他工作，在调管设备上工作，必须在进行工作之前向调度值班员提出正式工作申请，调度员将根据申请详细进行记录（申请和批准的整个对话过程同时还做电话录音记录），然后批复，这也是许可工作命令的方式之一，也是企业安全生产管理制度的内容之一。而生产部门批准下达的月度检修计划任务书或临时检修任务书中的安排，主要是为了让调度和有关部门提前进行生产准备，计划、调整运行方式，它根本不能作为正式许可工作的依据。之所以这样讲是因为，电网运行中也存在着一些变化的情况，影响带电作业按计划方案实施。所以，遵守安全管理制度，开工前与调度部门进行联系，才能按实际施行保证安全的技术措施，许可工作。如作业时出现失误，将引起线路断路器跳闸，此时若重合闸就可能扩大事故，因此必须加以防止。可在作业开始前，与调度部门联系，并取得同意，调度部门将遵照《安规》和有关专门规定发令给发电厂和变电站运行岗位退出重合闸，并通知有关部门与线路作业有关的电源断路器跳闸后不得抢送；同时，当发生事故调度人员在分析处理采取措施时，也能够兼顾作业人员的安全。带电作业工作结束后，应向调度部门汇报，这应成为基本常识。

在带电作业过程中有时会遇到突然停电的情形，绝不可掉以轻心，要高度警惕，视作业设备仍然带电。同时，应对工器具和自身安全措施进行检查，以防出现意外过电压而受到威胁。为了尽快弄明原因，应配合调度部门处理事故，送电后恢复作业。工作负责人应尽快同调度部门联系，说明现场情况，或者根据实际条件，工作人员暂时撤出作业点，待命行动。

一般来说，在带电作业设备上发生的突然停电有两种可能性：①带电作业自身引起的；②非带电作业所引起的。

对于第一种情况，调度如强送电有可能扩大事故。对于第二种情况，带电作业人员应认为有突然来电的可能，没电当有电对待，来不得半点松懈。

七、其他

1. 复杂带电作业和带电作业新项目新工具使用要慎重

（1）对于比较复杂，难度较大的带电作业项目，必须编出操作工艺方案和安全措施，并经单位主管生产领导（总工程师）批准后方可进行。

（2）对于带电作业新项目和研制的新工具，必须进行科学试验，确认安全可靠，并经单位主管生产领导（总工程师）批准后方可使用。

2. 带电作业的工作许可制度

带电作业工作负责人在带电作业工作开始前应与调度联系，工作结束后向调度汇报。

带电作业是一门讲究技术和技艺，处于不断研究、总结和发展之中的先进作业方式。带电作业由于直接或间接接触设备的高电压，其保安措施要求是相当严密和可靠的。带电新项目和新工具的出台，首先要经过模拟实际情况的各种性能试验，取得数据、理据，作出合乎实际的科学评价，确认其安全、可靠程度。其次，新项目、新工具试行使用，要在模拟和试验的基础上，编订操作工艺方案及安全措施条款经过作业人员充分酝酿讨论补充完善，交由总工审查批准，才可执行使用（或试用）。

一般来说，比较复杂、难度较大的带电作业项目和研制的新工具，包括以下内容。

（1）工序复杂的项目。

（2）作业量大的项目，如杆塔移位，更换杆塔，更换导线或架空地线等。

（3）从未开展过的新项目。

（4）自行研制的新工具。

第二节　一般安全技术措施

原文："11.2　一般安全技术措施"

一、条文 11.2.1

原文："11.2.1　等电位作业一般在 66kV、±125kV 及以上电压等级的线路和电气设备上进行。"

等电位作业一般在 66kV、±125kV 及以上电压等级的电力线路和电气设备上进行。若需在 35kV 电压等级进行等电位作业时，应采取可靠的绝缘隔离措施。20kV 及以下电压等级的电力线路和电气设备上不准进行等电位作业。

等电位作业人员着装后在设备上工作要占有位置和空间距离。66kV 及以上电压等级的电气设备由于其相间距离和对地距离较大，为进行等电位作业提供了良好的条件，而 35kV 及以下电压等级的设备情况则恰恰相反。因此，为确保安全，在对地距离和相间距离较窄的 10～35kV 电气设备上进行等电位作业时，必须采取可靠的绝缘隔离措施。这些措施是：用合格的绝缘隔离装置对作业点附近的邻相导线及接地部分进行可靠隔离；条件许可时，可用绝缘绳或绝缘支撑杆将邻相导线拉（支）开，以加大距离，或者采用高架绝缘斗臂车进行边线的等电位作业。

国网《安规》专门对 10kV 及以下电压等级的电力线路和电气设备上能否进行等电位作业作出明确规定：不准进行。

二、条文 11.2.2

原文："11.2.2　等电位工作人员应穿着阻燃内衣，外面穿着全套屏蔽服，各部分连接良好。不应通过屏蔽服断、接空载线路或耦合电容器的电容电流及接地电流。750kV 及以上等电位作业还应戴面罩。"

1. 屏蔽服

屏蔽服也称等电位服，是根据英国科学家法拉第置于强电场中的金属球其内部电场为零的原理制成的。等电位作业时，虽然人体对地是绝缘的，可是由于人体对地的电容效应等原因，使得人体各部分并不完全处于等电位状态；人体由地电位沿绝缘子串或绝缘梯过渡进入强电场时，均有较大的电位变化和电位差存在。同时，作业人员皮表角质层所能耐受的电场强度也是很有限的。高压带电作业时，如果不采取屏蔽服保护，不仅会发生事故，而且工作根本就无法进行。屏蔽服是用经纬布织均匀的柞蚕丝线内包有金属丝（不锈钢丝或铜丝）的布料制成。它像一个特殊的金属网罩，依靠它可以使人体表面的电场强度均匀并减到很小；使作业时流经人体的电流几乎全部从屏蔽服上通过实现对人身的电流保护。穿上屏蔽服，在发生事故的情况下，对人身安全，减轻电弧烧伤面积也能起到一定的作用。因此说，屏蔽服是等电位作业人员在强电场中作业时必需的装备。

2. 屏蔽服在带电作业中的重要作用

（1）屏蔽作用。人体皮肤表面对电场强度的感受能力有一定限度，根据资料，约为 $2.4kV/cm^2$，此时人体表面充电电流密度为 $0.08\mu A/cm^2$（有感电流密度为 $0.06\mu A/$

cm^2）。因此，处于强电场中的等电位人员必须采取屏蔽措施。

（2）均压作用。如果作业人员不穿屏蔽服接触带电体，由于人体存在一定的电阻，人体接触点（如手指）与未接触点（如脚板）肯定有电位差而导致放电刺激皮肤，使作业人员有电击感。穿上屏蔽服后，由于衣服电阻很小（可视为导体），上述现象便可消除，从而起到了均压作用。

（3）分流作用。当人体处于等电位状态时，由于人体对邻相和地之间有电容，将有一个与电压成正比的电容电流通过人体。一般人体承受暂态电流不大于 0.45A；工频稳态电流不超过 1mA。屏蔽服系由导电材质（如铜丝、蒙代尔合金丝、不锈钢纤维等）与纺织纤维混纺交织而成，又有相互连通的加筋线（铜线），因而具有较小电阻和一定的载流能力，当其与人体并联时，屏蔽服便能起到分流暂态电流和稳态电流的作用。

（4）代替电位转移杆进行电位转移。

3. 屏蔽服的型号和适用范围

合格全套屏蔽服，其合格的含义是指所有指标均需符合《带电作业用屏蔽服》（GB 6568—2008）标准的规定。

屏蔽服的形式应能适应在各种自然气候条件下工作时穿着使用，因而衣型就有单、棉之分。屏蔽服是成套的，包括上衣、裤子、鞋子、短袜、手套、帽子以及相应的连接线和连接头。由于具有不同的使用条件，国家带电作业标准化技术委员会规定，屏蔽服有以下三种型号。

（1）A 型屏蔽服。用屏蔽效率较高、载流量较小（布样熔断电流在 5A 以上）的衣料制成，适合于 500kV 电压等级的带电作业使用。

（2）B 型屏蔽服。具有屏蔽效率适当、衣服载流量较大的特点，适合于 35kV 以下电压等级、对地及线间距离较窄的配电线路和变电所作业时使用。

（3）C 型屏蔽服。通透性好，屏蔽效率较高，载流量较大（布样熔断电流应不小于 30A）。

4. 使用屏蔽服应注意事项

正确地穿着和使用屏蔽服是保证带电作业安全的首要方面，必须认真地予以对待。使用屏蔽服进行现场工作之前，应注意的问题主要有以下几点。

（1）所用屏蔽服的类型应适合所施行作业的线路或设备的电压等级。根据季节不同，屏蔽服内均应有棉衣、夏布衣或按规定穿阻燃内衣。冬季应将屏蔽服穿在棉衣外面。

（2）使用屏蔽服之前应用万用表和专用电极认真测试整套屏蔽服最远端点之间的电阻值，其数值不应大于 20Ω。同时，对屏蔽服外部应进行详细检查，看其有无钩挂破洞、断线折损处，发现后应及时进行修补，然后才能使用。

（3）穿着时，注意整套屏蔽服各部分之间应连接可靠、良好，这是防止等电位作业人员麻电的最根本的措施，绝对不应对任何一个部分的连接检查予以忽视。如屏蔽服与手套之间连接不佳的话，电位过渡时手腕易产生麻电。如果不戴屏蔽帽或衣帽之间接触不良，在电位转移过程中，作业人员未屏蔽的面部等若先行接触带电部分，则很容易产生严重的麻电或电击。

（4）屏蔽服使用完毕，应卷成圆筒形，存放在专门的箱子内，不得挤压造成断丝。

（5）严禁将屏蔽服当做载流体使用。

在中性点非有效接地系统中，如果发生单相接地，B型和C型屏蔽服还能分流一部分单相接地电容电流，在一定程度上起到保护人身安全作用。但屏蔽服的载流截面不可能很大，即使衣料的熔断电流较大，但由于多种原因（如整套衣服的连接问题，使用时间过长、电材质断脱、腐蚀氧化等），其整体通流容量也是有限的。因此，严禁将屏蔽服当做载流体使用。

（6）在屏蔽服内还应穿阻燃内衣。

所谓阻燃，具体指标为：遇电弧后织物无明火，不阻燃，仅炭化。符合要求的阻燃纤维有天然蛋白纤维（丝纤维），耐高温的合成纤维等，各地可根据具体情况选用。带电作业发生事故时，会造成设备跳闸和人身伤亡。特别是人身伤亡，当发生带电导体接地或短路时，往往伴随强大电弧，造成作业人员大面积烧伤，其后果是严重的。为此，在屏蔽服内还应穿阻燃内衣。

（7）等电位作业人员应在衣服外面穿合格的全套屏蔽服（包括帽、衣裤、手套、袜和鞋，750、1000kV等电位作业人员还应戴面罩），且各部分应连接良好。

三、条文11.2.3

原文："11.2.3 等电位工作人员在电位转移前，应得到工作负责人的许可。750kV和1000kV等电位作业，应使用电位转移棒进行电位转移。"

1. 等电位作业人员电位转移的条件

等电位工作人员在电位转移前，应得到工作负责人的许可。转移电位时，人体裸露部分与带电体的距离不应小于表11-2-1的规定。

表11-2-1　　　等电位作业转移电位时人体裸露部分与带电体的最小距离

电压等级/kV	35、63（66）	110、220	330、500	±500
距离/m	0.2	0.3	0.4	0.4

注　1.750kV、1000kV等电位作业执行国网安规线路部分第10.3.2条。

　　2.本表为国网安规线路部分中的表号是表10-6，国网安规变电部分中的表号是表6-6。

等电位作业时屏蔽服表面的电位分布基本均匀。作业人员完成一个作业地点的工作或一个作业步骤后，须从该位置移动到另一个角度和位置，由于位置距离的改变（屏蔽服表面的电位也在逐渐改变），使新的待接触点处的电位与作业人员所带的电位不同。作业人员在接触该带电体的瞬间，因等效电容而充存着的电荷通过屏蔽服发生冲击变化（放出或充入），使电位达到平衡，这个过程叫做转移电位。等电位作业在转移电位过程中，有时人体与带电体之间电位差是比较大的。由于头、脸面部一般屏蔽不够完善，特别是尖端处电压更高，所以，转移电位时，应先做好各项准备，报告工作负责人，系好安全带，作业人员应注意裸露部分与带电体保持表11-2-1规定的最小距离，从而保证该处空气不被电场击穿放电造成损伤。

电位转移注意事项如下。

（1）等电位人员在电位转移时应得到工作负责人许可，其目的在于提醒工作负责人加强监护，检查等电位人员对地及对邻相的距离是否符合规定。在确认无异常现象后，工作负责人即可下令杆上、杆下人员密切配合，安全、顺利地完成等电位人员的电位转移。

（2）等电位人员在转移电位时，其裸露部分与带电体必须保持表 11-2-1 的最小距离，是为了保证在额定电压下不会对人体裸露部分放电而造成意外，虽然作业人员处于绝缘工具上，转移电位的充放电不会造成电危险伤害，但由于没有思想准备被充放电一惊吓可能造成高空摔跌。因此，即使保持表 11-2-1 的安全距离，也应系好安全带，以防高空摔跌。

（3）转移电位的距离不易过大，否则，转移电位瞬间所要求的带电体对接地体的距离等于转移电位距离加上人体几何尺寸和表 11-2-2 规定的人体与带电体的安全距离，将由于设备距离限制而不能满足，同时，转移电位距离如果取得太大，等电位人员直接用穿屏蔽服的手转移电位就有一定困难。因此，转移电位距离是按额定电压考虑的，而不按过电压考虑。

表 11-2-2　　　　　　　带电作业时人身与带电体的安全距离

电压等级 /kV	10	35	63 (66)	110	220	330	500	750	1000	±500	±660	±800
距离 /m	0.4	0.6	0.7	1.0	1.8 (1.6)①	2.2	3.4 (3.2)②	5.2 (5.6)③	6.8 (6.0)④	3.4	—	6.8

注　本表在国网《安规》线路部分的表号是"表 10-1"，在国网《安规》变电部分的表号是"表 6-1"，国标《安规》和行标《安规》中无此表。

① 220kV 带电作业安全距离因受设备限制达不到 1.8m 时，经本单位分管生产领导（总工程师）批准，并采取必要的措施后，可采用括号内 1.6m 的数值。

② 海拔 500m 以下，500kV 取 3.2m 值，但不适用于 500kV 紧凑型线路。海拔在 500～1000m 时，500kV 取 3.4m 值。

③ 5.2m 为海拔 1000m 以下值，5.6m 为海拔 2000m 以下值。

④ 单回输电线路数据，括号中数据 6.0m 为边相，6.8m 为中相。

2. 等电位作业人员电位转移的工具

750kV 和 1000kV 等电位作业，应使用电位转移棒进行电位转移。

交流超、特高压线路带电作业等电位进入方法及其电位转移棒，其特征在于：作业人员穿戴超、特高压交流带电作业全套屏蔽服装，将电位转移棒与屏蔽服连接良好后乘坐绝缘运载工具接近带电体，在距离带电体 0.4～0.6m 时，使用专用的电位转移棒接触带电体进行电位转移，进入等电位。

电位转移棒，由引线、连接头、金属棒和金属钩组成。引线和金属钩分别连接在金属棒的两端，连接头接在引线的另一端头，金属棒为圆形，其表面光滑。采用电位转移棒将大幅减小电位转移时的脉冲电流、明显减弱电弧，避免对作业人员的安全造成的危害和对屏蔽服的烧蚀，大大提高进入等电位的安全性，延长屏蔽服的使用寿命，提高带电作业工作效率。

四、条文 11.2.4

原文："11.2.4 交流线路地电位登塔作业时应采取防静电感应措施、直流线路地电位登塔作业时宜采取防离子流措施。"

1. 带电作业时人身与带电体的安全距离

进行地电位带电作业时，人身与带电体间的安全距离不准小于表 11-2-2 的规定。35kV 及以下的带电设备，不能满足表 11-2-2 规定的最小安全距离时，应采取可靠的绝缘隔离措施。

电气安全距离是带电作业时人身和设备安全的关键。确定它的基本原则是：根据各种不同电压等级的电网可能出现的最大内、外过电压幅值，计算出它们相应的危险距离，取出其中的最大数值再乘以 1.2 倍的安全系数（即增加了 20％的安全裕度）即为电气安全距离。

例如，对 220kV 系统需分别计算雷电过电压和内部过电压值进行比较，取出最大值。

（1）内过电压最大值。根据《交流电气装置的过电压保护和绝缘配合》（DL/T 620—1997）第 4 条规定，220kV 直接接地系统最大内过电压倍数为 3，考虑 10％的电压升高，则最大内过电压为

$$U_{ny \cdot max} = 220 \times \frac{1}{\sqrt{3}} \times 1.1 \times 3 \times \sqrt{2} = 593.8 (kV)$$

模拟棒对板空气间隙的放电特性曲线，得出操作波 $120/4000\mu s$ 放电距离是 1.5m。为保证安全，再增加 20％的裕度，即得带电作业的最小安全距离为 1.8m，与表 11-2-2 所示的人身与带电体间的电气安全距离相同。

（2）外过电压最大值。从最坏的情况考虑，据有关资料介绍，对实际情况的试验和模拟，落雷地点与作业点距离为 5km。雷电进行波沿线传输要受到线路的相间与对地电容、导线的综合阻抗、绝缘介质极化电晕的影响而发生衰减和变形。它传到作业点处电压波即最大外过电压的计算，是采用一个叫做浮士德的经验公式 $U_{wg \cdot max} = U_0 / (XKU_0 + 1)$ 计算的，即起始电压 U_0 除以一个由距离 X、起始电压 U_0 和衰减系数 K 之积共同决定的系数。该雷电波作用于线路 13×-4.5 型单联绝缘子串的 50％冲击放电电压值，从《交流电气装置的过电压保护和绝缘配合》（DL/T 620—1997）附录 8 表中可查得 U_0 为 1200kV，衰减系数按最不利的情况取 $K=0.16 \times 10^{-3}$，则由浮士德公式得到最大外过电压

$$U_{wg \cdot max} = U_0 / (U_0 K X + 1) = 1200 (1200 \times 5 \times 0.16 \times 10^{-3} + 1)$$

$$= 612.3 (kV)$$

以上最大值的雷电全波（标准波形为 $1.5/40\mu s$）作用在接地平板间，其冲击电压放电距离，从相应计算曲线可查得为 1.15m，小于前述内过电压 1.5m 的距离。

2. 不能满足规定最小安全距离的绝缘隔离措施

35kV 及以下的带电设备，不能满足表 11-2-2 规定的最小安全距离时，必须采取可靠的绝缘隔离措施。

35kV 及以下设备带电作业，因最小安全距离不能满足规定，需采取绝缘隔离措施。它的主要问题是用做隔板的绝缘材质的可靠性，以及隔板的几何形状、尺寸、怎样安放等，至今还没有统一的使用标准，运行中尚待总结经验。对所用的隔板的可靠性，应该通过绝缘耐电强度试验加以考验证实。供电企业在采用绝缘隔板作为绝缘隔离措施时，应采

取审慎的态度制定方案进行。

在使用绝缘板进行隔离时，绝缘板与带电体的距离已满足要求，作业人员在板的另一侧通过或进行操作。绝缘板起到了防止人身侵入安全距离的作用，绝缘板朝向人体的一面，工作人员是可以触及的。

如果绝缘板只是为了弥补空气绝缘的不足，绝缘板与带电体的距离小于表 11-2-2 的数值，则绝缘板朝人体的一面，工作人员也是不可以触及的。

3. 绝缘工具的最小有效绝缘长度

绝缘操作杆，绝缘承力工具和绝缘绳索的有效长度不得小于表 11-2-3 的规定。

表 11-2-3　　　　　　　　　　绝缘工具最小有效绝缘长度

电压等级/kV	有效绝缘长度/m	
	绝缘操作杆	绝缘承力工具、绝缘绳索
10	0.7	0.4
35	0.9	0.6
63 (66)	1.0	0.7
110	1.3	1.0
220	2.1	1.8
330	3.1	2.8
500	4.0	3.7
750	—	5.3
1000	—	6.8
±500	3.5	3.2
±660	—	—
±800	—	6.6

注　本表在国网《安规》线路部分中的表号是"表 10-2"，在国网《安规》变电部分中的表号是"表 6-2"。国标《安规》和行标《安规》中无此表。

最小有效绝缘长度是指绝缘工具全长减掉双手握持部分和金属部分的长度后所应保证的净长。

绝缘工具最小有效绝缘长度的选择，必须要保证带电作业安全。也就是说，它除了要满足人身与带电体之间最小的电气安全距离之外，还要考虑绝缘工具在极限的操作过电压下的绝缘强度以及在操作过程中它的活动范围。因此，其长度选择原则上与电气安全距离的确定是一致的。极限电压为设备最高运行电压与相应电网等级的操作过电压倍数的乘积，再乘以 1.2 的安全系数（增加 20％的安全裕度），它还应考虑绝缘介质在使用时由于结构上的变化而引起的耐电强度的分散性，折合为一个 1.1 的不均匀系数，这四者的乘积即为极限电压。它与绝缘材料单位长度工频闪络电压的比值，即为绝缘工具的有效长度为

$$有效长度＝1.1×1.2×操作过电压倍数$$
$$×设备最高运行电压/绝缘材料单位长度工频闪络电压$$

只是对绝缘操作杆，由于沿介质表面气体放电时的电场分布发生形变，使得该放电电压低于同一间隙的气体放电电压。为使两者相符，考虑双手握持部分、操作动作幅度和使用频度等，为安全起见，还须在估算出的有效长度的数值上统一再增加 30cm。

带电作业不得使用非绝缘绳索，如棉纱绳、白棕绳、钢丝绳。

4. 工作现场应设置围栏

在市区或人口稠密的地区进行带电作业时，工作现场应设置围栏，严禁非工作人员入内。

带电作业人员尽管都经过专业训练，但在杆（塔）上进行带电作业时，也有失手将工具从高空坠落的意外情况发生。这就会给进入作业区地面的行人带来危害。同时，行人进入作业区，观看作业，也会干扰操作的正常运行。因此，在市区和人口稠密的地区作业时，应设围栏，并严禁入内。

5. 不应进行带电架、拆线的工作

非特殊需要，不应在跨越处下方或邻近有电力线路或其他弱电线路的档内进行带电架、拆线的工作。如需进行，则应制定可靠的安全技术措施，经本单位生产领导（总工程师）批准后，方可进行。

这项规定是国网《安规》新增加的。

五、条文 11.2.5

原文："11.2.5 下列距离应满足相关安全规定：

a）地电位作业人体与带电体的距离；

b）等电位作业人体与带电体的距离；

c）工作人员进出强电场时与接地体和带电体两部分所组成的组合间隙；

d）工作人员与相邻导线的距离。"

国家标准只是原则性地给出了四种距离应满足相关安全规定，但没有给出具体数值。国家电网公司《电力安全工作规程变电部分、线路部分》、中国电力投资集团公司《电力生产安全工作规程发电厂电气部分》均在"带电作业"一章中给出了具体数值，编者把它们汇总在表 11-2-4 中。

（1）地电位作业人体与带电体的距离（详见表 11-2-4）。

（2）等电位作业人体与带电体的距离（详见表 11-2-4）。

（3）工作人员进出强电场时与接地体和带电体两部分所组成的组合间隙（详见表 11-2-4）。

（4）工作人员与相邻导线的距离（详见表 11-2-4）。

六、条文 11.2.6

原文："11.2.6 等电位工作人员与地电位工作人员应使用绝缘工具或绝缘绳索进行工具和材料的传递。"

本条规定等电位工作人员与地电位工作人员之间进行工具材料传递的安全措施。要求使用绝缘工具或绝缘绳束进行工具和材料的传递。

表 11 - 2 - 4   带电作业中的下列距离应满足的最低安全要求

电压等级 /kV	表6-1 （表10-1） 地电位带电作业时人体与带电体间的安全距离 /m	表6-1 （表10-1） 等电位作业人体与接地体的距离不小于 /m	表6-4 （表10-4） 工作人员进出强电场时与接地体和带电体两部分所组成的组合间隙不得小于 /m	表6-5 （表10-5） 等电位作业人员对相邻导线的最小距离 /m	表6-6 （表10-6） 等电位作业转移电位时人体裸露部分与带电体的最小距离 /m
10	0.4	0.4			
35	0.6	0.6			0.2
63（66）	0.7	0.7	0.8	0.9	0.2
110	1.0	1.0	1.2	1.4	0.3
220	1.8（1.6）①	1.8（1.6）①	2.1	2.5	0.3
330	2.2	2.2	3.1	3.5	0.4
500	3.4（3.2）②	3.4（3.2）②	4.0	5.0	0.4
750	5.2（5.6）③	5.2（5.6）③	4.9	6.9（7.2）⑤	戴面罩
1000	6.8（6.0）④	6.8（6.0）④	6.9		戴面罩
±500	3.4	3.4	3.8		0.4
±660	—	—	—		
±800	6.8	6.8	6.8		

注 本表根据国家电网公司《电力安全工作规程 变电部分》表6-1、表6-4、表6-5、表6-6（线路部分表10-1、表10-4、表10-5、表10-6）编制。

① 220kV带电作业安全距离因受设备限制达不到1.8m时，经本单位分管生产领导（总工程师）批准，并采取必要的措施后，可采用括号内的数值1.6m。

② 海拔500m以下，500kV取3.2m值，但不适用于紧凑型线路。海拔在500～1000m时，500kV取3.4m。

③ 5.2m为海拔1000m以下值，5.6m为海拔2000m以下值。

④ 单回输电线路数据，括号中数据6.0m为边相，6.8m为中相。

⑤ 6.9m为边相值，7.2m为中相值。

　　等电位作业人员与地电位作业人员传递工具和材料时，应使用绝缘工具或绝缘绳索进行，其有效长度不准小于表11-2-3的规定。

　　等电位人员与地电位工作人员不得麻痹大意，防止误用非绝缘工具和绳索传递工具及材料造成不幸。

七、条文 11.2.7

原文："11.2.7 沿导（地）线上悬挂的软、硬梯或导线飞车进入强电场的作业，应遵守下列规定：

a）在连续档距的导（地）线上挂梯（或导线飞车）时，钢芯铝绞线和铝合金绞线导（地）线的截面应不小于120mm²，钢绞线导（地）线的截面应不小于50mm²。

b）在孤立档的导（地）线上作业，在有断股的导（地）线和锈蚀的地线上的作业，在11.2.7a）规定外的其他型号导（地）线上的作业，两人以上在同档同一根导（地）线上的作业时，应经验算合格并经批准后方能进行。

c）在导（地）线上悬挂梯子、飞车进行等电位作业前，应检查本档两端杆塔处导地线的紧固情况。

d）挂梯载荷后，应保持地线及人体对下方带电导线的安全距离比规定的安全距离数值增大 0.5m；带电导线及人体对被跨越的线路、通信线路和其他建筑物的安全距离应比规定的安全距离数值增大 1m。

e）在瓷横担线路上不应挂梯作业，在转动横担的线路上挂梯前应将横担固定。"

本条规定了悬挂软硬梯作业和飞车作业应遵守的规定。

1. 在连续档距的导（地）线上挂梯（或导线飞车）作业时截面要求

（1）钢芯铝绞线和铝合金绞线导（地）线的截面应不小于 120mm²。

（2）钢绞线导（地）线的截面应不小于 50mm²（等同 OPGW 光缆和配套的 LGJ—70/40 导线）。

（3）若有铜绞线线路，截面应不小于 70mm²。

2. 应经验算合格并经批准后方能进行的导（地）线挂梯（或飞车）作业

（1）在孤立档的导（地）线上作业。

（2）在有断股的导（地）线。

（3）在锈蚀的地线上的。

（4）在上述 1. 规定的（1）、（2）、（3）以外的其他型号导（地）线上的作业。

（5）两人以上在同档同一根导（地）线上的作业。

3. 作业前应检查事项

在导（地）线上悬挂梯子、飞车进行等电位作业前，应检查本档两端杆塔处导地线的紧固情况。

4. 挂梯载荷后的要求

挂梯载荷后，应保持地线及人体对下方带电导线的安全距离比规定的安全距离数值大 0.5m；带电导线及人体对被跨越的线路、通信线路和其他建筑物的安全距离应比规定的安全距离数值大 1m。如表 11-2-5 所示。

表 11-2-5　　　　在导地线上挂梯作业挂梯载荷后的安全距离要求

电压等级 /kV	架空地线及人体对下方带 电导线的安全距离 /m	带电导线及人体对被跨越的线路、通信线路和其他建筑物的安全距离 /m
110	1.5	2.0
220	2.3	2.8
330	2.7	3.2
500	3.9	4.4
750	5.7	6.2
1000	7.3	7.8
±500	3.9	4.4
±660	—	—
±800	7.3	7.8

5. 不能进行挂梯作业的线路

在绝缘子横担线路上不应挂梯作业。由于瓷横担经受不了挂梯后人和梯的悬垂所造成的瓷横担两边拉力差所产生的弯矩，因此严禁在瓷横担线路上挂梯作业。

6. 在转动横担的线路上挂梯注意事项

在转动横担的线路上挂梯作业前应将横担固定牢靠后，才能进行挂梯作业。

在转动横担线路上挂梯作业是允许的，但应先将横担固定，以防转动横担负重后因产生的张力差而转动。

7. 在导、地线上挂梯需要经过强度验算的情况

要保证在导、地线上挂梯或飞车作业的安全，必须使导、地线符合规定的综合耐拉强度。因此，一切变动的因素，《安规》中未予指明的其他型号的导（地）线以及载荷增重超过设计条件或出现非一般情况时，都必须经过验算证明导、地线强度合格，才可挂梯作业。根据行标《安规》线路部分第 117 条中指明的内容，在导、地线上挂梯需要经过强度验算的情况有以下几种。

（1）孤立档距，其两端杆塔处承受力与直线杆塔有很大不同，要对整体包括杆塔承受的侧向力进行计算。

（2）导、地线有锈蚀或断股，会使原来的有效截面减小，抗拉能力降低。

（3）非行标《安规》中指明的线型。

（4）两人以上在导、地线上作业。

在导、地线上挂梯，由于集中载荷的作用必然要使导线的弛度增大，工作中人及梯子处于运动状态，可能上下弹动，应留有正常的活动范围。同时，进入强电场作业还会引起作业点周围的电场分布发生变化，使空气绝缘的放电分散性增大。因此，行标《安规》线路部分第 167 条规定：载荷后的地线及人体对带电导线的最小安全距离，应在表 11-2-2 人体与带电体的最小安全距离的数值上再增大 0.5m；导线及人体对被跨越的电力线路、通信线路和其他建筑物应比表 11-2-2 的安全距离再增大 1m。

八、条文 11.2.8

原文："11.2.8 带电断、接空载线路，工作人员应戴护目眼镜，并采取消弧措施，不应带负荷断、接引线。不应同时接触未接通的或已断开的导线两个断头。短接设备时，应核对相位，闭锁跳闸机构，短接线应满足短接设备最大负荷电流的要求，防止人体短接设备。"

本条规定带电断开空负荷线路和带电接续空负荷线路引线的安全措施和注意事项，以及短接电气设备时的注意事项。

（一）带电断、接空负荷线路必须遵守的规定

1. 带电断、接空负荷线路的条件

带电断、接空负荷线路时，应确认线路的另一端断路器和隔离开关确已断开，接入线路侧的变压器、电压互感器确已退出运行后，方可进行。

带电断接空负荷线路，相当于断接一个以工频为条件的等效电容负荷。电容电流的大小与线路长度按一定比例增加。当线路长度为一定，断接时出现的电弧随着设备电压等级的升高而增大，电压越高，电弧电位梯度越大，拉灭也越为困难。而若线路带有负荷时断

开引线，就会发生强烈扯弧，引起弧光短路事故。所以，要严防带负荷断、接线路引线。行标《安规》线路部分在第 169 条中已明确规定，带电断、接之前，必须先对受电终端断路器及隔离开关、接在线路侧的变压器、电压互感器及所有负荷设备的退出运行位置予以确证，并符合其他专业规定时才可实施操作。

禁止带负荷断、接引线。不应同时接触未接通的或已断开的导线两个断头。

2. 带电断、接空负荷线路时的安全措施

带电断、接空负荷线路时，作业人员应戴护目镜，并应采取消弧措施，消弧工具的断流能力应与被断、接空负荷线路电压等级及电容电流相适应。如使用消弧绳，则其断、接空负荷线路的最大长度不应大于表 11 - 2 - 6 的规定，且作业人员与断开点应保持 4m 以上的距离。

表 11 - 2 - 6　　　　　　　　使用消弧绳断、接空负荷线路的最大长度

电压等级/kV	10	35	63 (66)	110	220
长度/km	50	30	20	10	3

注　1. 线路长度包括分支在内，但不包括电缆线路。
　　2. 本表在国网《安规》线路部分中的表号是"表 10 - 7"，在国网《安规》变电部分中的表号是"表 6 - 7"。

带电断、接空负荷线路的关键是要可靠地断弧，防止电弧重燃。对于经常使用的消弧绳，它是一种人手操作控制引线快速分离空负荷线路、迅速拉长电弧，利用空气自然冷却使之熄灭的简便工具。作业时应注意以下几点。

（1）首先检查和完善作业人员的自身保护，应戴好护目眼镜，并检查所有防护器具完好。在进行带电断、接的实际操作时，作业人员要距离断开点 4m 以外，以防止溅弧、飞弧对人身造成伤害。

（2）消弧工具的断流能力应与被断、接空负荷线路的电压等级及电容电流相适应。在断、接操作之前，应确知被断、接空负荷线路的长度，并按额定工作电压等级衡量。若使用消弧绳，则所能断、接空负荷线路最大长度应不超过表 11 - 2 - 6 规定的数值，以保证在进行断、接操作产生过电压的情况下电弧仍能熄灭，不再重燃。

（3）接引线采用的分流线，一旦接通后即成了线路的一个组成部分。因此，必须注意检查，保证使它的两个端点连接处接触紧密，并具有足够的与线路相适应的载流能力。

（二）带电断、接引线必须遵守的规定

在查明线路确无接地，绝缘良好，线路上无人工作且相位确定无误后，才可进行带电断、接引线。

为什么带电断、接引线需在查明线路"三无一良"（线路无接地、无人工作、相位确定无误；绝缘良好）后才能进行呢？这是因为线路的"三无一良"状况直接影响着带电断、接引线的工作安全，乃至整个电力系统的安全。

（1）如果被接引的空负荷线路绝缘不良或存在接地，对中性点直接接地的系统将形成单相对地短路；在空负荷电压冲击下绝缘薄弱环节也容易被击穿成为故障。对中性点不接地或经消弧线圈接地的系统，接地虽然不至于形成短路也能维持带电运行，但设备绝缘将

受到线电压作用。如果出现电容电流很大的接地，而断接所使用的消弧管容量有限，就会使其因超容而爆炸。以上情况都将给人身和设备安全带来严重威胁。

（2）显而易见，带电断、接引线时，线路上自然不能有任何工作人员，规程规定要"查明"确无人工作时才能带电断、接引线。对此人命关天的大事，必须要有保证安全的组织措施。

（3）带电接引线，必须在线路相位确已核实无误时进行。未经定相核实相位接引线，相位搞错了，将会产生严重后果。假如待接引的线路空负荷，则会在受端变电站操作加入电网时发生相间短路；而如直接接引两端带电设备，则会立即发生相间短路，造成人身设备重大事故。

（三）带电断、接引线注意事项

（1）带电接引时未接通相的导线及带电断引时已断开相的导线将因感应而带电。为防止电击，应采取措施后才能触及。

因为带电接引或带电断引，接通第一相或断开部分相而未全断开时，由于导线的线间电容和对地电容的存在，将会在另外不带电的相线上（未全接的或已断开的部分），按照电容分布规律产生一定比例的电源电压或产生较高的静电感应电压（终端接有变压器时，将使各相全带电），如果作业人员不予重视，未采取措施而直接接触，就可能遭受电击，发生事故。

（2）严禁同时接触未接通的或已断开的导线两个断头，以防人体串入电路。

未接通的或已断开的导线的两个断头，不论哪种情况，也不论一侧有电还是两侧有电，两个线头间必然有电位差。对于高压线路来说，这个电位差要比人体的耐受电压高得多，作业人员一旦同时接触两端，人体就被串入电路，必定有电容冲击电流通过。此时，即使穿有屏蔽服，但由于其通流容量有限，也可能被损坏。如果线路误带有负荷，则可能起火导致生命危亡，后果不堪设想。

（3）严禁用断、接空负荷线路的方法使两电源解列或并列。

两个电源的并列或解列，是在电网中规定的同期点，用同期装置判得两电源的频率、电压、相角完全接近，具备同期条件时，操作断路器合闸来实现的。在两电源并列的瞬间，将引起系统中潮流的重新分布而后又趋于平衡，并列点将流过很大的负荷电流。如果并列时两电源参数相差较大，此时并列会造成强烈的电流冲击，发电机、汽轮机将产生猛烈震动，因此非同期并列后果相当严重。而用断、接空负荷线路的方法，不可能对同期并列的条件进行判断。因此，严禁用断、接空负荷线路的方法来实现两电源的解列或并列。

（4）带电断、接耦合电容器时，应将其信号、接地开关合上，并应停用高频保护。被断开的电容器应立即对地放电。

耦合电容器的断、接将影响线路高频保护信号通道的正常工作。线路正常运行时，对于按长期发信方式工作的保护，断开耦合电容器将造成信号中断，对端发信机收不到闭锁信号就可能引起跳闸。对于按故障时启动发信方式工作的保护，在耦合电容器接上时，也可能发出异常冲击信号，引起保护误动作。为此，在带电断、接耦合电容器时，应将其信号接地，并停用高频保护。为起到安全保护作用，还应合上接地开关（很多为跌落式熔断器），将被断开的耦合电容器立即对地放电，防止工作人员触电。

（5）带电断、接空负荷线路、耦合电容器、避雷器等设备时，应采取防止引流线摆动的措施。

在带电断、接空负荷线路、耦合电容器、避雷器等设备引流线时，由于其线头处电场集中，工作人员应及早准备好绑扎线，将其妥善地与带电侧导线捆扎在一起，带电接引以后亦应调整好引线与周围设备的距离，注意引线不可太长。对有些设备的引线，必要时还可使用绝缘物支持固定。而且，防止引线摆动引起放电接地是具体作业程序中必需的步骤，工作人员应认真执行相关的专业工作制度。

（6）不应带负荷断、接引线。

（四）定相

所谓定相，就是对变压器、电压互感器、发电机、电源联络线路等需要连网或并列运行的电气设备，采用具体的操作方法和步骤，将待定相设备的一次侧与运行着的设备的一次侧接通，并以该运行设备二次侧接线组别为标准，同待定相设备的二次接线组别作比较，确定它们的电压相位和相序同异的方法。如果用电压表测得两设备二次侧各同名端电压差为零，异名端为线电压，则说明它们接线组别一致，相序相同。如果各同名端测得为线电压或为与其相当的数值，则说明二者接线组别存在差别，此时，切不可将二次侧连通，否则就会出现冲击短路，将设备毁坏，发生事故。

定相是电力生产检修和建设中需经常施行的一项试验作业。通常，电气设备遇有以下情况时，均需进行定相。

（1）发电机、变压器和电压互感器在新建安装、搬迁地址或大修以后，以及接线组别和内连线有过更动时。

（2）电源线路新建或变化走向，电缆线路接线有过更动时。

（3）发电机组的电压互感器新投入或检修后，同期装置电压回路有更动、拆接以及更换二次电压回路电缆后，为防止接线组别出错或发生接线问题，可进行定相。

（五）断、接空负荷线路瞬间产生电容电流计算

空负荷线路中三相导线之间和导线对地都存在电容，断、接空负荷线路瞬间会产生电容电流，其值可按下列经验公式计算

$$I_c = KUL$$

式中　I_c——空负荷线路电容电流，A；

　　　K——系数，10kV 线路取 0.0018，35kV 线路取 0.0017，110～220kV 线路取 0.0016（上述系数是经过各种塔型和导线排列方式计算综合取其最大值得到的）；

　　　U——线路额定电压，kV；

　　　L——线路长度，km。

空负荷线路有电容电流，在断、接过程中必须采取消弧措施，消弧工具的消弧能力必须与线路电容电流相适应。

在众多的消弧工具中，消弧绳的消弧能力较差，这是因为它本身无消弧能力而仅利用人为断开速度延伸电弧，达到自熄的目的，因此，用此种方法断、接空负荷线路的长度就要受到限制，其值不得超过表 11-2-5 的规定。需要说明的是：表 11-2-5 中的空负荷

线路长度是根据经验和计算确定的，它包括分支架空线路，但不含电缆线路，因为电缆的电容很大，且无更多的实践经验，当空负荷线路中有电缆线路时，应按架空线路段和电缆线路段分别计算其电容电流。当电容电流之和不超过 3A 时，才允许采用消弧绳进行断、接引。

电缆线路电容电流 I_c(A/km) 的计算公式如下

6kV 电缆线路

$$I_c = \frac{95 + 2.84S}{2200 + 6S} U$$

10kV 电缆线路

$$I_c = \frac{95 + 1.44S}{2200 + 0.23S} U$$

式中　S——电缆截面积，mm^2；

　　　U——线路额定电压，kV。

用消弧绳断、接引会产生电弧，特别是在断引的时候。因此，作业人员与断开点至少应保持 4m 以上距离，并带护目镜，以防电弧灼伤。

（六）带电短接设备

短接设备时，应核对相位，闭锁跳闸机构，短接线应满足短接设备最大负荷电流的要求，防止人体短接设备。

1. 带电短接断路器和隔离开关

用分流线短接断路器、隔离开关等载流设备时，必须遵守下列规定。

（1）短接前一定要核对相位。

短接之前必须首先核对相位，防止相位搞错发生相间短路。

（2）组装分流线的导线处必须清除氧化层，且线夹接触应牢固、可靠。

为防止接触电阻过大，使线夹发热，故要求将装设分流线的导线处除掉氧化膜，使其接触良好。

（3）35kV 及以下设备使用的绝缘分流线的绝缘水平应符合规程规定。

35kV 及以下的短接工作，可用绝缘分流线（即在裸导线外套绝缘层），但其绝缘层必须按规定进行电气试验合格，否则应作为非绝缘分流线使用。

合格的绝缘分流线外皮允许与接地部分接触。但其外露两端必须支撑牢固，防止摆动而造成接地或短路，用裸导线作分流线更应注意。

（4）断路器（开关）必须处于合闸位置，并取下跳闸回路熔断器（保险），锁死跳闸机构后，方可短接。

短接断路器前，断路器必须处于合闸位置，否则短接时将产生强烈电弧，危及人身安全。

在短接断路器过程中如发生断路器跳闸，相电压就有可能加在等电位作业的断开点开口端而出现强烈的电弧，因此短接前，必须申请调度将跳闸回路熔丝取下，或将跳闸机构锁死，以防不幸。

（5）分流线应支撑好，以防摆动造成接地或短路。

短接完毕还应处理引线，采取防止分流线摆动发生接地短路的措施。通常用绝缘线进行绑扎或将它支撑固定。

2. 带电短接阻波器

阻波器被短接前，严防等电位作业人员人体短接阻波器。

阻波器是阻止某一频带的高频通信信号从线路一端向另一端溃散的感抗器件。正常运行中，它对工频而言虽然近似于短路状态，但它毕竟是一种强流电感线圈，其电感值大多为几百微亨，阻波器两端的工频压降约在数十伏甚至百伏以上。可见，按交变量变化的感抗，远远大于同规格相同截面导线的阻抗。对等电位作业人员来说，阻波器上的压降不容忽视。在带电作业中，如果在短接分流线未装好之前，作业人员碰触了阻波器，就会出现阻波器被部分或全部短接的情况，引起通过阻波器的电流的变化，产生与该电流变化率成正比的自感电动势，结果使阻波器电流减小而转移到人体所接触的部分上。屏蔽服将流过负荷电流，并有可能超过它的耐受能力，使其冒火花或被烧坏，导致烧伤电击事故。所以，作业中应采取措施，防止人体短接阻波器。

短接阻波器的短接线间，最好串上一个短接开关，以减少电弧的出现，由于电压差不高，开关消弧措施也无需过高要求，只要满足通流容量就可以了。

3. 分流线和线夹

短接开关设备或阻波器的分流线截面和两端线夹的载流容量，应满足最大负荷电流的要求。

为防止作业时分流线和线夹发热，故必须规定分流线的截面和线夹载流容量应满足最大负荷电流的要求。

九、条文 11.2.9

原文："11.2.9 绝缘子表面采取带电水冲洗或进行机械方式清扫时，应遵守相应技术导则的规定"。

本条规定了带电水冲洗或机械方法清扫绝缘子表面的安全措施和注意事项。

(一) 决定带电水冲洗绝缘子表面的两个条件

带电水冲洗就是在高压设备正常运行的情况下，利用电阻率不低于 $1.5k\Omega \cdot cm$ 的水，保持一定的水压和安全距离等条件，使用专门的泵水机械装置，对有污秽的电气设备绝缘部分进行冲洗清污的作业方法。

1. 天气条件

带电水冲洗一般应在良好天气时进行，风力大于 4 级，气温低于零下 3℃，雨天、雪天、雾天及雷电天气不宜进行。

带电水冲洗同等电位作业相仿，也是一种讲究技术、实践性强的专业作业，对气候有一定的要求，也是由其本身特点决定的。当风力大于 4 级时，冲洗的水线在脏污处飞溅较厉害，污水在绝缘子沟里不易迅速下流。特别是北方尘沙大的地方，不待绝缘子干燥尘沙可能又已落上，复又形成脏污。当气温低于零下 3℃时，水对脏污的溶解力已弱，绝缘上脏污本身黏着易僵固化，影响冲洗效果，甚至无法工作。在雨天和落雾天气，不仅设备绝缘明显下降，易发生对地闪络，而且给冲洗用绝缘工具的安全防护也带来困难。带电作业时一旦听到雷声，应立即停止手中的工作。

南方地区结冰季节较短，甚至终年不结冰，可以不考虑气温低于零下 3℃的问题。

近几年沙尘暴天气增多，在沙尘暴天气时也不宜进行带电水冲洗作业。

2. 技术条件

带电水冲洗作业前应掌握绝缘子的脏污情况，当盐密值大于临界盐密值的规定时，一般不宜进行水冲洗，否则，应增大水电阻率来补救。避雷器及密封不良的设备不宜进行带电水冲洗。

（1）污闪。

电力设备外绝缘的整个湿表面，在设备的最高工作电压之下泄漏电流增大，局部发热出现沿面爬弧，最后将形成闪络。据有关资料介绍，电力系统中发生污闪事故所造成的损失，随着工业环境污染的加剧，目前已超过了雷害事故带来的损失。发生污闪的原因主要与绝缘表面污秽厚度、泄漏路径、干湿程度等因素有关。爬电比距也叫单位泄漏距离，即绝缘子在临界闪络状态时，每千伏电压所需（对应）的泄漏距离，可用来衡量绝缘子泄漏表面的工作电位梯度。通常防止污闪采取的措施是：①增加绝缘子片数和使用防污绝缘子，用以增加它表面的泄漏距离，降低工作电位梯度或爬电比距值；②保证设备绝缘具有合理的清扫周期。

污秽是导致绝缘沿面闪络的直接根源。

（2）盐密值。

盐密值也叫污秽强度，即绝缘受工业环境污染的程度，是以电气设备绝缘表面每平方厘米面积上所附着的烟灰、水泥尘埃和化工物质的毫克数，来衡量绝缘的脏污程度，单位为 mg/cm^2。

（3）临界盐密值。

临界盐密值是指当爬电比距一定，泄漏电流按规定不超过 1mA，水电阻率分别赋予档次值时所能允许的盐密的最大值。表 11-2-7 给出了爬电比距、盐密值与水电阻率之间在临界状态下的数量关系。因此，进行带电水冲洗作业前，应先掌握绝缘子的污秽情况，如果实际盐密值已超过表 11-2-7 所示的临界值，此时冲洗，应先测量水电阻率，并将测量结果与表 11-2-7 中相应的水电阻率进行比较。若水电阻率达不到规定的数值时进行带电水冲洗，泄漏电流就会超过 1mA，这是不允许的。唯有按照表 11-2-7 给定的水电阻率数值并设法增大其数值，才能进行带电水冲洗；而若无法加大水电阻率时，则不宜进行带电水冲洗。

表 11-2-7 带电水冲洗临界盐密值[①]

（仅适用于 220kV 及以下）

爬电比距[②] /(mm·kV⁻¹)	发电厂及变电站支柱绝缘子或密闭瓷套管							
	14.8~16（普通型）				20~31（防污型）			
临界盐密值 /(mg·cm⁻²)	0.02	0.04	0.08	0.12	0.08	0.12	0.16	0.2
水电阻率 /(Ω·cm⁻¹)	1500	3000	10000	50000 及以上	1500	3000	10000	50000 及以上

爬电比距②/(mm·kV^{-1})	线路悬式绝缘子							
	14.8～16（普通型）				20～31（防污型）			
临界盐密值/(mg·cm^{-2})	0.05	0.07	0.12	0.15	0.12	0.15	0.2	0.22
水电阻率/(Ω·cm^{-1})	1500	3000	10000	50000及以上	1500	3000	10000	50000及以上

注　本表在国网《安规》变电部分中的表号是"表6-8"。

①　330kV及以上等级的临界盐密值尚不成熟，暂不列入。

②　爬电比距指电力设备外绝缘的爬电距离与设备最高工作电压之比。

（二）带电水冲洗工具

1. 带电水冲洗用水的电阻率的要求

带电水冲洗是绝缘清污最有效和最实用的方法。进行带电水冲洗时，首先必须保证作业时人身和设备的安全，即作业时，若出现操作过电压，此时分布在水管、水线或操作杆上的电压不致对人身构成威胁，同时测量作业人员操作握柄处泄漏电流不应超过1mA。在这样的前提下进行水冲洗，当绝缘子按普通型和防污型进行区分，并且两种类型爬电比距均为定值时，冲洗用水的电阻率必然地随着绝缘子盐密值的增加而对应地增加。

带电水冲洗用水的电阻率一般不低于1500Ω·cm，冲洗220kV变电设备水电阻率不低于3000Ω·cm，并应符合表11-2-7的要求。每次冲洗前，都应用合格的水阻表测量水电阻率，应从水枪出口处取水样进行测量。如用水车等容器盛水，每车水都应测量水电阻率。

为什么要对带电水冲洗用水的电阻率规定一个最低标准呢？这是因为冲洗用水电阻率的高低直接影响泄漏电流的大小。试验和实践表明，不论大、中、小哪一种水量的冲洗，当把水电阻率从3000Ω·cm降至1500Ω·cm，会使湿闪电压下降25％。因此，冲洗所用的水质必须加以严格掌握和控制，使它至少不低于1500Ω·cm的标准，冲洗220kV变电设备时水电阻率不应低于3000Ω·cm的标准。在实际工作中，为了切实保证冲洗用水电阻率合格，每次冲洗前都应用合格的水阻表测量水电阻率。应从水枪出口处取水样进行测量。如用水车等容器盛水，每车水都应测量水电阻率，以避免因水质不均匀泄漏增大而造成事故。

2. 喷嘴与水柱

以水柱为主绝缘的大、中型水冲（喷嘴直径为4～8mm者称中水冲，直径为9mm及以上者称大水冲），其水枪喷嘴与带电体之间的水柱长度不得小于表11-2-8的规定。大、中型水冲水枪喷嘴均应可靠接地。

表11-2-8　　　　　喷嘴与带电体之间的水柱长度

喷嘴直径/mm		4～8	9～12	13～18
电压等级/kV	63（66）及以下	2	4	6
	110	3	5	7
	220	4	6	8

注　本表在国网《安规》变电部分中的表号是"表6-9"。

喷嘴与带电体的安全距离，简称水柱。其绝缘性能主要取决于水柱长度。以水柱为主要绝缘是指：冲洗作业时，水流直接冲击带电设备绝缘部分，带电导体与地面之间主要是以水柱为主绝缘的。水柱必须满足规定的长度，在承受设备的最高运行电压和操作过电压时，所产生的泄漏电流不超过 1mA。

表 11-2-8 所规定的水柱长度，既满足了按操作过电压提出的水柱距离。又满足了按泄漏电流要求提出的水柱距离。

两种水冲是由泄漏电流提出的最小距离为控制条件。为了防止在最不利的情况下泄漏电流超过 1mA，以及喷嘴与水泵之间连接管上的分布电压对操作者的安全构成威胁，应将大、中型水冲喷嘴可靠接地。

3. 带电水冲洗工具的分类及其特点

(1) 大型水冲洗工具的喷嘴直径在 9mm 及以上，用于大型水冲洗。工作时，作业人员处在地面上，利用水泵、喷枪和导水管等组成机械泵水装置，使用具有压力的水持枪对绝缘子进行冲洗。由于喷嘴直径大，所以就有水流量大、水柱长、冲洗效果好的特点。其缺点是耗水量大，使用中易受自然水源条件的限制。

(2) 中型水冲洗工具的喷嘴直径在 4~8mm 之间，其特点基本上介于大、小型水冲洗之间，可以按实际情况灵活选用。

(三) 带电水冲洗方法

1. 带电水冲洗前准备工作

(1) 带电水冲洗前，应注意调整好水泵压强，使水柱射程远且水流密集。当水压不足时，不得将水枪对准被冲洗的带电设备。冲洗用水泵应良好接地。

带电水冲洗时，水柱的水线状态对闪络电压有明显影响。因此，冲洗作业前，首先应调整好水泵压强并保持稳定。这样，不仅使得水柱射程远、水流密、水线状态集中，提高了单位时间内的射流速度，而且水柱长度也相对地有所增加。此时沿水线上电压分布趋于均匀，因而闪络电压高，冲洗效果好。当水压不足时，水线呈分散状态，空水线周围的空气间隙上电位分散，可能出现先导放电现象导致沿面闪络。所以，带电水冲洗之前，调整水压使水线良好是一个很重要的步骤。

(2) 带电水冲洗应注意选择合适的冲洗方法。直径较大的绝缘子宜采用双枪跟踪法或其他方法，并应防止被冲洗设备表面出现污水线。当被冲绝缘子未冲洗干净时，水枪切勿强行离开，以免造成闪络。

合适的带电水冲洗方法是根据主观条件和设备的运行状况决定采用的。一定电压等级的设备，相应地确定了该设备绝缘的有效长度和型号直径等。一定型式的带电水冲洗都要求水线集中，电压分布均匀，泄漏电流不超过 1mA。在这一前提下，稳定的水冲压力、水线长度、冲洗所适应的范围也是一定的。作业人员选择冲洗方法要注意从总体上进行技术把握，慎重考虑现场活动区域和场所、设备脏污、绝缘盐密值大小、绝缘直径等因素比较确定。对于直径较大的设备绝缘，用单枪冲洗时，由于其弧形面积大，其上脏污溅湿面也大，不待一个点冲洗干净，周围其他溅湿处已扯弧或冒烟，一支枪四顾不暇，脏水下流成线状也不易被控制，沿面放电闪络就可能形成。针对这些问题，在实践中采用双枪跟踪法冲洗，两支枪同时进行，一支为主冲，一支辅助配合，能够有效地预防上述现象，这样既提高了冲洗速度、避免了污水线的出现，而且也解决了单枪冲洗有时水枪离不开的问题。双枪跟踪的冲洗方法是高电压等级大直径绝缘子冲洗的良好方法。

（3）带电水冲洗前要确知设备绝缘是否良好。有零值及低值的绝缘子及瓷质有裂纹时，一般不可冲洗。

冲洗将引起绝缘子表面绝缘状态和沿面闪络电位梯度的改变。对低、零值及瓷质有裂纹的绝缘子来说，因为它们的绝缘性能已经降低，结构出现了变化，水污浸湿时，强电场作用下瓷质裂纹处绝缘变坏将更加显著。所以，冲洗前应进行检测，确知设备绝缘状态是否良好，发现低、零值绝缘子先更换后再考虑其他工作。如无可信的技术鉴定手段，则不应对破损和低值绝缘进行带电水冲洗。

2. 带电水冲洗绝缘子的冲洗次序和方向

（1）冲洗悬垂绝缘子串、瓷横担、耐张绝缘子串时，应从导线侧向横担侧依次冲洗。冲洗支柱绝缘子及绝缘瓷套时，应从下向上冲洗。

不同的冲洗顺序将出现不同的绝缘表面状态，对闪络电压将产生直接影响。一种是按顺序从下向上或从内侧向外逐层冲洗净，冲洗溅湿表面最小，不使其他脏污层被淋湿。另一种是从上向下冲洗，不待上层脏污冲洗干净，就将部分绝缘表面渗湿。如有试验记录记载，某 110kV 电流互感器（L-600型）用带电水冲清扫，污秽等级取样比鉴定为最低级 $0.039mg/cm^2$，冲洗顺序从上至下，结果不待第一层冲完，污水从上至下贯穿，湿闪电压大幅度降低，瞬间整个绝缘子严重放弧闪络。而与此相似，绝缘清污顺序改为从下向上的方法，污水下流到冲洗过的绝缘表面，也未发生严重放电，直至全部冲洗完。由此可以看出，带电作业水冲洗必须遵守相关的作业规定，严格按操作技艺顺序进行。

（2）冲洗绝缘子时应注意风向，必须先冲下风侧，后冲上风侧，对于上、下层布置的绝缘子应先冲下层，后冲上层，还要注意冲洗角度，严防临近绝缘子在溅射的水雾中发生闪络。

带电水冲洗设备绝缘的顺序如下。

1）对悬垂安装的绝缘子串，瓷套管和棒式绝缘，应按照从下向上的顺序，逐片、逐层或分段进行冲洗。

2）对水平安装的耐张绝缘子串、瓷套管及棒式绝缘子，都应由导线侧向杆塔低电位侧逐层、逐段清洗。

3）对上、下层布置的绝缘子同样应按照先下层后上层的顺序清洗。

4）在有风天气，应按照先下风侧、后上风侧的顺序冲洗，操作时严格执行专业作业规定，注意选择合适的冲洗角度，避免溅射产生水雾引起闪络。

关于带电水冲洗的内容，在国网《安规》变电部分中保留，在线路部分中被取消了。

（四）带电清扫机械作业安全措施

（1）进行带电清扫工作时，绝缘操作杆的有效长度不准小于表 11-2-3 的规定。

（2）在使用带电清扫机械进行清扫前，应确认：清扫机械工况（电机及控制部分、软轴及传动部分等）完好，绝缘部件无变形、脏污和损伤，毛刷转向正确，清扫机械已可靠接地。

（3）带电清扫作业人员应站在上风侧位置作业，应戴口罩、护目镜。

（4）作业时，作业人的双手应始终握持绝缘杆保护环以下部位，并保持带电清扫有关绝缘部件的清洁和干燥。

十、条文 11.2.10

原文："11.2.10 绝缘子串上带电作业前，应检测绝缘子串的良好绝缘子片数，满足相关规定要求。"

（一）火花间隙检测器

火花间隙检测器是一种在带电条件下测试线路悬式绝缘子状况的简便测试器具。它是由绝缘杆和装在其顶端的叉形金属火花间隙组成的。常用的火花间隙检测器有两种，一种是固定间隙式的；另一种是火花间隙大小可以调整的。由于良好绝缘子两端按照绝缘子串上电压的分布规律均存在着数千伏的分布电压，当把金属叉形火花间隙一端与某片绝缘子一端金属部分接触，叉形火花间隙的另一端与该片绝缘子的另一端的金属铁帽部分接近直至接触时，良好绝缘子上的电压差会将间隙击穿发生火花现象，能听到"嘶嘶"的放电声响。而若绝缘子已击穿失去绝缘能力或绝缘能力很低时，则不存在电压差或电压差很小，没有火花和放电声响。检测人员由以上现象可以判定绝缘子的绝缘状况。

使用火花间隙检测器带电检测绝缘子前，应对检测器进行检测，保证操作灵活，测量准确。

（1）固定火花间隙检测器。火花间隙的距离一般按绝缘子的最低分布电压值的 50% 调整间隙（大都按 $3\sim4kV$ 调整）。凡是分布电压低于这一数值绝缘子，被认为是零值或低值绝缘子。如果间隙调整过大，就会把良好绝缘子误判为低值或零值。如果间隙调整得过小，也会造成低值绝缘子漏检的误判断。根据经验，间隙距离以一片钢锯片的厚度为宜，其放电电压为 $2\sim3kV$。

（2）可变火花间隙检测器。应先调整零刻度，才能保证读数准确，并要定期送到试验所进行校正，以保证刻度的准确性。

（二）带电检测绝缘子应遵守的规定

使用火花间隙检测器检测绝缘子时，应遵守下列规定。

（1）检测前，应对检测器进行检测，保证操作灵活，测量准确。

（2）针式绝缘子及少于 3 片的悬式绝缘子不准使用火花间隙检测器进行检测。

为什么针式绝缘子及少于 3 片的悬式绝缘子不得使用火花间隙检测器进行检测呢？这是因为火花间隙检测法实际是用试短接一片绝缘子的方法来作绝缘性能判断的。少于 3 片的绝缘子串，如果两片中一片绝缘已成零值，则进行检测时将直接引起接地或对地短路，烧坏器具而造成人身设备事故。

（3）检测 35kV 及以上电压等级的绝缘子串时，当发现同一串中的零值绝缘子片数达到表 11-2-9 的规定时，应立即停止检测。

各电压等级的绝缘子串都按其安全经济设计技术条件规定有相应的片数。各电压级各种类型的绝缘子也都有其能够耐受的最高工作电压的限制。当运行中出现内、外过电压时，会使一串绝缘子中的某几片被打穿，剩余完好绝缘子上的电压将重新分布，有的可能已经接近它的极限耐压值，因此，有必要对各电压级下保证安全的最少的良好绝缘子片数予以规定。测试中，当发现该串绝缘子零值片数已达到相应等级表 11-2-8 规定的片数时，其他完好绝缘子上的电压分布已经很高，并且未被检测的绝缘子中仍然可能还有零值绝缘子。如若继续短接测试，就可能引出绝缘子相继被击穿的事故。所以，遇有这种情况，零值绝缘子片数已经达到规定界限的片数，应立即停止检测工作。

表 11 - 2 - 9　　　　　　一串中允许零值绝缘子片数

电压等级 /kV	35	63 (66)	110	220	330	500	750	1000	±500	±660	±800
绝缘子串片数	3	5	7	13	19	28	29	54	37	—	58
零值片数	1	2	3	5	4	6	5	18	16	—	27

注　1. 如绝缘子串的片数超过表中的规定时，零值绝缘子允许片数可相应增加。

　　2. 本表在国网《安规》线路部分中的表号是表"10-10"，在国网《安规》变电部分中的表号是"表6-12"。

（4）应在干燥天气进行。

火花间隙检测器检测绝缘子是靠叉形金属间隙处空气被电离的声响来判断的，这与绝缘子的干湿状况关系较大。如果阴雨天空气湿度大，绝缘子泄漏电流必然也较大，此时检测绝缘子，即使把火花间隙调小，因火花和声响微弱，即使认真辨察，也不易作出准确判断。阴雨天气线路发生闪络事故的机会也多。检测人员应执行规程规定，注意选择晴朗干燥天气进行带电检测绝缘子的工作。

（5）直流线路不采用带电检测绝缘子的检测方法。

（三）更换绝缘子或在绝缘子串上作业技术措施

1. 更换绝缘子的作业方式和应满足条件

（1）沿耐张绝缘子串进入，用闭式卡具更换单片绝缘子。

（2）以绝缘板（管、棒）或绝缘滑车组代替绝缘子串承受导线荷载后，用间接作业方法或与等电位人员配合将绝缘子串放至地面或拉至横担侧进行更换。

不管采用哪种作业方式，带电体有可能通过空气间隙（对第一种作业方式为组合间隙）、绝缘工具和绝缘子串放电，因此，除要求空气间隙（或组合间隙）和绝缘工具的有效绝缘长度满足系统最大操作过电压的要求外，绝缘子串闪络电压也必须满足系统最大操作过电压的要求。

2. 良好绝缘子片数的规定

绝缘子串上带电作业前，应检测绝缘子串的良好绝缘子片数，满足相关规定的要求。

带电更换绝缘子或在绝缘子串上作业，应保证作业中良好绝缘子片数不少于表11 - 2 - 10 的规定。

表 11 - 2 - 10　　　　　　良好绝缘子最少片数

电压等级 /kV	35	63 (66)	110	220	330	500	750	1000	±500	±660	±800
片数	2	3	5	9	16	23	25	37	22	—	32

注　本表在国网《安规》线路部分中的表号是"表10-3"，在国网《安规》变电部分中的表号是"表6-3"。

在绝缘子串未脱离导线前，拆、装靠近横担的第一片绝缘子时，应采用专用短接线或穿屏蔽服方可直接进行操作。

　　带电作业不准使用非绝缘绳索（如棉纱绳、白棕绳、钢丝绳）。

　　为什么带电更换绝缘子或在绝缘子串上作业时要规定良好绝缘子的最少片数呢？这是因为带电在绝缘子串上作业或更换绝缘子，必然要短接1～3片绝缘子，这样就会引起绝缘子串上分布电容的变化，其电压分布也随之改变。短接部位不同时，电压改变也不相同，特别是绝缘子串两端所引起的电压变化更为悬殊，而每片绝缘子的耐电能力自然是有限制的。为了保证绝缘子被短接以后，剩下的部分能可靠地承受正常或异常情况下运行的最高过电压并保持有效的安全距离，对电网各电压级线路良好绝缘子片数规定了最少限度，如35kV良好绝缘子片数为2片，工作中若误将击穿的绝缘子当良好绝缘子或未做实际检测短接工作，1片良好绝缘子承受全部电压，很容易发生绝缘击穿事故，带电作业人员应对有关电压等级必须保持的良好绝缘子数必须准确记忆。在作业前必须逐片认真检测，确认满足良好片数要求，才能开始作业，否则将会带来严重的后果。

　　（四）单吊线装置后备保护

　　更换直线绝缘子串或移动导线的作业，当采用单吊线装置时，应采取防止导线脱落时的后备保护措施。

　　更换绝缘子串或移动导线而吊线。大多都使用专门的卡紧装置，如紧线拉杆、平衡式卡线器、托瓶架等。若没有该卡具，一般是使用固定在塔头上的滑轮组和绝缘大绳，一头拴住导线另一头通过滑车组由地面人员拉紧来进行的。这就是一种所谓的单吊线装置。在工作过程中，当松开线夹或摘开绝缘子串上的挂环时，导线与杆塔脱开，完全由人力通过大绳控住。显然，这种单一方法不够可靠，如果绳子因受力过大或被切割绷断，或机械部分缺陷等与导线脱开，就会飞线发生严重事故。对此，必须遵守《安规》和有关专业作业规定，积极采取措施，如使用"双"组滑轮双吊线，使用两根紧线拉杆；或用足够结实的绝缘绳，预先将导线在杆塔上方或适当的地方缚紧，作为后备措施，以防万一。

　　（1）高压和超高压输电线路多采用分裂导线（有两分裂、三分裂、四分裂和六分裂4种），这些分裂导线与绝缘子串的连接大多采用联板。带电作业时绝缘承力工具（即吊线装置）如果不是采用导线吊钩，而是采用联板卡具时，即使是双吊线装置，也应采取保护措施，否则，一旦双吊线装置中的一根发生问题，同样会发生严重的后果。

　　（2）在高压或超高压输电线路中的直线绝缘子有单串和双串之分，如果更换双串中的一串绝缘子而使用单吊线装置时，可不加保护措施，其原因是：万一单吊线装置断脱，另一串绝缘子可起到保护作用。

　　（3）作为保护措施的保护绳，必须满足两个条件：①保险钩必须有防止导线从挂钩内跑出来的自锁装置；②保护绳的强度应满足规程要求。

　　（五）采用专用短接线或穿屏蔽服进行的作业

　　在绝缘子串未脱离导线前，拆、装靠近横担的第一片绝缘子时，必须采用专用短接线或穿屏蔽服方可直接进行操作。

　　靠近横担的第一片绝缘子的拆装，要引起整串绝缘子电容电流回路的通断，由于绝缘子串电压不是按线性分布，通常第一片绝缘子上的电压相对较高，作业人员如果直接上手操作，虽然考虑人体电阻，但仍然会有较大的电流瞬间流过而对其产生刺激，出现动作失常，发生危险。接触第一片绝缘子时，还会有一个稳定的电流流过人体，它的大小是由绝缘子的表面电阻和分布电容以及瓷瓶表面的脏污程度决定的，严重时该值可能达到1mA以上，将对人身安全造成危害。所以，导线未脱离之前，应用专用短接线可靠地短接该第一片绝缘子放电，或穿屏蔽服转移流经人体的暂稳态电容电流。

（1）如采取短接线，其操作程序是：先接地，再短接第二片绝缘子的钢帽；拆除程序相反。此外，短接用的软铜线不能过长，以免不慎下落碰触带电导线，造成设备接地事故，甚至威胁作业人员安全，我国过去是有惨痛教训的。因此，应设计简便的专用短接工具，以防不幸。

（2）如通过穿屏蔽服去短接分布电压，则应穿全套屏蔽服（包括手套、衣、裤和导电鞋），且各部件必须连接可靠，只戴手套的做法是不适当的。

十一、条文 11.2.11

原文："11.2.11 采用绝缘手套作业法或绝缘操作杆作业法时，应根据作业方法选用人体绝缘防护用具，使用绝缘安全带、绝缘安全帽。必要时还应戴护目眼镜。工作人员转移相位工作前，应得到工作监护人的同意。"

（一）配电带电作业的绝缘防护用具

进行直接接触20kV及以下电压等级带电设备的作业时，应穿着合格的绝缘防护用具（绝缘服或绝缘披肩、绝缘手套、绝缘鞋）；使用的安全带、安全帽应有良好的绝缘性能，必要时戴护目镜。使用前，应对绝缘防护用具进行外观检查。作业过程中，禁止摘下绝缘防护用具。

（二）配电带电作业应遵守的规定

（1）作业时，作业区域带电导线、绝缘子等应采取相间、相对地的绝缘隔离措施。绝缘隔离措施的范围应比作业人员活动范围增加0.4m以上。实施绝缘隔离措施时，应按先近后远、先下后上的顺序进行，拆除时顺序相反。装、拆绝缘隔离措施时应逐相进行。

禁止同时拆除带电导线和地电位的绝缘隔离措施；禁止同时接触两个非连通的带电导体或带电导体与接地导体。

（2）作业人员进行换相工作转移前，应得到工作监护人的同意。

（3）杆塔上带电核相对，作业人员与带电部位保持表11-2-4的安全距离。核相工作应逐相进行。

十二、等电位作业应采取的安全技术措施

等电位作业是带电作业诸方法中最常用和最重要的带电作业方法，因此有必要将上述规程的内容予以小结如下。

（1）等电位作业人员必须在衣服外面穿合格的全套屏蔽服（包括帽、衣、裤、手套、袜和鞋），且各部分应连接好，屏蔽服内还应套阻燃内衣。严禁通过屏蔽服断、接地电流、空载线路和耦合电容器的电容电流。

由于在等电位沿绝缘梯或沿绝缘子串进入强电场的电位转移过程中会产生电容充放电，高压电场对人体各部位间会产生危险电位差，为保证人身安全，作业人员不仅应屏蔽身体，而且还必须屏蔽人的头部和四肢，所以，作业人员应穿全套的屏蔽服。屏蔽服内的阻燃内衣是防止电容充放电时将人体所穿的衣服燃烧着火而设置的。

（2）等电位作业人员对地距离不应小于表11-2-2的规定，对相邻导线的距离不小于表 11-2-11 的规定。

表 11-2-11　　　　　　　等电位作业人员对相邻导线的最小距离

电压等级/kV	35	63（66）	110	220	330	500	750
距离/m	0.8	0.9	1.4	2.5	3.5	5.0	6.9（7.2）①

注　本表在国网《安规》线路部分中的表号是"表 10-4"，在国网《安规》变电部分中的表号是"表 6-4"。

①　6.9m 为边相值，7.2m 为中相值。

（3）等电位作业人员在绝缘梯上作业或沿绝缘梯进入强电场时，其与接地体和带电体两部分间所组成的组合间隙不得小于表 11-2-12 的规定。

表 11-2-12　　　　　　　　等电位作业中的最小组合间隙

电压等级/kV	63（66）	110	220	330	500	750	1000	±500	±660	±800
距离/m	0.8	1.2	2.1	3.1	4.0	5.9	6.9	3.8	—	6.8

注　本表在国网《安规》线路部分中的表号是"表 10-5"，在国网《安规》变电部分中的表号是"表 6-5。"

（4）等电位作业人员沿绝缘子串进入强电场的作业，只能在 220kV 及以上电压等级的绝缘子串上进行。扣除人体短接的和零值的绝缘子片后，良好绝缘子片数不得小于表 11-2-10 的规定，其组合间隙不得小于表 11-2-12 的规定。若组合间隙不满足表 11-2-12 的规定，应加装保护间隙。

等电位作业人员沿绝缘子串进入强电场，一般要短接 3 片绝缘子，还应考虑可能存在的零值绝缘子，最少以 1 片计。110kV 直线杆绝缘子串共 7 片，扣除 4 片之后少于表 11-2-10 规定的良好绝缘子片数；而 220kV 直线杆绝缘子串为 13 片，扣除 4 片后，满足最少良好绝缘子 9 片的规定。

人体进入电场后，人体与导线和人体与接地的架构之间形成了组合间隙。用试验的方法将 9 片良好绝缘子串的工频放电电压与上述组合间隙的工频放电电压作比较，发现后者要比前者弱得多。因此，等电位沿绝缘子串进入强电场作业时的安全程度主要取决于该组合间隙的放电特性。据有关资料介绍，220kV 组合间隙两部分之和是固定值 1.35m，随人体在绝缘子串上短接的部位不同，工频放电电压特性曲线呈凹形，其最低值为 606kV，相当于 3 倍操作过电压幅值，比 1.35m 标准间隙的工频放电电压还低约 15%。可见达不到表 11-2-11 组合间隙最小距离 2.1m 的要求。

所以，沿绝缘子串进入强电场的作业，要受限于 220kV 及以下电压等级的系统，良好绝缘子片数不仅要满足表 11-2-10 的规定，而且，组合间隙距离也满足表 11-2-12 的规定。若组合间隙距离不满足表 11-2-12 的规定时，还必须在作业地点附近适当的地方加装保护间隙。

（5）等电位作业人员在电位转移前，应得到工作负责人的许可，并系好安全带。转移电位时，人体裸露部分与带电体的距离不应小于表 11-2-1 的规定。

（6）等电位作业人员与地面作业人员传递工具和器材时，必须使用绝缘工具或绝缘绳索进行，其有效绝缘长度不得小于表 11-2-3 的规定。

（7）沿导、地线上悬挂的软、硬梯或飞车进入强电场的作业应遵守下列规定。

1）在连续档距的导、地线上挂梯（或飞车）时，其导、地线的截面不得小于：钢芯铝绞线为120mm²；铜绞线为70mm²；钢绞线为50mm²。

2）有下列情况之一者，应经验算合格，并经厂（局）主管生产领导（总工程师）批准后才能进行：①在孤立档距的导、地线上的作业；②在有断股的导、地线上的作业；③在有锈蚀的地线上的作业；④在其他型号导、地线上的作业；⑤二人以上在导、地线上的作业。

要保证在导、地线上挂梯或飞车作业的安全，必须使导、地线符合规定的综合抗拉强度。而孤立档距的两杆塔处承受力与直线杆塔有很大不同，需要对整体（含杆塔）承受的侧向力进行核算。导、地线有锈蚀或断股，会使原来的有效截面减小，抗拉能力降低。《安规》未予指明的其他型号导、地线及载荷增加超重和一切变动的因素、非一般情况等，都必须经过验算导、地线强度并证明合格后，方可挂梯作业。

3）在导、地线上悬挂梯子前，必须检查本档两端杆塔处导、地线的紧固情况。挂梯载荷后，地线及人体对导线的最小间距应比表11-2-1中的数值增大0.5m，导线及人体对被跨越的电力线路、通信线路和其他建筑物的最小距离应比表11-2-1的安全距离增大1m。

在导、地线上挂梯，由于集中载荷的作用，必然使导线的弧度增大。另外，工作中，人及梯子处于运动状态，考虑安全距离时应留有正常活动范围及人体进入强电场作业会引起作业地点周围电场分布发生变化，使空气绝缘的放电分散性增大。为保证工作时的人身安全，故作上述规定。

4）在瓷横担线路上严禁挂梯作业，在转动横担的线路上挂梯前应将横担固定。

（8）等电位作业人员在作业中严禁用酒精、汽油等易燃品擦拭带电体及绝缘部分，防止起火。

等电位人员在电位转移时会产生电火花，如用酒精、汽油等易燃品会被电火花引燃而引起火灾事故，故严禁使用。

（9）带电作业人员在从绝缘梯进入强电场的过程中，人体将介入带电导体与地的距离之间。这不但因为本身占有空间使原绝缘距离减小，而且人体还使该距离被间隔成两部分，并且随着人体移动位置的不同电场分布也发生相对变化。试验和实践证明：为保证安全，人体占有空间距离后所剩两部分（人体对接地体和人体对带电体）距离之和，即组合间隙，必须保持一定的数值，这个组合间隙的最小值就是表11-2-12给出的距离。将它同人体与带电体最小安全距离（见表11-2-1）进行比较可以看出：表11-2-12中的距离比表11-2-1中的距离大了0.1～0.9m。这是因为人体介入，组合间隙中电场的分散性增加了，因此，安全距离通过模拟试验也必须相应地提高。

十三、保护间隙

（一）保护间隙作用和类型

1. 保护间隙定义

保护间隙是根据高压带电作业的实际需要，而采用的一种不同于管型、阀型避雷器等形式的防止线路作业内过电压造成危险伤害的保护装置。

2. 保护间隙作用

在 220kV 及以上系统沿绝缘子串进入强电场作业时，人体与导线和大地间必然要形成组合间隙，该组合间隙的放电特性，低于剩余完好的绝缘子串的工频放电特性，远低于规程中带电作业时 1.8m 安全距离的绝缘水平。而 220kV 及以上超高压线路设备的安全距离，主要取决于它的内部过电压。为了防止作业中出现超过组合间隙放电电压的内过电压放电，而造成的人身和设备事故，采用的方法是：在作业地点附近的设备或杆塔上与线路并联一个保护间隙，使其放电电压低于组合间隙的放电电压，并且两间隙的伏秒特性曲线上、下限合理配合，保证在过电压到来的任何情况下保护间隙先放电，达到安全防护的目的。

3. 保护间隙类型

（1）固定式保护间隙（包括圆弧形、角形和球形等）。圆弧形保护间隙用铜管弯成，上下电极均固定在绝缘板（管）上，构成了需要的保护间隙。间隙的上电极用挂钩与导线相连，下电极与接地线相连，作业中遇到操作过电压便通过保护间隙放电。

（2）短接部分绝缘子，将剩下的绝缘子作保护间隙。其接地棒由一个弹簧线夹和一根穿过绝缘管内的接地线组成。弹簧线夹端头装在需要短接的绝缘子铜帽上，另一端经接地线与杆塔接地网相连，使导线与接地线形成了保护间隙。作业中遇到操作过电压时，便通过未短接的绝缘子放电。

（二）对保护间隙的要求

1. 保护间隙的接地线

保护间隙的接地线应用多股软铜线。其截面应满足接地短路容量的要求，但最小不得小于 $25mm^2$。

保护间隙的接地线与普通的短路接地线要求大体上是一致的。需要强调的是，它必须满足该输电线路短路电流热容量的要求，保证该处可靠地短路接地，至少在线路断路器设备的保护未动作跳闸之前不能熔断。因此，它的截面是应慎重选择的。最小截面不得小于 $25mm^2$，主要考虑间隙放电时，继电保护动作快，在跳闸的短暂时间内接地线不被烧断。

2. 保护间隙的间隙距离

保护间隙的距离应按表 11 - 2 - 13 的规定进行整定。

表 11 - 2 - 13　　　　　　　　保 护 间 隙 整 定 值

电压等级/kV	220	330	500	750	1000
间隙距离/m	0.7～0.8	1.0～1.1	1.3	2.3	3.6

注　1. 330kV 及以下保护间隙提供的数据是圆弧形，500kV 及以上保护间隙提供的数据是球形。

　　2. 本表在国网《安规》线路部分中的表号是"表 10 - 9"，在国网《安规》变电部分中的表号是"表 6 - 11"。

圆弧形保护间隙整定值，应以保证作业人员人身安全，兼顾运行生产设备安全为原则，通过试验和反复实践来确定。对保护间隙定值进行整定时，首先要求它能确保带电作业人员的人身安全，当系统出现危险过电压时保护间隙即能可靠动作。其次，保护间隙整定值还必须保证系统的运行安全。加装该保护间隙后，在线路工频线电压作用下运行，线路或设备保护不误动作，即使是正确动作也不应过多地增加线路断路器的跳闸率。因此，在整定保护间隙的间隙距离时，必须遵守以下原则。

（1）在系统中出现危及人身安全的操作过电压时，保护间隙能正确动作。

（2）保护间隙的使用不应过于增加线路跳闸率。

（3）保护间隙在最大工作相电压时不得动作。

圆弧形保护间隙的上下电极均选用直径为 25mm、壁厚 2mm 的紫铜管弯成，弯曲半径为 125mm，弧长 240mm。

（三）使用保护间隙时应遵守的规定

使用保护间隙时，应遵守下列规定。

（1）悬挂保护间隙前，应与调度联系停用重合闸或直流再启动保护。

从最坏处着想。万一保护间隙在装、拆、使用过程中动作，发生放电和短路时怎么办？为了不致使故障扩大，加重短路点处已经出现的后果，避免产生操作过电压的危险，作业负责人应预先同调度取得联系，征得同意并停用该线路的自动重合闸。

（2）悬挂保护间隙应先将其与接地网可靠接地，再将保护间隙挂在导线上，并使其接触良好。拆除程序与其相反。

按正确的技术步骤悬挂保护间隙，这也是悬挂操作本身的安全措施，要求先将保护间隙接地端与接地网或杆塔可靠接地，再将保护间隙挂在导线上，要求接触良好。拆除的程序与其相反。

（3）保护间隙应挂在相邻杆塔的导线上，悬挂后，须派专人看守，在有人畜通过的地区，还应增设围栏。

保护间隙是起先行放电作用的，它既不能与工作人员靠得太近（防止动作时电弧伤人），也不能离导线太近（避免烧伤导线）。因此，保护间隙应挂在合适的地方——相邻杆塔的导线上。考虑到保护间隙动作后电流扩散的影响，悬挂处应根据现场情况画出散流圈，并派人看守。在人、畜通过的地区，还应增设围栏措施，阻止群众进入。

（4）装、拆保护间隙的人员应穿全套屏蔽服。

强调操作人员自身的安全防护。保护间隙的装、拆当然是带电作业的范畴，应遵守规程规定，思想上切不可麻痹大意，应积极预防，穿好全套屏蔽服，避免出现短路时受到伤害。

（四）现场悬挂保护间隙注意事项

（1）悬挂前要全面进行检查。如，弧形间隙形状及限位、定位装置良好，调整灵活（系列定型产品无需调整），间隙挂钩压紧弹簧卡子弹力合适，接地线完好，其截面符合规定。将间隙按定值试调整一次，无问题后调到该档范围最大值处。

（2）操作人员应穿好全套屏蔽服，检查所使用的绝缘工具合格，在监护人的监护下操作。首先应接好接地极，检查接触良好，挂上导线时最好并拢双脚立定位置，将间隙调到整定值处限位。

十四、高压绝缘斗臂车作业

（一）高架绝缘斗臂车构成及性能

高架绝缘斗臂车是按照液压传递原理制成的载人升降绝缘作业机械，用于等电位作业时免去登软梯之辛苦。高架绝缘斗臂车主要由汽车本体和液压绝缘臂及绝缘斗组成。既能用于起重也能用于带电作业的兼用车只有一个绝缘臂，有两个绝缘臂的是带电作业专用车，可以穿越有电设备并在上层带电设备上工作。

（1）绝缘臂的有效绝缘长度。

绝缘臂的有效绝缘长度应大于表 11-2-14 的规定。且应在下端装设泄漏电流监视装置。

表 11-2-14　　　　　　　　　　　　　绝缘臂的最小有效绝缘长度

电压等级/kV	10	35、63（66）	110	220	330
长度/m	1.0	1.5	2.0	3.0	3.8

　注　本表在国网《安规》线路部分中的表号是"表 10-8"，在国网《安规》变电部分中的表号是"表 6-10"。

高架绝缘斗臂车的绝缘性能要满足两方面的要求：①绝缘要求，要将强电场与接地的机械金属部分隔离，绝缘斗臂就应具有足够的耐电强度；②机械强度的要求，即绝缘臂在负载荷重作业状态下处于动态过程中，绝缘臂铰接处结构容易被损伤，出现不易被发现的细微裂纹，这虽然对机械强度无甚影响，但即能引起耐电强度下降。对带电作业来说，主要地表现为绝缘电阻下降、泄漏电流增加。因此，在绝缘臂下部装设泄漏电流监视装置是很有必要的。

（2）绝缘臂下节的金属部分。

绝缘臂下节的金属部分，在仰起回转过程中，对带电体的距离应按表 11-2-2 的规定值增加 0.5m。工作中车体应良好接地。

这项规定适用于单绝缘臂起重和带电作业两用车。绝缘斗臂下的金属部分，外型几何尺寸大，活动范围相应地也大，操动控制仰起回转角度难以准确掌握，存在状态失控的可能。下部机车喷出的油烟会对空气产生不同的扰动和性能影响，使间隙的气体放电电压下降，分散性变大。因此，综合考虑绝缘斗臂下的金属部分对带电体的安全距离，应在人体与带电体（最小）安全距离的基础上增加 0.5m。10kV 时的安全距离为 0.9m，35kV 时为 1.1m，63（66）kV 时为 1.2m，110kV 时为 1.5m，220kV 时为 2.3m（2.1m），330kV 时为 2.7m，500kV 时为 3.9m（3.7m），750kV 时为 5.7m（6.1m），1000kV 时为 7.3m（6.5m），±500kV 时 3.9m，±800kV 时 7.3m。

（3）绝缘斗及其绝缘斗中的作业人员。

绝缘斗用于 10～35kV 带电作业时，其壁厚及层间绝缘水平应满足耐受电压的规定。

绝缘斗用于高压带电作业时，对其耐电性能的要求与高压带电作业的绝缘工具相同，斗臂和层间绝缘应分别按周期进行试验，并能耐受相应电压等级的试验电压的考验，在 1min 内无击穿。

绝缘斗中的作业人员应正确使用安全带和绝缘工具。

（二）高架绝缘斗臂车使用

1. 工作中本体应良好接地

高压绝缘斗臂车本体是金属部件，而支承本体的 4 只轮胎又是绝缘体。因此，在交流电场下，将会有较高的静电感应电压。工作中本体应有良好接地。

2. 使用前工作人员应检查项目

高架绝缘斗臂车应经检验合格。

高架绝缘斗臂车的工作位置应选择适当，支撑应稳固、可靠，并有防倾覆措施。使用前应认真检查，并在预定位置空斗试操作一次，确认液压传动、回转、升降、伸缩系统工作正常，操作灵活，制动装置可靠，方可使用。

高架绝缘斗臂车是按照液压传递原理制成的载人升降绝缘作业机械。电力系统借助于高架绝缘斗臂车带电作业时，由于高空和邻近强电场，保证装置本身安全、可靠是进行安全工作的先决条件。因此，使用它之前，必须对各传动、升降和回转系统进行认真检查，确认其操作灵活、制动可靠，然后按照实际作业高度位置空斗举行试验，无问题时才可开始进入作业过程。

（三）对高压绝缘斗臂车操作手的基本要求

绝缘斗臂车操作人员应熟悉带电作业的有关规定，并经专门培训，考试合格、持证上岗。在工作过程中不得离开操作台，且斗臂车的发动机不得熄火。

操作绝缘斗臂车进行专业工作属于带电作业范畴，无论是操作规定还是现场经验，都应同带电作业人员一样要求。必须熟悉带电作业电气知识和安全制度。斗臂车操动是否合格，直接关联着高空作业人员的安全。所以对他们的培训应有组织地专门进行。需特别提出的是：为防止在意外情况下不能及时升降斗臂，要求操作人员不得离开操作台，更不能将发动机熄火，以免造成压力不足机械臂自然下降而引发作业事故。

斗臂车操作人员应熟悉带电作业的有关规定，并经专门培训，考试合格、持证上岗。

高架绝缘斗臂车操作人员应服从工作负责人的指挥，作业时应注意周围环境及操作速度。在工作过程中，高架绝缘斗臂车的发动机不应熄火。接近和离开带电部位时，应由斗臂中人员操作，但下部操作人员不得离开操作台。

十五、低压带电作业

（一）低压带电作业安全措施

低压带电作业应设专人监护，使用有绝缘柄的工具，其外裸的导电部位应采取绝缘措施，防止操作时相间或相对地短路。工作时站在干燥的绝缘物上进行，并戴手套、安全帽和护目镜，必须穿绝缘鞋和全棉长袖衣工作服。严禁使用锉刀、金属尺和带有金属物的毛刷、毛掸等工具。

1. 低压带电作业应设专人监护

低压带电作业设专人监护，是防止工作人员触电的重要的和必需的保护措施之一，也是由低压带电作业自身的特点和工作安全实际情况决定的。

（1）交流 220V 电压远高于安全电压最大值标准 36V。相反，220V 电源触电对人的危害是很严重的。人体阻抗一般约 1.5kΩ，接触 220V 电压时通过人体的电流至少将达到 140mA 以上，远远超过了人体触及电源时能够自主摆脱约 10mA 电流的标准，是足以引起死亡的电流。

（2）所谓低压带电作业，是指一类作业范畴的概括。电气设备带电体与带电体之间、带电体与地之间的空间，绝缘距离已减至很小，作业中操作活动范围较之于高压带电作业仍然有着严格的限制，分厘之差就可能引出短路、接地而发生人身触电事故。

（3）对高、低压同杆架设的三相四线制线路设备，线与线之间电压可达 400V。登杆作业时，作业点上方存在着高压。类似于这些工作，作业人员的一系列的安全和操作技艺，需要由地面或近前的专业人员进行监护、指导和协助，纠正不安全动作。没有监护人，作业安全就得不到保证。因此，设置专责监护人，也是所有带电作业必须具备的基本条件。

2. 低压带电作业防止人身触电措施

（1）尽量使施加于人体的接触电压箝制在地电位。为此，将电气设备的外壳接地，或接保护中性线、电气设备多点重复接地、中性点接地、高压分相接地作业等。

（2）增大人体触电回路的阻抗，以使通过人体的电流最小。如使用绝缘台、绝缘垫、绝缘手套等。

（3）防止人身触电，应根据工作实际制订和采取切实可靠的现场措施。如设置专人监护、穿长袖衣、使用绝缘工具戴手套等，尽量避免人与设备带电部分直接接触。

（二）在高低压同杆架设的低压带电线路上工作

高低压同杆架设，在低压带电线路上工作时，应先检查与高压线的距离，采取防止误碰带电高压设备的措施。在低压带电导线未采取绝缘措施时，工作人员不得穿越。在带电的低压配电装置上工作时，应采取防止相间短路和单相接地的绝缘隔离措施。

在高低压同杆架设的带电的低压线路上工作时应注意如下事项：

（1）首先检查低压线路与高压线路之间的距离应符合有关同杆架设安全距离的规定，并应特别注意线路弛度最低点和弛度大的地方的安全距离。

（2）制订和采取防止误碰、接近高压线路的措施，以及登杆后在低压线路上工作，防止低压接地短路、混线的作业措施；工作中低压导线上穿越的绝缘隔离措施。

（3）若在带电的低压配电装置上工作，根据需要采取其他必要的安全措施。

（4）在线间距离较小的低压裸导线上作业时，必须采取绝缘隔离措施，否则作业人员不得穿越。

（三）杆上断、接导线工作

（1）上杆前应先分清相线、中性线，选好工作位置。断开导线时，应先断开相线，后断开中性线。搭接时，顺序应与其相反。

人体不得同时接触两根线头。

（2）在低压线路上带电作业时，分清相、中性线是工作和安全所必需的。只有首先分清了相、中性线，才能选好杆上的作业角度和位置。在实际工作中要分清相、中性线，一般应先在地面上根据一些标志和排列方向、照明设备接线等进行辨认；登杆后，用验电器、低压试电笔进行测试，必要时可用电压表进行测量，以判断所选相、中性线是否正确（与地面上看到标志相一致）。

严禁采用将线头对杆身或横担放电的方法验电。

（3）低压架空线路一般均为三相四线制线路，正常情况下接有动力和照明、家电等各类单相和三相负荷。当带电断开低压架空线路时，如先断开了中性线，则因各相负荷不平衡，在该电源系统中性点会出现较大数值的位移电压而使中性线带电，若此时将其断开将会产生电弧，亦相当于带电断负荷的情形。因此，应带电断开线路时，应先断相线后断中性线；接通时则先接中性线，后接相线。

（4）人体如同时接触两根导线，人体将串入电路中造成单相短路或相间短路，剩余电流保护器不动作，只能靠线路的短路保护动作，但通过人体的电流已足以致命，因此作业中千万要小心。

第三节　带电作业工具的使用、保管和试验

原文："11.3带电作业工具的使用、保管和试验"

一、条文11.3.1

原文："11.3.1存放带电作业工具应符合DL/T 974《带电作业用工具库房》的要求。"

（一）带电作业工具

1. 带电作业工具分类

（1）从工具的材质可分为绝缘工具和金属工具两大类。

（2）按使用的气象条件可分为防潮工具和雨天工具两大类。

（3）按工具的功能和用途可分为绝缘承力工具、牵引机具、固定器、绝缘操作杆、通用小工具、载人工具、屏蔽服、载流及断接引工具、清扫工具、绝缘隔离工具、绝缘服、带电作业工程车及雨天作业工具13类。

2. 更换绝缘子工具

带电更换绝缘子是带电作业的主要内容，不同电压等级线路、不同的绝缘子类型，更换绝缘子的工具有很大差别。通常这类工具由绝缘承力工具、牵引机具、固定器及托瓶器构成。

（1）绝缘承力工具。包括绝缘滑车组、绝缘吊线杆、绝缘紧线拉杆、绝缘支（拉）杆等。

（2）牵引机具。包括套筒丝杆、收紧器、液压收紧器、扁带收紧器、蜗轮紧线器等。

（3）固定器及卡具。它是载荷转移系统的锚固装置，可分为杆塔（横担）上的固定器、导线上卡线器、绝缘子联板卡具和绝缘子卡具四种。

（4）托（取）瓶工具。当载荷临时转移到绝缘器具上时，绝缘子串松弛后，还必须借助各种托瓶架（钩）来承受绝缘本身荷重，常见的托（取）瓶装置有托瓶架、吊瓶钩、取瓶器等。

（5）更换针式绝缘子的工具。

3. 手持操作工具

（1）绝缘操作杆有棒式及钳式两大类。棒式操作杆用3640环氧玻璃布管制成，一般只能做测试杆或测尺；工具头有齿瓣型和快速型两种供安装各类工具的部件。钳式操作杆简称夹钳，适合66kV以下间接作业用。缠绕杆是用来传递旋转动作的操作杆。

（2）扶正器用于扶正绝缘子及其金具，使安装销子或球头（碗头）的工作快速完成。

（3）安装及旋转螺母的工具及取弹簧销子、开口销、大头销的工具等。

4. 载人工具

（1）绝缘梯。它可分为绝缘直立梯、绝缘人字梯、绝缘硬挂梯、绝缘软挂梯、丁字梯及水平梯等。绝缘软梯可以悬挂使用，同时又可以沿导线任意移动，但攀登劳动强度大，须专门训练才能胜任。

（2）吊篮、架空绝缘斗臂及飞车。这些都是等电位作业时常用设备。

（3）作业台。钢木结构，通过固定器固定在杆塔适当位置，只能用在零电位间接作业。

5. 断接引工具

（1）剪断导线工具。视剪断导线粗细及远近可分为绝缘断线剪、丝杠断线剪、液压断线剪和断线枪，除第一种外均需在等电位下双手操纵。

（2）消弧工具。根据断口电弧能量大小选用消弧绳或携带式消弧器（开关）。

（3）接引线工具。在断路器、隔离开关两侧加分流线或在线路临时接引时，必须使用适合带电接引特点的接引工具。

6. 屏蔽服及导流服

屏蔽服是电场防护重要工具，主要有织布型、电镀两大类。导流服载流量在 30A 以上，一般做成防火型。

7. 绝缘子清扫工具

绝缘子清扫包括机械清扫、气吹和水冲洗 3 种。线路、变配电设备上水冲洗应用多，机械清扫及气吹在变电所内使用较多。

8. 绝缘隔离工具及绝缘服

绝缘隔离工具包括绝缘防护罩（筒或套）、绝缘隔离板和绝缘服。绝缘服是由衣帽、裤、手套、袜及靴组成，还要配合具有良好吸湿性的衬衣（毛巾布）制作。

（二）带电作业工具保管

1. 国标《安规》对带电作业工具的保管提出的要求

存放带电作业工具应符合《带电作业用工具库房》（DL/T 974—2005）的要求。

2. 行标《安规》对带电作业工具保管提出的要求

（1）带电作业工具应设专人保管，登记造册，并建立每件工具的试验记录。

（2）带电作业工具应置于通风良好、备有红外线灯泡或去湿设施的清洁干燥的专用房间存放。

（3）高架绝缘斗臂车的绝缘部分应有防潮保护罩，并应存放在通风、干燥的车库内。

（4）在运输过程中，带电绝缘工具应装在专用工具袋、工具箱或专用工具车内，以防受潮和损伤。

3. 国网《安规》对带电作业工具的保管提出的要求

（1）带电作业工具应存放于通风良好，清洁干燥的专用工具房内。工具房门窗应密闭严实，地面、墙面及顶面应采用不起尘、阻燃材料制作。室内的相对湿度应保持在 50%～70%。室内温度应略高于室外，且不宜低于 0℃。

（2）带电工具房进行室内通风时，应在干燥的天气进行，并且室外的相对湿度不得高于 75%。通风结束后，应立即检查室内的相对湿度，并加以调控。

（3）带电作业工具房应配备：湿度计，温度计，抽湿机（数量以满足要求为准），辐射均匀的加热器，足够的工具摆放架、吊架和灭火器等。

（4）带电作业工具应统一编号、专人保管、登记造册，并建立试验、检修、使用记录。

（5）有缺陷的带电作业工具应及时修复，不合格的应及时报废，严禁继续使用。

（6）高架绝缘斗臂车应存放在干燥通风的车库内，其绝缘部分应有防潮措施。

二、条文 11.3.2

原文："11.3.2 不应使用损坏、受潮、变形、失灵的带电作业工具。"

1. 不合格的带电作业工具

不合格的带电作业工具应及时检修或报废，不得继续使用。

带电作业工具不合格：①在试验时发现，其电气性能的一个或几个项目达不到要求，或泄漏电流超过了标准，或机械强度试验不合格；②在运用中发现，由于使用不当或者由于外力作用过甚已明显受到损伤。发现这些不合格工具不能将就、凑合使用，应执行规程规定，针对产生的原因，分别情况进行处理。通过检修可以恢复性能的，应及时进行检修，然后进行必要的性能试验予以证实。若无法修复，则应作报废，置换新器具。新器具经试验合格后才可使用。严禁使用不合格工器具带电作业。

2. 受潮损伤的绝缘工具

发现绝缘工具受潮或表面损伤、脏污时，应及时处理并经试验合格后方可使用。

绝缘工具受潮、脏污都会引起绝缘降低，表面损伤容易使潮气侵入，也使绝缘电阻降低。发现任何一种问题，都应有针对性地进行处理，使绝缘恢复。对于受潮的绝缘工具，应在远红外烘架上或烘箱内烘烤去潮；脏污工具应用刷子刷去污物，再用丙酮洗净，必要时还要用绝缘浸漆浸泡数小时，然后烘烤作绝缘处理；表面损伤的绝缘工具应视实际情况将其表面修理磨光，然后干燥去潮、重新涂以绝缘漆或环氧树脂配方制剂。

经过上述处理后的绝缘工具，检验它们的绝缘强度是否恢复，应使用 2500V 绝缘电阻表测量绝缘电阻值，达到规定的数值（与历次试验记录比较）以上，试验合格才能使用。

三、条文 11.3.3

原文："11.3.3 带电绝缘工具在运输过程中，应装在专用工具袋、工具箱或专用工具车内。"

带电作业工具在运输过程中，带电绝缘工具应装在专用工具袋、工具箱或专用工具车内，以防受潮和损伤。发现绝缘工具受潮或表面损伤、脏污时，应及时处理并经试验或检测合格后方可使用。

四、条文 11.3.4

原文："11.3.4 作业现场使用的带电作业工具应放置在防潮的帆布或绝缘物上。"

（1）潮湿或污秽是带电作业工具的天敌。在带电作业现场使用的带电作业工具要防潮和防污，因此应准备面积较大的防潮的帆布或防潮的绝缘物铺设在地面上，将带电作业工具放置其上。

（2）带电作业工具使用前，仔细检查确认没有损坏、受潮、变形、失灵，否则禁止使用。并使用 2500V 及以上绝缘电阻表或绝缘检测仪进行分段绝缘检测（电极宽 2cm，极间宽 2cm），阻值应不低于 700MΩ。操作绝缘工具时，应戴清洁、干燥的手套。

五、条文 11.3.5

原文："11.3.5 带电作业工器具应按规定定期进行试验。"

（一）试验种类与试验标准

1. 出厂试验与验收试验

一般地说，国家标准是大多数厂家都应接受的较低标准，某些厂的厂标往往高于国家标准。厂家一般采用抽检，所购产品并不一定真正经过出厂试验，因此购得的新工具必须按合格证数据进行试验，不合格者应予退货。

电气设备制成后，应该按照生产设计书规定的要求，对产品的功能、出力、用途范围、质量等级，以及应达到的经济技术参数、性能，特别是电气设备的绝缘水平进行全面、严格的考核试验，以确定它是否符合铭牌规定而出厂。由生产厂家所做的这种试验就称之为出厂及型式试验。出厂及型式试验数据随设备一起出厂，是电气设备运行中进行各种试验的重要参考依据。

2. 定期试验与抽查试验

定期试验又称监督性或预防性试验，试验标准应略低于出厂及型式试验。

无论高压电气设备还是带电作业安全用具，它们都有各自的绝缘结构。一方面，这些设备和用具工作时，要受到来自内部的和外部的比正常额定工作电压高得多的过电压的作用，可能使绝缘结构出现缺陷，成为潜伏性故障。另一方面，伴随着运行过程，绝缘本身也会出现发热和自然条件下的老化而降低。预防性试验就是针对这些问题和可能，为预防运行中的电气设备绝缘性能改变发生事故而制订的一整套系统的绝缘性能诊断、检测的手段和方法。根据各种不同设备的绝缘结构原理，对表征其特性的参数进行仪器测量，它们的试验项目和标准在《电力设备预防性试验规程》（DL/T 596—1996）中都作了相应的详细规定。电气设备预防性试验应分别按照各自规定的周期进行。

3. 电气试验与机械试验

带电作业工具应定期进行电气试验及机械试验，其试验周期如下。

（1）电气试验。预防性试验每年一次，检查性试验每年一次，两次试验间隔半年。

（2）机械试验。绝缘工具每年一次，金属工具两年一次。

4. 耐压试验

电气设备的绝缘水平并不是设备铭牌上的额定工作电压，而是由耐压试验时所施加的试验电压标准值来表征的。而这个试验电压又是根据电气设备在实际工作中可能遇到的最高内、外过电压以及长期工作电压的作用来决定的。为了考验电气设备绝缘运行的可靠性，按照行标统一电压标准（有时也根据设备具体的运行情况确定试验电压）和时间进行的试验就称之为耐压试验。由于耐压试验施加的电压高，因此对发现设备绝缘内部的集中性缺陷很有效。但同时，在试验过程中也有可能使设备绝缘损坏，或者使原来已经存在的潜伏性缺陷有所发展（而不是击穿），造成绝缘有一定程度的损伤。所以说，耐压试验是一种破坏性试验。

电气设备绝缘耐压试验是根据它的使用目的、测试要求和系统过电压的种类来划分的，绝缘试验结果与试验电压的波形有着密切的关系，可以分为工频耐压试验、直流耐压试验、感应高压试验、冲击电压试验和操作冲击电压试验等几种。

5. 1min 工频耐压试验

电气设备的绝缘耐压水平是根据系统内、外过电压值综合比较确定的，对于 220kV 及其以下的绝缘的考验更为严格。一般来说，只要设备能通过这种 1min 的工频耐压试验，则在运行中即使有内、外过电压发生，也能保证其安全。对带电作业绝缘工具，规定施加工频耐压试验电压 1min，如不发生闪络、击穿或损坏现象，则认为它们的绝缘合格。另外，工频耐压试验操作、调试都比较方便，是检验电气设备耐电强度的基本试验。

6. 5min 工频耐压试验与 1min 工频耐压试验区别

（1）使用范围不同。5min 工频耐压试验一般用于 330kV 及以上的超高压电气设备的检验。

（2）试验时间不同。由于 330kV 及以上的电气设备绝缘水平主要取决于内过电压，而这些等级的设备（或工具）在运行电压和工频过电压作用下，内绝缘的老化和外绝缘的污秽性能发展成为放电、击穿闪络均需要时间过程。因此，通过反复地研究和试验，才确定了 5min 这个试验时间。

（3）试验电压相对较低。5min 工频耐压试验电压是 330kV 系统中限制后的最大内过电压。以预防性试验为例，220kV 级范围 1min 工频试验电压倍数最小是 2（440/220），而 330kV 级范围 5min 工频试验电压倍数最大为 1.16（580/500）最小为 1.15（380/330）。这是因为如果用 1min 工频试验电压代替操作过电压制定超高压设备工频试验电压标准的话，对绝缘要求太高，所以采用了这种限制后的数值，作为超高压电气设备的耐压试验项目之一。

7. 操作冲击耐压试验

电力生产实践和研究结果表明，由于操作波对超高压设备绝缘的作用具有特殊性，它在绝缘内部的电压分布，与在雷电波和工频电压下的电压分布各不相同。因而，不能用等效工频电压代替内过电压的作用进行试验，而应该使用操作冲击电压来试验绝缘的耐电强度。这种使用冲击电压发生器产生标准的冲击电压波和电压值，来检验超高压电气设备在雷过电压或操作过电压作用下的绝缘性能的试验，就叫做操作冲击耐压试验。

（二）带电作业绝缘工具的定期电气试验及机械试验

（1）带电作业工具应定期进行电气试验及机械试验，其试验周期为。

电气试验：预防性试验每年一次，检查性试验每年一次，两次试验间隔半年。

机械试验：绝缘工具每年一次，金属工具两年一次。

（2）绝缘工具电气预防性试验项目及标准见表 11-3-1。

表 11-3-1　　　　　　　绝缘工具的电气预防性试验项目及标准

额定电压 /kV	试验长度 /m	1min 工频耐压 /kV		3min 工频耐压 /kV		15 次操作冲击耐压 /kV	
		出厂及型式试验	预防性试验	出厂及型式试验	预防性试验	出厂及型式试验	预防性试验
10	0.4	100	45	—	—	—	—
35	0.6	150	95	—	—	—	—
63（66）	0.7	175	175	—	—	—	—
110	1.0	250	220	—	—	—	—
220	1.8	450	440	—	—	—	—
330	2.8	—	—	420	380	900	800
500	3.7	—	—	640	580	1175	1050
750	4.7	—	—	—	780	—	1300
1000	6.3	—	—	1270	1150	1865	1695
±500	3.2	—	—	—	565	—	970

额定电压 /kV	试验长度 /m	1min 工频耐压 /kV		3min 工频耐压 /kV		15 次操作冲击耐压 /kV	
		出厂及 型式试验	预防性 试验	出厂及 型式试验	预防性 试验	出厂及 型式试验	预防性 试验
±660	—	—	—	820	745	1480	1345
±800	6.6	—	—	985	895	1685	1530

注 1. ±500、±600、±800kV 预防性试验采用 3min 直流耐压。

2. 本表在国网《安规》线路部分中的表号是"表 10-11",在国网《安规》变电部分中的表号是"表 6-13"。

绝缘工具电气预防性试验应注意以下事项:

1）操作冲击耐压试验宜采用 250/2500μs 的标准波,以无一次击穿、闪络为合格。

2）工频耐压试验以无击穿、无闪络及过热为合格。

3）高压电极应使用直径不小于 30mm 的金属管,被试品应垂直悬挂,接地极的对地距离为 1.0～1.2m。接地极及接高压的电极(无金具时)处,以 50mm 宽金属铂缠绕。试品间距不小于 500mm,单导线两侧均压球直径不小于 200mm,均压球距试品不小于 1.5m。

a）防止高压电极表面电场不均匀处发生游离,使放电特性分散,要求电极金属管直径不得小于 30mm,并将被试品垂直悬挂。

b）将接地极与地面的距离规范在 1.0～1.2m 之间,接地极和接高压的电极采取缠以 50mm 宽金属泊的措施,以保证被试品与电极两端(极)接触合乎要求。

c）为避免邻近效应对试品产生影响,规定了试品与周围物体间的最小距离。如单导线电极上试品之间最小距离不得小于 500mm,两侧均压球直径不少于 200mm,两球与被试品的距离不少于 1.5mm。

4）试品应整根进行试验,不得分段。

由于整体试验与分段试验结果存在明显差距,也为了考验被试品整体的绝缘耐电性能,使试验符合实际情况,要求被试品必须整根或整体进行试验。

（3）带电作业工具的机械试验标准。

1）在工作负荷状态承担各类线夹和连接金具荷重时,应按有关金具标准进行试验。

2）在工作负荷状态承担其他静荷载时,应根据设计荷载,按《输电线路施工机具设计、试验基本要求》（DL/T 875—2004）的规定进行试验。

3）在工作负荷状态承担人员操作荷载时:①静荷重试验为 2.5 倍允许工作负荷下持续 5min,工具无变形及损伤者为合格;②动荷重试验为 1.5 倍允许工作负荷下实际操作 3次,工具灵活、轻便、无卡住现象为合格。

（三）带电作业绝缘工具检查性试验

绝缘工具的检查性试验条件是:将绝缘工具分成若干段进行工频耐压,每 300mm 耐压 75kV,时间为 1min,以无击穿、闪络及过热为合格。

（1）绝缘工具的检查性试验与预防性试验是整体把关与分部考核的统一,因为它能够侧重于从局部进行强度考核。每 75kV/300mm 的试验电压,大致等于出厂试验电压,更易于发现和暴露部件内存在的缺陷。

（2）检查性条件试验是一种分部试验的方法，因为试验设备少、操作简单，基层单位比较容易实施。而且，检查性条件试验对发现绝缘工具部件的绝缘缺陷很有效。

在进行绝缘工具的检查性试验时，须注意将工具分成若干段，以段为单位，定时间、定电压、按周期进行。

（四）带电作业高架绝缘斗臂车电气试验

国网《安规》专门以附录 K 的形式，列出了带电作业高架绝缘斗臂车电气试验标准，如表 11-3-2 所示。

表 11-3-2　　　　　带电作业高架绝缘斗臂车电气试验标准表
（国网《安规》附录 K）

电压等级/kV	试验部件	试验项目、标准					备　注
		交接试验		预防性试验			
		工频耐压	泄漏电流	工频耐压	泄漏电流	沿面放电	
各级电压	单层作业	50kV 1min	—	45kV 1min	—	—	斗浸水中高出水面200mm
	作业斗内斗	50kV 1min	—	45kV 1min	—	—	
	作业斗外斗	20kV 1min	—	—	0.4m 20kV ≤0.2mA	0.4m 45kV 1min	泄漏电流试验为沿面试验
	液压油	油杯：2.5mm电极，6次试验平均击穿电压≥20kV，任一单独击穿电压≥10kV					更换、添加的液压油应试验合格
10	上臂（主臂）	0.4m 50kV 1min	—	0.4m 45kV 1min	—	—	耐压试验为整车试验，但在绝缘臂上应增设试验电极
	下臂（套筒）	50kV 1min	—	45kV 1min	—	—	
	整车	—	1.0m 20kV ≤0.5mA	—	1.0m 20kV ≤0.5mA	—	在绝缘臂上增设试验电极
35	上臂（主臂）	0.6m 105kV 1min	—	0.6m 95kV 1min	—	—	耐压试验为整车试验，但在绝缘臂上应增设试验电极
	下臂（套筒）	50kV 1min	—	45kV 1min	—	—	
	整车	—	1.5m 70kV ≤0.5mA	—	1.5m 70kV ≤0.5mA	—	在绝缘臂上增设试验电极

续表

电压等级 /kV	试验部件	试验项目、标准					备　注
		交接试验		预防性试验			
		工频耐压	泄漏电流	工频耐压	泄漏电流	沿面放电	
63	上臂（主臂）	0.7m 175kV 1min	—	0.7m 175kV ≤1min	—	—	耐压试验为整车试验，但在绝缘臂上应增设试验电极
	下臂（套筒）	50kV 1min	—	45kV 1min	—	—	
	整车	—	1.5m 70kV ≤0.5mA	—	1.5m 70kV ≤0.5mA	—	在绝缘臂上增设试验电极。同时，核对泄漏表
110	上臂（主臂）	1.0m 250kV 1min	—	1.0m 220kV ≤1min	—	—	耐压试验为整车试验，但在绝缘臂上应增设试验电极
	下臂（套筒）	50kV 1min	—	45kV 1min	—	—	
	整车	—	2.0m 126kV ≤0.5mA	—	2.0m 126kV ≤0.5mA	—	在绝缘臂上增设试验电极。同时，核对泄漏表
220	上臂（主臂）	1.8m 450kV ≤1min	—	1.8m 440kV ≤1min	—	—	耐压试验为整车试验，但在绝缘臂上应增设试验电极
	下臂（套筒）	50kV 1min	—	45kV 1min	—	—	
	整车	—	3.0m 252kV ≤0.5mA	—	3.0m 252kV ≤0.5mA	—	在绝缘臂上增设试验电极。同时，核对泄漏表

（五）屏蔽服

屏蔽服衣裤最远端点之间的电阻值均不得大于20Ω。

屏蔽服衣裤最远端点之间的电阻值是屏蔽服的一个重要的技术数据。出厂时，衣或裤任意两最远端点之间电阻不得大于5Ω，整套衣裤两最远端点之间电阻不得大于10Ω，是屏蔽效果的重要参数。如果屏蔽服使用日久，导电性能下降或接触不良有断丝处，则电阻上升。穿着这种服装作业时，屏蔽效果变差，会造成人体部分较大的电位差，特别是作业转移电位时，使人麻电，并出现其他不良的感觉。考虑带电作业实际及安全生产条件，将20Ω这个电阻值标准作为试验时判断屏蔽服合格与否的依据，专业作业人员应自觉遵守。

（1）屏蔽服测量需用的主要设备有以下几种。

1）量程为 0.1～50Ω 的电阻表，其误差应小于或等于 1%。

2）两个黄铜电极，每个电极重 1kg，底面接触面积为 1cm²。

3）一全套普通布料衣、裤、袜、手套、帽子。

（2）屏蔽服测试程序。

1）将屏蔽服套在普通布料衣、裤、袜、手套、帽子外面。

2）将两个黄铜电极分别垂直平放在需测量的点上（测量点应距接缝边缘及分流连线 3cm 以上）。

（六）组合绝缘的水冲洗工具

组合绝缘的水冲洗工具应在工作状态下进行电气试验。除按表 11 - 3 - 1 的项目和标准试验外（指 220kV 及以下电压等级），还应增加工频泄漏试验，试验电压见表 11 - 3 - 3。泄漏电流以不超过 1mA 为合格，试验时间 5min。

试验时的水电阻率为 1500Ω·cm（适用于 220kV 及以下的电压等级）。

表 11 - 3 - 3　　　　　　　组合绝缘的水冲洗工具工频泄漏试验电压值

额定电压/kV	10	35	63（66）	110	220
试验电压/kV	15	46	80	110	220

注　本表在国网《安规》变电部分中的表号是"表 6 - 14"。

事故案例分析

【事故案例 1】　1976 年 1 月 3 日，某供电局带电班在 10kV 农村排灌线路的耐张杆上更换隔离开关横担。其操作步骤是：等电位断开带电引流线→拆除隔离开关→更换横担→安装隔离开关→等电位将引流线恢复。断开和搭接引流线均用绝缘软梯进行。在恢复中相引流线过程中，由于作业人员甲处于三角布线的中相导线上，加之导线截面较小（LGJ 50），弛度增大，使相间距离减小。当甲弯腰绑扎引流线时，造成中相与边相短路，作业人员被烧伤。

发生的事故原因是导线截面小于 120mm²。规程规定，在连续档的导线上挂梯时，其导线截面不得小于 120mm²（钢芯铝绞线）。10kV 配电线路一般不宜悬挂软梯进行等电位作业。另外，悬挂软梯（即悬垂）后，是否能保证安全作业还与悬垂前导线的应力、耐张段长度、档数、代表档距、悬垂档档距以及悬垂点位置有关，作业前必须对有关数据进行验算。

【事故案例 2】　1971 年 3 月 15 日，某供电局带电班在某 10kV 线路 9 号直线杆（三角布线）更换中相绝缘子。工人甲穿全套屏蔽服（未戴屏蔽手套）作业完毕后站在下横担上，左手扶混凝土电杆，右手去取挂在中相导线上的无极绳圈用的滑车。12A 的电容电流对右手放电，经右手、屏蔽服、左手接地。甲当即昏迷，倒挂在横担上。经检查，甲手指烧伤。

事故原因是甲穿的屏蔽服使用较久，铜丝断股较多，致使在接地瞬间，分流电容电流流经人体。

【事故案例3】 1983年12月23日，某电业局带电作业班在66kV西华线上带电连接一段空负荷线路。需接通空负荷线路长20km，分两路进行，按两项工作下达任务。第一项任务是接通线路中间的10km，已于同日13时30分完成。第二项任务是接通线路末端的10km（包括T接延伸的一段）。该线路在华山变电站入口断路器外侧线路又T接延伸35km，并挂有4个用户变电所。该电业局调度于同日14时17分下达接通该段线路的命令。带电班于同日15时20分到达接引塔位现场（F型耐张塔）。先将3条线引与无电侧导线接好（这一工作本属停电作业）。带电接引从中相开始，两边相线引也同时在无电情况下拴好消弧绳（为防一相接通后感电），并将线引吊起以保持对地绝缘。等电位电工李某站在中线挂的软梯上等电位挂好滑车和消弧绳，工作负责人陈某在地面操纵消弧绳将线引与有电侧导线接近。此时，两边相发出"嗡嗡"的响声，距塔腿约0.4m处的右边相发出"吱吱"的放电声。陈某判断可能是变电所把变压器入口隔离开关合上了，出现了过电压。于是发出命令："李某闪开，断开消弧绳。"塔下的陈某松开消弧绳，并在塔上电工刘某的配合下很快断开了线引。当线引下落至离有电导线一定距离时，消弧绳卡在滑车中，线引不能继续下落。工作负责人陈某又发出"用手捣捣绳"的命令。等电位电工李某用手提一下绳没动，误认为绳子卡在引线连板的螺栓上，就用没有穿均压鞋的右脚去钩绳子，以致缩小了距离，导致右脚对消弧绳的金属部分放电，李某当即收回脚，电弧随之熄灭。李某后经医生检查有豆粒大5处烧伤。事故发生的原因是用户擅自合上入口隔离开关，改变了带电作业状态。但李某违反了规程中关于"严禁同时接触未接通的或已断开的导线两个断头，以防人体串入电路"的规定，擅自用脚去钩绳，接近无电线引。李某又用棉鞋换下了均压鞋，违反了"等电位作业人员必须在衣服外面穿合格的全套屏蔽服，且各部分应连接好"的规定。

【事故案例4】 1978年7月5日，某市供电局配电工区带电班前往处理某6kV配电线路事故。该线为三角布置，6号杆分支线煤运公司所属配电变压器的中相跌落式熔断器引流线烧坏。其处理方法是：作业人员甲站在杆塔上用绝缘手柄的剪刀将引流线上接头剪断。引流线是钢芯铝绞线，也较长，甲作业时只是用绝缘操作杆将引流线勾住，未采取任何防摆动措施。甲剪断中相后，引流线下落与边相相碰，引流线的另一端碰到作业人员甲的右腿上，致使甲触电致残。规程要求"带电断、接空负荷线路、耦合电容器、避雷器等设备时，应采取防止引流线摆动的措施"。6kV或10kV配电线路线间距离较窄，在进行配电线路的带电作业时，必须采取安全、可靠措施，严防接地和短路。本案如果在剪断配电变压器高压中相跌落式熔断器引流线前，用绝缘杆将其支撑牢固或用绝缘绳将其吊住，待剪断后，让引流线缓慢落到地面，即可防止触碰带电的边相导线。

【事故案例5】 1973年2月21日，某供电局配电工区带电班在某10kV线路直线杆上用间接法更换针式绝缘子。某号杆系混凝土杆铁横担，横担由铁拉板支撑。工人甲负责在地面监护，工人乙、丙在杆上操作。乙用绝缘操作杆上的绑线钩绑扎绝缘子的绑线时，不慎将绑线头碰到绝缘子的铁脚上。正在这时，丙的左手正扶在横担的铁拉板上，丙的左手和右腿与电杆形成并联电路，均被接地分流击穿。拆除或恢复针式绝缘子的绑线，应先将铁横担绝缘隔离，并注意绑线不可拉得太长，绑线要勤剪勤放。要防止操作杆上的挑线钩短路对地间隙。绑扎绑线时应将绑线团成圆筒状,并将绑线预先固定在绝缘子上。

【事故案例 6】 1981 年 5 月 18 日,某电业局线路工区某供电站电工甲在某 110kV 线路 339 号耐张单杆(11°转角)横担上使用自制的检测杆(由绝缘操作杆和短路叉组成)测量线路零值绝缘子。当他检测完下横担一端绝缘子串后,准备从这端转移到另一端继续测量时,即就在穿越中相跳线下方时,甲某手持的检测杆上的短路叉碰触中相跳线,甲触电身亡。甲某在杆上进行带电作业时,监护人在杆下不仅不对作业人员进行监护,反而去紧分角拉线,是严重的失职行为。带电作业必须设专人监护,监护人不得直接操作。监护人必须始终在工作现场,及时纠正不安全的动作。

【事故案例 7】 1983 年 9 月 5 日,某供电局线路工区带电一班进行 35kV 化肥线带电检测不良绝缘子工作。工作负责人方某,带领张某等 3 人测至 24 号杆,正准备工作时,张某突然问方某"要不要检测望苏线?"24 号杆为一基双回路转角双杆,一回线为化肥线,另一回线为 35kV 望苏线,三相横担垂直排列。张某手中的电力线路第二种工作票上并没有这项工作内容,怎么办?关于工作票制度,行标《安规》线路部分中从第 29 条到第 38 条共 10 条,第 36 条规定:"第二种工作票,对同一电压等级、同类型工作,可在数条线路上共用一张工作票"。方某回答说:"顺便检测一下吧"!这项任务只能在签发时可以填写,一旦签发后是否可以增加工作内容,从这 10 条中找不出答案。行标《安规》电气部分中关于工作票制度从第 35 条到第 51 条共 17 条,第 48 条规定:"若扩大工作任务,必须由工作负责人通过工作许可人,并在工作票上增填工作项目。若须变更或增设安全措施者,必须填用新的工作票,并重新履行工作许可手续。"由此可知,方某的决定是错误的,是违章的行为,这也为事故种下了祸根。于是张某就从望苏线侧登杆,站在下横担上检测望苏线绝缘子。结束后,如果张某从原杆下来,再从化肥线侧登杆去检测化肥线绝缘子,事故也许能幸免。但张某却想从下横担上爬到化肥线去。化肥线下横担与中相跳线只有 1.1m,满足横担与带电导线间的安全距离。规程规定,在 35kV 带电线路杆塔上工作与带电导线的最小安全距离为 1m,当人要爬过去时 1.1m 的距离满足不了人体转移时最小安全距离要求。因此,当张某在爬向化肥线侧杆子时,背部与跳线放电,从横担上跌下,幸亏地面为松软土质,经抢救后苏醒,背部与两脚有放电烧伤,肩部有弧光灼伤。想多干工作是好的,但必须以工作票为依据,因为安全措施是工作票签发人依据工作任务提出的,不同的工作任务有不同的安全措施。工作负责人无权现场临时决定增加工作任务,应引以为戒!

【事故案例 8】 1985 年 3 月 22 日,某电业局送电工区带电班工作负责人尹某等 8 人在热桃线水泥分线 5 号转角塔带电更换脏污绝缘子。在换外角中横担吊串时,徐某从上线引流线与中横担的间隙中爬进横担头挂线点处直接操作,徐某向横担内角转移无头绳时,右手抓在横担拉铁上,起身时忘记背后上方带电的引流线,发生了引流线对徐某左肩放电。徐某左肩、右臂、后颈感电烧伤,右手严重烧伤只好在小臂处截肢,属于重伤事故。在转角塔上更换脏污绝缘子属于复杂或高杆塔作业,行标《安规》线路部分中第 149 条和行标《安规》电气部分中第 98 条规定,带电作业必须设专人监护。"复杂的高杆塔上的作业应增设(塔上)监护人"。工作负责人不仅没有在塔上增设监护人,他自己在杆下也未对杆上徐某认真监护。作业前,工作负责人没有会同工作人员一起对转角杆塔上的带电作业所应采取的安全措施和注意事项进行实际观察和讨论研究，盲目登塔作业。

【事故案例9】　1991年1月27日，某电业局带电作业班带电更换500kV邹济线240号塔绝缘子串。同日10时35分，线路解除重合闸。同日11时40分，开始更换左相绝缘子串，12时45分工作结束。接着将工具转移到中相，地面作业人员将绝缘吊杆提升到横担下面。横担上地电位工作人员胡某提绝缘吊杆吊钩靠近导线时，忽然听到一声巨响，看到一个大火球。胡某右手小指被火球炸掉，500kV邹济线断路器跳闸。同日17时45分，邹济线恢复送电。事故直接原因是某电力工具厂制造的绝缘吊杆制造质量不良，事故时炸成4段，房间环氧树脂薄厚不匀，层间有空气间隙。绝缘吊杆在强电场作用下，层间存在的空气间隙被击穿，产生局部放电，烧坏间隙周围绝缘层，最后导致贯穿性击穿短路，造成绝缘吊杆爆炸事故。因此，一定要把住带电作业工具采购关，一定要保证质量，严格按有关质量标准进行验收，达不到相应质量标准的带电作业工具绝不允许使用。

【事故案例10】　2009年5月8～15日，某超高压局送电工区按计划进行500kV冯大Ⅰ号线更换绝缘子作业。5月12日，第三作业组负责人带领8名作业人员，进行103号塔瓷质绝缘子更换为合成绝缘子工作。塔上2名作业人员邢某、乌某在更换完V组合成绝缘子后，准备安装重锤片。邢某首先沿软梯下到导线端，同日14时16分，乌某在沿软梯下降过程中，从距地面33m高处坠落，送医院抢救无效死亡。

事故原因：一是作业人员沿软梯下降前，安全带保护绳扣环没有扣好、没有检查，发生脱扣；二是在沿软梯下降过程中，没有采用"沿软梯下线时，应在软梯的侧面上下，应抓稳踩牢，稳步上下"的规定操作方法，而是手扶合成绝缘子脚踩软梯下降，不慎坠落；三是工作负责人没有实施有效监护，没有及时纠正违规的下梯方式。事故暴露出作业人员在工区对软梯使用方法有明确规定的情况下，仍然使用过去习惯性的做法，表现出对规定和要求的漠视，暴露出反违章工作开展不力。并且安全意识和风险意识不强，对沿软梯上下的风险估计不足，在作业指导书和技术交底过程中，都没有强调软梯的使用。

【事故案例11】　某日，某供电公司带电班在某10kV线路19号杆上更换直线绝缘子（三角布线）。其方法是先在混凝土电杆上竖立扒杆，扒杆上悬挂绝缘滑车。当等电位电工乙解掉导线与绝缘子上的绑线后，用滑车将导线吊起，再更换绝缘子。但当工作负责人发现扒杆上滑车吊钩还在横担上而挂在导线上，便命令电工乙去取。乙左手抓导线，右手去取横担上的滑车吊钩，致使乙触电死亡。经检查，乙所穿屏蔽服铜丝断股严重，电阻为无穷大。如果屏蔽服完好，在中性点不接地的10kV系统中，电容电流经屏蔽服分流后，流经人体的电流也不致造成乙的死亡。

【事故案例12】　1987年6月16日，某电业局10kV哈达线跳闸，故障点为53号杆油断路器处的避雷器的引下线脱落，处于悬空状态。其原因是避雷器质量不高，受潮后温度升高，产生气体，导致崩裂。该电业局决定用带电作业法剪断避雷器的引线。张某和孙某上杆操作，分工是张某剪断引线，孙某控制引线。当张某剪断引线时，由于剪刀用力时偏了一下，便碰到避雷器的铁抱箍上，造成弧光短路。瞬时整个电杆都有电，孙某的腰正好靠在低压横担上，感电致伤。事故原因是张某所用的带电作业工具不合格。因配电线路间距小，一定要使用专用工具。而张某用的是送电线路带电作业的大剪子，剪刀铁制部分过长，碰到带电避雷器的铁抱箍上。因此，配电线路带电作业一定要使用专用工具并且合格。规程规定，不合格的带电作业工具应及时检修或报废，不得继续使用。作业人员应熟悉工具的使用方法、使用范围和允许荷重等。禁止用不合格和非专业工具进行带电作业。工具的电气、机械性能必须与所检修的设备相适应，不得以低代高、凑合使用。

【事故案例 13】 1978 年 5 月 6 日，某供电公司带电班采用液压绝缘斗臂车处理 10kV 配电变压器高压侧的熔断器。等电位电工甲穿全套屏蔽服，站在液压绝缘斗臂车内由液压操动系统将其送至作业位置。甲用短接线短接待更换的跌落式熔断器，当甲完成短接线上端与高压引流线连接，正进行短接线下端与高压引流线的连接时，突然跌落式熔断器由于松弛而自然脱落，掉在甲胸部。由于天气炎热，甲不穿内衣，屏蔽服不系上衣扣子，前胸裸露，致高压引流线至跌落熔断器形成通路，当即死亡。规程规定，等电位作业人员必须在衣服外面穿合格的全套屏蔽服，且各部分应连接好，屏蔽服内还应穿阻燃内衣。甲穿的屏蔽服虽然合格，但穿法不正确，胸部赤裸，还不扣扣子，使屏蔽服没有连接好。更换跌落式熔断器没有使用专用工具，操作程序也错误。应该是先接下端，下端接好后再将短接线上端与高压引线连接。

【事故案例 14】 1977 年 5 月 1 日，某供电局带电作业班在某 10kV 线路 9 号杆使用液压绝缘斗臂车带电更换中相针式绝缘子。9 号杆系双层布线、双铁横担结构，上层为Ⅰ线，下层为Ⅱ线，相间距离 500mm。等电位作业人员穿屏蔽服，戴针织铜丝手套（无连接筋），手套未与屏蔽服连成整体。工作负责人是一名从未干过带电作业的普通电工，他指挥液压绝缘斗臂车将等电位人员从下层Ⅱ线中相和边相导线间送至上层Ⅰ线中相和边相导线间。等电位人员用绝缘扳手拧松绝缘子螺帽，解开绑线，双手抬起中相导线后，正用右手伸向绝缘子准备取下更换时，由于绝缘斗摆动，不慎碰及用绝缘垫毡遮盖不严密而外露的铁横担，造成接地触电死亡。规程规定：使用前应认真检查，在预定位置空斗操作一次，确认液压传动、回转、升降、伸缩系统工作正常、操作灵活，制动装置可靠，方可使用。在更换绝缘子时，脱离绝缘子的导线必须用绝缘支杆支撑或用绝缘滑车吊起后，才能更换绝缘子。等电位作业人员不允许戴无连接筋的针织铜丝手套，这种手套的纵向电阻大，不符合带电作业要求。

【事故案例 15】 1982 年 6 月 19 日，某电业局在 220kV 楚昆线上进行带电检测不良绝缘子工作。工人何某等 3 人负责 0～32 号杆这一段线路检测工作。当检测完 32 号铁塔之后，便转向 31 号混凝土电杆。何某爬梯登杆，上到适当部位，系好安全带，然后进行不良绝缘子的检测工作。检测完右边相和中相绝缘子后，解开安全带，搭在肩上，上了横担，由横担右边走向左边去测左边相绝缘子。何某先绕过左边相地线支架，手拿 3m 长绝缘杆，脚站在吊杆外侧，左手抓吊杆，面向横担头，弓身向左边相移动。当走到架空地线底下，穿越架空地线时，触及未接地带感应电压的架空地线，从 13m 高横担上坠落身亡。事故后调查 30 号耐张塔应将架空地线接地，但投运 2 年多从未处理这一缺陷。30 号～38 号杆耐张段架空地线长 3.8km，静电感应电压为 9kV。如果在 30 号杆将架空地线接地，按当时输送电流 20A，测得 38 号塔电磁感应电动势仅为 8.2V。

【事故案例 16】 1970 年 9 月 5 日，某供电公司带电班在某 10kV 线路 10 号杆上更换耐张绝缘子。穿屏蔽服的等电位作业人员甲在穿越三相四线制的低压带电线路时抓住拉线，屏蔽服裤子不慎误碰一相低压带电线路，造成低压接地。由于穿有全套屏蔽服，人体仅有部分分流，甲处于昏迷状态。直到屏蔽服烧穿碰不到低压导线时，甲才苏醒过来，幸未造成高空摔跌事故。1971年9月13日，某供电局带电班进行10kV线路改造工程。工程要求解开某高、低压共杆线路上的导线与绝缘子绑线，带电班决定用绝缘三角板等电位作业。当穿屏蔽服的电工甲登杆穿越低压带电线路时，不慎造成两相短路，甲被电击摔跌死亡。规程规定，在低压带电导线未采取绝缘措施时，工作人员不得穿越。如果绝缘遮盖有困难，应将低压线路停电，否则，不能登杆进行穿越和带电作业。因为低压380V线路属于中性点直接接地系统，单相接地即为短路电流，为屏蔽服载流容量所不允许。

【事故案例17】 某电力公司110kV线路进行带电更换直线复合绝缘子工作。由工作负责人甲某带领工作班6人进行操作。工作中图省事没有打防导线脱落保护绳，当杆上人员挂好绝缘3—3滑轮组，拔出弹簧销子，拟将绝缘子串脱离球头挂环准备下落导线时，工作负责人说："松"。负责看守3—3滑车组尾绳工作人员把手中的尾绳松开，瞬时导线下落十几米，幸好3—3滑车组尾绳比较长，事先盘好的尾绳缠绕在防震锤处，没有造成导线落地，由于本杆相邻两档没有任何跨越物未造成线路跳闸停电。国标《安规》（线路）第9.7.2条规定"采用单吊线装置更换绝缘子或移动导线时，应采用防止导线脱落的后备保护措施。"工作负责人明知违章为了省事是本次未遂事故的主要责任。工作负责人发布工作命令不准确，下落导线时不能只用简单一个"松"字，给工作班成员造成错误的意识。工作班成员安全意识淡薄，自我保护意识及防护意识差，不能抵制违章指挥。个别工作成员业务技术水平低，工作中注意力不集中，思想麻痹大意，工作粗心大意。

【事故案例18】 某电力公司220kV线路进行综合检修。由工作负责人甲带领工作班成员9人进行操作。当杆上人员挂好绝缘滑轮组，拔出弹簧销子，拟将导线脱离绝缘子球头挂环准备更换时，天突然下起小雨（当他们出工时，天空已阴云密布），工作负责人说"我们不要干了！"作业班成员说："没有下大雨，这点小雨不要紧！"（注：作业点离公路较远，步行需45min，他们不愿再往返一次），工作负责人便附和说："好，免得明天再来。"就这样，他们把需要更换的绝缘子串脱离了导线，并将新绝缘子串吊至杆上。准备组装时，雨越下越大。杆上人员说："有麻电感觉。"工作负责人说："你们马上下杆。"他们下杆不久，由于泄漏电流引起弧光接地，"砰"的一声，全线跳闸，事故后检查，绝缘保险绳烧断，绝缘滑车组的绝缘绳烧断一部分。国标《安规》（线路）第9.1.1条规定"带电作业应在良好的天气下进行，遇有恶劣气象条件时，应停止工作"，但由于路途远，怕麻烦，到现场后还是开始了带电作业。之后天开始下小雨，本应马上停止作业，但作业人员坚持作业，思想麻痹大意，直至雨下大，从而使泄漏电流增大、烧断绝缘绳，是事故发生的直接原因。工作负责人对高处作业一般安全规定不熟悉，遇有天气突然变化、不能采取果断、正确措施。严重违反了《带电作业操作导则》规定的"作业中如发生天气变化或其他异常情况，威胁人身或设备安全时，工作负责人应立即采取紧急措施，恢复设备原有状态或临时停止工作"。反而继续作业，是发生事故的重要原因。在天下大雨时，作业人员提出"有麻电感觉"后，工作负责人由于缺乏带电作业经验，没有做到既要考虑作业人员的安全，又要考虑设备安全，单纯的下令让作业人员下杆停止作业。如果能在作业人员下杆的同时，迅速地将绝缘滑车组和保险绳脱离导体，就可以既保证作业人员的人身安全，又可以保证设备安全。由于工作负责人没有采取这一正确措施进行处理，对发生这次事故应负有主要责任。

【事故案例 19】 某供电局运行处带电班在某 220kV 线路上采用前后卡具收紧整串绝缘子的方法更换 129 号杆塔边相绝缘子。由于第二片绝缘子在基建时漏上弹簧销子，以致再收紧绝缘子串时第二片与第一片绝缘子的连接头便因绝缘子串松弛而仅挂住一小部分。当更换好绝缘子取下卡具后，绝缘子串连同导线一起恰好脱落在被跨越的某 35kV 线路的 65 号杆的导线上。除 35kV 线路跳闸外，使某 35kV 变电站避雷器爆炸，停电约 6h，少送电 $6×10^5$ kWh。《带电作业现场操作规程》要求应对更换的绝缘子串各部连接进行检查。在更换耐张绝缘子串时，没有合适的导线保护措施。带电组装卡具前，应检查绝缘子串的连接情况，如发现漏上弹簧销子的应立即予补上后才能作业。在没有专用导线保护时，可采取其他可靠的保护措施，如 220kV 更换耐张绝缘子串时可以采用高强度绝缘绳串用相应的卡线器作为导线保护。

【事故案例 20】 某电业局线路工区某供电站电工甲在某 110kV 线路 339 号耐张单杆横担上使用自制的检测杆测量绝缘子零值。当测完Ⅰ端绝缘子串后，便从Ⅰ端转移到Ⅱ端侧，以便继续检测。在穿过中相跳线过程中，工作负责人未认真监护，以致电工甲手持检测杆上的短路叉碰触中相跳线。电流由中相跳线—短路叉—电工甲的后脑—吊杆形成回路，触电死亡。事故暴露出自制检测绝缘杆有待进一步改进。检测杆的绝缘杆最好使用拉杆式锥形管。此种管形的特点是收缩时仅 1.2m，拉伸时长达 3～4m。因此，重量既轻，又便于携带。此外，短路叉的长度不宜过长。在耐张单杆上作业人员从横担一侧转至另一侧时，与中相跳线的距离较近，穿越是必须严加监护。

【事故案例 21】 某电力公司线路工区带电班在对 35kV 带电拆除导线遗物时，在工作前没有对工具进行检查，到达工作现场后甲某将绝缘小绳抛过有杂物导线，之后又将绝缘小绳循环拉至杂物点处，由于绝缘绳已受潮当靠近导线时泄漏电流增大，幸好该工作人员反应快及时摆脱了潮湿的绝缘绳，没有导致工作人员被击伤。事后得知该绝缘绳在前天工作中另一班组使用受潮后归还仓库时，没有告知仓库管理员。事故暴露出多班组共同使用同一仓库工器具时，管理混乱，对带电绝缘工器具没有履行告知手续，班组间缺乏沟通彼此不了解工器具在其他班组使用情况。因此工作开始前要对绝缘工期具进行外观检查及绝缘测试。仓库管理员要履行职责，保证出入库工具的合格性。工作中工器具意外损坏或受潮时要及时处理，不能及时解决的要告知仓库管理员，严格禁止带电作业工具库放置不合格的工器具。

配套考核题解

试 题

一、名词解释

1. 带电作业
2. 间接作业法（地电位作业法）
3. 等电位作业法
4. 中间电位作业法

5. 分相接地作业法　　　　　　12. 断接引工具

6. 全绝缘作业法　　　　　　　13. 绝缘子清扫工具

7. 带电水冲洗　　　　　　　　14. 绝缘隔离工具及绝缘服

8. 带电作业工具　　　　　　　15. 屏蔽服及导流服

9. 更换绝缘子工具　　　　　　16. 带电作业绝缘材料

10. 手持操作工具　　　　　　　17. 带电作业安全技术

11. 载人工具

二、填空题

1. 《电力安全工作规程》带电作业的规定适用于海拔_____及以下交流_____的高压架空电力线路、变电站（发电厂）电气设备上采用_____、_____和_____方式进行的带电作业，以及_____带电作业。

2. 带电作业应在良好天气下进行。如遇_____、_____、_____、_____不得进行带电作业，风力大于_____级时，一般不宜进行带电作业。在特殊情况下，必须在恶劣天气进行带电抢修时，应组织有关人员充分讨论并采取必要的安全措施，经厂（企业）主管生产领导（总工程师）批准后方可执行。

3. 对比较复杂、难度较大的带电作业_____和研制的_____必须进行科学试验，确认_____，编出操作工艺方案和_____，并经厂（局）主管生产领导（总工程师）批准后方可进行和使用。

4. 带电作业工作票签发人和工作负责人应具有带电作业_____。工作票签发人必须经_____领导批准，工作负责人也可经_____领导批准。带电作业工作票签发人和工作负责人对带电作业现场情况_____时，应组织有经验的人员到现场_____。根据查勘结果作出能否进行带电作业的_____，并确定作业方法和所需工具以及应采取的措施。

5. 带电作业必须设专人监护。监护人应由具有带电作业_____的人员担任。监护人不得_____。监护的范围不得超过_____作业点。复杂的或高杆塔上的作业应增设（塔上）_____。

6. 带电作业工作负责人在带电作业工作开始前应与_____联系；在带电作业过程中如设备_____，作业人员应视设备仍然_____。工作负责人应尽快与_____联系，_____未与工作负责人取得联系前不得强送电。带电作业工作结束后，带电作业工作负责人向_____汇报。

7. 严禁_____停用或恢复重合闸。

8. 进行地电位带电作业时，人身与带电体间的安全距离不得小于以下的规定值：10kV 为 _____ m；35kV 为 _____ m；63（66）kV 为 _____ m；110kV 为_____ m；220kV 为_____ m；因受设备限制时，经厂（企业）主管生产领导（总工程师）批准，并采取必要的措施后，可采用 1.6m；330kV 为_____ m；550kV 为3.4m。35kV 及以下的带电设备，不能满足规定的最小安全距离时，必须采取可靠的绝缘隔离措施。

9. 绝缘操作杆的有效绝缘长度不得小于以下的规定值：10kV 为_____ m；35kV

为_____ m；63（66）kV 为 1.0m；110kV 为_____ m；220kV 为_____ m；330kV 为 3.1m；500kV 为 4.0m。

10. 绝缘承力工具和绝缘绳索的有效绝缘长度不得小于以下的规定值：10kV 为_____ m；35kV 为_____ m；63（66）kV 为 0.7m；110kV 为_____ m；220kV 为_____ m；330kV 为 2.8m；500kV 为 3.7m。

11. 更换绝缘子或在绝缘子串上作业时，良好绝缘子片数不得少于下列的规定：35kV 为 2 片；63（66）kV 为_____片；110kV 为_____片；220kV 为_____片；330kV 为_____片；500kV 为_____片。

12. 在绝缘子串未脱离导线前，拆、装靠近横担的第一片绝缘子时，必须采用专用_____或_____方可直接进行操作。

13. 在市区或人口_____的地区进行带电作业时，工作现场应设置_____，严禁非工作人员_____。

14. 等电位作业一般在_____ kV 及以上电压等级的电力线路和电气设备上进行。若须在_____ kV 及以下电压等级进行等电位作业时，应采取可靠的绝缘隔离措施。

15. 等电位作业人员必须在衣服外面穿合格的全套屏蔽服（包括帽、衣、裤、手套、袜和鞋），且各部分应_____。屏蔽服内还应套_____。严禁通过屏蔽服断、接_____、空载线路和耦合电容的_____。等电位作业人员在作业中严禁用_____、_____等易燃品擦拭带电体及绝缘部分，防止_____。

16. 等电位作业人员在_____转移前，应得到工作负责人的_____，并系好_____。等电位作业人员与地电位作业人员传递工具和材料时，必须使用_____或_____进行，其有效绝缘长度不得小于以下的规定值：10kV 为 0.4m；35kV 为 0.6m；63（66）kV 为 0.7m；110kV 为 1.0m；220kV 为 1.8m；330kV 为 2.8m；500kV 为 3.7m。

17. 带电断、接空载线路时，必须确认线路的_____或_____确已断开，接入线路侧的变压器、电压互感器确已退出_____后，方可进行。严禁带_____断接引线。

18. 带电断、接空载线路时，作业人员应戴_____，并采取_____措施。消弧工具的断流能力应与被断、接的空载线路_____及_____相适应。

19. 在查明线路确无_____、绝缘良好、_____无人工作且_____确定无误后，才可进行带电断、接引线。

20. 带电接引时_____的导线及带电断引时_____的导线，将感应而带电。为防止_____，应采取措施后才能触及。严禁同时接触未接通的或已断开的导线两个_____，以防人体串入电路。

21. 严禁用断、接空载线路的方法使两电源_____或_____。

22. 带电断、接耦合电容器时，应将其信号、接地开关合上并应停用_____。被断开的电容器应_____对地放电。

23. 带电断、接_____、_____、_____等设备时，应采取防止_____摆动的措施。

24. 用分流线带电短接阻波器前，严防_____作业人员人体_____阻波器。

25. 利用组合绝缘的小水冲工具进行冲洗时冲洗工具严禁_____带电体。引水管的有效_____不得触及_____。

26. 带电冲洗前应注意_____好水泵压强，使水枪射程远且水流_____。当水压不足时，不得将水枪对准被冲洗的带电设备。冲洗用水泵应良好_____。

27. 带电水冲洗应注意选择合适的冲洗方法。直径较大的绝缘子宜采用_____或其他方法，并应防止被冲洗设备表面出现_____。当被冲绝缘子未冲洗干净时，水枪切勿强行_____，以免造成闪络。

28. 冲洗绝缘子时，应注意_____，必须先冲下风侧，后冲上风侧，还要注意角度，严防临近绝缘子在溅射的_____中发生_____。

29. 在330～500kV电压等级的线路杆塔上及变电站架构上作业，应采取_____措施，如穿着_____等。

30. 带电更换_____或架设_____时，应通过放线滑车可靠_____。

31. 绝缘架空地线应视为_____，作业人员与绝缘架空地线之间的距离不应小于_____。如需在绝缘架空地线上作业时，应用_____将其可靠接地或采用等电位方式进行。

32. 用_____传递大件金属物品（包括工具、材料等）时，杆塔或地面上作业人员应金属物品_____后再接触，以防_____。

33. 操作绝缘斗臂车人员应_____带电作业的有关规定，并经专门_____。在工作过程中不得离开_____，且斗臂车的发动机不得_____。

34. 带电气吹操作人员在工作中，必须戴_____、_____和_____。操作人员宜站在_____位置作业，且须按下列规定保持与带电体的安全距离：10kV为0.4m；35kV为0.6m；63（66）kV为0.7m；110kV为1.0m；220kV为1.8m；330kV为2.6m；500kV为3.6m。

35. 在带电气吹作业时，作业人员应注意喷嘴不得_____电瓷表面及_____气吹，以免损坏电瓷和釉质表面层。如遇喷嘴被锯末阻塞，应先_____，再行消除障碍。

36. 使用火花间隙检测器检测绝缘子时，检测前，应对检测器进行检测，保证_____，测量_____。带电检测绝缘子应在_____天气进行。

37. 带电作业工具应置于_____，备有_____或去湿设施的清洁干燥的_____房间存放。在运输过程中，带电绝缘工具应装在专用_____、_____或专用工具车内，以防受潮和损伤。

38. 高架绝缘斗臂车的绝缘部分应有_____保护罩，并应存放在_____、_____的车库内。

39. 不合格的带电作业工具应及时_____或_____，不得继续使用。发现绝缘工具_____或表面损伤、_____时，应及时处理并经_____后方可使用。

40. 带电作业工具应设专人保管，登记造册，并建立_____工具的_____。带电作业工具的电气试验每年各定期进行一次预防性试验和一次检查性试验，两次试验间隔_____。带电作业绝缘工具的机械试验每年定期一次，金属工具每_____一次。

41. 绝缘工具进行出厂及型式试验、预防性试验时，试品应_____进行试验，不得

_____。绝缘工具在进行检查性试验时，应将绝缘工具分成若干段进行工频耐压试验，每 300mm 耐压 75kV，时间为 1min 以无_____、_____及_____为合格。

42. 带电作业工具的静荷重试验是以_____倍允许工作负荷下持续 5min，工具无变形及损伤为合格。带电作业工具的动荷重试验是以_____倍允许工作负荷下实际操作_____次，工具灵活、轻便和无卡住现象。

43. 屏蔽服衣裤_____端点之间的电阻值均不得大于_____Ω。

44. 带电作业安全_____、安全_____措施等应按国家和行业的相关标准、导则执行。

45. 带电作业应按_____。复杂作业时，应增设_____。

46. 线路运行维护单位或工作负责人认为有必要时，应组织到现场_____。

47. 带电作业遇到特殊情况时，应_____重合闸或直流再启动装置，并_____强送电。

48. 在带电作业过程中如设备突然停电，应视设备仍然_____。

49. 如遇雷电（听见雷声，看见闪电）、雪、雹、雨、雾等，不应进行_____。

50. 风力大于_____级，或湿度大于_____%时，不宜进行带电作业。

51. 线路运行维护单位或工作负责人认为有必要时，应组织到现场勘察，根据勘察结果判断能否进行_____，并确定作业方案、_____，以及应采取的措施。

52. 带电作业有下列情况时，应停用重合闸或直流再启动装置，并不应强送电：

（1）中性点_____系统中可能引起_____的作业；

（2）中性点_____系统中可能引起_____的作业；

（3）直流线路中可能引起_____或_____的作业；

（4）不应_____停用或恢复重合闸及直流再启动装置。

53. 在带电作业过程中如设备突然停电，应视设备仍然带电，工作负责人应_____与线路运行维护单位或调度联系。线路运行维护单位或值班调度员_____工作负责人取得联系前不应强送电。

54. 等电位作业一般在_____、_____及以上电压等级的线路和电气设备上进行。等电位作业工作人员应穿着_____，外面穿着全套_____，各部分连接良好。750kV 及以上等电位作业还应戴_____。

55. 等电位作业人员不应通过屏蔽服_____、_____空负荷线路或耦合电容器的电容电流及接地电流。

56. 等电位工作人员在电位转移前，应得到工作负责人的_____。750kV 和 1000kV 等电位作业，应使用_____进行电位转移。

57. 交流线路地电位登塔作业时应采取防_____措施、直流线路地电位登塔作业时宜采取防_____措施。

58. 等电位工作人员与地电位工作人员应使用_____或_____进行工具和材料的传递。

59. 沿导（地）线上悬挂的软、硬梯或导线飞车进入强电场的作业，应遵守下列规定：

（1）在连续档距的导（地）线上挂梯（或导线飞车）时，钢芯铝绞线和铝合金绞线导（地）线的截面积应不小于_____ mm²；钢绞线导（地）线的截面积应不小于_____ mm²。

（2）在孤立档的导（地）线上作业，在有断股的导（地）线和锈蚀的地线上的作业，在上述（1）规定以外的其他型号导（地）线上的作业，两人以上在同档同一根导（地）线上的作业时，应经_____合格并经_____后方能进行。

（3）在导（地）线上悬挂梯子、飞车进行等电位作业前，应检查本档两端杆塔处导地线的_____情况。

（4）挂梯载荷后，应保持地线及人体对下方带电导线的安全距离比规定的安全距离数值增大_____；带电导线及人体对被跨越的线路、通信线路和其他建筑物的安全距离应比规定的安全距离数值增大_____。

（5）在瓷横担线路上_____挂梯作业，在转动横担的线路上挂梯前应将横担_____。

60. 带电断、接空负荷线路，工作人员应戴_____，并采取_____措施。

61. 不应带负荷断、接引线。不应同时接触未接通的或已断开的导线_____。短接设备时，应_____，闭锁跳闸机构，短接线应满足短接设备最大负荷电流的要求，防止人体_____设备。

62. 绝缘子表面采取带电水冲洗或进行机械方式清扫时，应遵守相应_____的规定。绝缘子串上带电作业前，应检测绝缘子串的_____绝缘子片数，满足相关规定要求。

63. 采用绝缘手套作业法或绝缘操作杆作业法时，应根据作业方法选用人体绝缘防护用具，使用_____安全带、_____安全帽。必要时还应戴护目眼镜。工作人员转移相位工作前，应得到工作_____的同意。

64. 带电绝缘工具在_____过程中，应装在专用工具袋、工具箱或专用工具车内。

65. 带电作业工器具应按规定定期进行试验。作业现场使用的带电作业工具应放置在_____的帆布或绝缘物上。不应使用_____、受潮、_____、失灵的带电作业工具。

三、选择题

1. 《电力安全工作规程》带电作业的规定适用于在海拔（　　）及以下交流10～1000kV、直流±500～±800kV的高压架空电力线路，变电站（发电厂）电气设备上采用等电位、中间电位和地电位方式进行的带电作业，以及低压带电作业。

A. 1000m；　　　　B. 2000m；　　　　C. 3000m；　　　　D. 4000m

2. 带电作业应在（　　）下进行。

A. 雷雨天气；　　　　　　　　　　B. 雪雾天气；

C. 恶劣天气；　　　　　　　　　　D. 良好天气

3. 如遇雷、雨、雪、雾恶劣天气不得进行带电作业，风力大于（　　）级时，一般不宜进行带电作业。

A. 4；　　　　　　B. 5；　　　　　　C. 6；　　　　　　D. 7

4. 对于比较复杂、难度较大的带电作业新项目和研制的新工具，必须进行（　　），确认安全可靠，编出操作工艺方案和安全措施，并经厂（局）主管生产领导（总工程师）批准后，方可进行和使用。

    A. 可行性研究；   B. 安全性评价；

    C. 科学试验；   D. 危险点预控

5. 带电作业必须设专人监护。监护的范围不得超过（　　）作业点。监护人不得直接操作。

    A. 一个；   B. 两个；   C. 三个；   D. 四个

6. 进行地电位带电作业时，人身与带电体间的安全距离不得小于以下的规定值：10kV 为（　　）m；35kV 为（　　）m；63（66）kV 为（　　）m；110kV 为（　　）m；220kV 为（　　）m；330kV 为（　　）m；500kV 为（　　）m。

    A. 0.4；   B. 0.6；   C. 0.7；   D. 0.9；

    E. 1.0；   F. 1.3；   G. 1.6；   H. 1.8；

    I. 2.1；   J. 2.2；   K. 2.8；   L. 3.1；

    M. 3.4；   N. 3.7；   O. 4.0

7. 进行地电位带电作业时，绝缘操作杆的有效长度不得小于以下的规定值：10kV 为（　　）m；35kV 为（　　）m；63（66）kV 为（　　）m；110kV 为（　　）m；220kV 为（　　）m；330kV 为（　　）m；500kV 为（　　）m。

    A. 0.4；   B. 0.6；   C. 0.7；   D. 0.9；

    E. 1.0；   F. 1.3；   G. 1.6；   H. 1.8；

    I. 2.1；   J. 2.6；   K. 2.8；   L. 3.1；

    M. 3.6；   N. 3.7；   O. 4.0

8. 进行地电位带电作业时，绝缘承力工具和绝缘绳索的有效长度不得小于以下的规定值：10kV 为（　　）m；35kV 为（　　）m；63（66）kV 为（　　）m；110kV 为（　　）m；220kV 为（　　）m；330kV 为（　　）m；500kV 为（　　）m。

    A. 0.4；   B. 0.6；   C. 0.7；   D. 0.9；

    E. 1.0；   F. 1.3；   G. 1.6；   H. 1.8；

    I. 2.1；   J. 2.6；   K. 2.8；   L. 3.1；

    M. 3.6；   N. 3.7；   O. 4.0

9. 更换绝缘子或在绝缘子串上作业时，良好绝缘子片数不得少于以下的规定：35kV 为（　　）片；63（66）kV 为（　　）片；110kV 为（　　）片；220kV 为（　　）片；330kV 为（　　）片；500kV 为（　　）片。

    A. 2；   B. 3；   C. 4；   D. 5；

    E. 7；   F. 9；   G. 13；   H. 16；

    I. 21；   J. 23；   K. 30

10. 等电位作业一般在（　　）kV 及以上电压等级的电力线路和电气设备上进行。若须在（　　）kV 及以下电压等级进行等电位作业时，应采取可靠的绝缘隔离措施。

    A. 220；   B. 110；   C. 63（66）；   D. 35

E. 10；　　　　　F. 0.38

11. 等电位作业人员对地距离应不小于以下规定：35kV 为（　　）m；63（66）kV 为（　　）m；110kV 为（　　）m；220kV 为（　　）m；330kV 为（　　）m；500kV 为（　　）m。等电位作业人员对相邻导线的距离应不小于以下规定：63（66）kV 为（　　）m；110kV 为（　　）m；220kV 为（　　）m；330kV 为（　　）m；500kV 为（　　）m。

A. 0.4；　　　　B. 0.6；　　　　C. 0.7；　　　　D. 0.8；

E. 0.9；　　　　F. 1.0；　　　　G. 1.4；　　　　H. 1.6；

I. 1.8；　　　　J. 2.2；　　　　K. 2.5；　　　　L. 3.4；

M. 3.5；　　　　N. 5.0

12. 等电位作业人员沿绝缘子串进入强电场的作业，只能在 220kV 及以上电压等级的绝缘子串上进行。扣除人体短接的和零值的绝缘子片数后，良好绝缘子片数不得少于以下的规定：220kV 为（　　）片；330kV 为（　　）片；500kV 为（　　）片。其与接地体和带电体两部分间隙所组成间隙不得小于以下的规定值：220kV 为（　　）m；330kV 为（　　）m；500kV 为（　　）m。若不满足上述规定，应加装保护间隙。

A. 2；　　　　　B. 3；　　　　　C. 5；　　　　　D. 9；

E. 16；　　　　F. 23；　　　　G. 0.7；　　　　H. 0.8；

I. 1.2；　　　　J. 2.1；　　　　K. 3.1；　　　　L. 4.0

13. 等电位作业人员在绝缘梯上作业或者沿绝缘梯进入强电场时，其与接地体和带电体两部分间隙所组成的组合间隙不得小于以下的规定值：63（66）kV 为（　　）m；110kV 为（　　）m；220kV 为（　　）m；330kV 为（　　）m；500kV 为（　　）m；750kV 为（　　）m。

A. 0.6；　　　　B. 0.7；　　　　C. 0.8；　　　　D. 0.9；

E. 1.2；　　　　F. 1.4；　　　　G. 2.1；　　　　H. 2.5；

I. 3.1；　　　　J. 3.5；　　　　K. 4.0；　　　　L. 4.9

14. 等电位作业人员在电位转移前，应得到工作负责人的许可，并系好安全带。转移电位时，人体裸露部分与带电体的距离不应小于下列的规定值：35～63（66）kV 为（　　）m；110～220kV 为（　　）m；330～500kV 为（　　）m。

A. 0.2；　　　　B. 0.3；　　　　C. 0.4；　　　　D. 0.5；

E. 0.6；　　　　F. 0.7

15. 在导、地线上悬挂梯子前，必须检查本档两端杆塔处导、地线的紧固情况。挂梯荷载后，地线及人体对导线的最小间距应不小于以下的规定值：63（66）kV 为（　　）m；110kV 为（　　）m；220kV 为（　　）m；330kV 为（　　）m；500kV 为（　　）m；750kV 为（　　）m；1000kV 为（　　）m。挂梯荷载后，导线及人体对被跨越的电力线路、通信线路和其他建筑物的最小距离应不小于以下的规定值：63（66）kV 为（　　）m；110kV 为（　　）m；220kV 为（　　）m；330kV 为（　　）m；500kV 为（　　）m；750kV 为（　　）m；1000kV 为（　　）m。

A. 0.9；　　　　B. 1.1；　　　　C. 1.2；　　　　D. 1.4；

E. 1.5；	F. 1.6；	G. 1.7；	H. 2.0；
I. 2.3；	J. 2.7；	K. 2.8；	L. 3.2；
M. 3.9；	N. 4.4；	O. 5.7；	P. 6.2；
Q. 7.3；	R. 7.8		

16. 带电断、接空载线路时，作业人员应戴护目镜，并应采取消弧措施。消弧工具的断流能力应与被断、接的空载线路电压等级及电容电流相适应，如使用消弧绳，则其断、接的空载线路的长度（线路长度包括分支在内，但不包括电缆线路）不应大于以下的规定值：10kV 为（　　）km；35kV 为（　　）km；63（66）kV 为（　　）km；110kV 为（　　）km；220kV 为（　　）km。且作业人员与断开点应保持 4m 以上的距离。

| A. 50； | B. 40； | C. 30； | D. 20； |
| E. 10； | F. 5； | G. 3 | |

17. 带电短接开关设备或阻波器的分流线截面和两端线夹的载流容量，应满足（　　）的要求。

| A. 额定负荷电流； | B. 额定工作电流； |
| C. 短路电流； | D. 最大负荷电流 |

18. 带电水冲洗一般应良好天气时进行，风力大于（　　）级，气温低于零下（　　）℃，雨天、雪天、雾天及雷电天气不宜进行。

| A. 3； | B. 4； | C. 5； | D. 6 |

19. 带电水冲洗用水的电阻率一般不低于（　　）Ω·cm。冲洗 220kV 变电设备时，水电阻率不应低于（　　）Ω·cm。绝缘子的临界盐密值越高，带电水冲洗用水的电阻率也越大。每次冲洗前，都应掌握绝缘子的脏污情况，都应用合格的水阻表测量水电阻率，应从水枪出口处取水样进行测量。如用水车等容器盛水，每车水都应测量水电阻率。

| A. 1500； | B. 3000； | C. 10000； | D. 50000 |

20. 以水柱为主绝缘的大、中、小型水冲，是以喷嘴的直径来划分的：喷嘴直径为（　　）mm 及以下者称小水冲；直径为（　　）mm 者称中水冲；直径为（　　）mm 及以上者称大水冲。大、中型水枪喷嘴均应可靠接地。

| A. 3； | B. 4； | C. 8； | D. 9； |
| E. 12； | F. 13； | G. 18 | |

21. 中水冲的水枪喷嘴与带电体之间的水柱长度不得小于以下数值：63（66）kV 及以下为（　　）m；110kV 为（　　）m；220kV 为（　　）m。

| A. 2； | B. 3； | C. 4； | D. 5 |

22. 喷嘴直径为 9～12mm 大水冲的喷嘴与带电体之间的水柱长度不得小于以下数值：63（66）kV 及以下为（　　）m；110kV 为（　　）m；220kV 为（　　）m。

| A. 4； | B. 5； | C. 6； | D. 7 |

23. 喷嘴直径为 13～18mm 大水冲的喷嘴与带电体之间的水柱长度不得小于以下数值：63（66）kV 为（　　）m；110kV 为（　　）m；220kV 为（　　）m。

| A. 5； | B. 6； | C. 7； | D. 8 |

24. 对于上、下层布置的绝缘子应先冲（　　），后冲（　　）。还要注意冲洗角度，

严防临近绝缘子在溅射的水雾中发生闪络。

  A. 上层；   B. 下层

  25. 高架绝缘斗臂车绝缘臂的有效长度应大于以下规定，并应在其下端装设泄漏电流监视装置，10kV 为（   ）m；35～63（66）kV 为（   ）m；110kV 为（   ）m；220kV 为（   ）m；330kV 为（   ）m。

  A. 0.5；   B. 1.0；   C. 1.5；   D. 2.0；

  E. 2.5；   F. 3.0；   G. 3.5；   H. 3.8

  26. 高架绝缘斗臂车绝缘臂下节的金属部分，在仰起回转过程中，对带电体的距离应大于以下的规定值：10kV 为（   ）m；35kV 为（   ）m；63（66）kV 为（   ）m；110kV 为（   ）m；220kV 为（   ）m；330kV 为（   ）m；500kV 为（   ）m；750kV 为（   ）m；1000kV 为（   ）m。

  A. 0.4；   B. 0.6；   C. 0.7；   D. 0.9；

  E. 1.0；   F. 1.1；   G. 1.2；   H. 1.5；

  I. 1.8；   J. 2.3；   K. 2.7；   L. 3.1；

  M. 3.9；   N. 4.1；   O. 5.7；   P. 7.3

  27. 高架绝缘斗臂车用于（   ）kV 带电作业时，绝缘斗壁厚及层间绝缘水平应满足 1min 工频耐压，出厂及型式试验 105kV，预防性试验 95kV 的规定。

  A. 10；   B. 35；   C. 10～35； D. 63（66）；

  E. 110；   F. 220

  28. 用于气吹的操作杆和出气软管应按相应电压等级和长度要求耐压试验合格，如 220kV 长度 1.8m，其 1min 工频耐压、出厂及型式试验为（   ）kV，预防性试验为（   ）kV。出气软管及辅助罐等压力容器应做水压试验，试验压力为 108N/cm²，即 1.08MPa。

  A. 450；   B. 440；   C. 250；   D. 240；

  E. 175；   F. 150

  29. 带电气吹清扫的喷嘴宜用硬质绝缘材料制成，若用金属材料制作时，其长度不宜超过（   ）mm。喷嘴内径以 3.5～6mm 为宜。

  A. 50；   B. 100；   C. 150；   D. 200

  30. 用作辅料的锯末，需经 16～30 目筛网筛选和干燥。装入辅料罐前，应用 2500V 绝缘电阻表测量其绝缘电阻，绝缘电阻应大于（   ）MΩ。

  A. 9000；   B. 8000；   C. 7000；   D. 6000

  31. 现场作业前，应认真检查空气压缩机是否正常，风包安全阀门是否动作可靠，风包内有余水时，应先放完。空气压缩机的排气压力以（   ）为宜。

  A. 590～980kPa；   B. 1.08MPa

  32. 保护间隙的接地线应用多股软铜线，其截面积应满足接地短路容量的要求，但最小不得小于（   ）mm²。

  A. 16；   B. 25；   C. 35；   D. 50

  33. 圆弧形保护间隙的距离应按以下规定进行整定，电压等级为 220kV 为（   ）

m，330kV 为（　　）m。

A. 0.5～0.6；　　　　　　　　　B. 0.7～0.8；

C. 0.9～1.0；　　　　　　　　　D. 1.0～1.1

34. 带电检测 35kV 及以上电压等级的绝缘子串时，当一串中的零值绝缘子片数达到下表的规定，应立即停止检测。如绝缘子串的总片数超过下表的规定时，零值绝缘子片数可相应增加。

一串中允许零值绝缘子片数

电压等级/kV	35	63（66）	110	220	330	500	±500
绝缘子串片数							
零值片数							

A. 1；　　　　　B. 2；　　　　　C. 3；　　　　　D. 4；

E. 5；　　　　　F. 6；　　　　　G. 7；　　　　　H. 9；

I. 13；　　　　J. 16；　　　　K. 19；　　　　L. 23；

M. 28；　　　　N. 39；　　　　O. 54；　　　　P. 37

35. 带电作业工具在使用前，应仔细检查其是否变形、损坏、失灵。并使用 2500V 绝缘电阻表或绝缘检测仪进行分段绝缘检测（电极宽 20mm，极间宽 20mm），阻值应不低于（　　）MΩ。操作绝缘工具时应戴清洁干燥的手套，并应防止绝缘工具在使用中脏污和受潮。

A. 9000；　　　　　B. 1500；　　　　　C. 1300；　　　　　D. 700

36. 330kV、500kV 带电绝缘工具宜采用 250/2500μs 的标准波进行（　　）次操作冲击耐压试验，以无一次击穿、闪络为合格；5min 工频耐压试验以无击穿、无闪络及过热为合格。

A. 5；　　　　　B. 10；　　　　　C. 15；　　　　　D. 20

37. 组合绝缘的水冲洗工具还应在工作状态下进行工频泄漏试验，泄漏电流以不超过（　　）mA 为合格，试验时间为 5min。

A. 1；　　　　　B. 0.7；　　　　　C. 0.5；　　　　　D. 0.2

38. 绝缘架空地线应视为带电体，作业人员与绝缘架空地线之间的距离不应小于（　　）m。如需在绝缘架空地线上作业时，应用接地线将其可靠接地或采用等电位方式进行。

A. 0.2；　　　　　B. 0.4；　　　　　C. 0.6；　　　　　D. 0.8

四、判断题（正确的画"√"，不正确的画"×"）

1. 带电作业应在良好天气下进行。在特殊情况下，必须在恶劣天气进行带电抢修时，应组织有关人员充分讨论并采取必要的安全措施后方可进行。　　　　　　　　　　　（　　）

2. 带电作业必须设专人监护。监护的范围不得超过一个作业点。监护人应由具有带电作业实践经验的人员担任。在工作顺利时，监护人也可直接操作，加快作业进度。

（　　）

3. 带电作业有下列情况之一者，应停用重合闸，并不得强送电：

A. 中性点有效接地的系统中有可能引起单相接地的作业；　　　　（　　）

B. 中性点非有效接地的系统中有可能引起相间短路的作业；　　　（　　）

C. 工作票签发人或工作负责人认为需要停用重合闸的作业；　　　（　　）

D. 约时停用的重合闸。　　　　　　　　　　　　　　　　　　　（　　）

4. 在带电作业过程中如设备突然停电，作业人员应视设备仍带电。为不影响用户用电，调度在未与工作负责人取得联系前应强送电一次。　　　　　　　　　　（　　）

5. 更换直线绝缘子串或移动导线的作业，当采用单吊线装置时，应采用防止导线脱落时的后备保护措施。　　　　　　　　　　　　　　　　　　　　　　　（　　）

6. 在绝缘子串未脱离导线前，拆、装靠近导线的第一片绝缘子时，必须采用专用短接线或穿屏蔽服方可直接进行操作。　　　　　　　　　　　　　　　　　（　　）

7. 在市区或人口稠密的地区进行带电作业时，工作现场应设置围栏，严禁非工作人员入内。　　　　　　　　　　　　　　　　　　　　　　　　　　　　　　　（　　）

8. 等电位作业一般在 63（66）kV 及以上电压等级的电力线路和电气设备上进行。若须在 35kV 及以下电压等级进行等电位作业时，应采取可靠的绝缘隔离措施。　（　　）

9. 等电位作业人员必须在衣服外面穿合格的全套屏蔽服，包括帽、衣、裤、手套、袜和鞋，屏蔽服内还应套阻燃内衣。　　　　　　　　　　　　　　　　　　（　　）

10. 沿导、地线上悬挂的软、硬梯或飞车进入强电场的作业应遵守下列规定：

A. 在连续档距的导、地线上挂梯（或飞车）时，其导、地线的截面积不得小于：钢芯铝绞线为 120mm²；铜绞线为 70mm²；钢绞线为 50mm²。　　　　（　　）

B. 有下列情况之一者，应经验算合格，并经厂（企业）主管生产领导（总工程师）批准后才能进行：　　　　　　　　　　　　　　　　　　　　　　　　　（　　）

（1）在孤立档距的导、地线上的作业。

（2）在有断股的导、地线上的作业。

（3）在有锈蚀的地线上的作业。

（4）在其他型号导、地线上的作业。

（5）两人以上在导、地线上的作业。

C. 在导、地线上悬挂梯子前，必须检查本档两端杆塔处导、地线的紧固情况。

（　　）

D. 挂梯荷载后，地线及人体对导线的最小间距应不小于以下数值：63（66）kV 为 1.2m；110kV 为 1.5m；220kV 为 2.3m；330kV 为 3.1m；500kV 为 4.1m。　（　　）

E. 挂梯荷载后，导线及人体对被跨越的电力线路、通信线路和其他建筑物的最小距离应不小于以下的数值：63（66）kV 为 1.7m；110kV 为 2.0m；220kV 为 2.8m；330kV 为 3.6m；500kV 为 4.6m。　　　　　　　　　　　　　　　　　　　　　　（　　）

F. 在瓷横担线路上严禁挂梯作业，在转动横担的线路上挂梯前应将横担固定。

（　　）

11. 带电断、接空载线路时，必须确认线路的终端断路器或隔离开关确已断开，接入线路侧的变压器、电压互感器确已退出运行后，方可进行。严禁带负荷断、接引线。

（　　）

12. 带电断、接空载线路时，作业人员应采取消弧措施。 （　）

13. 用分流线带电短接断路器，隔离开关等载流设备，必须遵守下列规定：

A. 短接前一定要核对相位。 （　）

B. 组装分流线的导线处必须清除氧化层，且线夹接触应牢固可靠。 （　）

C. 35kV 设备使用的绝缘分流线的绝缘水平，当试验长度为 0.6m 时，1min 工频耐压、出厂及型式试验为 150kV，预防性试验为 95kV。10kV 设备使用的绝缘分流线的绝缘水平，当试验长度为 0.4m 时，1min 工频耐压出厂及型式试验为 100kV，预防性试验为 45kV。 （　）

D. 断路器必须处于合闸位置，并取下跳闸回路熔断器（保险器），锁死跳闸机构后，方可短接。 （　）

E. 分流线应支撑好，以防摆动造成接地或短路。 （　）

F. 短接开关设备或阻波器的分流线截面和两端线夹的载流容量，应满足最大负荷电流的要求。 （　）

14. 带电水冲洗作业前应掌握绝缘子的脏污情况，当绝缘子的盐密值大于临时盐密值时应赶快进行水冲洗，避雷器及密封不良的设备都可进行带电水冲洗。 （　）

15. 由水柱、绝缘杆、引水管（指有效绝缘部分）组成的小水冲工具，其组合绝缘在工作状态下应能耐受以下的试验电压值：当电压等级为 63（66）kV，试验长度为 0.7m，1min 工频耐压 175kV；当电压等级为 110kV，试验长度为 1m，1min 工频耐压为出厂及型式试验 250kV，预防性试验 220kV；当电压等级为 220kV，试验长度为 1.8m，1min 工频耐压为出厂及型式试验 450kV，预防性试验 440kV。在最大工频过电压下流经操作人员人体的电流应不超过 1mA，试验时间不小于 5min。 （　）

16. 带电水冲洗前要确知设备绝缘是否良好。有零值及低值的绝缘子及瓷质有裂纹时，一般不可冲洗。 （　）

17. 冲洗悬垂绝缘子串，瓷横担、耐张绝缘子串时，应从横担侧向导线侧依次冲洗。冲洗支柱绝缘子及绝缘瓷套时，应从上向下冲洗。 （　）

18. 高架绝缘斗臂车在使用前应认真检查，并在预定位置空斗试操作一次，确认液压传动、回转、升降、伸缩系统工作正常，操作灵活，制动装置可靠，方可使用。工作中车体应良好接地。 （　）

19. 不合格的带电作业工具应及时检修或报废，不得继续使用。 （　）

20. 带电气吹操作人员在工作中，必须戴护目镜、口罩和防尘帽。操作人员宜站在上风侧位置作业，且与带电体保持一定的安全距离。作业人员应注意喷嘴不得垂直电瓷表面及定点气吹，以免损坏电瓷和釉质表面层。如遇喷嘴锯末阻塞，应先减压；再行消除障碍。 （　）

21. 使用保护间隙时，应遵守下列规定：

A. 悬挂保护间隙前，应与调度联系停用重合闸。 （　）

B. 保护间隙的接地线应用多股软铜线，其截面积最小不得小于 16mm²。悬挂保护间隙应先用其接地线与接地网可靠接地，再将保护间隙挂在导线上，并使其接触良好。拆除的程序相反。 （　）

　　C. 保护间隙应挂在相邻杆塔的导线上，悬挂后，须派专人看守，在有人畜通过的地区，还应增设围栏。　　　　　　　　　　　　　　　　　　　　　　　　　（　　）

　　D. 装、拆保护间隙的人员应穿全套屏蔽服。　　　　　　　　　　　　　　（　　）

　　22. 针式及少于 3 片的悬式绝缘子不得使用火花间隙检测器进行带电检测。　（　　）

　　23. 线路带电作业的一般要求是：

　　（1）带电作业安全距离、安全防护措施等应按国家和行业的相关标准、导则执行。
　　　　　　　　　　　　　　　　　　　　　　　　　　　　　　　　　　　　（　　）

　　（2）带电作业应在良好天气下进行。　　　　　　　　　　　　　　　　　（　　）

　　（3）带电作业应设专职监护人。复杂作业时，应增设监护人。　　　　　　（　　）

　　（4）线路运行维护单位或工作负责人认为有必要时，应组织到现场勘察。　（　　）

　　（5）带电作业遇到特殊情况时，应停用重合闸或直流再启动装置，并不应强送电。
　　　　　　　　　　　　　　　　　　　　　　　　　　　　　　　　　　　　（　　）

　　（6）在带电作业过程中如设备突然停电，应视设备仍然带电。　　　　　　（　　）

　　24. 带电作业有下列情况时，应停用重合闸或直流再启动装置，并不应强送电：

　　（1）中性点有效接地系统中可能引起单相接地的作业。　　　　　　　　　（　　）

　　（2）中性点非有效接地系统中可能引起相间短路的作业。　　　　　　　　（　　）

　　（3）直流线路中可能引起单极接地或极间短路的作业。　　　　　　　　　（　　）

　　（4）不应约时停用或恢复重合闸及直流再启动装置。　　　　　　　　　　（　　）

　　25. 在带电作业过程中如设备突然停电，应视设备不带电，工作负责人应及时与线路运行维护单位或调度联系。线路运行维护单位或值班调度员未与工作负责人取得联系前不应强送电。　　　　　　　　　　　　　　　　　　　　　　　　　　　　　　　　（　　）

　　26. 等电位作业一般在 66kV，±125kV 及以上电压等级的线路和电气设备上进行。
　　　　　　　　　　　　　　　　　　　　　　　　　　　　　　　　　　　　（　　）

　　27. 沿导（地）线上悬挂的软、硬梯或导线飞车进入强电场的作业，应遵守下列规定：

　　（1）在连续档距的导（地）线上挂梯（或导线飞车）时，钢芯铝绞线和铝合金绞线导（地）线的截面积应不小于 120mm²；钢绞线导（地）线的截面积应不小于 50mm²。
　　　　　　　　　　　　　　　　　　　　　　　　　　　　　　　　　　　　（　　）

　　（2）在孤立档的导（地）线上作业，在有断股的导（地）线和锈蚀的地线上的作业，在上述（1）规定以外的其他型号导（地）线上的作业，两人以上在同档同一根导（地）线上的作业时，应经验算合格后方能进行。　　　　　　　　　　　　　　　　　　　　（　　）

　　（3）在导（地）线上悬挂梯子、飞车进行等电位作业前，应检查本档两端杆塔处导地线的紧固情况。　　　　　　　　　　　　　　　　　　　　　　　　　　　　　　　（　　）

　　（4）挂梯载荷后，应保持地线及人体对下方带电导线的安全距离比规定的安全距离数值增大 0.5m；带电导线及人体对被跨越的线路，通信线路和其他建筑物的安全距离应比规定的安全距离数值增大 1m。　　　　　　　　　　　　　　　　　　　　　　　（　　）

　　（5）在瓷横担线路上不应挂梯作业，在转动横担的线路上挂梯前应将横担固定。
　　　　　　　　　　　　　　　　　　　　　　　　　　　　　　　　　　　　（　　）

28. 带电作业工具在运输过程中，应装在专用工具袋、工具箱或专用工具车内。

（   ）

29. 作业现场使用的带电作业工具应放置在帆布或绝缘物上。（   ）

五、改错题

1. 带电作业应在良好天气下进行。如遇雷电（听见雷声，看见闪电）、雪、雹、雨、雾等，不应进行带电作业。风力大于 6 级，或湿度大于 90% 时，不宜进行带电作业。

2. 在带电作业过程中如设备突然停电，应视为设备停电作业。线路运行维护单位或值班调度员未与工作负责人取得联系前不应送电。

3. 等电位作业工作人员应穿着全套屏蔽服，各部分连接良好。750kV 及以上等电位作业还应戴面罩。等电位作业人员不应通过屏蔽服断、接空负荷线路或耦合电容器的电容电流及接地电流。

4. 采用绝缘手套作业法或绝缘操作杆作业法时，应根据作业方法选用人体绝缘防护用具。工作人员转移相位工作前，应得到工作监护人的同意。

5. 不应使用损害、受潮、变形、失灵的带电作业工具。作业现场使用的带电作业工具应放置在帆布或绝缘物上。

六、问答题

1. 线路带电作业的一般要求是什么？

2. 什么样的天气不宜进行带电作业？

3. 线路运行维护单位或工作负责人认为有必要时，应组织到现场勘察，其目的何在？

4. 带电作业遇到什么情况时，应停用重合闸或直流再启动装置，并不应强送电？

5. 在带电作业过程中如设备突然停电，应怎么办？

6. 带电作业的一般安全技术措施有哪些？

7. 等电位作业一般在哪个电压等级的线路和电气设备上进行？

8. 等电位作业人员的安全防护措施有哪些？等电位作业人员不应通过屏蔽服做什么？

9. 等电位工作人员怎样实现电位转移？

10. 交流线路地电位登塔作业时、直流线路地电位登塔作业时各应采取什么措施？

11. 带电作业中哪四种距离应满足相关安全规定？

12. 等电位工作人员与地电位工作人员之间应如何传递工具和材料？

13. 沿导（地）线上悬挂的软、硬梯或导线飞车进入强电场的作业，应遵守哪些规定？

14. 带电断、接空负荷线路应采取哪些安全保护措施？并注意哪些事项？

15. 绝缘子表面采取带电水冲洗或进行机械方式清扫时，应遵守什么规定？

16. 绝缘子串上带电作业前应遵守哪些规定？

17. 采用绝缘手套作业法或绝缘操作杆作业法时，应根据什么来选用人体绝缘防护用具？

18. 存放带电作业工具应符合什么要求？

19. 带电作业工具在运输过程中应怎样保护？

20. 带电作业工器具应怎样进行试验？

21. 作业现场使用的带电作业工具应如何放置？如发现异常是否还可凑合使用？

22. 带电作业方式主要有哪几种？什么叫等电位作业？什么叫中间电位作业？什么叫地电位作业？

23. 确定带电作业工作项目为什么要进行现场踏勘？

24. 为什么要实行带电作业工作负责人与调度的联系汇报制度？

25. 对允许挂梯作业的导线、架空地线最小截面积是怎样规定的？

26. 导线、架空地线在什么情况下需经强度验算合格后才能挂梯作业？

27. 导线、架空地线上挂梯作业与其他电力线路、通信线路和建筑物应保持怎样的安全距离？

28. 为什么带电接引时未接通的相或带电断引时已断开相的导线均不能直接接触？

29. 带电断接引线的作业人员同时接触未接通的或已断开的导线的两个断头会有何危害？

30. 什么是以水柱为主绝缘的水冲？

31. 水柱绝缘的可靠性与哪些因素有关？

32. 为什么大、中型水冲喷嘴应可靠接地？

33. 带电水冲洗工具根据水枪喷嘴直径大小可划分为几类？各有什么特点？

34. 带电短接断路器、隔离开关等载流设备时必须遵守哪些规定？

35. 带电水冲洗前为什么必须确知设备绝缘状况？

36. 带电断接耦合电容器时应注意什么问题？

37. 水压大小对带电水冲洗会有哪些影响？

38. 为什么带电断、接引线需查明线路的"三无一良"才可进行？

39. 带电作业对高架绝缘斗臂车的绝缘性能有何要求？

40. 使用高架绝缘斗臂车进行带电作业前应注意哪些事项？

41. 进行带电气吹清扫的操作人员做好自身安全防护的方法有哪些？

42. 在带电气吹清扫操作中应注意哪些事项？

43. 怎样选择带电气吹清扫中的辅料？

44. 带电气吹清扫前应进行哪些检查？

45. 什么是保护间隙？对保护间隙的接地线有什么要求？

46. 使用火花间隙带电检测 35kV 及以上电压等级的绝缘子串时为什么同一串中零值绝缘子片数达到行标安规第八章表 16 或国网《安规》（线路部分）表 10－10 的规定就应立即停止检测呢？

47. 带电作业工具应进行哪些试验？试验项目和周期是如何规定的？

48. 什么是预防性试验？

49. 当发现带电作业工具不合格时应怎样处理？

50. 组合绝缘水冲洗工具为什么要增加泄漏电流试验？

51. 绝缘工具检查性试验条件的主要内容是什么？

52. 带电作业工具在保管中应注意哪些事项？

53. 带电作业工具受潮后应怎样处理？

54. 为保证试验结果准确，对试验设备有何要求？

答　案

一、名词解释

1. 为必须不间断供电而在带电的输电线路上进行的维修工作。带电作业能及时地消除设备缺陷，提高供电可靠性。按作业人员自身电位特征的不同，带电作业方法可分为间接作业法、等电位作业法和中间电位作业法三种。另外还有分相接地、全绝缘、带电水冲洗具体的作业方法。由于带电作业人员都经过专门训练，使用特殊的工具，按照科学的程序作业，因此人体与带电体及接地体之间不形成危及人身安全的电气回路，带电作业是安全的和有效的。

2. 人体与接地体同处于地电位的作业方法，又称地电位作业法。接触方式为接地体—人体—绝缘体—带电体。作业人员使用绝缘工具间接触及被修理的带电设备。间接作业法是带电作业的最基本方法，广泛使用于 10～220kV 线路上更换各类绝缘子，在 10kV 线路上更换跌落熔断器、横担及接引工作。

3. 人体通过绝缘工具与接地体隔断，保持人体与带电体电位相等的作业方法。接触方式为接地体—绝缘体—人体—带电体。作业人员可直接触及带电设备。由于等电位作业人员的身体表面场强已大大超过人对电场的感知水平（2.4kV/cm），使肌体产生毛发竖立、风吹、异式及针刺不良感觉，故必须采取良好的电场防护措施，如穿戴包括帽子（面罩）、上下衣、鞋（袜）及手套的全套屏蔽服，使屏蔽服内的体表场强减弱到 0.15kV/cm 以下。等电位作业人员可从事各种的维修工作，例如带电巡视、修补导线，徒手处理电气接点故障，调整弧垂、更换绝缘子等。等电位作业一般在 66kV、±125kV 及以上电压线路和设备上进行。

4. 中间电位作业法是指作业人员与接地体和带电体均保持一定的电位差，可触及与自己电位相同的设备，或通过绝缘工具间接触及高于自身电位的设备的作业方法。接触方式为接地体—绝缘体—人体—绝缘体—带电体。其显著特征是它的有效绝缘和空气间隙均由两部分组合而成。沿绝缘子串进入强电场直接更换单片绝缘子的工作是中间电位作业法的典型项目，工效较高。此外，还使用在全绝缘作业及间接更换长串绝缘子的个别元件等项目中。中间电位作业人员必须穿着全套屏蔽服才允许工作。

5. 将需维修的带电设备单相人为接地，使作业人员与设备同处于地电位进行检修的作业方法。分相接地作业仅在中性点非直接接地系统采用，而且常常是设备已发生单相接地故障时采用。这种带有抢修性质的工作方法能较快地消除故障。

6. 作业人员穿着由绝缘帽、绝缘衣裤、绝缘靴及绝缘手套组成的绝缘服，在有各种绝缘挡板和护罩遮蔽好的带电设备上进行维修的作业方法。全绝缘作业法多应用于 10kV 屋内配电装置的维修，如处理接点发热、更换母线支柱绝缘子等。

7. 使用符合技术标准要求的水流，在严格控制喷嘴口径、水柱长度、水压及水电阻率等参数的条件下，对污秽的带电绝缘瓷件进行冲洗的作业。有大、中、小三种冲洗工艺，能冲洗 10～220kV 输电线路及变电站除阀式避雷器、渗漏油瓷套管以外的所有屋外绝缘瓷件。带电水冲洗的清扫质量和工效都好，是防污闪事故的常规措施。

8. 带电作业所使用的工具。从工具的材质可分为绝缘工具和金属工具两大类。按使用的气象条件可分为防潮工具和雨天工具两大类。按工具的功能和用途可分为绝缘承力工具、牵引机具、固定器、绝缘操作杆、通用小工具、载人工具、屏蔽服、载流及断接引工具、清扫工具、绝缘隔离工具、绝缘服、带电作业工程车及雨天作业工具等十三类。

9. 带电更换绝缘子是带电作业的主要内容，其中包括更换直线杆塔绝缘子及耐张杆塔绝缘子两大部分。通常这类工具由绝缘承力工具、牵引机具、固定架及托瓶器构成。

10. 间接作业的全部操作和等电位的部分操作都是通过手持操作工具完成的。操作杆是绝缘部件，顶部的通用工具和专用工具是模拟手的功能部件。

11. 载人工具包括带电零电位作业用非绝缘载人工具，等电位或中间电位作业用绝缘载人工具，如绝缘直立梯、绝缘人字梯、绝缘硬挂梯、绝缘软梯、丁字梯、吊篮、绝缘斗臂车、飞车、作业台等。

12. 断接引工具包括剪断、消弧、接引三种作业。剪断导线工具有绝缘断线剪、丝杠断线剪、液压断线剪和断线枪。消弧工具有消弧绳、携带式消弧器（开关）。接引线工具有间接接引专用线夹、接引线夹安装器、通用过引线等。

13. 绝缘子清扫工具包括机械清扫工具、气吹工具和水冲洗工具三种。

14. 绝缘隔离工具包括绝缘防护罩（筒或套）、绝缘隔离板和绝缘服。绝缘服是由衣帽、裤、手套、袜及靴组成。衣裤一般用32层0.025mm的聚乙烯薄膜制成，每8层热合缝合成一个单元，四单元套在一起，再用尼龙网制作面和夹里组成。

15. 屏蔽服是电场防护重要工具，主要有织布型、电镀型两大类。导流服载流量在30A以上，一般做成防火型。织布型屏蔽服用紫铜丝（带）或不锈钢丝（蒙代尔钢丝）与柞蚕丝交织而成。用非金属电镀工艺制成的屏蔽服，屏蔽效果好，但直流电阻大，载流量少，导电物质易在使用中脱落并污染绳索。防火型导流服用耐火纤维和耐火合金交织，载流量大，但适用性差，屏蔽服分A、B、C三种型号。

16. 带电作业常用的绝缘材料有板材、管材、棒材、绳索、绝缘膜、绝缘漆及黏合剂等。板材包括硬质和软质两类，常用的有3240环氧酚醛玻璃布平板、异形板、蜂窝板，还有聚乙烯、聚氯乙烯软质及硬质板。管材也包括硬质和软质两类，有3640环氧酚醛玻璃布管、玻璃丝管、泡沫填充管、玻璃钢管。管型分圆管、椭圆管、矩形管、锥形伸缩管等。还有聚乙烯和聚丙烯软、硬质管及有机玻璃管等。棒材有棒。绳索有尼龙绳和蚕丝绳两大类，尼龙绳有复合丝和棕丝之分，蚕丝绳有家蚕丝和柞蚕丝之分，绳索的外形有绞制圆绳、编织圆绳、扁带、环状带、搭扣带等不同品种。

17. 为保证带电作业人员及设备安全，须采取各种防护措施，如过电压防护、强电场防护、电流防护等，并规定各种安全限值要求。

二、填空题

1. 1000m；10～1000kV；等电位；中间电位；地电位；低压

2. 雷；雨；雪；雾；5

3. 新项目；新工具；安全可靠；安全措施

4. 实践经验；厂（局）；工区；不熟悉；查勘；判断

5. 实践经验；直接操作；一个；监

护人

6. 调度；突然停电；带电；调度；调度；调度

7. 约时

8. 0.4；0.6；0.7；1.0；1.8；2.2

9. 0.7；0.9；1.3；2.1

10. 0.4；0.6；1.0；1.8

11. 3；5；9；16；23

12. 短接线；穿屏蔽服

13. 稠密；围栏；入内

14. 66；±125

15. 连接好；阻燃内衣；接地电流；电容电流；酒精；汽油；起火

16. 电位；许可；安全带；绝缘工具；绝缘绳

17. 终端断路器；隔离开关；运行；负荷

18. 护目镜；消弧；电压等级；电容电流

19. 接地；线路上；相位

20. 未接通相；已断开相；电击；断头

21. 解列；并列

22. 高频保护；立即

23. 空载线路；耦合电容器；避雷器；引流线

24. 等电位；短接

25. 触及；绝缘部分；接地体

26. 调整；密集；接地

27. 双枪跟踪法；污水线；离开

28. 风向；水雾；闪络

29. 防静电感应；静电感应防护服

30. 架空地线；耦合地线；接地

31. 带电体；0.4m；接地线

32. 绝缘绳索；接地；电击

33. 熟悉；培训；操作台；熄火

34. 扩目镜；口罩；防尘帽；上风侧

35. 垂直；定点；减压

36. 操作灵活；准确；干燥

37. 通风良好；红外线灯泡；专用；工具袋；工具箱

38. 防潮；通风；干燥

39. 检修；报废；受潮；脏污；试验合格

40. 每件；试验记录；半年；两年

41. 整根；分段；击穿；闪络；过热

42. 2.5；1.5；3

43. 最远；20

44. 距离；防护

45. 专责监护人；监护人

46. 勘察

47. 停用；不应

48. 带电

49. 带电作业

50. 5；80

51. 带电作业；所需工具

52.（1）有效接地；单相接地。（2）非有效接地；相间短路。（3）单极接地；极间短路。（4）约时

53. 及时；未与

54. 66kV；±125kV；阻燃内衣；屏蔽服；面罩

55. 断；接

56. 许可；电位转移棒

57. 静电感应；离子流

58. 绝缘工具；绝缘绳索

59.（1）120；50。（2）验算；批准。（3）紧固。（4）0.5m；1m。（5）不应；固定

60. 护目眼镜；消弧

61. 断头；核对相位；短接

62. 技术导则；良好

63. 绝缘；绝缘；监护人

64. 运输

65. 防潮；损坏；变形

三、选择题

1. A
2. D
3. B
4. C
5. A
6. A；B；C；E；H；J；M
7. C；D；E；F；I；L；O
8. A；B；C；E；H；K；N
9. A；B；D；P；H；J
10. C；D
11. B；C；F；I；J；L；E；G；K；M；N
12. D；E；F；J；K；L
13. C；E；G；I；K；L
14. A；B；C
15. C；E；I；J；M；O；Q；G；H；K；L；N；P；R
16. A；C；D；E；G

17. D
18. B；A
19. A；B
20. A；B～C；D
21. A；B；C
22. A；B；C
23. B；C；D
24. B；A
25. B；C；D；F；H
26. D；F；G；H；J；K；M；O；P
27. C
28. A；B
29. B
30. A
31. A
32. B
33. B；D
34. 见下表

一串中允许零值绝缘子片数

电压等级/kV	35	63 (66)	110	220	330	500	±500
绝缘子串片数	C	E	G	I	K	M	P
零值片数	A	B	C	D	E	F	J

35. D
36. C

37. A
38. B

四、判断题

1. （×）
2. （×）
3. A（√）；B（√）；C（√）；D（×）
4. （×）
5. （√）
6. （×）
7. （√）
8. （√）
9. （×）
10. A（√）；B（√）；C（√）；D

（√）；E（√）；F（√）
11. （√）
12. （×）
13. A（√）；B（√）；C（√）；D（√）；E（√）；F（√）
14. （×）
15. （√）
16. （√）
17. （×）
18. （√）
19. （√）

20.（√）

21. A（√）；B（×）；C（√）；D（√）

22.（√）

23.（1）（√）；（2）（√）；（3）（√）；（4）（√）；（5）（√）；（6）（√）

24.（1）（√）；（2）（√）；（3）（√）；（4）（√）

25.（×）

26.（√）

27.（1）（√）；（2）（×）；（3）（√）；（4）（√）；（5）（√）

28.（√）

29.（×）

五、改错题

1. 带电作业应在良好天气下进行。如遇雷电（听见雷声，看见闪电）、雪、雹、雨、雾等，不应进行带电作业。风力大于 5 级，或湿度大于 80％时，不宜进行带电作业。

2. 在带电作业过程中如设备突然停电，应视设备仍然带电，工作负责人应及时与线路运行维护单位或调度联系。线路运行维护单位或值班调度员未与工作负责人取得联系前不应强送电。

3. 等电位作业工作人员应穿着阻燃内衣，外面穿着全套屏蔽服，各部分连接良好。750kV 及以上等电位作业还应戴面罩。等电位作业人员不应通过屏蔽服断、接空负荷线路或耦合电容器的电容电流及接地电流。

4. 采用绝缘手套作业法或绝缘操作杆作业法时，应根据作业方法选用人体绝缘防护用具，使用绝缘安全带、绝缘安全帽。必要时还应戴护目眼镜。工作人员转移相位工作前，应得到工作监护人的同意。

5. 不应使用损害、受潮、变形、失灵的带电作业工具，作业现场使用的带电作业工具应放置在防潮的帆布或绝缘物上。

六、问答题

1. 答：线路带电作业的一般要求是：

（1）带电作业安全距离、安全防护措施等应按国家和行业的相关标准、导则执行。

（2）带电作业应在良好天气下进行。

（3）带电作业应设专职监护人。复杂作业时，应增设监护人。

（4）线路运行维护单位或工作负责人认为有必要时，应组织到现场勘察。

（5）带电作业遇到特殊情况时，应停用重合闸或直流再启动装置，并不应强送电。

（6）在带电作业过程中如设备突然停电，应视设备仍然带电。

2. 答：带电作业应在良好天气下进行。

（1）如遇雷电（听见雷声，看见闪电）、雪、雹、雨、雾等，不应进行带电作业。

（2）风力大于 5 级，或湿度大于 80％时，不宜进行带电作业。

3. 答：线路运行维护单位或工作负责人认为有必要时，应组织到现场勘察。根据勘察结果判断能否进行带电作业，并确定作业方案、所需工具，以及应采取的措施。

4. 答：带电作业有下列情况时，应停用重合闸或直流再启动装置，并不应强送电：

（1）中性点有效接地系统中可能引起单相接地的作业。

（2）中性点非有效接地系统中可能引起相间短路的作业。

（3）直流线路中可能引起单极接地或极间短路的作业。

（4）不应约时停用或恢复重合闸及直流再启动装置。

5. **答**：在带电作业过程中如设备突然停电，应视设备仍然带电，工作负责人应及时与线路运行维护单位或调度联系。线路运行维护单位或值班调度员未与工作负责人取得联系前不应强送电。

6. **答**：（1）等电位作业。

（2）地电位登塔作业。

（3）悬挂的软、硬梯或导线飞车进入强电场作业。

（4）带电断、接空负荷线路。

（5）绝缘子表面采取带电水冲洗后进行机械方式清扫。

（6）绝缘子串上带电作业。

（7）采用绝缘手套作业法或绝缘操作杆作业法。

7. **答**：等电位作业一般在 66kV、±125kV 及以上电压等级的线路和电气设备上进行。

8. **答**：等电位作业工作人员应穿着阻燃内衣，外面穿着全套屏蔽服，各部分连接良好。750kV 及以上等电位作业还应戴面罩。

等电位作业人员不应通过屏蔽服断、接空负荷线路或耦合电容器的电容电流及接地电流。

9. **答**：等电位工作人员在电位转移前，应得到工作负责人的许可。750kV 和 1000kV 等电位作业，应使用电位转移棒进行电位转移。

10. **答**：交流线路地电位登塔作业时应采取防静电感应措施、直流线路地电位登塔作业时宜采取防离子流措施。

11. **答**：（1）地电位作业人体与带电体的距离。

（2）等电位作业人体与带电体的距离。

（3）工作人员进出强电场时与接地体和带电体两部分所组成的组合间隙。

（4）工作人员与相邻导线的距离。

12. **答**：等电位工作人员与地电位工作人员应使用绝缘工具或绝缘绳索进行工具和材料的传递。

13. **答**：沿导（地）线上悬挂的软、硬梯或导线飞车进入强电场的作业，应遵守下列规定：

（1）在连续档距的导（地）线上挂梯（或导线飞车）时，钢芯铝绞线和铝合金绞线导（地）线的截面积应不小于 120mm²；钢绞线导（地）线的截面积应不小于 50mm²。

（2）在孤立档的导（地）线上作业，在有断股的导（地）线和锈蚀的地线上的作业，在上述（1）规定以外的其他型号导（地）线上的作业，两人以上在同档同一根导（地）线上的作业时，应经验算合格并经批准后方能进行。

（3）在导（地）线上悬挂梯子、飞车进行等电位作业前，应检查本档两端杆塔处导地线的紧固情况。

（4）挂梯载荷后，应保持地线及人体对下方带电导线的安全距离比规定的安全距离数增值大 0.5m；带电导线及人体对被跨越的线路、通信线路和其他建筑物的安全距离应比规定的安全距离数值增大 1m。

（5）在瓷横担线路上不应挂梯作业，在转动横担的线路上挂梯前应将横担固定。

14. **答：** 带电断、接空负荷线路，工作人员应戴护目眼镜，并采取消弧措施。不应带负荷断、接引线。不应同时接触未接通的或已断开的导线两个断头。短接设备时，应核对相位，闭锁跳闸机构，短接线应满足短接设备最大负荷电流的要求，防止人体短接设备。

15. **答：** 绝缘子表面采取带电水冲洗或进行机械方式清扫时，应遵守相应技术导则的规定。

16. **答：** 绝缘子串上带电作业前，应检测绝缘子串的良好绝缘子片数，满足相关规定要求。

17. **答：** 采用绝缘手套作业法或绝缘操作杆作业法时，应根据作业方法选用人体绝缘防护用具，使用绝缘安全带、绝缘安全帽。必要时还应戴护目眼镜。工作人员转移相位工作前，应得到工作监护人的同意。

18. **答：** 存放带电作业工具应符合《带电作业用工具库房》（DL/T 974—2005）的要求。

19. **答：** 带电作业工具在运输过程中，应装在专用工具袋、工具箱或专用工具车内。

20. **答：** 带电作业工器具应按规定定期进行试验。

21. **答：**（1）作业现场使用的带电作业工具应放置在防潮的帆布或绝缘物上。

（2）不应使用损害、受潮、变形、失灵的带电作业工具。

22. **答：** 带电作业方式主要有等电位作业、地电位作业、中间电位作业、分相接地作业、全绝缘作业及自由作业等。

等电位作业是指工作人员穿上全套合格的均压服（屏蔽服），借助各种绝缘安全用具进入强电场直接接触带电导体进行的作业。等电位作业时，人体已与地面完全绝缘，和带电体处于相同的电场中，两者的电位差为零。人体有屏蔽服的保护，通过身体的电流微乎其微，可认为是零。

中间电位作业是指对超高压电气设备上的某些作业，借助于合格的绝缘升高机具，在临近带电高压导体附近一定的角度位置，操作人员身穿全套屏蔽服，操作绝缘安全用具进行的作业。作业人员处于地电位和超高压电场之间的中间电位状态。中间电位作业要求绝缘相当可靠，所使用的绝缘安全用具和机具，均属合格的相应电压等级的基本绝缘安全用具。

地电位作业是指工作人员与设备带电部位保持规定的安全距离，使用各种绝缘安全用具进行的间接作业。由于作业时作业人员始终处于与大地相同的电位，因此叫地电位作业。

23. **答：** 现场勘察是带电作业的第一步。工作票签发人和工作负责人在对现场设备结构等实际情形不太熟悉时，或比较熟悉但作业时的情况有何变化未掌握时，必须进行现场查勘和研究，从而对能否施行该目的带电作业作出决定。如果能够进行带电作业，再进一步确定作业方法和作业工具以及应采取的措施。

24. **答：** 实行带电作业工作负责人与调度的联系汇报制度，才能正确实施保证安全的技术措施和工作许可制度。如作业时出现失误引起线路跳闸，若此时重合闸就有可能出现或扩大事故。作业开始前与调度取得联系，并取得同意，调度将会发令给发电厂或变电站线路有人带电作业，重合闸退出运行，并通知有关部门与线路带电作业有关的电源断路器跳闸后不得强送。一旦发生事故，调度人员在分析处理事故时，也能首先采取保证带电作业人员安全的措施。带电作业结束后，工作负责人应向调度汇报，使调度清楚线路上已没有带电作业人员，从而恢复重合闸和撤销不得强送的命令。

25. **答**：在导线或架空地线上悬挂软梯、硬梯或飞车，相当于给导、地线增加了一个集中荷载，导、地线的拉伸应力增加，因此导、地线应有足够的截面积。规程规定，钢芯铝芯绞线为 120mm²、钢绞线 50mm²、铜绞线 70mm² 是最小截面积，即正常载荷条件下可以不进行验算的截面。在有硬梯、软梯、飞车作业的情况下，导线、架空地线的安全系数仍能大于 2.5。

26. **答**：因为要保证导、地线上挂梯或飞车作业的安全，必须使导、地线符合规定的综合抗拉强度。因此规程中未予指明的其他型号的导、地线或者载荷增加，超过设计条件或出现异常情况时，都必须先进行验算，证明合格后方可挂梯作业。需经过强度验算的情况如下：

(1) 孤立档距，其两端杆塔处承受力与直线杆塔有很大不同，要对整体包括杆塔承受的侧向力进行计算。

(2) 导、地线有锈蚀或断股，会使原来的有效截面减小，抗拉能力降低。

(3) 非《电力安全工作规程》中指明的线型。

(4) 2 人以上在导、地线上作业。

27. **答**：行标安规第八章表 4 或国网《安规》（线路部分）表 10-1 是进行地电位带电作业时，人身与带电体间的最小安全距离。当在导、地线上挂梯后，由于集中载荷的作用必然在导、地线弛度增大，再加上作业人员和梯子在作业中又处于运动状态，因此必须留有一定的活动范围。与此同时，由于有作业人员进入强电场还会引起作业点周围电场的分布变化，使空气绝缘的放电分散性增大。所以载荷后的导、地线及人体与带电体间的最小安全距离应在行标《安规》第八章表 4 或国网《安规》（线路部分）表 10-1 所列数值上再增大 0.5m，导线及人体对被跨越的电力、通信线路和其他建筑物的最小距离应比行标《安规》第八章表 4 或国网《安规》（线路部分）表 10-1 中的数值再增大 1.0m。

28. **答**：在带电接引或带电断引，接通第一相或断开部分相而未全断开时，由于导线的线间电容和对地电容的存在，将会在另外不带电的相线上（未全接的或已断开的部分），按照电容分布规律产生一定比例的电源电压或产生较高的静电感应电压（终端接有变压器时，将使各相全带电），如果作业人员不予重视，未采取措施而直接接触，就可能遭受电击，发生事故。

29. **答**：未接通的或已断开的导线的两个断头之间必然存在电位差。对于高压线路来说，这个电位差要比人体的耐受电压高得多，作业人员一旦同时接触两端，就会被串入电路，必定有电容冲击电流通过，此时，即使穿有屏蔽服也可能被损坏，因为其通流容量有限。如果线路误带有负荷，则可能导致起火，危及作业人员的生命。

30. **答**：以水柱为主要绝缘是指：冲洗作业时，水流直接冲击带电设备绝缘部分，带电导体与地面之间主要是以水柱为主绝缘的。水柱必须满足规定的长度，在承受设备的最高运行电压和操作过电压时，所产生的泄漏电流不超过 1mA。

31. **答：**水枪的主绝缘即水柱间隙的长短，可以表征其绝缘电阻的高低，从而影响泄漏电流和电位梯度的数值。前面已经规定的水电阻率、泄漏电流、水柱长度和水冲类型等，在满足诸种因素的前提下，保持行标《安规》第八章表 12 或国网《安规》（变电部分）表 6-9 喷嘴与带电体之间的水柱长度，才能保证水柱绝缘的综合可靠性。

32. **答：**为了防止在最不利的情况下泄漏电流超过 1mA，以及喷嘴与水泵之间连接管上的分布电压对操作者的安全构成威胁，必须将大、中型水枪喷嘴可靠接地。

33. **答：**可分为大型水冲洗工具、小型水冲洗工具和中型水冲洗工具三类。

（1）大型水冲洗工具的喷嘴直径在 9mm 及以上，用于大型水冲洗。工作时，作业人员处在地面上，利用水泵、喷枪和导水管等组成机械泵水装置，使用具有压力的水持枪对绝缘子进行冲洗。由于喷嘴直径大，所以就有水流量大、水柱长、冲洗效果好的特点。其缺点是耗水量大，使用中易受自然水源条件的限制。

（2）小型水冲洗工具的喷嘴直径在 3mm 及以下。操作人员也是在地面上持枪进行冲洗。与大型水冲洗相比，小型水冲洗的主绝缘一部分是水柱。在实际使用中很多是组合绝缘，即由喷枪、导水管和人工泵（或机泵）、操作杆组成的，称之为组合绝缘小水冲。根据不同的需要和方式，组合绝缘小水冲又可以分为：短水柱长水枪水冲；短水枪长水柱水冲等几种。它们的共同特点是：水柱较短、活动范围小、不易接近带电体、流量小、耗水少、工器具携带方便，不易受地形环境的限制，因而使用比较广泛。

（3）中型水冲洗工具的喷嘴直径在 4~8mm 之间，其特点基本上介于大、小型水冲洗之间，可以按实际情况灵活选用。

34. **答：**应遵守的安全技术规定如下：

（1）短接之前，必须首先核实相位，防止相位搞错发生相间短路。

（2）短接所用的分流线应清除接触处的氧化层，并使线夹接触可靠、紧密、无发热。

（3）35kV 及以下设备短接，如果使用绝缘分流线，则其绝缘性能应按照绝缘工具的绝缘试验标准的规定进行试验，其耐压性能符合要求时才可使用。

（4）必须保证在全部短接过程中断路器都在合闸后位置，为防止断路器于瞬间断开，造成带负荷短接线的事故，应取下跳闸回路熔断器，并将该断路器的跳闸机构顶死。

（5）短接完毕还应处理引线。采取防止分流线摆动发生接地短路的措施，通常用绝缘线进行绑扎或将它支撑固定。

35. **答：**冲洗必然会引起绝缘子表面绝缘状态和沿面闪络电位梯度的改变。对低、零值绝缘子以及瓷质有裂纹的绝缘子来说，由于它们的结构已经发生了变化，绝缘性能已经降低，在水污浸湿时，强电场作用下的瓷质裂纹处的绝缘变坏会更加显著。因此，冲洗前应先进行检测，确知设备绝缘状态是否良好。如发现有低、零值绝缘子时应先更换，然后考虑其他工作，当无可信的技术鉴定手段，则不应对破损和低值绝缘子进行带电水冲洗。

36. **答：**耦合电容器的断、接将影响线路高频保护信号通道的正常工作。线路正常运行时，对于按长期发信方式工作的保护，断开耦合电容器将造成信号中断，对端发信机收不到闭锁信号就可能引起跳闸。对于按故障时起动发信方式工作的保护，在耦合电容器接上时，也可能发出异常冲击信号，引起保护误动作。为此，在带电断、接耦合电容器时，应将其信号接地，并停用高频保护。为防止工作人员触电，还应合上接地开关，将被断开的耦合电容器立即对地放电。

37. **答：**带电水冲洗前，调整好水泵压强并保持稳定，使水线良好是一个很重要的步骤，对带电水冲洗的闪络电压有很大影响。如果水压大小合适，不仅使得水柱射程远、水流密、水线呈集中状态，提高了单位时间内的射流速度而且水柱长度也相对增加。此时沿水线上电压分布均匀，闪络电压高，冲洗效果自然好。当水压不足时，水线呈分散状态，空中水线周围的大气间隙上电位分散，可能出现先导放电现象导致沿面闪络。因此，带电水冲洗前必须先调整好水压，得到一个良好的水线。

38. **答：**因为线路无接地、无人工作、相位正确无误和绝缘良好（简称"三无一良"）直接影响断、接引线的工作安全乃至整个系统的安全，因此带电断、接引线需查明线路的"三无一良"状况。

（1）如果被接引的空载线路绝缘不良或存在接地，对中性点直接接地的系统将形成单相对地短路；在空载电压冲击下绝缘薄弱环节也容易被击穿成为故障。对中性点不接地或经消弧线圈接地的系统，接地虽然不至于形成短路也能维持带电运行，但设备绝缘将受到线电压作用。如果出现电容电流很大的接地，而断接所使用的消弧管容量有限，就会使其因超容而爆炸。以上情况都将给人身和设备安全带来严重威胁。

（2）显而易见，带电断、接引线时，线路上自然不能有任何工作人员，规程规定要"查明"确无人工作时才能带电断、接引线。对此人命关天的大事，必须要有保证安全的组织措施。

（3）带电接引线工作前，必须核实线路相位。未经定相核实相位即开始接引线，如果相位搞错了，将会产生严重后果。假如待接引的线路空载，则会在受端变电站操作加入电网时发生相间短路；而如果直接接引两端带电设备，则会立即发生相间短路，造成人身设备重大事故。

39. **答：**高架绝缘斗臂车的绝缘性能要满足两方面的要求。一是绝缘要求，要将强电场与接地的机械金属部分隔离，绝缘斗臂就应具有足够的耐电强度。二是机械强度的要求，即绝缘臂在负载荷重作业状态下处于动态过程中，绝缘臂铰接处结构容易被损伤，出现不易被发现的细微裂纹，这虽然对机械强度无其影响，但极能引起耐电强度下降。对带电作业来说，主要地表现为绝缘电阻下降、泄漏电流增加。因此，在绝缘臂下部装设泄漏电流监视装置是很有必要的。实际工作时，除了要严格执行有关监视检查的规定外，还必须遵守行标《安规》第八章表15或国网《安规》（线路部分）表10-8中各个电压等级下绝缘臂的最小长度的规定。

40. **答：**电力系统借助于高架绝缘斗臂车带电作业时，处于高空和邻近强电场，保证装置本身安全可靠是进行安全工作的先决条件。因此，使用它之前，必须对各传动、升降和回转系统进行认真检查，确认其操作灵活、制动可靠，然后按照实际作业高度位置空斗举行试验，无问题时才可开始进入作业过程。

41. **答：**（1）首先应根据被清扫设备的电压等级，确定出与带电设备所应保持的安全距离。

（2）工作之前应具备一些压缩机方面的知识，学会并掌握喷嘴堵塞时进行处理的一般技巧。

(3) 按照防尘作业条件着装，操作工作人员应戴护目镜、口罩和防尘帽，穿工作服，扣紧领口和袖口。根据天气风向选择站在上风侧合适的位置操作。

42. **答**：(1) 喷嘴与电瓷表面应该选择合适的角度，否则，如果角度接近垂直，不但清擦效果不好，而且，如果电瓷绝缘结构存在缺陷，所有冲量几乎全作用在釉质层上，有可能造成绝缘损伤。同样的道理，操作时定点气吹也是应该避免的。

(2) 锯末阻塞喷嘴后，风包内储压增高，此时处理喷嘴阻塞的障碍不仅不易消除，而且时间过长安全阀即会动作。而故障一旦消除，又容易出现冲击现象，使清扫压力偏高。所以，应先减压，这时处理起来，事半功倍，快捷有效。

43. **答**：与带电水冲洗相似，采用锯末辅料进行清扫时，在高压力气流的推动下，从地电位处向设备绝缘喷出，也存在着绝缘能力与泄漏标准的问题。因此，在装罐之前应用2500V绝缘电阻表遥测锯末辅料的绝缘电阻，其数值不能低于9000MΩ。同时，对筛选后的锯末应进行干燥处理，用16～30目筛网筛选可以筛去大颗粒木屑，防止工作中堵塞软管。用16～30目筛网筛选的锯末清扫效果最好。

44. **答**：(1) 空气压缩机启动后应认真调试，以保证在作业过程中机体各部分运转正常。

(2) 按压力标准试验压缩机所装安全阀门，在超过1.08MPa压力强度时能可靠动作，以防在机械失控或出气管、喷嘴堵塞时爆破包、管。

(3) 使用前应检查风包将余水放尽，保证清扫用锯末辅料绝缘不致下降。

(4) 操作调试使压缩机正常的排气压力保持在《电力安全工作规程》规定的0.59～0.98MPa范围为合适。

45. **答**：保护间隙是根据高压带电作业实际而采用的有别于管型、阀型避雷器等形式的防止线路内过电压造成对带电作业人员危险伤害的保护装置。保护间隙的接地线与普通的短路接地线大体一致，采用多股软铜线，截面积满足接地短路容量的要求，但最小不小于25mm²。在线路断路器设备的保护未动作跳闸之前，保护间隙的接地线不能熔断。

46. **答**：各电压等级的绝缘子串都按其安全经济设计技术条件规定有相应的片数。各电压级各种类型的绝缘子也都有其能够耐受的最高工作电压的限制。当运行中出现内、外过电压时，会使一串绝缘子中的某几片被打穿，剩余完好绝缘子上的电压将重新分布，有的可能已经接近它的极限耐压值，因此，有必要对各电压级下保证安全的最少的良好绝缘子片数予以规定。测试中当发现该串绝缘子零值片数已达到相应电压等级所规定的片数时，其他完好绝缘子上的电压分布已经很高，并且，未被检测的绝缘子中仍然可能还有零值绝缘子。如若继续短接测试，就可能引出绝缘子相继被击穿的事故。所以，遇有这种情况，零值绝缘子片数已经达到规定界限的片数，应立即停止检测工作。

47. **答**：带电作业工具应定期进行电气试验和机械试验。机械试验分为静荷重试验和动荷重试验。

电气试验：预防性试验每年一次，检查性试验每年一次，两次试验间隔半年。

机械试验：绝缘工具每年一次，金属工具两年一次。

静荷重试验：2.5倍允许工作负荷下持续5min，工具无变形及损伤者为合格。

动荷重试验：1.5 倍允许工作负荷下实际操作 3 次，工具灵活、轻便，无卡住现象者为合格。

48. **答：** 无论高压电气设备还是带电作业安全用具，它们都有各自的绝缘结构。这些设备和用具工作时要受到来自内部的和外部的比正常额定工作电压高得多的过电压的作用，可能使绝缘结构出现缺陷，成为潜伏性故障。另一方面，伴随着运行过程，绝缘本身也会出现发热和自然条件下的老化而降低。预防性试验就是针对这些问题和可能，为预防运行中的电气设备绝缘性能改变发生事故而制订的一整套系统的绝缘性能诊断、检测的手段和方法。根据各种不同设备的绝缘结构原理，对表征其特性的参数进行仪器测量，并按各自的周期进行。

49. **答：** 带电作业工具不合格，一是在试验时发现，其电气性能的一个或几个项目达不到要求，或泄漏电流超过了标准，或机械强度试验不合格；二是在运用中发现，由于使用不当或者由于外力作用过甚已明显受到损伤的。发现这些不合格工具不能将就凑合使用，应执行规程规定，针对产生的原因，分别情况进行处理。通过检修可以恢复性能的，应及时进行检修，然后进行必要的性能试验予以证实。若无法修复，则应作报废，置换新器具。新器具经试验合格后才可使用。

50. **答：** 带电水冲洗工具的绝缘是由水柱、导水管和操作杆组合而成的。作为考验和检查绝缘强度的电气试验，必须分别针对它们的工作特征进行。考虑水冲工具现场的使用状态，当水柱和工具整体的绝缘条件下降时，对工作人员安全的威胁，综合表现为电压分布的变化，可能使通过人体的泄漏电流增大。因此，模拟实际工作情况，增加测试泄漏电流，应该成为小水冲工具的一个主要安全试验项目。试验时应使用最低标准电阻率的水（1500Ω·cm），在操作杆与水平面成约 15° 倾斜、表面全部淋湿、工作水泵接地后进行。由于小水冲工具是组合绝缘，工作电压作用在操作人握持处部分时，已由水柱分压，使得其作业条件得到了改善的缘故。因此，测试泄漏电流的试验电压值规定的都比较低。

51. **答：** 绝缘工具的检查性试验条件是：将绝缘工具分成若干段进行工频耐压试验，每 300mm 耐压 75kV，时间为 1min，以无击穿、闪络及过热为合格。

（1）绝缘工具的检查性试验与预防性试验是整体把关与分部考核的统一。因为它能够侧重于从局部进行强度考核。每 75kV/300mm 的试验电压，大致等于出厂试验电压，更易于发现和暴露部件内存在的缺陷。

（2）检查性条件试验是一种分部试验的方法，因为试验设备少、操作简单，基层单位比较容易实施。而且，检查性条件试验对发现绝缘工具部件的绝缘缺陷很有效。

52. **答：**（1）带电作业工具应有专门房间存放。房内应有良好的通风设施、去湿设施或备有红外线灯泡烘架等，要求房间保持清洁和干燥。

（2）带电作业中使用的高架绝缘斗臂车的绝缘部分，因体积相对较大，要求按规定装置防潮保护罩，在通风且干燥的车库内存放。

（3）带电作业绝缘工具在运输过程中，应分别装在专用工具袋、工具箱或妥善搁置在专用工具车内，防止受潮和磕碰。

53. **答：** 对于受潮的绝缘工具，应在远红外烘架上或烘箱内烘烤去潮；脏污工具应用刷子刷去污物，再用丙酮洗净，必要时还要用绝缘漆浸泡数小时然后烘烤作绝缘处理；表面损伤的绝缘工具应视实际情况将其表面修理磨光，然后干燥去潮、重新涂以绝缘漆或环氧树脂配方制剂。

经过上述处理后的绝缘工具，检验它们的绝缘强度是否恢复，应使用 2500V 绝缘电阻表测量绝缘电阻值，达到规定的数值（与历次试验记录比较）以上，试验合格才能使用。

54. **答**：（1）防止高压电极表面电场不均匀处发生游离，使放电特性分散，要求电极金属管直径不得小于 300mm，并将被试品垂直悬挂。

（2）将接地极与地面的距离规范在 1.0～1.2m 之间，接地极和接高压的电极采取缠以 50mm 宽金属铂的措施，以保证被试品与电极两端（极）接触合乎要求。

（3）为避免邻近效应对试品产生影响，规定了试品与周围物体间的最小距离。如单导线电极上试品之间最小距离不得小于 500mm，两侧均压球直径不小于 200mm，两球与被试品的距离不小于 1.5mm。

（4）由于整体试验与分段试验结果存在明显差距，也为了考验被试品整体的绝缘耐电性能，使试验符合实际情况，要求被试品必须整根或整体进行试验。

第十二章 电力电缆工作

原文："12 电力电缆工作"

第一节 一 般 要 求

原文："12.1一般要求"

一、条文 12.1.1

原文："12.1.1在电力电缆的沟槽开挖、电缆安装、运行、检修、维护和试验等工作中，作业环境应满足安全要求。"

本条指出电力电缆工作主要内容有：①电力电缆沟槽开挖；②电力电缆安装；③电力电缆运行、检修与维护；④电力电缆试验；⑤在电力电缆的沟槽开挖、电缆安装、运行、检修、维护和试验等工作中的作业环境应满足的安全要求。

（一）电力电缆

1. 电力电缆特点

电力电缆是将导电性能良好的金属材料，根据用途和不同要求，由生产厂家统包绝缘、统一组合芯数进行结构处理后制成的专埋在地下或敷设在管沟上，用来传输电力和电量的绝缘特殊的载流设备。电力电缆的所有用途都是基于它自身的特点——能被埋在地下而形成的。

2. 电力电缆线路优缺点

（1）电力电缆的优点是：在现代城市、工业密集区、建筑群和居民密集区，电缆被广泛地用于电力供应，由于减少了纵横交错的架空线路，使市容得以美观、整齐；对于跨水领域，由于电力电缆的使用，使高压电力过江、过海已成现实；它不受自然气候的影响而发生类似于架空电力线路外过电压、鸟害、覆冰等故障，并且对人身也比较安全，供电综合可靠性高。

（2）电力电缆的缺点是：建设投资大、成本费用高、线路检修费时、发生故障后寻找故障点比较困难；电缆线路不能（很困难）接取分支，电缆端头制作工艺要求高等。

3. 电力电缆用途

电力电缆的用途极为广泛。在发电厂和变电所中，电缆是一、二次回路都不可缺少的重要组成部分。使用电缆，克服了电力线路进出时交叉网罗的很多困难，可以使出线太多而拥挤不堪的空间大为改观。电缆不占地面也不占空间，数不清的二次回路交、直流电缆成把成捆地安装在电缆沟壁架上，使电力系统的运行得以实现监视、控制、测量和保护，这是架空线路根本无法做到的。

(二) 电力电缆工作票正确填用

电力电缆停电工作应填用第一种工作票，不需停电的工作应填用第二种工作票。工作前必须详细核对电缆名称、标示牌是否与工作票所写的符合，安全措施正确可靠后，方可开始工作。

填用电力电缆第一种工作票的工作应经调度的许可。填用电力电缆第二种工作票的工作可不经调度的许可。若进入变配电站、发电厂工作都应经当值运行人员许可。

在电力电缆上工作是填用第一种工作票还是填用第二种工作票，应由停电或不停电的安全措施来区分，而不是以电缆电压来区分。电缆作为电气设备敷设隐蔽在地下，其规格、名称、编号、起端和终端地点，靠安装固定在端头处的标示牌标明。因此，这一标示牌的正确挂设，对辨认电缆非常重要。一次回路电缆少（在一个电缆沟内），寻找、认准一般不困难。二次回路电缆数量多，待检修电缆与其他运行电缆的型号、铠装和防护层有时几乎一模一样，凭外观根本无法认准。所以，开工前，值班许可人应采取切实的防认错、拉错电缆的对策，仔细核对工作票中所填电缆的名称、编号和起止端点，应与现场电缆标示牌上的名称等内容完全一致（如果某一项如编号有误，则应核对图纸和具体接线予以澄清）。最后将该待检修电缆固定上鲜明、清楚的记号。

未接地的单芯电缆，工作前应先接地，单芯电缆需将铝包两端和终端盒连接到两端的总接地网上，以防铝皮中静电电荷产生的高电压对人体的危害。

(三) 电力电缆工作前准备工作

(1) 电缆施工前应先查清图纸，再开挖足够数量的样洞和样沟，查清运行电缆位置及地下管线分布情况。

(2) 电力电缆设备的标志牌要与电网系统图、电缆走向图和电缆资料的名称一致。

(3) 变、配电站的钥匙与电力电缆附属设施的钥匙应专人严格保管，使用时要登记。

(4) 工作前应详细核对电缆标志牌的名称与工作票所填写的相符，安全措施正确、可靠后，方可开始工作。

(四) 其他要求

(1) 在电力电缆的沟槽开挖、电缆安装、运行、检修、维护和试验等工作中，作业环境应满足安全要求。

(2) 沟槽开挖应采取防止土层塌方的措施。

(3) 电缆隧道、电缆井内应有充足的照明，并有防火、防水、通风的措施。

(4) 进入电缆井、电缆隧道前，应用通风机排除浊气，再用气体检测仪检查井内或隧道内的易燃、易爆及有毒气体的含量。

(5) 电缆开断前，应核对电缆走向图，并使用专用仪器确认电缆无电，可靠接地后方可工作。

(6) 在10kV跌落式熔断器与电缆头之间宜加装过渡连接装置，工作时应与跌落式熔断器上桩头带电部分保持安全距离。在10kV跌落式熔断器上桩头带电时，未采取绝缘隔离措施前，不应在跌落式熔断器下桩头新装、调换电缆尾线或吊装、搭接电缆终端头。

（7）电缆施工完成后，应将穿越过的孔洞进行封堵，以达到防水、防火和防小动物的要求。

二、条文 12.1.2

原文："12.1.2 电缆施工前应先查清图纸，再开挖足够数量的样洞和样沟，查清运行电缆位置及地下管线分布情况。"

（一）挖掘前准备工作

挖掘电缆工作，应由有经验人员交代清楚后才能进行。挖掘电缆沟前，应做好防止交通事故的安全措施。

（1）电缆直埋敷设施工前应先查清图纸，再开挖足够数量的样洞和样沟，摸清地下管线分布情况，以确定电缆敷设位置及确保不损坏运行电缆和其他地下管线。

为防止损伤运行电缆或其他地下管线设施，在城市道路红线范围内不应使用大型机械来开挖沟槽，硬路面面层破碎可使用小型机械设备，但应加强监护，不准深入土层。若要使用大型机械设备时，应履行相应的报批手续。

（2）挑选有电缆工作实际经验的人员担任现场工作负责人指挥工作。工作前，应根据电缆敷设图纸在电缆沿线标桩，确定出合适的挖掘位置。

（3）在马路或通道上挖掘电缆，需先开设绕行便道，挖掘地段周围装设临时围栏，绕行道口处设立标明施工禁行内容的告示牌。晚间还应根据实际情况设立灯光警戒指示。同时，电缆沟道上应用坚实牢固的铁、木板覆盖，防止发生交通事故。

（4）掘路施工应具备相应的交通组织方案，做好防止交通事故的安全措施。施工区域应用标准路栏等严格分隔，并有明显标记，夜间施工人员应佩戴反光标志，施工地点应加挂警示灯，以防行人或车辆等误入。

（二）敷设电缆和移动电缆接头盒

敷设电缆时，应有专人统一指挥。电缆走动时，严禁用手扳动滑轮，以防压伤。

移动电缆接头盒一般应停电进行。如带电移动时，应先调查该电缆的历史记录，由敷设电缆有经验的人员，在专人统一指挥下，平正移动，防止绝缘损伤爆炸。

敷设电缆时的情形与挖掘电缆时基本一样，由于现场施工人员多，而且很多都是支援工作的人员和民工，必须选配有经验的人来统一指挥。工作之前，应交代安全注意事项，强调防止挤扎压伤的措施，并明令严禁用手搬走动中的滑轮，以达到安全协同工作的要求。

对带电移动电缆和其接头盒的工作，因为后者是绝缘最易损坏的部位，为了安全起见，一般情况下原则上都应停电进行。如果需要带电移动，应先调查电缆历年来的运行试验记录，了解运行时间是否年久、运行中检修情况、接头安装质量、比较历次绝缘试验结果，通过分析绝缘状况，得出带电移动工作保证安全的措施，并根据实际情况制订出电缆绝缘损坏意外爆炸时的防护措施，电缆两端头外皮接地不良时防止人员麻电的措施，以及保证电缆接头盒平整移动、不受任何过大拉力、防止扭伤的措施。如经分析判断电缆绝缘老化或运行年代已久远、电缆头渗漏油明显、存在绝缘缺陷时，则禁止再作带电移动。

三、条文 12.1.3

原文："12.1.3 沟槽开挖应采取防止土层塌方的措施。"

（一）沟槽开挖

（1）沟槽开挖深度达到 1.5m 及以上时，应采取措施防止土层塌方。

（2）沟槽开挖时，应将路面铺设材料和泥土分别堆置，堆置处和沟槽之间应保留通道供施工人员正常行走。在堆置物堆起的斜坡上不得放置工具材料等器物，以免滑入沟槽损伤施工人员或电缆。

（3）挖到电缆保护板后，应由有经验的人员在场指导，方可继续进行，以免误伤电缆。

（二）非开挖施工的安全措施

（1）采用非开挖技术施工前，应首先探明地下各种管线及设施的相对位置。

（2）非开挖的通道，应离开地下各种管线及设施足够的安全距离。

（3）通道形成的同时，应及时对施工的区域进行灌浆等措施，防止路基的沉降。

（三）挖掘电缆注意事项

（1）挖掘出的电缆或接头盒，如下面需要挖空时，应采取悬吊保护措施。电缆悬吊应每 1～1.5m 吊一道；接头盒悬吊应平放，不准使接头盒受到拉力；若电缆接头无保护盒，则应在该接头下垫上加宽加长木板，方可悬吊。电缆悬吊时，不得用铁丝或钢丝等，以免损伤电缆护层或绝缘。

（2）电缆细而长，又有较大的自重，护层结构复杂，损伤后表面虽看不出来，但对其运行寿命却有很大影响。因此，悬吊用的绳索应牢靠，吊后使电缆在同一平面上。

（3）对电缆结构上薄弱的接头盒尤应注意保护，悬吊时应平放，并不得使接头盒受拉形成缺陷。最好将其放在木板上，并将此木板悬挂在地面架设的横梁上。

（4）挖掘过程中发现有其他电缆或管道时，应暂停挖掘工作，迅速报告有关部门派人检查，释疑后方可继续进行。

（5）若土壤已冻结，可将冻土烧烤后再继续挖掘，烘烤时应使被烘烤面与电缆保持 100mm（土壤层）或 200mm（砂质土壤）的距离，以免烤焦电缆，损坏绝缘。

（6）挖掘电缆只能用铁锹小心开挖，严禁用镐头开挖。

（四）对直埋敷设电缆线路沟槽开挖的安全措施

1. 施工前应先查清图纸作出预案

（1）电缆直埋敷设施工前应先查清图纸，再开挖足够数量的样洞和样沟，摸清地下管线分布情况，以确定电缆敷设位置及确保不损坏运行电缆和其他地下管线。

（2）为防止损伤运行电缆或其他地下管线设施，在城市道路红线范围内不应使用大型机械来开挖沟槽，硬路面面层破碎可使用小型机械设备，但应加强监护，不得深入土层。若要使用大型机械设备时，应履行相应的报批手续。

2. 施工地点的安全措施

掘路施工应具备相应的交通组织方案，做好防止交通事故的安全措施。施工区域应用标准路栏等严格分隔，并有明显标记，夜间施工人员应佩戴反光标志，施工地点应加挂警示灯，以防行人或车辆等误入。

3. 沟槽开挖安全措施

（1）沟槽开挖深度达到 1.5m 及以上时，应采取措施防止土层塌方。

（2）沟槽开挖时，应将路面铺设材料和泥土分别堆置，堆置处和沟槽应保持通道供施工人员正常行走。在堆置物堆起的斜坡上不得放置工具材料等器物，以免滑入沟槽损伤施工人员或电缆。

（3）挖到电缆保护板后，应由有经验的人员在场指导，方可继续进行，以免误伤电缆。

4. 电缆或接头盒悬吊保护措施

挖掘出的电缆或接头盒，如下面需要挖空时，应采取悬吊保护措施。电缆悬吊应每1～1.5m吊一道；接头盒悬吊应平放，不得使接头盒受到拉力；若电缆接头无保护盒，则应在该接头下垫上加宽加长木板，方可悬吊。电缆悬吊时，不准用铁丝或钢丝等，以免损伤电缆保护层或绝缘。

四、条文 12.1.4

原文："12.1.4 电缆隧道、电缆井内应有充足的照明，并有防火、防水、通风的措施。"

（1）电缆隧道内和电缆井内一般都装有永久性的电光源，并保证照度较高。应定期检查照明设施是否完好。为防不测，进入电缆井、电缆隧道应携带独立照明设备，如手电筒，充电照明灯或手灯。

（2）为防止电缆着火、水淹和沼气及其他有害气体对作业人员和设备的危害，应备有消防器材、渗水井和轴流风机或采取其他防火、防水、通风措施。

五、条文 12.1.5

原文："12.1.5 进入电缆井、电缆隧道前，应用通风机排除浊气，再用气体检测仪检查井内或隧道内的易燃易爆及有毒气体的含量。"

（一）一般要求

（1）开启电缆井井盖、电缆沟盖板及电缆隧道人孔盖时应使用专用工具，同时注意所立位置，以免滑脱后伤人。开启后应设置标准路栏围起，并有人看守。工作人员撤离电缆井或隧道后，应立即将井盖盖好，以免行人碰盖后摔跌或不慎跌入井内。

（2）进入电缆井、电缆隧道前，应先用吹风机排除浊气，再用气体检测仪检查井内或隧道内的易燃、易爆及有毒气体的含量是否超标，并做好记录。在电缆井、隧道内工作时，通风设备应保持常开，以保证空气流通。在通风条件不良的电缆隧（沟）道内进行长距离巡视时，工作人员应携带便携式有害气体测试仪及自救呼吸器。

（二）在电缆井、隧道内工作安全措施

（1）电缆沟的盖板开启后，应自然通风一段时间，经测试合格后方可下井工作。

（2）电缆井内工作时，禁止只打开一只井盖（单眼井除外）。

（3）电缆隧道应有充足的照明，并有防火、防水、通风的措施。

（4）进电缆井前，应排除井内浊气。电缆井内工作，应戴安全帽。

（5）接触有毒材料时要穿工作服、戴塑料手套、防毒口罩，有条件时也可以使用防毒面具，根据不同要求戴护目眼镜。

（6）工作间隙或工作结束均应用肥皂洗手，手脸等露在外面的皮肤粘上有害物质处，应及时用酒精棉纱或柠檬酸擦净，然后用肥皂水洗涤。

（7）工作服、手套等用过的防护器具要用温肥皂水洗净，保持清洁，并存放在固定地点。严禁将它们穿回住宿处或家中，以免造成污染。

（8）若工作中需要使用明火（如喷灯时），应在电缆沟井中备有灭火器和装满细砂的手提铁桶、毯子或帆布，隔离电缆用的石棉布、收集工作中废渣用的有盖的铁箱等。若需要为喷灯添加汽油时应拿到电缆井沟外去进行。操作时，喷灯的喷嘴应对着耐火墙或石棉板。电缆胶的熔化工作宜在沟井外进行，已熔化的电缆胶用有盖的手提铁桶拎到工作地点。工作完后，不要把绝缘胶、电缆纸等易燃杂物遗留在电缆沟井中。

（三）提起水底电缆防溺水措施

水底电缆提起放在船上工作时，应使船体保持平衡。船上应具备足够的救生圈，工作人员应穿救生衣。

因为是在水面上工作，虽然采取使船体保持平衡的措施，但电缆是在水里，可能受到各种力的作用，使船体失去平衡，发生歪斜，甚至翻船或电缆摆动，造成工作人员落水，所以为了防备万一，船上应具备足够的救生圈，工作人员应穿救生衣。

六、条文 12.1.6

原文："12.1.6 电缆开断前，应核对电缆走向图，并使用专用仪器确认电缆无电，可靠接地后方可工作。"

（一）锯电缆作业安全注意事项

锯电缆以前，应与电缆走向图图纸核对相符，并使用专用仪器（如感应法）确切证实电缆无电后，用接地的带绝缘柄的铁钎钉入电缆芯后，方可工作。扶绝缘柄的人应戴绝缘手套并站在绝缘垫上，并采取防灼伤措施（如防护面具等）。

锯断待修电缆的工作主要是防止带电锯缆、防止错锯运行电缆发生人身设备事故。因此，应该于进行工作之前采取措施。

（1）核对图纸查证和从电缆端头处沿线查对至锯缆点处无误。

（2）验电。检修现场验电不同于电气值班时停电安全措施中的验电，应借助于仪器检测方法进行，判断和证明电缆芯确实无压。

（3）放电并接地。将特制的带木柄扶手而又已接地的铁钎钉入电缆芯导电部分，可将电缆芯残电放尽并短路接地，这也是保证工作安全的需要。

（4）为防止电缆残电以及被钉入铁钎的电缆万一是高压带电电缆危及作业人员生命，要求扶木柄者应戴绝缘手套，脚底垫以绝缘物体及早加以防范。

（二）电缆检修作业安全措施

1. 移动电缆接头安全措施

移动电缆接头一般应停电进行。如必须带电移动，应先调查该电缆的历史记录，由有经验的施工人员，在专人统一指挥下，平正移动，以防止损伤绝缘。

2. 充油电缆防电缆油着火、行人滑跌措施

充油电缆施工应做好电缆油的收集工作，对散落在地面上的电缆油要立即覆上黄沙或沙土，及时清除，以防行人滑跌和车辆滑倒。

3. 携带型火炉或喷灯使用安全注意事项

使用携带型火炉或喷灯时，火焰与带电部分的距离：电压在 10kV 及以下者，不得小于 1.5m；电压在 10kV 以上者，不得小于 3m。不得在带电导线、带电设备、变压器、油

断路器附近以及在电缆夹层、隧道、沟洞内对火炉或喷灯加油及点火。

4. 调配环氧树脂防毒防火措施

制作环氧树脂电缆头和调配环氧树脂工作过程中，应采取有效的防毒和防火措施。

5. 电缆穿越孔洞封堵

电缆施工完成后，应将穿越过的孔洞进行封堵，以达到防水或防火的要求。

七、条文 12.1.7

原文："12.1.7 在 10kV 跌落式熔断器与电缆头之间，宜加装过渡连接装置，工作时应与跌落式熔断器上桩头带电部分保持安全距离。在 10kV 跌落式熔断器上桩头带电时，未采取绝缘隔离措施前，不应在跌落式熔断器下桩头新装、调换电缆尾线或吊装、搭接电缆终端头。"

在 10kV 跌落式熔断器与 10kV 电缆头之间，宜加装过渡连接装置，使工作时能与熔断器上桩头有电部分保持安全距离。在 10kV 跌落式熔断器上桩头有电的情况下，未采取安全措施前，不得在熔断器下桩头新装、调换电缆尾线或吊装、搭接电缆终端头。如必须进行上述工作，则应采用专用绝缘罩隔离，在下桩头加装接地线。工作人员站在低位，伸手不得超过熔断器下桩头，并设专人监护。

上述加绝缘罩的工作应使用绝缘工具。雨天禁止进行以上工作。

八、电缆防火措施

1. 电缆防火工作的基本要求

（1）电缆防火工作必须贯彻设计、基建施工和生产运行的全过程管理，从各个方面采取综合措施，防止电缆着火、蔓延事故。

（2）新、扩建工程中的电缆选择与敷设应按《火力发电厂与变电所设计防火规范》（GB 50229—1996）有关要求进行设计。必须严格按照设计要求完成各项电缆防火设施，并与主体工程同时投产。

（3）严格按照设计图册和有关规程规范施工，做到布线整齐，各类电缆按规定分层布置，电缆的弯曲半径应符合要求，避免任意交叉并留出足够的人行通道。

2. 封堵和隔离措施

（1）控制室、开关室、计算机室、通信机房等通往电缆夹层、隧道、穿越楼板、墙壁、柜、盘等处的所有电缆孔洞和盘面之间的缝隙（含电缆穿墙套管与电缆之间缝隙）必须采用合格的防火材料封堵。

（2）扩建工程敷设电缆时，施工单位应加强与运行单位配合工作。对贯穿变电站设备产生的电缆孔洞和损伤的阻火墙，在施工期间应有临时的封堵措施，施工结束后及时恢复永久封堵。

（3）电缆竖井和电缆沟应分段做防火隔离，对敷设在隧道（包括城市电缆隧道）的电缆要采取分段阻燃措施。

3. 电缆中间头是电缆防火的薄弱环节

应尽量减少电缆中间接头的数量。如需要，应按工艺要求制作安装电缆头，经质量验收合格后，再用耐火防爆槽盒将其封闭。

4. 建立健全电缆维护、检查及防火、报警等各项规章制度

（1）重要的电缆隧道、夹层应安装温度火焰、烟气监视报警器。

（2）坚持定期对电缆夹层、电缆沟道的巡视检查，对电缆特别是电缆中间接头、电缆交叉互联系统应定期进行红外测温，按规定进行预防性试验。

（3）电缆夹层、竖井、电缆隧道和电缆沟等部位应保持清洁，不积水，禁止堆放杂物。

（4）电缆夹层、竖井、电缆隧道和电缆沟等部位的照明采用安全电压且照明充足。

（5）在电缆夹层、竖井、电缆隧道和电缆沟等部位进行动火作业应办理动火工作票，并有可靠的防火措施。

（6）加强直流电缆防火工作。直流系统的电缆应采用阻燃电缆；两组蓄电池的电缆应尽可能单独铺设。

九、制作电缆头防毒防火措施

制作环氧树脂电缆头和调配环氧树脂工作过程中，应采取有效的防毒和防火措施。

（一）熬电缆胶工作

（1）熬电缆胶工作应有专人看管。熬胶人员，应戴帆布手套及鞋盖。搅拌或掐取熔化的电缆胶或焊锡时，必须使用预先加热的金属棒或金属勺子，防止落入水分而发生爆溅烫伤。

（2）熬制电缆胶是一项细致的工作，比较讲究火候。在熬制过程中，必须十分注意控制温度，因为该胶体温度太低时难以熔解，温度超过一定数值时又可能立即沸腾外溢着火。所以，熬胶应由有经验的人员指导，专人看管。为了防止烫伤手和脚，熬胶人员应戴帆布手套及鞋盖；防溢防溅；搅动或舀取熔化的电缆胶或焊锡时，所使用的金属棒及勺子等器具要先加热烘去水分，才能将它们放到高温胶锅或锡液中去。

（二）防毒措施

硬化后的环氧树脂，对人体没有毒害，但用以制作环氧树脂电缆终端的原材料，如乙二胺、三乙烯四胺等胺类硬化剂和丙酮等，对人体是有一定危害的。为了防止对人员的危害，做环氧树脂电缆终端和调配环氧树脂工作，应采取以下防护措施。

（1）接触有毒材料时要穿工作服，戴塑料手套、防毒口罩，有条件时也可以使用防毒面具，根据不同要求戴护目眼镜。

（2）工作间隙或工作结束均应用肥皂洗手，手脸等露在外面的皮肤粘上有害物质处，应及时用酒精棉纱或柠檬酸擦净，然后用肥皂水洗涤。

（3）工作服、手套等用过的防护器具要用温肥皂水洗净，保持清洁，并存放在固定地点。严禁将它们穿回住宿处或家中，以免造成污染。

（4）妥善保存硬化剂等原材料（保存在有盖的容器内），注意工作现场通风，严禁吸烟和饮食。

（三）防火措施

使用携带型火炉或喷灯时，火焰与带电部分的距离：电压在 10kV 及以下者，不准小于 1.5m；电压在 10kV 以上者，不得小于 3m。不得在带电导线、带电设备、变压器、油断路器（开关）附近以及在电缆夹层、隧道、沟洞内对火炉或喷灯加油及点火。在电缆沟盖板上或旁边进行动火工作时，需采取必要的防火措施。

第二节　电缆试验安全措施

原文："12.2 电缆试验安全措施"

一、条文 12.2.1

原文："12.2.1 电缆试验前后以及更换试验引线时，应对被试电缆（或试验设备）充分放电。"

1. 接地线的拆除和恢复

电力电缆线路试验要拆除接地线时，应征得工作许可人的许可（根据调度员指令装设的接地线，应征得调度员的许可），方可进行。工作完毕后立即恢复。

2. 电缆耐压试验安全措施

（1）电缆耐压试验前，加压端应做好安全措施，防止人员误入试验场所，另一端应挂上警告牌。如另一端是上杆的或是锯断电缆处，应派人看守。

（2）电缆的试验过程中，更换试验引线时，应先对设备充分放电，作业人员应戴好绝缘手套。

（3）电缆的试验过程中，更换试验引线时，应先对设备充分放电。作业人员应戴好绝缘手套。

（4）电缆耐压试验分相进行时，另两相电缆应接地。

（5）电缆试验结束，应对被试电缆进行充分放电，并在被试电缆上加装临时接地线，待电缆尾线接通后才可拆除。

3. 电缆故障声测定点安全注意事项

电缆故障声测定点时，禁止直接用手触摸电缆外皮或冒烟小洞，以免触电。

二、条文 12.2.2

原文："12.2.2 电缆试验时，应防止人员误入试验场所。电缆两端不在同一地点时，另一端应采取防范措施。"

在电缆试验区域应设置遮栏，形成一个封闭的区域，并有人看守，防止其他人员进入试验场所。所试验的电缆的两端不在同一地点时，另一端也应采取防范措施，如设置遮栏，并有人看守。两端应配备联络工具，保持信息畅通。

三、条文 12.2.3

原文："12.2.3 电缆耐压试验分相进行时，电缆另两相应短路接地。"

三芯电缆或四芯电缆、五芯电缆的相线进行耐压试验时应分相进行，未进行试验的另两相线芯应短路并接地。三相依次进行。已试验过的电缆线芯应先充分接地放电，然后再与另一相线芯短路接地。

四、条文 12.2.4

原文："12.2.4 电缆试验结束，应在被试电缆上加装临时接地线，待电缆尾线接通后方可拆除。"

电缆试验结束以后，应对被试电缆充分放电，然后在被试电缆上加装临时接地线，待电缆尾线接通后方可拆除临时接地线。

事故案例分析

【事故案例 1】 1990 年 11 月 2 日，某局变电维修工冉某（42 岁，七级工）清洗电缆头，被电缆试验后残余电荷电击，摔跌重伤事故。11 月 2 日高试班在变电站 10kV 19 号柜做电缆直流泄漏试验，因泄漏不合格，生技科长曹某命检修工冉某及李某对线路侧电缆头进行清洗，现场无酒精，曹某和冉某外购回高度白酒进行清洗。同日，16 时 10 分，冉某对清洗后电缆头进行鼓风挥发时，用手碰触电缆芯线，被电击从 2m 高的木梯上掉下，造成脑震荡，右前颅窝底骨折，右视神经损伤。电缆芯带电原因系电缆直流耐压后没有按规程规定将电缆对地放电并短路接地。高压试验（包括测绝缘）后的设备必须对地放电。

【事故案例 2】 某 220kV 变电站有 220/110/35kV 自耦变压器 2 台，35kV 母线分段并列运行。2005 年 11 月 3 日 6 时 15 分，35kV 泽牧 3683 线速断跳闸重合闸成功（当时带 3MW 负荷），35kV 母线出现接地现象。6 时 18 分，35kV 泽溪 3686 线速断跳闸重合闸不成功，接地现象消失。由于这 2 条线路路径并无联系，在变电站巡视无异常后，调度通知线路工区进行巡线，发现泽溪 3686 线一段电缆的中间接头绝缘破坏，泽牧 3683 线速断跳闸后重合是导致泽溪 3686 线电缆中间接头绝缘破坏的直接原因。线路由于发生故障而跳闸，经过一定时间后，自动重合于空负荷线路。由于合闸前存在残余电荷使电压的起始值不等于零，就可能引起更高的过电压。而泽溪 3686 线该段电缆中间接头对地和相间绝缘不良或绝缘受潮，不能承受正常的冲击电压，中性点接地不良，在线路重合闸瞬间，产生的操作过电压导致相对地电压升高，绝缘击穿。电缆头是电缆绝缘的薄弱环节，电缆故障绝大多数为电缆头或电缆中间接头故障。电缆中间接头制作质量不良，压接头不紧、接触电阻过大，长期运行造成的电缆头过热，烧穿绝缘。由于电缆故障查找比较困难，短时间内无法修复，从而造成重大经济损失。因此，铺设电缆时，要严格控制电缆头的施工质量，特别是绝缘水平。此外，要求电缆沟要有良好的排水设施，保持内部干燥，防止腐蚀性气体或可燃性气体进入电缆沟。

【事故案例 3】 1975 年 6 月 4 日 0 时 54 分，某热电厂 7 号发电机电缆中间接头，在运行中过热流胶，绝缘击穿爆炸，电缆沟内电缆着火，烧坏了某拖拉机厂等单位的 44 条直配电缆线路，造成大面积停电事故。事故起因是 7 号发电机的第三根出线电缆，在电缆沟内的中间接头发生爆炸。1972 年检修时没有使用铝压接管，而是使用了铜压接管镀锡，铝芯电缆与中间接头长期运行氧化发热流胶，导致绝缘强度降低，引起电弧短路，使电缆胶和绝缘材料、油料着火。

【事故案例 4】 2003 年 4 月 17 日，某电厂因变电站电缆着火导致 500kV 沙昌一线停运及 1~3 号、7 号机组相继跳闸，造成全厂停电事故。同日 16 时 13 分，网控中央信号屏发"直流 I 组母线电压不正常"光字，联络变压器保护屏发"联变 A、B 柜直流电源消失"光字。就地检查联络变压器保护屏 A、B 柜电源消失，退出联络变压器 A、B 柜所有保护连接中。同日 16 时 15 分，联络变压器 C 柜直流电源消失，退出联络变压器 C 柜所有保护压板。16 时 16 分，5012 断路器跳闸。16 时 20 分，网控全部表计指示消失，网控直流 I、II 组母线电压表指示为零。网控室所有直流控制信号全部消失，网控通信中断。

运行人员退出 500kV 和 220kV 线路的所有保护。16 时 20 分，2 号启动变压器掉闸。同日 16 时 32 分，就地检查发现直流室电缆竖井冒烟，判断电缆沟电缆着火，立即通知消防队。同日 16 时 37 分，消防人员赶到现场进行灭火，16 时 55 分，将余火扑灭。

事故调查表明：220kV 变电站照明电缆短路放炮，引起电缆着火，是事故的起因。事故扩大的原因是交直流动力电缆、控制电缆集中敷设，电缆着火的部位，不仅敷设有交流动力电缆，如网控变压器 6kV 电源电缆，网控楼、220kV 站照明电缆，检修电源箱动力电缆，而且敷设有变电站直流室的全部直流电缆和通信电缆。变电站照明电缆短路放炮后引起的电缆着火，导致变电站直流电源、仪表电源消失，4 台机组相继停机。反映出，电缆管理工作比较薄弱，电缆的巡回检查、绝缘监测等工作不到位。且变电站的重要电缆不是阻燃电缆。

【事故案例 5】 1975 年 8 月 12 日，某发电厂发生厂用变压器爆破起火，将主控制室设备全部烧毁，造成全厂停电，电网瓦解，以致该市大面积停电事故。事故少送电量 34 万 kWh，少发电量近 1600 万 kWh；烧毁 3 台厂用变压器、105 面表盘、几万米电缆，直接损失 114 万元。事故是由输煤变压器电缆在拐弯处接地短路（电缆穿铁管入厂房，从地下引出折弯近 90°）引起的，使 2 号厂用变压器 U 相绕组发生位移与铁芯柱放电接地。事故处理中又错误地再次合闸冲击，在合上分段断路器后扩大了事故，使运行年欠失修的 2 号厂用变压器先后受到几次短路冲击，形成 U、V 相绕组接地短路，又因继电保护拒动，发展到 2 号厂用变压器上盖爆破起火，火势经电缆孔洞窜入电缆夹层，顺着电缆竖井蔓延至主控制室，由于扑救不力，致使主控室设备和资料全部烧毁事故。

这次事故的发生及扩大暴露出以下问题，也值得其他发电厂引以为戒。

（1）输煤电缆有隐患，未及时试验。

（2）2 号厂用变压器吊芯大修，发现绝缘老化，而未采取措施。

（3）瓦斯保护应装而未装设。

（4）3 台厂用变压器挤在一个间隔里，各变压器之间无隔火墙。

（5）厂用变压器间隔地下无事故排油坑，致使一台变压器出了事故，波及其余两台好的变压器陪葬火海。

（6）电缆穿墙和通向主控制室的孔洞、竖井均未封闭，没有防火措施。

（7）汽轮机直流事故油泵有的未接电源，有的不好用，造成几台机组轴瓦受到不同程度的磨损。

配套考核题解

试　题

一、名词解释

1. 电力电缆

2. 电力电缆线路

3. 电缆终端

4. 电缆接头

5. 环氧电缆终端

6. 热缩电缆终端

7. 冷缩电缆终端   9. 电缆直埋敷设

8. 电缆防火   10. 电缆排管敷设

二、填空题

1. 在电力电缆的沟槽开挖、电缆安装、运行、检修、维护和试验等工作中，以及_____应满足的安全要求。

2. 电缆施工前应先查清图纸，再_____足够数量的_____和_____，_____运行电缆位置及地下管线分布情况。

3. 沟槽开挖应采用防止_____的措施。

4. 电缆隧道、电缆井内应有充足的_____，并有_____、_____、_____的措施。

5. 进入电缆井、电缆隧道前，应用通风机排除_____，再用气体检测仪检查井内或隧道内的易燃易爆及_____的含量。

6. 电缆_____前，应核对电缆_____图，并使用专用仪器确认电缆_____，可靠_____后方可工作。

7. 在 10kV 跌落式熔断器与电缆头之间，宜加装_____装置，工作时应与跌落式熔断器上桩头带电部分保持_____。在 10kV 跌落式熔断器上桩头带电时，未采取_____措施前，不应在跌落式熔断器下桩头新装、调换电缆_____或吊装、搭接电缆终端头。

8. 电缆_____以及更换_____时，应对被试电缆（或试验设备）_____。

9. 电缆试验时，应防止人员_____试验场所。电缆两端不在同一地点时，另一端应采取_____。

10. 电缆耐压试验_____进行时，电缆另_____应短路接地。

11. 电缆试验结束，应在被试电缆上加装_____，待电缆尾线接通后方可_____。

12. 电力电缆停电工作应填用_____，不需停电的工作应填用_____。

13. 电力电缆工作前，必须详细_____电缆名称，标示牌是否与_____所写的符合，_____正确可靠后，方可开始工作。

14. 挖掘电缆工作，应由有_____人员交待清楚后才能进行，挖到电缆_____后，应由有经验的人员在场_____，方可继续工作。

15. 挖掘电缆沟前，应做好防止_____的安全措施。在挖出的土堆起的_____上，不得放置工具、材料等_____。沟边应留有_____。

16. 挖掘出的电缆或接头盒，如下面需_____时，必须将其_____保护，悬吊电缆应每隔约_____吊一道。悬吊接头盒应_____，不得使接头受到_____。

17. 敷设电缆时，应有_____统一指挥。电缆走动时，严禁用手搬动_____，以防压伤。

18. 移动电缆接头盒一般应_____进行。如带电移动时，应先调查该电缆的历史记录，由敷设电缆有_____的人员，在专人统一指挥下，_____，防止绝缘损伤爆炸。

19. 锯电缆以前，必须与电缆图纸_____是否相符，并确切证实电缆_____后，用_____的常木柄的铁钎钉入电缆芯后，方可工作。扶木柄的人应戴_____并站在绝缘垫上。

20．熬电缆胶工作应有_____看管。熬胶人员应戴帆布手套及鞋盖。搅拌或舀取熔化的电缆胶或焊锡时，必须使用_____的金属棒或金属勺子，防止落入_____而发生爆溅_____。

21．进电缆井前，应排除井内_____。在电缆井内工作，应戴安全帽，并做好_____、_____及防止高空落物等措施，电缆井口应有_____看守。

22．水底电缆提起放在船上工作时，应使船体_____。船上应具备足够的_____，工作人员应穿_____。

23．制作环氧树脂电缆头和调配_____工作过程中，应采取有效的_____和_____措施。

三、选择题

1．电缆施工前应先（①）图纸，再开挖足够数量的样洞和样沟，（②）运行电缆位置及地下管线分布情况。

①A. 调阅；　　　B. 翻阅；　　　C. 查清；　　　D. 查看

②A. 摸清；　　　B. 厘清；　　　C. 搞清；　　　D. 查清

2．电缆开断前，应（　　　）电缆走向图，并使用专用仪器确认电缆无电，可靠接地后方可工作。

A. 核查；　　　B. 核对；　　　C. 搞清；　　　D. 查对

3．进入电缆井、电缆隧道前，应用（　　　）排除浊气，再用气体检测仪检查井内或隧道内的易燃易爆及有毒气体的含量。

A. 吹风机；　　　　　　　B. 电风扇；

C. 轴流风机；　　　　　　D. 通风机

4．电缆试验（　　　），应在被试电缆上加装临时接地线，待电缆尾线接通后方可拆除。

A. 结束；　　　B. 开始；　　　C. 过程；　　　D. 阶段

5．电缆耐压试验分相进行时，电缆另两相应（　　　）。

A. 分别接地；　　　　　　B. 短路接地；

C. 闲置挂起；　　　　　　D. 短路

6．挖掘电缆工作，应由有经验人员交代清楚后才能进行。挖到（　　　）后，应由有经验的人员在场指导，方可继续工作。

A. 标示牌；　　　　　　　B. 盖板；

C. 电缆保护板；　　　　　D. 电缆保护层

7．挖掘出的电缆或接头盒，如下面需要挖空时，必须将其悬吊保护，悬吊电缆应每隔约（　　　）吊一道。悬吊接头盒应平放，不得使接头受到拉力。

A. 0.5～1.0m；　　　　　B. 1.0～1.5m；

C. 1.5～2.0m；　　　　　D. 3.0m

8．搅拌或舀取熔化的电缆胶或焊锡时，必须使用（　　　）的金属棒或金属勺子，防止落入水分而发生爆溅烫伤。

A. 擦拭干净；　　　　　　　　B. 结实耐用；

C. 结构牢固；　　　　　　　　D. 预先加热

9. 制作环氧树脂电缆头和调配环氧树脂工作过程中，应采取有效的（　　）措施

A. 防毒和防火；　　　　　　　B. 防水和防火；

C. 防止高空落物；　　　　　　D. 防压伤

四、判断题（正确的画"√"，不正确的画"×"）

1. 在 10kV 跌落式熔断器与电缆头之间，宜加装过渡连接装置，工作时应与跌落式熔断器上桩头带电部分保持安全距离。在 10kV 跌落式熔断器上桩头带电时，未采取绝缘隔离措施前，不应在跌落式熔断器下桩头新装、调换电缆尾线或吊装、搭接电缆终端头。

（　　）

2. 电缆开断前，应核对电缆走向图，并使用专用仪器确认电缆无电后方可工作。

（　　）

3. 电缆试验结束，应在被试电缆上加装临时接地线，待电缆接通后方可拆除。

（　　）

4. 电缆试验前后以及更换试验引线时，应对被试电缆（或试验设备）放电。（　　）

5. 电力电缆停电工作应填用第一种工作票，不需停电的工作应填用第二种工作票。移动电缆接头盒一般应停电进行。如带电移动时，应先调查该电缆的历史记录，由敷设电缆有经验的人员，在专人统一指挥下，平正移动，防止绝缘损伤爆炸。（　　）

6. 锯电缆以前，必须与电缆图纸核对是否相符，并确切证实电缆无电后，用带木柄的铁钎钉入电缆芯后，方可工作。扶木柄的人应戴绝缘手套并站在绝缘垫上。（　　）

7. 熬电缆胶工作应有专人看管。熬胶人员应戴帆布手套及鞋盖。搅拌或舀取熔化的电缆胶或焊锡时，必须使用擦拭干净的金属棒或金属勺子。（　　）

8. 挖掘电缆沟前应做好防止交通事故的安全措施。在挖出的土堆起的斜坡上，不得放置工具、材料等杂物。沟边应留有走道。挖到电缆保护板后，应继续工作。（　　）

五、改错题

1. 电缆施工前应先查清图纸，再开挖足够数量的样洞和样沟，查清运行电缆位置分布情况。

2. 电缆隧道、电缆井内应有防火、防水、通风的措施。

3. 进入电缆井、电缆隧道前，应用通风机排除浊气，再用气体检测仪检查井内或隧道内的有毒气体的含量。

4. 电缆开断前，应核对电缆走向图，并使用专用仪器确认电缆无电后方可工作。

5. 电缆试验前后应对被试电缆（或试验设备）充分放电。

6. 电缆耐压试验分相进行时，电缆另两相应采取隔离措施。

六、问答题

1. 电力电缆工作的一般要求有哪些？

2. 电缆施工前应搞清什么问题？

3. 电力电缆的沟槽开挖应采取哪些措施？

4. 电缆隧道和电缆井内应具有怎样的作业环境？

5. 进入电缆井和电缆隧道前，应先进行什么工作？

6. 电缆开断前，应先进行什么工作？

7. 在 10kV 跌落式熔断器与电缆头之间宜加装什么装置？工作时应注意哪些事项？

8. 电缆试验时应采取哪些安全措施？

9. 电力电缆工作应填用哪一种工作票？

10. 电力电缆工作前应做好哪些工作？

11. 挖掘电缆工作应注意哪些事项？

12. 挖掘电缆沟应注意哪些事项？

13. 敷设电缆应注意哪些事项？

14. 锯电缆应注意哪些安全事项？

15. 熬电缆胶应注意哪些安全事项？

16. 电缆井内工作应注意哪些安全事项？

17. 调配环氧树脂应注意哪些安全事项？

18. 水底电缆提起放在船上应注意哪些安全事项？

答　　案

一、名词解释

1. 外包绝缘的绞导线，有的还包有金属外皮并加以接地，也有不包金属外皮的某些橡塑电缆。主要用于地下或水下的输配电线路中。按电压等级和绝缘材料的不同，电力电缆可分为油浸纸绝缘电缆、固体挤压聚合电缆和压力电缆三大类。

2. 采用电缆输送电力的输电和配电线路。一般敷设在地下或水下，也有架空敷设的配电电缆线路。电力电缆线路主要由电缆本体、电缆接头、电缆终端等组成。有些电力电缆线路还带有配件，如压力箱、护层保护器、交叉互联箱、压力和温度示警装置等。有些电力电缆线路也包括相应的土建设施，如电缆沟、排管、竖井、隧道等。

3. 电力电缆线路连接其他电气设备的附件。按照使用场所、所用材料或连接的设备不同，电缆终端可分为户内终端、户外终端、环氧电缆终端、热缩电缆终端、冷缩电缆终端、预制电缆终端、象鼻电缆终端及气体绝缘金属封闭电器电缆终端等。它是所有电力电缆线路不可缺少的重要组成部件。电缆终端是电缆线路的一个薄弱环节。电缆终端处发生的事故占电缆线路总事故的 70％ 左右，其原因多数是密封不完善，特别是户外终端，常因内绝缘吸进水分，降低了绝缘强度。

4. 电缆与电缆相互连接的部件。电缆接头可分为直线电缆接头、绝缘电缆接头、塞止电缆接头、过渡电缆接头、分支电缆接头、电缆软接头等。对电缆接头的基本要求是：恢复电缆导体在连接处的导电性，具有足够的绝缘强度和防潮性能，其密封套还应具有防腐蚀性能。

5. 以环氧树脂复合物作为绝缘的电缆终端，只用在 10kV 及以下油浸纸绝缘电力电缆线路。环氧树脂复合物主要是用环氧树脂、石英粉、稀释剂和固化剂在现场调配浇注而成，它具有优异的电气性能，有较高的机械强度，成型工艺简单，与电缆金属套和过渡金具（如出线梗）有较强的黏附力，能满足电缆终端的密封要求。

6. 用高分子聚合物的基料加工成绝缘管、应力管、伞裙等在现场经装配加热能紧缩在电缆绝缘线芯上的一种电缆终端。主要用于 35kV 及以下固体挤压聚合电缆线路。

7. 用乙丙橡胶、硅橡胶或三元乙丙橡胶加工成管材，经扩张后，内壁用螺旋形尼龙条支撑的一种电缆终端。安装时只需将管子套上电缆绝缘线芯，拉去支撑尼龙条，管子靠橡胶的收缩特性，紧缩在电缆芯上。一般用作 35kV 及以下固体挤压聚合电缆线路的终端，特别适用于严禁明火的场所。

8. 电缆线路由于外部失火或内部故障引起火灾事故，引燃电缆后防止火灾蔓延的措施。

9. 将电缆线路直接埋设在地面下 0.7～1.5m 深的一种电缆安装方式。

10. 将电缆敷设在预先埋设于地下的管子中的一种电缆安装方式。排管每达到一定长度后，设置一座人井，两座人井间的距离决定于敷设电缆时的允许牵引长度和地形。人井主要用作牵引电缆进入排管的施工场所，兼作放置电缆接头和安装接头用地。较大人井设置两个出入孔，使井内空气流通。

二、填空题

1. 作业环境

2. 开挖；样洞；样沟；查清

3. 土层塌方

4. 照明；防火；防水；通风

5. 浊气；有毒气体

6. 开断；走向；无电；接地

7. 过渡连接；安全距离；绝缘隔离；尾线

8. 试验前后；试验引线；充分放电

9. 误入；防范措施

10. 分相；两相

11. 临时接地线；拆除

12. 第一种工作票；第二种工作票

13. 核对；工作票；安全措施

14. 经验；保护板；指导

15. 交通事故；斜坡；杂物；走道

16. 挖空；悬吊；1～1.5m；平放拉力

17. 专人；滑轮

18. 停电；经验；平正移动

19. 核对；无电；接地；绝缘手套

20. 专人；预先加热；水分；烫伤

21. 浊气；防火；防水；专人

22. 保持平衡；救生圈；救生衣

23. 环氧树脂；防毒；防火

三、选择题

1. ①C；②D

2. B

3. D

4. A

5. B

6. C

7. B

8. D

9. A

四、判断题

1. （√）

2. （×）

3. （×）

4. （×）

5. （√）

6. （×）

7. （×）   8. （×）

五、改错题

1. 电缆施工前应先查清图纸，再开挖足够数量的样洞和样沟，查清运行电缆位置及地下管线的分布情况。

2. 电缆隧道、电缆井内应有充足的照明，并有防火、防水、通风的措施。

3. 进入电缆井、电缆隧道前，应用通风机排除浊气，再用气体检测仪检查井内或隧道内的易燃易爆及有毒气体的含量。

4. 电缆开断前，应核对电缆走向图，并使用专用仪器确认电缆无电，可靠接地后方可工作。

5. 电缆试验前后以及更换试验引线时，应对被试电缆（或试验设备）充分放电。

6. 电缆耐压试验分相进行时，电缆另两相应短路接地。

六、问答题

1. 答：在电力电缆的沟槽开挖、电缆安装、运行、检修、维护和试验等工作中，以及作业环境应满足的安全要求。

2. 答：电缆施工前应先查清图纸，再开挖足够数量的样洞和样沟，查清运行电缆位置及地下管线分布情况。

3. 答：沟槽开挖应采取防止土层塌方的措施。

4. 答：电缆隧道、电缆井内应有充足的照明，并有防火、防水、通风的措施。

5. 答：进入电缆井、电缆隧道前，应用通风机排除浊气，再用气体检测仪检查井内或隧道内的易燃易爆及有毒气体的含量。

6. 答：电缆开断前，应核对电缆走向图，并使用专用仪器确认电缆无电，可靠接地后方可工作。

7. 答：在 10kV 跌落式熔断器与电缆头之间宜加装过渡连接装置。工作时应与跌落式熔断器上桩头带电部分保持安全距离，在 10kV 跌落式熔断器上桩头带电时，未采取绝缘隔离措施前，不应在跌落式熔断器下桩头新装、调换电缆尾线或吊装、搭接电缆终端头。

8. 答：（1）电缆试验前后以及更换试验引线时，应对被试电缆（或试验设备）充分放电。

（2）电缆试验时，应防止人员误入试验场所。

（3）电缆两端不在同一地点时，另一端应采取防范措施。

（4）电缆耐压试验分相进行时，电缆另两相应短路接地。

（5）电缆试验结束，应在被试电缆上加装临时接电线，待电缆尾线接通后方可拆除。

9. 答：电力电缆停电工作应填用第一种工作票，不需停电的工作应填用第二种工作票。

10. 答：电力电缆工作前必须详细核对电缆名称，标示牌是否与工作票所写的符合，安全措施正确可靠后，方可开始工作。

11. 答：（1）挖掘电缆工作，应由有经验人员交代清楚后才能进行。

（2）挖到电缆保护板后，应由有经验的人员在场指导，方可继续工作。

（3）挖掘出的电缆或接线头（如下面需要挖空时），必须将其悬吊保护，悬吊电缆应每隔约 1.0～1.5m 吊一道。悬吊接头盒应平放，不得使接头受到拉力。

（4）移动电缆接头盒一般应停电进行。如带电移动时，应先调查该电缆的历史记录，由敷设电缆有经验的人员，在专人统一指挥下，平正移动，防止绝缘损伤爆炸。

12．答：（1）挖掘电缆沟前应做好防止交通事故的安全措施。

（2）在挖出的土堆起的斜坡上，不得放置工具、材料等杂物。沟边应留有走道。

13．答：（1）敷设电缆时应有专人统一指挥。

（2）电缆走动时，严禁用手搬动滑轮，以防压伤。

14．答：（1）锯电缆以前，必须与电缆图纸核对是否相符。

（2）确切证实电缆无电后，用接地的带木柄的铁钎钉入电缆芯后，方可工作。

（3）扶木柄的人应戴绝缘手套并站在绝缘垫上。

15．答：（1）熬电缆胶工作应有专人看管。

（2）熬胶人员，应戴帆布手套及鞋盖。

（3）搅拌或舀取熔化的电缆胶或焊锡时，必须用预先加热的金属棒或金属勺子，防止落入水分而发生爆溅烫伤。

16．答：（1）进电缆井前应排出井内浊气。

（2）在电缆井内工作，应戴安全帽，并做好防火、防水及防止高空落物等措施。

（3）电缆井口应有专人看守。

17．答：制作环氧树脂电缆头和调配环氧树脂工作过程中，应采取有效的防毒和防火措施。

18．答：（1）水底电缆提起放在船上工作时，应使船体保持平衡。

（2）船上应具备足够的救生圈，工作人员应穿救生衣。

附　　录

附录1　施工机具和安全工器具的使用、保管、检查和试验

国网《安规》线路部分较国标、行标《安规》增加了一章，即第十章施工机具和安全工器具的使用、保管、检查和试验。现编入本书的附录，供读者参考。

第一节　一　般　规　定

国网条文：11.1～11.4

（1）施工机具和安全工器具应统一编号，专人保管。入库、出库、使用前应进行检查。禁止使用损坏、变形、有故障等不合格的施工机具和安全工器具。机具的各种监测仪表以及制动器、限位器、安全阀、闭锁机构等安全装置应齐全、完好。

（2）自制或改装和主要部件更换或检修后的机具，应按《输电线路施工机具设计、试验基本要求》（DL/T 875—2004）的规定进行试验，经鉴定合格后方可使用。

（3）机具应由了解其性能并熟悉使用知识的人员操作和使用。机具应按出厂说明书和铭牌的规定使用，不准超负荷使用。

（4）起重机械的操作和维护应遵守《起重机械安全规程　第1部分：总则》（GB 6067.1—2010）。

第二节　施工机具的使用要求

国网条文：11.2.1～11.2.14

一、各类绞磨和卷扬机

（1）绞磨应放置平稳，锚固可靠，受力前方不准有人。锚固绳应有防滑动措施。在必要时宜搭设防护工作棚，操作位置应有良好的视野。

（2）牵引绳应从卷筒下方卷入，排列整齐，并与卷筒垂直，在卷筒上不准少于5圈（卷扬机：不得少于3圈）。钢绞线不得进入卷筒。导向滑车应对准卷筒中心。滑车与卷筒的距离：光面卷筒不应小于卷筒长度的20倍，有槽卷筒不应小于卷筒长度的15倍。

（3）作业前应进行检查和试车，确认卷扬机设置稳固，防护设施、电气绝缘、离合器、制动装置、保险棘轮、导向滑轮、索具等合格后方可使用。

（4）人力绞磨架上固定磨轴的活动挡板应装在不受力的一侧，严禁反装。人力推磨时，推磨人员应同时用力。绞磨受力时人员不得离开磨杠，防止飞磨伤人。作业完毕应取出磨杠。拉磨尾绳不应少于2人，应站在锚桩后面，且不得在绳圈内。绞磨受力时，不得

用松尾绳的方法卸荷。

（5）作业时，禁止向滑轮上套钢丝绳，禁止在卷筒、滑轮输线附近用手扶运行中的钢丝绳，不准跨越行走中的钢丝绳，不准在各导向滑轮的内侧逗留或通过。吊起的重物必须在空中短时间停留时，应用棘爪锁住。

（6）拖拉机绞磨两轮胎应在同一水平面上，前后支架应受力平衡。绞磨卷筒应与牵引绳的最近转向点保持 5m 以上的距离。

二、抱杆

（1）选用抱杆应经过计算或负荷校核。独立抱杆至少应有 4 根拉绳，人字抱杆至少应有两根拉绳并有限制腿部开度的控制绳，所有拉绳均应固定在牢固的地锚上，必要时经校验合格。

（2）抱杆的基础应平整坚实、不积水。在土质疏松的地方，抱杆脚应用垫木垫牢。

（3）抱杆有下列情况之一者禁止使用。

1）圆木抱杆：木质腐朽、损伤严重或弯曲过大。

2）金属抱杆：整体弯曲超过杆长的 1/600。局部弯曲严重、磕瘪变形、表面严重腐蚀、缺少构件或螺栓、裂纹或脱焊。

3）抱杆脱帽环表面有裂纹或螺纹变形。

（4）抱杆的金属结构、连接板、抱杆头部和回转部分等，应每年对其变形、腐蚀、铆、焊或螺栓连接进入一次全面检查。每次使用前，也应进行检查。

（5）缆风绳与抱杆顶部及地锚的连接应牢固可靠。缆风绳与地面的夹面一般不大于 45°。缆风绳与架空输电线及其他带电体的安全距离应不小于规定值。

（6）地锚的分布及埋设深度应根据地锚的受力情况及土质情况确定。地锚坑在引出线露出地面的位置，其前面及两侧的 2m 范围内不准有沟、洞、地下管道或地下电缆等。地锚埋设后应进行详细检查，试吊时应指定专人看守。

三、导线连接网套

（1）导线穿入联结网套应到位，网套夹持导线的长度不准少于导线直径的 30 倍。

（2）网套末端应以铁丝绑扎不少于 20 圈。

四、双沟紧线器

（1）经常润滑保养。

（2）换向爪失灵、螺杆无保险螺栓、表面裂纹或变形等禁止使用。

（3）紧线器受力后应至少保留 1/5 有效丝杆长度。

五、卡线器

（1）规格、材质应与线材的规格、材质相匹配。

（2）卡线器有裂纹、弯曲、转轴不灵活或钳口斜纹磨平等缺陷时应予报废。

六、放线器

（1）支撑在坚实的地面上，松软地面应采取加固措施。

（2）放线轴与导线伸展方向应形成垂直角度。

七、地锚

（1）分布和埋设深度，应根据其作用和现场的土质设置。

（2）弯曲和变形严重的钢质地锚禁止使用。

（3）木质锚桩应使用木质较硬的木料，有严重损伤、纵向裂纹和出现横向裂纹时禁止使用。

八、链条葫芦

（1）使用前应检查吊钩、链条、转动装置及刹车装置是否良好。吊钩、链轮、倒卡等有变形时，以及链条直径磨损量达 10％时，禁止使用。

（2）两台及两台以上链条葫芦起吊同一重物时，重物的重量应不大于每台链条葫芦的允许起重量。

（3）起重链不得打扭，亦不得拆成单股使用。

（4）不得超负荷使用，起重能力在 5t 以下的允许 1 人拉链，起重能力在 5t 以上的允许两人拉链，不得随意增加人数猛拉。操作时，人员不准站在链条葫芦的正下方。

（5）吊起的重物如需在空中停留较长时间，应将手拉链拴在起重链上，并在重物上加设保险绳。

（6）在使用中如发生卡链情况，应将重物垫好后方可进行检修。

（7）悬挂链条葫芦的架梁或建筑物，应经过计算，否则不得悬挂。禁止用链条葫芦长时间悬吊重物。

九、钢丝绳

1. 钢丝绳选用和使用要求

（1）钢丝绳应按其力学性能选用，并应配备一定的安全系数。钢丝绳的安全系数及配合滑轮的直径应不小于附表 1-1 的规定。

附表 1-1　　　　　　　　　　钢丝绳的安全系数及配合滑轮直径

钢 丝 绳 的 用 途			滑轮直径 D	安全系数 K
缆风绳及拖拉绳			≥12d	3.5
驱动方式	人力		≥16d	4.5
	机械	轻级	≥16d	5
		中级	≥18d	5.5
		重级	≥20d	6
千斤绳	有绕曲		≥2d	6～8
	无绕曲			5～7
地锚绳				5～6
捆绑绳				10
载人升降机			≥40d	14

注　1. d 为钢丝绳直径。

　　2. 本表在国网《安规》线路部分中的表号是"表 11-1"。

（2）钢丝绳应按出厂技术数据使用。无技术数据时，应进行单丝破断力试验。

（3）钢丝绳应定期浸油，遇有下列情况之一者应予报废：

1）钢丝绳在一个节距中有附表 1-2 中的断丝根数者。

附表 1-2　　　　　　　　　　钢 丝 绳 断 丝 根 数

最初的安全系数	钢丝绳结构							
	6×19＝114＋1		6×37＝222＋1		6×61＝366＋1		18×19＝342＋1	
	逆捻	顺捻	逆捻	顺捻	逆捻	顺捻	逆捻	顺捻
小于 6	12	6	22	11	36	18	36	18
6～7	14	7	26	13	38	19	38	19
大于 7	16	8	30	15	40	20	40	20

注　本表在国网《安规》线路部分中的表号是"表 11-2"。

2）钢丝绳的钢丝磨损或腐蚀达到原来钢丝直径的 40％及以上，或钢丝绳受过严重退火或局部电弧烧伤者。

3）绳芯损坏或绳股挤出。

4）笼状畸形、严重扭结或弯折。

5）钢丝绳压扁变形及表面起毛刺严重者。

6）钢丝绳断丝数量不多，但断丝增加很快者。

2. 钢丝绳的端部连接和环绳插接

（1）钢丝绳端部用绳卡固定连接时，绳卡压板应在钢丝绳主要受力的一边，不得正反交叉设置；绳卡间距不应小于钢丝绳直径的 6 倍；绳卡数量应符合附表 1-3 规定。

附表 1-3　　　　　　　　　钢丝绳端部固定用绳卡数量

钢丝绳直径/mm	7～18	19～27	28～37	38～45
绳卡数量/个	3	4	5	6

注　本表在国网《安规》线路部分中的表号是"表 11-3"。

（2）插接的环绳或绳套，其插接长度应不小于钢丝绳直径的 15 倍，且不得小于 300mm。新插接的钢丝绳套应作 125％允许负荷的抽样试验。

（3）通过滑轮及卷筒的钢丝绳不准有接头。

3. 滑轮、卷筒槽底或细腰部直径与钢丝绳直径之比的规定

滑轮、卷筒的槽底或细腰部直径与钢丝绳直径之比应遵守下列规定：

（1）起重滑车：机械驱动时不应小于 11；人力驱动时不应小于 10。

（2）绞磨卷筒：不应小于 10。

十、合成纤维吊装带

1. 使用要求

（1）合成纤维吊装带应按出厂数据使用，无数据时禁止使用。

（2）吊装带用于不同承重方式时，应严格按照标签给予的定值使用。

2. 注意事项

（1）使用环境温度：－40～100℃。

（2）使用中应避免与尖锐棱角接触，如无法避免应加装必要的护套。

（3）发现外部护套破损显露出内芯时，应立即停止使用。

十一、纤维绳

（1）麻绳、纤维绳用作吊绳时，其许用应力不准大于 $0.98kN/cm^2$。用作绑扎绳时，许用应力应降低 50%。有霉烂、腐蚀、损伤者不准用于起重作业，纤维绳出现松股、散股、严重磨损、断股者禁止使用。

（2）纤维绳在潮湿状态下的允许荷重应减少一半，涂沥青的纤维绳应降低 20% 使用。一般纤维绳禁止在机械驱动的情况下使用。

（3）切断绳索时，应先将预定切断的两边用软钢丝扎结，以免切断后绳索松散，断头应编结处理。

十二、卸扣

（1）卸扣应是锻造的。卸扣不准横向受力。

（2）卸扣的销子不准扣在活动性较大的索具内。

（3）不准使卸扣处于吊件的转角处。

十三、滑车及滑车组

（1）滑车及滑车组使用前应进行检查，发现有裂纹、轮沿破损等情况者，不准使用。滑车组使用中，两滑车滑轮中心间的最小距离不准小于附表 1-4 的要求。

附表 1-4　　　　　　　　　滑车组两滑车滑轮中心最小允许距离

滑车起重量/t	1	5	10～20	32～50
滑轮中心最小允许距离/mm	700	900	1000	1200

注　本表在国网《安规》线路部分中的表号是"表 11-5"。

（2）滑车不准拴挂在不牢固的结构物上。线路作业中使用的滑车应有防止脱钩的保险装置，否则必须采取封口措施。使用开门滑车时，应将开门勾环扣紧，防止绳索自动跑出。

（3）拴挂固定滑车的桩或锚，应按土质不同情况加以计算，使之埋设牢固可靠。如使用的滑车可能着地，则应在滑车底下垫以木板，防止垃圾窜入滑车。

十四、流动式汽车机——汽车吊、斗臂车

1. 停放和行驶

（1）汽车起重机行驶时，应将臂杆放在支架上，吊钩挂在挂钩上并将钢丝绳收紧。车上操作室禁止坐人。

（2）起重机停放或行驶时，其车轮、支腿或履带的前端或外侧与沟、坑边缘的距离不准小于沟、坑深度的 1.2 倍；否则应采取防倾、防坍塌措施。

（3）汽车起重机及轮胎式起重机作业前，应先支好全部支腿后方可进行其他操作；作业完毕后，应先将臂杆完全收回，放在支架上，然后方可起腿。汽车式起重机除设计有吊物行走性能者外，均不得吊物行走。

2. 作业位置

作业时，起重机置于平坦、坚实的地面上，机身倾斜度不准超过制造厂的规定。不准在暗沟、地下管线等上面作业；不能避免时，应采取防护措施，不准超过暗沟、地下管线允许的承载力。

3. 在靠近带电体作业

（1）在带电设备区域内使用汽车吊、斗臂车时，车身应使用不小于 $16mm^2$ 的软铜线可靠接地。在道路上施工应设围栏，并设置适当的警示标志牌。

（2）作业时，起重机臂架、吊具、辅具、钢丝绳及吊物等与架空输电线及其他带电体的最小安全距离不准小于附表 1-5 的规定，且应设专人监护。

附表 1-5　　　　　　与架空输电线及其他带电体的最小安全距离

电压/kV	<1	1～10	35～63	110	220	330	500
最小安全距离/m	1.5	3.0	4.0	5.0	6.0	7.0	8.5

注　本表在国网《安规》线路部分中的表号是"表11-4"。

（3）长期或频繁地靠近架空线路或其他带电体作业时，应采取隔离防护措施。

4. 汽车吊试验、维护和保养

汽车吊试验应遵守《起重机试验、规范和程序》（GB/T 5905—2011），维护与保养应遵守 ZBJ 80001《汽车起重机和轮胎起重机维护与保养》的规定。

十五、高空作业车

高处作业车（包括绝缘型高空作业车、车载垂直升降机）应按 GB/T 9465—2008《高空作业车》标准进行试验、维护与保养。

第三节　施工机具的保管、检查和试验
国网条文：11.3.1～11.3.4

一、存放
（1）施工机具应有专用库房存放，库房要经常保持干燥、通风。
（2）对不合格或应报废的机具应及时清理，不准与合格的混放。

二、施工机具保养
施工机具应定期进行检查、维护、保养。施工机具的转动和传动部分应保持其润滑。

三、起重机具的检查、试验要求
起重机具的检查、试验要求应满足附表 1-6 的规定。

附表 1-6　　　　　起重机具检查和试验周期、质量参考标准

编号	起重工具名称	检查与试验质量标准	检查与预防性试验周期
1	白棕绳纤维绳	检查：绳子光滑、干燥无磨损现象 试验：以2倍容许工作荷重进行10min的静力试验，不应有断裂和显著的局部延伸现象	每月检查一次 每年试验一次
2	钢丝绳（起重用）	检查：①绳扣可靠无松动现象；②钢丝绳无严重磨损现象；③钢丝断裂根数在规程规定限度以内 试验：以2倍容许工作负荷进行10min的静力试验，不应有断裂和显著的局部延伸现象	每月检查一次（非常用的钢丝绳在使用前应进行检查） 每年试验一次

续表

编号	起重工具名称	检查与试验质量标准	检查与预防性试验周期
3	合成纤维吊装带	检查：吊装带外部护套无破损，内芯无断裂 试验：以 2 倍容许工作负荷重进行 12min 的静立试验，不应有断裂现象	每月检查一次 每年试验一次
4	铁链	检查：①铁链无严重锈蚀，无磨损；②链节无裂纹 试验：以 2 倍容许工作负荷重进行 10min 的静力试验，链条不应有断裂、显著的局部延伸及个别链节拉长现象	每月检查一次 每年试验一次
5	葫芦（绳子滑车）	检查：①葫芦滑轮完整灵活；②滑轮吊杆（板）无磨损现象，开口销完整；③吊钩无裂纹、变形；④棕绳光滑无任何裂纹现象（如有损伤需经详细鉴定）；⑤润滑油充分 试验：①新安装或大修后，以 1.25 倍容许工作荷重进行 10min 的静力试验后，以 1.1 倍容许工作荷重做动力试验，不应有裂纹、显著局部延伸现象；②一般的定期试验，以 1.1 倍容许工作负荷重进行 10min 的静力试验	每月检查一次 每年试验一次
6	声卡、卸扣等	检查：丝扣良好，表面无裂纹 试验：以 2 倍容许工作荷重进行 10min 的静力试验	每月检查一次 每年试验一次

第四节　安全工器具保管、使用、检查和试验

国网条文：11.4.1～11.4.3、附录 L

一、安全工器具保管

（1）安全工器具宜存放在温度为 $-15\sim+35℃$、相对湿度为 80％以下、干燥通风的安全工器具室内。

（2）安全工器具室内应配置适用的柜、架，并不得存放不合格的安全工器具及其他物品。

（3）携带型接地线宜存放在专用架上，架上的号码与接地线的号码应一致。

（4）绝缘隔板和绝缘罩应存放在室内干燥、离地面 200mm 以上的架上或专用的柜内，使用前应擦净灰尘。如果表面有轻度擦伤，应涂绝缘漆处理。

（5）绝缘工具在储存、运输时不得与酸、碱、油类和化学药品接触，并要防止阳光直射或雨淋。橡胶绝缘用具应放在避光的柜内，并撒上滑石粉。

二、安全工器具使用和检查

1. 外观检查

安全工器具使用前的外观检查应包括绝缘部分有无裂纹、老化、绝缘层脱落、严重伤痕，固定连接部分有无松动、锈蚀、断裂等现象。对其绝缘部分的外观有疑问时，应进行绝缘试验合格后方可使用。

2. 绝缘工器具使用要求

（1）绝缘操作杆、验电器和测量杆：允许使用电压应与设备电压等级相符。使用时，作业人员手不准越过护环或手持部分的界限。雨天在户外操作电气设备时，操作杆的绝缘部分应有防雨罩或使用带绝缘子的操作杆。使用时人体应与带电设备保持安全距离，并注

意防止绝缘杆被人体或设备短接，以保持有效的绝缘长度。

（2）绝缘隔板和绝缘罩：绝缘隔板和绝缘罩只允许在35kV及以下电压的电气设备上使用，并应有足够的绝缘和机械强度。用于10kV电压等级时，绝缘隔板的厚度不应小于3mm，用于35kV电压等级不应小于4mm。现场带电安放绝缘隔板及绝缘罩时，应戴绝缘手套、使用绝缘操作杆，必要时可用绝缘绳索将其固定。

3. 接地线使用要求

携带型短路接地线：接地线的两端夹具应保证接地线与导体和接地装置都能接触良好、拆装方便，有足够的机械强度，并在大短路电流通过时不致松脱。携带型接地线使用前应检查是否完好，如发现绞线松股、断股、护套严重破损、夹具断裂松动等均不准使用。

4. 登高工具和防护用具

（1）安全帽：安全帽使用前，应检查帽壳、帽衬、帽箍、顶衬、下颏带等附件完好无损。使用时，应将下颏带系好，防止工作中前倾后仰或其他原因造成滑落。

（2）安全带：其腰带和保险带、绳应有足够的机械强度，材质应有耐磨性，卡环（钩）应具有保险装置，操作应灵活。保险带、绳使用长度在3m以上的应加缓冲器。

（3）脚扣和登高板：金属部分变形和绳（带）损伤者禁止使用。特殊天气使用脚扣和登高板应采取防滑措施。

三、安全工器具试验

1. 应进行试验的安全工器具

（1）规程要求进行试验的安全工器具；

（2）新购置和自制的安全工器具；

（3）检修后或关键零部件经过更换的安全工器具；

（4）对安全工器具的机械、绝缘性能发生疑问或发现缺陷时。

（5）各类绝缘安全工器具到达试验周期时，各类绝缘安全工器具试验项目周期和要求见附录L（本书表4-2-2）。

2. 试验类型和试验单位

（1）各类安全工器具应经过国家规定的型式试验、出厂试验和使用中的周期性试验，并做好记录。

（2）安全工器具的电气试验和机械试验可由各使用单位根据试验标准和周期进行，也可委托有资质的试验研究机构试验。

3. 试验结果

安全工器具经试验合格后，应在不妨碍绝缘性能且醒目的部位粘贴合格证。

附录2 动火工作安全要求

一、动火工作

1. 动火作业

本规程所指动火作业，系指在禁火区进行焊接与切割作业及在易燃易爆场所使用喷灯、电钻、砂轮等进行可能产生火焰、火花和炽热表面的临时性作业。

（1）在防火重点部位或场所以及禁止明火区动火作业，应填用动火工作票。

（2）在重点防火部位和存放易燃易爆场所附近及存有易燃物品的容器上使用电、气焊时，应严格执行动火工作的有关规定，按有关规定填用动火工作票，备有必要的消防器材。

2. 动火工作票的分类

（1）动火工作票分为线路一级动火工作票和线路二级动火工作票，其划分标准如附表2-1所示。

附表 2-1　　　　　　　　　　动 火 管 理 级 别 划 定

级　别	动　火　范　围
一级	油区和油库围墙内；油管道及与油系统相连的设备，油箱（除此之外的部位列为二级动火区域）；危险品仓库及汽车加油站、液化气站内；变压器等注油设备、蓄电池室（铅酸）；其他需要纳入一级动火管理的部位
二级	油管道支架及支架上的其他管道；动火地点有可能火花飞溅落至易燃易爆物体附近；电缆沟道（竖井）内、隧道内、电缆夹层；调度室、控制室、通信机房、电子设备间、计算机房、档案室；其他需要纳入二级动火管理的部位

各单位可参照附表2-1和现场情况划分一级和二级动火区，制定出需要执行一级和二级动火工作票的工作项目一览表，并经本单位分管生产的领导或技术负责人（总工程师）批准后执行。

一级动火区，是指火灾危险性很大，发生火灾时后果很严重的部位或场所。在一级动火区动火作业，应填用一级动火工作票。

二级动火区，是指一级动火区以外的所有防火重点部位或场所以及禁止明火区。在二极动火区动火作业，应填用二级动火工作票。

动火工作票不准代替设备停复役手续或检修工作票、工作任务单和事故应急抢修单。并应在动火工作票上注明检修工作票、工作任务单和事故应急抢修单的编号。

（2）线路一级动火工作票格式，见附表2-2。

（3）线路二级动火工作票格式，见附表2-3。

（4）动火工作票应提前办理。一级动火工作票的有效期为24h，二极动火工作票的有效期为120h。动火作业超过有效期限，应重新办理动火工作票。

（5）动火工作完毕后，动火执行人、消防监护人、动火工作负责人和运行许可人应检查现场有无残留火种是否清洁等。确认无问题后，在动火工作票上填明动火工作结束时间，经四方签名后（若动火工作与运行无关，则三方签名即可），盖上"已终结"印章，动火工作方告终结。

（6）动火工作票保存1年。

附表 2-2   **线路一级动火工作票格式**

盖"合格/不合格"章   盖"已终结/作废"章

线路一级动火工作票

单位（车间）_____   编号_____

1. 动火工作负责人_____班组_____

2. 动火执行人_____

3. 动火地点及设备名称

_____

4. 动火工作内容（必要时可附页绘图说明）

_____

_____

5. 动火方式*

_____

*动火方式可填写焊接、切割、打磨、电钻、使用喷灯等。

6. 申请动火时间

自_____年_____月_____日_____时_____分

至_____年_____月_____日_____时_____分

7. （设备管理方）应采取的安全措施

_____

_____

8. （动火作业方）应采取的安全措施

_____

_____

动火工作票签发人签名_____

签发日期_____年_____月_____日_____时_____分

（动火作业方）消防管理部门负责人签名_____

（动火作业方）安监部门负责人签名_____

分管生产的领导或技术负责人（总工程师）签名_____

9. 确认上述安全措施已全部执行

动火工作负责人签名_____   运行许可人签名_____

许可时间_____年_____月_____日_____时_____分

10. 应配备的消防设施和采取的消防措施、安全措施已符合要求。可燃性、易爆气体含量或粉尘浓度测定合格。

（动火作业方）消防监护人签名_____

（动火作业方）安监部门负责人签名_____

（动火作业方）消防管理部门负责人签名_____

分管生产的领导或技术负责人（总工程师）签名_____

动火工作负责人签名_____动火执行人签名_____

许可动火时间_____年_____月_____日_____时_____分

11. 动火工作终结

动火工作于_____年_____月_____日_____时_____分结束，材料、工具已清理完毕，现场确无残留火种，参与现场动火工作的有关人员已全部撤离，动火工作已结束。

动火执行人签名_____（动火作业方）消防监护人签名_____

动火工作负责人签名_____运行许可人签名_____

12. 备注

（1）对应的检修工作票、工作任务单和事故应急抢修单编号_____

（2）其他事项

_____

_____

_____

附表 2－3　　　　　　　**线路二级动火工作票格式**

| 盖"合格/不合格"章 | 盖"已终结/作废"章 |

线路二级动火工作票

单位（车间）＿＿＿＿＿　　编号＿＿＿＿＿

1. 动火工作负责人＿＿＿＿＿＿班组＿＿＿＿＿＿＿

2. 动火执行人＿＿＿＿＿＿＿

3. 动火地点及设备名称

＿＿＿＿＿＿＿＿＿＿＿＿＿＿＿＿＿＿＿＿＿＿＿＿＿＿＿＿＿＿＿＿＿＿＿＿＿＿

4. 动火工作内容（必要时可附页绘图说明）

＿＿＿＿＿＿＿＿＿＿＿＿＿＿＿＿＿＿＿＿＿＿＿＿＿＿＿＿＿＿＿＿＿＿＿＿＿＿

＿＿＿＿＿＿＿＿＿＿＿＿＿＿＿＿＿＿＿＿＿＿＿＿＿＿＿＿＿＿＿＿＿＿＿＿＿＿

5. 动火方式＊

＿＿＿＿＿＿＿＿＿＿＿＿＿＿＿＿＿＿＿＿＿＿＿＿＿＿＿＿＿＿＿＿＿＿＿＿＿＿

＊动火方式可填写焊接、切割、打磨、电钻、使用喷灯等。

6. 申请动火时间

自＿＿＿＿年＿＿＿＿月＿＿＿＿日＿＿＿＿时＿＿＿＿分

至＿＿＿＿年＿＿＿＿月＿＿＿＿日＿＿＿＿时＿＿＿＿分

7. （设备管理方）应采取的安全措施

＿＿＿＿＿＿＿＿＿＿＿＿＿＿＿＿＿＿＿＿＿＿＿＿＿＿＿＿＿＿＿＿＿＿＿＿＿＿

＿＿＿＿＿＿＿＿＿＿＿＿＿＿＿＿＿＿＿＿＿＿＿＿＿＿＿＿＿＿＿＿＿＿＿＿＿＿

8. （动火作业方）应采取的安全措施

＿＿＿＿＿＿＿＿＿＿＿＿＿＿＿＿＿＿＿＿＿＿＿＿＿＿＿＿＿＿＿＿＿＿＿＿＿＿

＿＿＿＿＿＿＿＿＿＿＿＿＿＿＿＿＿＿＿＿＿＿＿＿＿＿＿＿＿＿＿＿＿＿＿＿＿＿

＿＿＿＿＿＿＿＿＿＿＿＿＿＿＿＿＿＿＿＿＿＿＿＿＿＿＿＿＿＿＿＿＿＿＿＿＿＿

动火工作票签发人签名＿＿＿＿＿＿＿

签发日期＿＿＿＿年＿＿＿＿月＿＿＿＿日＿＿＿＿时＿＿＿＿分

消防人员签名＿＿＿＿＿＿＿安监人员签名＿＿＿＿＿＿＿

分管生产的领导或技术负责人（总工程师）签名＿＿＿＿＿＿＿

9. 确认上述安全措施已全部执行

动火工作负责人签名＿＿＿＿＿＿＿＿　运行许可人签名＿＿＿＿＿＿＿＿

许可时间＿＿＿＿年＿＿＿＿月＿＿＿＿日＿＿＿＿时＿＿＿＿分

10. 应配备的消防设施和采取的消防措施、安全措施已符合要求。可燃性、易爆气体含量或粉尘浓度测定合格。

（动火作业方）消防监护人签名＿＿＿＿＿＿＿＿

（动火作业方）安监人员签名＿＿＿＿＿＿＿

动火工作负责人签名＿＿＿＿＿＿＿动火执行人签名＿＿＿＿＿＿＿

许可动火时间＿＿＿＿年＿＿＿＿月＿＿＿＿日＿＿＿＿时＿＿＿＿分

11. 动火工作终结

动火工作于＿＿＿＿年＿＿＿＿月＿＿＿＿日＿＿＿＿时＿＿＿＿分结束，材料、工具已清理完毕，现场确无残留火种，参与现场动火工作的有关人员已全部撤离，动火工作已结束。

动火执行人签名＿＿＿＿＿＿＿

（动火作业方）消防监护人签名＿＿＿＿＿＿＿

动火工作负责人签名＿＿＿＿＿＿＿运行许可人签名＿＿＿＿＿＿＿

12. 备注

（1）对应的检修工作票、工作任务单和事故应急抢修单编号＿＿＿＿＿＿＿

（2）其他事项

＿＿＿＿＿＿＿＿＿＿＿＿＿＿＿＿＿＿＿＿＿＿＿＿＿＿＿＿＿＿＿＿＿＿＿＿＿＿

＿＿＿＿＿＿＿＿＿＿＿＿＿＿＿＿＿＿＿＿＿＿＿＿＿＿＿＿＿＿＿＿＿＿＿＿＿＿

＿＿＿＿＿＿＿＿＿＿＿＿＿＿＿＿＿＿＿＿＿＿＿＿＿＿＿＿＿＿＿＿＿＿＿＿＿＿

＿＿＿＿＿＿＿＿＿＿＿＿＿＿＿＿＿＿＿＿＿＿＿＿＿＿＿＿＿＿＿＿＿＿＿＿＿＿

二、动火工作票的填写与签发

(1) 动火工作票应使用黑色或蓝色的钢（水）笔或圆珠笔填写与签发，内容应正确、填写应清楚，不准任意涂改。如有个别错、漏字需要修改，应使用规范的符号，字迹应清楚。用计算机生成或打印的动火工作票应使用统一的票面格式，由工作票签发人审核无误，手工或电子签名后方可执行。

动火工作票一般至少一式三份，一份由工作负责人收执，一份由动火执行人收执，一份保存在安监部门（或具有消防管理职责的部门，指一级动火工作票）或动火部门（指二级动火工作票）。若动火工作与运行有关，即需要运行值班人员对设备系统采取隔离、冲洗等防火安全措施者，还应多一份交运行值班人员收执。

(2) 一级动火工作票由申请动火部门（车间、分公司、工区）的动火工作票签发人签发，本部门（车间、分公司、工区）安监负责人，消防管理负责人审核、本部门（车间、分公司、工区）分管生产的领导或技术负责人（总工程师）批准，必要时还应报当地地方公安消防部门批准。

二级动火工作票由申请动火部门（车间、分公司、工区）的动火工作票签发人签发，本部门（车间、分公司、工区）、安监人员、消防人员审核，动火部门（车间、分公司、工区）分管生产的领导或技术负责人（总工程师）批准。

(3) 动火工作票经批准后，由工作负责人送交运行许可人。

(4) 动火工作票签发人不准兼任该项工作的工作负责人。动火工作票由动火工作负责人填写。

动火工作票的审批人、消防监护人不准签发动火工作票。

(5) 动火单位到生产区域内动火时，动火工作票由设备运行管理单位签发和审批，也可由动火单位和设备运行管理单位实行"双签发"。若动火单位为国家电网公司系统下属单位，可由动火单位签发动火工作票。

三、动火工作票所列人员的基本条件和安全责任

1. 基本条件

(1) 一、二级动火工作票签发人应是经本单位（动火单位或设备运行管理单位）考试合格并经本单位分管生产的领导或总工程师批准且书面公布的有关部门负责人、技术负责人或有关班组班长、技术员。

(2) 动火工作负责人应是具备检修工作负责人资格并经本单位考试合格的人员。

(3) 动火执行人应具备有关部门颁发的合格证。

2. 动火工作票所列人员的安全责任见附表2-4

附表2-4　　　　　　　　　动火工作票所列人员的安全责任

序号	动火工作票所列人员	安　全　责　任
1	动火工作票各级审批人员和签发人	(1) 检查工作的必要性； (2) 检查工作的安全性； (3) 检查工作票上所填安全措施是否正确、完备

序号	动火工作票所列人员	安　全　责　任
2	动火工作负责人	（1）正确、安全地组织动火工作； （2）负责检修应做的安全措施并使其完善； （3）向有关人员布置动火工作，交待防火安全措施和进行安全教育； （4）始终监督现场动火工作； （5）负责办理动火工作票开工和终结； （6）动火工作间断、终结时，检查现场有无残留火种
3	运行许可人	（1）检查工作票所列安全措施是否正确完备，是否符合现场条件； （2）检查动火设备与运行设备是否确已隔绝； （3）向工作负责人现场交待运行所做的安全措施是否完善
4	消防监护人	（1）负责动火现场配备必要的、足够的消防设施； （2）负责检查现场消防安全措施的完善和正确； （3）测定或指定专人测定动火部位（现场）可燃性气体、可燃液体的可燃气体含量是否符合安全要求； （4）始终监视现场动火作业的动态，发现失火及时扑救； （5）动火工作间断、终结时，检查现场有无残留火种
5	动火执行人	（1）动火前，应收到经审核批准且允许动火的动火工作票； （2）按本工种规定的防火安全要求做好安全措施； （3）全面了解动火工作任务和要求，并在规定的范围内执行动火； （4）动火工作间断、终结时，清理并检查现场有无残留火种

四、动火作业安全防火要求

（1）有条件拆下的构件，如油管、阀门等，应拆下来移至安全场所。

（2）可以采用不动火的方法代替而同样能够达到效果时，尽量采用替代的方法处理。

（3）尽可能地把动火时间和范围压缩到最低限度。

（4）凡盛有或盛过易燃、易爆等化学危险物品的容器、设备、管道等生产、储存装置，在动火作业前应将其与生产系统彻底隔离，并进行清洗置换，经分析合格后，方可动火作业。

（5）动火作业应有专人监护，动火作业前应清除动火现场及周围的易燃物品，或采取其他有效的安全防火措施，配备足够适用的消防器材。

（6）动火作业现场的通排风要良好，以保证泄漏的气体能顺畅排走。

（7）动火作业间断或终结后，应清理现场，确认无残留火种后，方可离开。

（8）下列情况禁止动火：

1）压力容器或管道未泄压前。

2）存放易燃易爆物品的容器未清理干净前。

3）风力达5级以上的露天作业。

4）喷漆现场。

5）遇有火险异常情况未查明原因和消除前。

五、动火现场监护

（1）一级动火在首次动火时，各级审批人和动火工作票签发人均应到现场检查防火安全措施是否正确、完备，测定可燃气体、易燃液体的可燃气体含量是否合格，并在监护下作明火试验，确无问题后方可动火。

二级动火时，本部门（车间、分公司、工区）分管生产的领导或技术负责人（总工程师）可不到现场。

（2）一级动火时，动火部门分管生产的领导或技术负责人（总工程师）、消防（专职）人员应始终在现场监护。

（3）二级动火时，动火部门应指定人员，并和消防（专职）人员或指定的义务消防员始终在现场监护。

（4）一、二级动火工作在次日动火前，应重新检查防火安全措施，并测定可燃气体、易燃液体的可燃气体含量，合格后方可重新动火。

（5）一级动火工作的过程中，应每隔 2～4h 测定一次现场可燃气体、易燃液体的可燃气体含量是否合格，当发现不合格或异常升高时应立即停止动火，在未查明原因或排除险情前不准动火。

六、焊接与切割作业

（1）不准在带有压力（液体压力或气体压力）的设备上或带电的设备上进行焊接。在特殊情况下需在带压和带电的设备上进行焊接时，应采取安全措施，并经本单位分管生产的领导（总工程师）批准。对承重构架进行焊接，应经有关技术部门的许可。

（2）禁止在油漆未干的结构或其他物体上进行焊接。

（3）在重点防火部位和存放易燃易爆场所附近及存有易燃物品的容器上使用电、气焊时，应严格执行动火工作的有关规定，按有关规定填用动火工作票，备有必要的消防器材。

（4）在风力超过 5 级及下雨雪时，不可露天进行焊接或切割工作。如必须进行时，应采取防风、防雨雪的措施。

（5）电焊机的外壳必须可靠接地，接地电阻不准大于 4Ω。

（6）气瓶的存储应符合国家有关规定。

（7）气瓶搬运应使用专门的抬架或手推车。

（8）用汽车运输气瓶时，气瓶不准顺车厢纵向放置，应横向放置并可靠固定。气瓶押运人员应坐在司机驾驶室内，不准坐在车厢内。

（9）禁止把氧气瓶及乙炔气瓶放在一起运送，也不准与易燃物品或装有可燃气体的容器一起运送。

（10）氧气瓶内的压力降到 0.2MPa（兆帕），不准再使用。用过的气瓶上应写明"空瓶"。

（11）使用中的氧气瓶和乙炔气瓶应垂直放置并固定起来，氧气瓶和乙炔气瓶的距离不准小于 5m，气瓶的放置地点不准靠近热源，应距明火 10m 以外。

七、携带型火炉或喷灯

使用携带型火炉或喷灯时，火焰与带电部分的距离：电压在 10kV 及以下者，不得小于 1.5m；电压在 10kV 以上者，不得小于 3m。不得在带电导线、带电设备、变压器、油断路器附近将火炉或喷灯点火。

　　使用火炉或喷灯所产生的油烟、热浪对电气绝缘的危害程度，与火焰至带电设备的距离有关。为了保证高速灼热气流的冲击不致使空气绝缘下降、瓷质表面受损、有机绝缘过热以及充油设备和渗漏油处易燃物品的安全，实践中应注意做好以下措施。

　　（1）在电气充油设备附近进行有关动火的工作，应严格遵守单位的防火制度。工作之前，对工作现场周围应先检查，有没有易燃易爆物品，并妥善地加以处置。

　　（2）使用火炉或喷灯应先在远处安全地带点火调试，待燃烧稳定后，才能移至近处作业地点。

　　（3）当喷灯喷出的火焰头部与带电设备的距离，10kV及以下等级不足1.5m，10kV以上不足3m时，应使用耐火绝缘挡板，将带电部分按表2-1中的规定，在设备不停电的安全距离以外进行隔离。注意该挡板应装设牢固，防止被热浪冲倒碰触带电设备。

附录3　生产现场安全要求

一、生产场所注意事项和生产场所安全设施

1. 生产场所注意事项

任何人进入生产现场（办公室、控制室、值班室和检修班组室除外）应正确佩戴安全帽。

2. 生产场所安全设施

（1）所有升降口、大小孔洞、楼梯和平台，应装设不低于1050mm高的栏杆和不低于100mm高的护板。如在检修期间需将栏杆拆除时，应装设临时遮栏，并在检修结束时将栏杆立即装回。临时遮栏应由上、下两道横杆及栏杆柱组成。上杆离地高度为1050~1200mm，下杆离地高度为500~600mm，并在栏杆下边设置严密、固定的高度不低于180mm的挡脚板。原有高度在1000mm的栏杆可不作改动。

（2）电缆线路，在进入电缆工井、控制柜、开关柜等处的电缆孔洞，应用防火材料严密封闭。

（3）工作场所的照明，应该保证足够的亮度，夜间作业应有充足的照明。

二、特种设备及卷尺、梯子的使用

（1）特种设备［锅炉、压力容器（含气瓶）、压力管道、电梯、起重机械、场（厂）内专用机动车辆］，在使用前应经特种设备检验机构检验合格，取得合格证并制定安全使用规定和定期检验维护制度。同时，在投入使用前或者投入使用后30日内，使用单位应当向直辖市或者设有区的市级特种设备安全监督管理部门登记。

（2）在带电设备周围禁止使用钢卷尺、皮卷尺和线尺（夹有金属丝者）进行测量工作。

（3）在户外变电站和高压室内搬动梯子、管子等长物，应两人放倒搬运，并与带电部分保持足够的安全距离。

（4）在变、配电站（开关站）的带电区域内或临近带电线路处，禁止使用金属梯子。

三、设备维护

（1）防护罩和栅栏。

机器的转动部分应装有防护罩或其他防护设备（如栅栏），露出的轴端应设有护盖，以防绞卷衣服。禁止在机器转动时，从联轴器（靠背轮）和齿轮上取下防护罩或其他防护设备。

（2）杆塔爬梯。

杆塔等的固定爬梯，应牢固、可靠。高百米以上的爬梯，中间应设有休息的平台，并应定期进行检查和维护。上爬梯应逐档检查爬梯是否牢固，上下爬梯应抓牢，两手不准抓一个梯阶。垂直爬梯宜设置人员上下作业的防坠安全自锁装置或速差自控器，并制定相应的使用管理规定。

四、一般电气安全注意事项

（1）检修动力电源箱的支路断路器都应加装剩余电流动作保护器，并应定期检查和试验。

（2）所有电气设备的金属外壳均应有良好的接地装置。使用中，不准将接地装置拆除或对其进行任何工作。

（3）手持电动工器具如有绝缘损坏、电源线护套破裂、保护线脱落、插头插座裂开或存在有损于安全的机械损伤等时，应立即进行修理，在未修复前，不得继续使用。

（4）遇有电气设备着火时，应立即将有关设备的电源切断，然后进行救火。消防器材的配备、使用、维护，消防通道的配置等应遵守 DL 5027—1993《电力设备典型消防规程》的规定。

五、工具使用注意事项

1. 用手操作的工具

（1）使用工具前应进行检查。

（2）大锤和手锤的锤头应完整，其表面应光滑微凸，不准有歪斜、缺口、凹入及裂纹等情形。大锤及手锤的柄应用整根的硬木制成，不准用大木料劈开制作，也不能用其他材料替代，应装得十分牢固，并将头部用楔栓固定。锤把上不可有油污。禁止戴手套或单手抡大锤，周围不准有人靠近。狭窄区域，使用大锤应注意周围环境，避免反击力伤人。

（3）用凿子凿坚硬或脆性物体时（如生铁、生铜、水泥等），应戴防护眼镜，必要时装设安全遮栏，以防碎片打伤旁人。凿子被锤击部分有伤痕不平整、沾有油污等，不准使用。

（4）锉刀、手锯、木钻、螺丝刀等的手柄应安装牢固，没有手柄的不准使用。

2. 机具

（1）使用机具前应进行检查，机具应按其出厂说明书和铭牌的规定使用，不准使用已变形、已破损或有故障的机具。

（2）使用钻床时，应将工件设置牢固后，方可开始工作。清除钻孔内金属碎屑时，应先停止钻头的转动。禁止用手直接清除铁屑。使用钻床时，不准戴手套。

（3）使用锯床时，工件应夹牢，长的工件两头应垫牢，并防止工件锯断时伤人。

（4）使用射钉枪、压接枪等爆发性工具时，除严格遵守说明书的规定外，还应遵守爆破的有关规定。

（5）砂轮应进行定期检查。砂轮应无裂纹及其他不良情况。砂轮应装有用钢板制成的防护罩，其强度应保证当砂轮碎裂时挡住碎块。防护罩至少要把砂轮的上半部罩住。禁止使用没有防护罩的砂轮（特殊工作需要的手提式小型砂轮除外）。砂轮机的安全罩应完整。

1）应经常调节防护罩的可调护板，使可调护板和砂轮间的距离不大于 1.6mm。

2）应随时调节工件托架以补偿砂轮的磨损，使工件托架和砂轮间的距离不大于 2mm。

3）使用砂轮研磨时，应戴防护眼镜或装设防护玻璃。用砂轮磨工具时应使火星向下。禁止用砂轮的侧面研磨。

（6）无齿锯应符合上述各项规定。使用时，操作人员应站在锯片的侧面，锯片应缓慢地靠近被锯物件，不准用力过猛。

3．电气工具和用具

（1）电气工具和用具应由专人保管，每 6 个月应由电气试验单位进行定期检查；使用前应检查电线是否完好，有无接地线；不合格的禁止使用；使用时，应按有关规定接好剩余电流动作保护器和接地线；使用中发生故障，应立即修复。

（2）电气工具和用具的电线不准接触热体，不要放在湿地上，并避免载重车辆和重物压在电线上。

（3）使用金属外壳的电气工具时，应戴绝缘手套。

（4）使用电气工具时，禁止提着电气工具的导线或转动部分。在梯子上使用电气工具，应做好防止感电坠落的安全措施。在使用电气工具工作中，因故离开工作场所或暂时停止工作以及遇到临时停电时，应立即切断电源。

4．电动工具

（1）电动工具应接地良好。

（2）单相移动式电动机械和单相手持式电动工具的电源线应使用三芯软橡胶电缆，其中一芯接相线，一芯接中性线，一芯接地线。

（3）三相移动式电动机械应使用四芯软橡胶电缆，其中三芯分别接 U、V、W 三相，一芯接地线。

（4）在 TN-S 供电系统中，应使用五芯软橡胶电缆，其中三芯分别接 U、V、W 三相，一芯接中性线，一芯接地线。

（5）连接电动机械及电动工具的电气回路应单独设开关或插座，并装设剩余电流动作保护器（漏电保护器），金属外壳应接地；电动工具应做到"一机一闸一保护"。

（6）长期停用或新领用的电动工具应用 500V 的绝缘电阻表测量其绝缘电阻，如带电部件与外壳之间的绝缘电阻值达不到 $2M\Omega$，应进行维修处理。对正常使用的电动工具也应对绝缘电阻进行定期测量、检查。

（7）电动工具的电气部分经维修后，应进行绝缘电阻测量及绝缘耐压试验，试验电压为 380V，试验时间为 1min。

（8）在潮湿或含有酸类的场地上以及在金属容器内应使用 24V 及以下电动工具，否则应使用带绝缘外壳的工具，并装设额定动作电流不大于 10mA、一般型（无延时）的剩余电流动作保护器，且应设专人不间断地监护。剩余电流动作保护器、电源连接器和控制箱等应放在容器外面。电动工具的开关应设在监护人伸手可及的地方。

六、潜水泵

（1）潜水泵应重点检查下列项目且应符合要求。

1）外壳不准有裂缝、破损。

2）电源开关动作应正常、灵活。

3）机械防护装置应完好。

4）电气保护装置应良好。

5）校对电源的相位，通电检查空载运转，防止反转。

（2）潜水泵工作时，泵的周围 30m 以内水面禁止有人进入。

附录 4 《电业安全工作规程》颁发 60 周年回顾

1.《电业安全工作规程》的产生

1949 年 10 月 1 日中华人民共和国成立，全国共有发电设备 185 万 kW，年发电量 43 亿 kWh。由于发电机组年久失修，普遍达不到铭牌出力，全国电业在燃料工业部领导下，强调安全第一，彻底检修设备，建立责任制，颁布事故统计规程和检修规程，建立以发、售电量和消耗指标为中心的定额管理制度，设备出力逐步恢复，安全生产情况逐步好转。

由于 1952 年电业死亡及重伤事故较 1951 年有大幅度增加，燃料工业部部长陈郁以（53）燃监字第 1864 号令提出了关于避免触电事故、避免断杆倒杆事故、避免登高摔跌事故的 10 项措施。在第一个五年计划期间，为使管理正规化，为使全国有统一的安全规程遵照执行，于 1955 年首次颁发了《电业安全工作规程（发电厂和变电所电气部分、高压架空线路部分）》。为加强技术管理，1954 年首先颁发了《电力工业技术管理暂行法规》，并制定了 30 多种专业规程；在电厂中推行了区域责任制；建立了各地中心试验所，加强技术监督；开展专业培训和岗位培训；建立了基本建设勘测、设计、施工、验收程序和立项、开工、竣工报告审批制度；实行了甲乙方分工协作制度。1955 年 7 月，燃料工业部撤销，一分为三，成立电力工业部、煤炭工业部和石油工业部。刘澜波任电力工业部部长，1955 年 9 月 1 日到职办公。

1956 年 4 月 29 日，以电力工业部命令形式，用（56）电技程字 63 号文颁发《消灭电业生产中的 20 种事故的命令》。这是继前燃料工业部陈郁部长提出消灭 14 种频发性的重大事故以后，结合当时情况提出了要消灭 20 种频发性的和比较严重的事故，要求各级领导发动和组织广大电业职工集中力量，尽快地予以消灭。电力工业部于 1957 年又颁发了《电力工业技术管理暂行法规的修正部分》。

1958 年 2 月，电力工业部和水利部合并为水利电力部。水利电力部对《电力工业技术管理暂行法规》进行了全面审查与修订。于 1958 年 9 月 11 日以（59）水电技程字第 220 号文颁发《电力工业技术管理法规》，并自颁发即日起生效，燃料工业部于 1954 年颁发的《电力工业技术管理暂行法规》及前电力工业部于 1957 年颁发的该暂行法规的"修正部分"一律作废。1962 年首次颁发《电业安全工作规程（热力和机械部分）》，在 1958—1965 年先后颁发了《火力发电厂检修规程》《动力系统调度管理规程》《锅炉运行规程》《汽轮机运行规程》《发电机运行规程》《变压器运行规程》《发电厂厂用电动机运行规程》《电力电缆运行规程》《蓄电池运行规程》《高压架空线路运行规程》《火力发电厂钢球磨煤机制粉系统运行规程》《电气事故处理规程》《电气测量仪表检验规程》《继电保护系统自动装置检测条例》等 14 种规程。

《电业安全工作规程（发电厂和变电所电气部分、高压架空线路部分）》于 1955 年颁发，《电业安全工作规程（热力和机械部分）》于 1962 年首次颁发，电力行业的安全工作从此有了一套系统的分工不分家的贯穿"安全第一，预防为主，综合治理"方针，执行以人为本、关心职工安全健康和福利的根本大法——《电业安全工作规程（发电厂和变电所电气部分、高压架空线路部分、热力和机械部分）》。它不仅是电力系统发电、供电、农电单位应该遵守的基本规程，而且也是修造、基建、安装、设计、试验等部门应遵守执行的基本规程。同时也是各行各业中的企业自备电厂、企业变电所、企业电力线路工作人员应遵守执行的基本规程。

2.《电业安全工作规程》的修订完善

在水利电力部将水电分家的前 1～2 年，水利电力部以（77）水电生字第 113 号文颁发《电业安全工作规程》（发电厂和变电所电气部分、电力线路部分）。这是执行 20 多年的前燃料工业部颁发的《电业安全工作规程（发电厂和变电所电气部分、高压架空线路部分）》的修订，并更名。水利电力部以（78）水电生字第 158 号文颁发经过修订的《电业安全工作规程（热力和机械部分）》，并于 1979 年 1 月开始实行。

随之，水利电力部分为水利部和电力工业部，又于 1982 年两部重新合并为水利电力部。

1988 年水利电力部再度分家，电力与煤炭、石油井为能源部，原水利电力部中的电业管理部分成立中国电力企业联合会，简称"中电联"。

能源部成立伊始，于 1989 年 4 月 3 日以能源安保〔1989〕304 号文颁发《电业安全工作规程》附件《紧急救护法》。能源部在制定《紧急救护法》的过程中，除广泛征求了长期从事电业安全工作专家的意见外，也征求了部分医疗、救护等有关方面专家的意见并经卫生部医政司同意，能源部要求把《紧急救护法》作为《电业安全工作规程》（发电厂和变电所电气部分、电力线路部分、热力和机械部分）的附件，和规程正文一样认真学习、贯彻执行。

3.《电业安全工作规程》纳入电力行业标准系列

能源部以能源安保〔1991〕204 号文颁发《电业安全工作规程（发电厂和变电所电气部分、电力线路部分）》，并将该规程纳入了中华人民共和国行业标准的 DL（电力行业）部分，给予了标准号，属于强制性标准。这就是直到今天我们仍然执行的 DL 408—1991《电业安全工作规程（发电厂和变电所电气部分）》、DL 409—1991《电业安全工作规程（电力线路部分）》。这是对《电业安全工作规程》所作的第二次大的、较全面的修订，并把按附件颁发的《紧急救护法》，作为修订后《电业安全工作规程》的附录。

1993 年能源部撤消，电力工业部重新成立。于 1994 年 4 月以电安生〔1994〕227 号文对《电业安全工作规程（热力和机械部分）》的部分条款进行修改补充。《电业安全工作规程（热力和机械部分）》自 1978 年修订颁发已执行 16 年，其中一些条款已不适用，需要修改和补充。在对该规程进行全面修订之前，仅对其中一些条款做部分修改补充，在条文前加"＊"，并增加"热力机械工作票制度的补充规定"。电力工业部这次对《电业安全工作规程（热力和机械部分）》的修改，没有增加和改变原条文数及编排顺序，只有相应条文中的修改或补充。"热力机械工作票制度的补充规定"是对原规程中的第二章热力和机械工作票制度的补充。因篇幅较大，列于正文之后。1994 年版《电业安全工作规程（热力和机械部分）》对 1978 年版《电业安全工作规程（热力和机械部分）》进行修改和补充的条文，计有第 13 条、第 24 条、第 29 条、第 31 条、第 32 条、第 38 条、第 46 条、第 54 条、第 57 条、第 122 条、第 125 条、第 132 条、第 133 条、第 147 条、第 170 条、第 200 第、第 206 条、第 209 条、第 239 条、第 361 条、第 381 条、第 436 条、第 437 条、第 445 条、第 521 条、第 528 条、第 548 条、第 552 条、第 579 条、第 602 条、第 664 条、第 666 条、第 669 条、第 693 条、第 731 条、第 760 条等共 37 条和增加"热力机械工作票制度的补充规定"等 24 条。

1995 年电力工业部又将《电业安全工作规程》补充了新鲜血液，《电业安全工作规程（高压试验室部分）》作为电力行业标准 DL 560—1995 诞生了。此后，《电业安全工作规程》就形成了系列标准，其中 3 个纳入电力行业标准即 DL 408、DL 409 和 DL 560，还有一个没有行业标准号，仍属"部颁规程"。

4. 《电业安全工作规程》在新世纪的修订酝酿

2000 年 7 月，国家电力公司召开了国家电力公司系统安全处长会议，时任国家电力公司总工程师的张贵行在讲话中谈到：目前执行的《电业安全工作规程》包括发电厂和变电所电气部分、电力线路部分、热力和机械部分，总的说来是在电力系统几十年的安全生产工作中起到了重大基础的作用。随着电力工业的发展和科技的进步，原有规程已不能满足现时的需要，如微机开操作票问题、明显间断点问题、GIS 验电问题、线路工作个人小防护地线问题等。这就要把哪些条文需要修改、哪些条文需要补充的问题提出来，然后确定修改的方案。这是一个难度非常大的工作，而且也是一个影响非常大的工作，必须慎重。但从发生的一些事故来看，并不是《电业安全工作规程》不能满足需要而发生的，而是不严格执行《电业安全工作规程》造成的。违章作业，特别是误操作事故，仍然屡禁不止。随后，在研究、制订和落实防误的组织措施和技术措施方面做了大量工作，成效也是明显的。但从 2000 年以来，误操作事故又有上升的趋势；仅 2000 年 1—5 月就发生 14 起恶性误操作事故，这些事故有不检查设备状态，开出错误工作票的：有不按操作票命令，漏项操作的：也有擅自解锁的；还有酗酒后工作，扛着金属梯子在变电站乱窜的；更有群体违章，不模拟、不开操作票、不验电的，连最基本的要求都不遵守，可见问题严重到何种地步。2000 年 6 月 1 日，某电业局的一座 220kV 变电站，由于变电站当班职工严重违反《电业安全工作规程》倒闸操作的一系列规定，不模拟、不开票，在装设接地线前不验电，导致 220kV 两座变电站失压，损失负荷 110 MW；接地短路的弧光导致穿着化纤长裤的一名操作人员两脚烧伤。由此看出，不是《电业安全工作规程》过时，不适用当前情况了，而是职工的安全意识和业务素质不能适应工作的需要，其根源就是领导的安全思想不到位，我们的安全管理工作不到位。在《电业安全工作规程》执行有效性的前提下，积极组织对《电业安全工作规程》中的安全管理模式和技术政策进行深入研究。在保证安全的情况下，解决好如何适应新设备、新技术的问题：解决好如何适应减员增效的问题；解决好如何适应社会对缩短停电时间的要求。

张贵行总工程师讲话的中心思想就是，《电业安全工作规程》不能满足当前个别方面的需要是"小处"，《电业安全工作规程》的基础作用是"大处"。不能因为酝酿修改，而放松执行力度；不能因为个别地方的不适应，而否定其精髓。问题的严重性不是规程不适应而造成了不安全和引发了事故，恰恰相反，是连最基本的安全要求都不遵守而引发了事故。因此，对于处于班级基层的安全员和劳动者，应把不折不扣执行《电业安全工作规程》放在一切工作的首位。这是我们护身的法宝、安全的武器。

2002年年底，国务院对国家电力公司进行电力体制改革，将其分为国家电网公司、中国南方电网有限责任公司和五大发电集团公司以后，修订《电业安全工作规程》的主体单位消失了。国家电力公司主要职能移交于国家电网公司，因此国家电网公司于2004年4月召开国家电网公司下属企业安全处长工作会议，决定将《电业安全工作规程（发电厂和变电所电气部分、电力线路部分）》自行修订，修订后作为企业标准执行，等成熟后推荐作为修订DL 408、DL 409的报批稿。

（1）国家电网公司制定《电力安全工作规程》。

由于电力行业标准神圣不可动摇的地位，不是任何一个单位说一改就能改得了的。因此，国家电网公司为适应电网生产技术进步和管理体制变化的要求，为加强电力生产现场的安全管理，在电力行业标准DL 408—1991《电业安全工作规程（发电厂和变电所电气部分）》、DL 409—1991《电业安全工作规程（电力线路部分）》的基础上，制定了国家电网公司《电力安全工作规程（变电站和发电厂电气部分、电力线路部分）》（试行），于2005年2月17日以国家电网安监〔2005〕83号文通知下发，自2005年3月1日起在国家电网公司系统内试行。国家电网公司成立后，颁发了不少属于企业标准性质的规程、规定。

2005年版国网安规在安全管理技术措施上有较大突破，明确了单人操作、检修人员操作、间接验电、计算机开操作票等重点内容，得到了公司系统的普遍认可和生产实践的有效检验。2009年国家电网公司又对2005年版国网安规进行了修编，其修编重点是增补了＋500kV及以上直流输电部分、750kV交流部分、1000kV特高压交流部分等相关内容，同时对2005年版国网安规中的一些难点进行修改、完善及详述，保持国网安规的适时性、实用性、全面性。并将2005年版《国家电网公司电力安全工作规程（变电站和发电厂电气部分）、（电力线路部分）》更名为《国家电网公司电力安全工作规程（变电部分）、（线路部分）》，自2009年8月1日起执行，原2005年版《安规》同时作废。

（2）南方电网公司制定企业标准。

中国南方电网有限责任公司在尊重电力行业标准权威性的基础上，结合自己的实际情况，按照标准化工作要求，于2004年制定了12项生产标准，2005年又制定了多项标准，并赋予企业标准号。他们制定企业标准的目的非常明确，方法十分对头。这就是按照中国南方电网有限责任公司管理思想现代化、管理制度规范化、管理手段信息化、管理机制科学化的要求，科学地建立和健全中国南方电网有限责任公司标准体系，指导和规范电网安全生产工作。

中国南方电网有限责任公司颁发的生产标准有：《变电运行管理标准》、《架空线路及电缆运行管理标准》、《发电运行管理标准》、《变电站安健环设施标准》、《架空线路及电缆安健环设施标准》、《电气工作票技术规范（发电、变电部分）》、《电气工作票技术规范（线路部分）》、《电气操作导则》、《电力设备预防性试验规程》、《继电保护及安全自动装置检验条例》、《输变电设备状态评价标准》等。

中国南方电网有限责任公司没有像国家电网公司制定自己的安全标准，而是将电力行业标准《电业安全工作规程》执行中突出的一些问题，以企业标准的形成更加严格地提了出来，如《电气工作票技术规范（发电、变电部分）》（Q/CSG 10004—2004）、《电气工作票技术规范（线路部分）》（Q/CSG 10005—2004）、《电气操作导则》（Q/CSG 10006—2004）。这种态度和做法值得提倡和效法。这比将行业标准和修改意见揉在一起形成的企业标准更具有针对性和可操作性，而且执行企业标准也代替不了行业标准。

5. 国家标准《电力（业）安全工作规程》发布实施

随着电力技术装备不断升级壮大，电力新技术不断推广应用，电力生产的自动化水平不断提高，为了使行业标准和部颁规程更能适应当前电力生产的需要，提高电力安全生产水平，中国电力企业联合会标准化管理中心组织大唐国际发电股份有限公司、国家电网公司、中国南方电网有限责任公司、中国大唐集团公司、浙江省能源集团有限公司、国网电力科学研究院等单位在行标、部颁电业安全工作规程的基础上，重新起草了《电力（业）安全工作规程》，并上升为强制性国家标准。它们分别是：

《电业安全工作规程　第 1 部分：热力和机械》（GB 26164.1—2010）

《电力安全工作规程　电力线路部分》（GB 26859—2011）

《电力安全工作规程　发电厂和变电站电气部分》（GB 26860—2011）

《电力安全工作规程　高压试验室部分》（GB 26861—2011）

（1）国家标准《电力（业）安全工作规程》适用范围。全国发电、输变电、供电、农电、调度、试验、修造、勘测设计、施工企业以及电力用户、用电企业中凡是涉及《电力（业）安全工作规程》条文中的工作、作业内容的工人、技术员、工程师和管理人员等，都必须严格遵守和贯彻落实系列国标安规的规定。以保证作业人员的生命安全、电力生产设备设施的安全和电网的安全、稳定、经济运行。

（2）国家标准《电业安全工作规程（热力和机械部分）》的编写，基本上保留了原版《电业安全工作规程（热力和机械部分）》的框架和相关内容，吸收了近年来电力设备技术发展的成果，除常规发电设备系统内容外，又增加了脱硫、脱氮、干除灰（渣）以及循环流化床、空冷塔、卸煤码头等内容；同时，也总结吸收了近年安全生产事故案例的教训；针对电力管理体制改革的实际情况，规范条款的设置，适合新体制下的操作执行。标准条文按国家标准的规定格式进行编排，共分 18 章和 4 个附录。

（3）国家标准《电力安全工作规程（发电厂和变电站电气部分）》的编写，是在行业标准 DL 408—1991《电业安全工作规程发电厂和变电所电气部分》的基础上，依据国家有关法律、法规，总结实践经验并结合近年来电力工业装备的进步、电力经营和用电现状、电力技术发展、安全状况以及电力体制改革实际编制的，共分 16 章和 7 个附录。

（4）国家标准《电力安全工作规程（电气线路部分）》的编写，是在电力行业标准 DL 409—1991《电业安全工作规程（电力线路部分）》的基础上，依据国家有关法律、法规，总结实践经验并结合近年来电力工业装备的进步、电力经营和用电现状、电力技术发展、安全状况以及电力体制改革实际编制的，共设 12 章，合计 290 条，设有 7 个附录。

（5）国家标准《电力安全工作规程（高压试验室部分）》的编写，是在电力行业标准 DL 560—1995 的基础上，总结实践经验并结合近年来高电压试验装备的进步、高电压试验技术的发展而编写的，保留了 DL 560—1995 的主要内容。该标准在适用范围中增加了"按本标准要求形成试区的变电站、发电厂现场高压试验。"，在安全管理中吸收了近 10 余年的实践经验，在技术内容中增加了比 DL 560 更高的试验电压值对应的"安全距离"。该标准按照适应目前适用范围的高电压试验、略有超前的原则规定，共分 8 章 31 条，没有附录。

附录5　《电力安全工作规程　电力线路部分》考试试卷实例

陕西省电力公司 2014 年秋季《安规》调考试卷一
（线路工作负责人）

题号	一	二	三	四	五	六	七
得分							

一、填空题（每空 1 分，共 20 分）

1. 各类作业人员应被告知其作业现场和工作岗位存在的_____因素、防范措施及_____措施。

2. 第一种工作票，每张只能用于_____或同一个电气连接部位的几条供电线路或同（联）杆塔架设且同时_____的几条线路。

3. 工作票一份交工作负责人，一份留存工作票签发人或_____处。工作票应提前交给_____。

4. 进行电力线路施工作业，工作票签发人或工作负责人认为有必要现场勘察的检修作业，_____、_____单位均应根据工作任务组织现场勘察，并填写_____。

5. 白天工作间断时，恢复工作前，应检查_____等各项安全措施的完整性。

6. 承发包工程中，工作票可实行_____形式。签发工作票时，双方_____在工作票上分别签名，各自承担本规程工作票签发人相应的安全责任。

7. 创伤急救原则上是先_____，后固定，再_____，并注意采取措施，防止伤情加重或污染。

8. 接地线拆除后，应即认为_____，不准任何人再登杆进行工作。多个小组工作，工作负责人应得到_____工作结束的汇报。

9. 使用验电器验电前，应先在有电设备上进行试验，确认_____；无法在有电设备上进行试验时可用_____等确证验电器良好。

10. 安全带的挂钩或绳子应挂在_____的构件或专为挂安全带用的钢丝绳上，并应采用_____的方式。

二、单选题（每题 1 分，共 15 分）

1. 带电作业或与邻近带电设备距离小于《安规》表 5－1 规定的工作，应填写（ ）工作票。

　A. 第一种　　　　　　　B. 第二种　　　　　　　C. 带电作业

2. 第一种工作票，每张只能用于一条线路或（ ）电气连接部位的几条供电线路或同（联）杆塔架设且同时停送电的几条线路。

　A. 不同　　　　　　　　B. 同一　　　　　　　　C. 临近

3. 一张工作票下设多个小组工作，工作结束后，由小组负责人交回工作任务单，向（ ）办理工作结束手续。

　A. 工作票签发人　　　　B. 工作负责人　　　　　C. 工作许可人

4. 第一、二种工作票和带电作业工作票的有效时间，以（ ）的检修期为限。

　A. 计划　　　　　　　　B. 批准　　　　　　　　C. 实际

5. 填用（ ）工作票时，不需要履行工作许可手续。

　A. 电力线路第一种　　　B. 电力线路第二种　　　C. 带电

6. 下列哪项不属于工作终结后工作负责人向工作许可人报告的方法。（ ）

　A. 派人转达　　　　　　B. 当面报告　　　　　　C. 用电话报告并经复诵无误

7. 验电器无法在有电设备上进行试验时，可用（ ）等确证验电器良好。

　A. 工频高压发生器　　　B. 高压发生器　　　　　C. 高频信号发生器

8. 对同杆塔架设的多层电力线路挂接地线时，应（ ）。

　A. 先挂低压、后挂高压，先挂下层、后挂上层，先挂近侧、后验远侧

　B. 先挂高压、后挂低压，先挂上层、后挂下层，先挂近侧、后挂远侧

　C. 先挂低压、后挂高压，先挂上层、后挂下层，先挂近侧、后挂远侧

9. 成套接地线应由有（ ）的多股软铜线组成。

　A. 护套　　　　　　　　B. 绝缘护套　　　　　　C. 透明护套

10. 在带电线路杆塔上的工作，风力应不大于（ ）。

　A. 4 级　　　　　　　　B. 5 级　　　　　　　　C. 6 级

11. 作业人员与绝缘架空地线之间的距离不应小于（ ）。

　A. 0.4m　　　　　　　　B. 0.5m　　　　　　　　C. 0.7m

12. 验电器、绝缘杆的工频耐压试验周期为（ ）。

　A. 三个月　　　　　　　B. 半年　　　　　　　　C. 一年

13. 在杆塔上水平使用梯子时，应使用特制的（ ）梯子。工作前应将梯子两端与固定物可靠连接，一般应由一人在梯子上工作。

　A. 专用　　　　　　　　B. 铝合金　　　　　　　C. 绝缘

14. 巡线工作应由有（ ）的人员担任。（ ）应考试合格并经工区（公司、所）分管生产领导批准。

　A. 电力线路工作经验；单独巡线人员

B. 从事电力线路工作；运行人员

C. 掌握线路运行知识；巡视人员

15. 在杆塔上作业时，应使用有后备绳或速差自锁器的双控背带式安全带，当后保护绳超过（　　）时，应使用缓冲器。安全带和保护绳应分挂在杆塔不同部位的牢固的构件上，后备保护绳（　　）对接使用。

A. 2m、可以　　　　　　　B. 3m、不准　　　　　　　C. 4m、严禁

三、多选题（每题 1.5 分，共 15 分，少选多选均不得分）

1. 下列哪些工作需填用电力线路第二种工作票。（　　）

A. 带电线路杆塔上且与带电导线最小安全距离不小于《安规》表 5-1 规定的工作

B. 直流接地极线路上不需要停电的工作

C. 在全部或部分停电的配电设备上的工作

D. 在运行中的配电设备上的工作

2. 许可开始工作的命令，应通知工作负责人。其方法可采用（　　）。

A. 当面通知　　　　　　　B. 电话下达　　　　　　　C. 派人送达

3. 专责监护人应是具有（　　）的人员。

A. 相关工作经验　　　　　　　　　　B. 熟悉人员工作能力

C. 熟悉设备情况　　　　　　　　　　D. 熟悉本规程

4. 在交叉档内（　　）的工作，只有停电检修线路在带电线路下面时才可进行，应采取防止导、地线产生跳动或过牵引而与带电导线接近至《安规》表 5-2 安全距离以内的措施。

A. 松紧导、地线　　　　B. 降低导、地线　　　　C. 架设导、地线

5. （　　）巡线应由两人进行。

A. 夜间　　　　　　　　　　　　　　B. 电缆隧道

C. 野外农村　　　　　　　　　　　　D. 偏僻山区

6. 涉及登杆作业下列叙述正确的是（　　）。

A. 登杆塔前，应先检查登高工具、设施，如脚扣、升降板、安全带、梯子和脚钉、爬梯、防坠装置等是否完整牢靠

B. 禁止携带器材登杆或在杆塔上移位

C. 禁止利用绳索、拉线上下杆塔或顺杆下滑

D. 攀登有覆冰、积雪的杆塔时，应采取防滑措施

7. 夜间、大风及特殊巡视以下叙述正确的是（　　）。

A. 夜间巡线应沿线路外侧进行

B. 大风时，巡线应沿线路上风侧前进，以免万一触及断落的导线

C. 特殊巡视应注意选择路线，防止洪水、塌方、恶劣天气等对人的伤害。

D. 巡线时禁止泅渡。

8. 进行杆塔、配电变压器和避雷器的接地电阻测量工作时的规定有（　　）。

A. 杆塔、配电变压器和避雷器的接地电阻测量工作，可以在线路和设备带电的情况

下进行

B. 解开或恢复配电变压器和避雷器的接地引线时，应戴绝缘手套

C. 禁止直接接触与地断开的接地线

9. 如需在绝缘架空地线上作业时，可采用（　　）方式进行。

A. 用接地线将其可靠接地

B. 用个人保安线将其可靠接地

C. 等电位方式

10. 施工机具应由（　　）的人员操作和使用。

A. 了解其性能　　　　　　B. 熟悉使用知识　　　　　　C. 有资格认证

四、判断题（每题 1 分，共 10 分。请在括号中写"对"或"错"）

1. 风力超过 6 级时，禁止砍剪高出或接近导线的树木。（　　）

2. 对同杆塔架设的多层电力线路进行验电时，禁止工作人员穿越未经验电、接地的 35kV 及以下线路对上层线路进行验电。（　　）

3. 装、拆接地线应在监护下进行。（　　）

4. 装、拆接地线均应使用绝缘棒或专用的绝缘绳。人体不准碰触未接地的导线。（　　）

5. 夜间巡线应沿线路内侧进行；大风时，巡线应沿线路下风侧前进，以免万一触及断落的导线。（　　）

6. 第一、第二种工作票的延期可以办理多次。（　　）

7. 采用临时接地体时，临时接地体的截面积不准小于 $190mm^2$（如 $\phi16$ 圆钢）。（　　）

8. 在城区、人口密集区地段或交通道口和通行道路上施工时，工作场所周围应装设遮栏（围栏），并在相应部位装设标示牌。（　　）

9. 同杆塔多回线路中部分线路停电的工作，在停电线路一侧吊起或向下放落工具、材料等物体时，应使用绝缘无极绳圈传递。（　　）

10. 为防止树木（树枝）倒落在导线上，应设法用绳索将其拉向与导线相同的方向。（　　）

五、简答题（每题 3 分，共 15 分）

1. 现场勘察应查看哪些内容？

2. 线路作业应填用第一种工作票的工作有哪些？

3. 在同杆塔架设的多层电力线路进行验电时的顺序有何规定？

4. 什么是事故应急抢修工作？

5. 在电力线路上工作保证安全的技术措施有哪些？

六、案例分析题（10 分）

事故经过：××××年×月××日下午 1 时 30 分，某公司接到××变电站平桥乡 10kV 支农 106 线 821 开关故障跳闸的通知，经巡线检查发现，故障为支农 106 线 34 号杆

上的高压跌落式熔断器烧坏，需要及时更换。当班调度员要求值班外线工，迅速赶到现场对支农 106 线的 34 号杆跌落式熔断器进行更换。抢修人员李某和杨某驱车来到故障现场。李某用手机与××变电站的运行人员张某说是抢修，就不办理工作票了，请张某在 821 开关出线侧挂接地线。下午 3 时 30 分左右，张某电话通知李某，支农 106 线的电已经停了，挂了接地线，可以工作了。此时，李某和杨某到达支农 106 线 36 号杆，李某告诉杨某可以登杆检修了，当杨某登上杆正准备更换保险时，突然一声闷响，右手发出哧哧的火光，杨某当场被电击昏迷。现场工作负责人李某马上打电话通知变电站停电，之后才知道登错了杆，李某火速从杆上把杨某救下，经过人工呼吸抢救无效死亡。支农 106 线 35 号杆上装有柱上断路器（事故前已断开），35 号大号侧由另一个变电站供电，36 号杆上装有高压跌落式熔断器。

事故原因分析及违反《安规》的行为：

七、模拟开票题（15 分）

（一）题目：330kV 桃源线更换间隔棒、防振锤

1. 工作任务素材（临近带电线路停电检修工作）：

1）工作单位：输电运检工区

2）工作内容：3791 桃源线路＃107～＃108 更换 C 相间隔棒，＃112 更换 A 相小号侧导线防振锤

3）工作班组：检修一班

4）工作负责人：王亮

5）工作班成员：张×× 王×× 李×× 田×× 董×× 金××6 人

6）工作票签发人：田亮

7）调度值班员：许三

8）计划工作时间：2012 年 11 月 9 日 8：00－17：30

9）接线图（见附图）

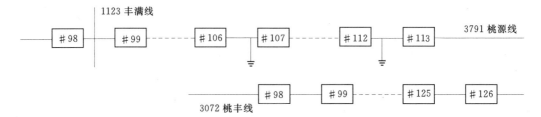

2. 其他说明：

1）3791 桃源线＃107～＃112 塔与带电运行的 330kV3072 桃丰线路＃98～＃126 塔邻近，桃源线色标为红色，桃丰线路色标为黄色。

2）3791 桃源线＃98～＃99 跨越带电运行的 110kV1123 丰满线路＃28～＃29。

3）工作期间，12：25 增加一名工作成员章×。

4）工作负责人 17：05 办理工作票终结。

5）根据以上条件填写 1～12 项，编号自定。

电力线路第一种工作票

单位＿＿＿＿＿＿＿＿＿＿＿＿＿＿　　　　　　　　　　编号＿＿＿＿＿＿

1．工作负责人（监护人）＿＿＿＿＿＿＿　　　　　　班组＿＿＿＿＿＿

2．工作班人员（不包括工作负责人）：＿＿＿＿＿＿＿＿＿＿＿＿＿＿＿＿＿＿＿

＿＿＿＿＿＿＿＿＿＿＿＿＿＿＿＿＿＿＿＿＿＿＿＿＿＿共＿＿＿人。

3．工作的线路或设备双重名称（多回路应注明双重称号）：

＿＿＿＿＿＿＿＿＿＿＿＿＿＿＿＿＿＿＿＿＿＿＿＿＿＿＿＿＿＿＿＿＿＿＿

4．工作任务

工作地点或地段 （注明分、支线路名称、线路的起止杆号）	工作内容

5．计划工作时间：自＿＿＿年＿＿＿月＿＿＿日＿＿＿时＿＿＿分

　　　　　　　　至＿＿＿年＿＿＿月＿＿＿日＿＿＿时＿＿＿分

6．安全措施（必要时可附页绘图说明）

6.1　应改为检修状态的线路间隔名称和应拉开的断路器（开关）、隔离开关（刀闸）、熔断器（包括分支线、用户线路和配合停电线路）：

＿＿＿＿＿＿＿＿＿＿＿＿＿＿＿＿＿＿＿＿＿＿＿＿＿＿＿＿＿＿＿＿＿＿＿

6.2　保留或邻近的带电线路、设备：

＿＿＿＿＿＿＿＿＿＿＿＿＿＿＿＿＿＿＿＿＿＿＿＿＿＿＿＿＿＿＿＿＿＿＿

＿＿＿＿＿＿＿＿＿＿＿＿＿＿＿＿＿＿＿＿＿＿＿＿＿＿＿＿＿＿＿＿＿＿＿

＿＿＿＿＿＿＿＿＿＿＿＿＿＿＿＿＿＿＿＿＿＿＿＿＿＿＿＿＿＿＿＿＿＿＿

6.3　其他安全措施和注意事项（该项不填写）：＿＿＿＿＿＿＿＿＿＿＿＿＿

＿＿＿＿＿＿＿＿＿＿＿＿＿＿＿＿＿＿＿

6.4　应挂的接地线

线路名称及杆号				
接地线编号				

工作票签发人签名＿＿＿＿＿＿＿　＿＿＿年＿＿＿月＿＿＿日＿＿＿时＿＿＿分

工作负责人签名＿＿＿＿＿＿＿　＿＿＿年＿＿＿月＿＿＿日＿＿＿时＿＿＿分收到工作票

7．确认本工作票1～6项，许可工作开始

许可方式	许可人	工作负责人签名	许可工作的时间			
			年	月	日	时 　　分

8．确认工作负责人布置的任务和本施工项目安全措施

工作班组人员签名：

＿＿＿＿＿＿＿＿＿＿＿＿＿＿＿＿＿＿＿＿＿＿＿＿＿＿＿＿＿＿＿＿＿＿＿

9．工作负责人变动情况：

＿＿＿＿＿＿＿＿＿＿＿＿＿＿＿＿＿＿＿＿＿＿＿＿＿＿＿＿＿＿＿＿＿＿＿

10．工作人员变动情况：

增添人员 姓名	日	时	分	工作负责人 签名	离去人员 姓名	日	时	分	工作负责人 签名

11. 工作票延期：

有效期延长到＿＿＿＿年＿＿＿＿月＿＿＿＿日＿＿＿＿时＿＿＿＿分

工作负责人签名：＿＿＿＿＿＿　　　　工作许可人签名：＿＿＿＿＿＿

12. 工作终结：

12.1　现场所挂的接地线编号＿＿＿＿＿＿共＿＿＿＿＿＿组，已全部拆除、带回。

12.2　工作终结报告　工作人员已全部撤离，工具、材料已清理完毕，工作结束。

终结报告的方式	工作负责人签名	许可人	终结报告时间
			年　　月　　日　　时　　分
			年　　月　　日　　时　　分

陕西省电力公司 2014 年秋季《安规》调考线路专业
工作负责人试卷（一）答案

一、填空题（每空 1 分，共 20 分）

1. 危险、事故紧急处理

2. 一条线路、停送电

3. 工作许可人、工作负责人

4. 施工、检修、现场勘察记录

5. 接地线

6. "双签发"、工作票签发人

7. 抢救、搬运

8. 线路带电所有小组负责人

9. 验电器良好、工频高压发生器

10. 结实牢固、高挂低用

二、单选题（每题 1 分，共 15 分）

1. C　2. B　3. B　4. B　5. B　6. A　7. A　8. A　9. C　10. B　11. A　12. C
13. A　14. A　15. B

三、多选题（每题 1.5 分，共 15 分，少选多选均不得分）

1. ABD　2. ABC　3. ACD　4. ABC　5. ABD　6. ABCD　7. ABCD　8. ABC　9. ABC
10. AB

四、判断题（每题 1 分，共 10 分。请在括号中写"对"或"错"）

1. 错　2. 错　3. 对　4. 对　5. 错　6. 错　7. 对　8. 对　9. 对　10. 错

五、简答题（每题 3 分，共 15 分）

1. 现场勘察应查看现场施工（检修）作业需要停电的范围（**1 分**）、保留的带电部位和作业现场的条件（**1 分**）、环境及其他危险点等（**1 分**）。

2. 在停电的线路或同杆（塔）架设多回线路中的部分停电线路上的工作（**1 分**）；在全部或部分停电的配电设备上的工作（**0.5 分**）；高压电力电缆需停电的工作（**0.5 分**）；在直流线路停电时的工作（**0.5 分**）；在直流接地极线路或接地极上的工作（**0.5 分**）。

3. 对同杆塔架设的多层电力线路进行验电时，应先验低压、后验高压（**1 分**），先验下层、后验上层（**1 分**），先验近侧、后验远侧（**1 分**）。

4. 事故应急抢修工作是指电气设备发生故障被迫紧急停止运行（**1 分**），需短时间内恢复的抢修和排除故障的工作（**2 分**）。

5. 停电（**1 分**）；验电（**0.5 分**）；装设接地线（**0.5 分**）；使用个人保安线（**0.5 分**）；悬挂标示牌和装设遮栏（围栏）（**0.5 分**）。

六、案例分析题（10 分）（答出黑体部分即可得对应分数）

1. 工作人员**李×和杨×安全意识淡薄，进行事故应急抢修未使用应急抢修单，违反工作票制度，无票工作是发生事故的主要原因。**（2 分）

违反线路《安规》2.3.1 条**"在电力线路上工作，应按下列方式进行"2.3.5 条"事故应急抢修可不用工作票，但应使用事故应急抢修单"。**（2 分）

2. **李×和杨×，自我防护意识差，到工作现场登杆前，未共同核对对杆号与线路名称，盲目上杆工作，是发生事故的直接原因。**（1.5 分）

违反线路《安规》5.2.4 条第三款**"在该段线路上工作，登杆塔时要核对停电检修线路的双重名称无误"。**（1.5 分）

3. **××变电站的运行人员张某，仅凭电话联系无票许可工作，违反工作票制度、工作许可制度，是发生事故的重要原因。**（1.5 分）

违反了线路《安规》2.3.1 条**"在电力线路上工作，应按下列方式进行"，即填用工作票或事故应急抢修单的规定。**（1.5 分）

七、模拟开票题（15 分）

电力线路第一种工作票

工作单位：__输电运检工区__ **0.2 分**　　　　编号：__2012110901__ **此处无统一标准，有编号即得 0.2 分**

1. 工作负责人（监护人）：__王亮__ **0.2 分**　　班组：__检修一班__ **0.2 分**

2. 工作班人员（不包括工作负责人）：

__张××王××李××田××董××金××__ 共__6__人。**0.2 分姓名不全或人数不对该项得 0 分**

3. 工作线路（电缆）或设备双重名称（多回路应注明双重称号）：

3791桃源线（左线）　**1 分。未写 3791 该得 0 分，未答括号内内容仅得 0.5 分。**

4. 工作任务：**1 分。工作地段栏：只要将桃源线#107~#108、桃源线#112杆号含在其中均可得分 0.5 分，如桃源线#106~#113 或桃源线#107~#112；工作内容：0.5 分；以上内容可在多行填写。**

工作地点或地段 （注明分、支线路名称、线路的起止杆号）	工作内容
桃源线♯107－♯108	C相间隔棒更换
桃源线♯112	A相小号侧导线防振锤更换

5. 计划工作时间：自 __2012__ 年 __11__ 月 __9__ 日 __8__ 时 __00__ 分至 __2012__ 年 __11__ 月 __9__ 日 __17__ __时__ __30__ 分　**该项0.5分，数字不全、不对不得分；时间日期双数、单数描述均算正确，如09日08时与9日8时。**

6. 安全措施（必要时可附页绘图说明）：

6.1　应转入检修状态的线路名称或应拉开的开关、刀闸、熔断器（包括分支线、用户线路和配合停电线路）：

__3791桃源线路转入检修状态__　**1分。漏写3791该题仅得0.5分。**

6.2　保留或邻近的带电线路、设备：**（3分，答对对应条款得对应分值）**

　__3791桃源线♯107－♯112塔与带电运行的3072桃丰线路♯98－♯126塔邻近（1分）；桃源线色标为红色（1分），工作前应认真核对线路名称及杆塔号和颜色标志，防止误登带电杆塔（1分）。__

6.4　工作班应挂的接地线：**2分。接地线编号不统一，如♯01，♯3，♯04均算正确，少一组地线该项得0分，线路名称及杆号栏：可写桃源线♯107塔小号侧或桃源线♯106大号侧，桃源线♯112塔大号侧或桃源线♯113塔小号侧均算正确。**

线路名称及杆号	桃源线♯107塔小号侧	桃源线♯112塔大号侧	
接地线编号	♯01	♯02	

工作票签发人签名：__田亮__　2012 年 __11__ 月 __8__ 日 __14__ 时 __10__ 分

0.5分。时间必须为11月8日当天及早于8日以前时间均算对。

工作负责人签名：__王亮__ 2012 年 __11__ 月 __8__ 日 __14__ 时 __10__ 分收到工作票

0.5分。时间晚于等于以上时间均算正确，包括时、分。

7. 确认本工作票1至6项，许可工作开始

0.5分，数字不全、不对得0分；时间日期双数、单数描述均算正确。

许可方式	工作许可人	工作负责人签名	许可工作的时间
电话	许三	王亮	2012年11月9日8时10分

8. 确认工作负责人布置的任务和本施工项目安全措施

工作班组人员签名：

　__张×× 　王×× 　李×× 　田×× 　董×× 　金×× 　章×__　**1.5分。姓名不全该项仅得0.5分。**

10. 工作人员变动情况：**该项1分，时间、人员不对该项得0分。**

增添人员 姓名	日	时	分	工作负责人 签名	离去人员 姓名	日	时	分	工作负责人 签名
章×	9	12	25	王亮					

12. 工作终结：

12.1　现场所挂的接地线编号 __♯01、♯02__ 共 __2__ 组，已全部拆除、带回。

　　该项1分，少一组地线该项不得分。

12.2　工作终结报告**该项0.5分，时间、人员不对该项不得分。**

终结报告的方式	工作负责人签名	许可人	终结报告时间
电话	王亮	许三	2012年11月9日17时05分

陕西省电力公司 2014 年秋季《安规》调考试卷一
（线路工作签发人）

题号	一	二	三	四	五	六	七
得分							

一、填空题（10 题，每空 1 分，共 20 分）

1. 经常有人工作的场所及施工车辆上宜配备_____，存放_____用品，并应指定专人经常检查、补充或更换。

2. 外单位承担或外来人员参与公司系统电气工作的工作人员工作前，设备运行管理单位应告知现场电气设备_____情况、_____和安全注意事项。

3. 在发现直接危及人身、电网和设备安全的紧急情况时，各类作业人员有权停止作业或者在采取可能的_____后撤离作业场所，并_____。

4. 工作票一份交工作负责人，一份留存工作票签发人或_____处。工作票应提前交给_____。

5. 一张工作票中，_____和_____不得兼任工作负责人。

6. 工作票签发人负责审核工作票中所列工作负责人和工作班人员是否_____和_____。

7. 若专责监护人必须长时间离开工作现场时，应由工作负责人变更专责监护人，履行_____，并告知_____人员。

8. 禁止工作人员穿越未经_____、_____的 10kV 及以下线路对上层线路进行验电。

9. 杆塔作业应使用_____，较大的工具应固定在牢固的构件上，不准随便乱放。上下传递物件应用绳索拴牢传递，禁止_____抛掷。

10. 使用油锯和电锯的作业，应由熟悉_____和_____的人员操作。

二、单选题（15 题，每题 1 分，共 15 分）

1. 紧急救护的基本原则是在现场采取积极措施，保护伤员的生命，减轻伤情，减少痛苦，并根据伤情需要，迅速与（　　）联系救治。

A. 地方政府

B. 医疗急救中心（医疗部门）

C. 领导及管理人员

2. 电气工具和用具应由专人保管，每（　　）个月应由电气试验单位进行定期检查。

A. 3　　　　　　　　　B. 6　　　　　　　　　C. 12

3. 验电器、绝缘杆的工频耐压试验周期为（　　）。

A. 三个月　　　　　B. 半年　　　　　C. 一年

4. 同杆塔多回线路中部分线路停电的工作，工作负责人在接受许可开始工作的命令时，应与（　　）核对停电线路双重称号无误。

A. 运行值班员或调度　　　　B. 工作票签发人　　　　C. 工作许可人

5. 进行地面配电设备部分停电的工作，与35kV未停电设备间增设的临时围栏，安全距离不得小于（　　）。

A. 0.7m　　　　　　　　B. 1.5m　　　　　　　　C. 1.0m

6. 对同杆塔架设的多层电力线路挂接地线时，应（　　）。

A. 先挂低压、后挂高压，先挂下层、后挂上层，先挂近侧、后挂远侧

B. 先挂高压、后挂低压，先挂上层、后挂下层，先挂近侧、后挂远侧

C. 先挂低压、后挂高压，先挂上层、后挂下层，先挂近侧、后挂远侧

7. 禁止工作人员擅自变更工作票中指定的接地线位置。如需变更，应由工作负责人征得（　　）同意，并在工作票上注明变更情况。

A. 工作许可人　　　　　　B. 运行值班员　　　　　C. 工作票签发人

8. 若工作负责人必须长时间离开工作的现场时应由（　　）变更工作负责人，履行变更手续，并告知全体工作人员及工作许可人。

A. 工作票签发人　　　　　B. 原工作票签发人

9. 工作任务单一式两份，由工作票签发人或工作负责人签发，一份（　　）留存，一份交小组负责人执行。

A. 工作许可人　　　　　　B. 工作负责人　　　　　C. 工作签发人

10. 作业人员对本规程应每年考试一次。因故间断电气工作（　　）以上者，应重新学习本规程，并经考试合格后，方能恢复工作。

A. 三个月　　　　　　　　　　　　　　　B. 六个月

C. 一年　　　　　　　　　　　　　　　　D. 连续三个月

11. 在杆塔作业应使用（　　），较大的工具应固定在牢固的构件上，不准随便乱放。

A. 安全带　　　　　　　　B. 工具袋　　　　　　　C. 绝缘绳

12. 使用机械牵引杆件上山，应将杆身绑牢，钢丝绳不准触磨岩石或坚硬地面，牵引路线两侧（　　）以内，不准有人逗留或通过。

A. 5m　　　　　　　　　　B. 6m　　　　　　　　　C. 7m

13. 双钩紧线器受力后应至少保留（　　）有效丝杆长度。

A. 1/4　　　　　　　　　　B. 1/5　　　　　　　　　C. 1/6

14. 夜间巡线应沿线路（　　）进行；大风时，巡线应沿线路（　　）前进，以免万一触及断落的导线。

A. 外侧、上风侧　　　　　B. 内侧、下风侧　　　　　C. 外侧、下风侧

15. 风力超过（　　）时，禁止砍剪高出或接近导线的树木。

A. 4级　　　　　　　　　　B. 5级　　　　　　　　　C. 6级

三、多选题（10题，每题1.5分，共15分，少选多选均不得分）

1. 进行电力线路施工作业、工作票签发人或工作负责人认为有必要现场勘察的检修作业，（　　）单位均应根据工作任务组织现场勘察，并填写现场勘查记录。

A. 施工　　　　　　　　　B. 运行　　　　　　　　　C. 检修

2. 以下哪些工作应使用第一种工作票。（　　　）

A. 在停电的线路或同杆（塔）架设多回线路中的部分停电线路上的工作

B. 在全部或部分停电的配电设备上的工作

C. 在运行中的配电设备上的工作

D. 接户、进户计量装置上的低压带电工作和单一电源低压分支线的停电工作

3. 下列哪些属于工作票签发人的安全责任。（　　　）

A. 工作必要性和安全性

B. 工作票上所填安全措施是否正确完备

C. 所派工作负责人和工作班人员是否适当和充足

D. 线路停、送电和许可工作的命令是否正确

4. 现场工作，（　　　）对有触电危险、施工复杂容易发生事故的工作，应增设专责监护人和确定被监护的人员。

A. 工作票签发人　　　　　　　　　　　　　　B. 工作许可人

C. 小组负责人　　　　　　　　　　　　　　　D. 工作负责人

5. 验电时，绝缘棒或绝缘绳的金属部分应逐渐接近导线，根据有（　　　）来判断线路是否确无电压。

A. 有无放电声　　　　　　B. 指示灯　　　　　　C. 火花

6. 工作地段如有（　　　）线路，为防止停电检修线路上感应电压伤人，在需要接触或接近导线工作时，应使用个人保安线。

A. 邻近　　　　　　　　　　　　　　　　　　B. 平行

C. 交叉跨越　　　　　　　　　　　　　　　　D. 同杆塔架设

7. 在交叉档内松紧、降低或架设导、地线的工作，只有停电检修线路在带电线路下面时才可进行，应采取防止导、地线产生（　　　）而与带电导线接近至《安规》表 5 - 2 安全距离以内的措施。

A. 平移　　　　　　　　　　　　　　　　　　B. 牵引不足

C. 过牵引　　　　　　　　　　　　　　　　　D. 跳动

8. 同杆塔多回线路中部分线路停电的工作，（　　　）对停电检修线路的称号应特别注意正确填写和检查。多回线路中的每回线路（直流线路每极）都应填写双重称号。

A. 工作许可人　　　　　　B. 工作票签发人　　　　　　C. 工作负责人

9. 起吊物件应绑扎牢固，若物件有棱角或特别光滑的部分时，在（　　　）与绳索接触处应加以包垫。

A. 滑面　　　　　　　　　　B. 物件表面　　　　　　C. 棱角

10. 带电线路导线的垂直距离（导线弛度、交叉跨越距离），可用测量仪或使用绝缘测量工具测量。禁止使用（　　　）等非绝缘工具进行测量。

A. 皮尺　　　　　　　　　　B. 普通绳索　　　　　　C. 线尺

四、判断题（10 题，每题 1 分，共 10 分。请在括号中写"对"或"错"）

1. 非连续进行的事故修复工作，可使用事故应急抢修单。　　　　　　　　　　（　　　）

2．起重工作由专人指挥，明确分工；起重指挥信号应简明、统一、畅通。　　（　　）

3．夜间巡线应沿线路内侧进行；大风时，巡线应沿线路下风侧前进，以免万一触及断落的导线。　　（　　）

4．第一、第二种工作票的延期可以办理多次。　　（　　）

5．禁止工作人员擅自变更工作票中指定的接地线位置。如需变更，应由工作负责人征得工作票签发人同意，并在工作票上注明变更情况。　　（　　）

6．装设接地线时，应先接接地端，后接导线端，接地线应接触良好、连接应可靠。拆接地线的顺序与此相反。　　（　　）

7．遇有 5 级以上的大风时，禁止在同杆塔多回线路中进行部分线路停电检修工作及直流单极线路停电检修工作。　　（　　）

8．绝缘架空地线应视为带电体。　　（　　）

9．峭壁、陡坡的场地或人行道上的冰雪、碎石、泥土应经常清理，靠外面一侧应设1050～1200mm 高的栏杆。在栏杆内侧设 150mm 高的侧板，以防坠物伤人。　　（　　）

10．双人复苏操作要求，按压与呼吸比例为 30：2。　　（　　）

五、简答题（5 题，每题 3 分，共 15 分）

1．巡线人员发现导线、电缆断落地面或悬挂空中时怎么办？

2．在杆塔上水平使用梯子时，应注意什么？

3．现场勘察应查看哪些内容？

4．工作票签发人的安全责任有哪些？

5．什么是线路的双重称号？

六、案例分析题（10 分）

事故经过：2007 年 7 月 24 日，某供电局送电处按计划安排线二班对 110 千伏茶牵线全线进行周期巡视，其中王××和余×巡视茶牵线♯8～♯14 杆塔。二人到达♯8 杆位时，初步判断新生竹子与线路安全距离不够，为进一步核实，二人决定在坡上选择最佳观察位置。王××因去年施工赔偿问题正在与农妇（竹的主人）交涉，余×从斜坡距竹子约 4米多的便道由坡下向坡上进至新生竹子附近时，脚下打滑，身体失去平衡滑倒，本能地抓住坡上的新生竹子，该竹子晃动导致 110 千伏茶牵线路 C 相导线对竹子放电，电弧将余×右手掌和左、右腿表层灼伤。

事故原因分析及违反"安规"的行为：

七、模拟开票题（1 题，共 10 分）

题目：停电更换 330kV 平安Ⅱ线耐张自爆瓷瓶

1．素材：

1）工作单位：输电运检工区

2）工作内容：停电更换 3866 平安Ⅱ线♯10 转角塔小号侧 A 相（左线下相）耐张串第六片自爆瓷瓶

3）工作班组：检修班

4）工作负责人：王亮

5）工作班成员：赵明、陈中、张晓、王空、张发

6）工作票签发人：王武

7）调度值班员：张三

8）计划工作时间：2012 年 10 月 21 日 9：00—17：30

9）接线图

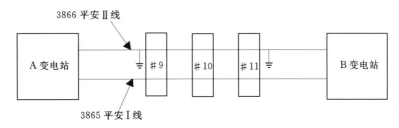

10）空白工作票（见附件）

2. 其他说明：

1）3866 平安Ⅱ线（左线）与 3865 平安Ⅰ线（右线）为双回同塔架设（附图）。平安Ⅰ线色标红色，平安Ⅱ线色标蓝色，♯10 塔周围地形平坦。

2）作业期间 3865 平安Ⅰ线不停电。

3）工作结束，人员撤离、现场清理完毕，工作负责人 16：30 分终结工作票。

4）根据以上条件填写 1—12 项，编号自定。

6）工作票 6.3 项不填写

电力线路第一种工作票

单位＿＿＿＿＿＿＿＿＿＿＿＿＿＿＿　　　　　　编号＿＿＿＿＿＿＿

1. 工作负责人（监护人）＿＿＿＿＿＿＿＿＿　　班组＿＿＿＿＿＿＿＿

2. 工作班人员（不包括工作负责人）：＿＿＿＿＿＿＿＿＿＿＿＿＿＿＿＿＿＿＿

＿＿＿＿＿＿＿＿＿＿＿＿＿＿＿＿＿＿＿＿＿＿＿＿＿＿＿＿共＿＿＿＿人。

3. 工作的线路或设备双重名称（多回路应注明双重称号）：

＿＿＿＿＿＿＿＿＿＿＿＿＿＿＿＿＿＿＿＿＿＿＿＿＿＿＿＿＿＿＿＿＿＿＿＿＿

4. 工作任务

工作地点或地段 （注明分、支线路名称、线路的起止杆号）	工作内容

5. 计划工作时间：自＿＿＿＿年＿＿＿＿月＿＿＿＿日＿＿＿＿时＿＿＿＿分

　　　　　　　　至＿＿＿＿年＿＿＿＿月＿＿＿＿日＿＿＿＿时＿＿＿＿分

6. 安全措施（必要时可附页绘图说明）

6.1　应改为检修状态的线路间隔名称和应拉开的断路器（开关）、隔离开关（刀闸）、熔断器（包括分支线、用户线路和配合停电线路）：

_____

6.2　保留或邻近的带电线路、设备：

_____

_____

_____

6.3　其他安全措施和注意事项（该项不填写）：_____

6.4　应挂的接地线

线路名称及杆号				
接地线编号				

工作票签发人签名_____　_____年_____月_____日_____时_____分

工作负责人签名_____　_____年_____月_____日_____时_____分收到工作票

7. 确认本工作票1—6项，许可工作开始

许可方式	许可人	工作负责人签名	许可工作的时间
			年　　月　　日　　时　　分

8. 确认工作负责人布置的任务和本施工项目安全措施

工作班组人员签名：

_____

9. 工作负责人变动情况：

_____

10. 工作人员变动情况：

增添人员姓名	日	时	分	工作负责人签名	离去人员姓名	日	时	分	工作负责人签名

11. 工作票延期：

有效期延长到_____年_____月_____日_____时_____分

工作负责人签名：_____　　　　工作许可人签名：_____

12. 工作终结：

12.1　现场所挂的接地线编号_____共_____组，已全部拆除、带回。

12.2　工作终结报告　工作人员已全部撤离，工具、材料已清理完毕，工作结束。

终结报告的方式	工作负责人签名	许可人	终结报告时间
			年　　月　　日　　时　　分
			年　　月　　日　　时　　分

陕西省电力公司 2014 年秋季《安规》调考线路
工作签发人试卷（一）答案

一、填空题（10 题，每空 1 分，共 20 分）

1. 急救箱、急救
2. 接线、危险点
3. 紧急措施、立即报告
4. 工作许可人、工作负责人
5. 工作票签发人、工作许可人
6. 适当、充足
7. 变更手续、全体被监护
8. 验电、接地
9. 工具袋、上下
10. 机械性能、操作方法

二、单选题（15 题，每题 1 分，共 15 分）

1. B 2. B 3. C 4. C 5. C 6. A 7. C 8. B 9. B 10. D 11. B 12. A 13. B 14. A 15. B

三、多选题（10 题，每题 1.5 分，共 15 分，少选多选均不得分）

1. AC 2. AB 3. ABC 4. AD 5. AC 6. ABCD 7. CD 8. BC 9. AC 10. ABC

四、判断题（10 题，每题 1 分，共 10 分。请在括号中写"对"或"错"）

1. 错 2. 对 3. 错 4. 错 5. 对 6. 对 7. 对 8. 对 9. 错 10. 对

五、简答题（5 题，每题 3 分，共 15 分）

1. 答案：巡线人员发现导线、电缆断落地面或悬挂空中，应设法防止行人靠近断线地点 8m 以内（**2 分**），以免跨步电压伤人，并迅速报告调度和上级，等候处理（**2 分**）。

2. 答案：在杆塔上水平使用梯子时，应使用特制的专用梯子（**2 分**）。工作前应将梯子两端与固定物可靠连接，一般应由一人在梯子上工作（**1 分**）。

3. 答案：现场勘察应查看现场施工（检修）作业需要停电的范围（**1 分**）、保留的带电部位和作业现场的条件（**1 分**）、环境及其他危险点等（**1 分**）。

4. 答案：工作必要性和安全性（**1 分**）；工作票上所填安全措施是否正确完备（**1 分**）；所派工作负责人和工作班人员是否适当和充足（**1 分**）。

5. 答案：双重称号即线路双重名称和位置称号（**2 分**），位置称号指上线、中线或下线和面向线路杆塔号增加方向的左线或右线（**1 分**）。

六、案例分析题（10 分）

事故原因分析及违反"安规"的行为：

1. 作业人员手抓接近高压带电导线的树木是此次事故发生的直接原因（**4 分**）。

违反线路《安规》4.4.4 条"**树枝接触或接近高压带电导线时，应将高压线路停电或用绝缘工具使树枝远离带电导线至安全距离。此前禁止人体接触树木。（2 分）**"

2. 线路巡视道路状况差，致使人员滑倒是此次事故发生的又一原因（**4分**）。

七、模拟开票题（1题，共15分）

电力线路第一种工作票

单位：　__输电运检工区__　**0.2分**　　　　编号　2012102101　此处无统一标准，有编号即得 **0.2分**

1. 工作负责人（监护人）　__王亮__　**0.2分**　　班组　__检修班__　**0.2分**

2. 工作班人员（不包括工作负责人）：

　__赵明　陈中　张晓　王空　张发__　　　　共　__5__　人　**0.2分**　姓名不全或人数不对该项得 **0分**

3. 工作线路（电缆）设备双重名称（多回路应注明双重称号）：

　__3866平安Ⅱ线（左线）__　　**1分**。未写 **3866** 该题得 **0分**，未答括号内内容仅得 **0.5分**

4. 工作任务：**1分**。工作地段栏：必须写清楚线路名称、工作位置的杆号、区段，否则不得分。

工作地点或地段 （注明分、支线路名称、线路的起止杆号）	工作内容
平安Ⅱ线♯10塔	更换A相（左线下相）小号侧第六片自爆瓷瓶

5. 计划工作时间：自　__2012__　年　__10__　月　__21__　日　__9__　时　__00__　分至　__2012__　年　__10__　月　__21__　日　__17__　时　__30__　分

该项 0.5分，数字不全、不对不得分；时间、日期、双数描述均算正确，如 09 日 08 时。

6. 安全措施（必要时可附页绘图说明）：

6.1　应转入检修状态的线路名称或应拉开的开关、刀闸、熔断器，（包括分支线、用户线路和配合停电线路）：

　__3866平安Ⅱ线路转检修状态__　　**1分**。漏写 **3866** 该题仅得 **0.5分**。

6.2　保留或邻近的带电线路、设备：**3分**，答对对应条款得对应分值

　__3866平安Ⅱ线与带电运行的3865平安Ⅰ同塔架设__　（**1分**），　__平安Ⅱ线路色标为红色__　（**1分**），　__工作前应认真核对线路双重名称及杆号和颜色标志，防止误入带电侧横担__　（**1分**）　。

6.3　工作地段的其他安全措施和注意事项：（**该项不填写**）

6.4　应挂的接地线：**2分**。接地线编号，无统一标准。少一组地线该项得 **0分**。

线路名称及杆号	平安Ⅱ线♯9塔小号侧	平安Ⅱ线♯11塔大号侧	
接地线编号	♯01	♯02	

　工作票签发人签名　__王武__　、　____　__2012__　年　__10__　月　__20__　日　__9__　时　__50__　分

0.5分。时间必须为 10 月 20 日当天及早于 20 日以前时间均算对。

　工作负责人签名　__王亮__　　　__2012__　年　__10__　月　__20__　日　__9__　时　__50__　分收到工作票

0.5分。时间晚于等于以上时间均算正确，包括时、分。

7. 确认本工作票 1～6 项，许可工作开始

1分，数字不全、不对得 0分；时间、日期、双数、单数描述均算正确。

许可方式	工作许可人	工作负责人签名	许可工作的时间
电话	张三	王亮	2012 年 10 月 21 日 9 时 45 分

8. 确认工作负责人布置的任务和本施工项目安全措施

工作班组人员签名：

　　赵明、陈中、张晓、王空、张发　　**1.5 分。姓名不全该项仅得 0.5 分**

9. 工作负责人变动情况：

原工作负责人_____离去，变更_____为工作负责人

工作票签发人_____ _____年_____月_____日_____时_____分

10. 工作人员变动情况：（变动人员姓名、变动日期及时间）

_____

_____

工作负责人签名_____

11. 工作票延期

　　有效期延长到_____年_____月_____日_____时_____分。

　　工作负责人签名_____ _____年_____月_____日_____时_____分

　　工作许可人签名_____ _____年_____月_____日_____时_____分

12. 工作终结：

12.1　现场所挂的接地线编号__♯01、♯02__共__2__组，已全部拆除、带回。

　该项 1 分，少一组地线该项不得分

12.2　工作终结报告　**该项 1 分，时间、人员不对该项不得分。**

工作人员已全部撤离，工具、材料已清理完毕，工作结束。

终结报告的方式	工作负责人签名	许可人	终结报告时间
电话	王亮	张三	2012 年 10 月 21 日 16 时 30 分
			年　　　月　　　日　　　时　　　分

13. 备注：

(1) 指定专责监护人_____负责监护 _____

_____（地点及具体工作由工作负责人填写）

(2) 补充的安全措施和其他事项（由工作负责人填写）：_____

_____

陕西省电力公司 2014 年秋季《安规》调考试卷一
（线路工作许可人）

题号	一	二	三	四	五	六	七
得分							

一、填空题（每空 1 分，共 20 分）

1. 第一种工作票，每张只能用于_____或同一个电气连接部位的几条供电线路或同（联）杆塔架设且同时_____的几条线路。

2. 工作票一份交工作负责人，一份留存工作票签发人或_____处。工作票应提前交给_____。

3. 进行电力线路施工作业，工作票签发人或工作负责人认为有必要现场勘察的检修作业，_____、_____单位均应根据工作任务组织现场勘察，并填写_____。

4. 承发包工程中，工作票可实行_____形式。签发工作票时，双方_____在工作票上分别签名，各自承担本规程工作票签发人相应的安全责任。

5. 接地线拆除后，应即认为_____，不准任何人再登杆进行工作。多个小组工作，工作负责人应得到_____工作结束的汇报

6. 使用验电器验电前，应先在有电设备上进行试验，确认_____；无法在有电设备上进行试验时可用_____等确证验电器良好。

7. 配合停电的线路可以只在_____附近装设一处工作接地线。装、拆接地线应在监护下进行。

8. 同杆塔多回线路中部分线路停电的工作，工作票签发人和_____对停电检修线路的称号应特别注意正确填写和检查。多回线路中的每回线路（直流线路每极）都应填写_____。

9. 安全带的挂钩或绳子应挂在_____的构件或专为挂安全带用的钢丝绳上，并应采用_____的方式。

10. 使用软梯、挂梯作业或用梯头进行移动作业时，作业人员到达梯头上进行工作和梯头开始移动前，应将梯头的_____可靠封闭，否则应使用_____防止梯头脱钩。

二、单选题（每题 1 分，共 15 分）

1. 带电作业或与邻近带电设备距离小于《安规》表 5-1 规定的工作，应填写（　　）工作票。

　　A. 第一种　　　　　　　　B. 第二种　　　　　　　　C. 带电作业

2. 第一种工作票，每张只能用于一条线路或（　　）电气连接部位的几条供电线路或同（联）杆塔架设且同时停送电的几条线路。

　　A. 不同　　　　　　　　　B. 同一　　　　　　　　　C. 邻近

3. 一张工作票下设多个小组工作，工作结束后，由小组负责人交回工作任务单，向（　　）办理工作结束手续。

A. 工作票签发人　　　　B. 工作负责人　　　　C. 工作许可人

4. 第一、二种工作票和带电作业工作票的有效时间，以（　　）的检修期为限。

A. 计划　　　　　　　　B. 批准　　　　　　　C. 实际

5. 填用（　　）工作票时，不需要履行工作许可手续。

A. 电力线路第一种　　　B. 电力线路第二种　　C. 带电

6. 下列哪项不属于工作终结后工作负责人向工作许可人报告的方法。（　　）

A. 派人转达　　　　　　B. 当面报告　　　　　C. 用电话报告并经复诵无误

7. 验电器无法在有电设备上进行试验时，可用（　　）等确证验电器良好。

A. 工频高压发生器　　　D. 高压发生器　　　　C. 高频信号发生器

8. 对同杆塔架设的多层电力线路挂接地线时，应（　　）。

A. 先挂低压、后挂高压，先挂下层、后挂上层，先挂近侧、后验远侧

B. 先挂高压、后挂低压，先挂上层、后挂下层，先挂近侧、后挂远侧

C. 先挂低压、后挂高压，先挂上层、后挂下层，先挂近侧、后挂远侧

9. 成套接地线应由有（　　）的多股软铜线组成。

A. 护套　　　　　　　　B. 绝缘护套　　　　　C. 透明护套

10. 在带电线路杆塔上的工作，风力应不大于（　　）。

A. 4 级　　　　　　　　B. 5 级　　　　　　　C. 6 级

11. 作业人员与绝缘架空地线之间的距离不应小于（　　）。

A. 0.4m　　　　　　　 B. 0.5m　　　　　　　C. 0.7m

12. 验电器、绝缘杆的工频耐压试验周期为（　　）。

A. 三个月　　　　　　　B. 半年　　　　　　　C. 一年

13. 在杆塔上水平使用梯子时，应使用特制的（　　）梯子。工作前应将梯子两端与固定物可靠连接，一般应由一人在梯子上工作。

A. 专用　　　　　　　　B. 铝合金　　　　　　C. 绝缘

14. 巡线工作应由有（　　）的人员担任。（　　）应考试合格并经工区（公司、所）分管生产领导批准。

A. 电力线路工作经验；单独巡线人员

B. 从事电力线路工作；运行人员

C. 掌握线路运行知识；巡视人员

15. 在杆塔上作业时，应使用有后备绳或速差自锁器的双控背带式安全带，当后保护绳超过（　　）时，应使用缓冲器。安全带和保护绳应分挂在杆塔不同部位的牢固的构件上，后备保护绳（　　）对接使用。

A. 2m、可以　　　　　 B. 3m、不准　　　　　C. 4m、严禁

三、多选题（每题 1 分，共 10 分，少选多选均不得分）

1. 下列哪些工作需填用电力线路第二种工作票。（　　）

A. 带电线路杆塔上且与带电导线最小安全距离不小于《安规》表 5-1 规定的工作

B. 直流接地极线路上不需要停电的工作

C. 在全部或部分停电的配电设备上的工作

D. 在运行中的配电设备上的工作

2. 许可开始工作的命令，应通知工作负责人。其方法可采用（　　）。

A. 当面通知　　　　　　　　B. 电话下达　　　　　　　C. 派人送达

3. 专责监护人应是具有（　　）的人员。

A. 相关工作经验　　　　　　　　　　　　B. 熟悉人员工作能力

C. 熟悉设备情况　　　　　　　　　　　　D. 熟悉本规程

4. 在交叉档内（　　）的工作，只有停电检修线路在带电线路下面时才可进行，应采取防止导、地线产生跳动或过牵引而与带电导线接近至《安规》表 5-2 安全距离以内的措施。

A. 松紧导、地线　　　　　B. 降低导、地线　　　　　C. 架设导、地线

5. （　　）巡线应由两人进行。

A. 夜间　　　　　　　　　　　　　　　　B. 电缆隧道

C. 野外农村　　　　　　　　　　　　　　D. 偏僻山区

6. 涉及登杆作业下列叙述正确的（　　）

A. 登杆塔前，应先检查登高工具、设施，如脚扣、升降板、安全带、梯子和脚钉、爬梯、防坠装置等是否完整牢靠

B. 禁止携带器材登杆或在杆塔上移位

C. 禁止利用绳索、拉线上下杆塔或顺杆下滑

D. 攀登有覆冰、积雪的杆塔时，应采取防滑措施

7. 夜间、大风及特殊巡视以下叙述正确的是（　　）。

A. 夜间巡线应沿线路外侧进行

B. 大风时，巡线应沿线路上风侧前进，以免万一触及断落的导线

C. 特殊巡视应注意选择路线，防止洪水、塌方、恶劣天气等对人的伤害

D. 巡线时禁止泅渡

8. 进行杆塔、配电变压器和避雷器的接地电阻测量工作时的规定有（　　）。

A. 杆塔、配电变压器和避雷器的接地电阻测量工作，可以在线路和设备带电的情况下进行

B. 解开或恢复配电变压器和避雷器的接地引线时，应戴绝缘手套

C. 禁止直接接触与地断开的接地线

9. 如需在绝缘架空地线上作业时，可采用（　　）方式进行。

A. 用接地线将其可靠接地

B. 用个人保安线将其可靠接地

C. 等电位方式

10. 施工机具应由（　　）的人员操作和使用。

A. 了解其性能　　　　B. 熟悉使用知识　　　　C. 有资格认证

四、判断题（每题 1.5 分，共 15 分。请在括号中写"对"或"错"）

1. 风力超过 6 级时，禁止砍剪高出或接近导线的树木。（ ）

2. 对同杆塔架设的多层电力线路进行验电时，禁止工作人员穿越未经验电、接地的 35kV 及以下线路对上层线路进行验电。（ ）

3. 装、拆接地线应在监护下进行。（ ）

4. 装、拆接地线均应使用绝缘棒或专用的绝缘绳。人体不准碰触未接地的导线。（ ）

5. 夜间巡线应沿线路内侧进行；大风时，巡线应沿线路下风侧前进，以免万一触及断落的导线。（ ）

6. 第一、第二种工作票的延期可以办理多次。（ ）

7. 采用临时接地体时，临时接地体的截面积不准小于 190mm²（如 $\phi16$ 圆钢）。（ ）

8. 在城区、人口密集区地段或交通道口和通行道路上施工时，工作场所周围应装设遮栏（围栏），并在相应部位装设标示牌。（ ）

9. 同杆塔多回线路中部分线路停电的工作，在停电线路一侧吊起或向下放落工具、材料等物体时，应使用绝缘无极绳圈传递。（ ）

10. 为防止树木（树枝）倒落在导线上，应设法用绳索将其拉向与导线相同的方向。（ ）

五、简答题（每题 3 分，共 15 分）

1. 现场勘察应查看哪些内容？

2. 线路作业应填用第一种工作票的工作有哪些？

3. 在同杆塔架设的多层电力线路进行验电时的顺序有何规定？

4. 在电力线路上工作保证安全的技术措施有哪些？

5. 上横担进行工作前，应检查什么？

六、案例分析题（10 分）

事故经过：××××年××月××日下午 1 时 30 分，某公司接到××变电站平桥乡 10kV 支农 106 线 821 开关故障跳闸的通知，经巡线检查发现，故障为支农 106 线 34 号杆上的高压跌落式熔断器烧坏，需要及时更换。当班调度员要求值班外线工，迅速赶到现场对支农 106 线的 34 号杆跌落式熔断器进行更换。抢修人员李某和杨某驱车来到故障现场。李某用手机与××变电站的运行人员张某说是抢修，就不办理工作票了，请张某在 821 开关出线侧挂接地线。下午 3 时 30 分左右，张某电话通知李某，支农 106 线的电已经停了，挂了接地线，可以工作了。此时，李某和杨某到达支农 106 线 36 号杆，李某告诉杨某可以登杆检修了，当杨某登上杆正准备更换保险时，突然一声闷响，右手发出哧哧的火光，杨某当场被电击昏迷。现场工作负责人李某马上打电话通知变电站停电，之后才知道登错了杆，李某火速从杆上把杨某救下，经过人工呼吸抢救无效死亡。支农 106 线 35 号杆上装有柱上断路器（事故前已断开），35 号大号侧由另一个变电站供电，36 号杆上装有高压跌落式熔断器。

事故原因分析及违反《安规》的行为：

七、问答题（每题 5 分，共 15 分）

1) 带电作业过程中，若设备突然停电怎么办？

2) 当断路器（开关）遮断容量不满足电网要求应采取什么措施？

3) 工作许可人的安全责任有哪些？

陕西省电力公司 2014 年秋季《安规》调考线路 工作许可人试卷（一）答案

一、填空题（每空 1 分，共 20 分）

1. 一条线路、停送电；

2. 工作许可人、工作负责人

3. 施工、检修、现场勘察记录；

4. "双签发"、工作票签发人

5. 线路带电、所有小组负责人；

6. 验电器良好、工频高压发生器

7. 工作地点；

8. 工作负责人、双重称号

9. 结实牢固、高挂低用；

10. 封口、保护绳

二、单选题（每题 1 分，共 15 分）

1. C　2. B　3. B　4. B　5. B　6. A　7. A　8. A　9. C　10. B　11. A　12. C　13. A　14. A　15. B

三、多选题（每题 1.5 分，共 15 分，少选多选均不得分）

1. ABD　2. ABC　3. ACD　4. ABC　5. ABD　6. ABCD　7. ABCD　8. ABC　9. ABC　10. AB

四、判断题（每题 1 分，共 10 分）

1. 错　2. 错　3. 对　4. 对　5. 错　6. 错　7. 对　8. 对　9. 对　10. 错

五、简答题（15 分）

1. 现场勘察应查看现场施工（检修）作业需要停电的范围（**1 分**）、保留的带电部位和作业现场的条件（**1 分**）、环境及其他危险点等（**1 分**）。

2. 在停电的线路或同杆（塔）架设多回线路中的部分停电线路上的工作（**1 分**）；在

全部或部分停电的配电设备上的工作（**0.5 分**）；高压电力电缆需停电的工作（**0.5 分**）；在直流线路停电时的工作（**0.5 分**）；在直流接地极线路或接地极上的工作（**0.5 分**）。

3. 对同杆塔架设的多层电力线路进行验电时，应先验低压、后验高压（**1 分**），先验下层、后验上层（**1 分**），先验近侧、后验远侧（**1 分**）。

4. 停电（**1 分**）；验电（**0.5 分**）；装设接地线（**0.5 分**）；使用个人保安线（**0.5 分**）；悬挂标示牌和装设遮栏（围栏）（**0.5 分**）。

5. 上横担进行工作前，应检查横担连结是否牢固和腐蚀情况（**1.5 分**），检查时安全带（绳）应系在主杆或牢固的构件上（**1.5 分**）。

六、案例分析题（10 分）（答出黑体部分即可得对应分数）

1. 工作人员李某和杨某安全意识淡薄，**进行事故应急抢修未使用应急抢修单，违反工作票制度，无票工作是发生事故的主要原因**。（**2 分**）

违反线路《安规》2.3.1 条**"在电力线路上工作，应按下列方式进行"2.3.5 条"事故应急抢修可不用工作票，但应使用事故应急抢修单"**。（**2 分**）

2. 李某和杨某，**自我防护意识差，到工作现场登杆前，未共同核对对杆号与线路名称，盲目上杆工作，是发生事故的直接原因**。（**1.5 分**）

违反线路《安规》5.2.4 条第三款**"在该段线路上工作，登杆塔时要核对停电检修线路的双重名称无误"**。（**1.5 分**）

3. ××变电站的运行人员张某，**仅凭电话联系无票许可工作，违反工作票制度、工作许可制度，是发生事故的重要原因**。（**1.5 分**）

违反了线路《安规》2.3.1 条**"在电力线路上工作，应按下列方式进行"，即填用工作票或事故应急抢修单的规定**。（**1.5 分**）

七、问答题（每题 5 分，共 15 分）

1. 在带电作业过程中如设备突然停电，作业人员应视设备仍然带电（**2 分**）。工作负责人应尽快与调度联系（**1.5 分**），值班调度员未与工作负责人取得联系前不准强送电（**1.5 分**）。

2. 断路器（开关）遮断容量不够，应将操动机构（操作机构）用墙或金属板与该断路器（开关）隔开（**2 分**），应进行远方操作（**1.5 分**），重合闸装置应停用（**1.5 分**）。

3. 审查工作必要性（**1 分**）；线路停、送电和许可工作的命令是否正确（**2 分**）；许可的接地等安全措施是否正确完备（**2 分**）。

参 考 文 献

[1] 曹建忠，荆体恩主编．电业安全工作规程学习考试题库．北京：中国电力出版社，2004.

[2] 神头第二发电厂组编．电业安全工作问答（热力和机械部分）．北京：中国电力出版社，2005.6.

[3] 刘文咸编．电业安全工作问答（发电厂和变电所电气部分）．北京：中国电力出版社，1996.

[4] 刘文咸编．电业安全工作问答（电力线路部分）．北京：中国电力出版社，1999.

[5] 吉林省电力公司．供电企业工作危险点及其控制措施（送电部分）．北京：中国电力出版社，1999.

[6] 田雨平，周凤鸣．谈电力企业危险点预控．北京：中国电力出版社，1998.

[7] 国家电力调度通信中心．电力系统继电保护实用技术问答．第 2 版．北京：中国电力出版社，1997.

[8] 国家电力调度通信中心．电网调度运行实用技术问答．北京：中国电力出版社，1997.

[9] 黑龙江省电力公司．供电企业岗位事故选编．北京：中国电力出版社，2000.

[10] 黑龙江省电力公司．发电企业岗位事故选编．北京：中国电力出版社，2000.

[11] 中国水利水电工程总公司编．水利水电工程施工伤亡事故案例与分析（第二集）．北京：中国建筑工业出版社，2001.

[12] 田雨平，任瑞良，周凤鸣编．张兆林绘．习惯性违章及其纠正与预防．北京：中国电力出版社，2002.

[13] 张静政等编．焊接、气割安全技术问答．上海：上海交通大学出版社，1996.

[14] 华东电业管理局编．发供电企业班组安全管理培训教材．北京：中国电力出版社，2003.

[15] 蔡树人主编．火力发电厂安全性评价重点问题和整改措施．北京：中国电力出版社，2004.

[16] 蔡树人主编．供电企业安全性评价重点问题和整改措施．北京：中国电力出版社，2004.

[17] 本书编委会编．火电厂热控专业安全规程与问答．北京：中国电力出版社，2004.

[18] 山西省电力公司编．防火与防爆．北京：中国电力出版社，2001.

[19] 山西省电力公司编．焊接与高处安全作业．北京：中国电力出版社，2001.

[20] 山西省电力公司编．机动车与起重安全作业．北京：中国电力出版社，2001.

[21] 山西省电力公司编．供电企业安全生产技术问答．北京：中国电力出版社，2002.

[22] 胡代舜编．《电业安全工作规程》（热力和机械部分）条文答疑．北京：中国电力出版社，2004.7.

[23] 蔡树人，胡代舜，陈其祥编．《电业安全工作规程》（发电厂和变电所电气部分）条文答疑．北京：中国电力出版社，2004.7.

[24] 蔡树人，胡代舜，陈其祥编．《电业安全工作规程》（电力线路部分）条文答疑．北京：中国电力出版社，2004.7.

[25] 陆懋德，戴克铭，张雷，周吉安编．《国家电网公司电力安全工作规程》（变电站和发电厂电气部分）辅导教材．北京：中国电力出版社，2005.4.

[26] 陆懋德，戴克铭，张雷，周吉安编．《国家电网公司电力安全工作规程》（电力线路部分）辅导教材．北京：中国电力出版社，2005.4.

[27] 湖南省老科技工作者协会电力分会编．防止电力生产重大事故的要求与措施·第一册 热力部分．北京：中国电力出版社，2005.2.

[28] 湖南省老科技工作者协会电力分会编．防止电力生产重大事故的要求与措施·第二册 电气部

分．北京：中国电力出版社，2005.2.

[29] 湖南省老科技工作者协会电力分会编．防止电力生产重大事故的要求与措施·第三册　综合部分．北京：中国电力出版社，2005．2.

[30] 国家电力公司发输电运营部编．《防止电力生产重大事故的二十五项重点要求》辅导教材．北京：中国电力出版社，2001．9.

[31] 本书编写组编．《电业安全工作规程》考核培训教材（发电厂和变电所电气部分）．北京：中国电力出版社，2006.10.

[32] 本书编写组编．《电业安全工作规程》考核题库（发电厂和变电所电气部分）．北京：中国电力出版社，2006.10.

[33] 本书编写组编．《电业安全工作规程》考核培训教材（电力线路部分）．北京：中国电力出版社，2006.10.

[34] 本书编写组编．《电业安全工作规程》考核题库（电力线路部分）．北京：中国电力出版社，2006.10.

[35] 中国电力企业联合会标准化管理中心编．《国家标准〈电力（业）安全工作规程〉条文对照本》（热力和机械部分、发电厂和变电站电气部分、电力线路部分、高压试验室部分）．北京：中国电力出版社，2011.

[36] 国家电网公司发布．电力安全工作规程（线路部分）．北京：中国电力出版社，2009.